Informatik aktuell

Herausgeber: W. Brauer
im Auftrag der Gesellschaft für Informatik (GI)

Springer-Verlag Berlin Heidelberg GmbH

Thomas Wittenberg   Peter Hastreiter
Ulrich Hoppe   Heinz Handels
Alexander Horsch   Hans-Peter Meinzer (Hrsg.)

Bildverarbeitung für die Medizin 2003

Algorithmen – Systeme – Anwendungen

Proceedings des Workshops
vom 9.–11. März 2003 in Erlangen

Herausgeber

Thomas Wittenberg
Fraunhofer-Institut für Integrierte Schaltungen
Am Wolfsmantel 33, 91058 Erlangen

Peter Hastreiter
Neurozentrum, Neurochirurgische Klinik der Universität Erlangen-Nürnberg
Schwabachanlage 6, 91054 Erlangen

Ulrich Hoppe
Abteilung für Phoniatrie und Pädaudiologie der Universität Erlangen-Nürnberg
Bohlenplatz 21, 91054 Erlangen

Heinz Handels
Institut für Medizinische Informatik
Universität zu Lübeck
Ratzeburger Allee 160, 23538 Lübeck

Alexander Horsch
Institut für Medizinische Statistik und Epidemiologie
Technische Universität München
Klinikum rechts der Isar
Ismaninger Strasse 22, 81675 München

Hans-Peter Meinzer
Abteilung für Medizinische und Biologische Informatik / H0100
Deutsches Krebsforschungszentrum
Im Neuenheimer Feld 280, 69120 Heidelberg

Bibliographische Information der Deutschen Bibliothek
Die Deutsche Bibliothek verzeichnet diese Publikation in der Deutschen Nationalbibliografie; detaillierte
bibliografische Daten sind im Internet über http://dnb.ddb.de abrufbar.

CR Subject Classification (2001):
A.0, H.3, I.4, I.5, J.3, H.3.1, I.2.10, I.3.3, I.3.5, I.3.7, I.3.8, I.6.3

ISSN 1431-472-X
ISBN 978-3-540-00619-0   ISBN 978-3-642-18993-7 (eBook)
DOI 10.1007/978-3-642-18993-7

Dieses Werk ist urheberrechtlich geschützt. Die dadurch begründeten Rechte, insbesondere die der Übersetzung, des Nachdrucks, des Vortrags, der Entnahme von Abbildungen und Tabellen, der Funksendung, der Mikroverfilmung oder der Vervielfältigung auf anderen Wegen und der Speicherung in Datenverarbeitungsanlagen, bleiben, auch bei nur auszugsweiser Verwertung, vorbehalten. Eine Vervielfältigung dieses Werkes oder von Teilen dieses Werkes ist auch im Einzelfall nur in den Grenzen der gesetzlichen Bestimmungen des Urheberrechtsgesetzes der Bundesrepublik Deutschland vom 9. September 1965 in der jeweils geltenden Fassung zulässig. Sie ist grundsätzlich vergütungspflichtig. Zuwiderhandlungen unterliegen den Strafbestimmungen des Urheberrechtsgesetzes.

http://www.springer.de

© Springer-Verlag Berlin Heidelberg 2003
Originally published by Springer-Verlag Berlin Heidelberg New York in 2003

Satz: Reproduktionsfertige Vorlage vom Autor/Herausgeber
Gedruckt auf säurefreiem Papier   SPIN: 10916414   33/3142-543210

Veranstalter

BVMI   Berufsverband Medizinischer Informatiker e.V.
DAGM   Deutsche Arbeitsgemeinschaft für Mustererkennung
DGaO   Deutsche Gesellschaft für angewandte Optik
DGBMT   Fachgruppe Medizinische Informatik
          der Deutschen Gesellschaft für Biomedizinische Technik im VDE
GI   Fachgruppe Imaging und Visualisierungstechniken
      der Gesellschaft für Informatik
GMDS   Arbeitsgruppe Medizinische Bildverarbeitung der Gesellschaft
        für Medizinische Informatik, Biometrie und Epidemiologie
IEEE   Joint Chapter Engineering in Medicine and Biology, German Section

Lokaler Veranstalter

Arbeitskreis *Medizin und Informationsverarbeitung*
des Sonderforschungsbereichs 603:
Modellbasierte Analyse und Visualisierung komplexer Szenen und Sensordaten
an der Friedrich-Alexander-Universität Erlangen-Nürnberg,
Martensstraße 3, 91058 Erlangen
Sprecher: Prof. Dr. Heinrich Niemann

Zusammen mit:
Abteilung für Phoniatrie und Pädaudiologie
Chirurgische Universitätsklinik
Fraunhofer Institut für Integrierte Schaltungen (IIS)
Klinik und Poliklinik für Mund-, Kiefer- und Gesichtschirurgie
Lehrstuhl für Informatik 5 (Mustererkennung)
Lehrstuhl für Informatik 9 (Graphische Datenverarbeitung)
Zentrum für Moderne Optik (ZeMO)
Neurochirurgische Klinik
Neurozentrum des Kopfklinikums
Graduiertenkolleg *3D-Bildanalyse und -synthese*

Tagungsleitung und -vorsitz

Dr. Thomas Wittenberg
Fraunhofer Institut für Integrierte Schaltungen (IIS), Erlangen

Dr. Peter Hastreiter
Neurozentrum, Neurochirurgische Klinik der Universität Erlangen-Nürnberg

Priv.-Doz. Dr. Dr. Ulrich Hoppe
Abteilung für Phoniatrie und Pädaudiologie der Universität Erlangen-Nürnberg

Lokale Organisation

L. Ass. Michaela Benz, Physikalisches Institut, Universität Erlangen-Nürnberg
Dr. Peter Hastreiter, Universität Erlangen-Nürnberg
Priv.-Doz. Dr. Dr. Ulrich Hoppe, Klinikum der Universität Erlangen-Nürnberg
Dr. Sophie Krüger, Chirurgische Klinik, Universität Erlangen-Nürnberg
Dipl.-Ing. Jörg Lohscheller, Klinikum der Universität Erlangen-Nürnberg
Dipl.-Inf. Grzegorz Soza, Institut für Informatik, Universität Erlangen-Nürnberg
Dipl.-Min. Tobias Maier, Physikalisches Institut, Universität Erlangen-Nürnberg
Dipl.-Inf.(FH) Christian Münzenmayer, M.Sc., Fraunhofer IIS, Erlangen
Dr. Dr. Emeka Nkenke, Klinikum der Universität Erlangen-Nürnberg
Dr. Christoph Schick, Klinikum der Universität Erlangen-Nürnberg
Dipl.-Inf. Florian Vogt, Institut für Informatik, Universität Erlangen-Nürnberg
Dr. Thomas Wittenberg, Fraunhofer IIS, Erlangen

Verteilte BVM-Organisation

Priv.-Doz. Dr. Heinz Handels und Dipl.-Inf. Timm Günther
Universität zu Lübeck (Begutachtung)
Priv.-Doz. Dr. Dr. Alexander Horsch,
Technische Universität München (Tagungsband)
Prof. Dr. Hans-Peter Meinzer und Dipl.-Inform. Med. Matthias Thorn,
Deutsches Krebsforschungszentrum Heidelberg (Anmeldung)

Programmkomitee

Prof. Dr. Hartmut Dickhaus, Fachhochschule Heilbronn
Prof. Dr. Thomas Ertl, Universität Stuttgart
Prof. Dr. Dr. Ulrich Eysholdt, Klinikum der Universität Erlangen-Nürnberg
Prof. Dr. Rudolf Fahlbusch, Klinikum der Universität Erlangen-Nürnberg
Prof. Dr. Bernd Fischer, Universität zu Lübeck
Dr. Oliver Ganslandt, Klinikum der Universität Erlangen-Nürnberg
Prof. Dr. Heinz Gerhäuser, Fraunhofer IIS, Erlangen
Prof. Dr. Günther Greiner, Universität Erlangen-Nürnberg
Priv.-Doz. Dr. Heinz Handels, Universität zu Lübeck
Dr. Peter Hastreiter, Neurozentrum, Universität Erlangen-Nürnberg
Prof. Dr. Gerd Häusler, Universität Erlangen-Nürnberg
Prof. Dr. Karl-Heinz Höhne, Universitätsklinikum Hamburg-Eppendorf
Priv.-Doz. Dr. Dr. Ulrich Hoppe, Klinikum der Universität Erlangen-Nürnberg
Dr. Joachim Hornegger, Siemens, Forchheim
Priv.-Doz. Dr. Dr. Alexander Horsch, Technische Universität München
Priv.-Doz. Dr. Frithjof Kruggel, MPI für neuropsychologische Forschung Leipzig
Dr. Thomas M. Lehmann, Universitätsklinikum der RWTH Aachen
Prof. Dr. Dr. Hans-Gerhard Lipinski, Fachhochschule Dortmund
Priv.-Doz. Dr. Gabriele Lohmann, Max-Planck-Institut, Leipzig
Prof. Dr. Hans-Peter Meinzer, Deutsches Krebsforschungszentrum Heidelberg

Prof. Dr. Heinrich Müller, Universität Dortmund
Dr. Ramin Naraghi, Klinikum der Universität Erlangen-Nürnberg
Prof. Dr. Dr. Friedrich W. Neukam, Klinikum der Universität Erlangen-Nürnberg
Prof. Dr. Heinrich Niemann, Universität Erlangen-Nürnberg
Priv.-Doz. Dr. Christopher Nimsky, Klinikum der Universität Erlangen-Nürnberg
Dr. Dr. Emeka Nkenke, Klinikum der Universität Erlangen-Nürnberg
Prof. Dr. Dietrich Paulus, Universität Koblenz-Landau
Prof. Dr. Heinz-Otto Peitgen, Universität Bremen
Prof. Dr. Dr. Siegfried J. Pöppl, Universität zu Lübeck
Priv.-Doz. Dr. Bernhard Preim, Mevis, Bremen
Prof. Dr. Karl Rohr, International University Bruchsal
Prof. Dr. Dietmar Saupe, Universität Konstanz
Dr. Christoph Schick, Klinikum der Universität Erlangen-Nürnberg
Dr. Oskar Schmid, Klinikum der Universität Erlangen-Nürnberg
Prof. Dr. Thomas Tolxdorff, Klinikum Benjamin-Franklin der FU Berlin
Dr. Bernd Tomandl, Klinikum der Universität Erlangen-Nürnberg
Prof. Dr. Herbert Witte, Universität Jena
Dr. Thomas Wittenberg, Fraunhofer IIS, Erlangen

Preisträger des BVM-Workshops 2002
Leipzig, 10.–12. März 2002

Die BVM-Preise zeichnen besonders hervorragende Arbeiten aus. Die Hauptpreise waren 2002 durch die freundliche Unterstützung der Firma Philips Philips Medizin Systeme mit jeweils 250 Euro dotiert. Für die Zweit- und Drittplatzierten gab es von Springer-Verlag und Carl-Hanser-Verlag gestiftete Buchpreise.

BVM-Preis 2002 für die beste wissenschaftliche Arbeit

1. Preis:

Hahn HK, Millar WS, Durkin MS, Klinghammer O, Peitgen H
Cerebral Ventricular Volumetry in Pediatric Neuroimaging

2. Preis:

Thies C, Metzler V, Lehmann TM, Aach T
Objektorientierte Inhaltsbeschreibung hierarchisch partitionierter medizinischer Bilder

3. Preis:

Schmidt H, Handels H, Knopp U, Seidel G, Pöppl SJ
Bildgestützte Telediagnostik und 3D-Tele-Imaging in Java

BVM-Preis 2002 für den besten Vortrag

1. Preis:
Lohscheller J, Schuster M, Döllinger M, Hoppe U, Eysholdt U
Analyse von digitalen Hochgeschwindigkeitsvideos der Ersatzstimmgebung

2. Preis:
Vetter M, Hassenpflug P, Wolf I, Thorn M, Cárdenas S. CE, Grenacher L, Richter GM, Lamadé W, Büchler MW, Meinzer HP
Intraoperative Navigation in der Leberchirurgie mittels Navigationshilfen und Verformungsmodellierung

3. Preis:
Schnabel JA, Tanner C, Castellano-Smith AD, Degenhard A, Hayes C, Leach MO, Hose DR, Hill DLG, Hawkes DJ
Validation of Non-Rigid Registration of Contrast-Enhanced MR Mammography Using Finite Element Methods

BVM-Preis 2002 für die beste Poster- bzw. Softwarepräsentation

1. Preis:
Schenk A, Frericks BB, Caldarone FC, Galanski M, Peitgen HO
Softwaredemo: Evaluierung von Gefäßanalyse und Volumetrie für die Planung von Leberlebendspenden

2. Preis:
Hartkens T, Rückert D, Schnabel JA, Hawkes DJ, Hill DLG
Softwaredemo: VTK CISG Registration Toolkit: An Open Source Software Package for Affine and Non-Rigid Registration of Single- and Multimodal 3D Images

3. Preis:
Chrástek R, Wolf M, Donath K, Michelson G, Niemann H
Optic Disc Segmentation in Retinal Images

Vorwort

In den vergangenen zehn Jahren konnte sich der Workshop *Bildverarbeitung für die Medizin* durch erfolgreiche Veranstaltungen in Freiburg 1993, 1994 und 1995, Aachen 1996 und 1998, Heidelberg 1999, München 2000, Lübeck 2001 sowie Leipzig 2002 als ein interdisziplinäres Forum für Präsentation und Diskussion von aktuellen und neuen Methoden, Systemen und Anwendungen im Bereich der medizinischen Bildverarbeitung sowie der daran angrenzenden Disziplinen etablieren. In diesem Jahr wird der Workshop erstmalig von einer größeren interdisziplinären Gruppe von Wissenschaftlern, den Mitgliedern des Arbeitskreises *Medizin und Informationsverarbeitung* des Sonderforschungsbereichs 603 *Modellbasierte Analyse und Visualisierung komplexer Szenen und Sensordaten* an der Friedrich-Alexander-Universität Erlangen-Nürnberg organisiert und ausgerichtet. Die Veranstalter widmen diesen Workshop Herrn Professor Dr. Dr. Siegfried J. Pöppl, (Universität zu Lübeck) zum 60. Geburtstag.

Aufgrund der eingereichten Beiträge konnten neben den bekannten und regelmäßig wiederkehrenden Themenkomplexen *Segmentierung*, *Registrierung* und *Visualisierung* vier Schwerpunkte der medizinischen Bildverarbeitung herauskristallisiert werden, und zwar *Analyse vaskulärer Strukturen, Mammographie, Physikalische Problemstellungen*, sowie *Endoskopie und Mikroskopie*. Insbesondere der letzte Themenkomplex sowie die große Anzahl weiterer Vorträge und Poster, die sich mit Bildern aus sog. *Lichtmodalitäten* beschäftigen, zeigt, dass diese Aufnahmemodalitäten neben den klassischen Verfahren wie CT, MRT, PET, Röngten oder Ultrasschall einen aktuellen Trend in der klinischen Bildgebung und Auswertung darstellen.

Im Vergleich zu den vergangen Jahren konnte mit 131 Beiträgen wieder ein neuer Rekord an Einreichungen erreicht werden. Die Begutachtung der Beiträge erfuhr in diesem Jahr insofern eine Neuerung, als dass bei den anonymen Bewertungen durch drei Gutachter des Programmkomitees ärztliche Fachkollegen des Klinikums Erlangen hinzugezogen wurden, um die klinischen Aspekte der Beiträge zu evaluieren. Von den eingereichten Beiträgen wurden 90 zur Präsentation ausgewählt, wovon 58 als Vorträge, 30 als Poster und 2 als Systemdemonstrationen auf dem Workshop vorgestellt werden. Die Qualität der eingereichten Arbeiten war insgesamt sehr hoch. Die besten Arbeiten werden auch in diesem Jahr wieder mit BVM-Preisen ausgezeichnet.

Am Tag vor dem wissenschaftlichen Programm werden wiederum zwei Tutorien angeboten: Prof. Dr. Gerd Häusler von der Arbeitsgruppe Optische Messtechnik am Lehrstuhl für Optik der Universität Erlangen-Nürnberg hält ein Tutorium zum Thema *Optische 3D-Sensoren in der Medizin – Möglichkeiten und Grenzen*, wobei u.a. optische Sensorprinzipien und im Einsatz befindliche Sensoren für verschiedene medizinische Anwendungen vorgestellt werden, wie z.B. die phasenmessende Triangulation und die optische Kohärenz-Tomographie. Möglichkeiten und Grenzen der Sensoren für verschiedene Anwendungen werden diskutiert, u.a. in der Zahnheilkunde, der Orthopädie, der Chirurgie und der Dermatologie.

Das zweite Tutorium gibt einen Überblick über den Bereich bildgebende Diagnostik in Zusammenhang mit modernem Informationsmanagement anhand eines Vergleiches von Datensätzen aus Computer- und Kernspintomographen. Zudem werden die Architektur solcher Systeme, ihre Integration in vorhandene IT-Landschaften, relevante Technologien und Standards, sowie Kosten- und Wirtschaftlichkeitsüberlegungen diskutiert. Die Referenten von der Universität Erlangen-Nürnberg sind Dr. med. Bernd F. Tomandl aus der Abteilung für Neuroradiologie *(CT-Diagnostik – Einführung und Vergleich mit MR)*, Dr. med. Michael Lell vom Institut für Radiologische Diagnostik (*MR-Diagnostik – Möglichkeiten und Vergleich mit CT*) sowie Dr.-Ing. Dipl.-Inf. Thomas Kauer von der Gruppe Informationsverarbeitung Medizin *(PACS – Anschaffung, Formulare, Nutzen, Technik)*.

Im Rahmen des Workshops wurden drei international renommierte Wissenschaftler eingeladen. Prof. Dr. Nicholas Ayache, Forschungsleiter des INRIA, Frankreich, und Leiter der Gruppe EPIDAURE *(Projet Images, Diagnostic, Automatique, Robotique)* spricht über das Thema *Introducing physical and physiological models to improve medical image analysis and simulation*. Prof. Dr. med. Dietrich Grönemeyer von der Universität Witten/Herdecke wird zum Thema *Bilderzeugung in der Mikromedizin* vortragen. Der dritte Hauptvortrag des Workshops wird von Prof. Dr. rer. nat. Olaf Gefeller, Leiter des Instituts für Medizininformatik, Biometrie und Epidemiologie der Universität Erlangen-Nürnberg zum Thema *Statistische Aspekte der Fallzahlplanung bei Studien* gehalten.

Im Vorfeld der Lübecker Veranstaltung 2001 wurde ein verteiltes Organisationsteam gegründet, in das die Organisatoren vergangener BVM-Workshops ihre Erfahrungen einbringen. Diese Aufgabenteilung hat sich auch bei der Organisation der Erlanger Veranstaltung bewährt und bildet nicht nur eine starke Entlastung des lokalen Tagungsausrichters, sondern hat auch insgesamt zu einer Effizienzsteigerung geführt. Sowohl die Einreichung und Begutachtung der Tagungsbeiträge als auch die Anmeldung erfolgt ausschließlich über das Internet unter der eigens für den Workshop eingerichteten Homepage

http://www.bvm-workshop.org

von der alle wesentlichen Informationen zu dieser, vergangener und künftiger Veranstaltungen abrufbar sind. In diesem Jahr wurde auch der Tagungsband erstmals vollelektronisch in LATEX erstellt und zur Produktion an den Springer-Verlag übergeben. Von den 90 Beiträgen wurden 67 von den Autoren bereits im LATEX-Format eingereicht. Die 23 im Winword-Format abgefassten Arbeiten wurden konvertiert und nachbearbeitet.

Die Herausgeber dieses Tagungsbandes möchten allen herzlich danken, die zum Gelingen des Workshops beigetragen haben: Den Autoren für die rechtzeitige und formgerechte Einsendung ihrer qualitativ hochwertigen Arbeiten, dem interdisziplinären Programmkomitee für die gründliche Begutachtung, den Mitgliedern des BVM-Organisationsteams sowie den Kollegen L. Ass. Michaela Benz

(Lehrstuhl für Optik), Dr. med. Sophie Krüger (Chirurgische Universitätsklinik), Dipl.-Ing. Jörg Lohscheller (Abteilung für Phoniatrie und Pädaudiologie), Dipl.-Inf. Grzegorz Soza (Lehrstuhl für Graphische Datenverarbeitung), Dipl.-Min. Tobias Maier (Lehrstuhl für Optik), Dipl.-Inf. (FH) Christian Münzenmayer, M.Sc., (Fraunhofer Institut für Integrierte Schaltungen), Dr. med. Dr. dent. Emeka Nkenke (Klinik und Poliklinik für Mund-, Kiefer-, Gesichtschirurgie), Dr. med. Christoph Schick (Chirurgische Universitätsklinik) und Dipl.-Inf. Florian Vogt (Lehrstuhl für Mustererkennung) aus dem Arbeitskreis *Medizin und Informationsverarbeitung* des Sonderforschungsbereichs 603 *Modellbasierte Analyse und Visualisierung komplexer Szenen und Sensordaten* der Universität Erlangen-Nürnberg für ihr Engagement bei der Organisation und Durchführung des Workshops.

Unser besonderer Dank gilt Prof. Dr. med. Rudolf Fahlbusch für die Bereitstellung der Tagungsräumlichkeiten im „Kopfklinikum" und für die Unterstützung bei der Ausrichtung des Workshops. Wir danken der Tagungssekretärin, Frau Katrin Förster, von der Klinik und Poliklinik für Mund-, Kiefer-, Gesichtschirurgie für ihr Engagement bei der Vorbereitung des Workshops, Herrn Dipl.-Inf. Timm Günther (Universität zu Lübeck) danken wir für sein Engagement bei der Implementierung und Wartung der web-basierten Software zur Einreichung und Begutachtung der Beiträge und Herrn Dipl.-Inf. Med. Matthias Thorn (DKFZ Heidelberg) für die Erstellung der web-basierten Anmeldungssoftware sowie für die Pflege der BVM-Adressenliste und des Email-Verteilers.

Für die finanzielle Unterstützung bedanken wir uns bei den Fachgesellschaften und der Industrie, insbesondere beim Hauptsponsor Siemens Medical Solutions. Dem Springer-Verlag, der nun schon den sechsten Tagungsband zu den BVM-Workshops auflegt, wollen wir für die gute Kooperation und für die Stiftung von Buchpreisen unseren Dank aussprechen.

Wir wünschen allen Teilnehmerinnen und Teilnehmern einen interessanten Workshop mit lebhaften Diskussionen und einen angenehmen Aufenthalt in Erlangen.

Januar 2003

Thomas Wittenberg (Erlangen)   Heinz Handels (Lübeck)
Peter Hastreiter (Erlangen)   Alexander Horsch (München)
Ulrich Hoppe (Erlangen)   Hans-Peter Meinzer (Heidelberg)

Inhaltsverzeichnis

Die fortlaufende Nummer am linken Seitenrand entspricht den Beitragsnummern, wie sie im endgültigen Programm des Workshops zu finden sind. Dabei steht V für Vortrag, P für Poster und S für Systemdemonstration.

Registrierung I

V01 *Modersitzki J, Fischer B:* Optimal Image Registration with a Guaranteed One-to-one Point Match 1

V02 *Wörz S, Rohr K:* Localization of Anatomical Point Landmarks in 3D Medical Images by Fitting 3D Parametric Intensity Models 6

V03 *Maier T, Benz M, Häusler G, Nkenke E, Neukam FW, Vogt F:* Automatische Grobregistrierung intraoperativ akquirierter 3D-Daten von Gesichtsoberflächen anhand ihrer Gauß'schen Abbilder 11

V04 *Burkhardt S, Roth M, Schweikard A, Burgkart R:* Registrierung von präoperativen 3D-MRT-Daten mit intraoperativen 2D-Fluoroskopieaufnahmen zur Patientenlageerkennung 16

V05 *Soza G, Hastreiter P, Vega F, Rezk-Salama C, Bauer M, Nimsky C, Greiner G:* Non-linear Intraoperative Correction of Brain Shift with 1.5 T Data 21

V06 *Firle E, Wesarg S, Dold C:* Registrierung und Visualisierung von 3D U/S und CT Datensätzen der Prostata 26

P01 *Droske M, Rumpf M, Schaller C:* Non-rigid Morphological Image Registration 31

P02 *Pietrzyk U, Bente KA:* Erzeugung von Modelldaten zur Prüfung von Bildregistrierungstechniken angewandt auf Daten aus der PET und MRT 36

Analyse vaskulärer Strukturen

V07 *Weber S, Schüle T, Schnörr C, Hornegger J:* A Linear Programming Approach to Limited Angle 3D Reconstruction from DSA Projections 41

V08 *Vega F, Hastreiter P, Tomandl B, Nimsky C, Greiner G:* 3D Visualization of Intracranial Aneurysms with Multidimensional Transfer Functions 46

V09 *Bruijns J:* Fully-Automatic Labelling of Aneurysm Voxels for Volume Estimation 51

V10 *Hassenpflug P, Schöbinger M, Vetter M, Ludwig R, Wolf I, Thorn M, Grenacher L, Richter GM, Uhl W, Büchler MW, Meinzer HP:* Intraoperative Gefäßrekonstruktion für die multimodale Registrierung zur bildgestützten Navigation in der Leberchirurgie 56

V11 *Weichert F, Wawro M, Wilke C:* Korrekte dreidimensionale Visualisierung von Blutgefäßen durch Matching von intravaskulären Ultraschall- und biplanaren Angiographiedaten als Basis eines IVB-Systems 61

V12 *Gong RH, Wörz S, Rohr K:* Segmentation of Coronary Arteries of the Human Heart from 3D Medical Images 66

P03 *Pál I:* Ein Skelettierungsalgorithmus für die Berechnung der Gefäßlänge 71

P04 *Schöbinger M, Thorn M, Vetter M, Cárdenas CE, Hassenpflug P, Wolf I, Meinzer HP:* Robuste Analyse von Gefäßstrukturen auf Basis einer 3D-Skelettierung 76

P05 *Malsch U, Dickhaus H, Kücherer H:* Quantitative Analyse von Koronarangiographischen Bildfolgen zur Bestimmung der Myokardperfusion 81

Mammographie

V13 *Ruiter NV, Müller TO, Stotzka R, Gemmeke H, Reichenbach JR, Kaiser WA:* Finite Element Simulation of the Breast's Deformation during Mammography to Generate a Deformation Model for Registration 86

V14 *Rohlfing T, Maurer CR Jr, Bluemke DA, Jacobs MA:* Volumenerhaltende elastische Registrierung. Evaluierung mit klinischen MR-Mammographien 91

V15 *Führ H, Treiber O, Wanninger F:* Cluster-Oriented Detection of Microcalcifications in Simulated Low-Dose Mammography 96

P06 *Drexl J, Heinlein P, Schneider W:* MammoInsight Computer Assisted Detection: Performance Study with Large Database 101

Systemdemonstrationen

S01 *Strobel N, Gosch C, Hesser J, Poliwoda C:* Multiresolution Data Handling for Visualization of Very Large Data Sets 106

S02 *Lange T, Lamecker H, Seebaß M:* Ein Softwarepaket für die modellbasierte Segmentierung anatomischer Strukturen 111

Physikalische Problemstellungen

V16 *Braun J, Sack I, Bernarding J, Tolxdorff T:* Simulation von Kernspinelastographie-Experimenten zur Beurteilung der Machbarkeit und Optimierung potentieller Anwendungen 116

V17 *Hastenteufel M, Wolf I, Mottl-Link S, de Simone R, Meinzer HP:* Rekonstruktion von Myokardgeschwindigkeiten mittels Tikhonov Regularisierung 121

V18 *Burkhardt S, Schweikard A, Burgkart R:* Bestimmung der Gradientenstärken von MR-Sequenzen mit Hilfe von Kalibrierkörpern 126

P07 *Decker P:* Auflösungserhöhung von Dosimetriedetektoren zur Bildgebung in der Strahlentherapie. Rekonstruktion von Projektionsbildern mit CT-Algorithmen 131

P08 *Deck TM, Müller TO, Stotzka R, Gemmeke H:* Rekonstruktion von Geschwindigkeits- und Absorptionsbildern eines Ultraschall–Computertomographen 136

P09 *Dold C, Firle E:* Aufnahme von Kopfbewegungen in Echtzeit zur Korrektur von Bewegungsartefakten bei fMRI 141

Segmentierung I

V19 *Kuhnigk JM, Hahn HK, Hindennach M, Dicken V, Kraß S, Peitgen HO:* 3D-Lungenlappen-Segmentierung durch Kombination von Region Growing, Distanz- und Wasserscheiden-Transformation 146

V20 *Thies C, Kohnen M, Keysers D, Lehmann TM:* Synthese von regionen- und kantenorientierter parameterfreien Erzeugung von Multiskalengraphen mittels Region Growing 151

V21 *König S, Hesser J:* Live-Wires on Egdes of Presegmented 2D-Data . 156

V22 *Holzmüller-Laue S, Schmitz KP:* Segmentierung des Femurs mittels automatisch parametrisierter B-Spline-Snakes 161

V23 *Liersch D, Sovakar A, Kobbelt LP:* Parameter Reduction and Automatic Generation of Active Shape Models 166

V24 *Timinger H, Pekar V, von Berg J, Dietmayer K, Kaus M:* Integration of Interactive Corrections to Model-Based Segmentation Algorithms 171

P10 *Pohle R, Tönnies KD, Celler A:* 4D-Segmentierung von dSPECT-Aufnahmen des Herzens 176

P11 *El-Messiry H, Kestler HA, Grebe O, Neumann H:* Morphological Scale-Space Decomposition for Segmenting the Ventricular Structure in Cardiac MR Images 181

P12 *Behrends J, Hoole P, Leinsinger GL, Tillmann HG, Hahn K, Reiser M, Wismüller A:* A Segmentation and Analysis Method for MRI Data of the Human Vocal Tract 186

Mikroskopie und Endoskopie

V25 *Münzenmayer C, Mühldorfer S, Mayinger B, Volk H, Grobe M, Wittenberg T:* Farbtexturbasierte optische Biopsie auf hochauflösenden endoskopischen Farbbildern des Ösophagus 191

V26 *Beller M, Stotzka R, Gemmeke H, Weibezahn KF, Knedlitschek G:* Bildverarbeitung für ein motorisiertes Lichtmikroskop zur automatischen Lymphozytenidentifikation 196

V27 *Grobe M, Volk H, Münzenmayer C, Wittenberg T:* Segmentierung von überlappenden Zellen in Fluoreszenz- und Durchlichtaufnahmen 201

V28 *Schäpe A, Urbani M, Leiderer R, Athelogou M:* Fraktal hierarchische, prozeß- und objektbasierte Bildanalyse. Anwendungen in der biomedizinischen Mikroskopie 206

V29 *Paar G, Smolle J:* Stereoscopic Skin Mapping for Dermatology 211

V30 *Josten M, Rutschmann D, Massen R:* Messbar einfach: Mobiles und wirtschaftliches 3D Body Scanning in der Medizin mit dem MagicalSkin Scanner® 216

P13 *Leischner C, Handels H, Kreusch J, Pöppl SJ:* Analyse kleiner pigmentierter Hautläsionen für die Melanomfrüherkennung 220

P14 *Roth A, Melzer K, Annacker K, Lipinski HG, Wiemann M, Bingmann D:* 3D-Visualisierung vitaler Knochenzellen 225

P15 *Braumann UD, Kuska JP, Einenkel J:* Dreidimensionale Rekonstruktion der Invasionsfront von Gebärmutterhalskarzinomen 230

P16 *Volk H, Münzenmayer C, Grobe M, Wittenberg T:* Ein schneller Klassifikations-Ansatz für das Screening von Zervix-Proben basierend auf einer linearen Approximation des Sammon-Mappings 235

Visualisierung I

V31 *Hoppe U, Rosanowski F, Lohscheller J, Döllinger M, Eysholdt U:* Visualisierung und Interpretation von Stimmlippenschwingungen .. 240

V32 *Dicken V, Wein B, Schubert H, Kuhnigk JM, Kraß S, Peitgen HO:* Projektionsansichten zur Vereinfachung der Diagnose von multiplen Lungenrundherden in CT-Thorax-Aufnahmen 244

V33 *Bornik A, Beichel R, Reitinger B, Gotschuli G, Sorantin E, Leberl F, Sonka M:* Computer Aided Liver Surgery Planning Based on Augmented Reality Techniques 249

V34 *Rodt T, Bartling S, Burmeister H, Peldschuss K, Issing P, Lenarz T, Becker H, Matthies H:* 3D-Nachverarbeitung in der CT-Bildgebung des Felsenbeins 254

V35 *Preim B, Tietjen C, Hindennach M, Peitgen HO:* Integration automatischer Abstandsberechnungen in die Interventionsplanung . 259

P17 *Lohscheller J, Döllinger M, Schuster M, Eysholdt U, Hoppe U:* Modellierung und Visualisierung der dynamischen Eigenschaften des Tongenerators bei der Ersatzstimmgebung 264

P18 *Richter D, Straßmann G, Becker R, Glasberger A, Gottwald S, Keszler T:* Visualisierung einer 3D-Sondennavigation zur Nadelpositionierung in Tumoren im CT-Datensatz für die interstitielle Brachytherapie 269

P19 *Krempien R, Däuber S, Hoppe H, Harms W, Schorr O, Wörn H, Wannenmacher M:* Projektorbasierte erweiterte Realität in der interstitiellen Brachytherapy 274

P20 *Mueller M, Teschner M:* Volumetric Meshes for Real–Time Medical Simulations 279

P21 *Graichen U, Zotz R, Saupe D:* Verbesserte Volumenrekonstruktion aus 2D transesophagal Ultraschallbildserien 284

Evaluierung und Qualität

V36 *Hoffmann J, Troitzsch D, Schneider M, Reinauer F, Bartz D:* Evaluation der 3-D-Präzision eines bilddatengestützten chirurgischen Navigationssystems 289

V37 *Krüger S, Vogt F, Hohenberger W, Paulus D, Niemann H, Schick CH:* Evaluation der rechnergestützen Bildverbesserung in der Videoendoskopie von Körperhöhlen 293

V38 *Bartz D, Orman J, Gürvit Ö:* Volumetrische Messungen und Qualitätsassessment von anatomischen Kavitäten 298

V39 *Ehrhardt J, Malina T, Handels H, Strathmann B, Plötz W, Pöppl SJ:* Automatische Berechnung orthopädischer Maßzahlen auf der Basis virtueller dreidimensionaler Modelle der Hüfte 303

V40 *Uhlemann F, Morgenstern U, Steinmeier R:* Ein Verfahren zur objektiven Quantifizierung der Genauigkeit von dreidimensionalen Fusionsalgorithmen – Ein Optimierungs- und Bewertungswerkzeug . 308

Registrierung II

P22 *Vogelbusch C, Henn S, Mai JK, Voss T, Witsch K:* Image Fusion of 3D MR-Images to Improve the Spatial Resolution 313

P23 *Böttger T, Ruiter NV, Stotzka R, Bendl R, Herfarth KK:* Registrierung von CT– und MRT–Volumendaten der Leber 318

P24 *Frühling C, Littmann A, Rau A, Bendl R:* Automatische, robuste Anpassung von segmentierten Strukturen an geänderte Organgeometrien bei der fraktionierten Strahlentherapie 323

P25 *Busse H, Moche M, Seiwerts M, Schneider JP, Schmitgen A, Bootz F, Scholz R, Kahn T:* Intraoperative Bildverarbeitung zur Verbesserung MRT-gestützter Interventionen. Erweiterung auf nicht-neurochirurgische Anwendungen 328

Segmentierung II

V41 *Mayer D, Ley S, Brook DS, Thust S, Heussel CP, Kauczor HU:* 3D-Segmentierung des menschlichen Tracheobronchialbaums aus CT-Bilddaten 333

V42 *Chrástek R, Wolf M, Donath K, Niemann H, Hothorn T, Lausen B, Lämmer R, Mardin CY, Michelson G:* Automated Segmentation of the Optic Nerve Head for Glaucoma Diagnosis 338

V43 *Wolf I, Eid A, Vetter M, Hassenpflug P, Meinzer HP:* Segmentierung dreidimensionaler Objekte durch Interpolation beliebig orientierter, zweidimensionaler Segmentierungsergebnisse .. 343

P26 *Rohlfing T, Russakoff DB, Maurer CR Jr:* An Expectation Maximization-Like Algorithm for Multi-atlas Multi-label Segmentation 348

Freie Themen

V44 *Fischer B, Thies C, Güld MO, Lehmann TM:* Matching von Multiskalengraphen für den inhaltsbasierten Zugriff auf medizinische Bilder 353

V45 *Overhoff HM, Maas S, Cornelius T, Hollerbach S:* Visualisierung anatomischer Strukturen von Oberbauchorganen mittels automatisch segmentierter 3D-Ultraschallbildvolumina. Ergebnisse einer Pilotstudie 358

V46 *Horsch A, Prinz M, Schneider S, Sipilä O, Spinnler K, Vallée JP, Verdonck-de Leeuw I, Vogl R, Wittenberg T, Zahlmann G:* Establishing an International Reference Image Database for Research and Development in Medical Image Processing 363

P27 *Della-Monta C, Großkopf S, Trappe F:* Reproduzierbarkeit der Volumenmessung von Lungenrundherden in Mehrschicht-CT. Erste Ergebnisse eines neuen ellipsoiden Ansatzes 368

P28 *Linnenbrügger NI, Webber RL, Kobbelt LP, Lehmann TM:* Automated Hybrid TACT Volume Reconstructions 373

P29 *Wagenknecht G, Kaiser HJ, Büll U, Sabri O:* MRT-basierte individuelle Regionenatlanten des menschlichen Gehirns. Ziele, Methoden, Ausblick 378

P30 *Plodowski B, Güld MO, Schubert H, Keysers D, Lehmann TM:* Modulares Design von webbasierten Benutzerschnittstellen für inhaltsbasierte Zugriffe auf medizinische Bilddaten 383

Segmentierung III: Wissensbasiert

V47 *Güld MO, Schubert H, Leisten M, Plodowski B, Fischer B, Keysers D, Lehmann TM:* Automatische Kategorisierung von medizinischem Bildmaterial in einen multiaxialen monohierarchischen Code 388

V48 *Ehrhardt J, Handels H, Pöppl SJ:* Atlasbasierte Erkennung anatomischer Landmarken 393

V49 *Lamecker H, Lange T, Seebaß M:* Erzeugung statistischer 3D-Formmodelle zur Segmentierung medizinischer Bilddaten 398

V50 *Wismüller A, Behrends J, Lange O, Jukic M, Hahn K, Reiser M, Auer D:* High-Precision Computer-Assisted Segmentation of Multispectral MRI Data Sets in Patients with Multiple Sclerosis by a Flexible Machine Learning Image Analysis Approach 403

V51 *Schenk A, Behrens S, Meier SA, Mildenberger P, Peitgen HO:* Segmentierung von Hepatozellulären Karzinomen mit Fuzzy-Connectedness 408

V52 *Kohnen M, Mahnken AH, Brandt AS, Günther RW, Wein BB:* Fully Automatic Segmentation and Evaluation of Lateral Spine Radiographs 413

Visualisierung II

V53 *Vogt F, Krüger S, Paulus D, Niemann H, Hohenberger W, Schick C:* Endoskopische Lichtfelder mit einem kameraführenden Roboter 418

V54 *Hennemuth A, Mahnken A, Klotz E, Wolsiffer K, Dreschler-Fischer L, Hansmann W:* Auswertung von Testbolusdaten. Untersuchungsplanung und Berechnung von Herzfunktionsparametern 423

V55 *Littmann A, Schenk A, Preim B, Roggan A, Lehmann K, Ritz JP, Germer CT, Peitgen HO:* Kombination von Bildanalyse und physikalischer Simulation für die Planung von Behandlungen maligner Lebertumoren mittels laserinduzierter Thermotherapie ... 428

V56 *Reichmann K, Boschen F, Rödel R, Kühn KU, Joe A, Biersack HJ:* Erkennung von Kopfbewegungen während Emissionstomographischer Datenaufnahmen 433

V57 *Stotzka R, Müller TO, Schlote Holubek K, Deck T, Elahi SV, Göbel G, Gemmeke H:* Aufbau eines Ultraschall–Computertomographen für die Brustkrebsdiagnostik ... 438

V58 *Weichert F, Wilke C:* Approximation koronarer Strukturen in IVUS-Frames durch unscharfe elliptische Templates 443

Kategorisierung der Beiträge 449

Autorenverzeichnis 451

Stichwortverzeichnis 455

Optimal Image Registration with a Guaranteed One-to-one Point Match

Jan Modersitzki and Bernd Fischer

Institute of Mathematics, University of Lübeck, 23560 Lübeck,
Email: {modersitzki,fischer}@math.uni-luebeck.de

Abstract. Automatic, parameter-free, and non-rigid registration schemes are known to be valuable tools in various (medical) image processing applications. Typically, these approaches aim to match intensity patterns in each scan by minimizing an appropriate distance measure. The outcome of an automatic registration procedure in general matches the target image quite good on the average. However, it may by inaccurate for specific, important locations as for example anatomical landmarks. On the other hand, landmark based registration techniques are designed to accurately match user specified landmarks. A drawback of landmark based registration is that the intensities of the images are completely neglected. Consequently, the registration result away from the landmarks may be very poor. Here, we propose a framework for novel registration techniques which are capable to combine automatic and landmark driven approaches in order to benefit from the advantages of both strategies. We also propose a general, mathematical treatment of this framework and a particular implementation. The procedure computes a displacement field which is guaranteed to produce a one-to-one match between given landmarks and at the same time minimizes an intensity based measure for the remaining parts of the images.

1 Introduction

Two fundamental approaches are popular in todays image registration. One is based on the detection of a number of outstanding points, the so-called *landmarks*, and the second one is based on the minimization of an appropriate chosen *distance measure*. For the landmark based registration, a user has to identify a number of landmarks. Furthermore, he has to choose a *regularization term*, where typically the thin-plate-spline (TPS) regularizer is used; cf., e.g., [2], [9]. The distance based registration technique relies on two ingredients: one is a distance measure $\mathcal{D}$ and the other one a regularizer $\mathcal{S}$. The regularizer is needed since the problem is ill-posed; cf. e.g., [8].

Here, we propose a general framework for combination of landmark and distance measure based approaches. It is based on the minimization of a regularized distance measure subject to some interpolation constraints; see also [3] and, e.g., [4]. For ease of presentation, we focus on the spatial dimension three.

Given are the images $R, T : \Omega \subset \mathbb{R}^3 \to \mathbb{R}$, a regularizer $\mathcal{S}$, a distance measure $\mathcal{D}$, and the landmarks $r^j, t^j \in \Omega$, $j = 1, \ldots, m$. We are looking for a displacement $u = (u_1, u_2, u_3) : \mathbb{R}^3 \to \mathbb{R}^3$, such that

$$\mathcal{J}[u] = \min \quad \text{subject to} \quad u(t^j) = d^j := t^j - r^j, \quad j = 1, \ldots, m, \qquad (1)$$

where $\mathcal{J}[u] := \mathcal{D}[R, T; u] + \alpha \mathcal{S}[u]$, and α is a regularization parameter. One may find various choices for the distance measure $\mathcal{D}$ and the regularizer (or smoother) $\mathcal{S}$ in the literature; see, e.g., [5] for an overview. To simplify the discussion and to demonstrate the performance of our new approach we have chosen here the commonly used so-called *sum of squared differences measure* and the so-called *curvature* smoother,

$$\mathcal{D}[R, T; u] = \mathcal{D}^{\text{SSD}}[R, T; u] := \tfrac{1}{2} \int_\Omega \left(R(x) - T(x - u(x)) \right)^2 dx, \qquad (2)$$

$$\mathcal{S}[u] = \mathcal{S}^{\text{curv}}[u] := \tfrac{1}{2} \sum_{\ell=1}^{3} \int_\Omega (\operatorname{div} u_\ell(x))^2 \, dx. \qquad (3)$$

Without additional interpolation constraints, these choices lead to the well-known *curvature registration* approach; cf., [6].

2 Computing a solution

To compute a minimum of (1) we apply the calculus of variations, that is we compute the GÂTEAUX-derivative of the associated functional and subsequently seek for stationary points of the derivative. One finally ends up with the following necessary conditions for a minimizer (see [7] for details),

$$-f(x, u(x)) + \mathcal{A}[u](x) + \sum_{j=1}^{m} \lambda_j \delta_{t^j}[u](x) = 0, \quad \text{for all} \quad x \in \Omega, \qquad (4)$$

$$\text{and} \quad \delta_{t^j}[u] - d^j = 0, \quad j = 1, \ldots, m, \qquad (5)$$

where δ denotes the point-evaluation functional, $\delta_z[u] = u(z)$. This system of non-linear, distributional partial differential equations consists of three parts. More precisely, the so-called *force field* f results from the GÂTEAUX-derivative of the distance measure $\mathcal{D}$, the differential operator $\mathcal{A}$ results from the GÂTEAUX-derivative of the regularizer $\mathcal{S}$, and the δ-functionals are related to the interpolation constraints. For the particular choices of $\mathcal{D}$ and $\mathcal{S}$ introduced in eqn. (2) and (3), respectively, we have

$$f(x, u(x)) = (T(x - u(x)) - R(x)) \cdot \nabla T(x - u(x)), \qquad (6)$$
$$\mathcal{A}[u] = \mathcal{A}^{\text{curv}}[u] = \alpha \Delta^2 u, \qquad (7)$$

where Δ^2 is the vector-valued bi-harmonic operator.

In principle, this system may be solved in two steps. First, we compute a particular solution w and fundamental solutions v^j,

$$\mathcal{A}[w] = f(\cdot, u(\cdot)) \quad \text{and} \quad \mathcal{A}[v^j] = -\delta_{t^j}, \quad j = 1, \ldots, m. \qquad (8)$$

Then the superposition
$$u = w + \sum_{j=1}^{m} \lambda_j v^j, \qquad (9)$$
does solve the PDE (4) for any choice of the coefficients λ_j. These coefficients are now used to compute a solution u which on top does satisfy the interpolation conditions (5). From (5), we have
$$d_\ell^j = u_\ell(t^j) = w_\ell(t^j) + \sum_{i=1}^{m} \lambda_\ell^i v_\ell^i(t^j), \quad \ell = 1,2,3, \quad j = 1,\ldots,m,$$
or, with $B^\ell := (v_\ell^i(t^j))_{j,i=1}^m$, $\lambda^\ell = (\lambda_\ell^i)_{i=1}^m$, $b^\ell = (d_\ell^j - w_\ell(t^j))_{j=1}^m$, we have $B^\ell \lambda^\ell = b^\ell$, $\ell = 1,2,3$.

Altogether, u (cf. (9)) is by construction a stationary point for the functional $\mathcal{J}$, as required. However, the above outlined scheme is not applicable in the present form, as the solve for w in (8) requires the knowledge of the wanted solution u. To bypass this problem one may use a fixed-point type iteration. That is, starting with an initial guess $u^{(k)}$ fulfilling the interpolation constraints (5), we solve
$$\mathcal{A}[w^{(k+1)}] = f(\cdot, u^{(k)}(\cdot)) \quad \text{and update} \quad u^{(k+1)} = w^{(k)} + \sum_{j=1}^{m} \lambda_j v^j.$$

Another common approach to overcome the non-linearity in the force field f is based on a time-marching algorithm and can be used as well.

Two remarks are in order. First, we note that the adjustment of the parameters λ_j in (9) in each iteration step enforce a one-to-one match between the given landmarks, no matter at what point the iteration is stopped. Thus, we are able to guarantee the desired correspondence of anatomical landmarks.

Moreover, the introduction of interpolation constraints does not effect the complexity of the overall scheme as opposed to conventional schemes without interpolation constraints. The computation of the fundamental solutions v^j in (8) may be done once and forever, since they are independent of T and R and on the iteration index. In addition, for particular choices of $\mathcal{S}$, these solutions are known explicitly. The PDE associated with the fixed-point iteration or the time-marching scheme is identical to one obtained by solving the registration problem without additional landmarks. In other words, existing codes can be modified easily. For example, the ones outlined in [5] would lead to schemes of $\mathcal{O}(n \log n)$ or even $\mathcal{O}(n)$ complexity, depending on the chosen regularizer $\mathcal{S}$, where, n denotes the number of voxel. The overhead in the new approach is the solution of a linear system of the order m (where m denotes the number of landmarks) and the correction of u; cf. (9).

3 Example

In this section we present an example which does compare the new approach to the ones based solely on landmarks and the ones based on a non-rigid registration without landmarks. Figure 1 displays the registration of X-rays of a two human hands; images from [1]. The landmark based displacement has been computed using *thin-plate-splines*; cf., e.g., [2]. Note, that the landmarks are perfectly matched, whereas the rest of the hand is slightly "bent". The other computations are based on the distance measure and smoother introduced in (2) and 3), respectively; cf., e.g. [6]. The result after *curvature registration* looks perfect. However, a close examination shows that the landmarks are slightly off. Finally, we display several intermediate steps of the *curvature registration* with additional landmarks. It shows that not only the landmarks are perfectly matched but also the remaining part is nicely registered.

4 Conclusions

We have proposed a novel framework for parameter-free, non-rigid registration scheme which allows for the additional incorporation of user defined landmarks. It enhances the reliability of conventional approaches considerably and thereby their acceptability by practitioners in a clinical environment.

It has been shown that the new approach does compute a displacement field which is guaranteed to produce a one-to-one match between given landmarks and at the same time minimizes an intensity based measure for the remaining parts of the images. Moreover, its complexity is comparable to the one for a conventional registration scheme without additional landmarks. Finally, this approach may also be used to derive a good starting guess for the desired displacement, which may save computing time and may prevent a scheme for trapping into unwanted minima.

References

1. Yali Amit, *A nonlinear variational problem for image matching*, SIAM J. Sci. Comput. **15** (1994), no. 1, 207–224.
2. Fred L. Bookstein, *Principal warps: Thin-plate splines and the decomposition of deformations*, IEEE Transactions on Pattern Analysis and Machine Intelligence **11** (1989), no. 6, 567–585.
3. Pierre Hellier and Christian Barillot, *Coupling dense and landmark-based approaches for non rigid registration*, technical report 1368, INRIA, France, 2000, 28 p.
4. Hans J. Johnson and Gary Edward Christensen, *Consistent Landmark and Intensity-based Image Registration*, IEEE Transactions on Medical Imaging, **21** 2002, no. 5, 450–461.
5. Bernd Fischer and Jan Modersitzki, *A unified approach to fast image registration and a new curvature based registration technique*, Preprint A-02-07, Institute of Mathematics, Medical University of Lübeck, 2002.
6. _____, *Curvature based image registration*, Journal of Mathematic Imaging and Vision **18** (2003), no. 1, 81–85.
7. _____, *Optimal image registrations with a guaranteed one-to-one match of distinguished points*, Preprint A-03-03, Institute of Mathematics, Medical University of Lübeck, 2003.
8. Jan Modersitzki, *Numerical Methods for Image Registration*, To appear in Oxford University Press, 2003, 210 p.

9. Karl Rohr, *Landmark-based image analysis*, Computational Imaging and Vision, Kluwer Academic Publishers, Dordrecht, 2001.

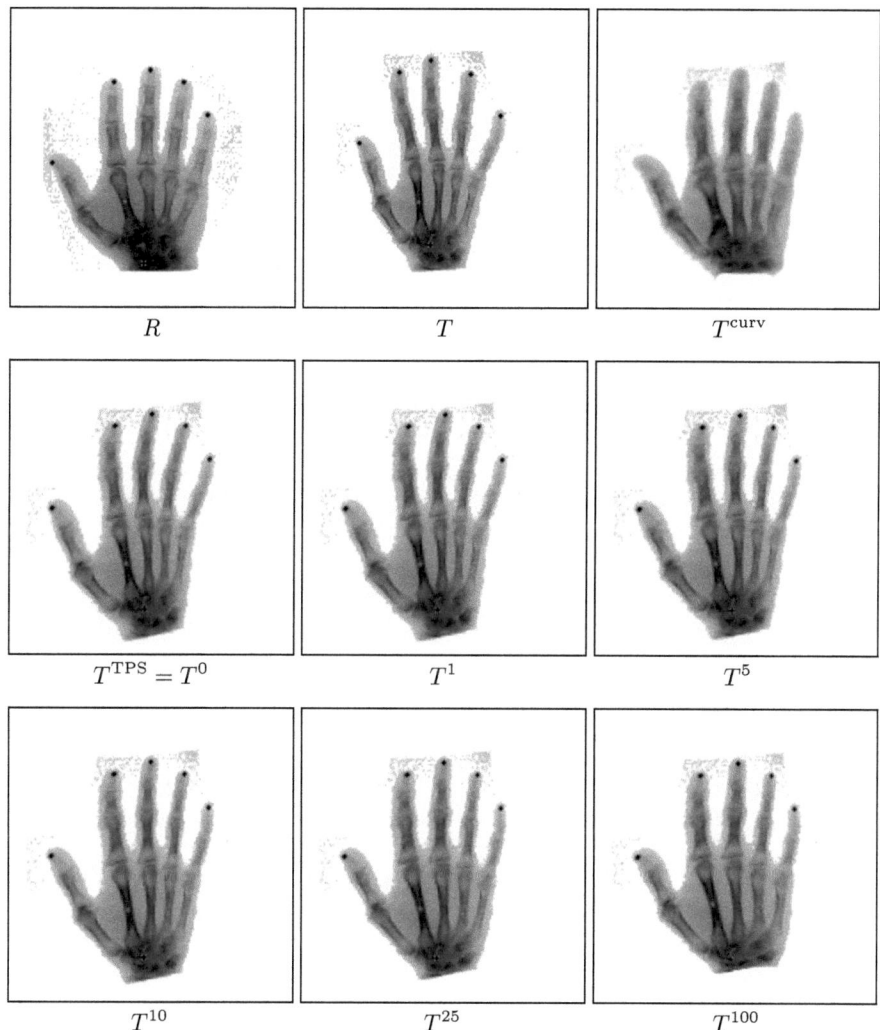

Fig. 1. Registration results for X-rays of a human hand (images from Y. AMIT [1]): TOP LEFT: reference R with 6 landmarks, TOP MIDDLE: template T with 6 corresponding landmarks, TOP RIGHT: template T^{curv} after distance measure based registration (after 100 iterations), T^k, $k = 0, 1, 5, 10, 25, 100$ intermediate results of the DLM (Distance and LandMark based) registration with 6 corresponding landmarks.

Localization of Anatomical Point Landmarks in 3D Medical Images by Fitting 3D Parametric Intensity Models

Stefan Wörz and Karl Rohr

School of Information Technology, Computer Vision & Graphics Group
International University in Germany, 76646 Bruchsal
Email: {woerz,rohr}@i-u.de

Summary. We introduce a new approach for the localization of 3D anatomical point landmarks. The approach uses 3D parametric intensity models of anatomical structures which are directly fit to the image intensities. We developed an analytic model based on the Gaussian error function to efficiently model tip-like structures of ellipsoidal shape. The approach has been successfully applied to accurately localize the tips of ventricular horns in 3D MR image data.

1 Introduction

The localization of 3D anatomical point landmarks is an important task in medical image analysis. Landmarks are useful image features in a variety of applications, for example, the registration of 3D brain images of different modalities or the registration of images with digital atlases. The current standard procedure, however, is to localize 3D anatomical point landmarks manually which is difficult, time consuming, and error-prone. To improve the current situation it is therefore important to develop automated methods.

In previous work on the localization of anatomical point landmarks, 3D differential operators have been proposed (e.g., Thirion [1], Rohr [2]). For a recent evaluation study of nine different 3D differential operators see Hartkens *et al.* [3]. While being computationally efficient, differential operators incorporate only small local neighbourhoods of an image and are therefore relatively sensitive to noise, which leads to false detections and also affects the localization accuracy. Recently, an approach based on deformable models was introduced, see Frantz *et al.* [4] and Alker *et al.* [5]. With this approach tip-like anatomical structures are modeled by surface models, which are fit to the image data using an edge-based fitting measure. However, the approach requires the detection of 3D image edges as well as the formulation of a relatively complicated fitting measure, which involves the image gradient as well as 1st order derivatives of the surface model.

We have developed a new approach for the localization of 3D anatomical point landmarks. In contrast to previous approaches the central idea is to use 3D parametric intensity models of anatomical structures. In comparison to differential approaches, larger image regions and thus semi-global image information is taken into account. In comparison to approaches based on surface models, we directly exploit the intensity information of anatomical structures. Therefore, more a priori knowledge and much more image information is taken into account in our approach to improve the robustness against noise and to increase the localization accuracy.

2 Parametric Intensity Model for Tip-Like Structures

Our approach uses 3D parametric intensity models which are fit directly to the intensities of the image data (see Rohr [6] where such an approach has been proposed for segmenting 2D corner and edge features). These models describe the image intensities of anatomical structures in a semi-global region as a function of a certain number of parameters. The main characteristic, e.g. in comparision to general deformable models, is that they exhibit a prominent point which defines the position of the landmark. By fitting the parametric intensity model to the image intensities we obtain a subvoxel estimate of the position as well as estimates of the other parameters, e.g., the image contrast. As an important class of 3D anatomical point landmarks we here consider tip-like structures. Such structures can be found, for example, within the human head at the ventricular system (e.g., the tips of the frontal, occipital, or temporal horns) and at the skull (e.g., the tip of the external occipital protuberance).

The shape of these anatomical structures is ellipsoidal. Therefore, we use a (half-)ellipsoid with the three semi-axes (r_x, r_y, r_z) and the intensity levels a_0 (outside) and a_1 (inside) to model them. We also introduce Gaussian smoothing with the parameter σ to incorporate image smoothing effects. To efficiently represent the resulting 3D intensity structure we developed an analytic model based on $\Phi(x) = \int_{-\infty}^{x} (2\pi)^{-1/2} e^{-\xi^2/2} d\xi$, which is given by

$$g_{Ell.}(\mathbf{x}) = a_0 + (a_1 - a_0) \, \Phi\left(\frac{\sqrt[3]{r_x r_y r_z}}{\sigma} \left(1 - \sqrt{\frac{x^2}{r_x^2} + \frac{y^2}{r_y^2} + \frac{(z+r_z)^2}{r_z^2}} \right) \right) \quad (1)$$

where $\mathbf{x} = (x, y, z)$. We define the tip of the ellipsoid w.r.t. the semi-axis r_z as the position of the landmark, which also is the center of the local coordinate system. In addition, we include a 3D rigid transform $\mathcal{R}$ with translation parameters (x_0, y_0, z_0) and rotation parameters (α, β, γ). Moreover, we extend our model to a more general class of tip-like structures by applying a tapering deformation $\mathcal{T}$ with the parameters ρ_x and ρ_y, and a bending deformation $\mathcal{B}$ with the parameters δ (strength) and ν (direction), which are defined by

$$\mathcal{T}(\mathbf{x}) = \begin{pmatrix} x(1 + z\,\rho_x/r_z) \\ y(1 + z\,\rho_y/r_z) \\ z \end{pmatrix} \quad \text{and} \quad \mathcal{B}(\mathbf{x}) = \begin{pmatrix} x - z^2 \delta \cos \nu \\ y - z^2 \delta \sin \nu \\ z \end{pmatrix} \quad (2)$$

This results in our parametric intensity model with a total of 16 parameters:

$$g_M(\mathbf{x}, \mathbf{p}) = g_{Ell.}(\mathcal{T}(\mathcal{B}(\mathcal{R}(\mathbf{x})))) \quad (3)$$

$$\mathbf{p} = (r_x, r_y, r_z, a_0, a_1, \sigma, \rho_x, \rho_y, \delta, \nu, \alpha, \beta, \gamma, x_0, y_0, z_0) \quad (4)$$

3 Model Fitting Approach

Estimates for the model parameters are found by a least-squares fit of the model to the image intensities $g(\boldsymbol{x})$ within semi-global regions-of-interest (ROIs), thus minimizing

$$\sum_{\boldsymbol{x} \in \text{ROI}} \left(g_M(\boldsymbol{x}, \boldsymbol{p}) - g(\boldsymbol{x})\right)^2 \qquad (5)$$

The fitting measure does not include any derivatives. This is in contrast to previous fitting measures for surface models which incorporate the image gradient as well as 1st order derivatives of the model (e.g., [4]). For the minimization we apply the method of Levenberg-Marquardt, incorporating 1st order partial derivatives of the intensity model w.r.t. the model parameters, which can be derived analytically. Note, we do not need the image gradient. We need 1st order derivatives of the intensity model only for the minimization process, whereas the surface model approach requires 2nd order derivatives for the minimization.

To improve the robustness as well as the accuracy of model fitting, we separated the model fitting process into different phases. In the first phase, only a subset of the model parameters are allowed to vary in the minimization process (parameters for semi-axes, rotation, and smoothing). In subsequent phases further model parameters are additionally allowed to vary, i.e. the parameters of the translation, the intensity levels, and the deformation.

4 Experimental Results

Our approach has been applied to 3D synthetic data as well as to 3D MR images of the human head. In the first part of the synthetic experiments, we applied our approach to 3D image data generated by the model itself with added Gaussian noise. In total we carried out about 2400 experiments and achieved a very high localization accuracy with an error in the estimated position of less than 0.12 voxels. We also found that the approach is robust w.r.t. the choice of initial parameters. In the second part, we applied our approach to synthetic 3D images, which have been obtained by discrete Gaussian smoothing of an ideal (unsmoothed) ellipsoid. Since our 3D model represents an approximation to a

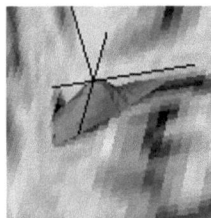

Fig. 1. 3D contour plots of the fitted model for the left temporal horn (left), the right temporal horn (center), and the right occipital horn (right) within the original data. The marked axes indicate the estimated landmark positions.

Gaussian smoothed ellipsoid, in these experiments it turned out that we obtained a systematic error in estimating the landmark position. To cope with these errors we developed a nonlinear correction function which "calibrates" the model: $\triangle z_0 = c_1 + c_2\hat{\sigma} + c_3\hat{\sigma}^2 + (c_4 + c_5\hat{\sigma} + c_6\hat{\sigma}^2)\, 2\hat{r}_z/(\hat{r}_x + \hat{r}_y)$. To determine the parameters $c_1, \ldots, c_6$ we devised a large number of experiments and systematically varied the respective parameters. In total, we used more than 2000 synthetic 3D images. Incorporating the correction function, we achieved an average localization error of less than 0.2 voxels.

We also applied our approach to real 3D MR images of the human head. Table 1 shows the fitting results for the tips of six ventricular horns. For each landmark, we applied the model fitting 100 times with different sets of initial parameters. On average, model fitting succeeded in 89 cases with an average of 75 iterations and a mean fitting error (positive root of the mean squared error) of $\bar{e}_{int} = 10.70$. The average distance between the estimated landmark positions and manually localized positions for all six landmarks is $\bar{e} = 1.90$ voxels. In comparision, using the 3D differential operator Op3 ([2]), we obtain an average distance of $\bar{e}_{Op3} = 3.42$ voxels. Thus, the localization accuracy with our new approach turns out to be much better. For three landmarks we have also visualized the fitting results in Figure 1 using 3D Slicer (SPL, Boston). It demonstrates that the spectrum of possible shapes of our model is relatively large. The left ellipsoid includes only tapering, the center ellipsoid includes tapering and bending, and the right ellipsoid includes relatively strong tapering and bending. Figure 2 shows the fitting results for the left and right frontal horn overlayed with four different slices of the original data. It can be seen that the model describes the depicted anatomical structures fairly well.

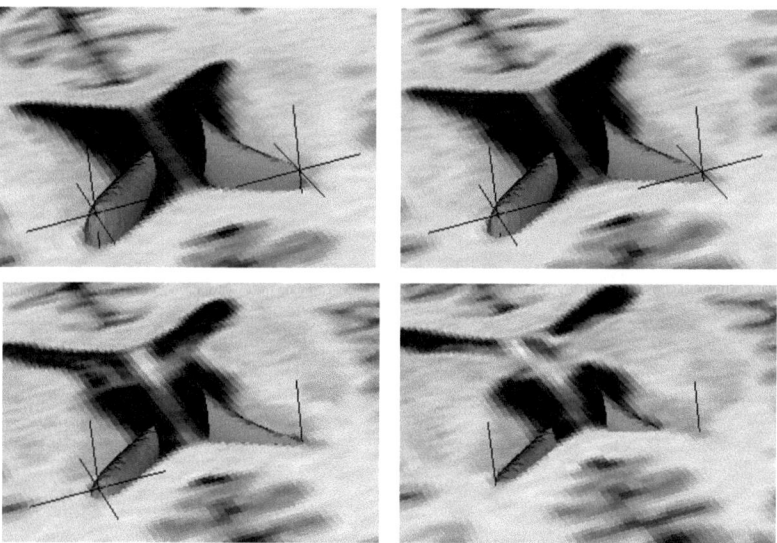

Fig. 2. 3D contour plots of the fitted model for the left and right frontal horn. The result is shown for four different slices of the original data.

Table 1. Fitting results for the ventricular horns in a 3D MR image for ca. 100 experiments using a spherical ROI with a diameter of 21 (*11) voxels. The estimated landmark position and intensity levels are given with their standard deviations. Also, the mean fitting error $\bar{e}_{int}$ and the distance $\bar{e}$ to the manually localized landmark position are listed. For comparison, the distance $\bar{e}_{Op3}$ of the diff. operator $Op3$ is given.

Landmark	$\hat{x}_0$	$\hat{y}_0$	$\hat{z}_0$	$\hat{a}_0$	$\hat{a}_1$	$\bar{e}_{int}$	$\bar{e}$	$\bar{e}_{Op3}$
Left frontal horn	111.17	78.36	101.79	124.7	23.1	9.13	2.20	3.16
(Tapering only)	0.001	0.001	0.001	0.01	0.01			
Right frontal horn	111.48	76.64	132.80	122.7	19.4	10.69	2.32	2.24
(Tapering only)	0.002	0.001	0.002	0.01	0.03			
Left occipital horn	189.38	101.53	91.58	107.3	23.4	10.17	2.30	4.12
(Tapering and bending)*	0.089	0.078	0.204	0.13	0.24			
Right occipital horn	182.61	97.22	150.01	112.7	19.4	7.81	0.87	3.61
(Tapering and bending)*	0.063	0.025	0.109	0.07	3.53			
Left temporal horn	134.63	111.65	90.05	106.7	43.0	13.36	2.81	2.83
(Tapering only)	0.031	0.023	0.014	0.01	0.21			
Right temporal horn	130.36	114.79	148.92	104.9	26.3	13.03	0.87	4.58
(Tapering and bending)	0.008	0.030	0.026	0.01	0.11			

5 Discussion

The experiments verify the applicability of our new approach, which yields subvoxel positions of 3D anatomical landmarks. In further work we plan to perform a comprehensive evaluation study including a comparison with the results of other approaches.

6 Acknowledgement

The 3D MR image data has been kindly provided by Philips Research Laboratories Hamburg.

References

1. J.-P. Thirion, "New Feature Points based on Geometric Invariants for 3D Image Registration", *Int. J. of Computer Vision* 18:2, 1996, 121-137
2. K. Rohr, "On 3D differential operators for detecting point landmarks", *Image and Vision Computing* 15:3, 1997, 219-233
3. T. Hartkens, K.Rohr, H.S. Stiehl, "Evaluation of 3D Operators for the Detection of Anatomical Point Landmarks in MR and CT Images", *CVIU* 85, 2002, 1-19
4. S. Frantz, K. Rohr, and H.S. Stiehl, "Localization Of 3D Anatomical Point Landmarks In 3D Tomographic Images Using Deformable Models", Proc. *MICCAI 2000*, Springer, 2000, 492-501
5. M. Alker, S. Frantz, K. Rohr, and H.S. Stiehl, "Hybrid Optimization for 3D Landmark Extraction: Genetic Algorithms and Conjugate Gradient Method", Proc. *BVM 2002*, Springer, 2002, 314-317
6. K. Rohr, "Recognizing Corners by Fitting Parametric Models", *International J. of Computer Vision* 9:3, 1992, 213-230

Automatische Grobregistrierung intraoperativ akquirierter 3D-Daten von Gesichtsoberflächen anhand ihrer Gauß'schen Abbilder

Tobias Maier[1], Michaela Benz[1], Gerd Häusler[1],
Emeka Nkenke[2], Friedrich Wilhelm Neukam[2] und Florian Vogt[3]

[1]Lehrstuhl für Optik der Universität Erlangen, 91058 Erlangen
[2]Klinik und Poliklinik für Mund-, Kiefer- und Gesichtschirurgie
der Universität Erlangen, 91054 Erlangen
[3]Lehrstuhl für Mustererkennung der Universität Erlangen, 91058 Erlangen
Email: tobias.maier@optik.physik.uni-erlangen.de

Zusammenfassung. Zur Unterstützung des Chirurgen bei der Korrektur von Augenfehlstellungen, wird intraoperativ durch Messungen mit einem optischen 3D-Sensor die Gesichtsoberfläche mehrmals im Laufe der Operation gemessen. Diese Daten müssen mit präoperativ modellierten Solldaten registriert werden, um einen objektiven Soll-Ist-Vergleich zu ermöglichen. Da die Orientierung des Sensors zum Patienten nicht als bekannt vorausgesetzt werden kann, ist eine Grobregistrierung vor der Feinregistrierung (ICP-Algorithmus) erforderlich. Es wird eine problemorientierte Methode zur schnellen automatischen Grobregistrierung von Gesichtsoberflächen vorgestellt. Die Methode nutzt Merkmale im Gauß'schen Abbild, welche invariant gegenüber der Gesichtsformveränderung durch den chirurgischen Eingriff sind.

1 Problemstellung

Eines der häufigsten in der Mund-, Kiefer- und Gesichtschirurgie zu versorgenden Traumata bildet die Fraktur des Jochbeinkomplexes und des dazugehörigen Orbitabodens („Knochen unter dem Auge"). Die Folge ist eine Verlagerung des Augapfels (Bulbusdislokation), die ohne Rekonstruktion des Orbitabodens zu bleibenden Schäden (Diplopie) für den Patienten führen kann. Im Rahmen unseres Forschungsprojekts wird ein System zur Unterstützung des Chirurgen bei Korrekturen von Bulbusdislokationen entwickelt. Präoperativ wird zunächst ausgehend von der gesunden Gesichtshälfte ein Soll-Zustand ermittelt [1] und als Datensatz bereitgestellt. Intraoperativ soll dann im Verlauf der Operation durch Messung mit einem optischen 3D-Sensor regelmäßig der Ist-Zustand festgestellt und ein Soll-Ist-Vergleich durchgeführt werden, um dem Chirurgen objektiv und in Echtzeit Auskunft über die Güte der bisherigen Rekonstruktion zu erteilen. Für diesen Soll-Ist-Vergleich ist es nötig, die modellierten Soll-Daten mit den intraoperativ gewonnenen Ist-Daten (starr) zu registrieren. Die Registrierung erfolgt in zwei Schritten: erst Grobregistrierung, dann Feinregistrierung. Die Grobregistrierung ist notwendig, da die Lage des Sensors relativ zum Patienten nicht fixiert ist. Neben dem Problem, dass Datensätze zu registrieren sind, die auch im Überlappbereich nicht identisch sind, weil operativ bedingte Variationen vorliegen (Soll/Ist), muss die Registrierung automatisch und nahezu in Echtzeit erfolgen, um den Operationsverlauf nicht zu behindern. Im vorliegenden Beitrag wird das sog. Gauß'sche Abbild (Gaussian image) auf seine Möglichkeiten zur Entwicklung einer problemorientierten, geometriebasierten und echtzeitfähigen Methode für die Grobregistrierung von realen 3D-Gesichtsoberflächendaten (20.000-30.000 Vertizes) hin untersucht und eine entsprechende Methode vorgestellt.

2 Stand der Forschung

Während sich für die Feinregistrierung als Optimierungsstandard verschiedene Varianten des Iterative Closest Point Algorithmus (ICP) etabliert haben, siehe z.B. [2], bleibt die schnelle automatische geometriebasierte Grobregistrierung von 3D-Freiformflächen nach wie vor eine Herausforderung, die deshalb häufig nur manuell durchgeführt wird. Praktisch alle automatischen Ansätze sind merkmalsbasiert, so z.B. in [3], wo sog. „spin images" (statistische Punktmerkmale) definiert werden. Auf Basis gefundener Merkmale soll die richtige Transformation gefunden werden, etwa nach der Hough-Methode wie bei [5]. Diese Ansätze weisen alle ein hohes Maß an Allgemeinheit auf und sind i.d.R. aufwändig zu implementieren. Einen Überblick zur Registrierung liefert [6]. Der von uns gewählte Ansatz basiert auf dem Gauß'schen Abbild eines Objekts. Es findet z.B. Anwendung bei der Detektion von Zylinderformen in 3D-Daten [7], wird aber meist in erweiterten Formen eingesetzt, z.B. zur Symmetriedetektion [8] oder zur Gesichteridentifikation [9].

3 Wesentlicher Fortschritt durch den eigenen Beitrag

Ein Gauß'sches Abbild entsteht bei Auftragung aller Oberflächennormalen (Einheitsvektoren) eines Objekts in den Koordinatenursprung. Die Spitzen der Einheitsnormalen liegen somit auf der Einheitskugel.
Das Gauß'sche Abbild eines Objekts wurde bislang nicht explizit zur Registrierung eingesetzt, obwohl es einige Vorteile hat: 1) Es ist es schnell verfügbar. Die notwendigen Daten (Normalenvektoren) werden im Rahmen einer üblichen beleuchteten 3D-Visualsierung eines Dreiecksnetzdatensatzes, wie sie für medizinische Anwendungen notwendig ist, ohnehin bereitgestellt. 2) Das Gauß'sche Abbild ist translationsinvariant und die Anordnung der Punkte auf der Einheitskugel relativ zueinander rotationsinvariant. 3) Die zu extrahierenden Merkmale befinden sich auf der Oberfläche einer Einheitskugel, wodurch der Suchraum prinzipiell zweidimensional bleibt.
Der Merkmalsraum der präsentierten Methode ist eindimensional (siehe Abschnitt 4). Die Methode ist einfach zu implementieren und schnell. Sie ist problemorientiert, da sie die für Gesichtstopologien typischen flachen Bereiche als Merkmale nutzt, welche durch die hier betrachtete Art des operativen Eingriffs *nicht* verändert werden.

4 Methoden

Es wurden Modellexperimente durchgeführt, bei denen an gesunden Probanden mit hoher Gesichtssymmetrie künstlich eine einseitige Gesichtsveränderung mittels Injektion einer physiologischen Kochsalzlösung (6 ml) im linken Jochbeinbereich bewirkt wurde (siehe Abb. 1). Die 3D-Datenakquisition erfolgte durch einen optischen 3D-Sensor nach dem Prinzip der „Phasenmessenden Triangulation" [10]. Die Messdaten wurden zur Rauschreduktion mit dem Geometrie- und Normalenfilter nach [11] geglättet.

Aus den Gauß'schen Abbildern der zu registrierenden 3D-Datensätze werden als eindimensionale Merkmale Kugelbereiche größter Dichte extrahiert. Die Dichte eines Bereichs ist der Quotient aus *Anzahl der Normalen* in diesem Kugelbereich und seiner *Fläche F_z*. Im dichtesten Bereich eines Gauß'schen Abbilds liegen sehr viele Normalen sehr nah beieinander. Jede Normale ist einem Vertex im 3D-Datensatz zugeordnet. Die Normalen des dichtesten Bereichs sind somit einer Vertexuntermenge U_V im 3D-Datensatz zugeordnet. Für zwei zu registrierende Datensäzte A und B ergeben sich somit $U_V(A)$ und $U_V(B)$ wie Abb. 5 zeigt. Die Transformation für die Grobregistrierung entspricht dann der *Hauptachsentransformation von $U_V(A)$ nach $U_V(B)$*.

Das Auffinden des dichtesten Bereichs eines Gauß'schen Abbilds geschieht als schnelle Näherung wie folgt: Der Würfel mit Kantenlänge=2, der das Gauß'sche Abbild (Einheitskugel) enthält, wird in n^3 kleine Würfel (Zellen) äquidistant unterteilt (Abb. 2). Nur diejenigen Zellen, welche die Einheitskugel schneiden und Normalen enthalten, finden weitere Betrachtung (Abb. 3). Die in jeder $Zelle_{ijk}$ eingeschlossene Kugeloberfläche $F_z(i,j,k)$ wird approximativ berechnet. Für jede $Zelle_{ijk}$ kann somit die Dichte des enthaltenen Flächenstücks errechnet und das Maximum unter allen Zellen gefunden werden (Abb. 4).

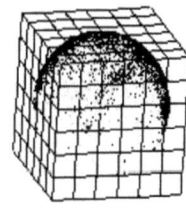
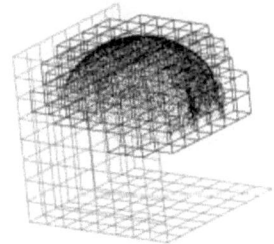

Abb. 1. Beispiel eines Probanden ohne (links) und mit (rechts) Injektion.

Abb. 2. 3D-Tabellenraster über dem Gauß'schen Abbild.

Abb. 3. Zellen, die das Gauß'sche Abbild schneiden (dunkelgrau).

Abb. 4. Gauß'sche Abbilder der Datensätze A und B. Schwarz markiert ist jeweils die Zelle mit dem dichtesten Bereich. Das Zellraster umfasst jeweils 15^3 Zellen.

Abb. 5. Datensätze ohne (A) und mit (B) Injektion. Die schwarzen Markierungen in den Wangenbereichen entsprechen $U_V(A)$ bzw. $U_V(B)$.

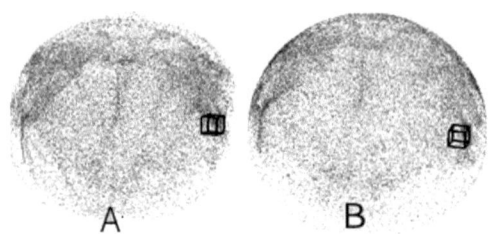
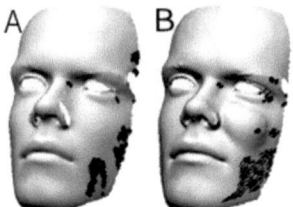

5 Ergebnisse

Es wurden Experimente mit acht Probanden durchgeführt. Die Qualität der Grobregistrierung richtet sich einzig danach, ob der nachgeschaltete ICP-Algorithmus ein korrektes Resultat liefert oder nicht. Die Ergebnisse können somit binär als *tauglich* und *nicht tauglich* bewertet werden. Ein Beispiel ist in den Abb. 6 bis 8 gegeben. Alle acht Fälle lassen sich zusammenfassend charakterisieren:
1) Der dichteste Bereich im Gauß'schem Abbild spiegelte immer einen Wangenbereich im Gesicht wider (siehe Abb. 5).
2) Die Merkmale variieren leicht mit der räumlichen Orientierung des Datensatzes. Eine taugliche Grobregistrierung konnte jedoch stets durchgeführt werden (geringe Richtungsvarianz der Hauptachsen der Vertexmenge U_V).
3) Die Merkmale variieren mit der Zellgröße des 3D-Zellrasters. Bei einer Zellrasterung zwischen 15^3 und 25^3 Zellen war eine taugliche Grobregistrierung möglich.
4) Das Auffinden der dichtesten Zelle bei 20.000 Normalen und einem Zellraster von 20^3 dauert weniger als eine Sekunde auf einem 1,3 GHz Rechner.

6 Diskussion

Die Ergebnisse zeigen, dass sich die Methode in der hier präsentierten Form für die Registrierung zeitlich varianter Gesichtsoberflächen dann eignet, wenn mindestens ein Wangenbereich unverändert bleibt. Der Einfluss verschiedener Parameter, wie Orientierung des Datensatzes und Zellgröße des Zellrasters muss noch genauer untersucht werden, um die Robustheit der Methode zu optimieren. Auch der Einfluss des Datenrauschens wird zu untersuchen sein, wobei erste Versuche mit verrauschten Daten eine hohe Robustheit andeuten. Es ist zu erwarten, dass Robustheit und Genauigkeit der Grobregistrierung durch alternative Diskretisie-

Abb. 6. Datensätze A/B unregistriert.
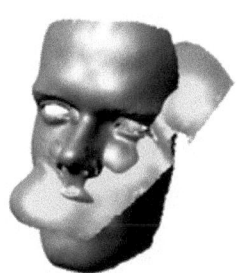

Abb. 7. Datensätze A/B mit Schnittbild nach tauglicher Grobregistrierung.
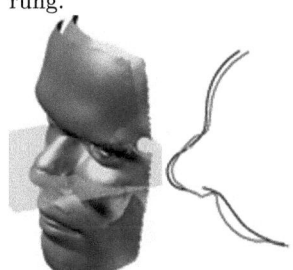

Abb. 8. Datensätze A/B mit Schnittbild feinregistriert nach Grobregistrierung.
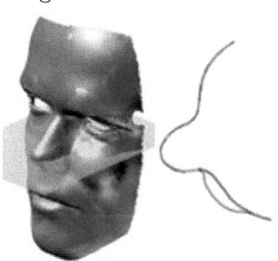

rungsschemata des Suchraums (Kugeloberfläche) und durch Clusteranalyse der Menge U_V gesteigert werden können.

Die Grobregistrierung ist schnell und zusammen mit der Feinregistrierung bleibt der Zeitbedarf insgesamt im Rahmen der Anforderungen. Ein Vergleich der Methode mit anderen ist geplant.

Literaturverzeichnis

1. Benz M, et al.: The Symmetrie of Faces. Procs VMV 02:43–50, 1999.
2. Seeger S, Laboureux X, Häusler G: An Accelerated ICP-Algorithm. Jahresbericht 2001, Lehrstuhl für Optik, Friedrich-Alexander-Universität Erlangen-Nürnberg, 2002.
3. Johnson A: Spin-Images: A Representation for 3-D Surface Matching. Dissertation, Robotics Institute, Carnegie Mellon University Pittsburgh, 1997.
4. Feldmar J, Ayache N: Rigid, Affine and Locally Affine Registration of Free-Form Surfaces. International Journal Computer Vision 18(2):99–119, 1996.
5. Seeger S, Häusler G: A Robust Multiresolution Registration Approach. Procs VMV 99:75–82, 1999.
6. Girod B, Greiner G, Niemann H (Hrsg.): Principles of 3D Image Analysis and Synthesis. Kluwer Academic Publishers, Boston/Dordrecht/London, 2000.
7. Chaperon T, Goulette F: Extraction cylinders in full 3D data using a random sampling method and the Gaussian image. Procs VMV 01:35–42, 2001.
8. Sun C, Sherrah J: 3D symmetrie detection using extended Gaussian image. IEEE Transactions on Pattern Analysis and Machine Intelligence 19(2):164-168, 1997.
9. Matsuo H, Iwata A: Human Face Identification by Multi Scale MEGI. Procs ICARC(2):886-889, 1994.
10. Gruber M, Häusler G: Simple, robust and accurate phase-measuring triangulation. Optik 89(3):118–122, 1992.
11. Karbacher S: Rekonstruktion und Modellierung von Flächen aus Tiefenbildern. Dissertation, Friedrich-Alexander-Universität Erlangen-Nürnberg, 2001.

Registrierung von präoperativen 3D-MRT-Daten mit intraoperativen 2D-Fluoroskopieaufnahmen zur Patientenlageerkennung

Stefan Burkhardt[1], Michael Roth[1], Achim Schweikard[2] und Rainer Burgkart[3]

[1] Technische Universität München, Institut für Informatik IX,
Boltzmannstr. 3, 85748 Garching
[2] Universität Lübeck, Institut für Robotik und Kognitive Systeme,
Ratzeburger Allee 160, 23538 Lübeck
[3] Klinikum rechts der Isar, Klinik für Orthopädie und Sportorthopädie,
Ismaninger Str. 22, 81675 München
Email: burkhars@informatik.tu-muenchen.de

Zusammenfassung. Bestimmte Krankheitsbilder (z.B. initial aseptische Knochennekrosen) lassen sich nur in MRT-Bildern darstellen. Um derartige Läsionen mit computerassistierter Navigation präzise beispielsweise anzubohren, ist es ein notwendiger Schritt, die präoperative Planung in MRT-Daten mit intraoperativ gewonnen Bilddaten, in unserem Fall Fluoroskopieaufnahmen, zu registrieren. In diesem Artikel stellen wir ein Verfahren vor, welches eine schnelle intraoperative Registrierung ermöglicht und gleichzeitig die Interaktion mit dem Anwender auf ein Minimum beschränkt. Nach der Registrierung verbleibt eine translatorische Abweichung kleiner als 1,4 mm und eine rotatorische kleiner als $2°$.

1 Problemstellung

Ein wesentlicher Schritt während computernavigierter, chirurgischer Operationen ist die intraoperative Registrierung von präoperativ erstellten 3D-Planungsdaten. Als intraoperative Bildgebungsmodalität verwenden wir dabei die im orthopädischen Bereich oft eingesetzten Fluoroskopieaufnahmen. Während die CT/Fluoroskopie-Registrierung ansatzweise bereits zum Einsatz kommt, entstehen bei der Verwendung von Magnetresonanztomographiedaten (MRT-Daten) einige Probleme. Die äußere Kontur des Femurs ist im Röntgenbild sehr gut zu erkennen, dagegen im MRT schwer abgrenzbar gegenüber dem Periost. Desweiteren ist eine Simulation von Röntgenbildern, wie beim CT einsetzbar, bei MRT-Aufnahmen ebenfalls nicht möglich. Erschwerend kommen noch die Anforderungen an Geschwindigkeit und Genauigkeit hinzu. Es wird ein möglichst schnelles, intraoperatives Verfahren mit einer hohen Genauigkeit benötigt.

2 Stand der Forschung

Es existieren eine Reihe von Verfahren zur CT/Fluoroskopiebild-Registrierung (beispielsweise [3,5]). Mit der Problematik der 3D/2D-Registrierung setzen sich

Abb. 1. Fluoroskopienaufnahmen des proximalen Femurs in lateraler und AP-Ansicht. In beiden Aufnahmen sind der Femurkopf, der Femurhals und die Femurschaftachse eingezeichnet.

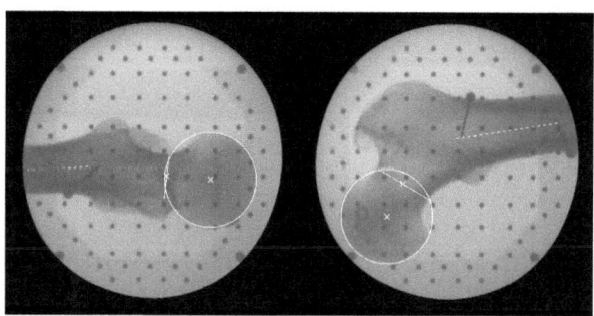

mehrere Arbeiten, beispielsweise [4], auseinander. Für die spezifische Problematik der MRT/Fluoroskopieregistrierung in orthopädischen Anwendungen existieren keine bekannten Publikationen.

3 Wesentlicher Fortschritt durch den Beitrag

In diesem Beitrag stellen wir eine Möglichkeit vor, präoperativ gewonnene MRT-Daten mit intraoperativen 2D-Fluoroskopiedaten zu fusionieren und damit eine Lageerkennung des Patienten zu ermöglichen. Es wurde Wert auf ein schnelles und gleichzeitig einfaches Verfahren gelegt.

4 Methoden

Die gesamte Vorgehensweise untergliedert sich in zwei Teile: den präoperativen Planungsschritt am MRT-Datensatz und die intraoperative Registrierung. Während der präoperativen Planung werden am MRT-Datensatz der Femurkopf, -hals, -schaft und der Trochanter minor bestimmt. Dabei gehen wir von folgenden Annahmen aus:

- Der Femurkopf entspricht näherungsweise einer Kugel.
- Der Femurhals läßt sich durch einen, vollständig im Knochen verlaufenden Torus beschreiben.
- Der Femurschaft wird durch eine Strecke, die seiner Hauptachse folgt, beschrieben.

Abbildung 1 zeigt zwei Fluoroskopieaufnahmen in lateraler und AP-Richtung des proximalen Femurs. Eingezeichnet sind der Femurkopf, der Femurhals und die Femurschaftachse.

Zur Bestimmung des Femurkopfes wird in mindestens zwei MRT-Schichten, in der der Femurkopf zu sehen ist, dieser durch einen Kreis umschrieben. Dafür werden jeweils drei Punkte am Rand des Femurkopfes markiert, aus denen der Kreis berechnet wird. Die Punkte werden so gesetzt, daß dieser Kreis möglichst optimal die äußere Hüftkopfkontur umschließt. Aus den eingezeichneten Kreisen wird eine Kugel berechnet. Aus dem Abstand der Kreise zueinander, ihren Radien und Mittelpunkten läßt sich der Mittelpunkt und der Radius der Kugel schätzen.

Für die Bestimmung des Femurhalses wird in den entsprechenden Schichten jeweils die Stelle mit dem geringsten Durchmesser markiert und in diese Punktmenge ein Torus angepaßt.

Im dritten Schritt wird der Trochanter minor als Punkt eingezeichnet. Daran schließt sich die Definition des Femurschaftes an. Jeweils distal und proximal des Trochanter minor werden auf der Femuroberfläche zwei gegenüberliegende Punkte markiert. Aus den beiden gegenüberliegenden Punkte berechnet sich jeweils ein Endpunkt der Strecke, die die Femurschaftachse definiert.

Als Ergebnis erhalten wir eine 3D-Geometrie, die den proximalen Femur beschreibt. Diese bezeichnen wir im folgenden als 3D-Referenzgeometrie. Weiterhin segmentieren wir den Femur im MRT-Datensatz und erhalten ein 3D-Oberflächenmodell der inneren kortikalen Knochenbegrenzung.

Daran schließt sich die intraoperative Registrierung an. Intraoperativ werden zwei oder mehr Fluoroskopieaufnahmen vom Femur erstellt. Die Position und Orientierung des Röntgengerätes wird durch ein Trackingsystem erfaßt. Durch die in [2] vorgestellte Kamerakalibrierung werden die Röntgenaufnahmen entzerrt und das Aufnahmesystem als Lochkamera modelliert. Die Parameter der Kamera und ihre Position im Raum können bestimmt werden.

In jeder dieser 2D-Fluoroskopieaufnahmen werden die folgenden Strukturen eingezeichnet:

- Es wird ein Kreis definiert, der den Femurkopf umschließt. Dafür werden drei Punkte manuell gesetzt.
- Es wird die Stelle mit dem geringsten Durchmesser am Femurhals mittels zweier Punkte markiert.
- Der Femurschaft wird definiert, indem jeweils zwei gegenüberliegende Punkte distal und proximal des Trochanter minor gesetzt werden. Analog der 3D-Planung wird daraus die Strecke für die Femurschaftachse berechnet.

Diese Geometrien werden in 2D-Bildern definiert. Aufgrund der modellierten Lochkamera läßt sich daraus eine 3D-Geometrie berechnen. Eine initiale Registrierung erfolgt, indem die 3D-Referenzgeometrie auf diese neu erstellte Geometrie registriert wird.

An diesen Schritt schließt sich eine Nachoptimierung an. Dazu wird in den Fluoroskopieaufnahmen mittels des Livewireverfahrens [1] die äußere Femurkante manuell eingezeichnet. Dies erfordert nur wenige Stützstellen. Anschließend verwenden wir das während der präoperativen Planung segmentierte 3D-Oberflächenmodell der inneren kortikalen Knochenbegrenzung um eine Registrierung mit Hilfe eines Verfahrens auszuführen, dass auf [4] basiert. Dieses verfolgt die Projektionsstrahlen von der Kamera zu den Punkten auf der 2D-Kontur im Röntgenbild und betrachtet den minimalen Abstand vom 3D-Modell.

Dabei werden alle Punkte innerhalb des Modells mit einem negativen Abstand versehen. Ziel ist es, den mittleren quadratischen Abstand zu minimieren. Die Berechnung erfolgt analog zu [4] mittels sogenannte Octree-Splines, einem sehr schnellen Verfahren.

Für die Registrierung wählen wir N äquidistante Punkte im Bereich des Femurkopfes auf jeder 2D-Kontur aus, berechnen für diese den minimalen Abstand zum Oberflächenmodell der Spongiosa und daraus die mittlere quadratische Distanz d_1. Weiterhin definieren wir auf der Strecke jedes Femurschaftes äquidistant in M Stützstellen. Für jeden dieser Punkte bestimmen wir die beiden Konturpunkte, deren Verbindungsgerade durch diese Stützstelle läuft und senkrecht auf dem Femurschaft steht. Für beide Punkte wird jeweils die Distanz berechnet und der Betrag der Differenz beider Distanzen ermittelt. Diese Differenz wird für alle M Stützstellen berechnet und gemittelt. Das Ergebnis ist eine Distanz d_2. Die zu minimierende Distanz d ergibt sich als die gewichtete Summe $d = 0,6 \cdot d_1 + 0,4 \cdot d_2$. Diese Gewichtung der beiden Merkmale hat sich experimentell als die günstigste herausgestellt. Die Minimierung wird mit dem Powells-Algorithmus durchgeführt.

5 Ergebnisse

Für unsere Versuche verwendeten wir zwei Röntgenbilder mit einer Auflösung von 768x512 Pixeln (Abb. 1), ein CT und ein MRT vom proximalen Femur. Eine MRT/CT-Registrierung und eine CT/Röntgen-Registrierung lieferten die notwendigen Referenzen.

Anschließend wurde die Planung im MRT durchgeführt und ebenso in den Fluoroskopieaufnahmen. Weiterhin wurde die Außenkante des Femur in den Röntgenbildern segmentiert. Mit Hilfe des Livewirevefahrens mussten wir dazu ca. 10 Stützpunkte in beiden Bilder setzen. An den Kantenverlauf zwischen den Stützstellen passte sich die Kontur automatisch an. Das Einzeichnen der Kante dauert pro Bild ca. 20 Sekunden.

Daran schloß sich die initiale Registrierung an. Die Planung wurde mehrfach wiederholt. In jedem Fall besaß das registrierte 3D-Modell nach diesem ersten Schritt eine translatorische Abweichung kleiner als 4mm und rotatorische Abweichung kleiner als 5 Grad.

Während der Nachoptimierung wählten wir N=20 Punkte aus der Kontur und M=10 Stützstellen. Die Rechenzeit betrug 80-90 Sekunden auf einem Intel Pentium III, 800 MHz unter Linux. Nach der Optimierung war die translatorische Abweichung kleiner als 1,4 mm und die rotatorische Abweichung kleiner als 2°. Eine Erhöhung von N führte zu einem Anstieg der Rechenzeit, während die Genauigkeit unverändert blieb. Weiterhin stellte es sich als positiv heraus, dass der Aufnahmewinkel zwischen beiden Fluoroskopieaufnahmen 90° betrug.

Abb. 2. Initiale (links) und optimierte Position (rechts) des Femurs. Vom 3D-Modell ist die endostale Kontur dargestellt. Weiterhin ist in den beiden Fluoroskopieaufnahmen die äußere Kortikalis (gestrichelte Linie) segmentiert.

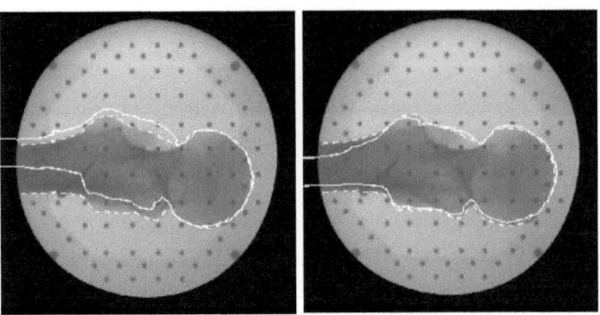

6 Diskussion

Mit Hilfe unseres Ansatzes ist eine Registrierung von MRT-Bildern und 2D-Fluoroskopieaufnahmen im Bereich des proximalen Femurs möglich. Die Rechenzeit beträgt in unserer Testumgebung unter zwei Minuten und ist damit für den intraoperativen Einsatz geeignet. Die kurze intraoperative Rechenzeit wird durch den präoperativen Aufbau der Datenstrukturen für die Octree-Splines ermöglicht, der allerdings zehn Minuten dauert.

Ziel unserer weiteren Arbeit wird sein, die initiale Registrierung genauer zu evaluieren. Dabei soll untersucht werden, welche Genauigkeit in diesem Schritt aufgrund der 3D- und 2D-Planungen erwartet werden kann und wie gut sich die Ergebnisse intra- und interpersonell reproduzieren lassen. Letztendlich ist die Notwendigkeit der Nachoptimierung, deren Geschwindigkeit und Genauigkeit direkt davon abhängig.

Literaturverzeichnis

1. Barrett WA, Mortensen EN: Interactive live-wire boundary extraction. Medical Image Analysis, 1(4):331-341, 1997
2. Brack C, Roth M, Schweikard A: Towards accurate x-ray camera calibration in computer assisted robotic surgery. In: Proc. Computer-Aided Radiology, 1996
3. Hamadeh A, Lavallée S, Cinquin P: Automated 3-dimensional computed tomographic and fluoroscopic image registration. Comput Aided Surg 3(1):1-9, 1998
4. Lavallée S, Szeliski R: Recovering the position and orientation of free-form objects from image contours using 3D distance maps. IEEE Transactions on Pattern Analysis and Machine Intelligence, 17(4):378-390,1995
5. Roth M: Intraoperative fluoroskopiebasierte Patientenlageerkennung zur präzisen Unterstützung chirurgischer Eingriffe. Dissertation, Technische Universität München, 2001

Non-linear Intraoperative Correction of Brain Shift with 1.5 T Data

Grzegorz Soza[1,2], Peter Hastreiter[2], Fernando Vega[2], Christof Rezk-Salama[1], Michael Bauer[1], Christopher Nimsky[2] and Günther Greiner[1]

[1] Computer Graphics Group, University of Erlangen-Nuremberg
[2] Neurocenter, Department of Neurosurgery, University of Erlangen-Nuremberg
Email: soza@informatik.uni-erlangen.de

Abstract. Intraoperative brain deformation (brain shift) induces a decrease in accuracy of neuronavigation systems during surgery. In order to compensate for occurring deformation of brain tissue, registration of time-shifted MR image sequences has to be conducted. In this paper we present a practical application of a novel approach for non-linear registration of medical images. The algorithm has been already tested with 0.2 T data. In this work we have performed a comprehensive comparative registration study with pairs of pre- and intraoperative 1.5 T scans of brain tumor patients. Additionally, a new system for data visualization was developed, which was specifically designed for the purpose of intraoperative inspection.

1 Introduction

The extent of brain shift has been intensively investigated by different research groups presenting various methods within the last years. In order to analyze and compensate for this phenomenon, one can perform a registration of pre- and intraoperative brain images. Non-rigid registration of medical data was investigated first in [1]. Among the various registration approaches that have been developed over the last years, pure voxel-based algorithms form the most significant group. As an advantage they carry out registration without any fiducial markers and explicit segmentation of corresponding features. These approaches are based on the intensity information only [2,3]. Another mathematical concept has also been developed to model the behavior of the brain in a non-linear way during surgery [4,5]. However, none of these algorithms has been routinely applied in clinical practice. This is mostly related to the high computation time needed for the registration, which makes their application critical during surgery.

Another possibility to analyze brain shift by registration is based on applying specialized, commercial neuronavigation systems for the purpose of registration. They allow evaluation of changing brain position during surgery. All these commercial systems, however, perform the registration with the use of anatomical (e.g. points) or extrinsic landmarks (e.g. stereotactic frame or fiducial markers) [6]. With these systems, only a rigid transformation between the pre- and intraoperative images can be determined, thus, the occurring soft tissue deformation cannot be satisfactorily compensated for.

In this paper we introduce a novel voxel-based registration approach that combines geometric transformations processed by graphics hardware to reduce computation time, thus supporting intraoperative use. We presented the details of the approach already in [7,8]. The method was so far tested exclusively with 0.2 T data. As a part of the presented work, the algorithm has been incorporated into a new system assisting the intraoperative analysis of registered pre- and intraoperative 1.5 T brain images. It contributes to improved surgical procedures, since the surgeon can now access the information about the direction and the magnitude of the occurring brain shift directly. Overall, the presented method provides a better analysis of the image data during the ongoing course of an operation.

The paper consists of 5 sections. An overview of the registration method and a precise description of the underlying algorithm are given in Section 2. In Section 3 the newly developed visualization system is presented. Results of the experiments performed in a operating room conducted with 1.5 T pre- and intraoperative brain data are presented in Section 4. Finally, the work is summarized in Section 5.

2 Registration Approach

As an initial estimate of the non-linear registration solution, rigidly registered datasets are taken [9]. After the rigid registration, we deform one of the datasets using Free-Form Deformation (FFD) such that the deformed image is aligned with the reference image. The idea is to warp the space surrounding an object that will be then warped implicitly. In order to deform the space, a 3D Bezier tensor product is taken. This kind of FFD contains inherent elasticity, which makes it a good choice for describing the movements of soft tissue.

To accelerate the FFD, the most expensive computations are done in the texture processing unit of the graphics card. A single FFD consists of three steps. Firstly, an object in the object space is embedded in the initial lattice of control points in the texture space. Control points are then moved to a new location in the texture space, thereby changing the shape of the control lattice. Subsequently, in classical FFD the new positions for every object point are calculated, according to the new locations of the control points. Instead, to accelerate the FFD, here graphics hardware is extensively used and texture coordinates are computed only for a uniform discrete sparse grid of points. We then use the coordinates for approximation of the 3D Bezier function with piecewise linear 3D patches. Based on these computed coordinates, the deformation is then propagated on the whole volume using trilinear interpolation. To accelerate this operation 3D texture mapping is performed according to the coordinates and the corresponding image information obtained after trilinear interpolation in graphics subsystem.

The complete registration procedure consists of performing FFD steps until the similarity measure (mutual information) computed between the deformed volume and the reference dataset reaches its optimum.

3 Visualization System

For the purpose of intraoperative analysis and diagnosis a software system was developed. The program consists of a module that is responsible for the non-linear registration and another module supporting intraoperative visualization and the comparison of the registration results. The system has a comprehensive DICOM interface based on the open sources of the Oldenburg library, which is important for clinical application. This supports easy data flow between the MR scanner and the developed software.

The visualization unit includes features that allow an intuitive insight into the registered brain images. Built-in magic lenses enable simultaneous display of the registered pre- and intraoperative data. Based on the alpha-blending parameter the information from both datasets can be shown superimposed in one window (see Figure 1). This gives an enhanced visual feedback of the tissue deformation. The surgeon is thus informed directly about the extent and the direction of the occurring brain shift.

Additionally, the user has the possibility to interactively change display parameters (linear mapping of intensity values, contrast and windowing). These features make an intuitive inspection of the data possible, which contributes to a better understanding of the operation and to an optimized planning of the subsequent steps of the surgery. The quality of the system was confirmed by surgeons after evaluation experiments.

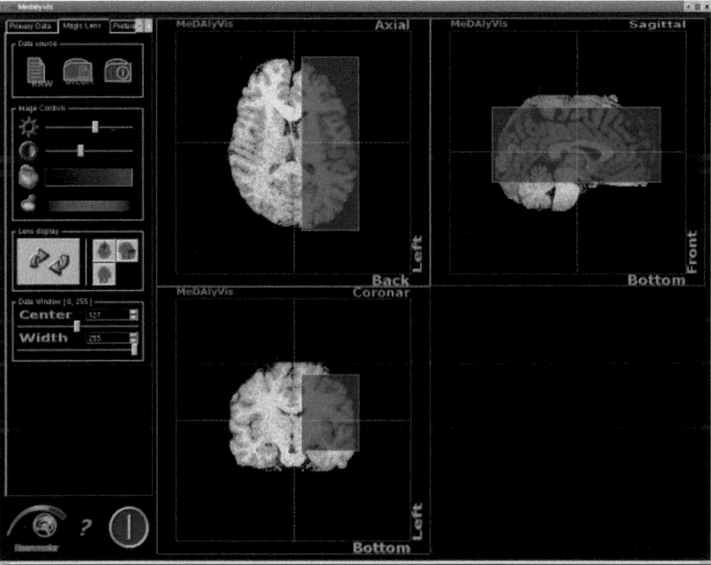

Fig. 1. A screenshot of the visualization module. Registered brain images are displayed in one image with magic lense technique.

4 Results

We applied the algorithm successfully in 11 clinical cases of craniotomy at the Department of Neurosurgery of the University of Erlangen-Nuremberg. T1-weighted scans of the head were acquired with a Siemens Sonata 1.5 Tesla scanner before and during surgery on an open skull. The pre- and intraoperative volumes consisted of 512 x 512 x 160 voxels with the respective sizes of 0.44 mm x 0.44 mm x 0.89 mm. In all patients a significant brain shift occurred. Each of the dataset pairs was firstly registered rigidly and after that aligned non-linearly with the presented method.

Subsequently, neurosurgeons inspected the results of our new system visually. Experiments conducted with this system confirmed that intuitive analysis of the brain images is possible with the software. This analysis enabled a better understanding of brain shift during surgery and provided visual information about the magnitude and direction of the deformation. During visual inspection, above all, at the cortex and at the ventricles a good quality of the registration was observed by the surgeons, as presented in Figure 2.

Afterwards, quantitative measurements were performed to determine the quality of the implemented method more precisely. For that purpose, the magnitude of the brain shift at the brain surface and in the vicinity of the ventricles was considered. These measurements confirmed the visual assessment accomplished by the surgeons. The registration algorithm compensated for brain shift in 9 of 11 cases (see Section 5) within a precision range of 1.5 mm - 2.0 mm. These results come from a higher data resolution, good homogeneity and a low amount of noise in 1.5 T MR data. In 2 patients with a huge tumor resection, the method failed to match the pre- and intraoperative images satisfactorily.

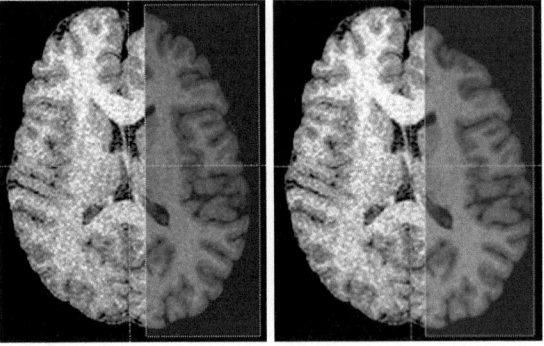

Fig. 2. Results of registration. *Left:* rigidly registered brain images. The preoperative image is displayed in the magic lense window over the intraoperative image. *Right:* brain images after non-linear correction. The magic lense shows the deformed preoperative image.

5 Conclusion

We presented a non-linear registration approach that is based on Free-Form Deformation. The method combines the flexibility of Bezier transformation with low computation times making use of graphics hardware in a novel manner. The algorithm performed satisfactorily in 9 of 11 cases. However, the evaluation showed also that Free-Form Deformation is not flexible enough for very pathological cases (see Section 4). For such situations other methods are required in order to perform the desired compensation for brain shift. In all other experiments the quality and efficiency of the approach was exhibited. Furthermore, intraoperative analysis of the registered data within the introduced visualization system contributed to an improvement of the surgical procedure.

We gratefully acknowledge the help of Linh Bui in preparation and analysis of the medical data and the help of Joel Heersink in proofing this paper. This work was funded by Deutsche Forschungsgemeinschaft in the context of the project Gr 796/2-2.

References

1. R. Bajcsy and S. Kovacic Multiresolution elastic matching, Computer Vision, Graphics and Image Processing, 1989, 46, pp. 1-21
2. P. Viola and W. Wells, Alignment by Maximization of Mutual Information, Proc. Vth Int. Conf. Comp. Vision, 1995, Cambridge, MA, pp. 16-23
3. A. Collignon, D. Vandermeulen, P. Suetens et al., Automated Multi-Modality Image Registration Based on Information Theory, Kluwen Acad. Publ's: Comput. Imag. and Vis., 1995, 3, pp. 263-274
4. D. Rueckert, L. I. Sonoda, C. Hayes et al., Nonrigid Registration Using Free-Form Deformations: Application to Breast MR Images, IEEE Trans. Med. Imaging, 1999, 18, pp. 712-721
5. C. Maurer, D. Hill, A. Martin et al., Investigation of Intraoperative Brain Deformation Using a 1,5T Interventional MR System: Preliminary Results, IEEE Trans Med Imaging, 1998, 17, pp. 817-825
6. R. H. Taylor et al., Computer-Integrated Surgery: Technology and Clinical Applications, Cambridge MA, MIT Press, 1996
7. G. Soza, P. Hastreiter, M. Bauer et al., Intraoperative Registration on Standard PC Graphics Hardware, Proc. BVM (Bildverarbeitung für die Medizin), 2002, pp. 334-337
8. G. Soza, M. Bauer, P. Hastreiter et al., Non-rigid Registration with Use of Hardware-Based 3D Bèezier Functions, Proc. MICCAI, 2002, pp. 549-556
9. Hastreiter P., Ertl T. Integrated Registration and Visualization of Medical Image Data Procs CGI 98, pp. 78–85, 1998

Registrierung und Visualisierung von 3D U/S und CT Datensätzen der Prostata

Evelyn Firle, Stefan Wesarg und Christian Dold

Fraunhofer Institut für Graphische Datenverarbeitung, 64283 Darmstadt
Email: Evelyn.Firle{Stefan.Wesarg, Christian.Dold}@igd.fhg.de

Zusammenfassung. Brachytherapie ist eine Strahlentherapie, welche u. a. mit Hochenergie-Strahlenquellen in Hohlnadeln, die in den Körper des Patienten eingestochen werden, durchgeführt wird. Die präzise Konturierung des zu bestrahlenden Gewebes, sowie die genaue Plazierung der Hohlnadeln an den Positionen, welche durch das „Pre-Planing" vorgegeben werden, sind hierbei wichtige Arbeitsschritte. Bisher basiert die Behandlung des Prostatakarzionoms mittels Brachytherapie vornehmlich auf CT Aufnahmen, welche aber keine Echtzeit-Visualisierung während der Implantation der Katheter zulassen. Sind sowohl CT als auch 3D U/S Aufnahmen vorhanden, können diese registriert und fusioniert werden, um somit die Vorteile beider Modalitäten zu nutzen. Im folgenden werden die Untersuchungen zur Registrierung sowie Möglichkeiten zur Evaluierung dargestellt.

1 Einleitung

Der bösartige Tumor der Prostata ist einer der häufigsten Krebsarten bei Männern über 50 Jahren. Die Gefahr für eine Erkrankung liegt weltweit bei 20%. Er ist die häufigste Todesursache unter den urologischen Tumoren und ab dem 80. Lebensjahr die häufigste tumor-bedingte Todesursache überhaupt.

Neben der traditionellen Form der Tumorbehandlung - der radikalen Prostatektomie - gewinnt die Strahlentherapie zunehmend an Bedeutung. Die am häufigsten angewandte Strahlentherapie in Bezug auf die Prostatakrebsbehandlung ist die Brachytherapie. Diese Kurzzeit-Strahlentherapie kann unter anderem mit Hilfe von interstitiellen Hohlnadeln durchgeführt werden. Anders als bei der perkutanen Strahlentherapie, bei der ein Tumor von außerhalb des Körpers bestrahlt wird, wird hier eine Hochenergie Strahlenquelle (Iridium) innerhalb des Körpers plaziert und bestrahlt den Tumor auf kurze Entfernung. Diese Form der Behandlung wird derzeit vornehmlich basierend auf CT Aufnahmen durchgeführt. Der Nachteil daran liegt in der mangelnden Echtzeit Darstellungsmöglichkeit von CT. Transrektaler 3D Ultraschall (3D U/S) bietet dem Arzt die Möglichkeit die Nadelpositionierung in Echtzeit zu überwachen und ist im Vergleich zu CT eine wesentlich flexiblere und zudem kostengünstigere Alternative.

Die Vorteile der CT Aufnahmen - klare Erkennung der Strukturen - gelangen am besten zur Entfaltung in der Kombination der Informationen, welche von

CT und 3D U/S erhalten werden. Diese fusionierte anatomische Information soll im AR-Projekt (AR = Augmented Reality) Medarpa [1] auf einem semi-transparenten Display intraoperativ dargestellt werden. Daher beschäftigt sich die vorliegende Entwicklung mit der Registrierung und Fusion vorhandener CT Volumina mit 3D U/S Datensätzen der gleichen anatomischen Region, d.h. der Prostata.

2 Material und Methode

Registrierungsmethoden können u.a. dadurch unterschieden werden, ob sie auf externen Markern bzw. anatomischen Landmarks, Segmentierungsergebnissen oder der reinen Voxelinformation basieren [2]. Der bisher vielversprechendste Ansatz im Rahmen der vorliegenden Untersuchung basiert auf Segmentierungsergebnissen und verwendet die Geometrie der Urethra, welche durch den Einsatz eines Kontrastmittels in beiden Modalitäten erkennbar ist. Des weiteren sind zur Zeit Verfahren zur Registrierung beruhend auf der reinen Voxelinformation (unter Verwendung der Mutual Information) in der Entwicklungsphase. Die Software baut auf einem im Fraunhofer IGD über mehrere Jahre entwickelten Softwaresystem zur Visualisierung von 3D Volumendaten (InViVo) auf, welches für diese Entwicklung um mehrere Komponenten zur Registrierung und Fusion erweitert wurde. Die Untersuchung gliedert sich in die nachfolgenden Teilschritte.

2.1 Segmentierung

Nach der Akquisition beider Datensätze wird zunächst die Anatomie der Urethra in CT und 3D U/S segmentiert. Dieser Schritt kann unter Verwendung eines „active contouring models" semi-automatisch durchgeführt werden [3]. Diese Algorithmen können ebenfalls zur Konturierung der Prostata verwendet werden [4].

2.2 Registrierung

Mit Hilfe der daraus resultierenden Punktmengen, welche die Urethra darstellen (jeweils eine für jede Modalität), wird die Transformationsmatrix berechnet [5]. Diese spiegelt die Korellation zwischen den beiden Datensätze wieder. Anschliessend werden die transformierten und fusionierten Volumen dargestellt.

Nach der Registrierung und Fusion kann mit Hilfe der CT Aufnahmen die Kontur der Prostata im 3D U/S Bild mit höherer Genauigkeit dargestellt werden (Abb. 1). Diese Konturdefinierung ist ein wichtiger Arbeitsschritt im Rahmen der Strahlenbehandlung. Sowohl zur Planung einer optimalen Position der Hohlnadeln als auch zur Bestimmung der Dosis zur Bestrahlung der Prostata ist eine Berechnung des Volumens der Prostata unablässig.

Die so berechnete Kontur wird im weiteren Verlauf zur Berechnung der optimalen Dosisverteilung bei der Bestrahlungsplanung verwendet.

2.3 Validierung

Letztlich wurden Möglichkeiten zur Evaluierung des Registrierungsprozesses integriert. Möchte man eine Registrierung evaluieren, so werden Punkte benötigt, die in beiden Modatitäten sichtbar sind, um deren Abstand zueinander nach der Transformation zu berechnen. Nun ist es nicht einfach solche Punkte in U/S Volumina zu lokalisieren, welche auch im CT Datensatz sichtbar sind. Daher wurde hier auf Plastik-Katheter zurückgegriffen, welche zur Bestrahlung in den Tumor implantiert werden. Diese sind in beiden Modatitäten gut sichtbar (Abb. 2 bzw. Abb. 1). Nachdem die Hohlnadeln sowohl im 3D U/S Datensatz als auch im CT Volumen segmentiert sind, wird für die konturierte Objekte jeweils eine 3D Distance Map berechnet. Diese beinhaltet den minimalen Abstand zum nahgelegensten Voxel der Kontur des Original Volumens. Mit Hilfe dieser Dinstance Map wird dann der durchschnittliche Abstand der Katheter bestimmt und somit ein Mass für die Güte der Registrierung. Eine Überlagerung der Nadeln ist in Abb. 3 sichtbar. Desweiteren wird der finale Abstand der Prostata und der Urethra bestimmt. Die Ergebnisse dieser Berechnungen sind beispielhaft für das Prostata Phantom sowie für einen Patientendatensatz in der Tabelle (Tab. 1) dargestellt.

3 Ergebnisse

Das hier beschriebene Verfahren zur Registrierung von CT und 3D U/S Daten wurde zuerst am Ultraschallphantom der Prostata erprobt [6]. Anschließend wurden Patientendaten verwendet, um die am Phantom gewonnenen Ergebnisse zu validieren. Die Abbildungen Abb. 2 und Abb. 1 visualisieren die durch die Registrierung ermittelte Fusion der CT und 3D U/S Datensätze. Hier ist jeweils eine Schicht durch den U/S bzw. CT Datensatz sowie die Fusion der beiden abgebildet. Der letztere stellt zusätzlich auch die Konturen, welche im CT Volumen eingezeichnet wurden, im fusionierten Datensatz dar. Die Plastik-Katheter der beiden Post-Planing Datensätze nach der Registrierung sind hingegen in der

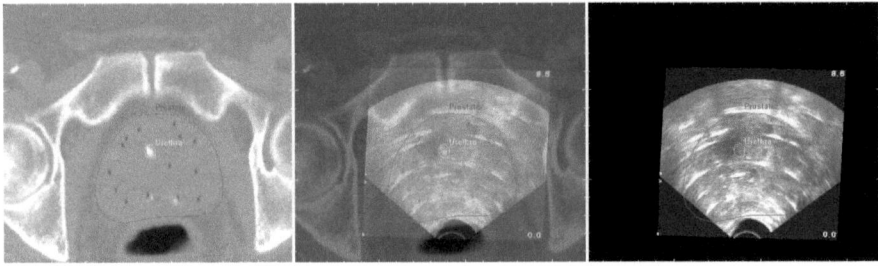

Abb. 1. Axialer Schnitt durch das CT (links) bzw. U/S (rechts) Volumen nach Registrierung. Das mittlere Bild stellt die Fusion der beiden Volumina dar. Desweiteren sind die im CT Datensatz eingezeichneten Konturen der Urethra und der Prostata sichtbar, welche in den 3D U/S Datensatz übertragen werden.

Abbildung Abb. 3 zu sehen. Sowohl die Daten, welche durch den Phantomdatensatz als auch (exemplarisch) einen Patientendatensatz gefunden wurden, sind in der Tabelle (Tab. 1) aufgelistet.

Die Akquisition der Datensätze wurde in Kooperation mit den medizinischen Partnern aus der Strahlenklinik Offenbach durchgeführt.

4 Diskussion und Resümee

Die vorgestellte Entwicklung ermöglicht eine schnelle und präzise Registrierung des Prostata Volumens von CT und 3D U/S Datensätzen. Sie basiert derzeit auf der Konturierung der Urethra. Mit Hilfe dieser Registrierung kann eine genauere Zielvolumendefinition innerhalb des 3D U/S stattfinden. Anhand der in Tabelle Tab. 1 genannten Ergebnisse kann man sehen, dass die Registrierung im Falle des Prostata Phantoms sehr gute Ergebnisse erzielt. Nicht verwunderlich ist, dass diese Daten im Falle des reellen Patienten nicht die Genauigkeit des Phantoms erreichen. Aufgrund der Gegebenheiten der U/S Aufnahmen, sind die Abweichungen der Katheter nahe des Volumenmittelpunktes geringer als der am Rande gelegenen Hohlnadeln. Diese doch relativ hohen Abweichungen liessen sich durch eine bessere Kontrastrierung der Urethra und somit einer genaueren Registrierungsgrundlage verringern.

Die Registrierung basierend auf Voxelinformation befindet sich zur Zeit in der Entwicklungsphase.

Diese hier vorgestellte Arbeit findet Verwendung in der Darstellung fusionierter anatomischer Informationen auf einem semi-transparenten Display. Dieses "AR-Fenster" wird im Rahmen des Projektes *Medarpa* [1] - gefördert durch das BMBF (01IRA09B) - entwickelt. Die Brachytherapie bei Prostatakarzinomen ist dabei eines der gewählten medizinischen Szenarien zur Evaluierung des Systems.

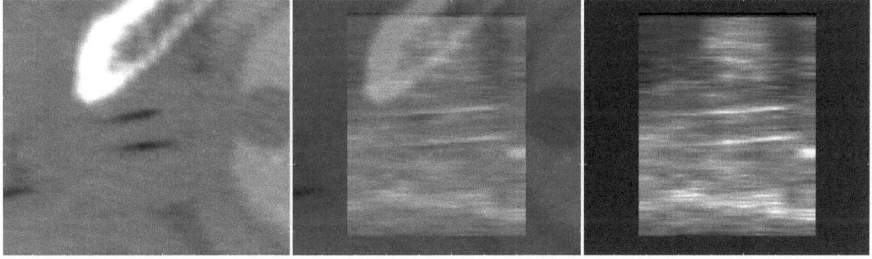

Abb. 2. Sagittaler Schnitt durch das CT bzw. U/S Volumen nach Registrierung. Das mittlere Bild stellt die Fusion der beiden Volumina dar. Gut sichtbar sind hierbei die Katheter, welche im U/S Datensatz schwarz und im CT Datensatz weiß visualisiert werden.

Abb. 3. Überlagerung der segmentierten Hohlnadeln in beiden Modalitäten nach Registrierung

Tabelle 1. Evaluierung der Registrierung anhand eines Phantom und Patientendatensatzes der Prostata. Angaben in mm bzw. sec.

	Phantom	Patient
duration	1.6220	0.3616
minimal distance	1.4489	1.4814
distance urethra	0.8374	1.0680
distance prostate	1.4462	3.3442
distance catheter 1	0.7601	2.3738
distance catheter 2	0.7953	2.5712
distance catheter 3	0.8285	3.5469
distance catheter 4	0.9677	3.8066
distance catheter 5	1.0779	5.8954

Literaturverzeichnis

1. Schnaider M, Seibert H, Schwald B, Weller T, Wesarg S, Zogal P: "Medarpa - Ein Augmented Reality System fuer Minimal-Invasive Interventionen". 2. Int. Statustagung "Virtuelle und Erweiterte Realitaet", Leipzig 2002
2. Maintz JB, et al.: Survey of Medical Image Registration. Med Image Anal 2(1): 1–36, 1998.
3. Großkopf S, Park SY, Kim MH: Segmentation of Ultrasonic Images by Application of Active Contour Models. Procs CARS 98:871, 1998.
4. Firle EA: Semi-automatische Segmentierung der Prostata mit Hilfe von 3D Ultraschallaufnahmen. Procs BVM 01:262–266, 2001.
5. Besl P, McKay N: A method for Registration of 3-D Shapes. IEEE Trans Patt Anal Mach Intell 14(2):239–255, 1992.
6. Firle EA, Chen W, Wesarg S: Registration of 3D U/S and CT images of the prostate. Procs CARS 02:527–532, 2002.

Non-rigid Morphological Image Registration[*]

M. Droske, M. Rumpf and C. Schaller

[1]Numerical Analysis and Scientific Computing
University of Duisburg
Lotharstr. 65, 47048 Duisburg, Germany
Email: {droske,rumpf}@math.uni-duisburg.de
[2]Clinic for Neurosurgery
University of Bonn
Sigmund-Freud-Str. 25, 53105 Bonn, Germany
Email: carlo.schaller@ukb.uni-bonn.de

Summary. A variational method to non rigid registration of multimodal image data is presented. A suitable deformation will be determined via the minimization of a morphological, i.e., contrast invariant, matching functional along with an appropriate regularization energy.

1 Introduction

Various different image acquisition technologies such as computer tomography and magnetic resonance tomography and a variety of novel sources for images, such as functional MRI, 3D ultrasound or densiometric computer tomography (DXA) deliver a range of different type of images. Due to different body positioning, temporal difference of the image generation and differences in the measurement process the images frequently can not simply be overlayed. Indeed corresponding structures are situated at usually nonlinearly transformed positions. In case of intra-individual registration, the variability of the anatomy can not be described by a rigid transformation, since many structures like, e. g., the brain cortex may evolve very differently in the growing process. Frequently, if the image modality differs there is also no correlation of image intensities at corresponding positions. What still remains, at least partially, is the local image structure or "morphology" of corresponding objects.

In the context of image registration, one aims to correlate two images – a reference image R and a template image T – via an energy relaxation over a set of in general non-rigid spatial deformations.

Let us denote the reference image by $R : \Omega \to \mathbb{R}$ and the template image by $T : \Omega \to \mathbb{R}$. Here, both images are supposed to be defined on a bounded domain $\Omega \in \mathbb{R}^d$ for $d = 1, 2$ or 3 with Lipschitz boundary and satisfying the *cone condition* (cf. e. g. [1]). We ask for a deformation $\phi : \Omega \to \Omega$ such that $T \circ \phi$ is optimally correlated to R.

---
[*] This work is supported by the Deutsche Forschungsgemeinschaft (DFG) – SPP 1114 Mathematical methods for time series analysis and digital image processing.

The congruence of the shapes instead of the equality of the intensities is the main object of the registration approach presented here. At first, let us define the morphology $M[I]$ of an image I as the set of level sets of I:

$$M[I] := \{\mathcal{M}_c^I \,|\, c \in \mathbb{R}\}, \tag{1}$$

where $\mathcal{M}_c^I := \{x \in \Omega \,|\, I(x) = c\}$ is a single level set for the grey value c. I.e. $M[\gamma \circ I] = M[I]$ for any reparametrization $\gamma : \mathbb{R} \to \mathbb{R}$ of the grey values. Up to the orientation the morphology $M[I]$ can be identified with the normal map (Gauss map)

$$N_I : \Omega \to \mathbb{R}^d \,;\, x \mapsto \frac{\nabla I}{\|\nabla I\|}. \tag{2}$$

Let us call two images I_1 and I_2 morphologically equivalent if $M[I_1] = M[I_2]$. Morphological methods in image processing are characterized by an invariance with respect to the morphology [9]. Now, aiming for a morphological registration method, we will ask for a deformation $\phi : \Omega \to \Omega$ such that

$$M[T \circ \phi] = M[R].$$

Thus, we set up a matching functional which locally measures the twist of the tangent spaces of the template image at the deformed position and the deformed reference image or the defect of the corresponding normal fields.

2 A morphological registration energy

In this section we will construct a suitable matching energy, which measures the defect of the morphology of the reference image R and the deformed template image T. Thus, with respect to the above identification of morphologies and normal fields we ask for a deformation ϕ such that

$$N_T \circ \phi \,\|\, N_R^\phi, \tag{3}$$

where N_R^ϕ is the transformed normal of the reference image R on $\mathcal{T}_{\phi(x)}\phi(\mathcal{M}_{R(x)}^R)$ at position $\phi(x)$. From the transformation rule for the exterior vector product $D\phi u \wedge D\phi v = \mathrm{Cof}\, D\phi (u \wedge v)$ for all $v, w \in \mathcal{T}_x \mathcal{M}_{R(x)}^R$ one derives

$$N_R^\phi = \frac{\mathrm{Cof}\, D\phi\, N_R}{\|\mathrm{Cof}\, D\phi\, N_R\|}$$

where $\mathrm{Cof}\, A = \det A \cdot A^{-T}$ for invertible $A \in \mathbb{R}^{d,d}$. In a variational setting, optimality can be expressed in terms of energy minimization. We thus consider the following type of matching energy

$$E_m[\phi] := \int_\Omega g_0(\nabla T \circ \phi, \nabla R, \mathrm{Cof}\, D\phi)\, \mathrm{d}\mu. \tag{4}$$

where g_0 is a 0-homogenous extension of a function $g : S^{d-1} \times S^{d-1} \times \mathbb{R}^{d,d} \to \mathbb{R}^+$, i. e., $g_0(v, w, A) := 0$ if $v = 0$ or $w = 0$ and $g_0(v, w, A) := g(\frac{v}{\|v\|}, \frac{w}{\|w\|}, A)$ otherwise. As a first choice for the energy density g let us consider If we want to achieve invariance of the energy under non-monotone grey-value transformation, the following symmetry condition

$$g(v, w, A) = g(-v, w, A) = g(v, -w, A). \tag{5}$$

has to be fulfilled. A useful class of matching functionals E_m is obtained choosing functions g which depend on the scalar product $v \cdot u$ or alternatively on $(\mathbb{I} - v \otimes v)u$ (where $\mathbb{I} - v \otimes v = (\delta_{ij} - v_i v_j)_{ij}$ denotes the projection of u onto the plane normal to v) for $u = \frac{Aw}{\|Aw\|}$ and $v, w \in S^{d-1}$, i. e.,

$$g(v, w, A) = \hat{g}\left((\mathbb{I} - v \otimes v)\frac{Aw}{\|Aw\|}\right). \tag{6}$$

Let us remark that $\hat{g}((\mathbb{I} - v \otimes v)u)$ is convex in u, if $\hat{g}$ is convex. With respect to arbitrary grey value transformations mapping morphologically identical images onto each other, we might consider $\hat{g}(s) = \|s\|^\gamma$ for some $\gamma \geq 1$.

3 Regularization

Suppose a minimizing deformation ϕ of E_m is given. Then, obviously for any deformation ψ which exchanges the level sets $\mathcal{M}_c^R$ of the image R, the concatenation $\psi \circ \phi$ still is a minimizer. But ψ can be arbitrarily irregular. Hence, minimizing solely the matching energy is an ill-posed problem. Thus, we consider a regularized energy

$$E[\phi] = E_m[\phi] + E_{reg}[\phi]. \tag{7}$$

We interpret Ω as an isotropic elastic body and suppose that the regularization energy plays the role of an elastic energy while the matching energy can be regarded as an external potential contributing to the energy. Furthermore we suppose $\phi = \mathbb{I}$ to represent the stress free deformation.

$$E_{reg}[\phi] := \int_\Omega a\|D\phi\|_2^p + b\|\text{Cof } D\phi\|_2^q + \Gamma(\det D\phi) \, d\mu \tag{8}$$

with $\Gamma(D) \to \infty$ for $D \to 0, \infty$, e. g., $\Gamma(D) = \gamma D^2 - \delta \ln D$. In nonlinear elasticity such material laws have been proposed by Ogden and for $p = q = 2$ we obtain the Mooney-Rivlin model [3].

4 An existence result

Let us introduce a corresponding set of functions

$$\mathcal{I}(\Omega) := \Big\{ I : \Omega \to \mathbb{R} \,\Big|\, I \in C^1(\bar{\Omega}), \exists \mathcal{D}_I \subset \Omega \text{ s. t. } \nabla I \neq 0 \text{ on } \Omega \setminus \mathcal{D}_I,$$
$$\mu(B_\epsilon(\mathcal{D}_I)) \xrightarrow{\epsilon \to 0} 0 \Big\}.$$

We then have the following result [5].

Theorem 1 (Existence of minimizing deformations) *Suppose $d = 3$, $T, R \in \mathcal{I}(\Omega)$, and consider the total energy for deformations ϕ in the set of admissible deformations*

$$\mathcal{A} := \{\phi : \Omega \to \Omega \mid \phi \in H^{1,p}(\Omega), \operatorname{Cof} D\phi \in L^q(\Omega),$$
$$\det D\phi \in L^r(\Omega), \det D\phi > 0 \text{ a.e. in } \Omega, \phi = \mathbb{1} \text{ on } \partial\Omega\}$$

where $p, q > 3$ and $r > 1$. Suppose $W : \mathbb{R}^{3,3} \times \mathbb{R}^{3,3} \times \mathbb{R}^+ \to \mathbb{R}$ is convex and there exist constants $\beta, s \in \mathbb{R}$, $\beta > 0$, and $s > \frac{2q}{q-3}$ such that

$$W(A, C, D) \geq \beta \left(\|A\|_2^p + \|C\|_2^q + D^r + D^{-s} \right) \quad \forall A, C \in \mathbb{R}^{3,3}, D \in \mathbb{R}^+ \quad (9)$$

Furthermore, assume that $g_0(v, w, A) = g(\frac{v}{\|v\|}, \frac{w}{\|w\|}, A)$, for some function $g : S^2 \times S^2 \times \mathbb{R}^{3,3} \to \mathbb{R}_0^+$, which is continuous in $\frac{v}{\|v\|}, \frac{w}{\|w\|}$, convex in A and for a constant $m < q$ the estimate

$$g(v, w, A) - g(u, w, A) \leq C_g \|v - u\| \left(1 + \|A\|_2^m\right)$$

holds for all $u, v, w \in S^2$ and $A \in \mathbb{R}^{3,3}$. Then $E[\cdot]$ attains its minimum over all deformations $\phi \in \mathcal{A}$ and the minimizing deformation ϕ is a homeomorphism and in particular $\det D\phi > 0$ a.e. in Ω.

Refer to [5] for functions g, for which the requirements of the theorem are fulfilled, an additional feature based energy and a description of the multiscale minimization algorithm, as well as further references.

References

1. J. BALL, *Global invertibility of Sobolev functions and the interpenetration of matter*, Proc. Roy. Soc. Edinburgh, 88A (1988), pp. 315–328.
2. G. E. CHRISTENSEN, R. D. RABBITT, AND M. I. MILLER, *Deformable templates using large deformation kinematics*, IEEE Trans. Medical Imaging, 5, no. 10 (1996), pp. 1435–1447.
3. P. G. CIARLET, *Three-Dimensional Elasticity*, Elsevier, New York, 1988.
4. U. CLARENZ, M. DROSKE, AND M. RUMPF, *Towards fast non–rigid registration*, in Inverse Problems, Image Analysis and Medical Imaging, AMS, 2001.
5. M. DROSKE AND M. RUMPF, *A variational approach to non-rigid morphological registration*, SIAM Appl. Math., (2003). submitted.
6. U. GRENANDER AND M. I. MILLER, *Computational anatomy: An emerging discipline*, Quarterly Appl. Math., LVI, no. 4 (1998), pp. 617–694.
7. S. HENN AND K. WITSCH, *Iterative multigrid regularization techniques for image matching*, SIAM J. Sci. Comput. (SISC), Vol. 23 no. 4 (2001), pp. 1077–1093.
8. J. MODERSITZKI AND B. FISCHER, *Fast diffusion registration*, Special Issue of Contemporary Mathematics, AMS, (2000).
9. G. SAPIRO, *Geometric Partial Differential Equations and Image Analysis*, Cambridge University Press, 2001.
10. J. P. THIRION, *Image matching as a diffusion process: An analogy with Maxwell's demons*, Med. Imag. Anal., 2 (1998), pp. 243–260.

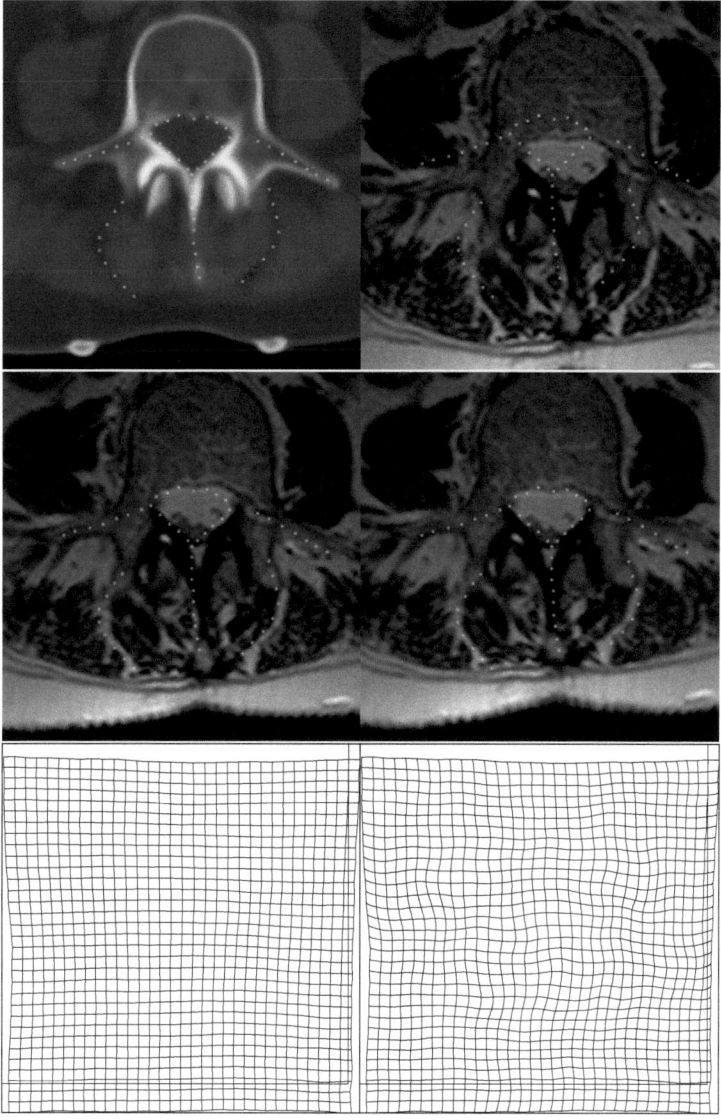

Fig. 1. Sectional morphological registration on a pair of MR and CT images of a human spine. Dotted lines mark certain features visible in the reference image. Top Left: reference, CT, Top Right: template, MR, with clearly visible misfit of structures marked by the dotted lines. Middle Left: deformed template $T \circ \phi_f$, where ϕ_f is the result of a feature based pre-registration [5]. Middle Right: deformed template $T \circ \phi$ after final registration where the dotted feature lines nicely coincide with the same features in the deformed template MR-image. All images have a resolution of 257^2. Additionally the deformations after the feature based registration resp. after the entire registration process are illustrated in the bottom row.

Erzeugung von Modelldaten zur Prüfung von Bildregistrierungstechniken angewandt auf Daten aus der PET und MRT

Uwe Pietrzyk[1,2] und Kay Alexander Bente[1,2]

[1]Forschungszentrum Jülich GmbH, Institut für Medizin, D-52425 Jülich
[2]Bergische Universität Wuppertal, Fachbereich Physik, D-42097 Wuppertal
u.pietrzyk@fz-juelich.de, k.bente@fz-juelich.de

Zusammenfassung. Zur Bewertung von Algorithmen zur Bildregistrierung von PET- und MRT-Datensätzen, wurden, ausgehend von MRT-Aufnahmen, Methoden entwickelt, um künstliche Datensätze zu erzeugen, die Charakteristiken von PET-Aufnah-men aufweisen.

1 Einleitung

Bei der Registrierung medizinischer Bilder aus der Positronen-Emissions-Tomographie (PET) und der Magnetresonanz-Tomographie (MRT) entsteht das Problem, dass eine exakte Transformation des einen Datensatzes in das Koordinatensystem des anderen Datensatzes a priori nicht bekannt ist. Damit ist die möglichst objektive Bewertung von Bildregistrierungsalgorithmen nur eingeschränkt möglich.

Bei der Überprüfung von Registrierungsalgorithmen bedient man sich häufig der Anwendung von Datensätzen, bei denen künstliche, externe Markierungen in das Messfeld gebracht wurden, derart, dass diese Markierungen in beiden bildgebenden Verfahren Signale erzeugen. Der Nachweis und die Darstellung der Markierungen unterliegen damit auch der für die normale Bildrekonstruktion bzw. Bildanalyse geltenden Beschränkungen und Ungenauigkeiten. Daher wurde die Erzeugung von simulierten PET-Daten vorgeschlagen. Diese können sich z.B. aus MRT-Daten ableiten, wobei entsprechende Signaltransformationen durchgeführt werden müssen. Dies ist deshalb erforderlich, da besonders automatisierte Registrierverfahren die Intensitätsverteilung aller Pixel auswerten. Ebenso wird versucht, durch Anwendung von dem normalen Rekonstruktionsverfahren ähnlichen Schritten, die besonderen Merkmale der PET-Bilder zu erzeugen.

2 Methoden

Alle Entwicklungsschritte beziehen sich auf die Verwendung von Daten über das menschliche Gehirn, wobei versucht wurde FDG- und Durchblutungsdatensätze zu konstruieren. In Anlehnung an publizierte Verfahren [1,2] zur Erzeugung von simulierten PET-Daten aus MRT-Daten wurde zunächst alles nicht zum Gehirn gehörende Gewebe entfernt und zusätzlich ein segmentierter Datensatz mit Hilfe der FMRIB-Programme [3] erzeugt.

Abb. 1. Beispiele für die Intensitätstransformation mit zugehörigen Transformationsfunktionen. Links: linearer Verlauf zwischen den Stützstellen. Mitte: 0→CSF linear, CSF→WM parabelförmig, WM→0 linear. Rechts: 0→CSF linear, CSF→WM parabelförmig, WM→0 exp(-0.05x).

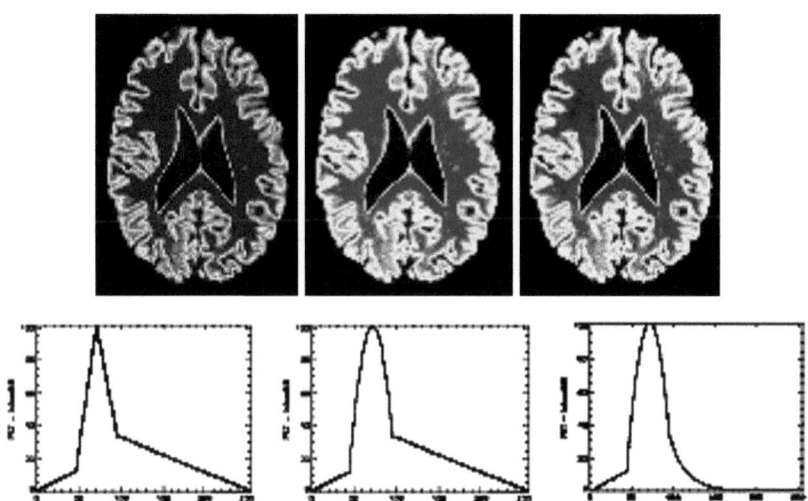

2.1 Intensitätstransformation

Im Unterschied zu bisherigen Verfahren, bei denen jeder Gewebetyp auf eine konstante Aktivität gesetzt wird [1], wurde ein Verfahren entwickelt, welches die Intensitätswerte entsprechend einer Verteilung ändert. Die Funktion wurde derart moduliert, dass der resultierende Datensatz ein Verhältnis von 3 : 1 zwischen den Intensitäten der Grauen und Weißen Gehirnmasse und einem Verhältnis von 10 : 1 zwischen den Werten der Grauen Gehirnmasse und der Spinalflüssigkeit aufweist, wobei jeweils über die einzelnen Regionen gemittelt wurde. Diese Verhältnisse gelten als typische Intensitätsverteilung bei einer FDG-Aufnahme [1].

Bei einem linearen Anstieg und Abfall im Bereich des Mittelwertes der grauen Gehirnmasse erschien die Aktivität des Kortex zu schwach im Vergleich zum restlichen Gehirn auszufallen (Abb. 1 links). Daher wurde die Spitze durch einen parabelförmigen Verlauf aufgeweitet, was den Kortex breiter erscheinen lässt (Abb. 1 Mitte). Der Kortex ist zwar in diesen Bildern immer noch zu dünn, aber durch die nachfolgende Faltung wird sich dieser Bereich noch weiter ausdehnen. Dies kommt daher, dass die hohen Intensitätswerte in dieser Region die angrenzenden Pixel der anderen Regionen während der Faltung mit dem Gaußfilter anheben werden.

Im Mittel waren die Werte der weißen Hirnmasse zu hoch, daher wurden die Werte schließlich durch einen exponentiellen Abfall schneller gegen Null geführt (Abb. 1 rechts).

2.2 Faltung mit ortsabhängigem Gaußkern

Mit dem ortsabhängigen Gaußkern soll berücksichtigt werden, dass PET-Scanner in der Mitte des Messbereiches eine bessere Auflösung haben als am Rand (in radialer Richtung). Die ortsabhängige Faltung faltet jedes Pixel des Datensatzes mit einer für ihn spezifischen Gauß-Filtermaske. Dabei ist die Stärke bzw. Größe des Kerns abhängig vom Abstand des Mittelpunktes des Datensatzes (in radialer Richtung, in axialer Richtung ist die Faltung konstant). Dies wurde in der Art realisiert, dass die dreidimensionale Faltung aufgeteilt wurde in drei Faltungen mit orthogonal zueinander stehenden eindimensionalen Kernen (der Gaußkern ist symmetrisch). Dadurch kann je eine Zeile bzw. eine Spalte mit dem gleichen Kern gefaltet werden, da alle Pixel einer Zeile den gleichen Abstand in y-Richtung vom Mittelpunkt haben, und umgekehrt alle Pixel einer Spalte den gleichen Abstand in x-Richtung haben.

Zunächst wurde aus dem Datensatz künstlich ein Sinogramm erzeugt. Zum einem um später die typischen Bildartefakte der Rekonstruktion zu erhalten und zum andern auch, um während der Faltung eine Dimension und damit auch Rechenzeit einsparen zu können, da die Zeilen eines Sinogramms keine Abhängigkeit zueinander haben und somit das Sinogramm nur in x-Richtung (radial) und in z-Richtung (axial) gefaltet werden muss. In radialer Richtung wurde mit einer FWHM von innen 3 mm bis außen 10 mm gefaltet und in axialer Richtung wurde mit einer konstanten FWHM von 7.5 mm gefaltet. Das Ergebnis davon ist in Abbildung 2 zu sehen. In dieser Abbildung ist in Anlehnung an Kiebel et al. [1] ein normalverteiltes Rauschen hinzugefügt worden. Bei den analytischen Rekonstruktionsverfahren hat das Rauschen hingegen zum Teil einen sternförmiges aussehen, was durch Addieren eines normalverteilten Rauschens nicht simuliert werden kann. Daher lag es nahe, das Rauschen statt im

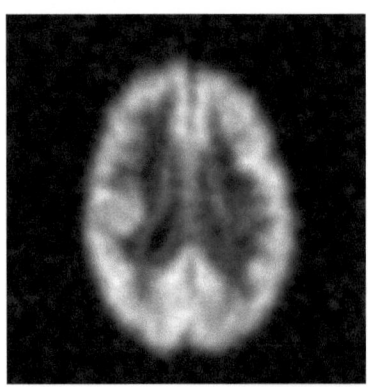

Abb. 2. Beispiel für die Faltung mit ortsabhängigem Kern, FWHM von 3mm bis 10mm

Abb. 3. Links: Pseudo FDG-Aufnahme, 150 Projektionen. Rechts: Pseudo rCBF-Aufnahme, 50 Projektion mit abschließender Faltung mit konstantem Gaußkern mit 3 mm FWHM in alle Richtungen im Ortsraum

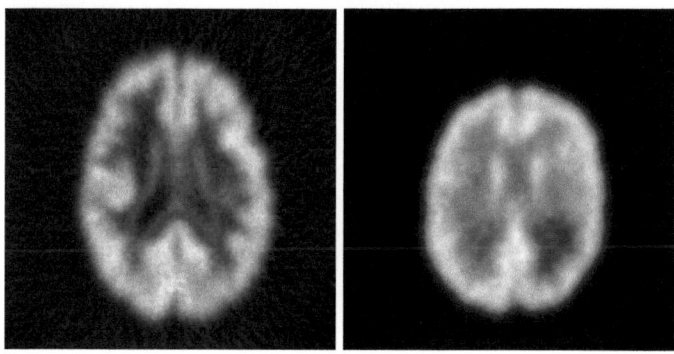

Bild im Sinogramm hinzuzufügen, was im folgenden Verarbeitungsschritt realisiert wurde.

2.3 Poissonförmiges Rauschen

Die Erzeugung einer PET-Aufnahme erfolgt durch Erstellen einer Zählstatistik eines radioaktiven Zerfalls. Damit unterliegen die Einträge des Sinogramms poissonartigen statistischen Schwankungen. Um dieses zu simulieren werden die Einträge im Sinogramm als Mittelwert einer Poissonverteilung angesehen, von der ein neuer Wert „gezogen" wird, der den alten Sinogrammeintrag ersetzt. Die Poissonverteilung wurde durch eine Gaußverteilung angenähert, da sich dadurch unerwünschte Bildartefakte vermeiden ließen. Der ganzzahlige Charakter der Poissonverteilung führt dazu, dass in Schichten am Rand des Messfeldes, in denen keine oder nur wenig Teile des Gehirns sind, nur wenige Einträge nach dem verrauschen ungleich Null sind. Bei der Rekonstruktion wird aus diesen vereinzelten Punkten ein unerwünschtes Netzmuster. Durch die Wahl der Näherung als Gaußverteilung lässt sich dieses Problem umgehen, allerdings wurden dennoch, ohne Einschränkung der Anwendbarkeit, zum Teil die äußersten Schichten aus dem Datensatz entfernt, wenn die netzförmigen Artefakte weiterhin vorhanden waren.

Über die Anzahl der Projektionen bei der Erzeugung des Sinogramms lässt sich zum einen die Stärke der Sternartefakte beeinflussen und zum andern die allgemeine Detailschärfe, bzw Qualität der Aufnahme simulieren (z.B. FDG ↔ rCBF, siehe Abbildung 3)

3 Ergebnisse

Die mit dem geschilderten Verfahren erzeugten simulierten PET-Daten zeigten in der Intensitätsverteilung sehr große Ähnlichkeit zu realistischen PET-Bildern

Abb. 4. 2D-Histogramm einer MR-Messung mit rCBF-Messung (links) und künstlich erzeugtem rCBF-Datensatz aus der MR-Messung (rechts).

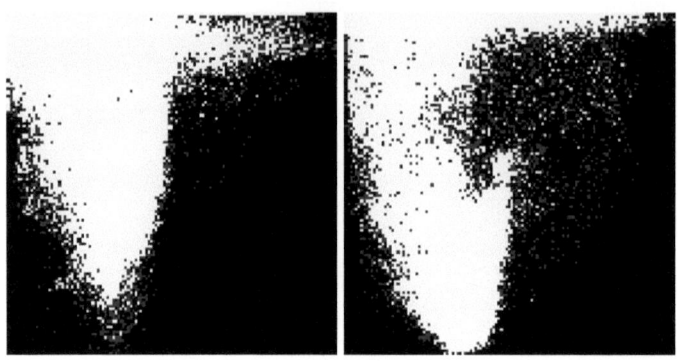

und somit auch zur zwei-dimensionalen Intensitätsverteilung aus MRT und PET-Daten (Abbildung 4). Die Intensitätsverteilung ist die Grundlage zur Berechnung des Ähnlichkeitsmaßes bei der Registrierung multimodaler Datensätze (Mutual Information). Es wurde nachgewiesen, dass die Mutual Information sich bei Verschiebungen des konstruierten PET-Datensatzes gegen den MR-Datensatz in der gleichen Weise verhält wie bei dem korrespondierenden echten PET-Datensatz.

Solche Datensätze konnten somit als Testdaten für das Studium neuer Bild-Registrierungstechniken eingesetzt werden.

4 Diskussion

Mit dem dargestellten Verfahren ist es möglich, Testdatensätze für die Anwendung und Prüfung bei neu zu entwickelnden Bildregistrierverfahren zu erzeugen. Die Merkmale der simulierten PET-Daten wurden so erzeugt, dass insbesondere ihre Intensitätsverteilung denen aus echten MRT-PET-Bildpaaren entsprechen und somit eine realitätsnahe Situation bei der Beurteilung neuer Algorithmen möglich ist.

Literaturverzeichnis

1. Stephen J. Kiebel, John Ashburen, Jean-Baptiste Poline, Karl J. Friston: MRI and PET Coregistration – A Cross Validation of Statistical Parametric Mapping and Automated Image Registration. Neuroimage. 1997, 5, pp. 271–279, 1053-8119/97.
2. Y. Ma, M. Kamber, A. C. Evans: 3D Simulation of PET Brain Images Using Segmented MRI Data and Positron Tomograph Characteristics. Computerized Medical Imaging and Graphics. Vol. 17, No 4/5. pp. 365–371, 1993.
3. FMRIB – Oxford Centre For Functional Magnetic Resonance Imaging Of The Brain: BET – Brain Extraction Tool; FAST – FMRIB's Automated Segmentation Tool. http://www.fmrib.ox.ac.uk/fsl

A Linear Programming Approach to Limited Angle 3D Reconstruction from DSA Projections

S. Weber[1], T. Schüle[2], C. Schnörr[3] and J. Hornegger[4]

[1,2,3]CVGPR-Group, University of Mannheim
[4]Siemens Medical Solutions Inc., Forchheim
{[1]wstefan, [2]schuele, [3]schnoerr}@uni-mannheim.de
[4]joachim@hornegger.de

Abstract. We investigate the reconstruction of vessels from a small number of Digital Subtraction Angiography (DSA) projections acquired over a limited range of angles. Regularization of this strongly ill-posed problem is achieved by (i) confining the reconstruction to binary vessel / non-vessel decisions, and (ii) by minimizing a global functional involving a smoothness prior. A suitable extension of the standard linear programming relaxation to this difficult combinatorial optimization problem is exploited. Our approach successfully reconstructs a volume of $100 \times 100 \times 100$ voxels including a vascular phantom which was imaged from three projections only.

1 Introduction

Coronary heart diseases and strokes caused by aneurysms and stenosis are world wide the number one killers. For that reason medical imaging that visualizes vascular systems and their 3D structure is of highest importance for many medical applications.

The process of computing the 3D density distribution within the human body from multiple X-ray projections is well understood. Today filtered back-projection is the fundamental algorithm for Computerized Tomography. This algorithm, however, has its limitations. A necessary condition for its success is the rotation of the X-ray tube of at least 180 degrees plus fan angle and the acquisition of a large number of projections. There are prospective applications of 3D where the technical setup does not allow for 180 degree rotations and therefore filtered back-projection cannot be applied. For instance, the reconstruction of the coronary vessels of the moving heart using the Feldkamp algorithm requires so many data, impossible to capture by C-arm systems used during interventions. The conclusion is that new algorithms are required to compute 3D data sets out of a limited range of angles and a small number of X-ray images to push the application of 3D imaging.

In this contribution we investigate the reconstruction of vessels from a small number of DSA projections acquired over a limited range of angles. We use DSA images, i.e. vessels are filled with contrast agent. The background is supposed to be homogeneous. Therefore, we make use of the knowledge that the reconstructed function will contain only two values: either vessel or background. This is the basic prerequisite for Discrete Tomography studied in this work. The restriction to a binary function to be reconstructed compensates for the lack of projections that are usually required for density reconstruction.

2 State of the Art

One way to describe the reconstruction problem is a system of linear equations, $Ax = b$. Thereby each column of the matrix A corresponds to a voxel and each row to a projection ray. With other words the matrix entry $a_{i,j}$ represents the contribution of the j-th voxel to the i-th ray. This matrix is usually sparse since each ray traverses only a small subset of voxels.

Considering only the linear equations it is not possible to force the voxels to be either zero or one. Therefore the linear system is embedded into a linear program where the voxels are kept at least within the interval $[0, 1]$.

In the literature on discrete tomography two linear programming approaches are known. The first one (equation 1) suggested by Fishburn, Schwander, Shepp, and Vanderbei [2] optimizes the dummy functional "zero" subject to the linear projection constraints. Thus, any interior point method for solving large scale linear programs can be used for computing some feasible point in the constraint set.

$$(FSSV) \quad \min_{x \in \mathbb{R}^n} 0^T x, \quad Ax = b, \quad 0 \le x_j \le 1, \forall j \tag{1}$$

The second approach (equation 2) suggested by Gritzmann, de Vries, and Wiegelmann [3] replaces the dummy functional by the inner product of the one-vector with the vector indexing the unknown voxel samples. Furthermore, the linear projection equations are changed to linear inequalities. This "best inner fit" criterion thus aims at computing a maximal volume among all solutions not violating the projection constraints.

$$(BIF) \quad \max_{x \in \mathbb{R}^n} e^T x, \quad Ax \le b, \quad 0 \le x_j \le 1, \forall j \tag{2}$$

3 Main Contribution

Presuming a homogeneous dispersion of the contrast agent within the vessels coherent solutions are more realistic. Both approaches mentioned above do not exploit any spatial context. As a result, spatially incoherent and thus less plausible solutions may be favored by the optimization process.

A common remedy is to include smoothness priors into the optimization criterion. As we deal with integer solutions however, this further complicates the combinatorial optimization problem. Furthermore, smoothness priors lead to quadratic functionals which cannot be tackled by linear programming relaxations.

Inspired by recent progress of J.M. Kleinberg and E. Tardos [4] concerning metric labeling problems, we introduce auxiliary variables to represent the absolute deviation of adjacent entities. By this, spatial smoothness can be measured by a linear combination of auxiliary variables, leading to an extended linear programming approach. As we have already shown in [1], this method leads to much better results in case of 2 dimensional data. In this work we extend [1] to the 3D case and study its medical applicability.

4 Approach

4.1 Discretization

The 3D-function to be reconstructed is currently represented by Haar basis functions with 1-voxel support. A discrete representation of the imaging geometry is achieved by non-uniformly sampling the function along the projection direction. For each projection ray, this yields a linear combination of contributions from basis functions intersecting with the ray. Each contribution is given by the line integral over the intersection. Assembling all contributions into a linear system finally represents the imaging process. For more details we refer the reader to [1,5].

4.2 Preprocessing

For the reconstruction of a $100 \times 100 \times 100$ volume a linear system of one million unknowns has to be solved. All voxels touched by rays with zero projection value must necessarily be zero and can therefore be removed. In case of a vascular system it is possible to reduce the amount of unknowns significantly since the vessels (non-zero voxels) take only a small partition of the whole volume. The remaining voxels constituting the so called "peel volume" are determined in the subsequent reconstruction process.

4.3 Reconstruction

The main idea is to rewrite the linear programs, shown in equation 1 and 2, as follows:

$$(FSSV2) \quad \min_{x \in \mathbb{R}^n} 0^\top x + \frac{\alpha}{2} \sum_{\langle j,k \rangle} |x_j - x_k|, \quad Ax = b, \quad 0 \leq x_i \leq 1, \quad \forall i \quad (3)$$

$$(BIF2) \quad \min_{x \in \mathbb{R}^n} -e^\top x + \frac{\alpha}{2} \sum_{\langle j,k \rangle} |x_j - x_k|, \quad Ax \leq b, \quad 0 \leq x_i \leq 1, \quad \forall i \quad (4)$$

The last term in the objective functions (equations 3 and 4) measures the difference between adjacent voxels (6-neighborhood), denoted by $\langle \cdot, \cdot \rangle$. For details on how to cast the equations 3 and 4 in linear programming relaxations of the underlying combinatorial 0/1-optimization problems we refer to [1,4].

4.4 Postprocessing

The linear programming step results in a solution vector x with each component $0 \leq x_i \leq 1$. In order to obtain a binary solution we simply used a threshold at 0.2 which led to reasonable results in our experiments, but more sophisticated rounding techniques can be used as well (see [4,6]).

5 Results and Discussion

For evaluation purposes we constructed a vascular phantom which was scanned from several directions by a C-arm system. However, only a few projections are actually used for reconstruction. Each image contained 1024 × 1024 greyvalue pixels.

Figure 1 shows the reconstruction of the phantom from three projections with (BIF) and $(BIF2)$. The result of $(BIF2)$ is smoother than (BIF) which can better be seen in the closeup, shown in figure 2.

Comparing the (BIF) approach of Gritzmann et al. to $(BIF2)$, the latter yields reconstructions that are less spread out over the entire volume. As can be seen, the smoothness prior leads to significant improvement of reconstruction quality. This clearly shows that the linear programming formulation based on auxiliary variables yields a convex relaxation of the combinatorial optimization problem which is tight enough to compute a good local minimum with standard interior point solvers.

The reconstruction with $(FSSV)$ and $(FSSV2)$ was not possible for real data since the problem becomes infeasible due to the strong equality constraints on the matrix A and noisy projection data.

6 Acknowledgments

Volumegraphics (http://www.volumegraphics.com) kindly provided us with their volume rendering software. All 3D models in this paper were rendered with VGStudioMax 1.1.

Further we would like to thank Benno Heigl from Siemens Medical Solutions in Forchheim for his support.

References

1. S. Weber, C. Schnörr, J. Hornegger: A Linear Programming Relaxation for Binary Tomography with Smoothness Priors. Technical Report 13/2002, Computer Science Series, University of Mannheim, Nov. 2002. http://www.cvgpr.uni-mannheim.de
2. P. Fishburn, P. Schwander, L. Shepp, and R. Vanderbei. The discrete radon transform and its approximate inversion via linear programming. *Discr. Appl. Math.*, 75:39–61, 1997.

3. P. Gritzmann, S. de Vries, and M. Wiegelmann. Approximating binary images from discrete X-rays. *SIAM J. Optimization*, 11(2):522–546, 2000.
4. J.M. Kleinberg and E. Tardos. Approximation algorithms for classification problems with pairwise relationships: Metric labeling and Markov random fields. In *IEEE Symp. Foundations of Comp. Science*, pages 14–23, 1999.
5. Y. Censor, D. Gordon, and R. Gordon. Component averaging: An efficient iterative parallel algorithm for large and sparse unstructured problems. *Parallel Computing*, 27:777–808, 2001.
6. Y. Censor. Binary steering in discrete tomography reconstruction with sequential and simultaneous iterative algorithms. *Lin. Algebra and its Appl.*, 339:111–124, 2001.

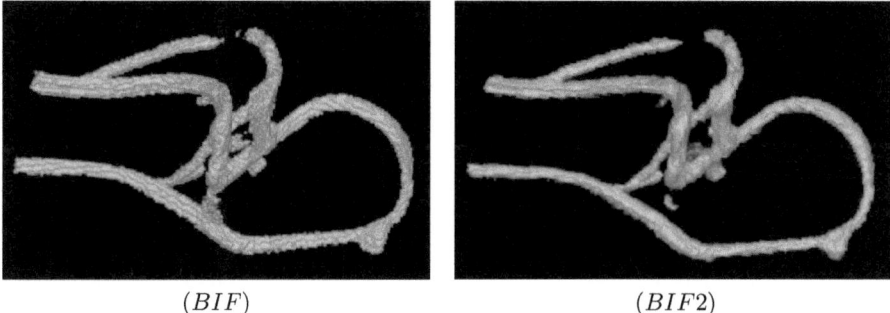

(BIF) (BIF2)

Fig. 1. Reconstruction of a $100 \times 100 \times 100$ volume from the vascular phantom using only three projections (0, 50, and 100 degree) with (BIF) and $(BIF2)$.

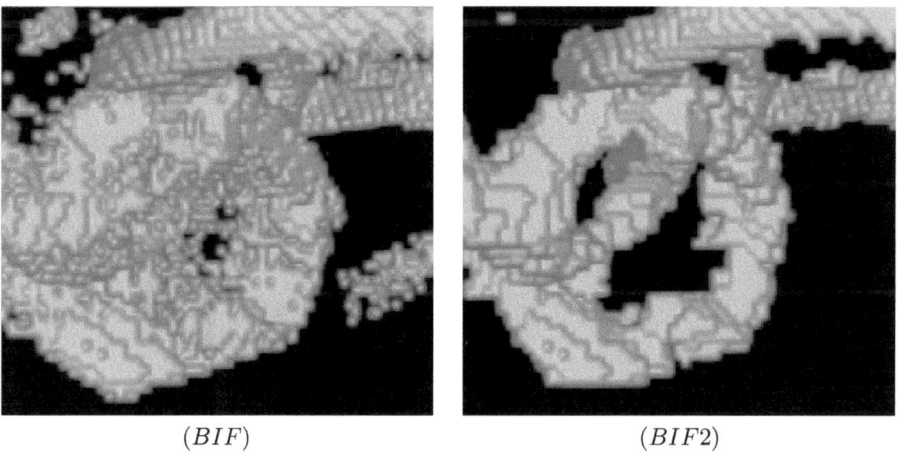

(BIF) (BIF2)

Fig. 2. Closeup of the phantom which was reconstructed with (BIF) and $(BIF2)$.

3D Visualization of Intracranial Aneurysms with Multidimensional Transfer Functions

F. Vega[1,2], P. Hastreiter[1,2], B. Tomandl[3], C. Nimsky[1] and G. Greiner[2]

[1] Neurocenter, Dept. of Neurosurgery, University of Erlangen-Nuremberg
[2] Computer Graphics Group, University of Erlangen-Nuremberg
[3] Div. of Neuroradiology, Dept. of Neurosurgery, University of Erlangen-Nuremberg
Email: vega@neurozentrum.imed.uni-erlangen.de

Summary. Clear identification of vascular structures is of vital importance for the planning of surgical treatment of intracranial aneurysms. A valuable tool for performing this task is direct volume visualization of CT-angiography (CTA) data making use of transfer functions based on the measured intensity values. In this work, we introduce direct 3D visualization of intracranial aneurysms with transfer functions based on multiple features extracted from the CTA dataset. We have provided a framework for the creation of multidimensional transfer functions which has been adjusted to the needs of clinical environments. Results were evaluated with a set of 10 clinical cases from our archive and have shown a substantial improvement when compared with the standard 3D visualization approach. Clear separation of bones and vessels was achieved even for cases were the target structures were embedded in the skull base. No pre-processing of the data, such as explicit segmentation was applied. All tests were performed on standard PCs equipped with modern 3D graphics cards.

1 Problem and Background

Direct volume visualization has been successfully applied for the planning of surgical procedures for the treatment of intracranial aneurysms. Frequently, CT-angiography (CTA) data represents the basis to produce 3D renderings of vascular structures by mapping the measured data values to color and opacity values, using standard transfer functions. Due to the nature of the CTA data and the occurring partial volume effect, this approach works only well if the vessels are anatomically well separated from the skull base. Otherwise, the data values for bone structures and vessels filled with contrast agent are too similar, making a clear delineation difficult.

As a drawback, intracranial aneurysms are frequently situated close to the skull base, which makes it difficult to achieve a clear 3D representation using standard transfer functions. A solution to this problem could be subtraction-CTA, which is problematic due to the required double exposure to high radiation. Alternatively, further features inherent to the data have to be taken into account in order to support a clear delineation of the target structures.

Transfer functions based on multiple features were introduced by Levoy [1]. However, due to the complexity of the task involved in their creation, the use of this strategy was initially not very user friendly. Recently, Kniss and Kindlmann [2] proposed a user interface that allows interactive manipulation of multidimensional transfer functions for direct volume rendering. In addition to this, we introduce multidimensional transfer functions to the clinical problem of intracranial aneurysms close to the skull base. Furthermore, we propose to use this strategy for surgery planning, by providing clinically adequate tools for the manipulation of multidimensional transfer functions supported by extensive use of consumer graphics hardware.

2 Methods

The definition and adjustment of standard 1D transfer functions based on the original data values only, is a complex task requiring extensive experience with visualization tools [3]. Adding further degrees of freedom increases the complexity and effort for the user. Bearing this in mind, a tool was developed allowing the surgeon to easily create adequate transfer functions. Functionality to set color and opacity intuitively is provided so the user can paint the transfer function as a 2D plane, where the x-axis and y-axis represent the data value and gradient magnitude respectively. Information regarding the data properties is presented in such a way that relevant sections of the volume are easily identified. This information is used as background for the working area, providing precise separation of tissues in the transfer function editor, and consequently in the visualized volume.

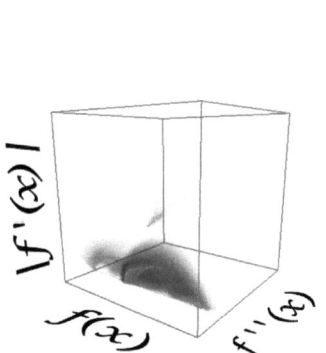

Fig. 1. 3D Histogram of CTA dataset   **Fig. 2.** 2D Scatter plot of histogram

For every voxel of the CTA dataset three different features were used. In addition to the given data value, the gradient magnitude and a boundary function based on first and second directional derivative were extracted. The gradient was computed using central differences, and the second directional derivative was obtained with the Hessian matrix approximation. The border function corresponds to the equation suggested by Kindlmann [4]. A 3D histogram is created with its three axis representing data value, first and second directional derivative (see Fig. 1). Examination of this data reveals information about the location of tissues and boundaries between them. A 2D scatter plot of the histogram is then computed in order to meaningful provide this information. Thereby, the x-y axis represent the measured data values and the gradient magnitudes respectively (see Fig. 2). Tissue boundaries come out as Gaussian curves with their zero crossings at the values corresponding to the adjacent tissues. These curves reach their maximum gradient value at the point which corresponds to the average location of the boundary center.

The mentioned scatter plot is placed as background of the working area where the surgeon can paint the 2D transfer function. Since tissues and their boundaries can be clearly identified, it is possible to apply opacities and colors to each tissue individually. Boundary emphasis can be also applied giving more weight to one of the tissues. One can for example, put emphasis to the vessel side of the skull/vessel boundary while ignoring the skull side, and in this way reduce artifacts produced due to the partial volume effect.

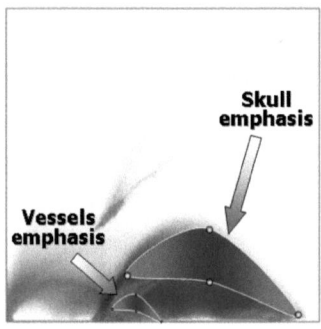

Fig. 3. 2D transfer function

A widget was designed to ease the painting of the transfer function. Its shape is based on the Gaussians that correspond to the boundary model. The curve shape was modeled using quadratic Bézier curves whose control points can be shifted over the painting area (see Fig. 3). Color and opacity can be selected and set to give more emphasis to either side of the boundary. Additionally, a pen is available in order to perform fine tuning of the transfer function if required.

The visualization is performed making use of the pixel shader unit available on PC graphics cards. The extracted data values are stored as RGBA values of a 3D texture. This texture is used as "previous texture" input for the "dependent texture" shader operation (according to the OpenGL extensions of NVidia). The transfer function is stored as a 2D texture consisting of 256 x 256 texels which is then used as "dependent texture". As a result, the RGBA texture output contains the color and opacity values obtained from the mapping of the CTA data with the transfer function. Then, the resulting opacity is combined with the border function using the register combiners. Finally, the output values of the shader unit are then used for texturing the proxy geometry that forms the visualization as proposed by Cabral [5].

Since the data features stored as source 3D texture are computed only once at data loading time, and the transfer function is stored as a dependent texture,

Fig. 4. Comparison against standard 1D transfer functions

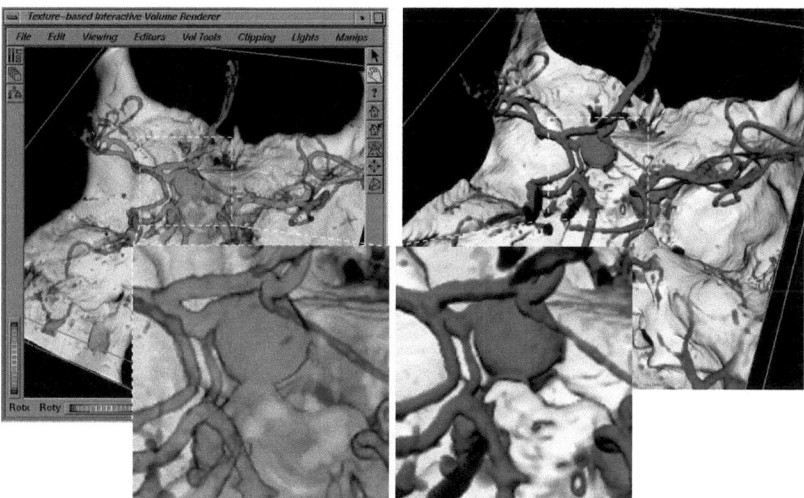

the process of creating the transfer function is completely interactive providing real-time feedback.

3 Results

We have validated our approach with 10 cases. The applied CTA data consisted of images with a 512 x 512 pixel matrix and 70-130 slices. The voxel size was 0.2 x 0.2 x 0.5 mm. In order to focus the visualization on the lesion, sub-volumes containing the area of interest for each dataset were created using a resolution of 256 x 256 x 64 voxels. For each case, different settings of multidimensional transfer functions were designed aiming at an optimal representation of each aneurysm including a clear separation of vascular and bone structures. Above all, no preprocessing such as explicit segmentation of the data was necessary. For an evaluation of the presented approach the obtained results were compared with 3D representations based on standard 1D transfer functions [6] and intraoperative findings. Especially in areas with intensive partial volume effect, results obtained with the suggested technique led to considerably improved visualizations in comparison to using 1D transfer functions (see Fig. 4). As a result, the neck of the aneurysm and the feeding vessel were clearly identified in difficult cases (see Fig. 5).

4 Discussion and Conclusion

The presented work demonstrates the value of direct volume rendering using multidimensional transfer functions for a considerably improved visualization of aneurysms close to the skull base in preparation of surgery.

Fig. 5. Skull removal from a CTA dataset

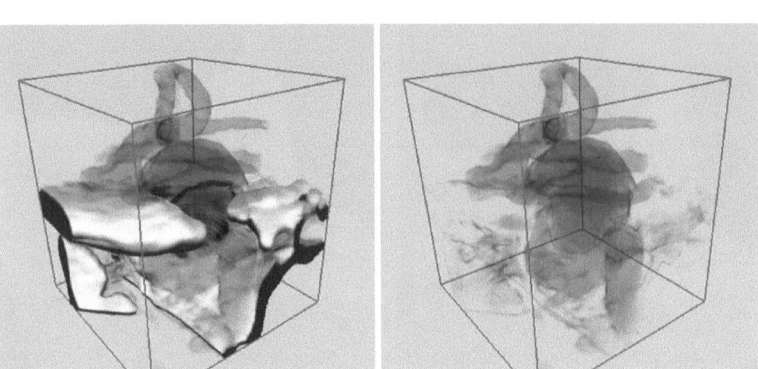

The approach can be applied with minor effort by the surgeon using the developed tools. Its main advantage over 1D transfer functions becomes evident when partial volume effects prevent a correct visualization of the target structures. On the other hand, all the tests were conducted on PCs equipped with consumer high-performance graphics cards. Thereby, the entire visualization process is interactive and the suggested approach is made affordable for clinical application.

Overall, the suggested strategy allows a convenient and clear separation of anatomical structures with limited differences in data values. In consequence, it makes direct volume visualization more useful for clinical application.

Note: Color plates are available at:
http://www9.informatik.uni-erlangen.de/Persons/Vega/bvm2003/

References

1. M. Levoy. Display of Surfaces from Volume Data. *IEEE Comp. Graph. and App.*, 8(5):29–37, 1988.
2. J. Kniss, G. Kindlmann, and C. Hansen. Interactive Volume Rendering using Multidimensional Transfer Functions and Direct Manipulation Widgets. In *Proc. IEEE Visualization*, 2001.
3. H. Pfister, B. Lorensen, C. Bajaj, G. Kindlmann, W. Schroeder, L. Avila, K. Raghu, R. Machiraju, and J. Lee. The Transfer Function Bake-off. *IEEE Computer Graphics and Applications*, 21:16–22, Jan-Feb 2001.
4. G. Kindlmann and J. Durkin. Semi-Automatic Generation of Transfer Functions for Direct Volume Rendering. In *IEEE Symposium on Volume Visualization*, 1998.
5. B. Cabral, N. Cam and J. Foran. Accelerated Volume Rendering and Tomographic Reconstruction Using Texture Mapping Hardware. *ACM Symposium on Volume Visualization*, 1994.
6. P. Hastreiter, C. Rezk-Salama, B. Tomandl, K. Eberhart, and T. Ertl. Fast Analysis of Intracranial Aneurysms based on Interactive Direct Volume Rendering and CT-Angiography. In *Proc. Medical Image Computing and Computer Assisted Intervention (MICCAI)*, 1998.

Fully-Automatic Labelling of Aneurysm Voxels for Volume Estimation

J. Bruijns

Philips Research Laboratories
Prof. Holstlaan 4, 5656 AA Eindhoven, The Netherlands
Email: Jan.Bruijns@philips.com

Summary. Nowadays, it is possible to acquire volume representations of the brain with a clear distinction in gray values between tissue and vessel voxels. These volume representations are very suitable for diagnosing an aneurysm, a local omnidirectional widening of a vessel. A physician can cure an aneurysm by filling it either with coils or glue. So, he/she needs to know the volume of the aneurysm. Therefore, we developed a fully-automatic aneurysm labelling method. The labelled aneurysm voxels are used to compute the volume of the aneurysm.

1 Problem

Nowadays, it is possible to acquire volume representations of the brain with a clear distinction in gray values between tissue and vessel voxels [1]. These volume representations are very suitable for diagnosing an aneurysm, a local omnidirectional widening of a vessel (see Fig. 1.1).

A physician can cure an aneurysm by filling it either with coils or glue. Therefore, he/she needs to know the volume of the aneurysm. The problem is to compute the volume of the aneurysm from the voxel representation.

2 Related Work

Meijering measures the diameter of a phantom aneurysm by positioning a plane. The intersection of this plane with the volume gives a 2D image. After selection of a profile through the center of the projected aneurysm, the diameter is computed on the basis of a gray-value threshold (Chapter 5 of [2]).

Juhan et al. [3] propose methods, tailored to the segmentation of an abdominal aortic aneurysm. They don't subdivide the segmentation in "'normal"' vessel and aneurysm voxels.

Users of the 3D Integris system [4] measure the volume of an aneurysm by positioning a bounding ellipsoid after which the system counts the number of vessel voxels inside this ellipsoid. A small ellipsoid is accurate but difficult to position, a large ellipsoid is easy to position but inaccurate. The accuracy may be improved by removing vessel voxels outside the aneurysm by a cutting tool before the ellipsoid is applied. This laborious procedure gives varying results when applied by different people.

3 What is new

To improve the accuracy and to eliminate the time-consuming interaction and the inter- and intra-operator variations, we developed the first (to the best of our knowledge) fully-automatic aneurysm labelling method.

Our starting point (our algorithms for fully-automatic segmentation will be discussed in a future paper) is a segmented volume with a 0 for tissue and a 1 for vessel voxels (see Fig. 1.1).

We use two Manhattan distance transforms [5]. The primary transform is used to find the center aneurysm voxels, the secondary to find the remaining aneurysm voxels.

The result of our algorithm is a segmented volume in which the "normal" vessel voxels have label 1 and the aneurysm voxels label 2. An example of a labelled segmented volume is shown in Fig. 1.2.

We introduce the basic precondition for the fully-automatic aneurysm labelling method in Section 4.1. The algorithm for labelling of a spherical aneurysm will be explained in Section 4.2. We describe how the labelling algorithm can be extended to deal with aspherical aneurysms in Section 4.3. In Section 5, we present our results. Finally, we conclude with the discussion in Section 6.

4 Method

4.1 Basic Precondition

An aneurysm is a local omnidirectional widening of a vessel (see Fig. 1.1). Therefore, the fully-automatic aneurysm labelling method is based on the following hypothesis:

The maximum of the primary distance transform of the aneurysm voxels is greater than the maximum of the primary distance transform of the vessel voxels in the connected vessels.

This primary distance transform (abbreviated to PDT) is the Manhattan distance transform with regard to the vessel boundaries.

4.2 Labelling of a Spherical Aneurysm

After the PDT has been computed, the following algorithm is used for labelling the aneurysm voxels:

1. Classify all vessel voxels with a PDT greater than or equal to a certain (so-called inclusion) threshold as center aneurysm voxels.
   This threshold (our algorithm for fully-automatic selection of this threshold is not discussed in this paper) must be greater than the maximum PDT in the connected vessels and less than or equal to the maximum PDT of the aneurysm.

2. Compute the secondary distance transform (abbreviated to SDT). The SDT is the Manhattan distance transform with regard to the center aneurysm voxels.
3. Classify all vessel voxels with a SDT less than or equal to the inclusion threshold as shell aneurysm voxels.

This pass adds a shell with thickness equal to the inclusion threshold.

4.3 Aspherical Aneurysms

The procedure described in Section 4.2 gives correct results in case of a spherical aneurysm. But in case of for example a spherical aneurysm with a local bulge, the aneurysm voxels in this bulge will not be labelled because their SDT is greater than the inclusion threshold.

We can, however, discriminate between the voxels in the connected vessels and those in a local bulge. After all, the connected vessels end on a volume boundary. Therefore, the following procedure is applied after the shell aneurysm voxels have been labelled:

The vessel voxels, face connected to a vessel voxel in a volume boundary slice, possible via a chain of face connected vessel voxels, are removed by a similar twin wave algorithm as used in Section 3.3 of [6].

Note that this step will give erroneous results if the bulge itself ends on a volume boundary.

After the voxels in the connected vessels have been removed, the remaining vessels voxels are labelled as bulge aneurysm voxels.

Remarks:

1. Center, shell and bulge aneurysm voxels get all the same label, namely 2. The different names for the aneurysm voxels are only used to ease the description of the method.
2. In some cases, vessels, connected to an aneurysm, do not end on a volume boundary (for example because of erroneous segmentation). This kind of vessel parts should not be classified as bulges. Therefore, vessel voxels, face connected to a voxel with a SDT greater than the maximum allowed bulge length, possible via a chain of face connected vessel voxels, are also removed. This maximum allowed bulge length determines whether a bulge is classified as an aneurysm part or as a short vessel part.

5 Results

Four aneurysm volumes (128x128x128) with very different characteristics, acquired with the 3D Integris system [4], have been tested. Labelling of the aneurysm takes between 5 and 10 seconds on a SGI Octane. The labelled aneurysms after iso-surface generation are shown in Fig. 1.3, 1.4, 1.5 and 1.6. The aneurysm surface is painted black. Note that in the last example in Fig. 1.6, the labelling is done on a sub-volume because the maximum PDT in the fat vessel at the bottom is greater than the maximum PDT of the aneurysm.

The total number of aneurysm voxels is used to compute the volume of the aneurysm. This volume may be used as an indicator for the amount of glue needed for filling the aneurysm.

The fully-automatic aneurysm labelling method gives visually acceptable results, both for spherical and aspherical aneurysms, but a clinical validation has yet to be done.

In some cases the boundary between the labelled aneurysm voxels and the vessel voxels differs from the boundary indicated by medical experts. We are currently developing algorithms to refine the boundary.

6 Discussion

The following conclusions can be drawn from the results, the pictures and the experiences gathered during testing:

1. The fully-automatic aneurysm labelling method cannot be used to *detect* an aneurysm because in case of a volume without an aneurysm some of the vessel voxels, connected to the vessel voxel with the maximum PDT, will then be labelled as aneurysm voxels.
2. If one of the vessels in the volume is wider than the aneurysm itself, thereby violating the basic precondition (Section 4.1), the aneurysm can still be labelled if and only if the wide vessel part can be excluded, for example by a volume bounding box.
3. In case of a partially thrombosed aneurysm, only the aneurysm voxels with sufficient contrast agent will be labelled as such because the other aneurysm voxels will be classified already as tissue voxels by the segmentation algorithms.

References

1. R. Kemkers, J. Op de Beek, H. Aerts, R. Koppe, E. Klotz, M. Grasse, J. Moret "3D-Rotational Angiography: First Clinical Application with use of a Standard Philips C-Arm System". Proc. CAR'98, 1998.
2. E.H.W. Meijering "Image Enhancement in Digital X-Ray Angiography". Utrecht University PhD thesis, October 2000, ISBN 90-393-2500-6.
3. V. Juhan, B. Nazarian, K. Malkani, R. Bulot, J.M. Bartoli and J. Sequeira "Geometric modelling of abdominal aortic aneurysms". Proc. CVRmed and MRCAS, No. 1205 in Lecture Notes in Computer Science, pp. 243–252, Springer, Berlin, 1997.
4. Philips Medical Systems Nederland "INTEGRIS 3D-RA. Instructions for use. Release 2.2". Document number 9896 001 32943, 2001.
5. G. Borgefors "Distance transformations in arbitrary dimensions". Computer Vision, Graphics and Image Processing, 27, pp. 321–345, 1984.
6. J. Bruijns "Fully-Automatic Branch Labelling of Voxel Vessel Structures". Proc. VMV2001, Stuttgart Germany, pp. 341–350, November 2001.

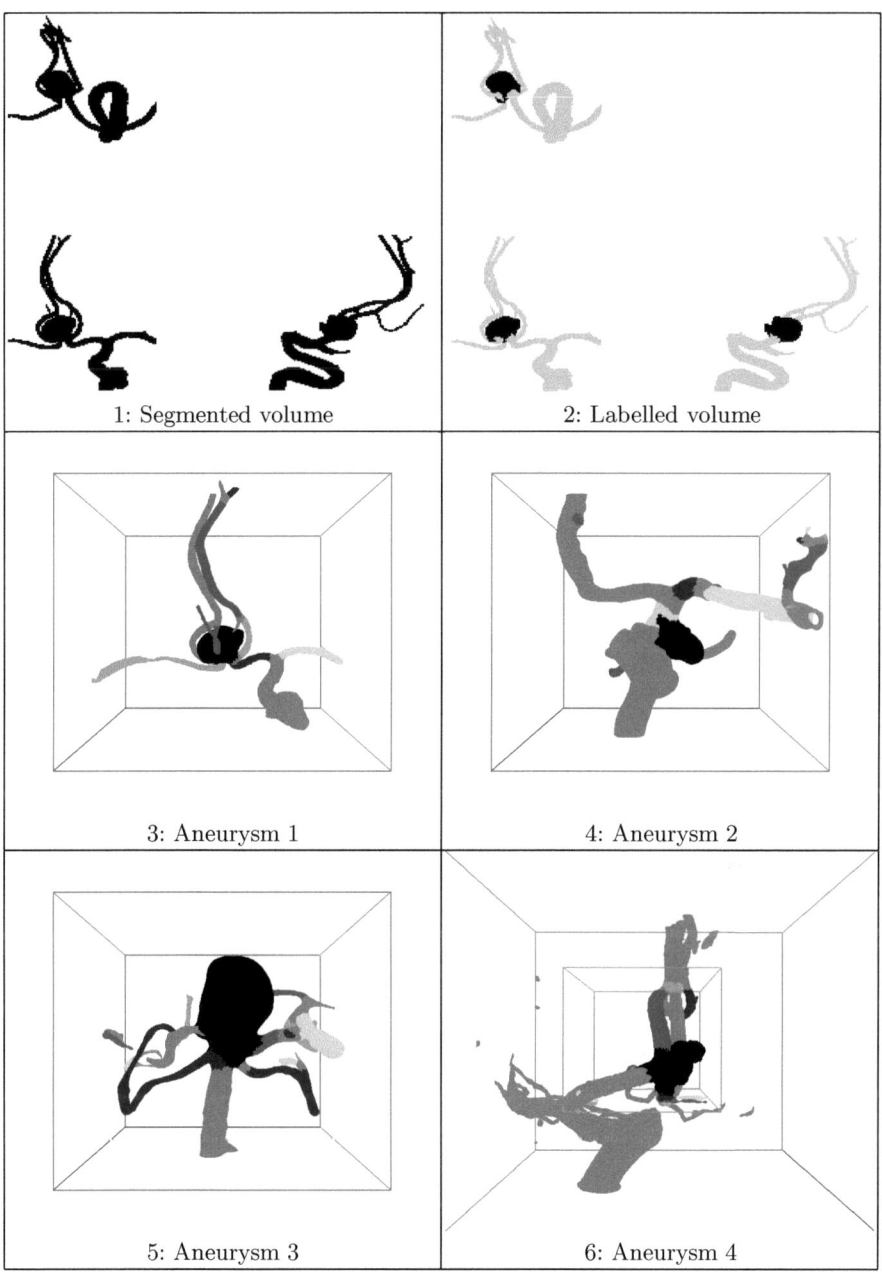

Fig. 1. Aneurysms

Intraoperative Gefäßrekonstruktion für die multimodale Registrierung zur bildgestützten Navigation in der Leberchirurgie

Peter Hassenpflug[1], Max Schöbinger[1], Marcus Vetter[1], Roman Ludwig[2],
Ivo Wolf[1], Matthias Thorn[1], Lars Grenacher[3], Götz M. Richter[3],
Waldemar Uhl[2], Markus W. Büchler[2] und Hans-Peter Meinzer[1]

[1]Abt. Medizinische und Biologische Informatik
Deutsches Krebsforschungszentrum (DKFZ), D-69120 Heidelberg
[2] Chirurgische Klinik, [3]Radiologische Klinik
Ruprecht-Karls Universität Heidelberg, D-69120 Heidelberg
Email: p.hassenpflug@dkfz.de

Zusammenfassung. Dieser Beitrag stellt ein Verfahren vor, das die Voraussetzung für die gefäßbasierte Registrierung patientenindividueller, präoperativer 3D-Lebermodelle mit dem Operationssitus bildet. Aus intraoperativen 3D-Ultraschalldaten wird durch Methoden der Bildverarbeitung und -analyse ein attributierter relationaler Graph des aufgenommenen Gefäßsystems erstellt. Das Verfahren ist auf andere solide Weichteile wie die Nieren übertragbar. Mit der Evaluierung des Verfahrens in Phantom- und in-vivo-Experimenten soll der Nachweis der Machbarkeit der gefäßbasierten Registrierung für die computergestützte Navigation in der Viszeralchirurgie erbracht werden.

1 Einleitung

Im Projekt ARION untersuchen wir die Machbarkeit computergestützter Navigation für die Leberchirurgie. Ziel ist der Nachweis der Übertragbarkeit des patientenindividuellen, präoperativen 3D-Modells der Leber (Planungsmodell) auf korrespondierende anatomische Punkte der intraoperativ verformten Leber (Operationssitus). Aus der Analyse des Workflows der offenen Leberchirurgie an drei chirurgischen Zentren folgte die Spezifikation klinisch invarianter Anforderungen an ein Navigationssystem [1]. Die zentrale chirurgische Anforderung ist die Verbesserung der Orientierung in der Tiefe der Leber während der Resektion. Dies setzt informatisch eine Registrierung des Planungsmodells mit dem Operationssitus voraus. Dazu müssen korrespondierende anatomische Punkte (Landmarken) in den prä- und intraoperativen Datensätzen ermittelt werden. Als derartige Landmarken eignen sich die Bifurkationspunkte der intrahepatischen Gefäße [2]. Im Planungsmodell liegen die Bifurkationspunkte als Knoten in den Gefäßgraphen vor, die aus kontrastmittelverstärkten CT-Aufnahmen ermittelt werden. Das in diesem Beitrag vorgestellte Verfahren zeigt die Machbarkeit der Gewinnung korrespondierender Gefäßgraphen aus intraoperativem 3D-Ultraschall.

2 Stand der Forschung

Navigationssysteme haben Einzug im Bereich starrer anatomischer Strukturen (Knochen) und durch Knochen umgebener Weichteile (Gehirn) gefunden. Beispiele sind Navigationssysteme für die Orthopädie, Mund-Kiefer-Gesichts- und die Neurochirugie. Für die Abdominalchirurgie sind Navigationssysteme bislang nicht verfügbar. Gründe hierfür sind die Form- und Gestaltänderung der Weichteile durch den Eingriff und deren Beweglichkeit durch die Atmung. Die Herausforderung für die Realisierung eines Navigationssystems für die Leberchirurgie besteht in der schritthaltenden Registrierung des sich verformenden Lebergewebes mit dem virtuellen Planungsmodell. Für die onkologische Leberchirurgie sind bereits mehrere Systeme entwickelt worden, die präoperativ die Patientenauswahl und Planung der Resektion ermöglichen (HepaVision 2 von MeVis [3], Leberplanungssystem des IRCAD [4], Lena-System des DKFZ [5]). Bei der Übertragung der Planungsergebnisse auf den Operationssitus orientiert sich der Chirurg bislang mit seinem Seh- und Tastsinn in Kombination mit seinem anatomischen Wissen. Zur Abklärung des Befundes und der Groborientierung im Organ wird intraoperativer Ultraschall durch den Chirurgen oder konsiliarisch durch einen Radiologen eingesetzt [6]. Die Tiefennavigation erfordert 3D-Ultraschalldatensätze in Patientenkoordinaten [7]. Alternative Ansätze zur Realisation von Navigationssystemen in der Leberchirurgie werden im Computer-Aided Diagnosis and Display Lab (CADDLab) der University of North Carolina at Chapil Hill (Gefäßmodell zu 3D-Ultraschall-Registrierung [8]), am Center for Technology-Guided Therapy (TGT) der Vanderbilt University (Registrierung optischer Marker auf der Leberoberfläche mit korrespondierenden Punkten im Computertomogramm [9]) und im Dept. of Radiology, Faculty of Medicine der University of Tokyo (Registrierung geometrischer und physikalischer Lebermodelle mit Oberflächenabtastpunkten der Leber [10]) erforscht.

3 Methoden

Grundlage der präoperativen Planung [5] ist ein kontrastmittelverstärktes Drei-Phasen-Spiral-CT. Aus den Bilddaten der späten portalvenösen Phase werden der Portalbaum und die Lebervenen mittels eines Hysterese-Schwellwertverfahrens extrahiert und nach einer topologieerhaltenden morphologischen Skelettierung [11] als mathematischer Graph gespeichert. Intraoperativ wird ein Siemens Sonoline Ultraschallgerät (Siemens Medical Systems, Inc., Issaquah, WA, USA) mit einer 7,5 MHz Linearschallsonde verwendet, um beliebig orientierte Schnittbilder des zu operierenden Lebervolumens zu erstellen. Durch Erweiterung der Schallsonde mit dem Sensor eines elektromagnetischen Lokalisationssystems (Minibird 500, Ascension Technology Corp., Burlington, VT, USA) und Einsatz der freihand 3D-Ultraschallsoftware Stradx [12] (Dept. of Engineering, University of Cambridge, UK) liegen die Pixel der Ultraschallbilder in den Weltkoordinaten des Lokalisationssystems vor. Um auf die Lage der Bildpunkte in der Leber zurückschließen zu können, wird die Leber während der Aufnahme und der

Abb. 1. Links: B-Bild nach anisotroper Diffusion; Mitte: Segmentierungsergebnis; rechts: rekonstruierter Gefäßbaum

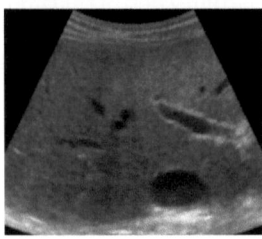  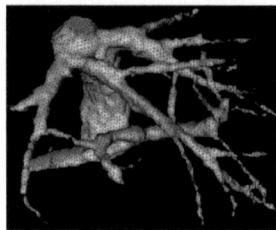

sich anschließenden Registrierung mittels Jet-Ventilation und chirurgischer Maßnahmen ruhiggestellt. Zunächst werden die B-Bild-Ultraschalldaten zweidimensional aufbereitet, indem sie mittels anisotroper Diffusion [13] kantenerhaltend geglättet werden (Abb. 1, links). Gefäßpixel (Abb. 1, Mitte) werden über ein Hysterese-Schwellwertverfahren ermittelt, das über ein Bereichswachstumsverfahren [14] simuliert wird: Alle Grauwerte werden zusammengefasst, die innerhalb eines für Gefäße sicheren Grauwertbereichs liegen. In einem zweiten Schritt werden dem Segmentierungsergebnis angrenzende Pixel hinzugefügt, wenn sie eine zweite, geringfügig höhere Schwelle unterschreiten. Die Konturen der schichtweise segmentierten Gefäße dienen der topologieerhaltenden Interpolation eines 3D-Oberflächenmodells des Gefäßbaums mittels Algorithmen zur Korrespondenzsuche („disc-guided interpolation" [15]) und Oberflächeninterpolation („regularised marching tetrahedra" [16]). Das resultierende Oberflächenmodell des Gefäßbaumes (Abb. 1, rechts) wird in ein äquidistantes reguläres Voxelgitter überführt (3D scan conversion nach Sramek und Kaufman [17]). So kann für die Berechnung der Mittelachsentransformation der gleiche Skelettierungsalgorithmus wie für die präoperativen Gefäßbäume angewandt werden. Die Gefäßvoxel, die Gefäßdurchmesser an und die euklidische Distanz zwischen Bifurkationspunkten werden für die Erstellung eines attributierten relationalen Gefäßgraphen verwendet. Dieser wird als Adjazenzliste abgelegt, um die geringe Anzahl Verbindungen zwischen den Knoten des Graphen für die effiziente Traversierung auszunutzen. Auf diese Weise wird ein intraoperativer Gefäßgraph generiert, der über korrespondierende Gefäßmerkmale im präoperativ erstellten Gefäßgraphen verfügt.

4 Ergebnisse

Das von uns vorgeschlagene Verfahren ermöglicht die intraoperative Rekonstruktion von intrahepatischen Gefäßen anhand von 3D-Ultraschalldaten. Die benötigte Zeit und die Qualität der Rekonstruktion hängen stark von der Qualität der Bilddaten ab. Es wurden bereits drei intraoperative 3D-Ultraschalldatensätze akquiriert. Um über die prinzipielle Machbarkeit hinaus Aussagen über die

Robustheit des Verfahrens zu machen, wird gegenwärtig die Datenbasis im Rahmen von Tierversuchen vergrößert.

5 Diskussion

Die intrahepatischen Gefäßbäume weisen eine Vielzahl charakteristischer Merkmale wie Längen, Durchmesser und Bifurkationen auf, die eine Registrierung auch in der Tiefe der intraoperativ verformten Leber ermöglichen. Zunächst erscheint es für die Segmentierung der Gefäße als vielversprechend, Doppler-Daten zu akquirieren. Niedrige Bildraten, Doppler-Artefakte, die vor allem auftreten, wenn die Schallsonde mit unterschiedlichem Druck über das Organ geführt wird („flash artifacts") und die Abhängigkeit der Doppler-Signalstärke von der Richtung des Geschwindigkeitsvektors der Blutflussrichtung lassen freihandakquirierten 3D-Doppler-Ultraschall für eine automatische Gefäßsegmentierung als zu unrobust erscheinen. Die Erfahrung des untersuchenden Radiologen ist ein bedeutender Faktor für gleichmäßig gute Bildqualität, die die wichtigste Voraussetzung für gelungene Rekonstruktionen mit geringem Interaktionsaufwand ist. Verformungsartefakte des Lebergewebes durch die Untersuchung selbst („probe pressure artifacts") können dann mit Stradx elastisch korregiert werden. Verbessertes Bildmaterial zeigen Testdatensätze aktueller 3D-Ultraschallsonden, da sowohl Druck- als auch Dopplerartefakte gegenüber der Freihand-3D-Akquisition reduziert sind. Um diese Geräte für die Navigation erproben zu können, sind die Offenlegung der Volumen-Datenformate durch die Hersteller und die Anpassung der Algorithmen zur Kalibrierung mit dem Lokalisations-System erforderlich.

Das Verfahren zur Gewinnung präoperativer 3D-Gefäßmodelle anhand von CT-Daten realer Patienten wurde bereits über 120 mal erfolgreich von uns erprobt. Das hier vorgestellte Verfahren zur Rekonstruktion intraoperativer Gefäßbäume ist eine wichtige Voraussetzung für eine effiziente Registrierung mit den präoperativen Daten. Die Chirurgen sind bereits mit intraoperativem Ultraschall bei onkologischen Leberoperationen vertraut. Die Erweiterung zur 3D-Freihand-Akquisition erfordert nur wenig Mehraufwand für den Anschluss und die Kalibrierung des elektromagnetischen Lokalisationssystems. Der hohe Automatisierungsgrad unseres Verfahrens erlaubt eine intraoperative Gefäßrekonstruktion der Zielregion innerhalb weniger Minuten. Mit den prä- und intraoperativen Gefäßgraphen liegen zwei die Verformung der operativen Zielregion charakterisierende Beschreibungen vor, die eine Registrierung der verformten Zielstruktur auch in der Tiefe der Leber ermöglichen. Dazu untersuchen wir gegenwärtig Algorithmen zum inexakten Graph-Matching.

6 Danksagung

Das Projekt ARION wird vom BMBF im Rahmen des Innovationswettbewerbs Medizintechnik unter dem Kennzeichen 01EZ0008 gefördert. Die Autoren danken Drs. Richard Prager, Andrew Gee und Graham Treece, Cambridge University, Dept. of Engineering, für das Stradx-System, die Algorithmen zur Oberflächenrekonstruktion und den Leber-Beispieldatensatz.

Literaturverzeichnis

1. Hassenpflug P, Vetter M, Cárdenas C, et al: Navigation in liver surgery – results of a requirement analysis. Procs CARS 1230:1162, 2001.
2. Glombitza G, Vetter M, Hassenpflug P, et al: Verfahren und Vorrichtung zur Navigation bei medizinischen Eingriffen. Internationale Patentanmeldung PCT/DE010397223.101, München, 2001.
3. Högemann D, Stamm G, Shin H et al: Individuelle Planung leberchirurgischer Eingriffe an einem virtuellen Modell der Leber und ihrer Leitstrukturen. Radiologe 40(3):267–273, 2000.
4. Soler L, Delingette H, Malandain G, et al: Fully automatic anatomical, pathological, and functional segmentation from CT scans for hepatic surgery. Comput Aided Surg 6(3):131–42, 2001.
5. Glombitza G, Lamadé W, Demiris AM, et al: Virtual planning of liver resections: image processing, visualization and volumetric evaluation. Int J Med Inf 53(2–3):225–237, 1999.
6. Takigawa Y, Sugawara Y, Yamamoto J, et al: New lesions detected by intraoperative ultrasound during liver resection for hepatocellular carcinoma. Ultrasound Med Biol 27(2):151–156, 2001.
7. Fenster A, Downey DB, and Cardinal HN: Three-dimensional ultrasound imaging. Phys Med Biol 46:R67–R99, 2001.
8. Aylward S, Weeks S, and Bullitt E: Analysis of the parameter space of a metric for registering 3d vascular images. Procs MICCAI, Springer LNCS 2208:932-939, 2001.
9. Herline AJ, Herring JL, Stefansic JD, et al: Surface Registration for Use in Interactive, Image-Guided Liver Surgery. Comput Aided Surg 5:11–17, 2000.
10. Masutani Y and Kimura F: A new modal representation of liver deformation for non-rigid registration in image-guided surgery. Procs CARS 1230:19–24, 2001.
11. Selle D and Peitgen HO: Analysis of the morphology and structures of vessel systems using skeletonization. Procs SPIE Med Imaging, vol 4322, 2001.
12. Prager RW, Gee AH, and Bermann L: Stradx: real-time acquisition and visualization of freehand three-dimensional ultrasound. Med Image Anal 3(2):129–140, 1998.
13. Weickert J: Theoretical foundations of anisotropic diffusion in image processing. Computing Suppl 11:221–236, 1996.
14. Adams R and Bischof L: Seeded region growing. IEEE Trans Patt Anal Mach Intell 16(6):641–647, 1994.
15. Treece GM, Prager RW, Gee AH and Berman L: Surface interpolation from sparse cross-sections using region correspondence. Technical report CUED/F-INFENG/TR 342, Cambridge University Dept of Engineering, 1999.
16. Treece GM, Prager RW, and Gee AH: Regularised marching tetrahedra: improved iso-surface extraction. Technical report CUED/F-INFENG/TR 333, Cambridge University Dept of Engineering, 1998.
17. Sramek M and Kaufman AE: Alias-free voxelization of geometric objects. IEEE Trans Vis Comp Graph 5(3):251–267, 1999.

Korrekte dreidimensionale Visualisierung von Blutgefäßen durch Matching von intravaskulären Ultraschall- und biplanaren Angiographiedaten als Basis eines IVB-Systems

Frank Weichert[1], Martin Wawro[1] und Carsten Wilke[2]

[1] Universität Dortmund, Informatik VII
[2] Universitätsklinikum Essen, Strahlenklinik, Klinische Strahlenphysik
Email: weichert@ls7.cs.uni-dortmund.de

Zusammenfassung. Intravaskulärer Ultraschall (IVUS) und biplanare Angiographie haben sich in den letzten Jahren zu etablierten Verfahren in der Diagnose kardiovaskulärer Erkrankungen entwickelt. Ergänzend hierzu hat sich die IVUS-basierte intravaskuläre Brachytherapie (IVB) bewährt, das Restenoserisiko nach interventioneller Weitung von Herzkranzgefäßverengungen signifikant zu senken. Ein entscheidender Nachteil dieser IVUS-basierten Methodik ist aber die fehlende Information zur räumlichen Position der Aufnahmen im Gefäß. Dieser Umstand wirkt noch schwerwiegender in Anbetracht der Tatsache, dass eine IVB-Intervention eine genaue Bestrahlungsplanung erfordert. Hierfür wird ein Basissystem zur automatischen, dreidimensionalen Rekonstruktion und Visualisierung von Gefäßmodellen bereitgestellt, welches Physikern und Medizinern erlaubt effiziente Bestrahlungsplanung zu berechnen und zu simulieren.

1 Problemstellung

Nachdem sich die Angiographie zu einem dominanten Verfahren in der Diagnose kardiovaskulärer Erkrankungen entwickelt hatte, avancierte auch der intravaskuläre Ultraschall zur verbreiteten Methodik der kardiologischen Diagnostik. Bezüglich ihrer diagnoserelevanten Informationen weisen beide Verfahren einen komplementären Charakter auf. Liegt der Vorteil der Angiographie in der exakten Projektion von Gefäßlumen und der korrekten räumlichen Rekonstruktion des Gefäßes, so liefert der intravaskuläre Ultraschall die Möglichkeit morphologische Strukturen zu visualisieren. Relevante Segmente sind hierbei Lumen, Media und Adventitia, sowie Plaque und ggf. vorhandene Stents.

Neben den aufgezeigten Methoden zur Diagnose entwickelte sich die intravaskuläre Brachytherapie zu einem erfolgreichen Verfahren in der Therapie. Neben der eigentlichen Intervention ist die Bestrahlungsplanung entscheidend für den Erfolg. Benötigt werden hierfür die anatomisch-topographischen Informationen des zu behandelnden Gefäßabschnittes unter Therapiebedingungen in Relation

Abb. 1. Datenbasis zur Rekonstruktion: (a) Angiographie des Markierungsgitters. (b) Intravaskuläre Ultraschall- und (c) Angiographie-Aufnahme des Phantoms — Grenzschichten und Katheter sind segmentiert.

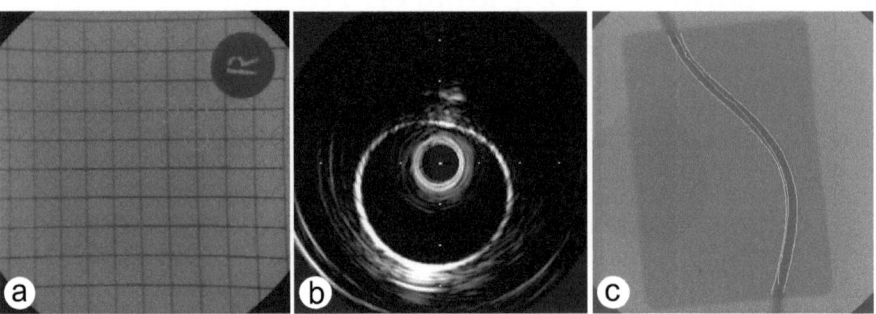

zur geplanten und resultierenden räumlichen Dosisverteilung. Grundlage hierfür ist ein dreidimensionales Gefäßmodell.

Erste Systeme zur Bestrahlungsplanung haben sich in den letzten Jahren aus vorhandenen Systemen zur Darstellung und Segmentierung von IVUS-Aufnahmen entwickelt [2]. Die hierbei zum Einsatz kommenden Gefäßmodelle bestehen aus "gestapelten" IVUS-Frames, ohne Berücksichtigung der räumlichen Struktur. Weitere Nachteile vieler Verfahren für den Einsatz in der klinischen Routine sind eine hohe Strahlenbelastung oder ein verstärkter manueller Interaktionsaufwand.

Ziel unseres Ansatzes ist die automatische, dreidimensionale Rekonstruktion und Visualisierung von Gefäßmodellen, in welchem unterschiedliche morphologische Strukturen differenziert werden. Hierzu werden die räumlichen Informationen der biplanaren Angiographie genutzt, um die Ultraschallaufnahmen korrekt im Raum anzuordnen. Ergebnis ist ein multipel parametrisierbares dreidimensionales Gefäßmodell, auf dessen Basis Mediziner und Physiker eine rechnergestützte Bestrahlungsplanung initiieren können.

2 Methoden

Der Prozess der Entwicklung von der Aufnahme zum dreidimensionalen Modell lässt sich grob in die Phasen Daten-Akquirierung, Segmentierung, Rekonstruktion und Visualisierung aufteilen.

2.1 Vorverarbeitung

Im initialen Schritt der IVUS-Datenaufzeichnung wurde nicht der verbreitete Umweg über das VHS-Medium, mit anschließender Digitalisierung gewählt. Vielmehr werden alle Daten vom IVUS-Gerät direkt von einem Rechnersystem digitalisiert. Hierdurch ist es möglich die typischen Band-Artefakte (Verzerrungen) zu verhindern. Parallel zur IVUS-Aufzeichnung (Abb. 1b) wird vor Beginn des Katheterrückzugs (Pullback) eine biplanare Angiographieaufnahme der ROI durchgeführt. Bedingt durch die Angiographiegeräte kommt es zu geometrischen Verzerrungen innerhalb der Aufnahmen, wodurch diese nicht direkt verwendbar sind. Über ein aufgebrachtes Markierungsgitter besteht die Möglichkeit die Daten zu entzerren (Dewarping). Zusätzlich werden mit Hilfe des Markierungsgitters die intrinsischen Kameraparameter des Angiophiegerätes bestimmt. Diese Kalibrierung folgt dem Verfahren nach Faugeras [4] und ist für jedes Herzkatheterlabor einmal durchzuführen. Abbildung 1a zeigt eine typische Angiographieaufnahme des Kalibrierungsgitters.

2.2 Segmentierung

In den Angiographieaufnahmen muss nun sowohl der Gefäßpfad als auch der Katheterverlauf segmentiert werden, welcher durch das applizierte Kontrastmittel als lokales Minimum in den Aufnahmen erkennbar ist. Hierzu kommt ein auf die Problematik adaptiertes aktives Konturverfahren (*Snakes* [6]) zum Einsatz, welches der inhärenten Unsicherheit in medizinischen Daten, aber auch der angestrebten automatischen Segmentierung gerecht wird. Um Fehlterminierungen der Snake in unerwünschten lokalen Nebenminima zu vermeiden, wird zur Kodierung der externen Bildenergien für die aktiven Konturen ein *Gradient Vector Flow* Feld [5] verwendet. Die Lösung des resultierenden Differentialgleichungssystems der Snake wird vergleichbar zu [6] durch ein Finite-Differenzen Schema implementiert. Bei der Segmentierung ermitteln primär zwei unabhängige offene aktive Konturen das Gefäß, danach unter Verwendung der jetzt verfügbaren Informationen zum Gefäßverlauf, den eigentlichen Katheterpfad (Abb. 1c). Zusätzlich erfolgt eine Detektion der relevanten Gefäßstrukturen (Lumen, Media und Adventitia) in den IVUS-Aufnahmen [3].

2.3 Fusion zwischen IVUS- und Angiographiedaten

Auf Basis der nun gegebenen Informationen kann die exakte Position der Ultraschalldaten im 3D-Raum berechnet werden. Es schließt sich die eigentliche Registrierung (Fusion) zwischen den Ultraschalldaten und dem aus den Angiographieaufnahmen rekonstruierten Katheterpolygonzug an. Als Grundlage dieser Berechnung dienen die Kalibrierungsdaten der Kameras (Projektionsmatrizen), sowie die aus der Segmentierung resultierenden Polygonzüge des Katheterpfades und der Gefäßwände innerhalb der beiden Angiographieaufnahmen (Abb. 1c). Zusätzlich fließen noch die bezüglich der IVUS-Frames bestimmten Segmentierungsdaten in die Berechnung ein. Die Bestimmung des 3D-Katheterpolygonzuges geschieht mit Methoden der projektiven Geometrie und orientiert sich an einem in [7] beschriebenen Verfahren.

Um die IVUS-Tomogramme korrekt auf dem rekonstruierten Katheterpfad anzuordnen, ist zu beachten, dass die durch anatomische Gegebenheiten — Gefäßkrümmung und Gefäßverdrehung — nicht parallelen IVUS-Aufnahmen in Abhängigkeit zur axialen Orientierung des Katheters im Raum angeordnet werden (Abb. 2b). Bei der algorithmischen Realisierung der Rekonstruktion sind

Abb. 2. (a) Darstellung des Silikon-Kautschuk-Phantoms, (b) Visualisierung der räumlich angeordneten IVUS-Frames und (c) des rekonstruierten 3D-Modells.

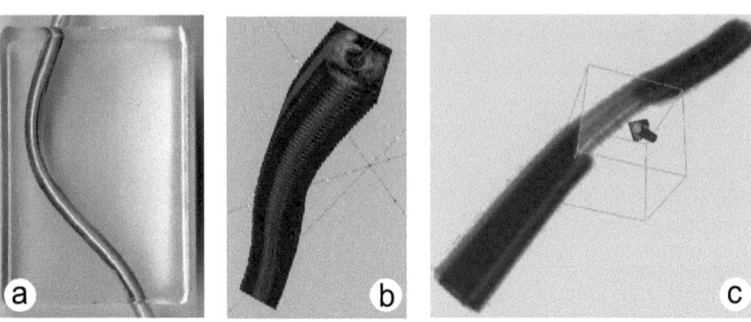

diese unterschiedlichen Freiheitsgrade zu berücksichtigen [2]. Das hierzu zu bestimmende "begleitende Dreibein" wird mittels der Frenet-Serret-Formeln berechnet [8].

2.4 Visualisierung

Im Anschluss an die Rekonstruktion erfolgt die Visualisierung der 3D-Daten als Gefäßmodell. Dieses setzt zunächst das Umrastern der Pixelinformationen aus den IVUS-Bildern in ein Voxelmodell voraus, wobei entsprechende Zwischenbilder interpoliert werden müssen. Die Interpolation wird durch gewichtete radiale Basisfunktionen realisiert [9]. Auf Basis der nun bereitgestellten Daten kann die Visualisierung als 3D-Modell mittels Volume Rendering erfolgen (Abb. 2c).

3 Ergebnisse

Zur quantitativen und qualitativen Validierung des Rekonstruktionsprozesses wurden in einer ersten Testphase zwei Phantommodelle und in-vivo akquirierte Daten verwendet. Bei den Phantomen handelt es sich um ein Plexiglas- und ein Silikon-Kautschuk-Modell (Abb. 2a). Unter Verwendung ausgezeichneter Zuschlagstoffe, welche zur Simulation bestimmter Gewebecharakteristika dienen, wird mit dem Silikon-Kautschuk-Phantom auch eine geeignete Überprüfung der Verarbeitung der Ultraschalldaten realisiert [10]. Zusätzlich erfolgt an dem Modell eine Plausibilitätsprüfung bezüglich der dreidimensionalen Rekonstruktion. Zur exakten Überprüfung der korrekten Anordnung der IVUS-Aufnahmen im Raum wurde anhand einer CAD-Skizze das Plexiglas-Modell gefräst. Ohne denen zur Zeit durchgeführten Messungen vorzugreifen, zeigen die Ergebnisse gemäß einer visuellen Kontrolle gute Ergebnisse (Abb. 2b, c). Dieses sowohl für die Phantommodelle, als auch für die in-vivo aufgenommenen Gefäßsegmente. Eine klinische Testphase erfolgt nach Auswertung dieser ersten Messreihen.

4 Schlussfolgerungen

Medizinern und Physikern sollte ein System zur Verfügung gestellt werden, welches in effizienter Weise und unter Beachtung klinischer Forderungen kardiovaskuläre Gefäßabschnitte in einem dreidimensionalen Modell visualisiert. Bestimmende Anforderungen von Seiten der Mediziner und Physiker waren Genauigkeit der Rekonstruktion, Umsetzung in ein automatisches Verfahren und Geschwindigkeit. Ausdrücklich sei darauf hingewiesen, dass es Medizinern in jeder Phase des Algorithmus möglich ist, die Zwischenergebnisse zu verifizieren und zu modifizieren. Verbunden mit diesem Aspekt war auch die softwaretechnische Realisierung einer intuitiven Benutzeroberfläche, welche anwendungsspezifische Parametrisierungen der Berechnung und Darstellung ermöglicht.

Unter Beachtung der Prämisse, dass erst wenige in-vivo ermittelte Daten vorliegen, lässt sich auf Grundlage der aktuellen Ergebnisse sagen, dass die gestellten Anforderungen erfüllt werden. Weitere Bestrebungen des Projektes zielen auf die Entwicklung eines Systems zur Bestrahlungsplanung bei kardiovaskulärer Brachytherapie ab. Hierzu werden Möglichkeiten zur Monte-Carlo-Simulation des Bestrahlungsvorganges und zur Darstellung von Dosisverteilung in der 3D-Ansicht von Gefäßwänden bereitgestellt.

Literaturverzeichnis

1. U. Quast: Definition and determinants of the relevant parameters of vascular brachytherapy, Vascular Brachytherapy, new perspective, Remedica Publishing, 1999.
2. A. Wahle, H. Oswald, E. Fleck: Inter- and extrapolation of correction coefficients in dynamic image rectification, In Proc. Computer in Cardiology 1997, Luns SE, vol. 24, 521-523, IEEE Press, 1997.
3. F. Weichert, C. Wilke, et al.: Modellbasierte Segmentierung und Visualisierung von IVUS-Aufnahmen zur Bestrahlungsplanung in der kardiovaskulären Brachytherapie, In: Bildverarbeitung für die Medizin 2002, Springer-Verlag, 85-88, 2002.
4. O. Faugeras: Three-Dimensional Computer Vision, MIT Press, 1993.
5. C. Xu, J.L. Prince: Gradient Vector Flow: A New External Force for Snakes, IEEE Proc. Conf. Comp. Vision & Pat. Recog., 66-71, 1997.
6. M. Kass, A. Witkin, D. Terzopoulos: Snakes: Active Contour Models, Int. Journal of Computer Vision, 321-331, 1988.
7. G. Prause, S.C. DeJong, C.R. McKay, M. Sonka: Towards a geometrically correct 3-D reconstruction of tortuous coronary arteries based on biplane angiography and intravascular ultrasound, International Journal of Cardiac Imaging, vol. 13, no. 6, 451-462, 1997.
8. H. Hosaka: Modeling of Curves and Surfaces in CAD/CAM, In Computer Graphics - Systems and Applications, Springer-Verlag, 1992.
9. M. J. Powell: Radial basis functions for multivariable interpolation: A review, in Algorithms for Approximation, J. C. Mason and M. G. Cox, Eds. Oxford, U.K.: Oxford Univ. Press, 143-167, 1987.
10. K. Hermann: Gewebeäquivalente Phantommaterialien für Anwendungen in der Radiologie und Strahlenschutz von 10 KeV bis 10 MeV, PhD Thesis, Georg-August-Universität Göttingen, 1994.

Segmentation of Coronary Arteries of the Human Heart from 3D Medical Images

Ren Hui Gong, Stefan Wörz and Karl Rohr

School of Information Technology, Computer Vision & Graphics Group
International University in Germany, 76646 Bruchsal
Email: renhui.gong@i-u.de

Summary. We introduce two new approaches for 3D segmentation of coronary arteries. The first approach is based on local intensity maxima and is computationally very efficient as well as yields superior results than standard thresholding. The second approach is based on semi-global intensity models, which are directly fit to the image intensities through an incremental process based on a Kalman filter. The approaches have been successfully applied to segment both large-size and small-size coronary arteries from 3D MR image data.

1 Introduction

Coronary heart disease is caused by narrowing of the coronary arteries that feed the heart. In clinical practice, images of the human heart are acquired using different imaging modalities, e.g., ultrasound, MRA, X-ray angiography, or ultra-fast CT. Segmentation and analysis of the coronary arteries (e.g., estimation of the diameter) from these images is crucial for diagnosis, treatment, and surgical planning. However, given 3D medical image data, segmentation is difficult and challenging. Main reasons are that 1) the thickness (diameter) of coronary arteries is relatively small and the thickness also varies along an artery, 2) the images are often noisy and the boundaries between the coronary arteries and surrounding tissues are generally difficult to recognize, and 3) in comparison to planar structures depicted in 2D images, the segmentation of curved 3D structures from 3D images is much more difficult.

Previous work on the segmentation of vessels from 3D image data can be divided into approaches based on differential measures (e.g., [1,2]) and those based on (semi-)global models (e.g., [3,4,5]). The main disadvantage of differential measures is that only local image information is taken into account and therefore these approaches are relatively sensitive to noise. On the other hand, approaches based on (semi-)global models typically exploit contour information of the anatomical structures, often sections through vessel structures, i.e. circles or ellipses. While these approaches include more global information in comparison to differential approaches, only 2D or 3D contours are taken into account. In addition, it is often the case that approaches are only applicable for special applications.

We have developed two new approaches for 3D segmentation of coronary arteries. The first approach is based on local intensity maxima and is computationally very efficient as well as yields superior results than standard thresholding. The second approach is based on semi-global intensity models which are directly fit to the image intensities (see [6] where such an approach has been proposed for segmenting 2D corner and edge features). In comparison to previous contour-based models more image information is taken into account, which improves the robustness and accuracy of the segmentation result. In comparison to [7] we use a sound and robust tracking scheme based on a Kalman filter and also introduce a calibration procedure to cope with systematic estimation errors. The approaches have been successfully applied to segment both large-size and small-size coronary arteries from 3D MR image data.

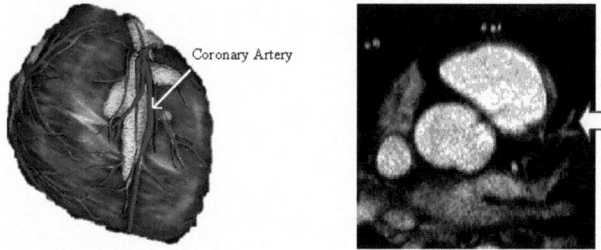

Fig. 1. A 3D view of the human heart (left, source: Coronary Artery Surgery Forum) and one slice of the MR image (right, source: FIT).

2 Approaches

2.1 Local Intensity Maxima (LIM)

This approach first calculates the image gradient and then determines local maxima of the intensity in particular directions (gradient and inverse gradient directions). A threshold is used to sort out weak local maxima due to image noise. The segmentation result consists of detected centerline points of coronary arteries. Since this approach determines local intensity maxima, it is a generic technique that is suitable for segmentation of general tubular structures.

2.2 Incremental 3D Gaussian Line Fitting (I3GLF)

This approach uses a parametric model of the intensities, called 3D Gaussian Line (3GL), to represent segments of coronary arteries. The complete coronary artery is represented by a sequence of concatenated 3GLs. The 3GL model has 10 parameters:

$$g_M\left(\mathcal{R}\left(x,y,z,\alpha,\beta,\gamma,x_0,y_0,z_0\right),a_0,a_1,\sigma_x,\sigma_y\right) = a_0 + (a_1 - a_0)\, e^{-\frac{X^2}{2\sigma_x^2}} e^{-\frac{Y^2}{2\sigma_y^2}} \quad (1)$$

where a_0, a_1 are the intensities of the peripheral and central part of the segment, and σ_x, σ_y determine the diameters of the segment along X- and Y- directions.

$\mathcal{R}$ denotes a 3D rigid transformation including rotation parameters α, β, γ and translation parameters x_0, y_0, z_0 of the segment. The length of the segment is determined by the size of the region-of-interest (ROI) used for fitting (e.g., in our case we used 7-15 voxels). Arteries are segmented by incrementally fitting the 3GL model to the image intensities on the basis of a discrete linear Kalman filter. The tracking process starts from a given point of the artery and proceeds along a given direction of the artery until the end of the artery or the image border is reached. In each increment, segments of an artery are found as follows:

1. Fitting the model in an ROI using Levenberg-Marquardt optimization;
2. Computation of Kalman filter estimates for the position x_0, y_0, z_0;
3. Predicting the starting position for the next increment using the Kalman filter.

To cope with deviations of our 3GL model from a correct Gaussian smoothed cylinder we also apply a calibration procedure, where the estimation of the artery thickness (radius) is adjusted based on a quadratic function of σ_x and σ_y, respectively. Once the sequence of 3GL segments is found, a VTK model is generated for 3D visualization using 3D Slicer (SPL, Boston).

3 Results

The two approaches have been applied to 3D synthetic as well as 3D MR data. A number of synthetic images of straight and curved tubular structures have been generated by using different diameters, curvatures, and noise levels. The MR image has a size of 512×512×20 voxels and a resolution of 0.7×0.7×3mm^3 (cf. Fig. 1). Fig. 2 shows an example of the result of the LIM approach for two synthetic images - rotated cylinder and torus. The images were generated with noise level (standard deviation) of 3 grey levels, and an object radius of 2 voxels. Fig. 3 shows the result of the I3GLF approach applied to the same synthetic images. The estimation result of the radius for the I3GLF approach along the whole torus is presented in Fig. 4. It can be seen that the estimation result is around 2 voxels and fairly good in comparison to using no calibration (ca. 1.5 voxels). Fig. 5 shows the results of the I3GLF approach for the 3D MR data.

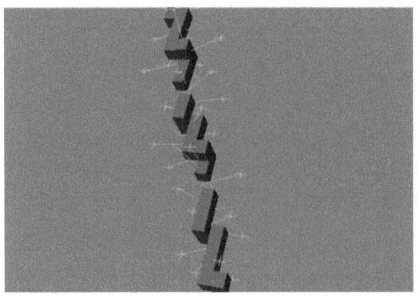 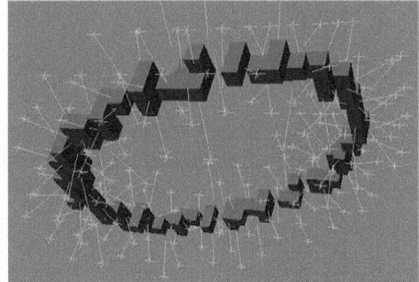

Fig. 2. Segmentation results of the LIM approach for synthetic images: Cylinder (left) and torus (right). The arrows indicate gradient directions.

Fig. 3. Segmentation results of the I3GLF approach for synthetic images: Cylinder (left) and torus (right).

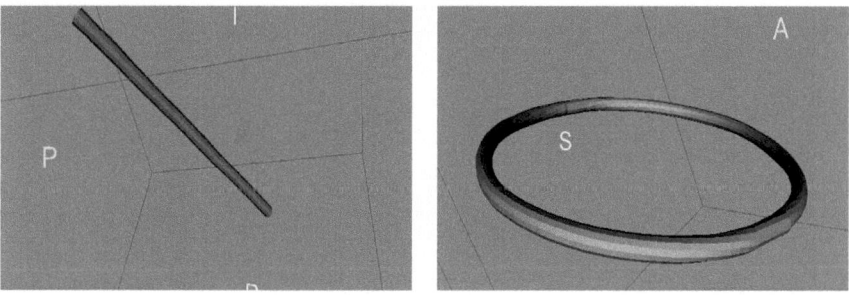

Fig. 4. Measurement results of the radius using the I3GLF approach along the whole torus for all increments of the Kalman filter.

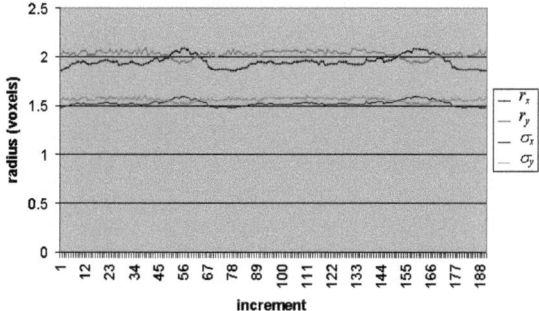

4 Discussion

From our experiments it turns out that the LIM approach has very good execution performance and produces better results than simple standard thresholding, because fewer points are detected. The problems of this approach are that 1) it is relatively sensitive w.r.t. noise, 2) unwanted points are detected and also gaps sometimes exist in the segmentation result, which make the 3D interpretation more difficult, and 3) the thickness information of the coronary arteries is missing because only centerline points are detected. However, the approach is useful when execution performance is superior to segmentation results. Also, it is a generic approach for determining the centerlines of tubular structures and could be used to initialize the I3GLF approach.

The I3GLF approach is found to be a suitable method for segmentation of coronary arteries. The approach is quite robust against noise and produces better results in comparison to the LIM approach. In particular, both position and shape information is estimated from the 3D image data and this information can nicely be visualized. Note, that we estimate two parameters for the thickness (diameter) along an artery, thus we can cope with elliptical cross-sections. Although we only tested the approach using 3D synthetic and 3D MR image data, we assume that it is also suitable for other imaging modalities because of the generic nature of the scheme. Problems exist at artery junctions and this issue requires further attention in future work.

5 Acknowledgement

The MR image was kindly provided by Prof. Dr. T. Berlage and R. Schwarz from the Fraunhofer Institute of Applied Information Technology (FIT), Sankt Augustin.

References

1. Th.M. Koller, G. Gerig, G. Székely, and D. Dettwiler, "Multiscale Detection of Curvilinear Structures in 2-D and 3-D Image Data", *Proc. Int. Conf. on Computer Vision (ICCV'95), IEEE Computer Society Press*, Washington, 1995, 864–869
2. K. Krissian, G. Malandain, N. Ayache, R. Vaillant, and Y. Trousset, "Model Based Multiscale Detection of 3D Vessels", *Proc. IEEE Workshop on Biomedical Image Analysis, IEEE Computer Society Press Washington*, 1998, 202–210
3. T. Behrens, K. Rohr, and H.S. Stiehl, "Using an Extended Hough Transform Combined with a Kalman Filter to Segment Tubular Structures in 3D Medical Images.", *Proc. Workshop Vision, Modeling, and Visualization (VMV'01)*, IOS Press/infix, 2001, 491–498
4. A.F. Frangi, W.J. Niessen, R.M. Hoogeveen, T. van Walsum, M.A. Viergever, "Model-Based Quantitation of 3D Magnetic Resonance Angiographic Images", *IEEE Trans. on Medical Imaging*, 18:10, 1999, 946–956
5. M. Hernández-Hoyos, A. Anwander, M. Orkisz, J.P. Roux, P.C. Douek, I.E. Magnin, "A deformable vessel model with single point initialization for segmentation, quantification and visualization of blood vessels in 3D MRA", *Proc. MIC-CAI'00*, Springer, 2000, 735–745
6. K. Rohr, "Recognizing Corners by Fitting Parametric Models", *International J. of Computer Vision*, 9:3, 1992, 213–230
7. H.J. Noordmans, A.W.M. Smeulders, "High accuracy tracking of 2D/3D curved line structures by consecutive cross-section matching", *Pattern Recogn. Letters*, 19:1, 1998, 97–111

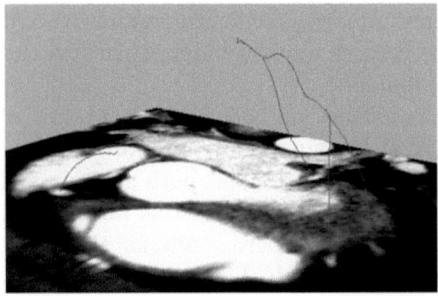
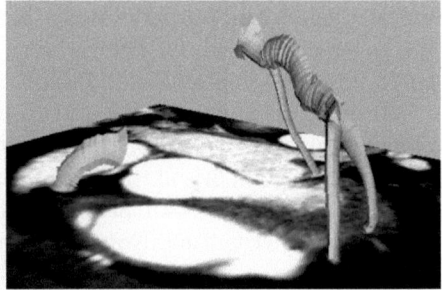

Fig. 5. Segmentation results of the I3GLF approach for a 3D MR image: Centerlines of the arteries (left) and tubular shapes (right).

Ein Skelettierungsalgorithmus für die Berechnung der Gefäßlänge

István Pál

$\pi - \lambda @ \beta$
Email: pi-lab@web.de

Zusammenfassung. Eine modifizierte Variante des Zhou's [10] Skelettierungsalgorithmus wird vorgestellt. Dadurch wird ein schnelleres Verfahren erreicht und die Anzahl der (2×2)-Strukturen in den Skelettverzweigungspunkten werden reduziert. Mathematisch wird bewiesen, dass der modifizierte Algorithmus ein Pixel breit ist, abgesehen von einigen Verzweigungspunkten. So kann das Skelett von Gefäßen für die genaue Bestimmung der Länge der Gefäße verwendet werden.

1 Problemstellung

Die Skelettierung/Verdünnung wird meist in der Formanalyse binärer Objekte verwendet. Mit diesem Verfahren lassen sich die Mittellinien der Gefäße (Objekte/Figuren) extrahieren und die Gefäßlänge berechnen, die als ein wichtiges Merkmal bei der Unterscheidung zwischen gesunder und veränderter Gefäßstruktur, insbesondere beim Glaukom verwendet werden können. Außerdem kann die Skelettierung auch für unterschiedliche digital-geometrische bzw. topologische Probleme zur Hilfe genommen werden. Um diese Aufgaben als eine genaue digitale Messung lösen bzw. durchführen zu können, müssen einige Voraussetzungen erfüllt werden. Für die Gefäßlängenbestimmung und für die digitalgeometrischen, topologischen Aufgaben müssen die Gefäßmittellinien ein Pixel breit sein und das sollte möglichst auch in den Gefäßverzweigungen erfüllt werden.

2 Stand der Forschung

Die meist verwendeten Verfahren für Skelettierung basieren auf morphologischen Untersuchungen der Pixelstrukturen, so werden mit der Methode der Verdünnung die bis zu ein Pixel breiten Strukturen verdünnt. Weitere Möglichkeiten sind die Operation mit den geometrischen Eigenschaften und die Mittelachsen Transformation (MAT). Die Eigenschaften der Skelettierungs bzw. Verdünnungsverfahren sind sehr unterschiedlich. Es existiert kein soz. bestes Verfahren. Die Voraussetzungen für die Skelettierung aus [1] (Breite und Verlauf, zusammenhängende Komponenten, Rauschempfindlichkeit und Konvergenz) sind von unterschiedlicher Qualität bzw. nur teilweise erfüllt.

So sind die Anforderungen wie Breite, Verlauf und zusammenhängende Komponenten im allgemeinen von MAT nicht erfüllt, aber die Skelettierung ist zur Rekonstruktion des Objektes nicht geeignet [1].

3 Wesentlicher Fortschritt durch den Beitrag

Es wird die Verbesserung des Skelettierungsalgorithmus von Zhou vorgestellt, was die Ermittlung von Gefäßmittellinien auf den SLDF-Retinabildern ermöglicht. Der Schwerpunkt wird auf die mathematische Untersuchung der Skelettbreite gelegt. Es wird definiert was unter ein Pixel breitem Skelett verstanden wird und es wird mathematisch bewiesen, dass das Skelett praktisch ein Pixel breit ist. Durch die Modifizierung des Zhou's Algorithmus kann nicht nur die Anzahl der (2×2)-Objektstrukturen in den Skelettverzweigungen deutlich reduziert werden (Einviertel weniger geworden), sondern auch die Ablaufzeit kann beschleunigt werden.

4 Methoden

Es wurden zahlreiche Skelettierung- bzw. Verdünnungsverfahren untersucht [2,3,4], auf den SLDF-Retinaaufnahmen (Scanning Laser Doppler Flowmetrie) implementiert und getestet [5,6,7,1,8,9]. Die besten Ergebnisse werden nach unserer subjektiven Beurteilung durch das in [10] beschriebene Verfahren geliefert.

Der Verdünnungsalgorithmus von Zhou et.al. [10] ist ein sequentielles Verfahren. Die folgenden Berechnungen, wie Nachbarschaftstrukturen P_i und Q_i, vorherige, aktuelle Nachbar $PN(.)$, $CN(.)$, Übergangszahl $T(.)$ und die Abdeckungsfunktionen $M(.)$ werden anhand dem Zhous's Verfahren durchgeführt.

Definition 1. *Im Originalbild und im markierten Bild repräsentieren die Symbole P_i und Q_i, $i \in \{0, 1, 2, ..., 8\}$ die Pixel mit folgender (3×3)-Nachbarschaftsstruktur:*

$$\begin{array}{ccc} P_1 \; P_2 \; P_3 & & Q_1 \; Q_2 \; Q_3 \\ P_8 \; P_0 \; P_4 \; und & & Q_8 \; Q_0 \; Q_4 \\ P_7 \; P_6 \; P_5 & & Q_7 \; Q_6 \; Q_5 \end{array}$$

Definition 2. *Der vorherige Nachbar des Pixels P_0 ist folgendermaßen definiert:*

$$PN(P_0) = \sum_{i=1}^{8} P_i, \qquad (1)$$

Mit $PN(P_0)$ kann z.B. über das Pixel P_0, der ein Objektpunkt im Originalbild ist, entschieden werden, ob er ein Randpixel ist oder nicht.

Definition 3. *Der aktuelle Nachbar des Pixels P_0 definiert sich durch:*

$$CN(P_0) = \sum_{i=1}^{8} (P_i \wedge Q_i) \qquad (2)$$

Mit $CN(P_0)$ bekommen wir über die aktuelle Nachbarschaft Informationen.

Definition 4. *Die Übergangszahl eines Pixels P_0 ist definiert:*

$$T(P_0) = \sum_{i=1}^{8} c(P_i), \qquad (3)$$

wobei

$$c(P_i) = \begin{cases} 1 \text{ wenn } ((P_i \wedge Q_i) \wedge (P_{i+1} \wedge Q_{i+1}) \\ 0 \text{ sonst} \end{cases} \qquad (4)$$

$P_9 = P_1$, $Q_9 = Q_1$

Die Funktion $T(.)$ wird für die Messung des Zusammenhanges eines Pixels in (3×3)-Umgebung verwendet. Wenn es $T(P_0) = \min(CN(P_0), 8 - CN(P_0))$ gilt, dann ist P_0 ein Brechpunkt, deswegen kann er nicht gelöscht werden [10]. In vier Fällen kann P_0 gelöscht werden, ohne den 8-er Zusammenhang zu verlieren, die die folgenden sind:

Definition 5. *Die Überdeckungsfunktion (matching) $M(P_0)$ ist wahr, wenn es mit einem von den unteren vier Fällen übereinstimmt*

```
0 1 0     0 0 0     0 0 0     0 1 0
0 1 1     0 1 1     1 1 0     1 1 0
0 0 0     0 1 0     0 1 0     0 0 0
```

sonst ist sie falsch.

$M(P_0)$ wird für die Bestimung von speziellen Brechpunktfällen in P_0 verwendet.

Durch Verwendung der obigen Berechnungen werden für jedes Pixel P im Bild B, wenn es Objektpixel ist, die Werte $PN(P)$, $CN(P)$, $T(P)$, $M(P)$ bestimmt und es wird entschieden, ob P markiert bzw. gelöscht werden darf. Wenn kein Pixel mehr gelöscht werden kann, erhielt man das Skelett des Objektes. Der Skelettierungsalgorithmus lautet wie folgt:

Algorithmus 1 : modifizierte Alg. von Zhou			
FOR $\forall P \in B$			
	IF	P = Objekt Pixel	
	THEN	berechne $PN(P)$, $CN(P)$, $T(P)$	
		IF	$PN(P) \neq 8 \wedge [(CN(P) > 1 \wedge CN(P) < 7) \wedge (T(P) = 1 \vee M(P))]$
		THEN markiere Pixel	
	lösche die markierten Pixels		
UNTIL kein Pixel kann gelöscht werden			

Auf den SLDF-Bildern werden im ersten Schritt die Gefäße mit einer nichtlinearen Kontrasttransformation hervorgehoben, segmentiert und schließlich binarisiert [11]. Auf diesem Bild wird die Skelettierung nach dem korrigierten Algoritmus von Zhou durchgeführt. Mit der Skelettierung wird die Mittellinie der Gefäße ermittelt. Diese Mittellinie gibt eine gute Näherung für die Länge der Gefäßstruktur, falls sie ein Pixel breit ist. Die Länge der Gefäße wird auf dem skelettierten Gefäßbild durch das Zusammenrechnen der Skelettpunkte errechnet. Um die Skelettanalyse durchführen zu können, definieren wir was unter ein Pixel breitem Skelett verstanden wird:

Definition 6. *Ein Skelett ist mehr als 1-Pixel breit, wenn es (2×2) oder dickere Objektstrukturen enthält. Eine (2×2)-Objektstruktur sieht folgendermaßen aus:*

$$1\ 1$$
$$1\ 1$$

Theorem 1. *Das Skelett nach dem modifizierten Algorithmus von Zhou ist 1-Pixel breit, abzüglich einige Skelettverzweigungen.*

Beweis. Nach dem Alg. 4 wird ein Pixel gelöscht, wenn das Pixel ein Randpixel des Objekts ist und die folgende Bedingung erfüllt wird:
$$(CN(P_0) > 1 \wedge CN(P_0) < 7) \wedge (T(P_0) \vee M(P_0))$$
Das Glied $M(P_0)$ wird nicht untersucht, da es keine (2×2)-Struktur beinhalten kann. Sei eine (2×2)-Objektstruktur bei dem Durchlauf auf dem Bild (von links nach rechts, von oben nach unten) gefunden. Nehmen wir an, dass in einer (3×3)-Umgebung keine weitere Pixel existieren. In diesem Fall ist gültig, dass $CN(P_0) > 1 \wedge CN(P_0) < 7$ und $T(P_0) = 1$. So wird das Pixel P_0 und damit die (2×2)-Objektstruktur gelöscht. Wenn eine beliebige, aber $T(P_0) = 1$ zusammenhängende Struktur gefunden wird, die mindestens eine (2×2)-Objektstruktur beinhält, werden das Pixel P_0 bzw. die (2×2)-Objektstruktur(en) ebenso gelöscht, wenn es auch $CN(P_0) > 1 \wedge CN(P_0) < 7$ gilt, sonst wäre kein Randpixel bzw. Bruchpunkt wäre. Wenn $CN(P_0) \le 1$ wäre, dann gäbe es keine (2×2)-Objektstruktur, wenn $CN(P_0) = 8$ wäre, dann P_0 wäre kein Randpixel. Im Fall $CN(P_0) = 7$ ist P_0 ein Brechpixel, weil $T(P_0) = \min(CN(P_0), 8 - CN(P_0))$ [10].

Sei jetzt allgemein eine solche (2×2)-Objektstruktur gefunden, in der mindestens ein Pixel mit $T(P_0) = 1$ existiert. So kann dieses Pixel und damit die (2×2)-Objektstruktur gelöscht werden. Wenn kein solches Pixel existiert, dann soll diese (2×2)-Objektstruktur zur einer Skelettverzweigung gehören, deren „Mittelpunkt" dieser Struktur ist.

Es ist einfach zu sehen, dass nicht alle Verzweigungspunkte aus einer (2×2)-Objektstruktur bestehen. Ein Verzweigungspunkt kann durch nicht unbedingt zusammenhängende Teilskeletten entstehen, die zueinander nah sind. Solche Fälle sind bei Kapillarstukturen häufig.

Der korrigierte Algorithmus von Zhou kann auch detailliert mit Methoden von Floyd [12] untersucht werden und kann die partielle und totale Richtigkeit (z.B. Konvergenz der Skelettierung) eingesehen werden.

5 Ergebnisse

Durch die Korrektur des originalen Verfahrens von Zhou konnte der Skelettireungsalgorithmus beschleunigt werden, weil die Zwischenberechnungen der Werte $PN(.)$, $CN(.)$, $T(.)$ nur in nötigem Fall also nur für den Objektpixel durchgeführt wurden. Es wurde $CN(P) < 7$ statt $CN(P) < 6$ im modifizierten Algorithmus verwendet, damit das Skelett gestreckteren Verlauf hatte und die Anzahl der (2×2)-Objektstrukturen in der Gefäßverzweigungen ca. 25% reduziert wurde. Außerdem wurde mathematisch gezeigt, dass das Skelett ein Pixel breit ist abgesehen von einigen bestimmten Verzweigungspunkten.

6 Zusammenfassung

Es wurde eine Modifizierung bzw. Verbesserung des Skelettierungsverfahrens von Zhou vorgestellt, was für die Bestimmung der Länge der retinalen Gefäße auf den SLDF-Retinabildern verwendet werden kann. Durch die mathematische Untersuchung kann festgestellt werden, dass das Skelett praktisch ein Pixel breit ist und es eine gute Näherung für die Gefäßlänge geben kann.

Literaturverzeichnis

1. Zamperoni P: *Methoden der digitalen Bildsignalverarbeitung*. Vieweg Verlag, Braunschweig, 1989.
2. Riazanoff S, Cervelle B, Chorowicz J: *Parametrisable skeletonization of binary and multilevel images*. Pattern Recognition Letters, 11:25–33, 1990.
3. Sirjani A, Cross GR: *On representation of a shape's skeleton*. Pattern Recognition Letters, 12:149–154, 1991.
4. Ge Y, Fitzpatrick JM: *On the Generation of Skeletons from Discrete Euclidean Distance Maps*. IEEE Trans. on Pattern Analysis and Machine Intelligence, 18(11):1055–1066, Nov. 1996.
5. Dyer CR, Rosenfeld A: *Thinning Algorithms for Gray-Scale Pictures*. IEEE Trans. on Pattern Analysis and Machine Intelligence, 1(1):88–89, 1979.
6. Bräunl T, Feyer S, Rapf W, Reinhardt M: *Parallele Bildverarbeitung*. Addison–Wesley (Deutschland) GmbH, Bonn, 1995.
7. Pavlidis T: *Algorithmen zur Graphik und Bildverarbeitung*. Heinz Heise Verlag, Hannover, 1990.
8. Klette R, Zamperoni P: *Handbuch der Operatoren für die Bildbearbeitung*. Vieweg Verlag, Braunschweig, 2. üb.. Ausg., 1995.
9. Datta A, Parui SK: *Performs a thinning of a binary input image*. Pattern Recognition, 27(9):1181–1192, 1994.
10. Zhou RW et al.: *A novel single-pass thinning algorithm and an effective set of performance citeria*. Pattern Recognition Letters, 16:1267–1275, 1995.
11. Pál I, et al.: *Erkennung von Mikrozirkulationsstörungen der Netzhaut mittels "Scanning Laser Doppler Flowmetrie"*. Lehmann T et al. (Hrsg.), *Bildverarbeitung für die Medizin*, Verlag der Augustinus Buchh., Aachen, S. 89–94, 1996.
12. Manna Z: *Mathematical Theory of Computation*. Computer Science Series, McGraw-Hill Book Company, New York, 1974.

Robuste Analyse von Gefäßstrukturen auf Basis einer 3D-Skelettierung

Max Schöbinger, Matthias Thorn, Marcus Vetter, Carlos E. Cárdenas S.,
Peter Hassenpflug, Ivo Wolf und Hans-Peter Meinzer

Abteilung Medizinische und Biologische Informatik
Deutsches Krebsforschungszentrum
Im Neuenheimer Feld 280, 69120 Heidelberg
E-Mail: m.schoebinger@dkfz-heidelberg.de

Zusammenfassung. In dieser Arbeit wird ein Verfahren vorgestellt, welches es erlaubt, eine symbolische Beschreibung aus segmentierten Blutgefäßen zu erzeugen. Im resultierenden Graphen ist der Verlauf der Gefäßäste, deren Durchmesser und die Lage von Verzweigungen gespeichert. Der Algorithmus wurde auf Basis eines existierenden Ansatzes entwickelt, der in Bezug auf die Rotationsinvarianz verbessert und um ein neues Grapherzeugungsverfahren erweitert wurde. Zusätzlich werden Methoden bereitgestellt, die es erlauben, die Enstehung von fehlerhaften Ästen zu vermeiden, oder sie im nachhinein ausschließlich auf Basis der Information im Gefäßgraphen zu identifizieren und zu löschen.

1 Einleitung

Bei vielen Erkrankungen ist sowohl für die präoperative Diagnostik, als auch die Planung und Durchführung von chirurgischen Eingriffen die genaue Kenntnis der Lage und des Verlaufes von Blutgefäßen im Patienten eine wichtige Information. Neben der Ortsinformation ist aber auch ein Verständnis der Verzweigungsstruktur der Äste der Gefäßbäume wichtig. Für die manuelle Befundung bzw. Planung stellt das visuelle System des Menschen dabei eine sehr effiziente Hilfe in der Erkennung solcher hierarchischer Beziehungen dar. Für die computergestützte Operationsplanung hingegen werden ebenso adäquate Methoden benötigt, die es erlauben, eine symbolische Beschreibung der untersuchten Gefäßstrukturen in Form eines Graphen zu erzeugen, die deren wesentlichen Eigenschaften widerspiegelt. Diese dient als Basis für eine Vielzahl von Anwendungen interaktiven oder automatischen Charakters, wie z.B. das Trennen von Gefäßbäumen oder die Berechnung von Versorgungsgebieten einzelner Teilbäume.

Ziel der vorliegenden Arbeit ist es, ein möglichst robustes und allgemein verwendbares Verfahren vorzustellen, welches ohne Benutzerinteraktion aus bereits segmentierten Gefäßbäumen einen topologisch korrekten Graphen erzeugt.

2 Material und Methoden

Das vorgestellte Verfahren ist prinzipiell auf alle volumetrischen Bildgebungsverfahren anwendbar, in denen sich die Blutgefäße durch geeignete Aufnahmeparameter mit einem zur Segmentierung ausreichend hohen Kontrast darstellen lassen (im wesentlichen sind dies CT- und MR-Angiographien).

Die segmentierten Gefäßbäume dienen als Eingabe für eine Bildverarbeitungskette, die ohne Benutzerinteraktion abläuft und mit möglichst wenig Wissen über die untersuchte Struktur auskommt, um eine große Wiederverwendbarkeit sicherzustellen. Der Ablauf unterteilt sich in die Schritte Skelettierung und Grapherzeugung, auf die im Folgenden detailliert eingegangen wird. Je nach verwendetem Bildmaterial und Art der Segmentierung können Artefakte auftreten, für deren Behandlung verschiedene Strategien vorgeschlagen werden.

2.1 3D-Skelettierung

Die aus den Volumendaten durch einfache histogrammbasierte Verfahren wie z.B. Hysterese-Thresholding [1] extrahierten Gefäße dienen als Eingabe für einen auf Thinning basierenden topologieerhaltenden Skelettierungsalgorithmus, welcher Linienskelette erzeugt. Der realisierte Ansatz basiert auf der in [2][3] beschriebenen Methode, bei der von einem Objekt unter Erhaltung der Euler-Charakteristik und der Konnektivität solange Voxel von der Oberfläche gelöscht werden, bis nur noch eine ein Voxel dünne Mittelachse (das Skelett) übrigbleibt. Dieser Ansatz wurde von Selle [4] um ein Iterationsverfahren ergänzt, welches die Verwendung von nichtisotropen Volumina erlaubt und durch Propagation von Distanzvektoren gleichzeitig eine Distanztransformation berechnet, aus welcher die Durchmesser der Gefäßäste extrahiert werden. Durch ein Verfahren zur Förderung oder Unterdrückung von Endpunkten kann die Entstehung von Ästen und damit die im Skelett repräsentierten Gefäßmerkmale in beschränktem Umfang kontrolliert werden. Da der Iterationsalgorithmus die aktuell betrachtete Randvoxelmenge jedoch immer in zwei Teilmengen zerlegt, die getrennt bearbeitet werden, sind die erzeugten Skelette nicht immer rotationsinvariant. Die Reihenfolge der Löschung der Voxel wurde durch eine Modifikation des zugrundeliegenden Sortierkriteriums derart angepasst, dass die Rotationsinvarianz verbessert wurde.

2.2 Erzeugung von Gefäßgraphen

Aus den durch Anwendung einer Mittelachsentransformation erzeugten Voxelketten und der Distanztransformation wird ein Graph erzeugt, indem zunächst gemäß der Nachbarschaftsbeziehungen der Voxel untereinander Kanten im Graphen erzeugt werden. Auch nicht zusammenhängende Gefäßabschnitte werden berücksichtigt und gespeichert. Der erzeugte Graph weist jedoch gerade im Bereich von Verzweigungen redundante Kanten auf, welche die Topologie der betrachteten Gefäßsysteme nicht korrekt widerspiegeln. Zur Korrektur werden zunächst alle Knoten im Graphen in drei Kategorien eingeteilt: (1) Endknoten, d.h. Knoten, die einen oder keinen adjazenten Knoten haben. (2) Kantenknoten, d.h. Knoten, die genau zwei adjazente Knoten haben und (3) Verzweigungsknoten, d.h. Knoten, die drei oder mehr adjazente Knoten haben. Auf Basis dieser Klassifikation können redundante Kanten im Bereich von Verzweigungen wie folgt eliminiert werden. Es werden Subgraphen erzeugt, die jeweils alle direkt miteinander verbundenen Verzweigungsknoten enthalten. Jeder Subgraph repräsentiert eine oder mehrere Verzweigungen der realen Gefäßanatomie. Jeder Kante in den Subgraphen wird eine Priorität zugewiesen, welche sich aus der Art der Kante bzw. der Distanz zwischen den Knoten die sie verbindet, ergibt. Anschließend wird jeder Subgraph reduziert, d.h. redundante Kanten werden absteigend nach ihrer Priorität gelöscht. Eine Kante wird als redundant definiert, wenn ihre Tilgung den Subgraphen nicht in zwei oder mehr Komponenten auftrennt. Abschließend werden die Knoten des Subgraphen neu klassifiziert.

Dieses Vorgehen nutzt aus, dass beim manuellen Erzeugen eines Graphen aus einem Skelett intuitiv Kanten, die Voxel bzw. Knoten über eine Seitenfläche verbinden Vorrang gegenüber Kanten, die Voxel über Eck verbinden, gegeben wird. Aus dem so erzeugten ungerichteten Graphen können durch Anwendung verschiedener Traversierungsregeln gerichtete (a-)zyklische Graphen oder Bäume erzeugt werden, da sich je nach Problemkreis und untersuchter Fragestellung unterschiedliche Repräsentationsformen eignen.

2.3 Strategien zur Artefaktreduktion

Leider sind topologieerhaltende Skelettierungsverfahren sehr sensitiv gegenüber der Komplexität der Oberfläche des segmentierten Objektes. „Zerfranste" Oberflächen und Randrauschen aufgrund von Segmentierungsartefakten führen zur Entstehung von irrelevanten Seitenästen. Zusätzlich impliziert die Topologieerhaltung auch die Erhaltung von Löchern im Objekt, was zur Erzeugung eines Oberflächen- statt eines Linienskeletts führt. Letzteres lässt sich durch Verwendung eines dreidimensionalen Füllalgorithmus vermeiden, für erstere sind jedoch erweiterte Konzepte nötig.

Angepasste Definition der Löschbedingung. Nach Anwendung des Füllalgorithmus auf die segmentierten Gefäßbäume ist sichergestellt, dass Artefakte in Form von fehlerhaften Seitenästen höchstens an der Grenzfläche zwischen Objekt und Hintergrund entstehen. Diese wird durch das Skelettierungsverfahren typischerweise in den ersten Iterationen erfasst und verarbeitet. Auf Basis dieser Beobachtung wurde der Algorithmus derart modifiziert, dass für die ersten n Iterationen das Kriterium der Topologieerhaltung auf die Erhaltung der Konnektivität reduziert wurde. Da auch die lokale Überprüfung, ob das Löschen eines Voxels das Objekt in zwei oder mehr Komponenten auftrennt, in der 26er Nachbarschaft sensitiv gegenüber Segmentierungsartefakten ist, kann diese in einem beliebigen Radius r durchgeführt werden.

Für kleine n können so Artefakte durch ausgefranste Grenzflächen wirksam unterdrückt werden, ohne dass relevante Information verloren geht. Große Werte für n führen jedoch dazu, dass Äste verloren gehen können. Für die Praxis hat sich ein Wert von $n = 1$ und $r = 2$ bewährt.

Pruning des Gefäßgraphen. Neben der zuvor dargestellten Methode, die während der Skelettierung aktiv ist, wurde auch eine Methode entworfen, um nur auf Basis der im Graphen enthaltenen Information irrelevante Äste und

Abb. 1. (a) Volumenvisualisierung eines durch Volume-Growing segmentierten hepatischen Gefäßbaumes, (b) Oberflächenvisualisierung des rekonstruierten Gefäßbaumes.

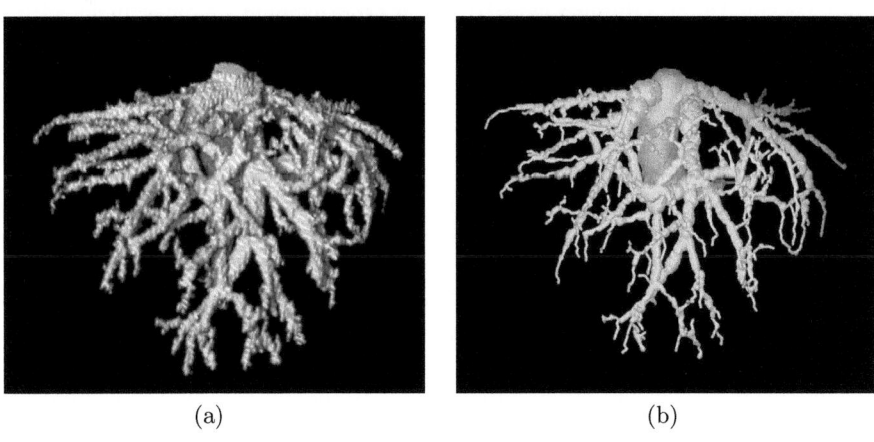

(a)   (b)

sogar Teilbäume zu identifizieren und zu entfernen (*pruning*). Dazu wird ausgenutzt, dass sich die Oberfläche des realen Gefäßes durch Aufblasen von Kugeln um jeden Knoten im Graphen näherungsweise rekonstruieren lässt. Äste bzw. Teilbäume, die aufgrund von Segmentierungsartefakten entstanden sind haben die Eigenschaft, nur wenig aus der rekonstruierten Oberfläche des übergeordneten Gefäßastes herauszuragen. Dies erlaubt die Formulierung eines relativen Schwellwertkriteriums: Sei d der Radius an der Position w des Wurzelknotens des aktuell betrachteten Teilbaumes. Der Teilbaum kann gelöscht werden, falls für alle Positionen p_i der Knoten des Teilbaumes gilt:

$$1 - \frac{d}{\|w - p_i\|} < \theta \qquad (1)$$

Ein Wert von $\theta = 0.5$ bewirkt beispielsweise, dass alle Äste bzw. Teilbäume gelöscht werden, die weniger als die Hälfte ihrer Länge ausserhalb des rekonstruierten Gefäßes liegen.

Durch die relative Formulierung der Löschbedingung kann diese unverändert sowohl auf große als auch kleine Gefäßabschnitte angewandt werden. Im Gegensatz zu der im vorigen Abschnitt vorgestellten Methode gehen hier kaum kleine Gefäße verloren.

3 Ergebnisse und Diskussion

Die präsentierten Methoden wurden anhand von realen Patientendaten qualitativ getestet. Eine quantitative Evaluation gestaltet sich schwierig, da die reale

Gefäßanatomie nicht bekannt ist und die Definition eines objektiven Fehlermaßes somit nicht möglich ist. Zur Abschätzung der Qualität der Ergebnisse wurden Volumenvisualisierungen der segmentierten Gefäßbäume mit auf Basis der symbolischen Beschreibung rekonstruierten Oberflächenvisualisierungen visuell verglichen(siehe Abb. 1). Die Rekonstruktionen entsprechen dabei gut dem erwarteten Ergebnis, wobei die Durchmesser teilweise etwas unterschätzt werden. Dies ist darauf zurückzuführen, dass die Anwendung einer Distanztransformation zur Abschätzung der Astradien einen runden Gefäßquerschnitt voraussetzt, dieser bei segmentierten Gefäßen jedoch nicht immer gegeben ist.

Die Robustheit gegenüber Segmemtierungsartefakten bzw. Randrauschen steigt durch die Verwendung der Unterdrückung von Endpunkten erheblich und wird deshalb als Defaultwert aktiviert. Durch die Verwendung der in dieser Arbeit vorgeschlagenen Methoden bleibt die Robustheit auch bei stärkeren Randartefakten erhalten. In der Anwendung hat sich die nachträgliche Identifikation und Löschung von fehlerhaften Ästen auf Basis des Graphen als effektiver erwiesen, da sie im Gegensatz zur Reduktion der Topologieerhaltung auf Erhaltung der Konnektivität für die ersten n Iterationen feine Gefäßäste in peripheren Abschnitten des Gefäßsystems besser erhält. Bei der Anwendung hat sich ein Wert von $\theta = 0.3$ als ausreichend erwiesen.

Das vorgestellte Verfahren ermöglicht es, aus segmentierten Gefäßbäumen Graphen zu erzeugen, welche die relevante Information der realen Patientenanatomie widerspiegeln. Der Gefäßgraph enthält den Verlauf der Äste, ihre Durchmesser und die Lage der Verzweigungen. Die Qualität der Ergebnisse hängt jedoch stark von der Qualität der Segmentierung ab. Zukünftige Arbeiten konzentrieren sich deshalb auf die Vorverarbeitung von angiographischen Datensätzen durch geeignete Filter, eine Verbesserung der Segmentierung durch die Bereitstellung adäquater Verfahren und eine quantitative Evaluation des Gesamtansatzes.

Literaturverzeichnis

1. Gerig G, Koller T, Székely G, Brechbühler C, Kübler O.: Symbolic description of 3d structures applied to cerebral vessel tree obtained from MR angiography volume data. Lecture Notes in Computer Science 678:94–111, 1993
2. Lobregt S, Verbeek W, Groen FCA: Three dimensional skeletonization: Principle and algorithm. IEEE Transactions on Pattern Analysis and Machine Intelligence 2(1):75–77, 1980
3. Lee TC, Kashyap RL, Chu CN: Building skeleton models via 3D medial surface/axis thinning algorithms. CVGIP: Graphical Models and Image Processing, 56(6):462–478,
4. D. Selle: Analyse von Gefäßstrukturen in medizinischen Schichtdatensätzen für die computergestützte Operationsplanung, Doktorarbeit, Shaker Verlag, Aachen 2000.

Quantitative Analyse von Koronarangiographischen Bildfolgen zur Bestimmung der Myokardperfusion

Urban Malsch[1], Hartmut Dickhaus[1] und Helmut Kücherer[2]

[1]Studiengang Medizinische Informatik, FH Heilbronn / Universität Heidelberg
[2]Medizinische Universitätsklinik und Poliklinik Heidelberg
Email: umalsch@stud.fh-heilbronn.de

Zusammenfassung. In diesem Beitrag wird ein standardisiertes Verfahren zur quantitativen Auswertung der Myokardperfusion vorgestellt. In der kardiologischen Routine sind bislang lediglich Diameterschätzungen der stenosierten Gefäße üblich. Es werden Methoden beschrieben, welche aus einer Serie konventioneller Röntgenaufnahmen ein zeitlich-räumliches Profil der Perfusion des Myokards (Blush) erstellt. Durch elastisches Warping erfolgt initial eine Bewegungskompensation innerhalb der einzelnen Bilder. Aus dem ermittelten Verlauf des Blushs sind Parameter ableitbar wie z.B. die Dauer bis zur maximalen Intensität, die sowohl eine Darstellung des perfundierten Myokards als auch eine Einstufung der Myokardperfusion erlauben.

1 Einleitung

Bei kardiologisch gefährdeten Patienten mit ischämischer Symptomatik bzw. Verdacht auf Stenosen wird routinemäßig eine Koronarangiographie, gegebenenfalls mit gleichzeitiger Dilatation der entsprechenden Gefäße durch PTCA (pulmonare transluminale Koronarangioplastie), durchgeführt. In der Universitätsklinik in Heidelberg sind davon ca. 40 Patienten pro Woche betroffen. Neben der Erhebung des Befundes soll weiterhin auch nach einer möglichen Intervention durch eine standardisierte Untersuchung der Therapieerfolg bzw. die verbesserte Perfusion des Myokards weitgehend objektiv und quantitativ bewertet werden.

Die derzeitige Befundung in der klinischen Routine macht allenfalls eine visuell geschätzte Aussage über den Grad der Diameterstenose der Koronargefäße. Die für das Überleben eines Patienten wichtige Gewebeperfusion wird jedoch nicht direkt quantitativ beurteilt. Hier gilt es neue Verfahren zu entwickeln, um sowohl die Myokarddurchblutung abzuschätzen, als auch nach einer PTCA eine nominelle Erfolgskontrolle des Patienten durchführen zu können.

1.1 TIMI Frame Count (TFC)

Die eingeschränkte Aussagekraft der Angiographie hinsichtlich der zu beurteilenden Gewebeperfusion ist prinzipiell bekannt. Deswegen wurde in einigen Arbeitsgruppen die Flussgeschwindigkeit (TIMI flow grades bzw. TIMI Frame Count [1]) in den Koronargefäßen aus Angiographie-Serien mit Kontrastmittel als indirektes Maß der Perfusion bestimmt. Hier aber haben Untersuchungen gezeigt, dass bei wiederhergestellter normaler Flussgeschwindigkeit (verglichen mit gesunden Patienten) bei ca. 29% der Patienten die eigentlich entscheidende Perfusion im Myokardgewebe nach wie vor unzureichend war [2]. Dadurch wird deutlich, dass nur direkte Aussagen über die Perfusion den Erfolg der Intervention hinsichtlich des weiteren Verlaufs der Erkrankung korrekt beschreiben.

1.2 Blushgrade

Die Perfusion des Myokards kann bei der Angiographie aufgrund des sich verteilenden Kontrastmittels im Gewebe als eine geringe flächenhafte Abschattung (Blush) über dem Gewebe erkannt werden. Ziel der Untersuchung ist nun, die sich dynamisch verändernde Perfusion, sowohl *räumlich* als auch *zeitlich* möglichst automatisch zu quantifizieren. Damit kann objektiv der tatsächliche Therapieerfolg graduell und vergleichbar unmittelbar vor und gegebenenfalls auch nach der Intervention bestimmt werden um prognostische Aussagen zu machen [3][4].

2 Methoden

Im ersten Schritt muss der i. A. schwach und diffus ausgebildete Blush hinsichtlich seines Kontrastes verstärkt werden. Dies wird durch logarithmische Differenzbildung aus gleicher Position und Phase aufgenommener, über das EKG synchronisierter Angiographiefolgen (Aufnahmegeschwindigkeit: 25 Bilder/s) erreicht (Abb. 1). Um eine Auswertung von routinemäßig erstellten Angiographiefolgen zu ermöglichen, wird auf eine EKG-Triggerung bei der Aufnahme verzichtet. Die Kontrastmittelgabe (10ml) erfolgt durch eine gleichmäßige Injektion über den Katheter. Dabei wurde darauf geachtet, dass der Katheter das Kontrastmittel in die zu untersuchende Arterie (LAD, RCA oder LCx) abgibt.

Durch drei unterschiedliche Aufnahmeprojektionen (Tab. 1) und Kontrastmittelinjektion in die entsprechende Arterie können die drei Hauptversorgungsgebiete unabhängig voneinander untersucht werden. Durch die angegeben Winkel

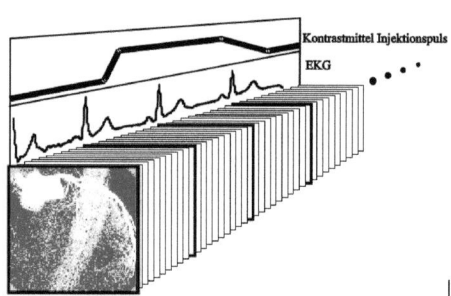

Abb. 1. EKG-Synchronisation nach R-Zacken Bestimmung. Nur jeweils phasengleiche Bilder werden für die Differenzbildung benutzt (dunkel dargestellte Frames).

Quantitative Analyse von Koronarangiographischen Bildfolgen 83

Tabelle 1. Verwendete Aufnahmeprojektionen. Die Winkelangaben wurden bei den untersuchten klinischen Aufnahmen um ±2.0° eingehalten.

	RCA	LAD	LCx
Primär	30° LAO	30° RAO	40° RAO
Sekundär	15° CRA	30° CRA	15° CAU

wird eine Überlagerung der Gefäße untereinander und mit Hintergrundstrukturen minimiert.

2.1 Bewegungskompensation

Als problematisch erweisen sich hier bei der Differenzbildung Bewegungen des Patienten bzw. der Organe wie unregelmäßiges Bewegen des Herzens, Heben und Senken des Zwerchfells, Veränderung der Lage des Katheters usw.

Leichte Bewegungsartefakte, welche durch das Zwerchfell verursacht werden, können durch ein lokales elastisches „Warping" (Verzerren) im Maskenbild kompensiert werden, indem die Zwerchfellkante durch einige Ankerpunkte im Leerbild (Maske) manuell identifiziert und automatisch korrespondierende Punkte im Füllungsbild ermittelt werden.

Diese Punktepaare werden durch eine Transformierung der Maske zur Deckung gebracht [5]. Um eine globale Auswirkung zu vermeiden, kommen radiale Basisfunktionen (RBF) wie $y = exp(-d^2/\sigma^2)$ zum Einsatz. Mit diesen werden die Abstände d der Ankerpunkte mit den übrigen Bildpunkten gewichtet. Durch σ^2 kann der räumliche Wirkungsradius angepasst werden.

2.2 Intensitätsdynamik

Zur Ermittlung des *Dynamikverlaufs*, welcher für die klinische Interpretation sehr bedeutsam ist, werden mehrere möglichst räumlich stabile kleine Bildbereiche innerhalb jeweils eines der Versorgungsgebiete im Myokard definiert und hinsichtlich der Änderung ihrer gemittelten Grauwerte über mehrere EKG-Zyklen verfolgt. Das auf diese Art definierte räumlich-zeitliche Blush-Profil ist für die jeweilige Perfusion bei der entsprechenden Aufnahmeposition charakteristisch und kann zu diagnostischen Zwecken herangezogen werden, indem aus dem Profil diese Parameter gewonnen werden (Abb. 2):

I_{max}: maximale Blush-Intensität
T_{max}: Dauer von Kontrastmittelgabe bis zur maximalen Intensität
TI_{max}: Zeit bis zum maximalen Anstieg
TD_{max}: Zeit bis zum maximalen Abfall

Der Vergleich der Parameter vor und nach der Intervention erlaubt jetzt eine Beschreibung der Wirkung der therapeutischen Maßnahme zur Erfolgskontrolle.

2.3 Räumliche Ausdehnung

Zur Identifikation der räumlichen Ausdehnung des perfundierten Gewebes wird das zeitliche Auftreten des Maxima (T_{max}) der Profile aller Pixel berechnet. Je

Abb. 2. Folge phasengleicher Differenzbilder für die an einer bestimmten Position (kleines weißes Quadrat) der Verlauf der Blush-Intensitäten ermittelt wird.

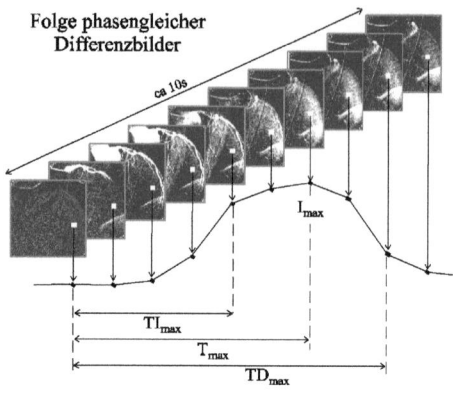

nach Herzzyklus, in welchem das Maximum auftritt, wird dem Pixel ein Farbwert zugeordnet. Durch ein Labeling der Farbwerte lässt sich die Ausdehnung des perfundierten Gewebes vor und gegebenenfalls nach Intervention bestimmen (Abb. 3).

3 Ergebnisse

Insgesamt wurden bisher 121 Bildfolgen (34 LCx, 42 LAD und 45 RCA) von 34 Patienten betrachtet. Für die Einstufung der Patienten in verschiedene Perfusionsgrade konnte dabei die Sinnhaftigkeit der beschriebenen Verarbeitungsschritte gezeigt werden. Vor allem bei den Bildfolgen in denen das Myokard durch die LAD versorgt wird, kann durch RBF-Warping eine Bildverbesserungen erzielt werden, sodass diese Folgen dadurch zufrieden stellend auswertbar sind.

Tab. 2 zeigt typische Verläufe von gesundem, stenosiertem und dillatiertem Gewebe. Verlauf a) zeigt eine schnelle Einfärbung des Myokards und die sofortige Washout-Phase auf. Verlauf b) versinnbildlicht ein schlecht versorgtes Myokard. Die Einfärbung dauert hier wesentlich länger, die Washout-Phase ist nicht mehr

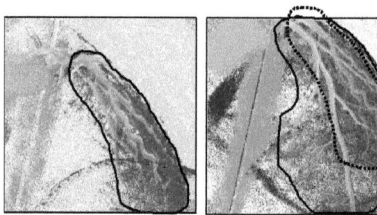

Abb. 3. LAD versorgtes Myokard. Links: Vor Intervention. Rechts: Nach Intervention treten die Intensitätsmaxima bei dem nun wieder versorgten Myokardgewebe (Pfeil) später auf. Das nun versorgte Gebiet ist wesentlich größer.

Tabelle 2. Verlauf der Blush-Intensität für gesundes (a) und beeinträchtigtes Gewebe (b), und dasselbe Gewebe mit verbesserter Durchblutung nach PTCA (c).

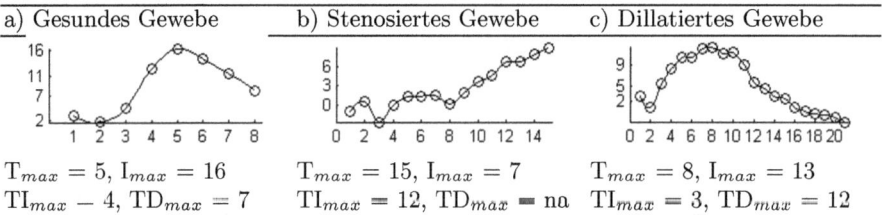

a) Gesundes Gewebe	b) Stenosiertes Gewebe	c) Dillatiertes Gewebe
$T_{max} = 5$, $I_{max} = 16$	$T_{max} = 15$, $I_{max} = 7$	$T_{max} = 8$, $I_{max} = 13$
$TI_{max} - 4$, $TD_{max} = 7$	$TI_{max} = 12$, $TD_{max} = $ na	$TI_{max} = 3$, $TD_{max} = 12$

erkennbar. Verlauf c) zeigt das Gewebe nach erfolgreicher Intervention (PTCA). Gut zu erkennen ist die wiederhergestellte Washout-Phase, wenn auch verzögert.

3.1 Implementierung

Die vorgestellten Verfahren wurden in C und Matlab implementiert. Das grafisch orientierte Programm ist intuitiv bedienbar und leicht erweiterbar. Als Eingabeformat werden Angiografiefolgen verwendet, welche als verlustlose JPEG-DICOM-Dateien bei einer konventionellen Herzkatheteruntersuchung anfallen. Lediglich bei der Aufnahme ist auf den vorgeschriebenen Projektionswinkel (s. Tabelle 1) und möglichst geringe Bewegungsartefakte zu achten. Das benötigte EKG wird parallel in die DICOM-Datei mit abgelegt.

4 Ausblick

Zusammenfassend kann bislang festgestellt werden, dass sich das Verfahren insbesondere bei Auswertungen von LAD-Projektion gut für eine quantitative Bewertung des Blushs eignet. Probleme bestehen noch in einer nicht ganz zufrieden stellenden Kompensation der Bewegungsartefakte in RCA- und LCx-Projektionen, aufgrund einer schwierigen manuellen Lokalisation der Ankerpunkte. Dies ist Gegenstand weiterer Untersuchungen.

Literaturverzeichnis

1. CM Gibson, Christopher P. Cannon, et al: TIMI frame count: a quantitative Method of assessing coronary artery flow (Circulation, 1996; 93:879-888)
2. GW Stone, AJ Lansky, et al.: Beyond TIMI 3 Flow: The importance of restored myocardial perfusion for survival in risk patients undergoing primary or rescue PTCA (J Am Coll Cardiol, 2000: 35: 403A)
3. CM Gibson, Christopher P. Cannon, et al: Relationship of TIMI Myocardial Perfusion Grade to Mortality After Administration of Thrombolytic Drugs (Circulation, 2000; 101: 125-130)
4. CM Gibson, et al: General guidelines for assessing TIMI myocardial Blush-Grades (www.perfuse.org/menus/Blushguide.htm)
5. Nur Arar, Daniel Reisfeld: Image Warping Using few Anchor Points and Radial Functions (Computer Graphics Forum, 1995: 14,1: 35-46)

Finite Element Simulation of the Breast's Deformation during Mammography to Generate a Deformation Model for Registration

N.V. Ruiter[1], T.O. Müller[1], R. Stotzka[1], H. Gemmeke[1],
J.R. Reichenbach[2] and W.A. Kaiser[2]

[1]Institut für Prozessdatenverarbeitung und Elektronik,
Forschungszentrum Karlsruhe, 76131 Karlsruhe
[2]Institut für Diagnostische und Interventionelle Radiologie,
Universitätsklinikum Jena, 07740 Jena
Email: nicole.ruiter@ipe.fzk.de

Summary. For registration of X–ray mammograms and MR volumes, the deformation of the female breast during mammography has to be considered. A Finite Element simulation of this deformation is presented. Different material models for breast tissue are examined, to see if they provide a sufficiently accurate simulation. A neo–hookean model results in a simulation with an average displacement smaller than two voxels. It was found to be homogeneous and has boundary conditions which imitate the deformation between two plates. This enables the model to predict the position of the smallest visible lesion within a MRI.

1 Introduction

X–ray mammograms and Magnet Resonance Images (MRI) of the female breast provide complementary information for breast cancer diagnosis. To use this information in a combined manner, the position of a lesion detected in a X–ray has to be determined in the MRI and vice versa. The images cannot be compared directly. To acquire a mammogram the breast is deformed between two plates as far as 50 % of its former diameter before the X–ray projection is performed (see fig. 1). MRI displays the undeformed breast in a three–dimensional (3D) volume. Our goal is to estimate the location of a lesion detected in a X–ray mammogram in the MRI, based on automatic registration. Hence the spatial correlation between the deformed projection and the undeformed volume has to be defined. A model of the deformable behavior of the female breast is build, to cope with the problems arising from the huge deformations during mammography. The deformation is simulated using the Finite Element Method (FEM) based on the volume of the breast, as given in the MRI.

Recently some new approaches for FEM simulations of the female breast have been proposed. Samani (e.g. [1]) depicts mere qualitative results. Azar [2] simulates a mild deformation of the breast as applied in MRI–guided biopsy. He gives the accuracy of his simulations only for the displacement of lesions within

Fig. 1. Deformation during mammography.

Fig. 2. Cut through (left) undeformed, (middle) deformed and (right) MRI after simulation.

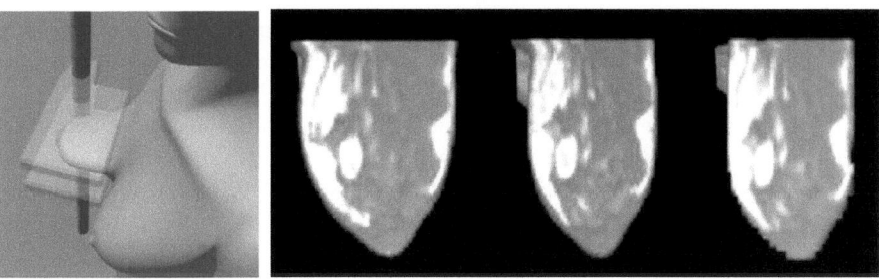

the breast. Tanner [3] compares different material models using the displacement of the whole surface of the breast as boundary conditions for the deformation.

Our simulation model is designed to meet the problems arising from X–ray mammogram and MRI registration. Firstly; the spatial boundary conditions which drive the deformation process are not known in detail. E.g. the displacement of the breast's surface can not be recovered from a 2D projection as given by the X–ray. Then only the resulting thickness of the breast has to be utilized as an user–defined condition of the simulation [4]. Secondly; to locate the smallest visible tumor in a MRI, the required accuracy based on the resolution of a MRI is 3 to 5 mm. Thirdly; the material model, describing the mechanical properties of the breast tissue, should provide the needed accuracy and be as simple as possible. In the following sections different models of breast tissue are examined, to determine how far they satisfy this specifications.

2 Material Models for Breast Tissues

Recent publications describe the behavior of the breast tissue and are presented below. Azar, Wellman [5] and Krouskop [6] assume exponential, Samani hyperelastic and Krouskop and Bakic [7] linear elastic stress–strain properties of the material models and use different material parameters. Samani uses a hyperelastic material model to approximate Wellman's stress–strain properties. Azar applies the same material model as Wellman, but uses a corrected stress–strain relationship for fat. He assumes that the elastic moduli for fat, embedded in a grid of connective tissue, stiffens and becomes similar to glandular tissue above strains of 15.5 %. Because the strains of mammography are considerably higher, a simple additional material model (Azar, homogeneous) was considered, using only the properties of glandular tissue. All authors imply nearly incompressible materials with a Poisson ratio of $\nu \approx 0.5$.

The described models are quite different. They differ in the general definition of the material model, in the material parameters assigned to specific tissues and in the ratio of stiffness of gland and fat. Hence an initial assumption might be that simulation results, based on the different models should be quite different.

On the other hand the deformation of the breast is a tightly conditioned problem. E.g. nearly all surface nodes are moved by the plates and are displaced to approximately the same points for the same deformation configuration. With two–sided plate deformation the displacement of nodes in the middle of the FEM model is expected to be small too. Hence, only the displacements of intermediate points display the differences of the models and might be marginal.

To examine these effects quantitatively two simple phantom experiments have been carried out as described in the following section. Furthermore different simulations based on real MRI data are compared and the results discussed accordingly. All simulations are carried out using ANSYS [8] and the simplest available hyperelastic model (neo–hookean) is used. Because the deformation displayed in the real data is 21 % the phantoms are deformed by this amount too.

3 Performance of Different Material Models

First the variances caused by different stiffnesses of gland in respect to fat were examined, by variation of the ratio of the elastic moduli E_g/E_f. The elastic moduli of fat and gland are approximated by linear elastic stress–strain formulations at strains of 21 %. In Wellman's and Samani's model gland is 6.7 times harder than fat; in Krouskop's models 4.5; in Bakic's model 1.2; and in Azar's model 1.0. The phantom is composed as a stack of three equally sized finite elements. To approximate the thickness of the breast in the real data, the overall length is set to 8 cm. The top and bottom elements are assigned to material parameters of fat and the middle element is assigned to be glandular tissue. The displacement of the nodes connecting the elements are expected to show the maximal differences between two simulations. These nodes are allowed to move freely, because the breast tissue can move in almost all perpendicular directions to the deformation. The differences of the displacement of an arbitrary node, used as the phantom is symmetrical, is quite small. The maximal variance is 0.1 mm for the simulations with the ratios 1.0 and 6.7. Only simulations with ratios greater than 100 give a significant variance above 1.0 mm. Thus we expect the variance, due to different ratios of elastic moduli, to be small by means of the needed accuracy.

The variance due to different stress–strain relationships of the material models, have been examined using a hemispherical phantom made of homogeneous tissue. It has been subjected to mammographic deformation by using exponential, neo–hookean and linear elastic stress–strain properties. The variances are calculated using the displacement of all nodes of the FEM mesh. For 21 % deformation the mean euclidian distance and the maximal distance of the nodes were calculated. The results of this comparison are displayed in tab. 1. A neo–hookean model is, in this application, considered to be a good approximation of an exponential model, as the maximal displacement due to different material models is only 0.5 mm. Whereas the linear elastic approximation results in 1.9 mm maximal displacement. Thus the variations caused by exponential and neo–hookean material models are expected to be small.

Table 1. Differences of simulation results due to different material models. In [mm]. (Average euclidian distance μ, max. euclidian distance $\max_\mu$, max. distance normal to direction of deformation $\max_x$, $\max_z$ and in direction of deformation $\max_y$).

Comparison of	μ	$\max_\mu$	$\max_x$	$\max_y$	$\max_z$
Exponential/neo–hookean	0.2	0.5	0.4	0.4	0.4
Exponential/linear elastic	0.5	1.9	1.3	1.2	1.5
Neo–hookean/linear elastic	0.5	1.4	1.3	1.2	1.5

4 Simulation of Real Data

To evaluate the accuracy of simulations, two MR volumes of a healthy volunteer with and without applied deformation were used. The deformation in the deformed MRI is based on a medio–lateral mammographic deformation (left–to–right) with an amount of 21%. Sixteen point landmarks were defined on the borders between fat and gland, corresponding in both images. The average distance, standard deviation and maximum distance of the landmarks are used for quantitative description of a simulation's accuracy. The average distance between the landmarks of the original data is 18.3 mm (± 6.5 mm). A finite element model of the breast is build based on the uncompressed MRI, by changing only the tissue properties. The resulting displacement field serves to generate a MRI of a deformed breast and to calculate the deformed positions of the point landmarks. Fig. 2 shows the comparison of the original data with a generated MRI from a simulation. (Azar, homogeneous).

In tab. 2 the results of the simulations with different material models, are displayed. In general the results of the neo–hookean and exponential models fulfill the requirements stated in the first section. The average distances are approximately 3 mm, and the maximal distances are near to 5 mm, as demanded for simulation accuracy in the first section. The linear elastic approaches have very high maximal deviations in respect to the needed accuracy (e.g. 6.8 mm for the linear elastic approximation of Krouskop's model).

These results confirm what we expected based on the phantom experiments. Even with quite different stiffness ratios of gland and fat, the results do not vary within a significant range in regards to the required simulation accuracy. The exponential and the neo–hookean models can be used as approximations, whereas the linear elastic approaches do not perform that well. The simplest tissue model, which performs within the accuracy limits, is a neo–hookean model ignoring the differences between the material properties of gland and fat for the breast simulation.

5 Discussion and Conclusion

A simulation model of the deformable behavior of the female breast was built based on a clinical MRI, which imitates the deformation of the breast as applied during mammography. The average deviation of the simulations is smaller than

Table 2. Average landmark distances (μ), standard deviations (σ) and maximal distance (max) of simulations with different material models. In $[mm]$.

Model description	μ_{exp}	σ_{exp}	max$_{exp}$	μ_{neo}	σ_{neo}	max$_{neo}$	μ_{lin}	σ_{lin}	max$_{lin}$
Wellman [Samani]	3.0	1.4	4.8	[3.1]	[1.4]	[4.7]	(3.5)	(1.6)	(6.4)
Azar (inhomogeneous)	3.1	1.3	5.0	-	-	-	-	-	-
Azar (homogeneous)	3.1	1.3	5.0	(3.3)	(1.2)	(5.1)	(3.3)	(1.9)	(6.0)
Krouskop	3.1	1.3	5.1	(3.1)	(1.3)	(4.8)	(3.5)	(1.7)	(6.8)
Bakic	-	-	-	(3.3)	(1.2)	(5.1)	3.3	1.5	5.8

two voxels and hence enables the estimation of the location of the smallest visible tumors in the MRI. The proposed tissue model has two major advantages. The neo–hookean modeling allows Poisson ratios very near to 0.5 and have all the same good convergence properties with ANSYS, and it is not necessary to segment the different breast tissues.

Coopers ligaments are ignored in the model, as they are not displayed in the MRI. They give structural support to the breast and should be considered for more advanced simulations. The spatial contortions due to the imaging methods have been neglected so far. The model was tested on one individual dataset. In future more patient data will be simulated to evaluate the results with a larger data pool. The breast in the clinical data was subjected to 21 % deformation, due to difficulties in obtaining higher deformation within the mamma coil of the MRI. The result was within the lower range of the usually applied deformation during mammography. A first application of the model to register patient data with approximately 50 % deformation is described in [4]. It could be shown, that the deviation of the central point of a lesion is 3.8 mm, well inside the required accuracy limits.

References

1. A. Samani, J. Bishop, M. Yaffe, et al. Biomechanical 3-D Finite Element Modeling of the Human Breast for MR/X–ray using MRI Data. *IEEE Trans. Med. Imag.*, 20(4), 2001.
2. F.S. Azar. A Deformable Finite Element Model of the Breast for Predicting Mechanical Deformations under External Perturbations. PhD thesis, University of Pennsylvania, 2001.
3. C. Tanner, A. Degenhard, C. Hayes, et al. Comparison of Biomechanical Breast Models: A Case Study. In *Proc. Int. Conf. Med. Imag.*, 2002.
4. N.V. Ruiter, T.O. Müller, R. Stotzka, et al. Automatic Image Matching for Breast Cancer Diagnostics by a 3D Deformation Model of the Mamma. *Biomed. Technik*, 47(2), 2002.
5. P.S. Wellman. Tactile Imaging. PhD thesis, Havard University, 1999.
6. T.A. Krouskop, T.M. Wheeler, F. Kallel, et al. Elastic Moduli of Breast and Prostate Tissues Under Compression. *Ultras. Imag.*, (20):260–274, 1998.
7. P.R. Bakic. Breast Tissue Description and modeling in Mammography. PhD thesis, Lehigh University, 2000.
8. ANSYS, INC. www.ansys.com, Version 5.3.

Volumenerhaltende elastische Registrierung
Evaluierung mit klinischen MR-Mammographien

T. Rohlfing[1], C. R. Maurer, Jr.[1], D. A. Bluemke[2] und M. A. Jacobs[2]

[1] Image Guidance Laboratories, Department of Neurosurgery,
Stanford University, Stanford, CA, USA
[2] Department of Radiology, The Johns Hopkins University, Baltimore, MD, USA

Zusammenfassung. Die Subtraktion von dreidimensionalen medizinischen Bilddaten vor und nach Kontrastmittelgabe ist ein wertvolles Werkzeug zur Visualisierung von Gefäßen und Läsionen. Bewegungen des Patienten zwischen beiden Akquisitionen verursachen Artefakte, die sich mit elastischen Registrierungsverfahren korrigieren lassen. Insbesondere solche Algorithmen, die intensitätsbasierte Bildähnlichkeitsmaße verwenden, führen dabei häufig zu einem scheinbaren Volumenverlust der kontrastanreichernden Strukturen. Dieser Effekt schränkt die Verwendbarkeit der berechneten Koordinatentransformationen stark ein. Die vorliegende Arbeit untersucht anhand klinischer Bilddaten (kontrastmittelgestützte MR-Mammographien von 17 Patientinnen) die Fähigkeit eines neuartigen volumenerhaltenden Regularisierungsterms, den Volumenverlust zu minimieren, ohne die Artefaktreduktion zu behindern.

1 Einleitung

Die Subtraktion von dreidimensionalen medizinischen Bilddaten vor und nach Kontrastmittelgabe ist ein wertvolles Werkzeug zur Visualisierung von Gefäßen und Läsionen. Bewegungen des Patienten zwischen beiden Akquisitionen verursachen Artefakte, die sich mit elastischen Registrierungsverfahren korrigieren lassen. Insbesondere solche Algorithmen, die intensitätsbasierte Bildähnlichkeitsmaße verwenden, führen dabei häufig zu einem scheinbaren Volumenverlust der kontrastanreichernden Strukturen [1] (siehe Abb. 1).

In einer früheren Arbeit [2] haben wir einen Regularisierungsterm eingeführt, der während der elastischen Registrierung lokale Volumenveränderung bestraft. Hierauf aufbauend untersuchen wir in der vorliegenden Arbeit zwei wichtige Fragestellungen. Erstens: Führt die Regularisierung tatsächlich zu Volumenerhaltung kontrastanreichernder Strukturen? Zweitens: Können vorhandene Bewegungsartefakte trotz Regularisierung eliminiert werden?

2 Material und Methoden

Bildgebung. Insgesamt 17 Patientinnen im Alter von 18 bis 80 Jahren (Median 45 Jahre) wurden untersucht. Die MRT-Akquisitionen erfolgten auf einem

Abb. 1. Beispiel für Volumenverlust kontrastanreichernder Strukturen durch elastische Registrierung. *Links:* MR-Mammographie vor Kontrastmittelgabe; *Mitte:* Nach Kontrastmittelgabe und starrer Registrierung; *Rechts:* Nach Kontrastmittelgabe und elastischer Registrierung ohne Regularisierung. Die sichtbare Läsion ist relativ klein (3,4 ml), ist jedoch im nativen Bild kaum sichtbar. Diese Läsion zeigte den höchsten relativen Volumenverlust (78 Prozent) von den 17 untersuchten Patientinnen.

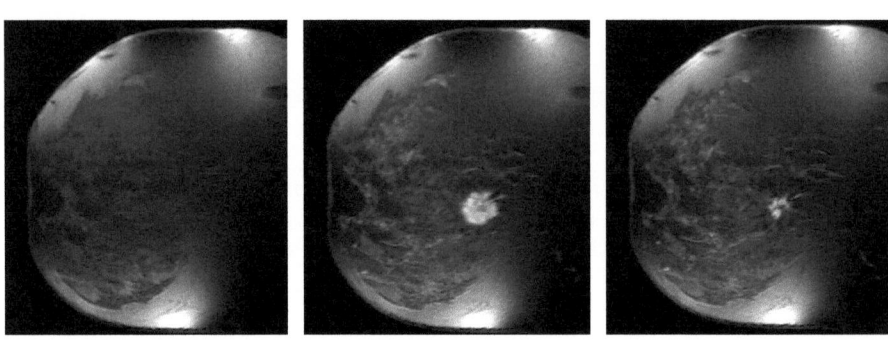

1,5 T Scanner (General Electric Medical Systems, Milwaukee, WI) unter Verwendung einer Phased Array Brustspule (MRI Devices, Waukesha, WI). Die Bildgebungsparameter waren wie folgt: Fettunterdrückte 3D T_1-gewichtete FSPGR, $T_R = 20$ ms, $T_E = 4$ ms, FOV $= 18 \times 18$ cm, Matrix $= 512 \times 160$, 60 Schichten, Schichtdicke $= 2$ mm. Kontrastmittel: 0.1 mmol/kg Gd-DTPA (Magnevist, Berlex, Wayne, NJ) intravenös als 0.2 ml/kg einer 0.5 mol/l Lösung. Im Anschluß an die MRT-Bildgebung wurde an 14 Patientinnen eine Biopsie durchgeführt. Die in den übrigen 3 Patientinnen lokalisierten Läsionen wurden chirurgisch entfernt. Histologische Analysen identifizierten maligne Läsionen in 11 Patientinnen und benigne in den übrigen 6.

Registrierung. Wir verwenden ein intensitätsbasiertes Registrierungsverfahren nach Rueckert *et al.* [3]. Das Transformationsmodell ist eine Free Form Deformation, definiert auf einem äquidistanten Gitter unabhängiger Kontrollpunkte mit B-Spline Interpolation zwischen diesen. Das Registrierungskriterium ist eine gewichtete Kombination aus dem intensitätsbasierten Ähnlichkeitsmaß Normalized Mutual Information [4], E_{NMI}, und einem Regularisierungsterm E_{Reg}. Ein variabler Gewichtungsfaktor ω ($0 \leq \omega < 1$) steuert die relative Bedeutung von E_{NMI} und E_{Reg} in der Optimierungsfunktion $E = (1 - \omega)E_{\text{NMI}} - \omega E_{\text{Reg}}$. Wir verwenden und vergleichen in der vorliegenden Arbeit zwei verschiedene Regularisierungsterme: Einen von uns eingeführten Volumenerhaltungsterm [2] sowie einen Glättungsterm auf Basis der Biegungsenergie dünner Metallbleche [5].

Studiendesign. Für jede der 17 Patientinnen wurden die MRT vor und nach Kontrastmittelgabe mittels eines starren und verschiedener elastischer Verfahren registriert. Die starre Registrierung dient als Referenz für das Tumorvolumen, während die elastische Registrierung ohne Regularisierung als Referenz für die Artefaktreduktion dient. Für jeden der beiden Regularisierungsterme wurde je

Abb. 2. Relative Tumorvolumina nach elastischer Registrierung ohne Regularisierung.

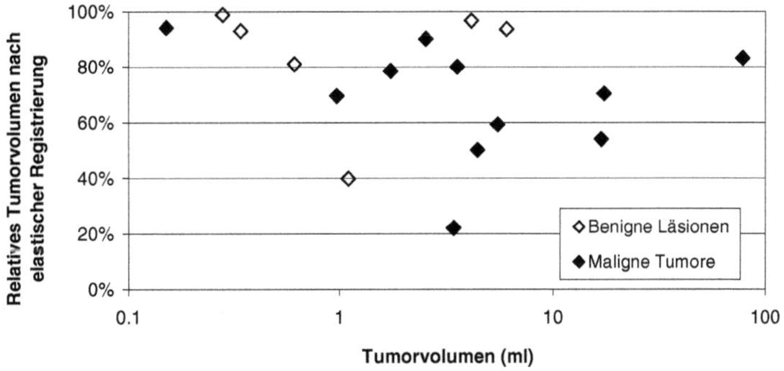

Patientin ein Gewichtungsfaktor ω so bestimmt, daß sich das Volumen des Tumors nach Registrierung um weniger als 2% vom ursprünglichen Volumen (d.h. dem Volumen der Kontrastanreicherung nach starrer Registrierung) unterschied. Für alle Registrierungen wurden Subtraktionsbilder erzeugt und per Maximum Intensitätsprojektion (MIP) dargestellt. Anhand der randomisierten MIPs für jede Patientin beurteilte ein Experte die Qualität der Registrierung hinsichtlich der verbleibenden Bewegungsartefakte.

3 Ergebnisse

Die ursprünglichen Tumorvolumina in den Bilddaten von 17 Patientinnen lagen zwischen 0,2 und 77,7 ml (Mittelwert ± Standardabweichung = 9,1 ± 19,0 ml). Diese Werte wurden durch semi-automatische Segmentierung in den Subtraktionsbildern nach starrer Registrierung bestimmt. Nach elastischer Registrierung ohne Regularisierung betrug der Volumenverlust zwischen 1,3 und 78,0% (26,1 ± 22,2%). Die relativen Volumina nach Registrierung sind in Abb. 2 dargestellt.

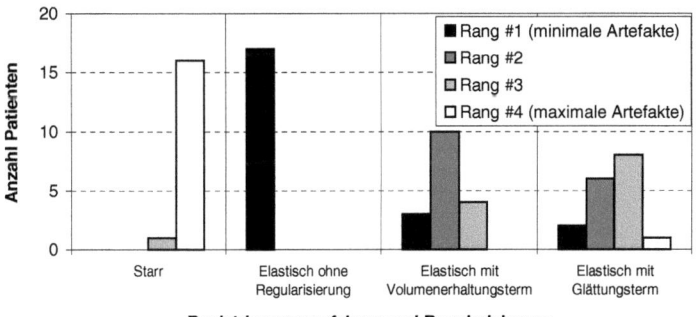

Abb. 3. Bewertungen der Artefaktreduktion für verschiedene Registrierungsverfahren.

Abb. 4. MIP der Subtraktionsbilder einer Patientin. *Von links oben nach rechts unten:* Starre Registrierung; elastische Registrierung ohne Regularisierung (10% Volumenverlust); elastische Registrierung mit Volumenerhaltungsterm (1% Volumenverlust); elastische Registrierung mit Glättungsterm (1% Volumenverlust).

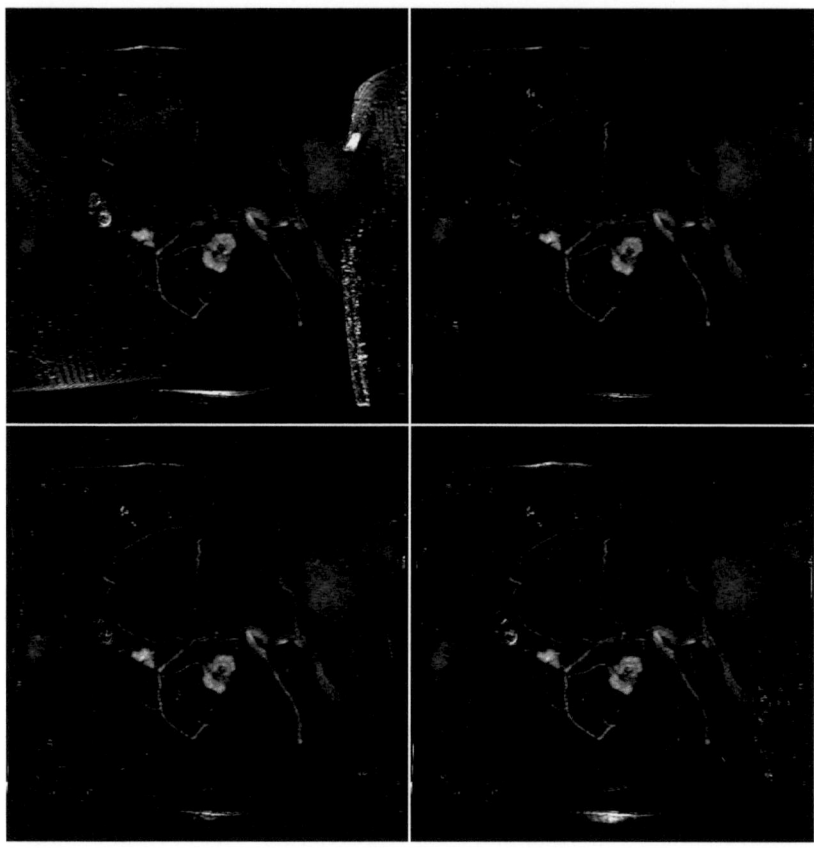

Die Korrelation zwischen ursprünglichem Tumorvolumen und relativem Volumen nach Registrierung ist nicht signifikant ($R^2 < 0.001$, $P = 0.91$).

Die Bewertungen der Artefaktreduktion durch einen Experten anhand randomisierter MIPs sind in Abb. 3 graphisch dargestellt. Die elastische Registrierung ohne Regularisierung wurde in allen Fällen am besten bewertet (geringste Bewegungsartefakte). Die starre Registrierung wurde für 16 von 17 Patientinnen am schlechtesten bewertet. Die elastische Registrierung mit Volumenerhaltungsterm erzielte in 9 von 17 Fällen eine bessere Bewertung als mit dem Glättungsterm. In weiteren 4 Fällen wurden beide Terme gleich gut bewertet.

4 Diskussion

Regularisierung der Optimierungsfunktion verhindert erfolgreich den Volumenverlust kontrastanreichernder Strukturen unter elastischer Registrierung. Allerdings scheinen die Ergebnisse unserer Studie zu zeigen, daß die Regularisierung die Reduktion von Bewegungsartefakten verhindert. Dies ist jedoch so nicht korrekt. Abbildung 4 zeigt MIPs einer Beispielpatientin. In der blinden Bewertung der Artefakte für diese Patientin wurde die elastische Registrierung ohne Regularisierung am besten bewertet. Elastische Registrierung mit Volumenerhaltungsterm wurde besser bewertet als Registrierung mit Glättungsterm. Allerdings wurden die Artefakte mit allen drei elastischen Registrierungen in sehr ähnlichem Maße reduziert. Diese Beobachtung ist typisch für die meisten Patientinnen in unserer Studie.

Wir können daher schlußfolgern, daß die regularisierte elastische Registrierung Bewegungsartefakte nur unwesentlich schlechter eliminiert. Dagegen sind selbst mit Regularisierung und vollständiger Volumenerhaltung deutliche Verbesserungen im Vergleich zur starren Registrierung möglich. Insgesamt zeigt sich dabei der von uns eingeführte Volumenerhaltungsterm einem weit verbreiteten Glättungsterm deutlich überlegen.

5 Danksagung

TR wurde gefördert von der National Science Foundation (PostDoc Grant No. EIA-0104114). TR und CRM danken CBYON, Inc. (Mountain View, CA) für großzügige finanzielle Unterstützung. Alle Berechnungen wurden durchgeführt auf dem SGI Origin 3800 Supercomputer in der Stanford University Bio-X Core Facility for Biomedical Computation. Die Autoren danken Andreas Rohlfing vom Institut für Medizinische Physik und Biophysik der WWU Münster für hilfreiche Kommentare und Korrekturen.

Literaturverzeichnis

1. C Tanner, JA Schnabel, D Chung, et al. Volume and shape preservation of enhancing lesions when applying non-rigid registration to a time series of contrast enhancing MR breast images. In *Medical Image Computing and Computer Assisted Intervention*, vol. 1935, *LNCS*, S. 327–337, Berlin, 2000. Springer-Verlag.
2. T Rohlfing und CR Maurer, Jr. Intensity-based non-rigid registration using adaptive multilevel free-form deformation with an incompressibility constraint. In *Proceedings of Fourth International Conference on Medical Image Computing and Computer-Assisted Intervention*, vol. 2208, *LNCS*, S. 111–119, Berlin, 2001. Springer-Verlag.
3. D Rueckert, LI Sonoda, C Hayes, et al. Nonrigid registration using free-form deformations: Application to breast MR images. *IEEE Trans Med Imag*, 18(8):712–721, 1999.
4. C Studholme, DLG Hill, DJ Hawkes. An overlap invariant entropy measure of 3D medical image alignment. *Pattern Recognit*, 32(1):71–86, 1999.
5. G Wahba. *Spline Models for Observational Data*, vol. 59 of *CBMS-NSF Regional Conference Series*. SIAM, 1990.

Cluster-Oriented Detection of Microcalcifications in Simulated Low-Dose Mammography

Hartmut Führ[1], Oliver Treiber[1] and Friedrich Wanninger[2]

GSF Forschungszentrum für Umwelt und Gesundheit
[1] Institut für Biomathematik und Biometrie
[2] Institut für Strahlenschutz
Ingolstädter Landstraße 1, D-85764 Oberschleißheim
Email: fuehr@gsf.de

Summary. The problem of assessing the potential for dose reduction in X-ray mammography has been addressed in the paper [1] via numerical simulation, using the detection of microcalcifications as a benchmark to measure the loss of image quality in the dose-reduced images. In this paper we present an extension of the original algorithm, which prefers clusters over single microcalcifications, and show test results indicating that the modification makes the algorithm more robust with respect to the image degradations due to dose reduction.

1 Introduction

The large numbers of participants in mammography screening programmes render the issues of radiation dose and the potential for dose reduction particularly relevant. This observation provided the initial motivation for a project carried out at GSF, which had the aims of simulating and assessing the effect of dose reduction on image quality.

The importance of microcalcifications as diagnostic indicators for mammacarcinomae in X-ray mammography suggests using the detection of microcalcifications as a natural benchmark problem to measure the loss of image quality due to dose reduction. We thus developed and implemented an algorithm for the detection of microcalcifications, and evaluated its performance on real and dose-reduced images by use of FROC- and ROC-curves, for single microcalcifications and for clusters. The comparison of the various (F)ROC-curves allowed a first assessment of the potential for dose reduction and the critical parameters which control this problem. In the following we first give a short summary of the algorithm and the main results of the discussion in [1]. We then present a cluster-oriented modification of the algorithm and show evidence that this modification makes the algorithm more robust with respect to the image degradations due to dose reduction. The results presented here and in [1] should be understood as a case study, which could be also be carried out for other constellations of equipment.

2 Methods

The original motivation for the project was to address several related problems: To simulate the effects of dose reduction on X-ray images, to provide a method of measuring the loss in image quality due to dose reduction, and finally to develop image processing algorithms which could cope with this loss. The first two problems are discussed in [1], while in this paper we study a possible solution to the third one, i.e., a modification of the original algorithm designed to make it more robust with respect to dose reduction.

Both problems require a pool of test images. For this purpose a set of 25 patient images, containing microcalcifications on various textural backgrounds, were digitized. The original images were taken using of a SIEMENS MAMMO-MAT 3000 with a KODAK Min-R 2000/2190 film-screen system, and digitized with a TANGO high resolution drum scanner, which resulted in a pixel size of $20 \mu m$. The image degradations due to dose reduction were simulated numerically, based on certain model assumptions. The following two subsections contain a summary of the simulation and detection parts of [1]; a detailed description can be found in the paper.

2.1 Simulating Dose Reduction

It is obvious that a decrease in dose results in a loss of contrast. Therefore, dose reduction will only be feasible if the film/screen-system makes up for this by a more effective conversion of incident quantum fluence to gray value. It is reasonable to expect that this additional efficiency is bought at the price of lower image resolution, which could result either from changes in the film or in the scintillator screen. In terms of the modelling, the additional smoothing is described by the new film/screen modulation transfer function, which will be lower than that of the original system. A second feature which needs to be modelled is the amount and appearance of the noise contained in the image. Hence numerical simulation of dose reduction consists of two steps: First a smoothing of the original image which takes into account the lower MTF of the new system, and then adding suitably scaled noise to ensure the correct noise level and noise spectra in the new image.

It should be emphasized that the model parameters describing the more sensitive film/screen system do not refer to any existing equipment, but are obtained by extrapolating the original parameters, given in [2]. We have simulated two models for the more sensitive film/screen system, which differ in the amount of additional smoothing incurred by the new system. They are referred to in the following (as in [1]) by "moderately smoothing" and "strongly smoothing". Figure 1 gives a comparison of an original image ROI with two versions obtained by simulating 50 % dose reduction and moderate smoothing, and 25 % dose reduction with strong smoothing.

The test results revealed that the smoothing behaviour was crucial for the performance of the detection algorithm: In the moderately smoothing case, a dose reduction by 25 % did not entail any decrease of performance, while reducing

Fig. 1. Comparison of original image to dose-reduced version: ROI of size $5 \times 5 mm^2$. The left image is the original, the middle image is obtained assuming a dose reduction of 50 % and moderate smoothing, whereas the image on the right is obtained for a dose reduction of 25 % and strong smoothing. There is a cluster of rather subtle microcalcifications in the lower right corner of the image which is increasingly less visible in the dose-reduced images.

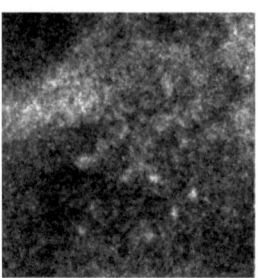
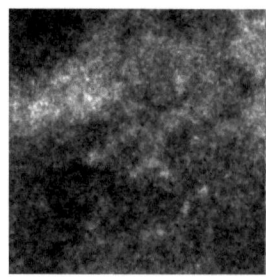
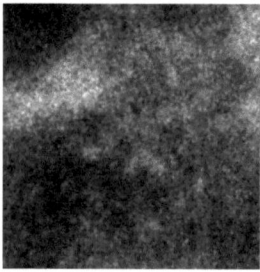

by 50 % did. For the strongly smoothing model, even 25 % dose reduction leads to a marked drop in detection rates.

2.2 Microcalcification Detection by Matched Filtering

The detection algorithm in [1] is based on a matched filtering approach, taking in account the noise spectra (taken from [2] for the original images, and extrapolated for the dose-reduced versions). Here the noise is modelled as locally stationary, with the local spectrum depending on a background image (assumed to be slowly varying). The matched filter is a Laplacian of Gaussian. The filter output is compared to the expected noise variance in the filtered image, as computed from the spectra and an estimate of the slowly varying background image. The quotient of filter output and variance estimate provides a "significance image", with large values pointing to probable locations of microcalcifications. Pixels are collected in connected regions using a region growing algorithm, which starts from local maxima of the significance image. As a result, we obtain two related pieces of data:

1. Subsets Ω_j ($j = 1, \ldots, N$) of the image indicating suspicious regions.
2. For each region Ω_j the value s_j of the significance image at the seed point. This value is interpreted as a degree of suspiciousness; the larger s_j, the more suspicious Ω_j is of being a microcalcification.

The final detection step then consists in thresholding: Ω_j is declared a microcalcification if $s_j \geq T$, for a certain prescribed threshold T.

2.3 Cluster-Oriented Enhancement of the Detection Algorithm

We now describe the cluster-oriented strategy which is intended to enhance the algorithm performance. It amounts to preferring suspicious regions lying close to other such regions. This can be achieved by in modifying the s_j prior to thresholding, by a factor ϕ_j which increases with the number of neighbours (however defined). Obviously there are many ways of making this explicit. We have chosen the following:

1. Fix a distance d and a threshold T.
2. Compute all regions Ω_j $j = 1, \ldots, N$ with $s_j \geq T/2$.
3. Declare two regions "near" whenever their seed points have a Euclidean distance of at most d. For each index $j \in \{1, \ldots, N\}$ define recursively the index sets I_n^j by letting $I_0^j = \{j\}$ and

$$I_{n+1}^j = \{i : \Omega_i \text{ and } \Omega_k \text{ are near for some } k \in I_n^j\} \ .$$

This is obviously an increasing sequence of index sets, which stops growing after at most N steps. The cardinality $|I_N^j|$ is declared to be the number of neighbours of Ω_j.
4. Define

$$\tilde{s}_j = s_j \cdot \phi(|I_N^j|) \ , \text{ where } \phi(m) = \frac{2m-1}{m}$$

5. Any region Ω_j with $\tilde{s}_j \geq T$ is declared a microcalcification.

Our modifications are motivated by the following considerations:

1. The number of neighbours only has a limited influence since ϕ is bounded. Moreover, for regions with large numbers of neighbours their precise number is irrelevant: $\phi(n)$ increases sharply for small n and is more or less constant for large n.
2. All elements in a group of suspicious regions are reassessed in the same way, regardless of whether they are in the center of that group or at the periphery.

2.4 Test Procedure

We use the same database and test procedure as in [1]. The database consists of 51 patches of size $1 \times 1 cm^2$ or 500×500 pixels. Each patch is divided into 4 subpatches of $5 \times 5mm^2$, and such a subpatch is declared to contain a cluster if it contains at least three microcalcifications. For a fixed parameter setting we obtain true positive and false positive rates, based on a comparison to ground truth markings obtained from the inspection of the original images by an experienced radiologist. Varying the threshold T, while fixing all other parameters, provides a means of visualising how the algorithm handles the tradeoff between suppression of false positives and detection of true positives, in the form of an ROC curve.

3 Results

Figure 2 gives a comparison of the detection results of the original algorithm versus the cluster-oriented version, on original images for 50 % dose reduction and moderate smoothing, and 25 % dose reduction and strong smoothing.

Fig. 2. Comparison of the ROC curves, for 50 % dose reduction and moderate smoothing (left hand side) and 25 % dose reduction and strong smoothing (right hand side). In both graphs, the symbol + marks the ROC curves computed for the original images and the original algorithm, and ∗ describes the performance of the cluster-oriented algorithm on the original images. The ROC curves for the dose-reduced images are marked by △ (for the original algorithm) and ⋄ (cluster-oriented version).

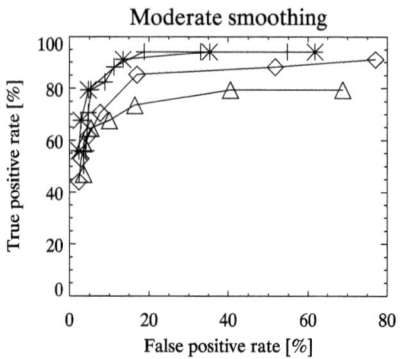
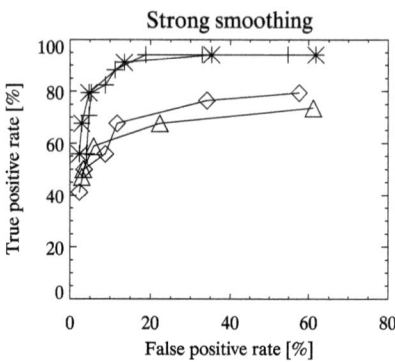

In all cases the cluster-oriented version uses precisely the same parameter set for the first detection step as the original algorithm. The distance d in the cluster-oriented part of the detection algorithm was chosen as $d = 100$. The plots show that the cluster-oriented algorithm does not yield any significant change in performance on the originals, but a clear improvement on the dose-reduced images, for all false positive rates in the moderately smoothing case, and for false positive rates ≥ 10 % in the strongly smoothing case. It is also plain from the plots that the improvement does not completely make up for the degradation in image quality.

Acknowledgements

We thank PD Dr. Sittek of Klinikum Großhadern for radiological advice, the set of test images and ground truth markings. T. Szygowski implemented the cluster-based extension of the detection algorithm. The project was in part funded by the HGF Strategiefond II, "Therapie und Diagnose von Mammakarzinomen".

References

1. Treiber OM, Wanninger F, Führ H, Panzer W, Regulla D, Winkler G: An adaptive algorithm for the detection of microcalcifications in simulated low-dose mammography. Physics in Medicine and Biology, to appear. Preprint version available under http://www.gsf.de/ibb/preprints.php.
2. Bunch PC: Advances in high-speed mammographic image quality Proc. SPIE Vol. 3659:120-130, 1999.

MammoInsight Computer Assisted Detection: Performance Study with Large Database

Johann Drexl, Peter Heinlein and Wilfried Schneider

Imagetool GmbH, 12489 Berlin
Email: drexl@imagetool.de

Summary. We extend our previous publications by presenting results on a large number of mammograms digitized with a laser scanner and analyzed by our MammoInsight CAD-system for the detection of clustered microcalcifications. We measure sensitivities on a per breast basis and on a per cluster basis for our system and show how they interrelate. We compare the performance of our system to the state-of-the art in the research literature. Finally, we show that our CAD-system is able to obtain a high sensitivity per breast, justifying it's use in a clinical environment.

1 Introduction

Microcalcifications are tiny deposits of calcium embedded in the tissue of the female breast. They are an important early indicator of possible breast cancer. On mammograms, they appear as small spots of irregular shape and low contrast (diameter 0.13 mm - 1 mm), which makes them difficult to detect. The reliable detection of microcalcifications is therefore very important.

The reference standard for microcalcification detection is the system of Veldkamp and Karssemeijer [3]. They recently published results on a large database of mammograms.

There are two fundamentally different ways of evaluating the sensitivity of microcalcification detection algorithms. In a mammographic examination, two images are taken of each breast: the craniocaudal and the mediolateral view. Evaluating sensitivity on a per breast basis is common in the medical community [5], while evaluating on a per cluster basis is common in the image processing community [3]. Sensitivity per breast is also used in specifications of regulatory bodies like the FDA [7]. While sensitivity-per-breast indicates the potential use of the prompting to a radiologist, sensitivity-per-cluster is more detailed, thus preferred for optimizing and comparing CAD-algorithms.

2 Overview CAD for MammoInsight

We previously reported on a CAD-scheme for detecting clustered microcalcifications [1],[2]. We gave performance results for the Nijmegen-Database in [1], and for the MIAS-Database in [2]. There, we can detect all malignant clusters at a false positive rate of 0.33 false positives/image [2]. Using this method, our diagnostic workstation MammoInsight is able to generate prompts for clustered microcalcifications.

Our CAD-scheme is based on a continuous wavelet decomposition of the original mammogram. The process starts with downsampling and the extraction of the breast tissue from the mammogram. All subsequent computations are restricted to this region. Next, noise equalization according to Veldkamp and Karssemeijer [3] is performed, to decouple the standard deviation of the wavelet coefficients from the digitized optical densities of the mammogram. We extract features that are designed to exploit the scale information encoded in wavelet coefficients. These include features for local contrast, size, edge strength, anisotropy and orientation. The classification is performed by support vector machine (SVM) classifiers in a two-stage-cascade. Training was done on a subset (20 images) of the Nijmegen images. The output is a list of findings, each with a score value, which allows to adjust the sensitivity of the detection process. Finally, we apply explicit postprocessing rules to the detection results: we remove isolated candidates, clusters with less than three findings, and findings with an area above a certain limit.

Our SVM classifiers employ discriminant functions which are polynomials of second order. We opted for the use of SVMs, because they have the following interesting property: Instead of minimizing a plain measure of error, SVMs minimize a measure of error penalized by a measure of classifier complexity [8]. This deals with the following challenges in our application:

1. Because of the high scale interdependency among the wavelet features, the covariance matrix of the feature vector is singular. This makes an application of classical statistical classifiers like Fisher's linear discriminant or the Mahalanobis classifier (which require inversion of covariance matrices) impossible.
2. We want to keep the number of training examples needed for training of the classifiers small. A penalty on the classifier complexity can bound the number of examples.

3   Material for evaluation

The largest public database for mammography by now is the Digital Database for Screening Mammography (DDSM), maintained by the University of Florida [4]. It contains images scanned on four different scanners. As we are primarily interested in using laser scanners as digitizer devices, we chose to select DDSM images from the Lumisys 200 scanner (50 microns resolution). The DDSM is organized in patients. Every patient consists of 4 images: left and right breast, and each in craniocaudal and mediolateral view. To construct our database, we retrieved all malignant calcification cases from the volumes cancer_01, _02, _05, _15 and _09.

We selected all image pairs containing calcifications in both views of the same breast, excluding images containing masses and excluding images consisting only of benign calcifications.

This resulted in 68 image pairs from pathologically proven malignant cases (136 images). With our selection scheme we acquired as many suitable images as possible from the DDSM.

All clusters in the DDSM have a degree of subtlety, which allows us to rate the degree of difficulty of our database. The distribution of subtleties is:

Subtlety	1	2	3	4	5
Number of clusters	5	24	56	34	46

where 1 is a very subtle cluster and 5 is a very easy to recognize cluster. Apart from subtlety 1, all subtleties are approximately equal distributed. Compared to the distribution of subtleties in all above mentioned five tapes, we notice that our subset has a higher degree of difficulty.

4 Evaluation method

The performance evaluation criteria employed in this study are based on the criteria of [3]. The DDSM comes along with a pathologically proven "gold standard". We generated the truth circles necessary for Karssemeijer's evaluation technique by drawing an enclosing circle about the cluster area in the DDSM gold standard. For sensitivity-by-cluster, a hit is scored when there are at least two prompts in a truth circle. Then the mean true positive fraction (TPF) due to [3] is computed.

For sensitivity-by-breast, we use the following scheme:

a hit is counted, when at least one truth circle was recognized in one or both views. Sensitivity-per-breast is defined [5]:

$$\text{TP/breast} := \frac{\text{Number of hits according to above definition}}{\text{Number of image pairs}} \quad (1)$$

Motivation for this metric: When a cancerous breast has at least one prompt, the breast is recognized as cancerous, even when not every cluster in both views is recognized by the system. At a near 100% rate it would be guaranteed that the CAD does not miss a cancerous breast. A performance metric like this is more appropriate for generating prompts in a diagnostic workstation than for example the TPF-metric. On the other hand, the TPF is more relevant when it comes to comparing and optimizing CAD-algorithms. Another advantage is the independence from different annotation styles. Some radiologists prefer to split a large cluster into several small cluster, while others prefer to annotate on a coarser scale. A scheme like the above is invariant to this [6].

The false positive rate is computed as in [3].

5 Results

We ran the CAD on our study data set and evaluated the generated promptings. Subsequently, we computed the TPF and the false positives per image. Veldkamp and Karssemeijer recently published results on a large database of 245 mammograms scanned on a Lumisys LS85 for their system [3]. Unfortunately, neither implementation nor database is accessible to the general public. Therefore, we decided to base the comparision on the bestperforming FROC-curve from [3]. In figure 1, we compare Veldkamps and Karssemeijers FROC curve with our result (we omitted points with more than 5 false positives per image from the curve). One notes that our system is better than the reference, although one

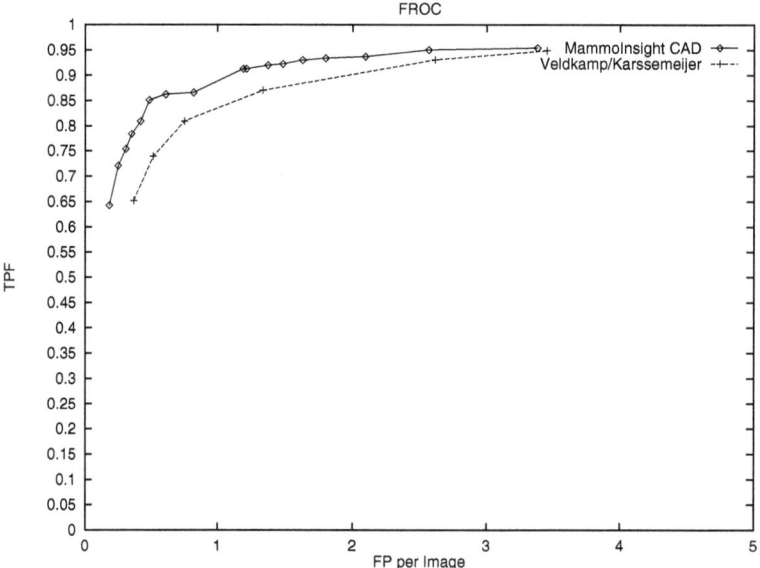

Fig. 1. MammoInsight CAD and Veldkamp/Karssemeijer

must of course be cautious when comparing the two FROC curves because the underlying databases differ. On the other hand:

- images obtained by the LS200 and the LS85 are very similiar, as they are both laser scanners from the same manufacturer.
- both databases use similar annotation styles.
- both databases are very large and contain a large number of microcalcification clusters, which dimishes random influences on the statistics.

We compute TPF and TP/breast for our system and compare them in table 1. Using the cut-off $\theta_2 = 30\%$, one sees that it's possible to reach a TP/breast of 97.1%. This corresponds to a TPF of 86.3%. Thus, we conclude that our CAD-scheme has a high sensitivity-per-breast for malign, clustered microcalcifications.

Table 1. Sensitivity for MammoInsight

Cut-off θ_2 [%]	10	20	30	40	50	60	70	80	90
TP/breast [%]	98.5	97.1	97.1	95.6	92.6	92.6	89.7	85.3	75.0
TPF [%]		91.3	86.6	86.3	85.1	81.0	78.4	75.4	72.1	64.3

The mean difference between the two performance figures is 11%. Thus, in studies giving only sensitivity per breast, it appears reasonable to conjecture that the sensitivity per cluster may be actually by ten percent lower than the sensitivity per breast.

6 Summary

We conclude that our CAD-system compares favorable to the existing standards for detection of clustered microcalcifications. We further conclude that our CAD-system has a high sensitivity-per-breast for malign, clustered microcalcifications. system is very important for the use in a clinical environment, because in order to use the device effectivly, users have to be confident about the device's promptings.

The diagnostic workstation MammoInsight is used in clinical routine in the clinic of Aschaffenburg, Germany, since June, 2002.

References

1. Heinlein P, Drexl J, Gössler A, et al.: An integrated approach to computer aided diagnosis in digital mammography, in: Lemke HU et al.: CARS 2001, Elsevier Science B.V. 2001, p.538-543
2. Schneider W, Heinlein P, Drexl J, et al.: Anwendungen der computerassistierten Diagnostik (CAD) und Tele-Mammographie bei Brustkrebs-Vorsorgeuntersuchungen, Röntgenpraxis 54, p. 192-198 (2002)
3. Veldkamp W, Karssemeijer N: Normalization of local contrast in mammograms, IEEE Trans Med Imaging, Vol. 19, No. 7, July 2000.
4. Bowyer K, Kopans D, Kegelmeyer W, et al.: The digital database for screening mammography, in: Doi K et. al: Digital mammography '96, Elsevier Amsterdam 1996, p. 431-434
5. Roehrig J, Doi T, Hasegawa A, et al.: Clinical results with R2 Image Checker, in: Karssemeijer N: Digital mammography, Kluwer Academic Publ Dordrecht 1998, p. 395-400
6. Hume A, Thanisch P, Hartswood M, et al.: On the evaluation of microcalcificat ion algorithms, in: Doi K et. al: Digital mammography '96, Elsevier Amsterdam 1996, p.273-276
7. U.S. Food and Drug Administration (FDA) application #P980058, approved, June 26, 1998
8. Platt J: Probabilistic Outputs for Support Vector Machines and Comparisions to Regularized Likelihood Methods, in: Smola A et. al.: Advances in Large Margin Classifiers, MIT Press 1999

Multiresolution Data Handling for Visualization of Very Large Data Sets

Norbert Strobel[1], Chrisian Gosch[2], Jürgen Hesser[3]
and Christoph Poliwoda[4]

[1]Siemens Medical Solutions, 91052 Erlangen
[2]Volume Graphics, 69123 Heidelberg
[3]Uni Mannheim, 68131 Mannheim
[4]Volume Graphics, 69123 Heidelberg
Email: Norbert.Strobel@siemens.com

Summary. We discuss some features of an experimental system for visualization of large (medical) volume data sets. Input voxel data sets are subdivided into blocks first. Then each block is decomposed into a multiresolution data representation by applying a reversible 3D integer Haar wavelet transform (S-transform). The resulting transform coefficients are encoded using a Golomb-Rice algorithm. For volume visualization, we selectively load and decompress blocks to a proper resolution. Then they are rendered into a common view. From our experiments, we learned that large volume data sets should preferably be stored using a multiresolution data representation. Depending on the size of the volume data set and the rendering mode, we also found that a block-based data representation can provide some advantages, but it may not always be the best choice.

1 Introduction

In medical and industrial applications, data sets may take up Giga bytes of memory. For efficient data retrieval over bandlimited networks and for volume visualization on computers with a limited amount of main memory (RAM), data processing and file storage have to be designed properly.

In addition, some applications such as diagnostic imaging require very high-quality data sets. This may rule out *lossy* compression to keep storage space and bandwidth requirements low. However, this does not mean that there is no room for image compression. It only implies that there must be an option to ultimately retrieve an exact copy of the original image.

Wavelet transform techniques offer a very elegant solution to this problem. They provide a mathematical framework for multiresolution data representation, and the wavelet basis functions usually decorrelate image input data rather well.

Among many examples in the literature, Ihm and Park, partitioned a given 3-D volume data set into so-called *unit blocks* to achieve both high compression ratios and fast random access [1]. In related work, Bajaj et al. extended this approach to 3D RGB images and light fields [2]. Nguyen and Saupe again reported interesting performance results with block-based wavelet compression techniques [3]. Guthe et al. initially divided the input data set into cubic blocks as well [4]. Then they applied integer wavelet filters to each block. After separating the low pass and the highpass coefficients, they, however, grouped eight adjacent low pass blocks to obtain another cubic block for further processing. This approach is performed recursively until only one (low pass) block is left.

In this work, we investigate a multiresolution volume compression approach involving an integer version of the 3-D Haar wavelet transform (S-transform) and Golomb-Rice coding. Our goal was to investigate the advantages and problems encountered when rendering large volume data sets using a block-based data representation.

The remaining part of the paper is structured as follows: In the next section, we discuss how to compute a multiresolution data representation using the 3D S-transform. Then we outline the multiresolution visualization method used. Finally, we discuss our findings and offer some conclusions.

2 Multiresolution Data Representation

Similar to Ihm, Bajaj, Nguyen and Guthe, we partitioned our input data sets into blocks first. These blocks were then 3D wavelet transformed using an integer version of the Haar wavelet transform called S-transform [6]. The resulting transform coefficients were fed into a fast Golomb-Rice coder next and finally stored to disk.

2.1 Data Transform and Coding

The one-dimensional S-transform is extended to 3D by applying it first along image columns, then along image rows, and finally across successive slices in a volume data set.

The 3D S-transform takes a cube of eight adjacent voxels at pyramid level l and computes an average coefficient at level $l+1$. In addition, it produces seven associated differences or detail coefficients at level $l+1$. Since the 3D S-transform just involves addition, subtraction, and shift operations, it can be implemented very efficiently.

Depending on the initial block size, the 3D S-transform may be iterated by successively taking the average coefficients at each level as input for the next step. This way, a multiresolution representation of each input block can be computed. It consists of one subband with approximation coefficients (at the lowest spatial resolution). This low-resolution data set can be rendered directly. In addition, there are seven subbands comprising detail (or wavelet) coefficients at each level. The detail coefficients are needed to recursively recompute the original voxels.

A Golomb-Rice coder was used for entropy coding of the detail subbands [7]. Unlike Weinberger et al., who relied on contexts to optimize the Golomb-Rice encoding parameter for each sample, we determined a single parameter for each

Table 1. Compression results for three selected medical volume data sets. Note that the times for decoding and inverse transform are given in msec/block.

Name	CR	Decoding Time	Transformation Time
CT Head	2.05	7.33	2.77
MRI Head	2.88	7.92	3.33
CT Thorax	2.58	7.00	3.13

subband of each block and stored it as side information. Although suboptimal with respect to bit rate, decoding can be accelerated this way.

To assess the compression performance of our block-based approach, we took three medical volume data sets (16 bits per voxel) and divided them into blocks of size $32 \times 32 \times 32$ voxels. Next, a three-level S-transform was applied to each block.

In Table 1, we list the compression ratios (CRs), and how long it took to decode and inverse transform each block to its initial, i.e. original, resolution. Since the timing results are on a per-block basis, they have to be multiplied by the total number of blocks to get the overall time needed to decode and inverse transform a complete data set.

Our experiments were run on a Pentium II computer with 333 MHz and 256 MB RAM. No special SIMD commands were used to speed up the run-time performance.

Since the two-byte voxel data sets were compressed without any loss, compression ratios between two and three could be expected. Table 1 also shows that decompressing blocks comprising $32 \times 32 \times 32$ voxels took up to 11.25 msec on a 333 MHz Pentium II computer. This is equivalent to a decompression speed of about 5.5 MB/sec (MB: Mega byte). For a higher clock speed of 2 GHz, we may expect a decompression speed of around 33 MB/sec. If an even better computer was used, e.g., running at 4 GHz, the decompression speed should again double to 66 MB/sec. Then it will take about slightly less than eleven seconds to completely rebuild the $512 \times 512 \times 1440$ Visible Man fresh CT data set taking up 720 Mbytes uncompressed.

2.2 File Format and Data Structure

Starting with a block-based multiresolution data representation, two file formats for data storage become apparent. They are either

1. resolution-oriented, or
2. block-based.

In the first case, the data stored is sorted by resolution. That is, the low-resolution approximation (low pass) coefficients are followed by encoded detail (or wavelet) coefficients. This storage order facilitates volume rendering at increasingly higher spatial resolutions.

In the second case, the data is simply stored block by block. Such a storage format supports efficient rendering of volume regions comprised of a small number of blocks at the highest resolution.

We performed an experiment where we either linearly or randomly fetched data from the hard drive. Our results indicated that the storage order should match the render mode to avoid significant disk access delays mainly due to seek times.

As a consequence, the resolution-oriented storage format should be chosen when data sets are to be rendered at multiple resolutions. On the other hand, the block-based storage format appears superior when small regions of the original volume are to be rendered primarily at the highest resolution.

3 Multiresolution Visualization

A system for volume navigation was developed. Only the data currently contained in the visible volume is loaded block by block, decompressed and rendered onto a common image plane. The block data remains in main memory until a user-defined, previously set memory limit is exceeded.

Due to the multiresolution data representation, we can straightforwardly provide a volume preview simply by loading and rendering blocks at their lowest resolution.

For interactive volume visualization, we applied a view-based multiresolution data manager to achieve optimal RAM utilization. For a particular view, this data manager

- loads associated (compressed) voxel blocks from file,
- decompresses them to a particular resolution, and
- puts them into a block store for future use.

A hash-table is used for book-keeping and removal of blocks which went out of scope.

The resolution for each block is chosen either to be the maximum resolution that the user has chosen or a lower resolution, depending on the distance of the diverging rays traversing the block. This way, aliasing effects can be avoided by adapting the bandwidth of each block's data to the local ray density. Another approach to avoiding aliasing is to adapt the local ray density like Jung did with *two-phase perspective ray casting* [5].

4 Discussion and Conclusions

We designed and implemented a system for volume visualization. It transforms (cubic blocks of) voxel raw data into a multiresolution data representation first, and it uses a Golomb-Rice coding mechanism. The encoded transform coefficients are stored using a file format designed for fast random access. During visualization, the system selectively fetches compressed blocks from disk and decompresses them into proper resolutions for rendering. A voxel block data management system tries to keep disk access to a minimum.

From our experiments, we conclude that a multiresolution volume data representation offers various interesting features for volume rendering. For example, we can selectively load only the low pass part of the multiresolution volume data set. This saves valuable bandwidth, and the data received is already sufficient to render views at a low spatial resolution. In addition, the low pass part of the volume data may require significantly less main memory than the full data set. In other words, a multiresolution data representation provides an interesting trade-off mechanism between rendering quality and system resources such as memory and bandwidth. Note however, that there is a computational overhead associated with a multiresolution storage format due to the need for decoding and reconstruction. The amount of overhead is determined by the resolution the data needs to be reconstructed to. This computational overhead can be kept small by using fast transforms and coding algorithms such as the 3D S-Transform and Golomb coding, respectively.

Depending on the size of the volume data set, we also found that block-based data storage and processing may provide some advantages, but it may not always be the best choice. The block-based data organization is clearly superior when only parts of the volume are to be loaded, e.g., when only a part of the overall volume is to be rendered. However, when dealing with volume data sets that fit into main memory, a block-based data structure seems to provide little advantages - in particular when taking into account the block management overhead.

References

1. Ihm I, Park S: Wavelet-Based 3D Compression Scheme for Interactive Visualization of Very Large Volume Data. Computer Graphics Forum 18:3–15, 1999.
2. Bajaj C, Ihm I, Park S: 3D RGB Compression for Interactive Applications. ACM Transactions on Graphics 20(1):10–38, 2001.
3. Nguyen K.G., Saupe D.: Rapid High Quality Compression of Volume Data for Visualization. Computer Graphics Forum 20 (3), 2001.
4. Guthe S, Wand M, Gonser J., et al.: Interactive Rendering of Large Volume Data Sets. IEEE Visualization, 2001.
5. Jung M: Two-phase perspective ray casting for interactive volume navigation. IEEE Visualization '97:183-189, 1997.
6. Wendler T and Meyer-Ebrecht D: Proposed standard for variable format picture processing and a codec approach to match diverse imaging devices. SPIE Proceedings, vol. 318:298-305, 1982.
7. Weinberger M, Seroussi G, Sapiro G: LOCO-I: A Low Complexity, Context-Based, Lossless Image Compression Algorithm. IEEE Data Compression Conference: 140–149, 1996.

Ein Softwarepaket für die modellbasierte Segmentierung anatomischer Strukturen

Thomas Lange[1], Hans Lamecker[2] und Martin Seebaß[2]

[1]Robert–Rössle–Klinik, Charité, 13125 Berlin
[2]Zuse Institut Berlin (ZIB), 14195 Berlin
Email: lamecker@zib.de

Zusammenfassung. Segmentierungsverfahren, die auf statistischen Formmodellen basieren, sind erfolgsversprechend für automatische und robuste Segmentierung medizinischer Bilddaten. In dieser Arbeit wird ein Softwarepaket vorgestellt, in dem die Erzeugung statistischer Modelle, deren Anwendung zur Segmentierung unterschiedlicher Bildmodalitäten und Evaluationsmethoden integriert sind.

1 Einleitung

Eine dreidimensionale Modellierung individueller anatomischer Strukturen findet zunehmend Verwendung in der computergestützten Therapieplanung und -Simulation. Beispielsweise kann die Modellierung von Leberstrukturen den Chirurgen bei der Entscheidung unterstützen, ob ein Tumor operativ aus der Leber entfernt werden kann, und gegebenenfalls als Grundlage für eine Operationsplanung dienen. Ebenso ist für die Simulation der Wärmeverteilung bei der regionalen Hyperthermiebehandlung (Wärmetherapie) von Tumoren ein dreidimensionales Patientenmodell erforderlich.

Eine Voraussetzung für die dreidimensionale Modellierung ist die Segmentierung der relevanten Strukturen aus medizinischen Bilddaten. Für den Routineeinsatz in der Klinik sind robuste automatische Verfahren erforderlich. Deformierbare Modelle in 3D, die statistisches Formwissen über die zu segmentierenden Objekte berücksichtigen, wurden bereits für verschiedene anatomische Strukturen erfolgreich eingesetzt.

Die modellbasierte Segmentierung besteht aus zwei wesentlichen Teilen: Der Erstellung eines statistischen Formmodells der zu segmentierenden anatomischen Struktur und einem Verfahren zur Adaption dieses Modells an einen individuellen Patientendatensatz einer bestimmten Bildmodalität.

Zweidimensionale statistische Formmodelle wurden von Cootes et al. [1] beschrieben. Erweiterungen auf 3D existieren bisher meist für Formen mit kugelförmiger Topologie (Kelemen et al. [2], Thompson et al. [3]) und basieren teils auf sehr rechenintensiven Optimierungsverfahren (Davies et al. [4]). In der hier beschriebenen Software ist ein interaktives Verfahren zur Korrespondenzbestimmung zwischen beliebigen 3D Formen, insbesondere Nicht–Mannigfaltigkeiten mit Rand, implementiert [5].

Die Adaption des Modells erfolgt über eine Analyse der Grauwertprofile entlang der Flächennormalen. Eine häufig verwendete Methode ist die statistische Analyse der Profile in den Trainingsdaten mittels des Mahalanobis-Abstand [1]. Das hier vorgestellte System erlaubt sowohl eine Auswahl verschiedener Adaptionsstrategien als auch die einfache Erweiterung des Systems um spezifische Anpassungsalgorithmen für die eigene Anwendung.

2 Methoden

Der erste Schritt bei der Erstellung des Formmodells ist die manuelle Segmentierung einer Trainingsmenge und die Erzeugung von Oberflächen aus diesen Segmentierungen. Zur Verbesserung bzw. Weiterverarbeitung der Flächen stehen verschiedene Methoden zur Verfügung: Formbasierte Interpolation, Glättung, Flächenvereinfachung.

Der zweite Schritt der Modellbildung ist die Korrespondenzbestimmung, d.h. die anatomische Zuordnung der Oberflächenpunkte der verschiedenen Trainingsflächen. Hierfür haben wir ein eigenes Verfahren entwickelt [5], das unter zu Hilfenahme einiger interaktiv gekennzeichneter anatomischer Punkte und Linien eine Referenzfläche mit minimaler Verzerrung auf eine andere Fläche abbildet. Dazu ist eine Zerlegung der Fläche in Patches (Flächenteile) nötig. Die Berechnung der Abbildung führt auf ein dünnbesetztes lineares Gleichungssystem, das effizient gelöst werden kann.

Im dritten und letzten Schritt der Modellbildung wird eine Hauptmodenanalyse der korrespondierenden Punkte der Trainingsflächen durchgeführt. Das Ergebnis ist ein lineares Modell der in der Trainingsmenge enthaltenen Formvariationen.

Die Adaption des Formmodells an die Bilddaten erfolgt durch iterative Verbesserung der Formkoeffizienten und der Lage des Modells. In jedem Iterationsschritt werden aus den Grauwertprofilen in jedem Oberflächenpunkt senkrecht zur Fläche Verschiebungsvektoren zum Rand des zu segmentierenden Objekts bestimmt. Die durch diese Verschiebungen erzeugte Fläche wird dann auf das Formmodell projiziert und es wird mit den so berechneten Gewichtungskoeffizienten der nächste Iterationsschritt durchgeführt. Zusätzlich verbessert eine Multilevel Strategie (sukzessive Erhöhung zulässiger Moden) die Robustheit der Adaption.

3 Ergebnisse und Implementation

Die beschriebenen Methoden wurden auf Basis von Amira ([6]), einer kommerziellen Visualisierung- und Modellierungssoftware, implementiert. Amira basiert auf OpenInventor und bietet durch eine objektorientierte Implementierung einfache Erweiterungsmöglichkeiten in Form eigener Datenobjekte und Berechnungsmodule. Die Software existiert für verschiedene Plattformen: Windows, Linux, HP-UX, IRIX, SUN-Solaris.

Abb. 1. Surface Path Editor.

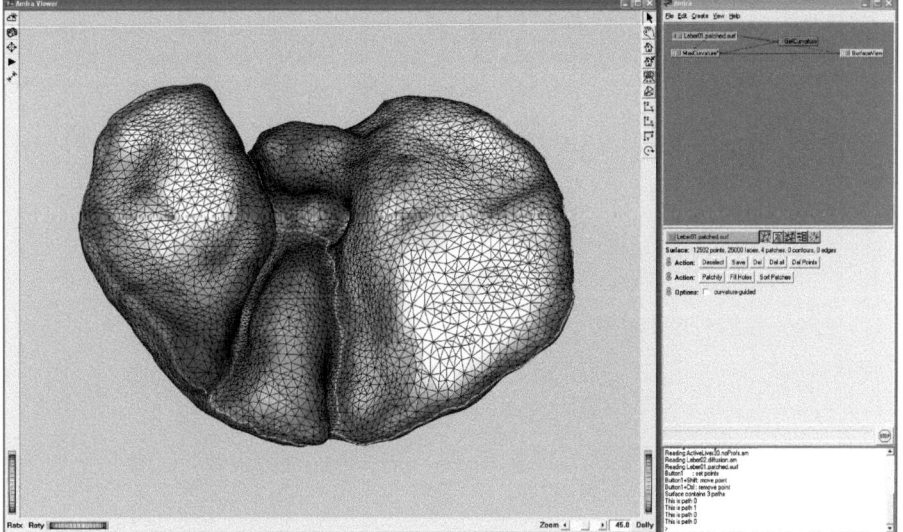

Das Einlesen medizinischer Bilddaten erfolgt in Amira über eine DICOM Schnittstelle. Ein Segmentierungseditor verfügt über zahlreiche Werkzeuge zur intuitiven manuellen und halbautomatischen Segmentierung der Trainingsdaten (Brush, Intelligent Scissors, Region Growing, Ballon-Tool, etc.).

Die Zerlegung der Flächen, die aus den segmentierten Trainingsdaten erzeugt werden, geschieht interaktiv durch einen speziellen Editor (SurfacePath Editor). Es werden manuell Landmarken selektiert und zwischen diesen kürzeste Pfade berechnet, die die Patchgrenzen bilden. Dafür kann auch eine Metrik verwendet werden, die Pfade entlang großer Krümmung favorisiert (siehe Abb. 1). Z.B. ist es so möglich innerhalb weniger Sekunden Oberflächen von segmentierten Lebern in vier anatomisch bedeutungsvolle Patches zu zerlegen.

In einem nächsten Schritt können die Grauwertprofile senkrecht zur Modellfläche analysiert werden, z.B. um ein geeignetes Grauwertmodell zu bestimmen. Der Benutzer bestimmt mit der Maus Positionen auf der Fläche, an denen das Profil visualisiert werden soll (Abb. 2).

Für die Segmentierung wird der Bilddatensatz sowie das entsprechende statistische Formmodell geladen. Aufgrund der Erweiterbarkeit der Software ist es möglich, eigene Module für die Adaption des Modells zu implementieren, die die Verschiebungsvektoren anhand der Grauwertprofile in den Bilddaten berechnen (siehe Abb. 3). Die segmentierte Fläche kann in verschiedenen gängigen Formaten abgespeichert werden (PLY, STL, Inventor, VRML, etc.).

Abb. 2. Untersuchung der Grauwertprofile senkrecht zur Fläche.

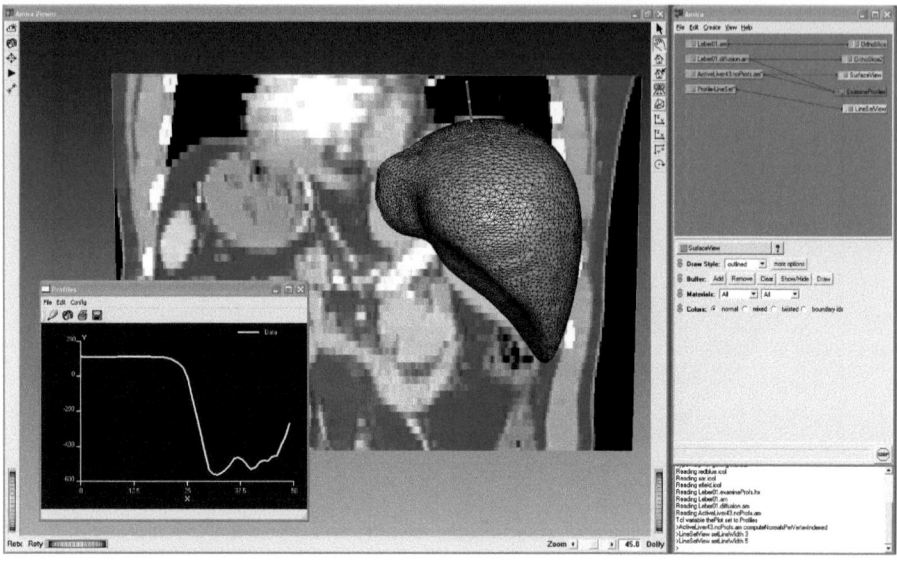

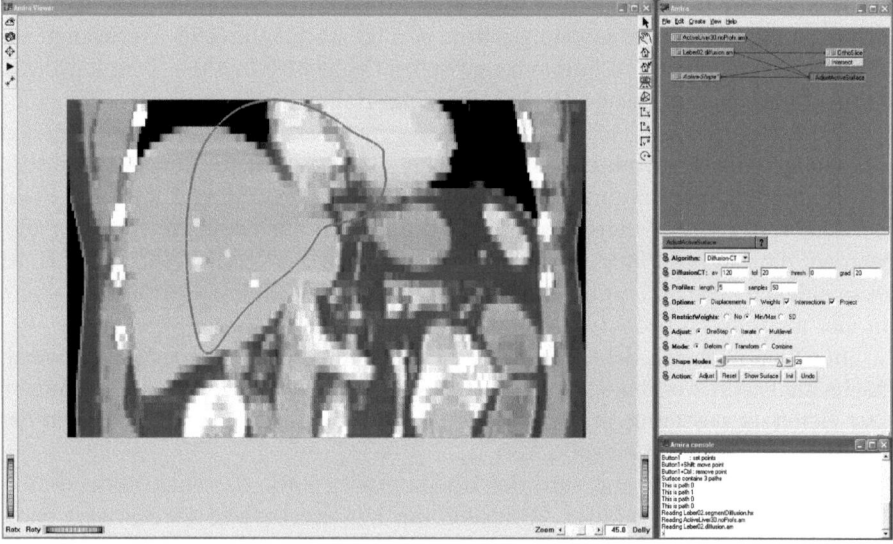

Abb. 3. Interface für den Segmentierungsprozess.

4 Diskussion

Die Auswahl der Software Amira als Plattform für die Segmentierung mit statistischen Modellen hat sich sehr bewährt. Zum einen wird ein großer Umfang an Modulen zur Visualisierung, Segmentierung und Flächengenerierung bereitgestellt. Diese gewähren ein hohes Maß an Interaktivität, die zur Entwicklung neuer Methoden für die modellbasierte 3D Segmentierung sehr hilfreich war. Zum anderen waren die von Amira zur Verfügung gestellten Datenstrukturen leicht für unsere Anwendung erweiterbar.

Die Skript-Fähigkeit von Amira ermöglicht quantitative Auswertungen großer Datenmengen. Wir haben mit diesem System zum Beispiel eine ausführliche Studie zur Segmentierung von Lebern aus CT Daten durchgeführt. Diese umfasste den Aufbau und die Analyse eines Formmodells, das aus 43 Trainingsdaten generiert wurde, und die automatische Segmentierung von mehr als 30 CT Daten. Eine ähnliche Untersuchung mit Beckenknochen aus CT Daten ließ sich durch eine Modifikation der Berechnung der Verschiebungsvektoren durchführen. Auch die Bestimmung der Korrespondenz dieser topologisch komplizierteren Flächen (Torus mit zwei Henkeln) war problemlos möglich.

Literaturverzeichnis

1. T. Cootes, A. Hill, C. Taylor, J. Haslam, „Use of Active Shape Models for Locating Structures in Medical Images", *Image and Vision Computing*, vol. 12, pp. 355–366, 1994.
2. A. Kelemen, G. Szekely, G. Gerig, „Three-dimensional Model-based Segmentation of Brain MRI", *IEEE Trans. on Medical Imaging*, vol. 18, no. 10, pp. 828–839, 1999.
3. P. M. Thompson, A. W. Toga, „Detection, Visualization and Animation of Abnormal Anatomic Structure with a Deformable Probabilistic Brain Atlas Based on Random Vector Field Transformations", *Medical Image Analysis*, vol. 1, no. 4, pp. 271–294, 1996.
4. R. Davies, C. Twining, T. Cootes, J. Waterton, C. Taylor, „A Minimum Description Length Approach To Statistical Shape Modelling", *IEEE Transactions on Medical Imaging*, May 2002.
5. H. Lamecker, T. Lange, M. Seebaß, „Erzeugung statistischer 3D-Formmodelle zur Segmentierung medizinischer Bilddaten", in *BVM 2003*, 2003, to appear.
6. Amira – Visualization and Modelling System. http://www.AmiraVis.com

Simulation von Kernspinelastographie-Experimenten zur Beurteilung der Machbarkeit und Optimierung potentieller Anwendungen

Jürgen Braun, Ingolf Sack, Johannes Bernarding und Thomas Tolxdorff

Institut für Medizinische Informatik, Biometrie und Epidemiologie
Freie Universität Berlin 12200 Berlin
Email: braun@medizin.fu-berlin.de

Zusammenfassung. Ein neues bildgebendes Verfahren, die Magnetresonanzelastographie (MRE), erlaubt erstmals die nichtinvasive Quantifizierung biomechanischer Kenngrößen. Vorteile der MRE sind die Untersuchung manuell nicht zugänglicher Gewebe sowie die hohe Ortsauflösung. Eine Beurteilung der Eignung hinsichtlich neuer Anwendungen wäre vorteilhaft, insbesondere noch vor der Durchführung erster Experimente. Um dieses Ziel zu erreichen, wurde ein physikalisches Modell aufgestellt, das elastische Kenngrößen und typische Phänomene des MRE-Experimentes, wie zum Beispiel Anregungscharakteristik, Reflexion, Dämpfung und Beugung, berücksichtigt.

1 Einleitung

Tastbefunde (Palpation) ermöglichen oft eine frühzeitige Diagnose pathologischer Gewebeveränderungen wie bei Mamma- oder Prostatatumoren. Die Empfindlichkeit der Methode erklärt sich aus den starken Unterschieden in der Elastizität zwischen gesundem und pathologischem Gewebe [1]. Der klassische Tastbefund ist auf manuell erreichbares Gewebe beschränkt, und die Ortsauflösung ist im allgemeinen gering.

Eine neue bildgestützte Methode, die Magnetresonanzelastographie (MRE) ist diesen Beschränkungen nicht unterworfen. In der MRE werden durch Kombination von periodischer mechanischer Kraftübertragung in das Gewebe mit synchronisierter bewegungssensitiver Aufnahmetechnik Dichtewellen detektiert [2]. Das resultierende Ausbreitungsmuster der mechanischen Wellen (Wellenbild) enthält Informationen über die ortsabhängigen Elastizitätseigenschaften der Gewebe. Die Bestimmung der Elastizität erfordert die Analyse der Frequenzverteilungsmuster [3-5]. Bedingt durch die Neuheit des Verfahrens befinden sich die technische Realisierung der Anregungseinheiten, der MRE-Aufnahmetechniken sowie der Algorithmen zur Bildanalyse noch in der Entwicklungsphase.

Eine wichtige, die Elastizität beschreibende Gewebekenngröße stellt die Schersteifigkeit ε dar. Unter der Annahme, daß sich das untersuchte Gewebe in einzelne isotrope Kompartimente mit vernachlässigbarer Viskosität aufteilen läßt, ergibt sich ε in guter Näherung aus den MRE-Bilddaten zu:

$$\varepsilon = c^2 \rho \tag{1}$$

mit c als Ausbreitungsgeschwindigkeit der Dichtewellen und ρ der Dichte des Untersuchungsobjektes. In einem ersten Schritt wurde ein rein bildgestützter Local Frequency Estimate (LFE) Algorithmus zur Analyse ortsaufgelöster Frequenzverteilungen implementiert [5]. Der von uns entwickelte Gauss-LFE-Algorithmus ist schnell und robust gegenüber reflektierten Wellenanteilen [5]. Er zeigt allerdings auch die für LFE typischen Artefakte an harten Grenzflächen im Gewebe, was in Übergangsbereichen zwischen verschiedenen Kompartimenten zu fehlerhaften Bestimmungen lokaler Wellenzahlen und damit der Elastizität führt.

2 Methoden

Um neben der deskriptiven Analyse der Wellenbilder durch die Gauss-LFE Einblick in zugrundeliegende mikroskopische Mechanismen zu erhalten, wurde das Objekt aus einzelnen schwingungsfähigen Massepunkten (Oszillatoren) modelliert, die in einem orthogonalen Gitter miteinander gekoppelt sind. Die 2D-Bewegungscharakteristik dieses Systems kann mittels folgender Differentialgleichung beschrieben werden:

$$\frac{d^2}{dt^2} u_{ij} + \Gamma_{ij} \frac{d}{dt} u_{ij} + k_{ij}(u_{ij} - u_{ij-1}) + k_{ij+1}(u_{ij} - u_{ij+1}) + \\ k_{ij}(u_{ij} - u_{i-1j}) + k_{i+1j}(u_{ij} - u_{i+1j}) = F_{ij} \cos \omega t \tag{2}$$

Hierbei sind u_{ij} die Auslenkungen aus der Gleichgewichtslage, k_{ij} die Kopplungen zwischen benachbarten Oszillatoren, Γ_{ij} die ortsabhängige Dämpfung und F_{ij} die Komponenten der externen anregenden Kraft. Umordnung der u_{ij} in einen Spaltenvektor **u** führt zur nachfolgenden Formulierung:

$$\frac{d^2}{dt^2} \mathbf{u} + \mathbf{\Gamma} \frac{d}{dt} \mathbf{u} + \mathbf{W} \mathbf{u} = \mathbf{F_0} \cos(\omega t + \varphi_0) \tag{3}$$

φ_0 ist der Phasenversatz zwischen mechanischer Anregung und der magnetischen Präparation mit dem bewegungskodierenden Gradienten G_m. W ist eine tridiagonale Matrix der Größe $m^2 \cdot n^2$ (m,n: Anzahl der Spalten und Zeilen), und enthält als Außendiagonalelemente die Kopplungskonstanten k_{ij}. Gleichung 3 wurde analytisch unter folgenden Randbedingungen gelöst: (a) das System befindet sich im eingeschwungenen Zustand, und (b) nur benachbarte Oszillatoren sind über Kopplungen miteinander verknüpft. Durch Modellierung der Kopplungen zwischen den Oszillatoren können Wellenbilder berechnet werden, denen beispielsweise anisotrope Elastizitätsmuster und ortsabhängige Dämpfung zugrunde liegen.

Der Algorithmus wurde in Matlab (The MathWorks Inc., Natick, MA, USA) implementiert. Als Eingabedaten dienen die Kopplungsmatrix, in der die ortsaufgelösten Elastizitäten enthalten sind, die Kraftmatrix, in der festgelegt wird, in welcher Geometrie die Auslenkungsbewegung auf das Untersuchungsobjekt

Abb. 1. Einfluß der Position der mechanischen Anregung auf MRE-Wellenbilder (Anregungsfrequenz 200 Hz). (a): Anregung über die gesamte Kalotte, das korrespondierende Wellenbild (d) zeigt eine vollständige Durchdringung des Gehirns mit mechanischen Wellen. Bei frontaler (b) und lateraler Anregung (c) werden die Amplituden der mechanischen Wellen mit zunehmender Entfernung von der Anregungsposition fast vollständig gedämpft.

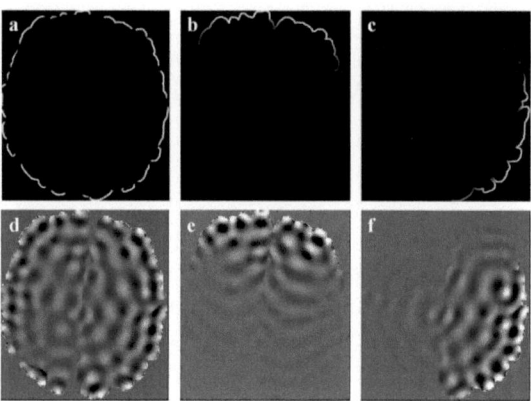

übertragen wird, die Dämpfungsmatrix und die Anregungsfrequenz. Die Eingabematrizen werden als Grauwertbilder in einem Standardbildformat eingelesen. Die so berechneten Wellenbilder simulieren die experimentellen MRE-Bilddaten.

Zur Machbarkeitsstudie der Kopf-MRE wurde eine T_1-gewichtete MR Aufnahme eines Schädels mit axialer Schichtführung in Graue und Weiße Hirnsubstanz segmentiert. Die Dämpfung wurde in erster Näherung als konstant über das gesamte Hirngewebe gesetzt. Die Werte für die Kopplungen wurden ausgehend von Literaturwerten [6] für die Graue und Weiße Hirnsubstanz festgelegt. Zusätzlich wurde ein infiltrierend wachsender Tumor simuliert, indem eine Region mit einem Durchmesser von 10 mm und einer gegenüber der Grauen Substanz um 10 % erniedrigten Elastizität in der Weißen Substanz eingefügt wurde.

3 Ergebnisse

Der Algorithmus wurde mit synthetischen Testdaten und nachfolgender bildgestützter Analyse der berechneten Wellenbilder evaluiert. Die Berechnung eines Bildes mit einer Matrixgröße von 128 x 128 Bildpunkten dauert auf einem 1 GHz Athlon PC weniger als 20 s. Elastizitäten wurden quantitativ und mit richtiger Ortsauflösung unabhängig von Reflexionen, Beugung oder schwankender Dämpfung wiedergegeben. Abb. 1 zeigt Simulationen zum Einfluß der Anregungsposition auf MRE-Bilddaten. Bei frontaler und lateraler Anregung werden die mechanischen Wellen gedämpft, bevor das gesamte Gehirn durchdrungen wurde. Eine vollständige Bestimmung der Elastizität ist in diesen Fällen nicht möglich.

Abb. 2. Theoretische Betrachtungen zur Ortsauflösung bei MRE-Kopfuntersuchungen. a: Kopplungsmatrix, Werte für die Weiße und Graue Hirnsubstanz wurden der Literatur entnommen [6]. Mit dem Pfeil ist eine pathologische Veränderung markiert, deren Elastizität 10 % kleiner als die Grauer Hirnsubstanz ist. Der kontinuierlichen Grauwertübergang zur Weißen Hirnsubstanz simuliert infiltrierend wachsendes Gewebe. a; b: Matrix der Kraftübertragung (hell = Kraftübertragung, dunkel = keine Kraftübertragung); c: Dämpfungsmatrix (hell = homogene Dämpfung über das Gehirn); d, e, f: mit Hilfe der Eingabedaten simulierte Wellenbilder für Anregungsfrequenzen von 100, 200 und 400 Hz; g, h, i: mit Hilfe von LFE berechnete ortsaufgelöste Elastizitäten von d, e, und f, die Pfeile markieren die Position der pathologischen Veränderung; j, k, l: horizontale Profile (auf Höhe des Pfeils in g, h, i) zur Veranschaulichung der Ortsauflösung für die simulierten Anregungsfrequenzen. Position und Ausdehnung der simulierten pathologischen Veränderung sind durch die schraffierten Bereiche markiert.

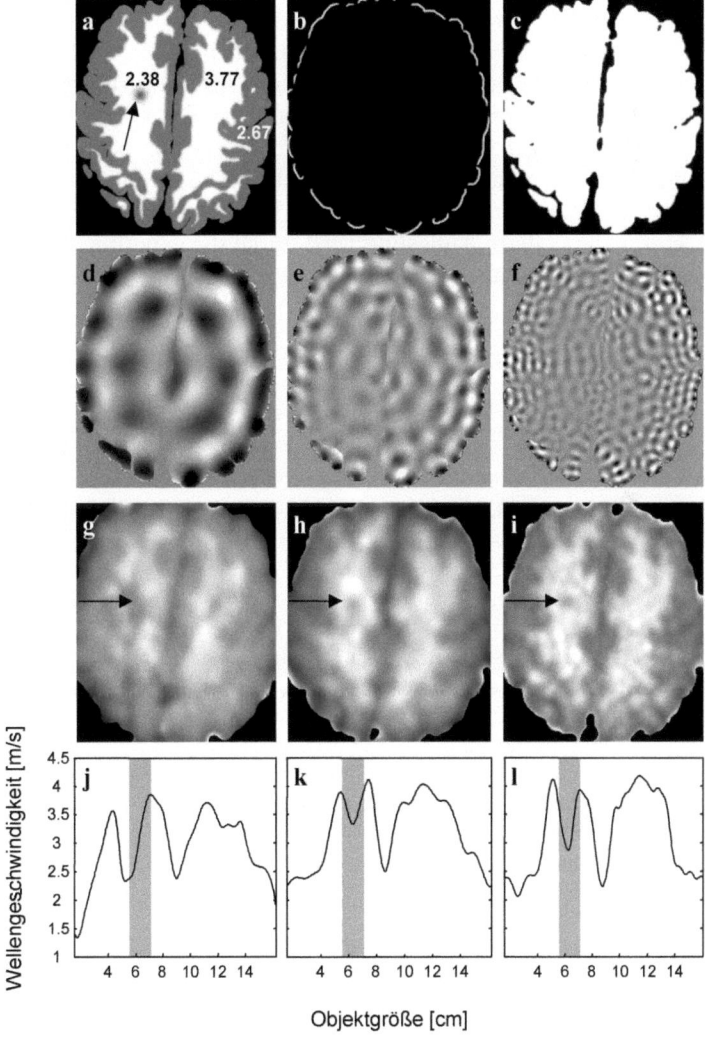

Abb. 2 zeigt Simulationen zur Ortsauflösung bei unterschiedlichen mechanischen Anregungsfrequenzen für Hirnparenchym mit einer pathologischen Verände-rung. Die mechanische Anregung wurde über der gesamten Kalotte direkt benachbarten Hirnstrukturen angenommen. Es wurden Anregungsfrequenzen von 100, 200 und 400 Hz simuliert. Bei steigenden Anregungsfrequenzen lassen sich Elastizitäten mit zunehmender Ortsauflösung berechnen. Graue und Weiße Hirnsubstanz sowie die simulierte Läsion sind ab 200 Hz Anregungsfrequenz eindeutig erkennbar.

4 Diskussion

Durch die physikalische Modellierung sind experimentell beobachtete Phänomene wie Dämpfung, Reflexion und Beugung an Grenzflächen inhärent im Algorithmus enthalten. Das zu erwartende räumliche Auflösungsvermögen läßt sich für beliebige Fragestellungen in Abhängigkeit von Morphologie und Elastizität des Gewebes sowie von experimentellen Parametern wie Anregungsposition und -frequenz analysieren. Die hohe Flexibilität und die Schnelligkeit des Algorithmus erlauben eine effiziente Analyse und Optimierung zukünftiger Experimente. Die Ergebnisse zeigen, daß es keine prinzipiellen Einschränkungen für die Anwendung der MRE auf Untersuchungen des Gehirns und den Tumornachweis gibt. Die letztlich erzielbare Auflösung wird durch die experimentell erreichbare Anregungsfrequenz bestimmt.

Literaturverzeichnis

1. Sarvazyan AP, Skovoroda AR, Emelianov SY, Fowlkes J B, Pipe JG, Adler RS, Buxton RB Carson PL: Biophysical Bases of Elasticity Imaging, in J. Jones (Ed.): Acoustical Imaging, Vol 21, Plenum Press, New York 1995.
2. Muthupillai R, Lomas DJ, Rossman PJ, Greenleaf JF, Manduca A, Ehman RL: Magnetic resonance elastography by direct visualization of propagating acoustic strain waves. Science (269): 1854-1857, 1995.
3. Knutsson H, Westin CJ, Granlund G: Local multiscale frequency and bandwidth estimation. Procs of the IEEE Intl Conf on Image Processing: 36-40, 1994.
4. Manduca A, Muthupillai R, Rossman PJ, Greenleaf JF, Ehman RL: Image Processing for Magnetic Resonance Elastography. Procs of the IEEE Intl Symposium on Medical Imaging: 616-623, 1996.
5. Braun J, Sack I, Bernarding J, Tolxdorff T: Ortsaufgelöste Quantifizierung frequenzabhängiger Kenngrößen aus MR-Bilddaten. Procs BVM 01: 310-314, 2001.
6. Kruse SA, Dresner MA, Rossman PJ, Felmlee JP, Jack CR, Ehman RL: Palpation of the Brain using Magnetic Resonance Elastography, Procs of the 7th Conf of the Intl Soc Magn Reson Med: 258, 1999.

Rekonstruktion von Myokardgeschwindigkeiten mittels Tikhonov Regularisierung

Mark Hastenteufel[1], Ivo Wolf[1], Sibylle Mottl-Link[2], Raffaele de Simone[2] und Hans-Peter Meinzer[1]

[1]Abteilung für Medizinische und Biologische Informatik
Deutsches Krebsforschungszentrum
Im Neuenheimer Feld 280, 69120 Heidelberg
[2]Chirurgische Universitätsklinik Heidelberg, Abt. Herzchirurgie
Im Neuenheimer Feld 110, 69120 Heidelberg
Email: M.Hastenteufel@DKFZ.de

Zusammenfassung. Ultraschall ist eine weit verbreitete Modalität zur Diagnostik von Herzerkrankungen. Mittels Doppler-Effekt können Geschwindigkeiten von Blutfluss und Muskelgewebe bestimmt werden. Doppler-Ultraschall hat jedoch den Nachtteil, nur eine Geschwindigkeitskomponente zu messen. Die Rekonstruktion des kompletten Geschwindigkeitsfeldes lässt sich als inverses, schlecht gestelltes Problem formulieren. Zur Lösung werden *a-priori* Informationen über die Lösung in den Lösungsprozess integriert. Wir beschreiben in diesem Artikel eine Methode zur Rekonstruktion von Geschwindigkeitsfeldern mittels Doppler-Ultraschall und Regularisierungstechniken.

1 Einleitung

Erkrankungen des Herz-Kreislauf-Systems sind die häufigste Todesursache in westlichen Nationen, allein in Deutschland sterben ca. 90.000 Menschen pro Jahr an plötzlichem Herzinfarkt. Eine weit verbreitete Modalität zur Diagnostik von Herzerkrankungen ist Ultraschall. Neben morphologischen Daten können auch funktionelle Daten gewonnen werden. Mittels Doppler-Effekt ist es möglich, Geschwindigkeiten sowohl von Blutfluss als auch von Muskelgewebe zu messen. Durch Auswertung von regionalen Geschwindigkeiten können pathologische Wandbewegungen diagnostiziert und quantifiziert werden. Doppler-Ultraschall hat jedoch den Nachteil, nur eine Geschwindigkeitskomponente zu messen. Hieraus resultiert eine hohe Winkelabhängigkeit der gemessenen Geschwindigkeiten und quantitative Aussagen werden abhängig von der Schallkopfposition.

Wir beschreiben in diesem Artikel eine Methode zur Rekonstruktion von regionalen Geschwindigkeiten mittels Doppler-Ultraschall und Regularisierungstechniken. Erste Ergebnisse auf synthetischen Daten werden vorgestellt.

2 Stand der Forschung

Verschiedene Methoden zur Bestimmung von regionalen Myokardgeschwindigkeiten werden in der Literatur beschrieben. Papademetris [1] verwendet eine bildgestützte Methode zur Berechnung von Kräften, die auf ein deformierbares Model einwirken. Moreau [2] kombiniert mittels Doppler-Ultraschall gemessene Geschwindigkeiten in eine Optische-Fluss-Gleichung und berechnet ein 2D Geschwindigkeitsfeld. Ledesma-Carbayo [3] verwendet nichtlineare Registrierungsansätze zur Berechnung zweidimensionaler Geschwindigkeitsfelder. Zur Bestimmung vektorieller Blutflussgeschwindigkeiten in oberflächennahen Gefäße werden verschiedene Verfahren zur Messung von Geschwindigkeiten aus mehreren Richtungen mit speziellen Vektor-Schallköpfen beschrieben [4].

3 Methoden

Die mittels Doppler-Ultraschall gemessenen Geschwindigkeiten $v_m \in \mathbb{R}$ sind mathematisch das Skalarprodukt

$$v_m = \langle \boldsymbol{v}, \boldsymbol{n} \rangle = \|\boldsymbol{v}\|\|\boldsymbol{n}\|cos\alpha \qquad (1)$$

der wahren, dreidimensionalen Geschwindigkeit $\boldsymbol{v} \in \mathbb{R}^3$ mit einem Einheitsvektor $\boldsymbol{n} \in \mathbb{R}^3$ in Richtung Schallkopfposition, wobei α den Winkel zwischen wahrer Geschwindigkeit $\boldsymbol{v}$ und Vektor $\boldsymbol{n}$ bezeichnet. In der Ultraschalldiagnostik des Herzens werden meist Sektorschallköpfe verwendet, die Geschwindigkeit wird also immer als Projektion in Richtung genau eines Raumpunktes bestimmt. Der Aufnahmeprozess für ein komplettes Volumen kann beschrieben werden als

$$v_m = Pv, \qquad (2)$$

wobei P den Dopplerprozess beschreibenden Projektionsoperator darstellt ($v_m : \mathbb{R}^3 \to \mathbb{R}, v : \mathbb{R}^3 \to \mathbb{R}^3$). Das Ziel eines Rekonstruktionsprozesses ist nun, die Gleichung

$$v = P^{-1}v_m \qquad (3)$$

zu lösen. Man kann dies als inverses Problem interpretieren, wobei v_m die externe Messung und v die gesuchte interne Größe bezeichnet. Inverse Probleme sind oft schlecht gestellt: die Lösung existiert nicht, ist nicht eindeutig oder ist nicht kontinuierlich abhängig von den Eingangsdaten. Bei Gleichung (3) handelt es sich um ein schlecht gestelltes Problem im Sinne einer nicht eindeutigen Lösbarkeit.

Eine Methode zur Lösung schlecht gestellter Probleme ist die Tikhonov Regularisieung [5]. Hierbei werden *a-priori* Informationen über die Lösung in den Lösungsprozess integriert. Es kann z.B. eine räumliche Glattheit der Herzwandbewegung angenommen werden. Das Problem (3) wird nun umformuliert zu

$$v = \arg\min_v(\|Pv - v_m\|^2 + \lambda\|Lv\|^2), \qquad (4)$$

wobei L die Tikhonov Regularisierung und λ ein Maß für den Einfluss des Regularisierungsterms bezeichnet. Wird als Glattheitsbedingung die Summe der quadrierten Gradientennormen der einzelnen Geschwindigkeitskomponenten verwendet, ist folgendes Variationsproblem zu lösen

$$v = \arg\min_{v} \int_{\Omega} (Pv - v_m)^2 + \lambda \sum_{i=1}^{3} \| \nabla v_i \|^2 \, d\Omega. \tag{5}$$

Zur Minimierung des Energiefunktionals (5) werden die zugehörigen Euler-Lagrange Gleichungen

$$(Pv - v_m)n_i - \lambda \Delta v_i = 0, \qquad i = 1 \cdots 3 \tag{6}$$

gelöst. Hierbei bezeichnet Δ den Laplace-Operator. Gleichung (6) beschreibt ein System gekoppelter partieller Differentialgleichungen. Nach Einführung einer künstlichen Zeit t kann das Vektorfeld aus dem resultierenden System von Diffusions-Reaktions-Gleichungen

$$\frac{\partial v_i}{\partial t} = (Pv - v_m)n_i - \lambda \Delta v_i, \qquad i = 1 \cdots 3 \tag{7}$$

iterativ berechnet werden [6]. Zur Lösung wird ein einfaches, explizites Euler-Verfahren basierend auf der Finiten Differenzen Methode verwendet.

4 Ergebnisse

Zur Evaluierung wurden künstliche Datensätze erzeugt und eine simulierte Dopplermessung durchgeführt. Als Gütemaße zur Beurteilung der Rekonstruktionsgenauigkeit wurden das Winkelmaß

$$e_a = \frac{1}{N} \sum_{i=1}^{N} a_i, \qquad a_i = \langle \frac{\boldsymbol{v}_i^t}{\|\boldsymbol{v}_i^t\|}, \frac{\boldsymbol{v}_i^r}{\|\boldsymbol{v}_i^t\|} \rangle = cos(\angle(\boldsymbol{v}_i^t, \boldsymbol{v}_i^r)) \tag{8}$$

sowie das normierte Abstandsmaß

$$e_d = \frac{1}{N} \sum_{i=1}^{N} d_i, \qquad d_i = \|\boldsymbol{v}_i^t - \boldsymbol{v}_i^r\| \tag{9}$$

verwendet, wobei $\boldsymbol{v}^t$ die wahren Geschwindigkeitsvektoren, $\boldsymbol{v}^r$ die rekonstruierten Geschwindigkeitsvektoren und N die Anzahl der Elemente des Volumens bezeichnen. Im Idealfall konvergiert $e_a \to 1$ und $e_d \to 0$.

Folgende Abbildungen zeigen Ergebnisse der Anwendung des Rekonstruktionsverfahrens auf einen Datensatz der Größe $20 \times 20 \times 20$ mit linearen Geschwindigkeitskomponenten ($v_x = 50, v_y = 0, v_z = 0$). Der Schallkopf wurde an der Position $t = (10, 0, 10)$ plaziert.

In Abb. 1(a) ist die Entwicklung des globalen Winkelfehlers e_a dargestellt. Abb. 1(b) zeigt die Entwicklung des globalen Abstandsfehlers e_d. Beide Fehler konvergieren gegen das Idealmaß. Abb. 1(c) und 1(d) zeigen die lokalen Fehlermaße vor und nach Rekonstruktion für eine Schicht des Volumens. Abb. 2 zeigt die Entwicklung von Projektionsfehler, Gesamtfehler und Glattheit des rekonstruierten Feldes.

Abb. 1. (a) und (b): zeitlicher Verlauf von Winkelmaß und Abstandmaß ($\lambda = 100, t = 0.001, \#Iterationen = 10000$). (c) und (d): lokales Winkelmaß (c) und lokales Abstandmaß (d) für die mittlere Schicht in z-Richtung. Nach Rekonstruktion liegt für alle Raumpositionen a_i nahe 1 und d_i nahe 0.

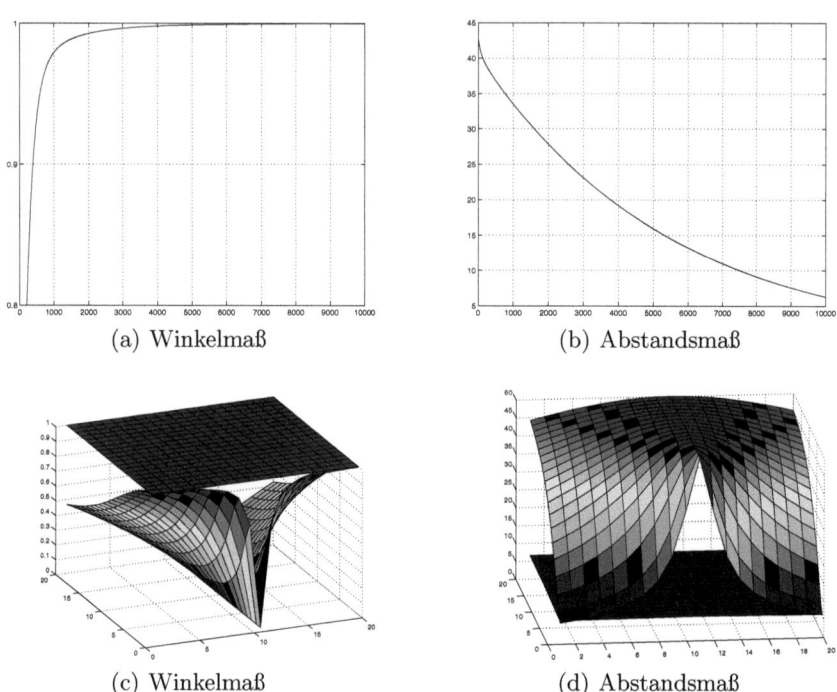

(a) Winkelmaß (b) Abstandsmaß

(c) Winkelmaß (d) Abstandsmaß

5 Diskussion und Ausblick

Die ersten Ergebnisse der vorgestellten Verfahrens sind vielversprechend. Allerdings handelte es sich bei der Evaluation um den Idealfall: ein glattes, künstlich erzeugtes Feld mit Linearbewegung. Momentan wird die Anwendbarkeit des Verfahrens auf Daten mit komplexeren Bewegungsmustern (Kontraktion, Torsion, Rotation) untersucht. Des Weiteren soll untersucht werden, wie gut sich Felder basierend auf realen Daten (*in-vitro* Phantomdaten) rekonstruieren lassen. Hierbei stellt sich die Frage, wie die Referenzdaten für eine quantitative Analyse gewonnen werden. Neben den vorgestellten Regularisierungstermen lassen sich weitere biomechanische Eigenschaften des Objektes integrieren. Auch eine Hinzunahme von zeitlichen Glattheitsbedingungen sowie von kantenerhaltenden Regularisierungstermen sollte zu einer Stabilisierung des Verfahrens beitragen.

Abb. 2. Zeitliche Entwicklung des Gesamtfehlers aus Gleichung (5), des Projektionsfehlers $p = \int_\Omega \|Pv - v_m\| d\Omega$ sowie der Glattheit $s = \int_\Omega \sum_{i=1}^{3} \| \nabla v_i \|^2 \; d\Omega$.

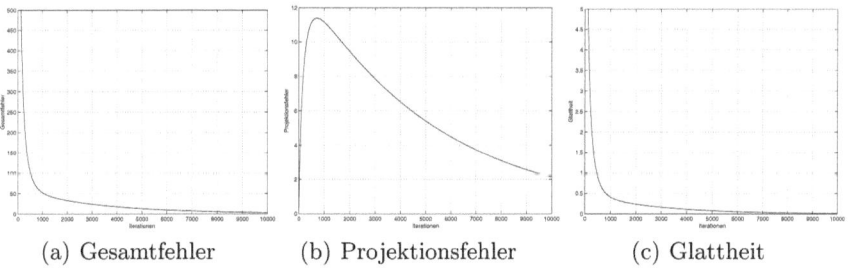

(a) Gesamtfehler (b) Projektionsfehler (c) Glattheit

6 Zusammenfassung

Eine neue Methode zur Rekonstruktion von Geschwindigkeiten mittels Doppler-Ultraschall und Regularisierungstechniken wurde vorgestellt. Mit der vorgestellten Methode wird es erstmals möglich, regionale Geschwindigkeiten innerhalb des Myokards basierend auf Doppler-Aufnahmen zu rekonstruieren.

7 Danksagung

Die Forschungsarbeit wird von der Deutschen Forschungsgemeinschaft im Rahmen des SFB 414 "Informationstechnik in der Medizin - Rechner und Sensorgestützte Chirurgie" gefördert.

Literaturverzeichnis

1. Papademetris X, Sinusas Aj, Dione DP, Duncan JS: Estimation of 3D Left Ventricular Deformation from Echocardiography. Medical Image Analysis 5:17–28, 2001.
2. Moreau V, Cohen LD, Pellerin D: Deformation field Estimation for the Cardiac Wall Using Doppler Tissue Imaging. Proc. FIMH, Springer LNCS 2230, 53–60, 2001.
3. Ledesma Carbayo MJ, Kybic J, Desco M, Santos A, Unser M: Cardiac Motion Analysis from Ultrasound Sequences Using Non-Rigid Registration. Proc. MICCAI, Springer LNCS 2208, 889–896., 2001.
4. Dunmire B, Beach KW, Labs KH, Plett M, Strandness jr. DE: Cross-beam Vector Doppler Ultrasound for Angle-Independent Velocity Measurements. Ultrasound in Med. & Biol., 26(8):1213-1235, 2000.
5. Hansen PC: Rank-Deficient and Discrete Ill-Posed Problems. SIAM 1998.
6. Weickert J, Schnörr Ch: Räumlich-zeitliche Berechnung des optischen Flusses mit nichtlinearen flußabhängigen Glattheitstermen. DAGM Mustererkennung, 317–324, 1999.

Bestimmung der Gradientenstärken von MR-Sequenzen mit Hilfe von Kalibrierkörpern

Stefan Burkhardt[1], Achim Schweikard[2] und Rainer Burgkart[3]

[1] Technische Universität München, Institut für Informatik IX,
Boltzmannstr. 3, D-85748 Garching
[2] Universität Lübeck, Institut für Robotik und Kognitive Systeme,
Ratzeburger Allee 160, D-23538 Lübeck
[3] Klinikum rechts der Isar, Klinik für Orthopädie und Sportorthopädie,
Ismaninger Str. 22, D-81675 München

Zusammenfassung. Das Ziel unserer Arbeit ist die Entwicklung eines Systems für die computerunterstützte orthopädische Navigation, das vollständig auf Magnetresonanztomographie (MR)-Daten basiert. Eine notwendige Voraussetzung für die Verwendung dieser MR-Daten ist deren geometrische Korrektur. Dafür werden Informationen über die verwendeten MR-Sequenzen, insbesondere über die eingesetzten Gradientenstärken, benötigt. Diese sind zwar für ein und dieselbe Sequenz konstant, aber im Normalfall dem Anwender nicht zugänglich. In diesem Artikel präsentieren wir einen Ansatz zur Bestimmung der Gradientenstärken. Dafür wird von einem Kalibrierkörper mit genau bekannter Geometrie eine MR-Aufnahme erstellt. Aus dem MR-Bild und der realen Geometrie lassen sich schließlich die Gradientenstärken berechnen. Der Fehler bei der Bestimmung der Gradientenstärken ist stets geringer als 2%.

1 Problemstellung

Das Ziel unserer Arbeit ist die Entwicklung eines Systems für computerunterstützte, orthopädische Operationen, welches vollständig auf der Verwendung von Kernspindaten (MR-Aufnahmen) basiert. Problematisch ist jedoch, dass in MR-Aufnahmen sowohl geometrische Verzeichnungen als auch Intensitätsinhomogenitäten vorhanden sind. Während letztere für unsere Anwendung eher unkritisch sind, wird durch die geometrischen Verzeichnungen die Genauigkeit des Gesamtsystems wesentlich bestimmt. In [3] und [4] analysieren wir, welche Verzeichnungen in MR-Aufnahmen zu erwarten sind und betrachten deren Korrektur. Für die Korrektur ist es allerdings erforderlich, neben der Feldverteilung im Scanner einige Interna über die verwendeten MR-Sequenzen zu kennen. Während die Feldverteilung für ein beliebiges Objekt in kurzer Zeit berechnet werden kann [4], können die Informationen über die Sequenzen oft nicht aus dem Scanner ausgelesen werden. Da sie aber konstant sind, bestimmen wir sie durch eine einmalige Kalibrierung. Analog [2] verwenden wir dafür einen speziell konstruierten, externen Kalibrierkörper, dessen Geometrie bekannt ist. Aus dem MR-Bild dieses Körper schließen wir auf die gesuchten Parameter.

2 Stand der Forschung

Es existieren in der Literatur einige Verfahren zur Verzeichnungskorrektur in MR-Aufnahmen. Allerdings sind die meisten Verfahren grundlegend von unserem verschieden. Nur in [1] wird eine vergleichbare Idee geäußert, eine Verzeichnungskorrektur, ähnlich der unseren, durch eine Simulation der MR-Aufnahme auf den verzerrten MR-Daten durchzuführen. Dafür ist insbesondere die Kenntnis der Gradientenstärken der MR-Sequenz notwendig. Publikationen, die sich mit der Bestimmung der Gradientenstärken durch einen Kalibrierkörper im MR Scanner beschäftigen, sind uns nicht bekannt.

3 Wesentlicher Fortschritt durch diesen Beitrag

Durch die vorgestellte Kalibrierung wird es möglich, die Gradientenstärken beliebiger MR-Sequenzen zu bestimmen. Es ist dafür kein Eingriff in Interna des Scanner nötig, der ohnehin in den meisten Fällen dem Anwender nicht möglich ist. Wir verwenden einen speziell konstruierten Kalibrierkörper mit genau bekannter Geometrie. Aus Kenntnis dieses Körpers und des MR-Bildes von ihm lassen sich die Gradientenstärken bestimmen.

4 Methoden

Es ist bekannt [1,3,4], dass die im MR aufzunehmenden Objekte (d.h. der Patient) selbst zu einer Inhomogenität des statischen Magnetfeldes führen. Daraus resultiert eine geometrische Verzeichnung. Konkret ist jeder Punkt im Aufnahmevolumen von einer Verschiebung betroffen. Die resultierende Verschiebung ist eine Addition der Verschiebungen in den drei räumlichen Richtungen. Die Stärke der Verschiebung pro Richtung ist abhängig von der Kodierungsart (phasenkodiert oder nicht), der lokalen Feldinhomogenität $\Delta B(x,y,z)$ und der Gradientenstärke G. Für nicht phasenkodierte Richtungen tritt damit am Punkt $(x,y,z)^T$ eine Verschiebung der Stärke $s(x,y,z)$ mit

$$s(x,y,z) = \frac{\Delta B(x,y,z)}{G} \qquad (1)$$

auf. Für eine Korrektur der Verschiebung ist die Kenntnis der Feldinhomogenität und der Gradientenstärke notwendig. Die Feldinhomogenität läßt sich, entsprechend [4], schnell berechnen. Die Gradientenstärke hängt nur von der MR-Sequenz ab.

Aus DICOM-Datensätzen lassen sich bereits einige Informationen über die MR-Sequenz gewinnen. Das sind der Sequenztyp (2D oder 3D) und die phasenkodierte Richtung innerhalb einer Schicht. In 3D-MR-Sequenzen erfolgt die Schichtwahl ebenfalls über eine Phasenkodierung. Damit treten in dieser Richtung keine Verzeichnungen auf. Weiterhin benötigen wir die Gradientenstärken der Richtungen, die von einer Verzeichnung betroffen sind. Konkret ist dies die

Read-Out-Richtung innerhalb der Schicht und der Schichtwahlrichtung in 2D-MR-Sequenzen. Informationen über die Gradientenstärken in diesen Richtungen sind im Normalfall nicht im DICOM-Datensatz zu finden. Mittels spezieller Software können diese zwar aus dem Scanner ausgelesen werden. Allerdings ist derartige Software im Normalfall nicht beim Anwender vorhanden. Jedoch sind die Gradientenstärken für ein und dieselbe Sequenz und denselben Scanner konstant, so dass sie nur einmal bestimmt werden müssen.

Unsere Idee ist es, eine MR-Aufnahme eines Kalibrierkörpers zu erstellen. Aus der bekannten Geometrie des Körpers und der MR-Aufnahme erfolgt anschließend die Berechnung der Gradientenstärken, die während der Aufnahme verwendet wurden.

Wir betrachten als Kalibrierkörper einen Würfel aus Plastik, dessen Ecken von acht Kugeln (Durchmesser 5mm), bestehend aus Stoffen mit unterschiedlichen magnetischen Suszeptibilitäten χ, gebildet werden. Die Kantenlänge des Würfels beträgt 15cm. Eine einzelne Kugel mit Mittelpunkt $\mathbf{m} = (m_x, m_y, m_z)^T$, Radius r und magnetischer Suszeptibilität χ besitzt in einem ungestörten Magnetfeld der Stärke B_0 die Feldverteilung

$$B_K(x+m_x, y+m_y, z+m_z) = B_0 \cdot \begin{cases} 1 & \text{falls } \begin{pmatrix} x \\ y \\ z \end{pmatrix}^2 \leq r^2 \\ 1 + \dfrac{-\chi\, r^3\, (x^2+y^2-2z^2)}{3\, (x^2+y^2+z^2)^{\frac{5}{2}}} & \text{sonst} \end{cases} \quad (2)$$

Kugeln haben den Vorteil, dass sie in ihrem Inneren eine konstante Feldstärke besitzen, die jedoch abhängig von ihrer magnetischen Suszeptibilität ist. Durch die große Kantenlänge des Würfels ist sichergestellt, daß sich die Störungen im Magnetfeld der einzelnen Kugeln gegenseitig nicht beeinflussen. Damit ist die Feldverteilung innerhalb der Kugeln des Kalibrierkörpers konstant, und zwar unabhägig von räumlichen Orientierung des Körpers im B_0-Magnetfeld des Scanners.

Die Mittelpunkte der acht Kugeln bezeichnen wir im weiteren mit (x_i, y_i, z_i), $i = 1\ldots 8$ und die Feldstärke innerhalb der Kugeln mit B_i.

Für die weitere Betrachtung setzen wir eine 3D-MR-Sequenz voraus. Die Read-Out-Richtung (d.h. die Frequenzkodierung) ist die x-Richtung. Die y-Richtung sei phasenkodiert. Aufgrund der 3D-Sequenz ist die z-Richtung, die Schichtrichtung, ebenfalls phasenkodiert. D.h., es tritt nur eine Verzeichnung in x-Richtung auf.

Im MR-Bild können wir wiederum die acht Mittelpunkte (x'_i, y'_i, z'_i) der Kugeln ermitteln. Diese stehen in folgendem Zusammenhang mit den Mittelpunkten in der Referenzgeometrie:

$$\begin{pmatrix} x'_i \\ y'_i \\ z'_i \end{pmatrix} = R(\phi_x, \phi_y, \phi_z) \begin{pmatrix} x_i \\ y_i \\ z_i \end{pmatrix} + \begin{pmatrix} t_x \\ t_y \\ t_z \end{pmatrix} + \begin{pmatrix} \frac{B_i - B_0}{G} \\ 0 \\ 0 \end{pmatrix} \quad (3)$$

Konkret bedeutet das:

1. Der Kalibierkörper wird im Scanner platziert. Der Zusammenhang zwischen dem MR-Koordinatensystem und der Referenzkoordinatensystem, in dem die (x_i, y_i, z_i) gegeben sind, läßt sich durch eine Rotation $R(\phi_x, \phi_y, \phi_z)$, gefolgt von einer Translation (t_x, t_y, t_z) modellieren. (ϕ_x, ϕ_y, ϕ_z) beschreiben die Rotationswinkel, (t_x, t_y, t_z) die Verschiebung.
2. Auf die Kugeln im Scanner wirkt die geometrische Verzeichnung. Diese ist abhängig von der lokalen Feldinhomogenität $B_i - B_0$ und der Gradientenstärke G (Gleichung (1)).

Zunächst bestimmen wir die Parameter $\phi_x, \phi_y, \phi_z, t_y, t_z$. Betrachten wir dazu die obige Gleichung. Sind diese Parameter korrekt bestimmt, so ergeben sich y'_i und z'_i auf der linken Seite exakt aus den (x_i, y_i, z_i) der rechten Seite. Dies gilt fuer alle acht Mittelpunkte. Die Ermittlung der Parameter erfolgt durch eine Minimierung des von t_x und G unabhängigen Funktionals J:

$$J(\phi_x, \phi_y, \phi_z, t_y, t_z) = \sum_{i=1}^{8} \left((y'_i - y_i)^2 + (z'_i - z_i)^2 \right). \quad (4)$$

Nun können schließlich t_x und auch die Gradientenstärke G bestimmt werden. Stellen wir die obige Gleichung nach t_x um und betrachten zunächst jeden Punkt $i, i = 1 \ldots 8$, im einzelnen. Damit erhalten wir für jeden Punkt einen funktionalen Zusammenhang zwischen G und t_x:

$$t_x = x'_i - \left[R(\phi_x, \phi_y, \phi_z) \begin{pmatrix} x_i \\ y_i \\ z_i \end{pmatrix} \right]_x - \frac{B_i - B_0}{G}. \quad (5)$$

Die Kurven für alle acht Punkte schneiden sich in genau einem Punkt. Aus dieser Stelle lassen sich t_x und auch die Gradientenstärke G ablesen. Sollten sich die Kurven nicht in genau einem Punkt schneiden, berechnen wir t_x, indem der Mittelwert der t_x-Werte der gemeinsamen Schnittpunkte gebildet wird. Daraus kann dann entsprechend Gleichung (5) für jeden Punkte eine Gradientenstärke berechnet werden. Die gesuchte Gradientenstärke G ergibt sich dann als Mittelwert dieser Gradientenstärken.

5 Ergebnisse

Im ersten theoretischen Experiment betrachteten wir Kugeln, deren magnetische Suszeptibilitäten im Bereich -6×10^{-6} bis -9.5×10^{-6} in Schritten von $0,5 \times 10^{-6}$ lagen. Wir simulierten eine MR-Aufnahme mit Gradientenstärken von 1,5 mT/m bis 18 mT/m. Dabei ist zu bemerken, dass die Stärke der Verzeichnungen umgekehrt proportional zur Gradientenstärke ist. Damit ist bei großen Gradientenstärken eher eine Ungenauigkeit zu erwarten.

Die Gradientenstärke konnte stets mit einem Fehler von weniger als 2% bestimmt werden, auch bei großen Gradientenstärken von 18 mT/m. Die Position und die Orientierung des Körpers, bestimmt durch die sechs Parameter ϕ_x, ϕ_y, ϕ_z, t_x, t_y, t_z, blieben während der gesamten Untersuchung konstant.

6 Diskussion

In diesem Beitrag stellen wir einen Ansatz vor, um die Gradientenstärke mittels einer MR-Aufnahme eines Kalibrierkörpers zu bestimmen. Es wurde nur der Fall einer 3D-MR-Sequenz betrachtet. Erste, theoretische Experimente bestätigen die Anwendbarkeit dieses Ansatzes. Das Verfahren kann empfindlich gegen allzu große Abweichungen in der Orientierung reagieren. Aus diesem Grund beschränken wir uns in unseren Experimenten auf Rotationswinkel, die betragsmässig kleiner als 15 Grad sind. Dies sollte aber den praktischen Einsatz nicht einschränken.

Eine Erweiterung auf 2D-MR-Sequenzen ist ebenfalls recht einfach möglich. In diesem Fall kommt eine weitere Verzeichnung der Stärke $(B_i - B_0)/G_2$ hinzu. Im ersten Schritt der Berechnung muß dann ein Translationsparameter weniger bestimmt werden. Im zweiten Schritt erhalten wir dann eine funktionale Abhängigkeit der Verschiebung von zwei Gradientenstärken G und G_2.

Mit Hilfe von Dual-Echo Gradienten Echo MR-Sequenzen bietet sich die Möglichkeit, die Feldverteilung im Scanner während der Aufnahme zu messen (siehe u.a. [5]). Damit würde die Notwendigkeit entfallen, die Feldverteilung numerisch zu berechnen. Der Vorteil wäre eine höhere Genauigkeit des Ergebnisses, da in diesem Fall auch der Einfluß der Kunststoffteile des Kalibrierkörpers auf das Magnetfeld berücksichtigt wird.

Weitere Versuche und die experimentelle Evaluierung des Ansatzes sind für die nächste Zeit geplant.

Literaturverzeichnis

1. Bhagwandien R: Object induced geometry and intensity distortions in magnetic resonance imaging. Dissertation, Universiteit Utrecht, 1994.
2. Brack C, Roth M, Schweikard A: Towards accurate x-ray camera calibration in computer assisted robotic surgery. Proc. Computer-Aided Radiology, 1996.
3. Burkhardt S, Roth M, Schweikard A, Burgkart R: Korrektur von geometrischen Verzeichnungen bei MR-Aufnahmen vom Femur. Procs BVM 2002: 107–110, 2002.
4. Burkhardt S, Schweikard A, Burgkart R: Numerical analysis of the susceptibility induced geometric distortions in MRI. Medical Image Analysis, in press.
5. Jezzard P, Balaban RS: Correction for Geometric Distortions in Echo Planar Images from B_0 Field Variations. Magnetic Resonance in Medicine, 34:65–73, 1995

Auflösungserhöhung von Dosimetriedetektoren zur Bildgebung in der Strahlentherapie
Rekonstruktion von Projektionsbildern mit CT-Algorithmen

Peter Decker

ZFUW / Medizinische Physik und Technik,
Universität Kaiserslautern, 67663 Kaiserslautern
Email: decker@rhrk.uni-kl.de

Zusammenfassung. Die moderne Strahlentherapie verlangt neben einer exakten Dosimetrie auch eine effektive Kontrolle der Lage des Patienten während des Bestrahlungsvorganges. Die Lagekontrolle wird durch das sog. Portal-Imaging realisiert, das die therapeutische Strahlung im Sinne einer radiologischen Projektionsbildgebung zur Gewinnung eines Bildes des Patienten in der Behandlungsposition nutzt. Daraus resultiert die Notwendigkeit, sowohl ein Bildgebungssystem als auch ein - im Rahmen moderner intensitätsmodulierter Strahlentherapie (IMRT) ebenfalls hochauflösendes - Dosimetriesystem bereitstellen zu müssen. Diese Arbeit zeigt auf, wie durch die Anwendung von Bildrekonstruktionsalgorithmen Aufgaben der hochaufgelösten Dosimetrie als auch der Lagekontrolle mit einem einzigen neuen 2D-Ionisationskammer-Array erfüllt werden können.

1 Einleitung

Dosimetrie erfolgt mit Strahlungsdetektoren verschiedenster Bauart unterschiedlichster Abmessungen, die abhängig von der einwirkenden Strahlung einen entsprechenden Messwert liefern. Bauart und Abmessungen sind gemäß dem Anwendungszweck in weiten Grenzen wählbar; charakteristisch ist jedoch, dass sie Strahlung in einem Volumen messen, das nicht beliebig klein gewählt werden kann [1]. Projektions-Bildgebung erfolgt, indem ein Objekt (z.B. ein Patient) von ionisierender Strahlung durchdrungen wird, die Strahlung danach auf einen großflächigen Detektor (z.B. Röntgenfilm, Speicherfolie oder ein digitales Halbleiter-Array) trifft und das durchstrahlte Objekt als Schattenprojektion aufgezeichnet wird [2].

Die moderne Strahlentherapie setzt die Bildgebung ein, um die Lage des Patienten während des Bestrahlungsvorganges kontrollieren und so eine zielgenaue Bestrahlung gewährleisten zu können (sog. Portal-Imaging). Dies wird realisiert, indem die therapeutische Strahlenquelle - i.d.R. ein Linearbeschleuniger - analog zur konventionellen diagnostischen Bildgebung in der Radiologie zur Gewinnung eines Projektionsbildes des Patienten in der Behandlungsposition genutzt wird. Prinzipiell können dazu aus der diagnostischen Radiologie bekannte Aufnahmeelemente wie Film oder Speicherfolie eingesetzt werden, wobei sich heute zunehmend digitale Halbleiter-Arrays durchsetzen (vgl. z.B. [3]).

Die Dosimetrie in der Strahlentherapie verlangt eine gewisse örtliche Auflösung, um Anforderungen der Qualitätskontrolle oder diverser Therapieverfahren (z.B. intensitätsmodulierte Strahlentherapie, IMRT) erfüllen zu können. Für Dosimetrie-Zwecke werden auch Detektoren der Projektions-Bildgebung eingesetzt (z.b. densitometrische Auswertung von Röntgenfilmen oder dosimetrische Auswertung von digital vorliegenden Halbleiter-Array-Aufnahmen), die jedoch nicht die messtechnische Exaktheit und/oder Strahlungs-Belastbarkeit von speziellen Dosimetrie-Detektoren wie z.B. Ionisationskammern erreichen. Die neueste Entwicklung besteht darin, dass 256 Detektoren in Form eines zweidimensionalen Arrays angeordnet werden und so mehrere Messwerte gleichzeitig liefern. Dies ist jedoch für das Portal-Imaging aufgrund der im Vergleich zu den o.a. Bildgebungssystemen extrem niedrigen Auflösung nicht geeignet.

Eine optimale Lösung der dosimetrischen und bildgebenden Aufgaben der Strahlentherapie erfordert deshalb z.Zt. den Einsatz zweier Systeme. Eine Reduzierung auf ein einziges System, das sowohl örtlich hochaufgelöste Dosimetrie als auch die Bildgewinnung in für das Portal-Imaging hinreichender Qualität ermöglicht, würde zu erheblicher Aufwands- und Kostenreduzierung beitragen.

2 Material und Methoden

Detektoren in flächiger Bauweise zeichnen sich durch ein Messvolumen aus, das in Einfallsrichtung der ionisierenden Strahlung einen großflächigen Querschnitt aufweist. Befindet sich ein Objekt im Strahlengang zwischen der Strahlenquelle und dem Detektor, wirft das Objekt wie bei einer konventionellen Röntgenaufnahme ein „Strahlen-Schattenbild" auf den Detektor. Da dieser jedoch nur ein einziges Messvolumen besitzt, ist dieses Schattenbild nicht auflösbar; der Detektor liefert nur einen Messwert entsprechend der durch das Objekt verursachten Gesamtschwächung des auftreffenden Strahlenfeldes. Wird der Strahlengang jedoch durch eine Schlitzblende begrenzt, die sich über den Detektor hinwegbewegt, wird nur noch ein linienförmiger Objektausschnitt auf den Detektor projiziert und aufgrund der Blendenbewegung ein Messwertprofil gewonnen. Wird nun das Blendensystem in der Bewegungsebene um einen kleinen Winkel gedreht und dieser Abtastvorgang wiederholt, wird ein weiteres Profil erzeugt. Durch mehrmalige Ausführung erhält man einen Satz von Messwertprofilen, der prinzipiell einem Profilsatz entspricht, der beim sog. Parallelstrahlverfahren aus den Anfängen der Computertomografie entsteht (Abb. 1).

Damit wird es möglich, auf diese Profile geeignet modifizierte CT-Bildrekonstruktionsalgorithmen anzuwenden und so eine Messwertmatrix zu gewinnen, deren Auflösung nicht mehr durch die Abmessungen des Detektors, sondern durch die verfügbare Messzeit und die Strahlenbelastbarkeit des abzubildenden Objektes begrenzt wird. Im Unterschied zur Computertomografie wird dabei nicht ein Schnittbild, sondern ein Projektionsbild rekonstruiert. Auf diese Weise gelingt

Abb. 1. Abtastprinzip. Oben: Parallelstrahlverfahren; CT-Schnittbilder werden aus Röntgenstrahl-Schwächungsprofilen rekonstruiert, die durch wiederholtes paralleles Verfahren einer Röntgenquelle mit gegenüberliegendem Detektor und nachfolgender Drehung um ein geringes Winkelinkrement gewonnen wurden. Unten: Übertragung auf die Projektionsbildgebung; ein Projektionsbild wird aus Röntgenstrahl-Schwächungsprofilen rekonstruiert, die durch wiederholtes Verfahren einer Schlitzblende zwischen einer Röntgenquelle mit gegenüberliegendem großflächigen Detektor und nachfolgender Drehung der Blende um ein geringes Winkelinkrement gewonnen wurden.

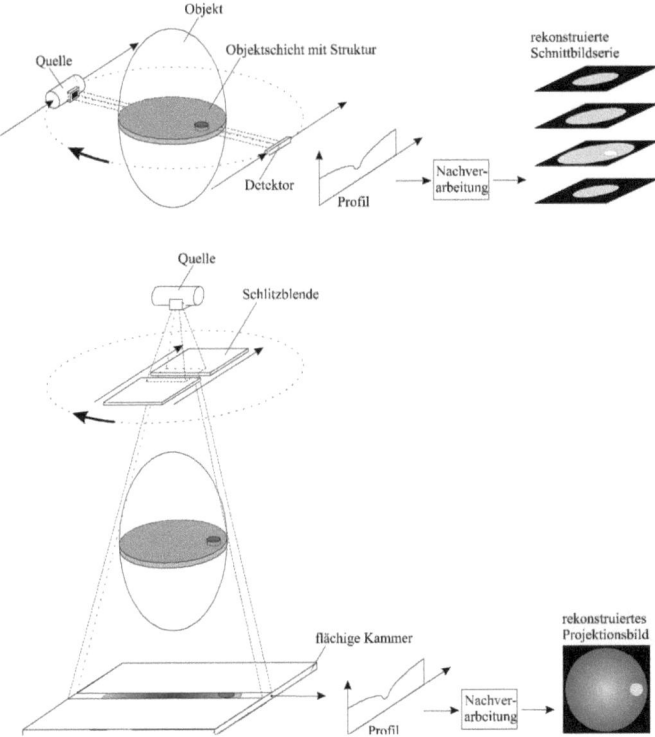

die Kombination der Vorzüge eines Dosimetriedetektors (Robustheit, Reproduzierbarkeit, Langzeitstabilität, hohe Strahlenbelastbarkeit) mit den Anforderungen des Portal-Imaging an die Ortsauflösung der Bildmatrix und der Möglichkeit des dauerhaften Verbleibs des Bildsensors im Strahlengang. Gleichzeitig wird, indem die Messwerte nicht als Bild, sondern als hochaufgelöste Messwertverteilung interpretiert werden, hochaufgelöste Dosimetrie realisiert.

Das Abtastverfahren befindet sich zur Zeit in der Entwicklung. Für erste experimentelle Bildrekonstruktionen mittels eines iterativen Verfahrens [4] wird das in jedem therapeutisch genutzten Beschleuniger zur Strahlbegrenzung vorhandene Blendensystem auch zur Realisierung der benötigten profilerzeugenden Schlitzblende eingesetzt und ermöglicht damit eine elegante Zweitnutzung. Aktuell wird ein Linearbeschleuniger Siemens Mevatron KD2 als Strahlenquelle

Abb. 2. Bildrekonstruktion mit 2D-Detektor-Array. Links: eingesetztes Array mit 256 Ionisationskammern, Matrix 16 x 16, Kammerabmessungen jeweils 8 mm x 8 mm, Kammerabstand 8 mm (Abbildung mit freundl. Genehmigung PTW Freiburg). Rechts: erste Ergebnisse der Rekonstruktion mit einer Auflösung von 4 x 4 Pixeln pro Kammer; dargestellt ist die Abbildung eines Array-Ausschnittes von 8 x 8 Kammern, der in der unteren Hälfte von einem schräg liegenden Objekt abgedeckt wird [4].

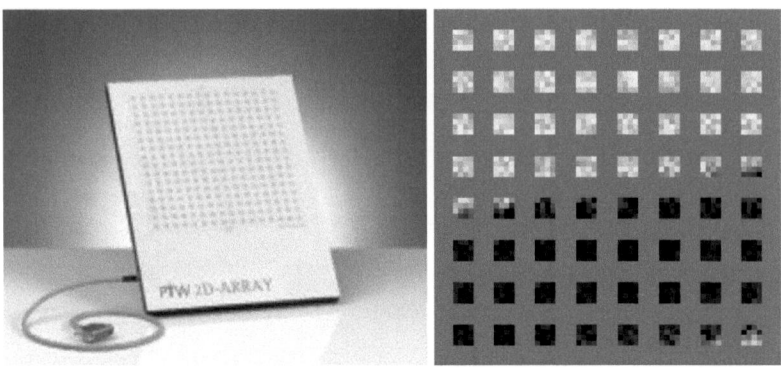

genutzt, der mit einem sog. dynamischen bzw. virtuellen Keilfilter ausgerüstet ist und damit ein ausreichend flexibel steuer- und verfahrbares Blendensystem aufweist. Um eine für Portal-Imaging-Aufgaben ausreichend große Bildfläche abzudecken, wurde nicht eine einzelne Ionisationskammer, sondern ein neues 2D-Ionisationskammer-Array der Physikalisch-Technischen Werke (PTW) Freiburg eingesetzt (Abb. 2 links), das 256 Ionisationskammern mit einer Querschnittsfläche von 8 mm x 8 mm in einer Matrixanordnung von 16 x 16 und eine nutzbare Gesamtmessfläche von 26 cm x 26 cm bereitstellt.

3 Ergebnisse

Die ersten praktischen Bildrekonstruktionen (Abb. 2 rechts, [4]) haben gezeigt, dass die Erzielung einer für das Portal-Imaging ausreichend hohen Bildauflösung die Aufnahme einer so großen Profilanzahl bedingt, dass die dazu notwendigen Rotations- und Translationsbewegungen des Blendensystems für einen klinisch-praktischen Einsatz zu viel Zeit in Anspruch nehmen. Zusätzlich geben die technischen Besonderheiten der Strahlenquelle Linearbeschleuniger (Impulsfolge des Strahls etc., vgl. [1,4]) sowie des Detektors und der Messwerterfassung (Zeiten zur Messwertgewinnung und –auslesung, relativ große Zwischenräume zwischen den einzelnen Kammern etc.) Randbedingungen vor, die die Handhabung im klinischen Routineeinsatz behindern. Für die klinische Anwendung ist deshalb eine Modifikation des Kammerlayoutes des 2D-Arrays sinnvoll, die aktuell realisiert und ab Anfang 2003 zur Verfügung stehen wird. Dieses Layout ersetzt die 16 x 16 Kammern quadratischen Querschnittes durch schmale, linienförmige Kammern, die sich über die Breite der Bildfläche hinziehen. Der Abtastvorgang reduziert sich damit auf eine Translationsbewegung der Schlitzblende senkrecht zur Orientierung der Linienkammern zur gleichzeitigen Gewinnung eines einzigen Profiles pro Kammer; sämtliche weiteren Rotations- und Translationsvorgänge entfallen. Es wird erwartet, dass sich der Abtastvorgang so von mehreren Minuten auf wenige Sekunden verkürzt.

4 Diskussion

Das vorgestellte Verfahren der Abtastung eines flächigen Sensors mittels einer translatorisch und rotatorisch verschobenen Schlitzblende verbunden mit der Computertomografie-ähnlichen Rekonstruktion einer Bildmatrix aus den so gewonnenen Messwertprofilen stellt unabhängig vom bildgebenden System einen interessanten Ansatz dar, um hochauflösende Bilder mittels großflächiger Sensoren zu gewinnen, wenn spezielle Gegebenheiten der Bildgewinnungsaufgabe den Einsatz üblicher Bildsensoren ausreichender Auflösung erschweren. Wie sich gezeigt hat, ist dies jedoch nur bei Aufgaben sinnvoll, bei denen die erhöhte Auflösung durch eine entsprechend verlängerte Aufnahmezeit und den Einsatz von Blendensystemen „erkauft" werden kann. Im hier beschriebenen Anwendungsfall verspricht dieses Vorgehen die Verwirklichung zweier Ziele der modernen Strahlentherapie mit einem einzigen System: hochauflösende Dosimetrie sowie Portal-Imaging in einer Auflösung, die zwar nicht diejenige von ausschließlich bildgebenden Systemen erreicht, jedoch hinreichend für die Lagekontrolle der behandelten Patienten ist.

5 Danksagung

Die vorgestellte Arbeit beschreibt die Grundprinzipien des von der Stiftung Rheinland-Pfalz für Innovation geförderten Forschungsprojektes „Bildgebung und intensitätsmodulierte Bestrahlungstechniken mit Flächendetektoren in der Strahlentherapie", das in Kooperation zwischen der Universität Kaiserslautern, Fachbereich Elektrotechnik und Informationstechnik, und dem Westpfalz-Klinikum, Abteilung für Strahlentherapie, durchgeführt wird.

Literaturverzeichnis

1. Krieger H: Strahlenphysik, Dosimetrie und Strahlenschutz (Bd. 2). Teubner, Stuttgart, 1997.
2. Morneburg H: Bildgebende Systeme für die medizinische Diagnostik. Publicis MCD, München, 1995.
3. Decker P, Schmidt EL, Rittler J, et al.: Portal Imaging mit einem SE-Detektor. Procs Medizinische Physik 2000: 8–9, 2000.
4. Winkes J: Bildgebung in der Strahlentherapie mit einem PTW-2D-Ionisationskammer-Array. Diplomarbeit Fachbereich EIT Universität Kaiserslautern, 2002.

Rekonstruktion von Geschwindigkeits– und Absorptionsbildern eines Ultraschall–Computertomographen

T. M. Deck, T. O. Müller, R. Stotzka und H. Gemmeke

Institut für Prozessdatenverarbeitung und Elektronik
Forschungszentrum Karlsruhe, 76344 Eggenstein
Email: thomas.deck@ipe.fzk.de

Zusammenfassung. Am Forschungszentrum Karlsruhe wird ein neuartiger Ultraschall–Computertomograph zur Früherkennung von Brustkrebs entwickelt. Für den Tomographen wurde ein Rekonstruktionsalgorithmus entworfen, mit dem während der Messung erste Bilder des gemessenen Objekts erzeugt werden können. Dieser basiert auf der Auswertung der Transmissionssignale und der inversen Radon–Transformation. Zwei verschiedene physikalische Objekteigenschaften, die lokalen Schallgeschwindigkeiten und die lokalen Absorptionskoeffizienten, können dargestellt werden. Aus den Rohdaten von vier gemessenen Objekten wurden die Bilder der lokalen Schallgeschwindigkeiten und Absorptionskoeffizienten rekonstruiert. Die Bilder zeigen die Objekteigenschaften und inneren Strukturen der gemessenen Objekte.

1 Ultraschall–Computertomographie

Herkömmliche Ultraschallgeräte zur Untersuchung der weiblichen Brust bestehen aus handgeführten Ultraschallscannern, die ausschließlich die Ultraschallreflexionen des Gewebes aufnehmen. Dies führt zu verrauschten und schlecht reproduzierbaren Ultraschallbildern. Mit Hilfe eines neuen Abbildungsverfahrens entwickelt das Forschungszentrum Karlsruhe einen neuartigen Ultraschall–Computertomographen, der zeitaufgelöste, dreidimensionale und reproduzierbare Bilder liefert [1]. Ein Untersuchungsbehälter wird vollständig mit Ultraschallwandlern besetzt. Der Behälter ist mit Wasser gefüllt, das als Koppelmedium dient. Ein Wandler sendet einen Schallimpuls aus und alle Wandler messen simultan die in alle Richtungen reflektierten und transmittierten Signale.

In einem ersten Versuchsaufbau simulieren zwei auf einer Kreisbahn verschiebbare Ultraschallwandler–Arrays einen vollständigen Ring von 1600 Sendern und Empfängern (siehe Abbildung 1). Durch die notwendige Verschiebung der Ultraschallwandler können nur statische Objekte untersucht werden. Der Aufbau ermöglicht zweidimensionale Querschnitte durch das zu untersuchende Volumen. Eine Messung besteht aus einer Kalibrierungsmessung (einer Messung ohne Objekt) sowie einer Objektmessung.

Abb. 1. Funktionsweise eines Ultraschall–Computertomographen, dargestellt in 2D. Ein Wandler sendet einen Puls, alle anderen empfangen die in dem Objekt gestreuten Signale. In dem gezeigten A-Scan sind sowohl das Transmissionssignal als auch Reflexionen an verschiedenen Streuern zu sehen.

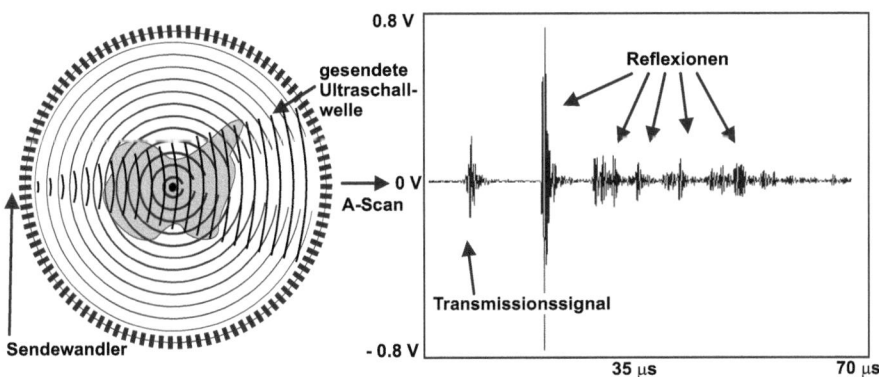

Ein Bildrekonstruktionsalgorithmus, der anhand von Reflexionsdaten Bilder erzeugt, wird in [2] vorgestellt. Durch die Annahme konstanter Schallgeschwindigkeiten innerhalb des Objekts entstehen jedoch Rekonstruktionsfehler (siehe Abbildung 2, rechts oben). Die Absorption der Ultraschallwelle durch das Objekt verfälscht das Ergebnis ebenfalls.

Diese Rekonstruktionsfehler können korrigiert werden, wenn die Geschwindigkeits– und die Absorptionsverteilungen innerhalb des untersuchten Objekts bekannt sind. Mit Hilfe der Transmissionstomographie lassen sich die Verteilungen bestimmen. Die Transmissionstomographie ist ein Standardverfahren, das bei der Röntgen–Computertomographie bereits seit langem erfolgreich angewandt wird. Man macht sich zu Nutze, dass unterschiedliche Gewebe Röntgenstrahlen unterschiedlich stark absorbieren. Die Geschwindigkeitsänderung der Strahlen ist vernachlässigbar.

Das Verfahren lässt sich auf Ultraschall übertragen. Aufgrund der differenzierten Schallgeschwindigkeiten lässt sich außer dem Bild der lokalen Absorptionen, auch ein Bild der lokalen Schallgeschwindigkeiten rekonstruieren.

2 Transmissionstomographie

Der Rekonstruktionsalgorithmus basiert auf der Auswertung der Transmissionssignale in einem A–Scan und der inversen Radon–Transformation [3]. Abbildung 1 zeigt das Signal eines Ultraschallwandlers (A–Scan). Das Transmissionssignal ist das Signal, das den Empfänger auf dem kürzesten Weg erreicht. Vereinfacht kann davon ausgegangen werden, dass es das erste Signal in einem A–Scan ist. Mittels der inversen Radon–Transformation lassen sich anhand des Transmissionssignals zwei pyhsikalische Objekteigenschaften rekonstruieren: die lokalen Schallgeschwindigkeiten und die lokalen Absorptionen.

Die Schallgeschwindigkeit ergibt sich aus dem Zeitpunkt des Auftretens des Transmissionssignals und der Entfernung zwischen Sender und Empfänger. Die Entfernung ist durch die bekannte Geometrie des Versuchsaufbaus gegeben.

Die Absorption ergibt sich aus dem Verhältnis der Amplituden der Transmissionssignale bei einer Objekt- und bei einer Leermessung.

2.1 Bestimmmung des Transmissionssignals

Um die Schallgeschwindigkeit und die Absorption für einen A–Scan zu bestimmen, ist es notwendig, das Transmissionssignal zu finden. Trotz der Annahme, dass das Transmissionssignal der erste Peak in einem A–Scan ist, ist ein Schwellwertverfahren nicht ausreichend. Die Amplitude des Transmissionssignals schwankt sehr stark und lässt sich nur schwer vom Rauschen unterscheiden. Stattdessen wird eine lokale Autokovarianz–Analyse für die Frequenzen von 3 MHz durchgeführt, da die Resonanzfrequenz des Senders ca. 3 MHz beträgt. Formel 1 beschreibt das Verfahren um das Transmissionssignal zu finden.

$$lcov(i) = \sum_k x_{i+k} \cdot x_{i+k+\lambda} \qquad (1)$$

i stellt den Index für das diskrete Signal x dar, λ die Wellenlänge in Samples und k den Bereich über den die lokale Autokovarianz durchgeführt wird. Das Ergebnis $lcov$ dieses Ausdrucks ist sehr klein, solange man sich am Anfang des A–Scans, also im Rauschen befindet. Sobald man auf das Transmissionssignal trifft, wächst die Summe stark an, da immer zwei Abtastwerte mit annähernd gleicher Phase multipliziert und aufaddiert werden. Auf das Ergebnis kann dann ein Schwellwertverfahren angewandt werden.

2.2 Bildrekonstruktion durch inverse Radon–Transformation

Die Bildrekonstruktion wurde in Matlab implementiert [4]. Die „Image Processing Toolbox" stellt eine Methode zur inversen Radon–Transformation auf Basis der gefilterten Rückprojektion zur Verfügung. Diese Methode geht von parallelen und äquidistanten Strahlen durch ein Objekt aus. Der Ultraschall–Computertomograph arbeitet jedoch mit Fächerstrahlen, die von einer Kreisbahn ausgesandt werden. Es ist notwendig, einzelne Strahlen von verschiedenen Fächern zu Gruppen von parallelen Strahlen zusammenzufassen. Die somit erhaltenen parallelen Strahlen stellen eine Projektion unter dem Winkel Θ durch das Objekt dar. Für jede Projektion muss Θ bestimmt werden. Aufgrund der Ringgeometrie sind die einzelnen Strahlen in der Projektion nicht äquidistant. Mittels einer linearen Interpolation werden äquidistante Strahlen erzeugt.

3 Ergebnisse

Es wurden Ultraschalldaten von verschiedenen speziell angefertigten Objekten (sogenannten Phantomen) aufgenommen. Abbildung 2 zeigt die Rekonstruktionen von einem der gemessenen Phantome. Eine Plastik–Dose wurde mit unterschiedlich konzentriertem Kontrastmittel gefüllt, das in Gelatine fixiert war. Zwischen den Schichten befanden sich dünne Trennwände.

Bei den rekonstruierten Bildern handelt es sich um qualitative Bilder. Hellere Werte bedeuten größere Absorption bzw. höhere Schallgeschwindigkeit. Beide Bilder zeigen den Umriss des rekonstruierten Phantoms, wobei im Absorptionsbild mehr Strukturen des Objekts zu erkennen sind. Der Grund dafür liegt darin, dass sich beim Übergang von Wasser zu Gelatine die Absorption wesentlich stäker ändert als die Schallgeschwindigkeit.

4 Diskussion

Anhand der Transmissionssignale von Ultraschallwellen wurden sowohl Bilder der lokalen Absorptionen als auch Bilder der lokalen Schallgeschwindigkeiten erzeugt. Für die Rekonstruktion beider Bilder werden ca. 2 Minuten benötigt (auf einem PIII 700 MHz bei ca. 100 000 A-Scans). Die Qualität der Rekonstruktionen liegt unter der mit anderen Rekonstruktionsmethoden erreichbaren Qualität (vergleiche Abbildung 2, rechts oben). Aus den vielen Informationen, die in einem A–Scan gespeichert sind, werden durch die vorgestellte Methode nur zwei ausgewertet: der Einschallzeitpunkt des Transmissionssignals und die Amplitude des Transmissionssignals. Weiterhin standen aufgrund der verwendeten Geometrie nur 45 Strahlen pro Projektion zur Verfügung. Der Abstand zwischen zwei Strahlen einer Projektion beträgt ca. 3.8 mm.

Der vorgestellte Rekonstruktionsalgorithmus ermöglicht bereits während der Messung eine Vorschau des Phantoms. Mit Hilfe der Absorptions- und Schallgeschwindigkeitsbilder können Fehler in anderen Algorithmen, die durch unterschiedliche Schalllaufzeiten entstehen, korrigiert werden.

Literaturverzeichnis

1. R. Stotzka, J. Würfel and T. Müller. Medical Imaging by Ultrasound–Computertomography. In: *SPIE's Internl. Symposium Medical Imaging 2002*, pages 110 – 119, 2002.
2. R. Stotzka, R.O. Müller, K. Schlote–Holubek, T. Deck, S. Vaziri Elahi, G. Göbel and H. Gemmeke, Aufbau eines Ultraschall–Computertomographen fur die Brustkrebsdiagnostik. In: *Proceedings zu BVM Workshop 2003*, Informatik Aktuell, 2003, to be published.
3. Avinash C. Kak and Malcolm Slaney. Principles of Computerized Tomographic Imaging. IEEE Press, New York, 1987.
4. http://www.mathworks.com/.

Abb. 2. *Links oben:* Das gemessene Phantom. Es besteht aus einer Plastik–Dose, die mit Gelatine gefüllt wurde (Gelatine und Deckel sind nicht abgebildet). Die Gelatine wurde mit unterschiedlichen Kontrastmittel–Konzentrationen versetzt und durch Folien voneinander getrennt.
Rechts oben: Eine Rekonstruktion anhand der Reflexions–Daten. Deutlich sind die doppelt rekonstruierten Trennwände zu sehen. Der Fehler entsteht durch unterschiedliche Schalllaufzeiten.
Links unten: Die Rekonstruktion der lokalen Schallgeschwindigkeiten in dem Phantom.
Rechts unten: Die Rekonstruktion der lokalen Absorptionskoeffizienten.

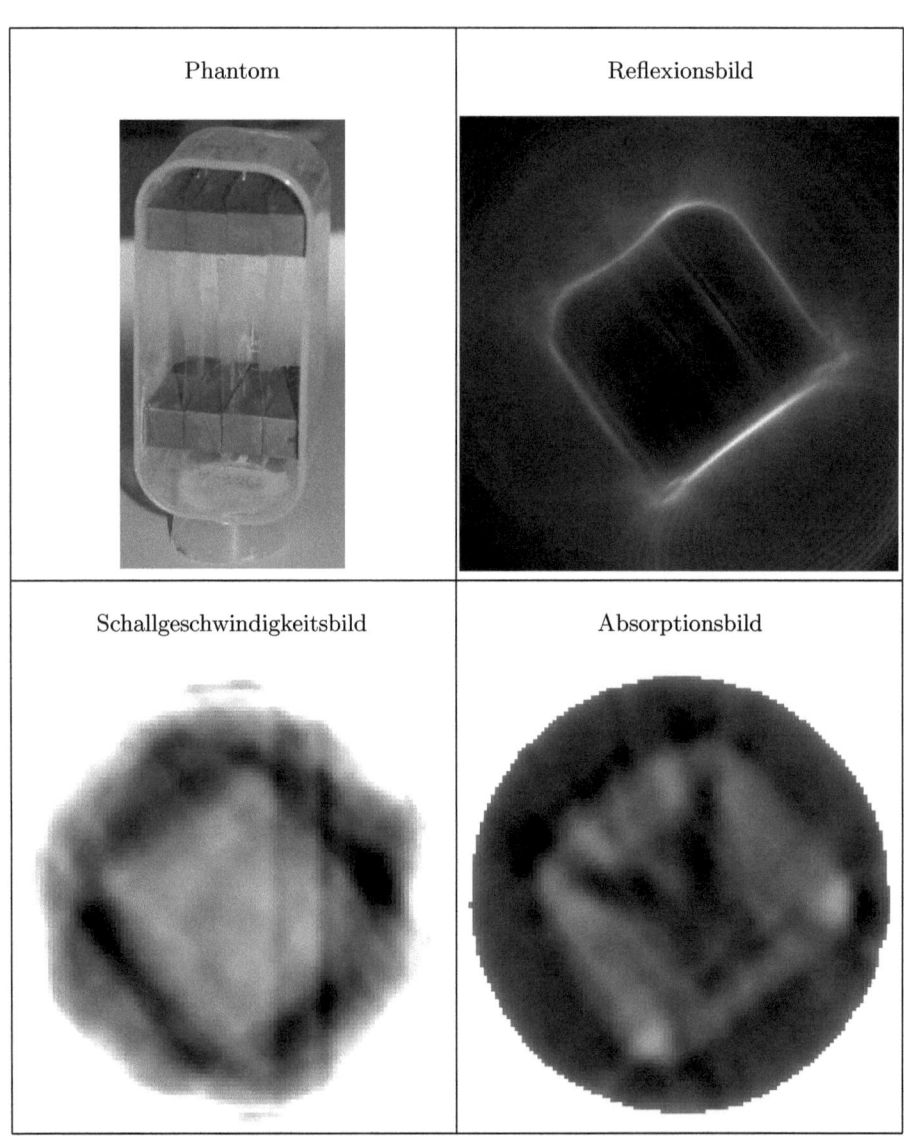

Aufnahme von Kopfbewegungen in Echtzeit zur Korrektur von Bewegungsartefakten bei fMRI

Christian Dold und Evelyn Firle

Fraunhofer-Institut für Graphische Datenverarbeitung,
Fraunhoferstr.5, 64283 Darmstadt
Email: christian.dold@igd.fraunhofer.de

Zusammenfassung. Eine Schlüsselstelle bei der funktionellen Kernspintomographie (fMRI) ist die Eliminierung von Artefakten, hervorgerufen durch Kopfbewegungen. In diesem Paper wird gezeigt, wie mit einem optischen Trackingsystem und speziellen Markerbefestigungen am Schädelknochen die 6 Freiheitsgrade (6 Degrees Of Freedom, DOF) mit einer Genauigkeit von $\sim 100 \mu m$ und einer Latenzzeit von $\sim 17ms$ bestimmt werden können. Bei der prospektiven Technik sendet das MRI-System ein Triggersignal an das Trackingsystem. Dieses antwortet mit den aktuellen 6 DOF und das Messkoordinatensystem des Scanners wird entsprechend nachgeführt, sodass Bewegungsartefakte direkt eliminiert werden können und somit keine nachträgliche Bewegungskorrektur mehr erforderlich ist. Ebenso ist eine retrospektive Bewegungskorrektur mit einer getriggerten Aufnahme der beiden Modalitäten (Tracking-System und Kernspintomograph) möglich.

1 Einleitung

In den letzten Jahren hat sich die funktionelle Magnetresonanz-Bildgebung (fMRI) zu einer aussagekräftigen Methode entwickelt, die es erlaubt, neuronal aktive Regionen des Gehirns darzustellen. Aktuelle klinische Einsatzmöglichkeiten der fMRI sind die Operationsplanung, die funktionelle Beurteilung bei der Behandlung von Hirntumoren, die Verlaufkontrolle funktioneller Veränderungen und die Untersuchung von neurologischen Ursachen bei psychischen Störungen.

Die breite klinische Anwendung der fMRI erfordert Techniken, welche die Darstellung der aktivierten Gehirnregionen ermöglichen, während sich der Patient noch im Gerät befindet. Für die Auswertung (Bewegungskorrektur, Bildrekonstruktion, Aktivierungskarte) eines fMRI Datensatzes, der in wenigen Minuten auf modernen MR-Tomographen aufgenommen werden kann, war jedoch bisher ein erheblicher Rechnereinsatz notwendig. Trotz moderner Computersysteme sind mehrstündige Berechnungen für die Auswertung eines Patientendatensatzes üblich [1]. Dies ist vor allem auf die rechenintensive Bewegungskorrektur zurückzuführen, welche fehlerhafte Aktivitätsanzeigen infolge von unvermeidbaren Patientenbewegungen vermindert.

Die Grundlage der fMRI ist der von Ogawa entdeckte Blood Oxygen Level Dependant (BOLD)-Effekt [2]. Dieser BOLD-Effekt bewirkt im MR-Bild Helligkeitsveränderungen von durchblutetem Gewebe in Abhängigkeit vom Sauerstoffgehalt. Augrund der Tatsache, dass die neuronale Aktivität im Gehirn eine lokal erhöhte Durchblutung verursacht, ist es möglich, Regionen im Gehirn zu identifizieren, die z.B. an Handbewegungen oder visuellen Wahrnehmungen beteiligt sind.

Da die Auswertung funktioneller MR-Bildserien die Zeitreihen einzelner Voxel betrachtet, stellt sich die Frage, wie stark diese Zeitreihen durch Bewegungen gestört werden können. Bei einer typischen Größe der Voxels von 3mm^3 und bei Benutzung des EPI-BOLD Datensatzes, ist eine Translation um nur 300μm gleichbedeutend mit einer Signalschwankung von 10% [3]. Da Patientenbewegungen des Kopfes üblicherweise größer sind als 300μm, ist eine Bewegungskorrektur notwendig. Diese Bewegungskorrektur muss eine Genauigkeit von deutlich unterhalb der genannten 300μm (100μm bei 1mm^3 Voxel) erreichen, um die Bewegungsartefakte in den Zeitreihen unter die Größe der Grauwertschwankungen des BOLD-Effektes zu drücken.

Akquisition und Korrektur von Kopfbewegungen. Um Kopfbewegungen zu detektieren bzw. die daraus entstandenen Artefakte zu minimieren, gibt es verschiedene Ansätze. So wurden bereits orbitale Navigatoren (ONAV) für den Kopfbereich entwickelt, um in Echtzeit Bewegungen zu erfassen. Mit drei kurzen Gradientenechos kann eine komplette Positionsbestimmung durchgeführt werden [4]. Ihre Stärke liegt in der einfachen Anwendung (Softwareupdate), aber die Auswertung ist in aller Regel nur im zweidimensionalen Fall gültig, da Teile des Messobjektes das Messvolumen verlassen und sich die Fouriertransformierte in Betrag und Phase ändert (Nicht-Lokalität) [7]. Es wurde an Algorithmen gearbeitet, um im k-Raum lineare und Fourier-Interpolationen basierend auf dem Fourier-Shift-Theorem durchzuführen. Diese Algorithmen führten zu verschiedenen Software-Tools [5]. SPM99 zeigt hier im Vergleich der Genauigkeit und Performance die besten Ergebnisse. Zu den modernsten Verfahren gehört heute auch das Kreuzentropieverfahren [6]. Es zeichnet sich jedoch ab, dass diese retrospektiven Korrekturen im k-Raum (Ortsfrequenzraum bei MR) nur bei kleinen Bewegungen vernünftige Ergebnisse liefern und in der klinischen Routine in kein Zeitschema passen.

Langfristiges Ziel. Deshalb ist die große Herausforderung die Entwicklung von Methoden, die es ermöglichen, parallel zur Messung in Echtzeit Korrekturen am Datensatz vorzunehmen und mit der Rechenleistung des Tomographen auszukommen. Hierzu werden zwei Methoden vorgestellt, basierend auf dem entwickelten Tracking-System und einer neuen Markerbefestigung.

2 Material und Methoden

Der große Nachteil an Tracking-Systemen war bisher eine zu große Ungenauigkeit, hervorgerufen durch die Befestigung der Marker an der Kopfhaut (verschiebbar) sowie keine Kompatibilität zum starken Magnetfeld des Tomographen.

Um direkten Kontakt der Marker mit dem Schädelknochen zu bekommen, haben wir eine neue Methode, basierend auf dem „Vogele-Bale-Hohner-Mouthpiece", entwickelt (Abb. 1). Somit werden große Ungenauigkeiten, die bisher durch das sogenannte „Skinshifts" (~1-2mm) entstanden, eliminiert.

Das optische (infrarot) Tracking-System, bestehend aus ARTrack 1 und DTrack 1, der Firma Advanced Realtime Tracking GmbH wurde angepasst, um fehlerfrei im Magnetfeld arbeiten zu können. In einem klinischen Versuch wurde nachgewiesen, dass die „MR-safe" und die „MR-compatible" erfüllt werden, d.h. das Tracking-System beeinflusste nicht die Bildqualität der Aufnahme oder die Sicherheit des Patienten.

In einem weiteren Laborversuch wurde die absolute Genauigkeit des Tracking-Systems ermittelt. Die verwendete Anordnung deckte ein Volumen von 1,5 m^3 ab (Abb. 2). Ohne Mittelwertbildung und ohne Filterung sind die Messwerte abgelesen und archiviert worden. Die vier absoluten Markerpositionen (jeweils für X-,Y-, Z-Achse) wurden zu den Punkten A & B, die 10mm auseinander lagen, aufgezeichnet. Anhand der vier Markerwerte für jede Achse wird ein aktueller Punkt mit dem Mittelwert der vier Punkte errechnet (Tab. 1). Die Punkte A und B wurden 20 mal justiert.

Ein Kompatibilitätstest mit einem Phantom im Kernspintomographen Philips Gyroscan NT Intera wurde bei 1,5 T im Klinikum Offenbach (Abb. 3) durchgeführt. Dieser gab Aufschluss über das Tracking mit starken Gradienten und RF-Coils.

Korrektur des Datensatzes. Hier gibt es zwei verschiedene Methoden, um einen Bezug der akquirierten Daten mit der Bewegung des Kopfes zu erhalten. Bei beiden Methoden ist es notwendig, eine zeitliche Triggerung vom Tomographen und dem Tracking-System vorzunehmen. Auch müssen beide Koordinatensysteme zu Beginn in Deckung gebracht werden.

Bei der ersten Methode nehmen beide Modalitäten unabhängig voneinander auf und setzen sinnvolle Zeitstempel. Ein sinnvoller Zeitstempel für den Tomographen wäre zu Beginn und Ende der Repetitionsphase. Anschließend wird anhand des Zeitprotokolls ausgelesen, welche DOF zu welchen Daten gehören und dementsprechend eine Korrektur der Bewegung vorgenommen. Die Genau-

 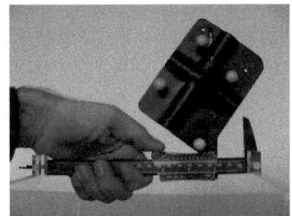

Abb. 1. An dem „Vogele-Bale-Hohner-Mouthpiece" wird ein spezieller Rahmen befestigt. Auf diesem Rahmen werden die vier Marker angebracht, somit ist eine direkter Kontakt zum Schädelknochen gewährleistet.

Abb. 2. Markerbefestigung am Messschieber, um die Genauigkeit des Tracking-Systems zu ermitteln.

Tabelle 1. Gemessene Standardabweichung der Translation im Labor.

	Standardabweichung in mm		
	X	Y	Z
Punkt A	0,042	0,054	0,059
Punkt B	0,042	0,033	0,072

igkeit der Synchronisation ist umso besser, je kürzer die Latenzzeit des Tracking-Systems (~17ms) und die Repetionszeit des Tomographen ist.

Noch eleganter ist die zweite Methode. Der Scanner schickt, mit einem ermittelten Offset vor Beendigung der Anregungszeit, ein Triggersignal an das Tracking-System. Dieses antwortet mit den aktuellen 6 DOF. Noch bevor der Fehler in den akquirierten Daten entsteht, wird nun eine prospektive Korrektur des Scanner-Koordinatensystems vorgenommen. Somit entstehen keine Bewegungsartefakte in der Aufnahme, und eine rechenintensive Bewegungskorrektur wird überflüssig.

3 Ergebnisse

Mit der Entwicklung der neuen Markerbefestigung am Kopf des Patienten ist eine deutlich höhere Genauigkeit [8] beim Ermitteln der 6 DOF eingetreten. Das Anbringen des „Vogele-Bale-Hohner-Mouthpiece" dauert ca. 30 sec. Der Abdruck der Zähne kann vor der Untersuchung erfolgen und fällt somit nicht in das Gewicht der klinischen Untersuchungszeit.

Beim Test im Labor erreichte das Tracking-System die erforderliche Genauigkeit für fMRI von $< 100\mu m$ für die Translation, wie in der Tab. 1 ersichtlich. Die Rotationsgenauigkeit errechnet sich bei einer Standardabweichung (STABWN) von $100\mu m$ und einer Entfernung, der Marker zueinander, von 100mm nach der Formel: $alpha = arctan\ (STABWN\ /\ Marker_{Abstd.})$ Somit ergibt sich eine Ungenauigkeit von 0,06 ° in diesem Beispiel.

Beim Kompatibilitätstest konnte keinerlei Beeinflussung der Tracking Ergebnisse bei 5 verschiedenen Sequenzen (Diffusion, T1, T2, Flair, Perfusion) festgestellt werden.

Bei den vorgestellten Methoden ist eine Schichtkorrektur in Translation und Rotation möglich, deshalb steigt der klinische Wert der Daten deutlich an, und die Zeit zur Akquisition sinkt. Im Vergleich zu orbitalen Navigatoren (ONAV) ist keine Beeinflussung des Magnetfeldes vorhanden, da keine Gradientenechos notwendig sind, um die 6 DOF zu bestimmen.

Erste klinische Versuche und die Evaluierung des kompletten Systems, für die retrospektive und prospektive Technik, sind in den nächsten Monaten im Rahmen des EU Projektes MRI-MARCB geplant.

4 Diskussion und Zusammenfassung

Durch die hohe Genauigkeit und die Bildrate von 60 Hz könnten Patienten mit schnellen Kopfbewegungen (z.B. Epilepsie) untersucht werden. Auch steigt die

Abb. 3. Genauigkeitstest mit dem Philips Gyroscan Intera NT mit 1,5 Tesla und dem Tracking-System. In der Bildmitte das Target mit 4 retroreflektierenden Markern.

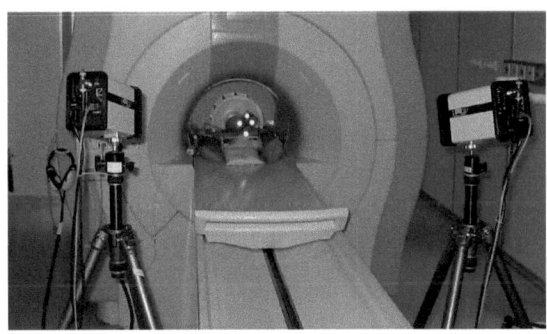

Zuverlässigkeit der akquirierten Daten an, da große Bewegungsartefakte bisher nicht und kleine nicht vollständig korrigiert werden konnten.

Die zwei vorgestellten Methoden ermöglichen mit einer neuen Dimension der Präzision ($\sim 100\mu$m) und Geschwindigkeit ein ermitteln der 6DOF, sowie bald die Verfügbarkeit einer Bewegungskorrektur in Echtzeit auf einem Seriengerät. Dies kann die Tür zur breiten Anwendung der fMRI im Patientenbereich öffnen. Die Epilepsie-Chirurgie, die Schizophreniediagnostik sowie die ZNS-Pharmakologie sind hier zu nennen.

Aufgrund der zeitlichen Einsparung bei der Datenakquisition im Vergleich zu ONAV, die schnellere Bewegungskorrektur der Daten, Unabhängigkeit vom Fourier-Theorem beim Ermitteln der 6 DOF, Validierung bei der Entwicklung neuer ONAV, sowie durch erweiterte Anwendungsgebiete ist der technische Aufwand durch das Tracking-System gerechtfertigt.

Literaturverzeichnis

1. Klose U, Erb M, Raddi A, Grodd W. Funktionelle Bildgebung mit Magnetresonanztomographie. Electromedica 67: 27-36, 1/99.
2. Ogawa, S., Lee, T. M., Nayak, A. S., Glynn, P.: Oxygenationsensitive contrast in magnetic resonance image of rodent brain at high magnetic fields. Magn Reson Med 14: 68-78, 1990.
3. Hajnal et al. Artefacts due to stimulus correlated motion in functional imaging of the brain. Magnetic Resonance n Medicine 31:283-291, 1994.
4. Ward HA et al. Prospective Multiaxial Motion Correction for fMRI ; Magn Reson Med 43:459-469, 2000
5. Ardekani BA et al. A quantitative comparison of motion detection algorithms in fMRI. Magn Reson Imaging 19: 959-963, 2001.
6. Kim B et al. Motion Correction in fMRI via Registration of Individual Slices Into an Anatomical Volume. Magn Reson Med 41:964-972, 1999.
7. Thesen S. Retrospektive und prospektive Verfahren zur bildbasierten Korrektur von Patientenkopfbewegungen bei neurofunktioneller Magnetresonanztomographie in Echtzeit. Ruprecht-Karls-Universität Heidelberg, 2001.
8. Fulton RR et al. Correction for Head Movements in Positron Emission Tomography Using an Optical Motion-Tracking System. IEEE Trans Nucl Sci 49, 2002.

3D-Lungenlappen-Segmentierung durch Kombination von Region Growing, Distanz- und Wasserscheiden-Transformation

Jan-Martin Kuhnigk, Horst K. Hahn, Milo Hindennach
Volker Dicken, Stefan Kraß und Heinz-Otto Peitgen

MeVis – Centrum für Medizinische Diagnosesysteme und Visualisierung
Universitätsallee 29, 28359 Bremen
Email: kuhnigk@mevis.de

Zusammenfassung. Die Lungenlappen spielen als annähernd unabhängige anatomische Komponenten der Lunge eine wesentliche Rolle bei Diagnose und Therapie von Lungenerkrankungen. Eine Detektion der dünnen Lappengrenzen, der sogenannten *Fissuren* ist jedoch schwierig, da diese in vielen Fällen aufgrund pathologischer Veränderungen nur unvollständig im CT-Bild erscheinen. Daher bestimmt unser Ansatz die Lappengrenzen im Wesentlichen auf Basis der lappenspezifischen Gefäßsysteme und verwendet die eventuell vorhandene Repräsentation der Fissuren in den Daten lediglich als Zusatzinformation. Die Methode benötigt dabei minimale und intuitive Interaktion und erlaubt eine robuste Dekomposition der Lunge in ihre Lappen, welche vor allem zur Bestimmung lappenspezifischer CT-Parameter verwendet werden kann.

1 Einleitung

Die menschliche Lunge ist anatomisch in weitgehend eigenständige Untereinheiten, die *Lungenlappen*, einteilbar. Diese Aufteilung gilt auch in funktioneller Hinsicht, denn die Lappen besitzen eigene respiratorische und vaskuläre Subsysteme, die lediglich im Eintrittsbereich in die Lunge (*Hilus*) vereinigt sind. Der rechte Lungenflügel besteht aus *Ober-, Unter- und Mittellappen*, während der linke Flügel lediglich Ober- und Unterlappen besitzt. Die Lappen sind voneinander durch *Lappenspalten* getrennt, die sich anatomisch als ungefähr 1 mm dünne Bindegewebsstrukturen (*Fissuren*) darstellen. Die Aufteilung der rechten Lunge wird in Abbildung 2 anhand eines fertigen Segmentierungsergebnisses beispielhaft veranschaulicht.

Eine genaue Lokalisierung der Lappengrenzen stellt sogar für Experten oftmals eine nicht-triviale Aufgabe dar. Besonders bei pathologischen Fällen oder Aufnahmen mit geringerer Auflösung (z.B. Low-Dose CT) sind sie häufig nicht oder nur unvollständig in CT-Daten zu erkennen. Weiterhin sind die Lungenlappen nahe des Mediastinums aufgrund der sich vereinigenden Bronchial- und Gefäßsysteme nicht mehr auf Fissurbasis zu trennen. Eine Auswahl an CT-Schichten verschiedener Patienten, welche die Herausforderungen der Lappensegmentierung verdeutlicht, ist in Abbildung 1 zu sehen.

Ungeachtet der erwähnten Schwierigkeiten konzentrieren sich existierende Lappensegmentierungs-Techniken hauptsächlich auf die Fissurerkennung. Eine interaktive Methode zur Detektion des großen Lappenspalts mit Hilfe von Fuzzy Logic wurde 1999 von Zhang et al. vorgestellt [1] und 2001 dahingehend erweitert, dass in unklaren Situationen Atlaswissen über die Lappenspalte herangezogen wird [2]. Unser Ansatz basiert dagegen im Wesentlichen auf dem anatomischen Wissen, dass die Blutgefäßsysteme der Lappen separat verlaufen.

2 Methoden

2.1 Lungensegmentierung

Da der vorgestellte Algorithmus eine Lungenmaske voraussetzt, muss der eigentlichen Lappendetektion eine Lungensegmentierung vorausgehen. Ein vollautomatischer Algorithmus wurde u. a. von Hu et al. [3] entwickelt. Bei uns wird eine auf Wasserscheiden-Transformation und Region Growing basierende Methode eingesetzt, die sich ebenfalls durch eine robuste automatische Lungentrennung auszeichnet.

2.2 Gefäßsegmentierung

Die Grundidee unserer Methode ist die Vermeidung einer Abhängigkeit unseres Algorithmus von einer guten Repräsentation der Fissuren in den Daten. Wir wollen stattdessen den Umstand nutzen, dass jeder Lappen weitgehend seine eigene Blutvorsorgung aufweist, und sich somit keine größeren Gefäße in direkter Nähe der Lappenspalten befinden oder sie sogar kreuzen. Dazu führen wir zunächst eine Segmentierung der pulmonalen Blutgefäße durch. Da sich die Gefäße aufgrund ihrer hohen Dichte stark vom umgebenden Parenchym abheben, genügt dazu ein einfaches Regionenwachstums-Verfahren. Durch Verwendung der Lungenmaske kann ein Auslaufen in andere Körperregionen verhindert werden.

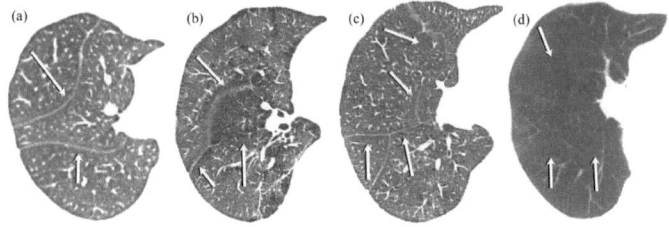

Abb. 1. Beispielschichten dreier hoch- (a-c) und eines niedrig aufgelösten Datensatzes. Ungefähre Fissurpositionen werden durch weiße Pfeile angezeigt. (b) entstammt einer emphysematischen Lunge, während (c) eine zusätzliche sowie eine partiell aufgelöste Fissur zeigt. In Bild (d) sind die Fissuren aufgrund der großen Schichtdicke (5 mm) nicht sichtbar.

Abb. 2. 3D-Oberflächendarstellung der segmentierten Lappen einer normalen rechten Lunge aus sagittaler Sicht.

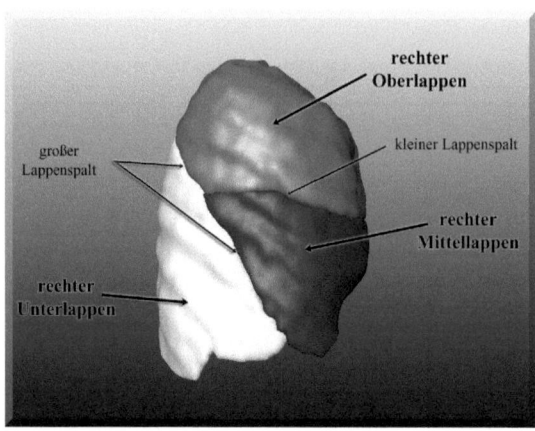

2.3 Quantifizierung der Gefäßverteilung

Um die Ausdünnung von Gefäßen nahe der Lappenspalte quantitativ bemessen zu können, führen wir ausgehend von der Gefäßmaske eine *euklidische 3D-Distanztransformation* durch. Diese resultiert in einem Distanzbild, welches für jedes Voxel des Originalbildes dessen euklidische Entfernung zum nächsten Gefäß abbildet. Das resultierende Bild besitzt nun lokale Maxima in Bereichen, die im Verhältnis zu ihren Nachbarvoxeln relativ weit von den bei der Gefäßsegmentierung erfassten größeren Gefäßen entfernt sind (Abbildung 3, links). Folglich wird ein Lappenspalt im Wesentlichen als ein dreidimensional zusammenhängendes Gebilde lokaler Maxima abgebildet. Um die Distanzen effizient zu berechnen, wurde der 1994 von Saito et al. [4] vorgestellte, exakte multi-dimensionale Distanztransformations-Algorithmus für anisotrope, digitale Bilder verwendet.

2.4 Berücksichtigung der Fissuren

Zur Verfeinerung der erwähnten lokalen Maxima in den Fissurregionen beziehen wir die Repräsentation der Fissuren, die in den heutzutage meist hochaufgelösten Originaldaten zumindest partiell sichtbar sind, in unsere Berechnungen mit ein. Da sich die Fissuren ebenfalls durch eine leicht größere Dichte vom umgebenden Parenchym abheben, bietet sich eine gewichtete Addition der Originaldaten zu dem Distanzbild an. Zu diesem Zweck wurden zwei verschiedene Gewichtungen experimentell an die Erfordernisse von hoch bzw. niedrig aufgelösten Datensätzen angepasst. Da die Sichtbarkeit der Fissuren mit steigender Schichtdicke abnimmt, bestimmt bei niedrigen Auflösungen das Distanzbild das kombinierte Resultat, während bei guten Daten das Originalbild stärker gewichtet wird. In Abbildung 3 wird die Verrechnung des Distanzbildes mit den Originaldaten anhand einer einzelnen Schicht beispielhaft dargestellt.

2.5 Lappensegmentierung durch interaktive Wasserscheiden-Transformation

Um aus dem in den vorhergehenden Schritten generierten Bild eine Segmentierung der einzelnen Lappen zu erzeugen, wird eine *interaktive Wasserscheiden-Transformation (IWT)* verwendet [5]. Der wesentliche Vorteil dieses Algorithmus besteht darin, dass die Interaktion, also das Platzieren von Markern, an das Ende der Verarbeitungskette verlagert ist. Aufgrund des hierarchischen Ansatzes kann in Echtzeit auf Änderungen reagiert werden. Die Marker können wahlweise in sagittaler, koronaler oder axialer Ansicht auf die Originaldaten platziert werden, und auch die Ergebnisse können sofort in allen drei Ansichten per Overlay angezeigt werden. Der Benutzer identifiziert zunächst jeden Lappen mit einem entsprechenden Marker, der möglichst auf ein hilusnahes Blutgefäß gesetzt werden sollte. Er bekommt nach jeder Aktion die neuen Segmentierungs-Ergebnisse ohne merkliche Verzögerung angezeigt, kann diese kontrollieren und gegebenenfalls durch Hinzufügen oder Entfernen weiterer Marker iterativ verfeinern. In den Abbildungen 2 und 3 (rechts) wurde das Resultat einer Lappensegmentierung drei- bzw. zweidimensional visualisiert.

3 Ergebnisse

Unsere Methode wurde bereits an klinischen CT-Datensätzen von mehr als 30 Patienten getestet. Darunter befanden sich acht hochaufgelöste (Schichtdicke 1.0-1.25 mm) Datensätze mit gering ausgeprägten pathologischen Veränderungen. Für diese konnte die Segmentierung bereits mit einem Marker pro Lungenlappen durchgeführt werden. Für die meisten Low-Resolution Scans (Schichtdicke 3-5 mm) wurden zusätzliche Marker benötigt. Die Zeit für die automatische Vorverarbeitung beträgt 2-3 Minuten auf einem Standard-PC. Für die Interaktion sollten je nach Anzahl benötigter Marker 10 bis 60 Sekunden pro Lungenflügel eingerechnet werden. Anhand eines der hochaufgelösten Datensätze wurde sowohl eine Intra- als auch eine Inter-Observer-Studie durchgeführt. Dabei wurden

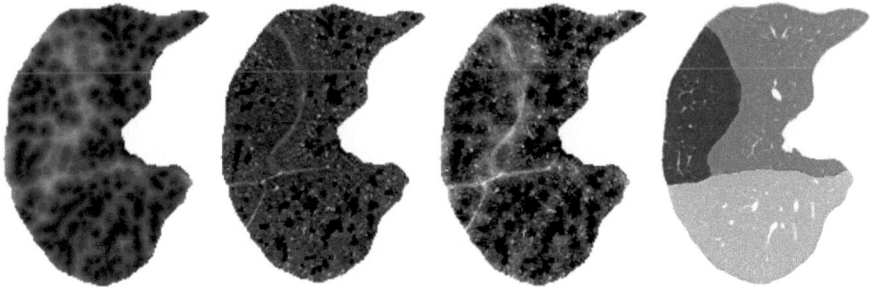

Abb. 3. Von links nach rechts: 3D-Distanzbild, Originalbild ohne segmentierte Gefäße, kombiniertes Bild, Segmentierungsergebnis.

die Lappen jeweils fünf mal segmentiert, wobei die Anzahl der zu verwendenden Marker nicht eingeschränkt wurde. Für jedes Paar von Ergebnissen lag der Anteil des übereinstimmend klassifizierten Volumens am Lungengesamtvolumen deutlich oberhalb von 99%. Eine Bewertung der Genauigkeit des Verfahrens sowie eine weiterführende Reproduzierbarkeitsstudie, die sich auf ein größere Anzahl von Datensätzen stützt, sind in Planung.

4 Diskussion

Die von uns vorgestellte Methode zur Lungenlappen-Segmentierung zeichnet sich durch Robustheit und geringen Interaktionsaufwand aus. Dabei greift der Benutzer erst am Ende der Verarbeitungskette ein und kann deswegen eine sofortige visuelle Kontrolle der Ergebnisse sowie deren interaktive Korrektur und Verfeinerung durchführen, ohne dass aufwändige Neuberechnungen fällig werden. Die durch die Lappensegmentierung erreichte strukturelle Dekomposition der Lunge kann nicht nur bei weiterführenden Bildverarbeitungs-Methoden behilflich sein, sondern erlaubt zusätzlich eine präzisere Bestimmung lappenspezifischer CT-Parameter. Letzteres ermöglicht eine genauere Prognose der postoperativen Lungenfunktion im Falle einer Lappenresektion, welche als die derzeit effektivste Form der Therapie von Lungenkrebs im frühen Stadium angesehen wird.

Diese Arbeit entstand im Rahmen des Verbundprojekts VICORA. Wir danken den Abteilungen für Radiologie der Uniklinik Mainz sowie des Zentralkrankenhauses Bremen-Ost für die zur Verfügung gestellten Datensätze.

Literaturverzeichnis

1. Zhang L, Reinhardt JM: Detection of Lung lobar fissures using fuzzy logic. SPIE Medical Imaging: Physiology and Function from Multidimensional Images 3660:188–199, 1999.
2. Zhang L, Hoffman EA, Reinhardt JM: Lung Lobe Segmentation by Graph Search with 3D Shape Constraints. SPIE Medical Imaging: Physiology and Function from Multidimensional Images 4321:204–215, 2001.
3. Hu S, Hoffman EA, Reinhardt JM: Automatic Lung Segmentation for Accurate Quantitation of Volumetric X-Ray CT Images. IEEE Trans Med Imaging 20(6):490–498, 2001.
4. Saito T, Toriwaki JI: New Algorithms for Euclidean Distance Transformation of an n-Dimensional Digitized Picture with Applications. Pattern Recognition 27(11):1551–1565, 1994.
5. Hahn HK, Peitgen HO: IWT — Interactive Watershed Transform: A Hierarchical Method for Efficient Interactive and Automated Segmentation of Multidimensional Gray-Scale Images. SPIE Medical Imaging: Image Processing 5032, to appear in August 2003.

Synthese von regionen- und kantenorientierter parameterfreien Erzeugung von Multiskalengraphen mittels Region Growing[*]

Christian Thies[1], Michael Kohnen[2], Daniel Keysers[3]
und Thomas M. Lehmann[1]

[1]Institut für Medizinische Informatik der RWTH Aachen, 52057 Aachen
[2]Klinik für Radiologische Diagnostik der RWTH Aachen, 52057 Aachen
[3]Lehrstuhl für Informatik VI, RWTH Aachen, 52056 Aachen

Zusammenfassung. Der Multiskalenansatz ermöglicht die kontextfreie strukturelle Beschreibung medizinischer Bilder mittels Extraktion aller dargestellten biomedizinischen Objekte. Um für ähnliche Bilder formal vergleichbare Ergebnisse zu erhalten, muss diese Analyse eine effiziente Datenstruktur liefern, die sowohl die Skalen-, als auch die räumlichen Adjazenzen der Bildregionen reflektiert. Klinisch relevant ist eine solche Regionendetektion nur, wenn sie parameterfrei berechnet werden kann, und für verschiedene Bilder ähnlichen Inhalts auch ähnliche Ergebnisse liefert. Herkömmliche Region-Growing-Verfahren basieren auf der Ermittlung von Saatpunkten und bevorzugen im Laufe des Merging-Prozesses bestimmte Nachbarn, wobei Strategien zur Vermeidung dieser Probleme sowohl Vorwissen bei der Auswahl der Saatpunkte erfordern, als auch zu Übersegmentierung bei restriktiven Merge-Regeln führen. Um dem entgegenzuwirken, berechnet das vorgestellte Verfahren eine Regionenhierarchie, in der jeder Bildpunkt als initiale Region betrachtet wird und ein Regionen-Merge nicht nur von der Nachbarschaftshomogenität, sondern auch von hemmenden Bildkanten gesteuert wird. Jede Region bildet dann einen Knoten in einem Graphen, der durch Kanten mit Nachbarregionen und Merge-Vorgängern verbunden ist.

1 Monoskalare Bildsegmentierung

Kantenorientierte Verfahren liefern zuverlässig visuell nachvollziehbare Bildinformation, deren räumliche Anordnung nicht vollständig in einen planaren Adjazenzgraphen überführt werden kann [1]. Allerdings markieren gefundene Kanten nicht immer vollständige Regionen, so dass zur Segmentierung weiteres Wissen zum Schließen von Lücken einfließen muss. Regionenorientierte Ansätze basieren auf der Zusammenfassung von Bildpunkten mit ähnlichen Eigenschaften, die sich wiederum aus der lokalen Nachbarschaft ergeben. So werden beim Region Growing, ausgehend von ausgewählten Saatpunkten, schrittweise Umgebungspixel verschmolzen, wobei sich durch algorithmische Bevorzugung visuell nicht

---

[*] Diese Arbeit wurde im Rahmen des Projekts Image Retrieval in Medical Applications (IRMA) durchgeführt und von der DFG gefördert. (Le 1108/4)

nachvollziehbare Merge-Pfade ausprägen können. Die resultierenden Regionen partitionieren das Bild und können in Form eines planaren Adjazenzgraphen dargestellt werden. Über- und Untersegmentierung sind typische Probleme. Mit parametrisierten Clusterverfahren, wie z.b. dem EM-Clustering werden ebenfalls monoskalare Partitionierungen erzeugt, die nicht ausreichend Detailinformation enthalten [2]. Das Region Growing ist ein etabliertes Clusterverfahren, dessen Berechungsvorschrift zwar selber eine triviale kausale hierarchische Multiskalenpartitionierung liefert, das jedoch in der bekannten Formulierung den gravierenden Nachteil der Saatpunktinitialisierung, sowie der Überbewertung von initialen Regionen hat.

2 Hierarchische Bildsegmentierung

Ziel des regionenorientierten Ansatzes ist eine Partitionierung des Eingangsbildes, die alle visuell signifikanten Regionen enthält. Als Region wird dabei eine zusammenhängende Pixelmenge bezeichnet, die auf dem Pixelraster eine Zusammenhangskomponente bildet. Da sich biologische Objekte in der Regel aus mehreren Regionen zusammensetzen, die wiederum eine Region bilden, entsteht eine Regionenhierarchie. Formal wird auf einem Verband gerechnet indem topologisch benachbarte Punktmengen zu größeren Mengen verschmolzen werden [3]. Die Auswahl der Verbandelemente stellt die eigentliche Partitionierung dar und kann prinzipiell durch Trennen oder Verschmelzen erreicht werden. Beim Verschmelzen kann der Skalenaufbau direkt von fein nach grob anhand des Zusammenfassens visuell benachbarter Pixel modelliert werden und man erhält ein topologisches Clusterverfahren.

3 Das Verfahren

Das Prinzip des Verfahrens ist die topologische Clusterung des Eingangsbildes. Zunächst wird jedem Bildpunkt ein Merkmalsvektor zugeordnet, der sich aus den Texturmerkmalen Polarität, Anisotropie und Kontrast sowie der Intensität zusammensetzt [4]. Initial repräsentiert jeder Punkt eine Region, mit Adjazenzen in der 4-Nachbarschaft, so dass das Bild in einen planaren Graphen transformiert wird, auf dem ein Region Merging initiiert wird. In einem zweistufigen Iterationsverfahren werden alle Regionen als gleichberechtigt betrachtet und somit die, für das Region Growing charakteristische, Bevorzugung der initialen Regionen vermieden (Abb. 1). Damit visuell signifikante Regionen erhalten bleiben, wenn das Ähnlichkeitskriterum zwischen benachbarten Clustern erfüllt ist, wird ein Kantenbild als Maske integriert. Da das Region Merging per Definition Zusammenhangskomponenten erzeugt, braucht dieses Kantenbild keine geschlossenen Konturen zu enthalten; es reicht eine Saliency-Filterung, wie sie vom Canny-Operator geliefert wird [1]. Die Kanten gelten als No-Go-Zonen des Region Mergings (Abb. 2). Als Skalenparameter fungiert ein Schwellwert für das euklidische Ähnlichkeitsmaß, der beim Start mit Null initialisiert und sukzessive erhöht wird (Abb. 3). Für die No-Go-Zonen gilt dabei eine unendliche Distanz, die immer

Synthese von regionen- und kantenorientierter parameterfreien Erzeugung   153

jenseits des Schwellwerts liegt. Damit lässt sich der dreistufige Algorithmus wie folgt formulieren:

Initialisierung. Zuerst wird das Pixelgitter in einen Adjazenzgraphen für die 4-Nachbarschaft umgeformt. Jeder Bildpunkt repräsentiert hierbei einen Knoten bzw. eine Region.

Verschmelzung. Das Merging erfolgt in zwei Schritten, die sich zum Aufbau der Datenstruktur eignen.

1. Es werden sukzessive alle Adjazenzen aller Regionen ermittelt, die kleiner als der aktuelle Schwellwert sind und sortiert. Dabei ist man auf einen schnellen Algorithmus wie den Merge Sort angewiesen, da sich schon bei kleinen Bildern mit 256x256 Pixeln ca. 150.000 Adjazenzen ergeben.
2. Die sortierte Liste wird beginnend mit der kleinsten Distanz abgearbeitet indem die aktuellen Adjazenzen verschmolzen und alle Nachbarregionen der beiden beteiligten Regionen in der Liste gesucht und ebenfalls vermerged werden.

Dieser Schritt wird für jede Region einmal durchgeführt. Dabei kann es durchaus vorkommen, dass eine Region mit keinem Nachbarn verschmilzt.

Update. Jeder neu entstandene Cluster ist aus zwei oder mehr Regionen hervorgegangen, und hat exakt die Fläche dieser Vorgänger. Damit entsteht auf natürliche Weise eine kausale Clusterhierarchie, für die lediglich die Adjazenzen, sowie die beschreibenden Merkmalsvektoren in Form der Mittelwerte aller Merkmalskomponenten neu berechnet werden müssen.

Die Schritte Verschmelzung und Update werden nun solange iteriert, bis keine Regionendistanz mehr die Schwellwertbedingung erfüllt, also kein neuer Knoten mehr entsteht. Dieser Fixpunkt markiert die Skala zum aktuellen Schwellwert. Das Verfahren startet mit dem Schwellwert 0, und dieser Wert wird sukzessive inkrementiert, bis nur noch eine Region, das gesamte Bild, existiert. Ergebnis dieser Berechnung ist eine Graphenstruktur, in der jeder Cluster einen Knoten beschreibt. Die Topologie der Cluster korrespondiert dabei mit den visuell signifikanten Bildregionen und ist über die Knotenadjazenzen beschrieben. Durch die Hierarchie der Verschmelzung wird eine Inklusionsbeziehung aufgebaut, die eine effiziente Auswertung der Datenstruktur ermöglicht.

4 Ergebnisse

Mit diesem Verfahren wurden 50 zufällig ausgewählte Bilder aus einer radiologischen Datenbank in Regionengraphen zerlegt und ausgewertet. Dabei wurden verschiedene Schwellwertinkrementierungen miteinander verglichen. Zum einen wurde der Schwellwert jeweils um den festen Wert 0.001 inkrementiert, zum anderen wurde ein Wert von 0.05 getestet. Dabei kam es zum Teil zu sichtbaren

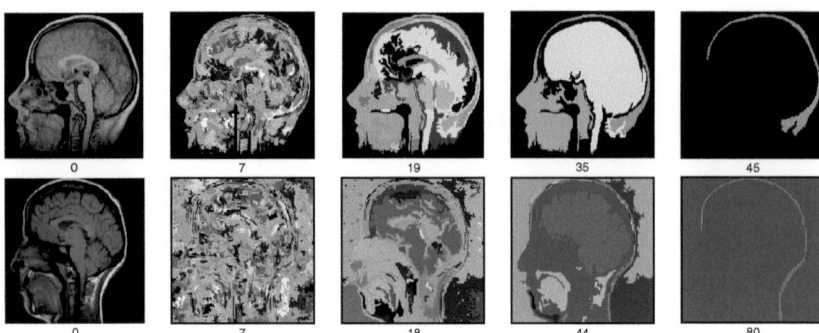

Abb. 1. Die Berechnung einer Skalenzerlegung liefert für unterschiedliche Bilder nicht zwingend die gleich Skalenanzahl. Je nach Intensitätsverteilung ergeben sich unterschiedliche Fixpunkte. So ist das Gehirn im oberen Skalenraum bereits in Skala 35 zu erkennen, während es unten erst in Skala 44 partitioniert wurde.

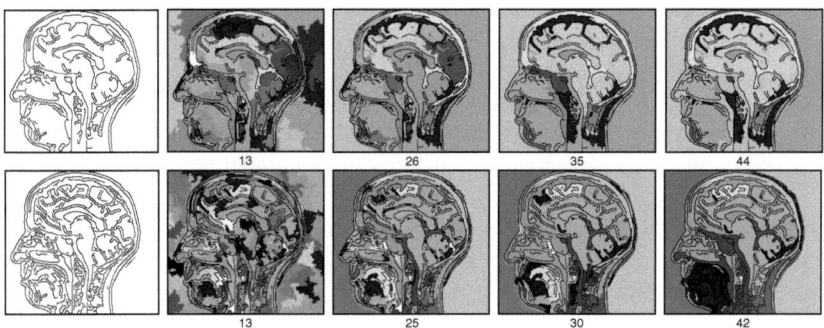

Abb. 2. Unterschiedlich dichte Masken führen zu unterschiedlichem Mergeverhalten, So bleiben in dichter maskierten Bildern (unten), Strukturen schärfer getrennt, z.B. Sulki und Gyri der Hirnrinde oder der Rachenraum; es werden aber auch Merges durch geschlossene Linienzüge verhindert.

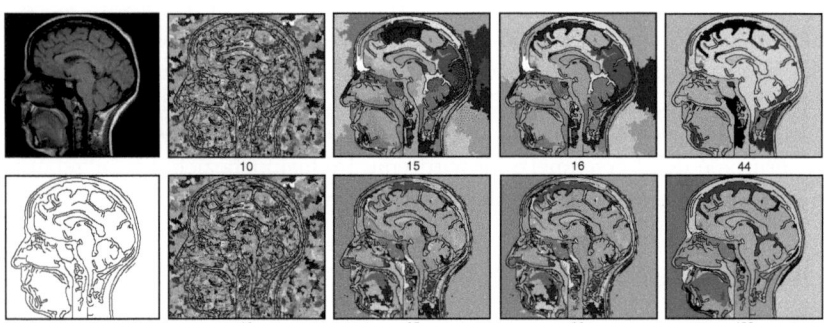

Abb. 3. Das Mergeverhalten auf einem Bild (oben links Original, unten links Maske) hängt von der Schrittweite des Mergeprozesses ab. Große Schrittweiten führen zu weniger Iterationen (oben, Schrittweite 0.05, 120 Iterationen), aber auch zu weniger Regionen und nicht nachvollziebaren Verschmelzungen. Kleine Schrittweiten (oben, Schrittweite 0.001, 306 Iterationen) liefern mehr, aber dafür plausiblere Regionen.

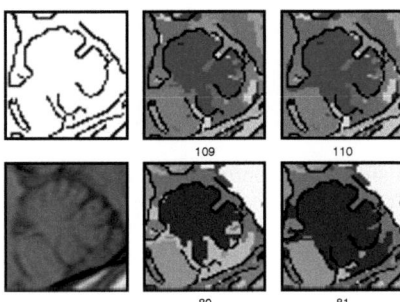

Abb. 4. Durch die Maskierung des Bildes (unten links) mittels eines Canny gefilterten Bildes (oben links) bleiben Details von Objekten beim Skalenübergang erhalten (oben), während im unmaskierten Fall beim Übergang von einer zur anderen Skala mehr Merges stattfinden und Details verlorengehen (unten).

Unterschieden der Verschmelzungsreihenfolge und daher auch für große Schrittweiten zu nicht nachvollziehbaren Regionen. Der Einsatz von Masken ergab für Details eine höhere Genauigkeit in Bezug auf die visuelle Nachvollziehbarkeit (Abb. 4), die sich jedoch nur geringfügig auf die Gesamtqualität der Ergebnisse auswirkte. Die Wirkung unterschiedlich dichter Masken hängt stark von der Zahl geschlossener Kantenzüge ab und wirkt vor allem bei hoher Kantenanzahl restriktiv.

5 Diskussion und Ausblick

Das vorgestellte Verfahren ist eine Technik zur Multiskalenpartitionierung medizinischer Bilder. Die Bildinformation wird in Form einer Graphenstruktur repräsentiert, die eine vergleichende Analyse mit anderen Bildern unter Berücksichtigung des lokalen Bildinhaltes ermöglicht. Dieser Vergleich kann aufgrund des hierarchischen Adjazenzgraphen mittels Graphmatching durchgeführt werden. Das NP-vollständige Problem des Graphmatchings lässt sich unter der starken Bedingung der Baumstruktur effizient lösen. In einer Erweiterung wird das Maskenbild mit steigender Skalenzahl ebenfalls kausal reduziert, so daß skalenspezifische Kantenzüge das Region Growing beschränken. Dazu sind allerdings auch andere als mit dem Canny-Operator erzeugte Maskenbilder denkbar.

Literaturverzeichnis

1. Canny J: A computational approach to edge detection, IEEE PAMI 8(6):679-698, 1986.
2. Belongie S, Carson C, Greenspan H, Malik J: Color- and texture-based image segmentation using the expectation-maximization Algorithm and its application to Content-Based Image Retrieval, ICCV, Mumbai, India, pp. 675–82, 1998.
3. Braga Neto U, Goutsias J: Connectivity on complete lattices: New results, Computer Vision and Image Understanding 85:22–53, 2002.
4. Thies C, Malik A, Keysers D, Kohnen M, Fischer B, Lehmann TM: Content-based retrieval in medical image databases by hierarchical feature clustering, Procs SPIE 5032: in press, 2003.

Live-Wires on Egdes of Presegmented 2D-Data

Sebastian König and Jürgen Hesser

Institute for Computational Medicine, Universities of Mannheim and Heidelberg
68131 Mannheim, Germany
Email: skoenig@uni-mannheim.de

Summary. In this article we present an extension to the Live-Wire segmentation approach. An automatic preprocessing is done before the interactive segmentation and thus provides an additional level of abstraction. The amount of the interactively processed data is reduced and additional problem specific knowledge is included. We achieve a data reduction of a factor of >6 for a typical MRT image of the human brain.

1 Introduction

The intention of our research is the fast segmentation of image data e.g. MRT images of the head, for example white and gray cerebral matter as well as smaller structures like the amygdala.

Our approach is based on Live-Wires that simply integrates the expert knowledge to solve ambiguous assignments of possible object borders.

To enhance the Live-Wire approach we restrict the possible segmented borders to edges of mosaic images having a twofold advantage: First, since the amount of nodes is reduced significantly, a corresponding speedup in processing can be achieved. Second, the generation of the mosaic image can incorporate problem-specific segmentation approaches.

2 Previous Work on Live-Wires

Edge-based segmentation uses the image-gradient as boundary for homogenous regions in the image [1]. Due to the interactivity Live-Wires allow to incorporate domain-knowledge with few user interactions only. The basic approach for Live-Wires is to find a cost-optimal path on a given graph, where the cost-function depends on the local image gradient. By defining seed points and roughly following the object boundaries, the expert restricts the possible solutions and the calculation (Live-Lanes) of the path to the relevant areas [2,3].

A typical approach to speed-up interactive segmentation is to split the segmentation task into an automatic oversegmentation of the image and an interactive step [4,5].

3 Fundamental Progress

In this paper we offer an extension to Live-Wire segmentation which is not only faster but also more problem specific. This extension is based on a preprocessing of the image that leads to a mosaic image. The borders of the mosaic areas are considered as edges in a graph. Instead of operating the live-wire on the image pixels as nodes we use the nodes from the constructed graph. With an adequate preprocessing step problem specific knowledge can be integrated that removes irrelevant edges from the whole process and thus speeds-up the interactive part.

4 Methods

In an automatic preprocessing step the image is over-segmented. Region-Growing, Watershed or combined methods are used in our example. This preprocessing step may be replaced or selected arbitrarily according to the intended application.

The result of the preprocessing is a mosaic. From this we extract the region borders and interpret them as a weighted undirected graph, defined in between the original image grid. Thereby, a node in the graph is given by the point where at least three mosaic region borders meet. Graph edges are given by those borders. Analogous to the static cost of the conventional Live-Wire method the weight of each edge is calculated from the gray-level gradient magnitude, gradient direction, and Laplacian zero-crossing that is accumulated along the edge.

The user interacts on the image which is to be segmented as in the standard Live-Wire approach. However, in this case we have to assign each mouse position in the image to its nearest node of the graph. As feedback, we highlight the chosen edges that are selected by the Live-Wire. As in the classical Live-Wire procedure the graph becomes a cost-tree, whose root is the chosen seed point. The algorithm calculates the piece-wise object boundary between the seed point and the current mouse position, using dynamic programming to identify the cost-minimal link between these nodes.

The classical optimizations, proposed to the Live-Wires, are also applicable to our approach and implemented, for instance, to calculate the cost field as far as it is needed or limiting the calculations to a user-defined region (Live-Lanes).

5 Results

Our software is implemented in Matlab (6.0.0.88 R12) on a PC with a 600 MHz Pentium III processor and 512 MByte RAM.

We choose a simple Region-Growing (centroid method, threshold value = 13, cf. [6]) as the preprocessing step in these examples. The threshold is adjusted so that at least every relevant object border is represented in the graph.

The results are shown in tables 1 and 2. Our approach is compared to the classical Live-Wire method onto two exemplary images, a synthetic test image (table 1) which demonstrates the capabilities of our approach and on an MRT

Fig. 1. On the left: A section taken from the MRT example image. Center: The therefrom calculated mosaic image. On the right: The graph, derived from the mosaic image. Nodes are plotted black, edges are plotted gray.

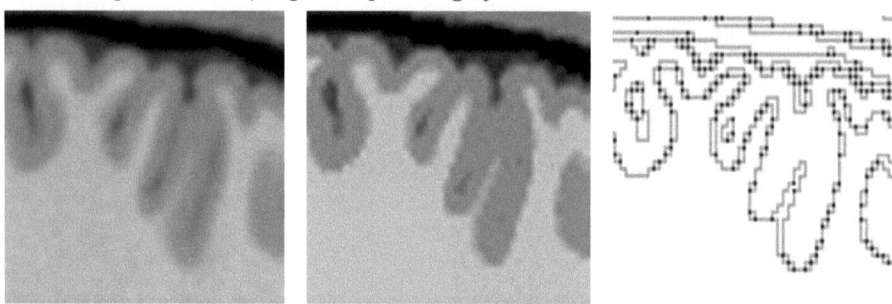

Note: In this example we focused on segmenting the boundary between the gray and white cerebral matter and adjusted the preprocessing accordingly. Other boundaries were not considered while adjusting the parameters and may not appear here.

Table 1. Results taken from a synthetic test image (256x256)

	A (classical)	B (new)
SIZE OF THE COMPLETE DATA SET		
absolute	65536 pixels	424 nodes
relative	100%	0.65%
CALCULATED COST FIELD ENTRIES		
absolute	48222 calculations (±36625)	612 calculations (±199)
relative	100%	1.27%
AMOUNT OF DATA USED DURING THESE COST FIELD CALCULATIONS		
absolute	6100 pixels (±4585)	265 nodes (±90)
relative	100%	4.34%

Table 2. Results taken from a MRT cerebral image (181x217)

	A (classical)	B (new)
SIZE OF THE COMPLETE DATA SET		
absolute	39277 pixels	4670 nodes
relative	100%	11.89%
CALCULATED COST FIELD ENTRIES		
absolute	59424 calculations (±7278)	8864 calculations (±1655)
relative	100%	14.92%
AMOUNT OF DATA USED DURING THESE COST FIELD CALCULATIONS		
absolute	8276 pixels (±910)	2668 nodes (±497)
relative	100%	32.24%

image of the brain[1] (table 2) as an example of a typical application. At this point we were interested in detecting the border between white and gray matter.

The tables contain the data set size, the amount of cost field entries that are calculated, and the amount of data elements that are required for the calculation of these cost fields. The latter two items are important to evaluate these results. They affect the required calculation time to perform the interactive segmentation substantially. This calculation time is nearly proportional to the number of cost field calculations, independent of the actual implementation or hardware equipment. The calculation of such a cost field entry requires about 0.8 milliseconds with our system, both with the classic Live-Wire method as well as with our new approach. The amount of time required in the preprocessing step is about 3.5 minutes.

6 Discussion and Future Work

It is fundamental for the achievable segmentation quality that all relevant boundaries are covered by the graph, since it defines the only edges that can be selected during the interactive phase. Furthermore, algorithms based on the search for a cost-optimal path tend to cut off corners and to shortcut in narrow notches. These problems are solved by our approach provided that such shortcuts are not offered by preprocessed boundaries. By adjusting the parameters of the preprocessing step the user is able to minimize this source of errors.

In addition to the Region-Growing based preprocessing step used here, Watershed based presegmentations were analyzed, as well. In comparison with the Region-Growing method, however, they provide slightly worse results. They provide about 1.2 times more nodes, covering the same minimum boundary, and cause much more shortcuts in notches. The amount of the data processed interactively and the number of calculated cost field entries were strongly reduced and the segmentation was accelerated by a factor of about 6.7 .

As the interactive segmentation occurs on the abstract graph level it is tolerant to inaccuracies in user interaction. In segmenting our cerebral image, for example, it is possible to trace the boundary between gray and white matter by selecting only six graph nodes as seed and support nodes. We intend to make use of this tolerance together with the enhanced processing speed to extend our Live-Wire approach into the third dimension, making the step from active contours to active surfaces.

References

1. O'Donnell L, Kikinis R et al.: Phase-Based User-Steered Image Segmentation. MICCAI, 2001.
2. Mortensen E N, Barrett W A: Interactive Segmentation with Intelligent Scissors. Graphical Models and Image Processing, no. 60, pp. 349-384, 1998.

---

[1] A T1 weighted volume data set taken from the BrainWeb database. [7]

3. Falcao A X, Udupa J K, Miyazawa F K: An ultra-fast user-steered image segmentation paradigm: Live wire on the fly. COX, 19(1):55-61, 2000.
4. Kühne G, Poliwoda C, Hesser J, Männer R: Interactive Segmentation and Visualization of Volume Data Sets. Late Breaking Hot Topics, Visualization pp. 9-12, 1997.
5. Keeve E et al.: 3D Markov Random Fields and Region Growing for Interactive Segmentation of MR Data. MICCAI, 2001.
6. Adams R, Bischof L: Seeded Region Growing. IEEE Trans. on PAMI, Vol.16, No.6, pp.641-647, 1994.
7. BrainWeb: Simulated Brain Database. http://www.bic.mni.mcgill.ca/brainweb/

Segmentierung des Femurs mittels automatisch parametrisierter B-Spline-Snakes

Silke Holzmüller-Laue und Klaus-Peter Schmitz

Institut für Biomedizinische Technik der Universität Rostock, 18057 Rostock
Email: silke.holzmueller-laue@etechnik.uni-rostock.de

Zusammenfassung. Eine patientenspezifische biomechanische Analyse während der Planungsphase einer Hüftendoprotheseninplantation kann wesentlich zum Erfolg des künstlichen Gelenkersatzes beitragen. Die Finite-Elemente-Methode erlaubt eine Simulation der mechanischen Auswirkungen einer Prothesenimplantation und damit eine Beurteilung der Primärstabilität. Für die klininische Akzeptanz eines solchen Verfahrens sind ein hoher Automatisierungsgrad, Effizienz, Robustheit und Reproduzierbarkeit wesentliche Kriterien. Die hier vorgestellte Segmentierungsmethode ist der bisher noch fehlende Baustein zu einer vollständig automatisierten Belastungsanalyse einer individuellen Operationsplanung basierend auf den CT-Daten des Patienten.

1 Einleitung

Ein künstlicher Gelenkersatz stellt einen tiefen Eingriff in die Biomechanik des Knochens dar. Die Berücksichtigung der biomechanischen Aspekte bei der Operationsplanung führt zu einem entscheidenen Qualitätsgewinn. Wir haben in den letzten Jahren dazu ein automatisches Berechnungsverfahren entwickelt, das mit Hilfe der Finite-Elemente-Methode schon in der Planungsphase einer Operation eine Beurteilung der Primärstabilität des Knochen-Implantat-Verbundes erlaubt. Die Einführung einer solchen Methode in den klinischen Alltag stellt hohe Anforderungen an den Automatisierungsgrad, die Robustheit und die Reproduzierbarkeit des Verfahrens.

Der in [1] von uns vorgestellten Methode fehlte eine wirklich robuste, vollautomatisierte Segmentierungskomponente. Die dort beschriebene auf klassischen Segmentierungstechniken (Thresholding, Region Growing) basierende Methode erfordert neben der Parametrisierung durch den Anwender erwartungsgemäß eine interaktive Kontrolle und gegebenenfalls eine Korrektur, für die aber im klinischen Routinebetrieb keine Zeit ist. Ziel ist es daher, das vorhandene a-priori-Wissen geeignet in die Methode zu integrieren, um Robustheit und Reproduzierbarkeit zu erhöhen, so dass sich eine nachträglich manuelle Korrektur erübrigt.

Mit den aktiven Konturmodellen (Snakes) haben Kaas et. al. erstmals ein Segmentierungsverfahren vorgestellt, das es ermöglicht, Vorwissen in hohem Maße in den Segmentierungsprozess einzubeziehen. In den letzten Jahren wurden die verschiedensten Erweiterungen entwickelt und insbesondere auch auf medizinische Bilder angewandt. Die in der Literatur beschriebenen Algorithmen benötigen entweder interaktiven Arbeitsaufwand zur Parametrisierung und Positionierung der Initialkontur oder setzen in einer Datenbank vorhandene Formmodelle ein. Für das hier beschriebene Anwendungsziel ist der Nutzer nach Möglichkeit vollständig von interaktiver Arbeit zu befreien.

2 Methoden

2.1 Randbedingungen

Aus der speziellen Anwendung ergeben sich sowohl zusätzliche Anforderungen an die Segmentierungsmethode als auch Randbedingungen, deren Berücksichtigung die Robustheit der Methode erhöhen.

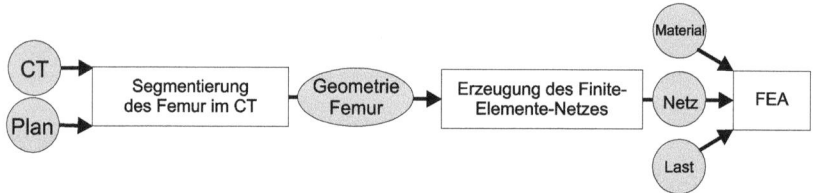

Abb. 1. Einordnung der vorgestellten Segmentierungskomponente in den Gesamtablauf eines automatisierten biomechanischen Berechnungsverfahrens zur Beurteilung der Primärstabilität nach künstlichem Hüftgelenksersatz

Abbildung 1 zeigt die einzelnen Schritte unseres biomechanischen Berechnungsverfahrens. Als Eingangsdaten liegen der CT-Datensatz des Patienten sowie die vom Arzt geplante Position des Implantates vor. Damit ist die ungefähre Femurlage im CT-Datensatz bekannt und kann zur Initialisierung der Segmentierung genutzt werden, was die Reproduzierbarkeit des Ergebnisses gewährleistet. Das spätere Finite-Elemente-Netz ist aus Hexaederelementen aufgebaut. Um

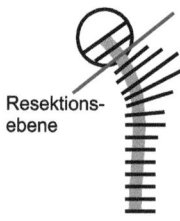

Abb. 2. Die Lage dieser Elementebenen ist der Femurkrümmung angepasst.

die Reproduzierbarkeit des Finite-Elemente-Netzes zu sichern, erfolgt eine 2D-Segmentierung in den Ebenen, in denen später diese Elemente liegen (Abb. 2). Der Verzerrungsgrad der entstehenden Elemente ist ein entscheidendes Qualitätskriterium bei der FEA. Große Krümmungen, z.B. bedingt durch starke Konkavitäten im proximalen Bereich des Femurs, müssen deshalb vermieden werden - ein Grund, warum die Anwendung von B-Snakes favorisiert wird.

2.2 Segmentierung

Die aktive Kontur wurde als energieminimierende B-Spline-Kurve realisiert. Auf die Snakekontur wirken die klassischen Einflüsse aus inneren und externen Kräften sowie zusätzlich eine Druckkraft.

In die externe Energie fließen Gradient- und Grauwertinformationen ein, wobei die Kanteninformationen wesentlich stärker gewichtet sind. Zur deren Bestimmung wird der Laplacian-of-Gaussian-Filter benutzt, dessen Parameter aus den Bildeigenschaften (mittlerer Grauwert, Kontrast) abgeleitet werden. Eine auf das Filterergebnis angewandte Distanztransformation ergibt das zur Optimierung benutzte Potential.

Die Wichtung der inneren Energie, die übermäßige Deformationen einschränkt, ergibt sich aus den Formmerkmalen der Ausgangskontur. Dabei werden Konturlänge, Elongiertheit und Krümmung verwendet.

Die Anzahl der Konturpunkte (hier über den mittleren Abstand der Kontrollpunkte realisiert) hat einen wesentlichen Einfluss auf die erreichbare Genauigkeit. Die im Verfahren festgelegte Wahl linear zur Konturlänge erfolgte als Kompromiss zwischen erreichbarer Genauigkeit und Robustheit(Vermeidung von Schlaufenbildung, Überbrückung von lückenhaften Kanten).

Die Erweiterung um die Ballonkraft wird durch benachbarte Objekte (z.B. Hüftknochen) im Bildraum notwendig. Die Wichtung des Ballon-Einflusses wird dem Anstand zur nächsten Kante angepasst. Die Ballonkraft wirkt in Richtung der Kurvennormale im aktuellen Kontrollpunkt. Die Richtung wird durch das initiale Vorzeichen bestimmt. Zur Segmentierung der äußeren Kontur wird die Kurve zusammengedrückt, zur Detektion der inneren Kontur wird sie aufgeblasen. Als Optimierungsverfahren wird der Greedy-Algorithmus in einer kreisförmigen 8ter-Umgebung des jeweils aktuellen Kontrollpunktes verwendet. Die Verschiebungsschrittweite ist 1.0.

Die Segmentierung beginnt in einem Bereich, in dem aus dem Planungswissen heraus sichere Aussagen über Position und Größe der Initialkontur getroffen werden können. Der Mittelpunkt wird auf die Schaftachse der Prothese gelegt. Es erfolgt eine Propagierung der Ergebniskontur auf die nächste Schicht (von einfachen Formen im distalen Bereich zu komplexeren, individuellen im proximalen bzw. im Kniebereich). Da die Ähnlichkeit der geometrischen Formen in aufeinanderfolgenden Ebenen nicht wie bei benachbarten CT-Schichten vorausgesetzt werden kann, wird die Ausgangskontur zunächst aufgeblasen, bevor die Segmentierung in der nächsten Schicht beginnt.

Tabelle 1. Vergleich der extrahierten Konturen (Referenzkonturen mit schwellwertbasiertem Verfahren erzeugt, Vergleichsdaten mit den hier beschriebenen automatisch parametrisierten B-Snakes.

Datensatz (Anzahl Schichten)	Abweichungen Absolut Max.	Max. gesamt	Max. prox.	Max. dist.	Mittl. gesamt	Mittl. prox.	Mittl. dist.
val 1 (67)	12.714	2.350	4.565	1.961	0.880	1.501	0.771
val 2 (68)	8.721	1.905	2.529	1.797	0.767	0.901	0.743
val 3 (66)	8.636	1.968	4.492	1.518	0.803	1.613	0.659
val 4 (73)	9.541	1.996	4.607	1.582	0.743	1.419	0.635
val 5 (79)	12.565	2.752	8.054	1.984	0.895	2.271	0.696
val 6 (65)	11.863	1.573	2.798	1.351	0.669	1.293	0.555
val 7 (67)	9.628	2.354	5.222	1.850	0.862	1.580	0.736
val 1-7	8.729	2.128	4.609	1.720	0.802	1.511	0.685

2.3 Training

In einem mehrstufigen Training wurden Informationen über auftretende Formvariabilitäten gesammelt und die Abhängigkeiten der Modellparameter daraus abgeleitet. Es wurden drei Gruppen von Trainingsdaten verwendet:

1. synthetische Bilder (Ellipsen verschiedener Ausdehnung) - Datengruppe A
2. CT-Datensätze von humanen Femora, die zu Experimenten mit Dehnungsmessstreifen während der Validierung der Berechnungsmethode verwendet wurden - Datengruppe B
3. reale Patientendatensätze - Datengruppe C

Die Trainingsdaten der Gruppen B und C liegen in einer Auflösung von $256x256$ Voxel mit einer Kantenlänge von $0.93 - 1.23mm$ in 250-450 Schichten pro Datensatz vor. Die Schichtdicke beträgt in der Regel $1mm$.

3 Ergebnisse

Zur Evaluierung des Verfahrens werden zum einen die extrahierten Konturen mit denen des Referenzverfahrens, zum anderen die Berechnungsergebnisse der Finite- Elemente- Analyse verglichen. Als Referenzmethode wird das schon erwähnte schwellwertbasierte Verfahren [1] verwendet, da es Bestandteil einer experimentellen Evaluierung [2] des Gesamtverfahrens war.

Als Fehlermaße werden dabei die mittlere und maximale Abweichung der Konturpunkte sowie die Fläche innerhalb der Kontur verwendet. Tabelle 1 zeigt beispielhaft die ermittelten Abweichungen für Datengruppe B. Bei starken anatomisch bedingten Konkavitäten im proximalen Bereich tritt gewollt eine hohe Ungenauigkeit auf (Abb. 3b). Diese Glättung der Struktur sichert eine verzerrungsfreie FE-Vernetzung. Bei dem Referenzverfahren musste in diesen Fällen manuell korrigiert werden. Ein weiterer Grund für hohe Abstände bei einzelnen

Abb. 3. Ergebnisse der Segmentierung mit automatisch parametrisierten B-Snakes a) korrekte Delineation b) Glättung bei Konkavität c) Überbrückung des verfahrensbedingten Pins

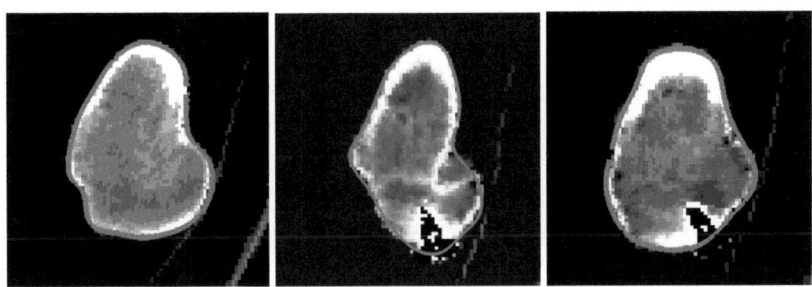

proximalen Schnitten ist durch die Herkunft der Daten bedingt. Zur Referenzierung im OP wurden vom Caspar-System (URS Ortho GmbH & Co. KG) Pins eingesetzt, die vom Schwellwertverfahren nicht mit erfasst werden (Abb. 3c).

Derzeit wird die Evaluierung des Verfahrens mit Patientendaten durchgeführt. Es erfolgt dabei ein Vergleich der Berechnungsergebnisse der Finite-Elemente-Analyse nach Modellierung basierend auf dem Referenzverfahren mit denen nach Segmentierung mit den beschriebenen B-Snakes. Berücksichtigt werden Wert und Position der berechneten Maxima verschiedener biomechanischer Kenngrößen sowie die Verteilung der Werte. Bisher wurden bei gleicher Verteilung der Werte Abweichungen von $0.3 - 3.5\%$ festgestellt, die keine signifikanten Änderungen der biomechanischen Aussagen bewirken.

4 Diskussion

Das vorgestellte Segmentierungsverfahren bildet einen wichtigen Baustein in einem klinisch einsetzbaren, vollautomatisierten, patientenspezifischen Berechnungsverfahren zur Belastungsanalyse in der Hüftendoprothetik. Die Einbringung von a-priori-Wissen aus der Operationsplanung sowie das durchgeführte Training machen diese Segmentierungsmethode zu einem robusten und reproduzierbaren Verfahren. Durch Adaption der Parameteranpassung kann sie auf andere Strukturen übertragen werden.

Literaturverzeichnis

1. Holzmüller-Laue S, Zacharias T, Schmitz KP: Automatische Modellierung individueller Femur-Hüftendoprothese-Systeme für eine patientenspezifische Finite-Elemente-Analyse. Procs BVM 01:62-66, 2001
2. Zacharias T: Präoperative biomechanische Berechnung von Femur-Hüftendoprothese-Systemen zur Ermittlung der individuellen Primärstabilität nach Roboterimplantation. Dissertation, Universität Rostock, Shaker, Aachen, 2001.

Parameter Reduction and Automatic Generation of Active Shape Models

David Liersch, Abhijit Sovakar and Leif P. Kobbelt

Computer Graphics Group, RWTH Aachen, 52056 Aachen
Email: david.liersch@post.rwth-aachen.de

Summary. In this paper we propose an alternative method to build Active Shape Models. It avoids the use of explicit landmarks since it represents shapes by normal displacements relative to an average (domain) contour. By this we reduce the redundancy of the model and consequently the number of parameters in our representation. The resulting models have a significantly lower algebraic complexity compared to those based on landmarks. Additionally we show how to automate the generation of ASMs from sets of unprocessed training contours in arbitrary representation.

1 Introduction

Automatic and reliable detection of contours in 2D and 3D image data is an important tool in the field of medical image processing. However, noisy artifacts and low contrast usually complicate this segmentation process and hence, suitable image processing techniques have to compensate these difficulties.

Digital filters can reduce the noise level and extract gradient or edge information from the images [1] but usually they do not provide topological guarantees for the contours since the classification is mostly done on a per pixel basis. Active Contours [2] improve the reliability of the segmentation by exploiting knowledge about geometrical and topological properties: a contour is assumed to be locally smooth and globally connected. Active Shape Models (ASM) [3] go one step further by taking statistical knowledge about the expected shape variations into account. A set of training contours is analysed in a pre-process and the contour detection is then restricted to "plausible" shapes. Consequently, ASMs are particularly effective for medical applications [4] whenever organic structures can be described by a (healthy) average anatomy and a set of typical (pathological) deviations.

ASM is a purely algebraic approach to extract the major shape variations from a given set of training contours. In the standard setup, a set of specific landmarks is (manually) picked on each training contour and the coordinates of the landmark positions are concatenated to build a feature vector. By applying a Principal Component Analysis (PCA) to the set of training feature vectors, we find the major axes of the shape variations. The basis transform induced by the PCA provides a mapping from the space of feature vectors to model parameters.

Fig. 1. In the standard ASM setup (left) a set of landmarks $p_{i,j}$ is picked on each contour. The two landmark coordinates enter the model without taking the different nature of normal versus tangential displacement into account. In our new model (right) we do not use individual landmarks but we rather re-sample each contour by shooting rays in normal direction from an average contour $\bar{C}$.

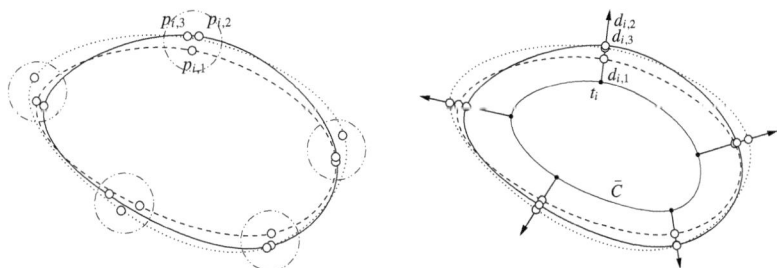

Since the PCA also provides a ranking of the model parameters according to their shape relevance, we can focus on a small set of leading model parameters while still capturing all significant shape variations.

In this formulation, ASM treats contours like isolated point samples in some higher dimensional space without taking into account the geometric coherence of the landmark positions. The only geometric aspect in the standard ASM setup is that each contour is aligned to a global coordinate system by an affine transformation. This is necessary to avoid the detection of pseudo deformations which happen to be rigid rotations or translations of the contours. Otherwise, the fact that the positions of neighboring landmarks are not completely independent is ignored and true shape variations (where the landmarks move in normal direction to the contour) are treated exactly like insignificant changes of the landmark distribution along the contour (where landmarks move in tangent direction).

As an alternative approach, we suggest to replace the feature vectors in the standard setup by a vector of normal displacements relative to an average contour. By this we can incorporate much more geometric information into the model. Each change in the displacement values represents a true change in the contour shape since tangential movement of the samples is not possible (Fig. 1). In addition we avoid the tedious manual pre-process of picking the landmarks on every training contour since the displacement can be computed automatically by simply intersecting normal rays from the average contour with all training contours.

2 Contour Representation and Model Building

A contour is a closed curve $C(t) : t \in [0, 1] \mapsto R^2$ with $C(0) = C(1)$, that separates the plane into exactly two components (inside and outside). For efficient processing, contours are usually discretized and approximated by a polygon.

Standard ASM relies on landmarks $p_i = C(t_i)$ with $i = 1, \ldots, n$, which are placed at suitable locations on the contour. The $2n$-dimensional feature vector

Fig. 2. To generate an average contour, we first sum up the squared distance functions of all training contours in a high resolution grid (left). Then we extract the zero-contour and adaptively decimate it to reduce its point count (right). The minima and maxima of the displacements d_i of the training contours provide additional geometric information about the limits of the shape deformation encoded in the DDM.

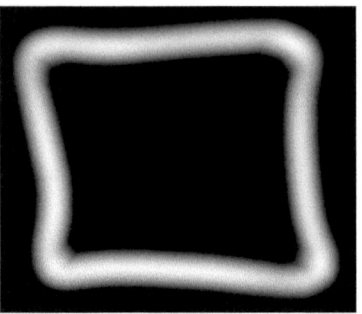
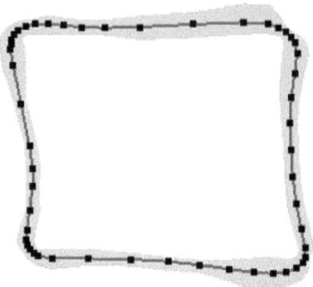

used for the model is built by concatenation of the $2D$ vectors p_1 to p_n. Statistical models based on this contour representation are known as Point Distribution Models (PDM). To build a PDM, landmarks must be defined separately on all training contours $C_j(t)$ with $j = 1, \ldots, k$. Special care has to be taken to avoid tangential shifts of "synchronous" landmarks $p_{i,j}$ with $j = 1, \ldots, k$ (Fig. 1), since these shifts along the contour carry less significant shape information, but still influence the model parameters when applying the PCA.

In contrast, our method initially specifies a smooth contour $\bar{C}$, which approximates an average shape of the training data C_j. From $\bar{C}(t_i)$ rays are shot in normal direction and intersected with the training contours $C_j(t)$. We call the resulting distances *displacements* $d_{i,j}$ (Fig. 1). In that $\bar{C}$ and the t_i have to be defined only once, each contour C_j is given by the scalar values $d_{1,j}$ to $d_{n,j}$. We call a model based on this type of contour representation a *Displacement Distribution Model* (DDM) and the segmentation method using DDM *Active Displacement Model* (ADM). $\bar{C}$ and $\{t_i\}$ represent the geometric framework for the ADM. Major shape variations are found by applying the PCA to the training vectors $D_j = [d_{1,j} \ldots d_{n,j}]$. By definition $\{D_j\}$ contains no tangential components and therefore a DDM encodes only relevant shape information.

The contour $\bar{C}$ is called *domain contour*. We obtain $\bar{C}$ by first summing up the squared distance functions of the training contours in a high resolution grid (Fig. 2). Then we extract the highly detailed zero-contour, which approximates the average shape of all training contours. While decimating this contour to a lower point count, we adapt to local detail by keeping more points in areas of high curvature. The remaining points define the locations t_i on $\bar{C}$. As long as a distance function can be generated from a training contour, any representation can be used with this method, including implicit functions and discrete images.

The minima and maxima of the displacements $d_{i,j}$ of the training contours are easily obtained and define the bounding hull of the shape deformation encoded in the DDM (Fig. 2).

Fig. 3. Created from the same synthetic input data (left), a DDM reduces the approximation error compared to a PDM (vertical axis) and has the same descriptive power with fewer model parameters (horizontal axis). Using real data (right), the DDM again shows better approximation properties. In both cases the DDM uses a feature vector of only half dimension, reducing the cost for the PCA considerably.

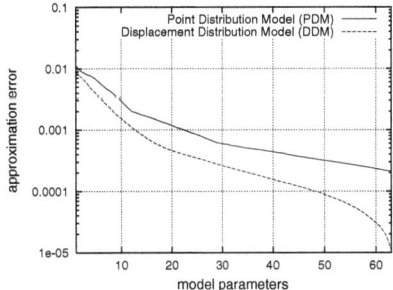
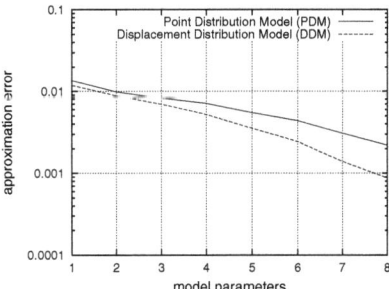

3 Results

In our experiments we evaluate the approximation power of a DDM in comparison to a PDM when using the same training data. In any case, the feature vector of a DDM has only half the size of that of a PDM representing the same number of samples of a contour. This considerably reduces the cost of applying a PCA to the training contours while achieving the same approximation quality.

3.1 Approximation Power of Shape Models

In the following we build a PDM and a DDM both with synthetic and real data. Then we sum up the Hausdorff distance between all original training contours and their approximations after mapping to the shape model using a varying number of model parameters. The aliasing error generated by resampling with the domain contour $\bar{C}$ turned out to be negligible.

First we generate 200 variants of a contour with 64 points. For this we start with a contour of 8 points and alternate steps of deformation and subdivision. The maximum amplitude of the deformation is attenuated in each step. The last step is a deformation. The PDM uses the 64 points directly as landmarks. Consequently the PDM feature vector has 128 entries. For the DDM we *automatically* generate a domain contour with 64 points. Hence the DDM feature vectors have only 64 entries. Using the same number of model parameters, our model reduces the approximation error (Fig. 3).

On 10 real radiographs of vertebrae 52 landmarks have been picked by hand (data courtesy by the Department of Diagnostic Radiology of the RWTH Aachen University Hospital). Like above the PDM uses the landmarks directly for model building. For the DDM we automatically generate a domain contour and use 52 displacements independent from the landmark locations. The results are similar to those with synthetic data. Even with the low number of training contours we observe the same trends in the relation of model parameters to approximation error (Fig. 3).

3.2 Segmentation

The method of extracting contours from images using ASM is described in full detail in [3]. Here we build both a DDM and a PDM for 9 of 10 vertebrae and compare the ASM segmentation of the 10th vertebra with the respective hand-segmented contour (leaving-one-out). Using ADM instead of ASM makes practically no difference once the model of shape is available and we observe comparable segmentation results.

4 Discussion

ADM in comparison to ASM avoids landmarks and therefore circumvents the difficulties related to the reliable detection of landmarks. Although the approximation by displacements is as good as using landmarks, the dimension of the contour representation is halved. A DDM in contrast to a PDM is guaranteed to only store relevant shape information. The generation of domain contours and the measurement of displacements is done automatically and is also automatically adaptable to local detail. This is a big advantage compared to PDM, where model generation requires manual preparation of the raw data. Furthermore the representation of training contours for the DDM is not restricted to polygons. Finally a DDM shows significantly improved approximation power compared to a PDM based on the same input data.

Due to potential aliasing during resampling, a DDM is not very well suited for encoding contours with sharp edges. This problem could be solved by applying a hybrid model using both landmarks and displacements.

In [5] the ADM approach is generalized to 3D, resulting in an even larger cost reduction for applying a PCA on training data, since the feature vector size is reduced by a factor of 3.

References

1. Canny JF: A computational approach to edge detection. IEEE Transactions on Pattern Analysis and Machine Intelligence 1:679–698, 1986.
2. Kass M ,Witkin A, Terzopoulos D: Snakes: Active Contour Models. International Journal of Computer Vision 1:321–331, 1988.
3. Cootes TF, Taylor CJ: Statistical models of appearance for medical image analysis and computer vision. Procs SPIE Medical Imaging, 2001
4. Kohnen M, Mahnken AH, Kersten JK, et al.: Ein wissensbasiertes dreidimensionales Formmodell für die Segmentierung von organischen Strukturen. Procs BVM 02:197-200, 2002.
5. Liersch DJ: Evaluation of model-based methods for the extraction of organic structures from 2D and 3D image data. Diploma Thesis, RWTH Aachen, 2003.

Integration of Interactive Corrections to Model-Based Segmentation Algorithms

Holger Timinger[1,2], Vladimir Pekar[1], Jens von Berg[1]
Klaus Dietmayer[2] and Michael Kaus[1]

[1]Philips Research Laboratories, Division Technical Systems,
Roentgenstrasse 24-26, 22335 Hamburg
[2]Department of Measurement, Control and Microtechnology,
University of Ulm, Albert-Einstein-Allee 41, 89081 Ulm
Email: holger.timinger@philips.com

Summary. 3D deformable shape models have become a common approach for solving complex segmentation tasks in medical image processing. Nevertheless sometimes the segmentation fails due to low image resolution or contrast, structures lying closely together or an insufficient initialization of the model. Although the error is often obvious to physicians, they have no opportunity to improve the result. This paper presents 3D tools for the correction of erroneous segmentations and provides a method which allows the integration of these corrections to deformable model-based segmentation methods. The integration is accomplished by a user deformation energy which is defined in a way that allows efficient corrections without the need to segment the complete erroneous region manually. This new approach is illustrated on the segmentation of a vertebra and a femur-head.

1 Introduction

Segmentation of 3D medical images is a prerequisite for many image analysis tasks. Commonly the segmentation is done manually in 2D cutplanes. This is time consuming and the results are of limited reproducibility. Therefore much work has been done in order to develop automated segmentation algorithms. For this, deformable models have become a promising approach. Kass et al.[1] developed 2D deformable models called snakes. Cootes and Taylor[2] presented more advanced models based on statistical evaluation. Weese et al.[3] combined Cootes statistical models and 3D deformable shape models and embedded them into a common adaptation framework. Despite the improvements in modeling anatomic structures and in segmentation algorithms, errors in the segmentation sometimes remain, e.g. due to structures lying closely together. In order to circumvent errors in the segmentation result some approaches try to integrate the user input to the segmentation process. Olabarriaga and Smeulders [4] summarize and rate some approaches which are based on e.g. modifying global parameters or pictorial input. Neither corrections based on restarting the adaptation nor accurate interactions improve performance significantly. The latter one would require similar effort as slice-wise contouring. In this paper we present a new approach where the user can adjust 3D deformable models efficiently. In addition we prove the accuracy of the new methods.

2 Methods

2.1 Model-Based Segmentation

The approach for interactive segmentation presented in this paper is based on an automated model-based segmentation process [3] with 3D shape models. The shape model is represented by a triangular mesh and can be defined as follows

$$\tilde{\mathbf{m}} \approx \bar{\mathbf{m}}^0 + \sum_{k=1}^{M} p_k \cdot \mathbf{m}^k, \tag{1}$$

where $\bar{\mathbf{m}}^0$ is the mean shape model, $\mathbf{m}^k$ are the modes of the model, p_k the corresponding weights and M is the total number of modes. During the segmentation process, this model is adapted iteratively to the anatomic structure within the image. The adaptation iterates two steps. In the first step, the potential surface of the anatomic structure within the image data is detected. The search is performed along the triangle normal $\mathbf{n}_i$ to find the point $\tilde{\mathbf{x}}_i$ with the optimal combination of feature value $F(\tilde{\mathbf{x}}_i)$ and distance δj to the triangle center $\hat{\mathbf{x}}_i$

$$\tilde{\mathbf{x}}_i = \hat{\mathbf{x}}_i + \mathbf{n}_i \delta \arg \max_{j=-l,\ldots,l} \{F(\hat{\mathbf{x}}_i + \mathbf{n}_i \delta j) - D\delta^2 j^2\}, \tag{2}$$

where l is the search profile length and D controls the weighting of the distance and the feature value. The feature value is defined as

$$F(\mathbf{x}_i) = \pm \frac{g_{max} \cdot (g_{max} + \|\mathbf{g}_i\|)}{g_{max}^2 + \|\mathbf{g}_i\|^2} \cdot \mathbf{n}_i^T \cdot \mathbf{g}_i, \tag{3}$$

where $\mathbf{g}_i$ is the image gradient at $\mathbf{x}_i$ and g_{max} is a threshold in order to normalize $F(\mathbf{x}_i)$. This feature was optimized for bones in CT data [3]. After surface detection an energy which consists of an external and a weighted internal energy term $E = E_{ext} + \alpha \cdot E_{int}$ is minimized in the second step. The external energy drives the surface of the mesh towards the surface of the structure of interest

$$E_{ext} = \sum_{i=1}^{T} w_i \cdot (\tilde{\mathbf{x}}_i - \hat{\mathbf{x}}_i)^2, \quad w_i = \max\{0, F(\tilde{\mathbf{x}}_i) - D(\tilde{\mathbf{x}}_i - \hat{\mathbf{x}}_i)^2\}, \tag{4}$$

where T is the number of triangles in the mesh and w_i is a weighting factor. The internal energy is designed to maintain the consistent distribution of the mesh vertices:

$$E_{int} = \sum_{i=1}^{V} \sum_{j=1}^{N(i)} \left(\mathbf{x_i} - \mathbf{x_j} - s\mathbf{R} \left(\mathbf{m}_i^0 - \mathbf{m}_j^0 + \sum_{k=1}^{M} p_k \left(\mathbf{m}_i^k - \mathbf{m}_j^k \right) \right) \right)^2, \tag{5}$$

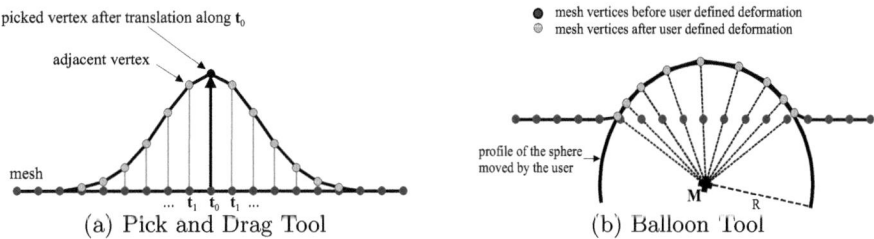

Fig. 1. 2D principle of two different 3D tools for user defined mesh deformation.

where V is the number of vertices of the mesh, N(i) is the number of neighbors of the vertex $\mathbf{x}_i$, s is the scaling, $\mathbf{R}$ is the rotation and $\mathbf{m}_i^0$, p_k and $\mathbf{m}_i^k$ are the parameters of the statistical model according to eq. 1.

2.2 Interactive Segmentation

The presented automated segmentation algorithm shows good results especially for bone structures like spinal vertebrae [3]. However in some cases errors may occur when image resolution or contrast is low, anatomic structures lie close to each other or the model is insufficiently initialized. In order to adjust regions in which the automated segmentation algorithm fails, user interaction is necessary. In the subsequent section interaction tools are presented which allow efficient user defined deformations of the mesh in order to adjust it. These deformations can be integrated to the existing segmentation algorithm by defining an additional user deformation energy. This energy models the user defined deformation in a way that ensures accurate results even with corrections performed roughly.

3D Deformation Tools: Two basic tools have been designed for 3D user defined deformation of the mesh. The first tool is called *Pick & Drag Tool*. Its properties are visualized in fig. 1(a). The user picks a vertex of the mesh with the mouse and drags it to its new position. This translation can be described by the vector $\mathbf{t}_0$. All neighbors of degree $k \in [1..k_{max}]$ of the picked vertex will be moved along the vector $\mathbf{t}_k$ according to eq. 6:

$$\mathbf{t}_k = \mathbf{t}_0 \cdot e^{-\frac{1}{2} \cdot \left(\frac{w \cdot k}{k_{max}}\right)^2}, \qquad (6)$$

where w determines the dimensions of the deformation. The second tool is called *Balloon Tool*, see fig. 1(b). The user moves a sphere within the image. All vertices of the mesh which lie within the sphere are projected onto the surface of the sphere.

User Deformation Energy: Using the tools presented above means dropping out of the minimum of the energy term. Hence the user defined deformations could be partially reversed by the adaptation algorithm. In order to

Fig. 2. 2D cut of a 3D segmentation of a vertebra and a femur.

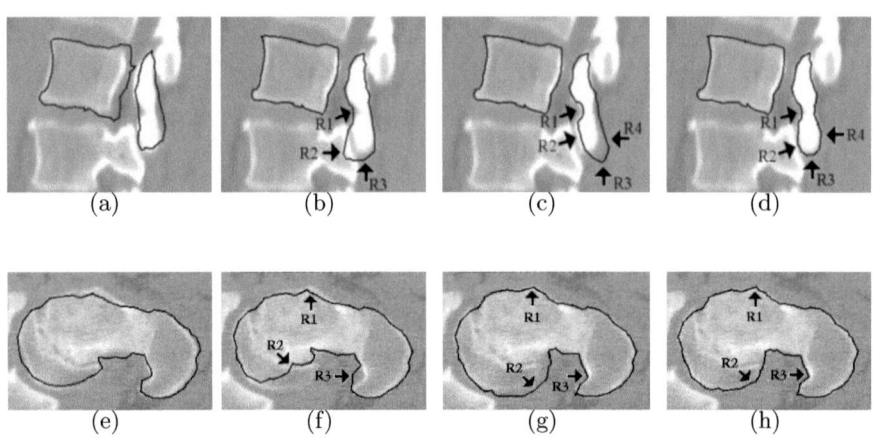

prevent the mesh from falling back into its previous state an additional energy term called user deformation energy E_{user} is introduced which models the user defined deformations. The aim of this approach is to circumvent the need to segment the image data exactly. The idea is that the user drags the erroneously segmented region of the mesh only very coarsely to the correct position, i.e. away from the local minimum, and then the automated segmentation algorithm will do the fine adjustment. In order to meet these requirements the energy which has to be minimized during the segmentation process is extended to $E = E_{ext} + \alpha E_{int} + \beta E_{user}$. The new user deformation energy E_{user} is defined as follows:

$$E_{user} = \sum_{triangles\ i} c_i \cdot \left(\hat{\mathbf{x}}_i - \hat{\mathbf{x}}_i^d\right)^2, \tag{7}$$

where $\hat{\mathbf{x}}_i$ is the triangle center deformed by the user, $\hat{\mathbf{x}}_i^d$ refers to the same triangle with the coordinates after user deformation and $c_i = \max\left\{0,\ F(\hat{\mathbf{x}}_i^d)\right\}$ is a weighting factor with $F(\hat{\mathbf{x}}_i^d)$ as in eq. 3. With this definition of c_i, energy components corresponding to triangles near the surface of anatomic structures will be weighted much stronger than components corresponding to triangles positioned elsewhere.

3 Results

In this section two examples are presented demonstrating the effects which can be accomplished by a single user interaction step. The adaptation is done using the same parameter values as in [3] and $\beta = 0.01$. For quantitative evaluation the mean square error (MSE) of the mesh triangles with respect to a manually performed reference segmentation has been calculated. Fig. 2(a) shows the mesh of a vertebra in its initial position. The corresponding MSE is 1.20mm per triangle. In fig. 2(b) one can see the adapted mesh after 20 iterations (MSE 0.60mm). The regions R1-R3 are not segmented well and R2 adapted to an adjacent vertebra. In order to correct the error the user simply dragged the lower end of the mesh from the adjacent vertebra to the vertebra of interest and therefore out of a local minimum, see fig. 2(c) (MSE 0.58mm). R1 and R2 are now near the surface of the vertebra. R3 and R4 were shifted a bit too far. After 10 more iterations all regions R1-R4 are adapted accurately as one can see in fig. 2(d) and the final MSE decreased to 0.46mm. The adaptive weighting of the components of the user deformation energy forces R1 and R2 to stay at the surface of the vertebra and allows R3 and R4 to adapt to the surface as well. The same evaluation has been done for a femur. Fig. 2(e) shows the initial position of the mesh (MSE 1.00mm). After 20 iterations, see fig. 2(f), the MSE decreased to 0.66mm, but there are still regions R1-R3 that are not segmented perfectly. Fig. 2(g) depicts the mesh after user defined deformation (MSE 0.50mm) and fig. 2(h) shows the mesh after 10 more iterations with a final MSE of 0.40mm.

4 Discussion and Conclusion

The deformation tools presented in this paper enable corrections which allow the user to adjust regions of a mesh within a few steps. The user deformation energy models these corrections including also image information. Thus the user has to perform only coarse deformations which are refined by a subsequent automated adaptation. Further improvements can be made by developing sophisticated visualization tools in order to enhance the navigation of the deformation tools within the image. This extended segmentation algorithm may help to increase the acceptance of automated segmentations in daily clinical application because now segmentation is more robust and it is possible to interact with the algorithm.

5 Acknowledgement

We thank Prof. Dr. W. Mali, Prof. Dr. B. Eikelboom and Dr. J. Blankensteijn (Univ. Hospital Utrecht) for providing the images with the vertebrae and Dr. J. Richolt, Dr. J. Kordelle (Brigham & Women´s Hospital) for the femur data.

References

1. M. Kass, A. Witkin, D. Terzopoulos. Snakes: active contour models. *1st ICCV*, pages 259–268, London, GB, 1987
2. T. Cootes, C. Taylor. Active Shape Models – Smart Snakes. In *BMVC*, pages 276–285, 1992.
3. J. Weese, M.R. Kaus, C. Lorenz et al. Shape Constraint Deformable Models for 3D Medical Image Segmentation. In *Proc. of IPMI*, pages 380–387, USA, 2001.
4. S.D. Olabarriaga, A.W.M. Smeulders. Interaction in the Segmentation of Medical Images: A Survey. *Medical Image Analysis*, 5:127-142, 2001.

4D-Segmentierung von dSPECT-Aufnahmen des Herzens

Regina Pohle[1], Klaus D. Tönnies[1] und Anna Celler[2]

[1]Otto-von-Guericke-Universität, 39016 Magdeburg
[2]Medical Imaging Research Group, Vancouver Hospital, V6H 3Z6 Vancouver

Zusammenfassung. Die Auswertung der 4D-dSPECT-Aufnahmen des Herzens besteht in der ersten Stufe aus einer Regionenzusammenfassung zur Erhöhung der Anzahl der Zerfälle in den Zeit-Aktivitäts-Kurven und damit in der Verbesserung der statistischen Sicherheit. Sie erfolgt zum einen mittels Region Merging und zum anderen unter Nutzung eines Multiresolutionansatzes. Als Merkmale zur Beschreibung der Regionencharakteristik werden die ersten vier Koeffizienten der Karhunen-Loeve-Transformation der Zeit-Aktivitäts-Kurven genutzt. Es konnte gezeigt werden, dass auf Basis der verbesserten Kurven eine Segmentierung der Daten in Organregionen möglich ist. Außerdem konnten Scatterartefakte in den Daten identifiziert werden.

1 Einleitung

Zur Analyse von Körperfunktionen werden in der Medizin u.a. nuklearmedizinische Daten verwendet, zu deren Erzeugung radioaktive Isotope in den Kreislauf gebracht werden, um anhand des zeitlichen Verlaufs ihrer Verteilung im Körper Rückschlüsse über die Funktionstüchtigkeit der Organe zu erhalten. Die in der Studie genutzten Daten wurden mittels neuer dynamischer SPECT-Technik erzeugt, welche es erlaubt, quantitative Informationen über kinetische Prozesse im Körper zu erhalten. Bei ihrer Erzeugung wird die Tatsache ausgenutzt, dass die Messung der Aktivitätswerte nicht über die komplette Aufnahmezeit erfolgt, sondern ein zeitaufgelöstes Signal rekonstruiert wird, welches detaillierte Einblicke in das Aufnahmeverhalten und den Abfluss des injizierten Radiopharmazeutikum gibt. Um eine Verschlechterung der Bildqualität infolge der geringen Signalstärke pro Zeitintervall zu vermeiden wird bei der Bildrekonstruktion eine Schwächungskorrektur durchgeführt [1]. Diese neue Technik soll zur Diagnostik von Herzerkrankungen herangezogen werden, da hiermit das Durchblutungsverhalten des linken Herzventrikels orts- und zeitaufgelöst dargestellt werden kann. Die Bewertung der Funktionstüchtigkeit der einzelnen Ventrikelbereiche erfolgt anhand der Zeit-Aktivitäts-Kurven der Voxel.

Zur Erzeugung der Aufnahmen des Herzens wurde ein Radiopharmazeutikum verwendet, das durch eine sehr schnelle Aktivitätsänderung während des Bildakquisitionsprozesses im Myokardium und eine sehr hohe Aufnahme des Radiopharmaka in der Leber gekennzeichnet ist. Dies beides führt dazu, dass die erzeugten Bilder zum einen Störungen, die von der Aktivitätsänderung während der Bildaufnahme herrühren, und zum anderen Rekonstruktionsartefakte infolge der Ausstrahlung der hohen Aktivitätswerte der Leber auf andere Regionen enthalten. Die Bilder weisen zudem ein sehr niedriges Signal-Rausch-Verhältnis auf. In Abb. 1 werden zwei typische Bildbeispiele gezeigt.

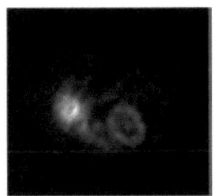 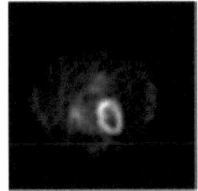

Abb. 1. Beispiele für Schichten aus den verwendeten dSPECT-Datensätzen mit Aktivitätserhöhung in der Leberregion (links) und im linken Ventrikel (Mitte rechts).

Ziel des Projektes ist es, die Aussagekraft der aus den Datensätzen gewonnenen Zeit-Aktivitäts-Kurven zu erhöhen. Zu diesem Zweck ist eine Separierung der Leberregion von der Herzregion in den 4D-Datensätzen notwendig, um zu ermöglichen, dass der Einfluss der Leberregion auf andere Bildbereiche bereits bei einer nochmaligen Bildrekonstruktion unterdrückt werden kann.

2 Methoden

Die Segmentierung des Datensatzes in Leberregion, Herzregion und weitere Regionen erfolgt anhand von Merkmalen auf Basis der Zeit-Aktivitäts-Kurven, da sich die Kurvenverläufe für diese Strukturen wesentlich voneinander unterscheiden (Abb. 2).

Wie in Abb. 2 zu sehen ist, weisen die Kurven der einzelnen Segmente jedoch eine hohe Streuung auf, da die gemessene Anzahl der Zerfälle beim dSPECT für die einzelnen Voxel durch Rauscheinflüsse und Rekonstruktionsartefakte stark gestört ist. Um also eine Klassifikation der Voxel anhand der Kurvenverläufe vornehmen zu können, muss zuerst eine höhere Zuverlässigkeit der benutzten Merkmale erreicht werden. Deshalb wurde zuerst auf eine Zusammenfassung von Voxeln zu kleineren Segmenten orientiert, um eine höhere Anzahl von Zerfällen zur Ableitung der Kurven zur Verfügung zu haben, auf deren Basis dann die eigentliche Klassifikation erfolgen kann. Dazu wurden zwei verschiedene Methoden untersucht. Durch einfaches Region-Merging werden Segmente nach einem globalen Kriterium zusammengefasst, während beim Multiresolutionansatz mittels verknüpfter Pyramiden [2] die Segmentierung unter Berücksichtigung eines lokal variierenden Homogenitätskriteriums untersucht werden konnte. Beim Region Merging [3] werden in einem iterativen Prozess jeweils die beiden im Datensatz ähnlichsten Regionen zusammengefasst. Die Ähnlichkeit S zwischen zwei Regionen r_1 und r_2 ergibt sich dabei als $S(r_1, r_2) = \Delta f^{-1}$ mit $\Delta f = \|\max[f_{\max}(r_1), f_{\max}(r_2)] - \min[f_{\min}(r_1), f_{\min}(r_2)]\|_2$, wobei f für das betrachtete Merkmal steht. Der Algorithmus endet beim Erreichen einer festgesetzten Regionenanzahl.

Beim Pyramidenansatz wurde das Verfahren von Burt [2] verwendet. Aufgrund der geringen Bildauflösung und aus Rechenzeitgründen werden jedoch nur Gauß-Pyramiden bis zur vierten Ebene erzeugt, wobei jeweils 64 Voxel der darunter liegenden Ebene zu einem Voxel der nächsten Ebene zusammengefasst werden. Dieses neue Voxel befindet sich auf einem Zwischengitterplatz. Außer am Rand geht somit jedes Voxel einer unteren Ebene mit seinem Wert in 8 Voxel der darüber liegenden Ebene ein. Damit besitzt dann jedes Voxel maximal 64 Söhne und 8 Väter. Im zweiten Schritt werden die Verbindungen zwischen Vätern und Söhnen derartig neu geordnet, dass nur noch die Verbindung eines Sohnes zu seinem ähnlichsten Vater bestehen bleibt. Als Ähnlichkeitsmaß wurde dabei die mittlere quadratische Abweichung aller Merkmalswerte benutzt. Anschließend werden in einem dritten Schritt die mittleren Merkmalswerte eines Voxels erneut berechnet, wobei jedoch nur noch die Werte der jeweils aktuellen Söhne bei der Mittelung berücksichtigt werden. Zur Erzeugung des Ergebnisbildes kann nun, je nachdem, wie stark die Zusammenfassung der Voxel zu Regionen erfolgen soll, in eine der erzeugten Pyramidenebenen gesprungen werden. Alle an einem Vatervoxel in dieser Ebene hängenden Söhne bekommen dann im Ergebnisbild den Merkmalswert des Vaters eingetragen. Der Unterschied zwischen beiden Ansätzen zur Regionenzusammenfassung ist, dass bei ersterem Verfahren ein globales Ähnlichkeitskriterium genutzt wird, wohingegen beim zweiten Verfahren die Zusammenfassung der Pixel zu Regionen mittels lokalem Ähnlichkeitsmaß erfolgt. Außerdem erhält man beim Multiresolutionansatz gleichzeitig so viele Ergebnisbilder, wie Pyramidenebenen erzeugt wurden.

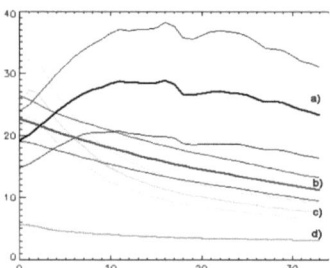 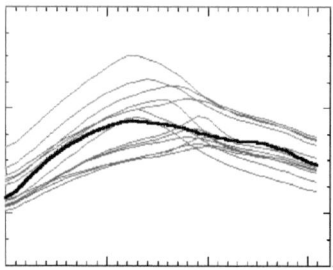

Abb. 2. Verlauf der mittleren Zeit-Aktivitäts-Kurven und der einfachen Standardabweichung für folgende handsegmentierte Strukturen: a) Leber, b) Herz, c) Milz, d) andere Strukturen und Hintergrund.

Abb. 3. Zeit-Aktivitäts-Kurven (grau) eines zusammengefassten Lebersegments mit 12 Voxeln und abgeleitete mittlere Zeit-Aktivitäts-Kurve (schwarz).

Bei beiden Verfahren erschien die Nutzung aller zeitabhängigen Grauwerte je Voxel als Merkmale nicht geeignet, da diese große Redundanz aufweisen und durch Rauscheinflüsse gestört sind. Deshalb wurde eine Merkmalsreduktion mittels Karhunen-Loeve-Transformation (KLT) durchgeführt, um neue unkorrelierte Merkmale zu erzeugen. Es zeigte sich in Untersuchungen, dass für die grobe Beschreibung des Zeitverhaltens die ersten 4 Koeffizienten der KLT ausreichend sind. Zur Abschwächung des Einflusses des Kurvenmittelwertes auf das

Ähnlichkeitskriterium wurde der erste Koeffizient der KLT bei der Berechnung mit dem Faktor 0.2 gewichtet.

3 Ergebnisse

Die beiden oben beschriebenen Verfahren wurden an synthetischen Datensätzen, an Phantomdatensätzen und an realen Datensätzen erprobt. Die synthetischen Datensätze wurden dabei so erzeugt, dass jeder der vier enthaltenen Regionen jeweils ein typischer Zeitverlauf aus den Originaldaten (Leber, Herz, Herzdefekt, Hintergrund) zugeordnet wurde. An diese Kurvenverläufe wurde nun ein Polynom dritten Grades angepasst und die einzelnen Koeffizienten wurden anschließend für die Voxel einer Region durch unterschiedlich starkes Rauschen gestört, so dass die Kurvenverläufe innerhalb einer Region gewissen Schwankungen unterlagen. Bei der Regionenzusammenfassung mittels Pyramide zeigte sich, dass bei der Nutzung der ersten Ebene zur Erzeugung des Ergebnisbildes der mittlere quadratische Fehler der normierten Ausgangskurven bei einer für die Herzwand typischen Schwankungsbreite der Kurven um 36 % zurückging und bei einer höheren Schwankungsbreite, wie sie für die Leber typisch ist, um 18 %. Die mittlere Regionengröße betrug dabei etwa 8 Voxel. Bei Nutzung der zweiten Ebene senkte sich der mittlere Fehler im ersten Fall immerhin noch um 16 % und im zweiten Fall um 7 %, wobei die mittlere Regionengröße etwa 30 Voxel betrug. Für höhere Ebenen nahm der mittlere Fehler wieder zu. Anhand der Phantomdatensätze konnte für die beiden wichtigsten Bildregionen (Leber und Herz) gleichfalls eine Verringerung des mittleren quadratischen Fehlers festgestellt werden, wobei die Verbesserungen aufgrund der aufgetreten Rekonstruktionsartefakte geringer waren und die besten Ergebnisse jeweils für die zweite Ebene erzielt wurden. Bei der Anwendung des Verfahrens auf reale Datensätze zeigte sich gleichfalls, dass in den abgeleiteten mittleren Zeit-Aktivitäts-Kurven die typischen Charakteristiken der Ausgangskurven beibehalten werden. Dies sieht man auch bei dem Beispiel in Abb. 3. Die Korrektheit der Regionenzusammenfassung in den realen Daten konnte weiterhin dadurch nachgewiesen werden, dass durch eine einfache Schwellenwertanwendung auf den neu berechneten Kurvenverläufen die Segmentierung der Leberregion in diesen Daten möglich war (Abb. 4 und 5). Außerdem war es mit beiden Verfahren möglich, Scatterartefakte, die von der Leber ausgingen, zu identifizieren (Abb. 6).

4 Diskussion und Resümee

Die erzielten Ergebnisse zeigen deutlich, dass durch eine Erhöhung der Zerfallsanzahl je Zeit-Aktivitäts-Kurve infolge des Zusammenfassens von einzelnen Voxeln zu Regionen unter Verwendung von Ähnlichkeitsmaßen auf Basis der KLT eine Verbesserung der Zuverlässigkeit der Aussagekraft der Kurven erreicht werden konnte. Dadurch wurden bessere Voraussetzungen für eine Segmentierung der Datensätze in Herz-, Leber- und Hintergrundregion geschaffen. Während die Leber derzeit bereits mittels einfacher Schwellenwertoperationen in der dritten

Abb. 4. links: Schichten aus dem dSPECT-Datensatz, Mitte: Segmentzusammenfassung, rechts: Segmentierungsergebnis durch Schwellenwertoperation auf den Merkmalen der KLT nach Segmentzusammenfassung

Abb. 5. 3D-Darstellung der durch Schwellenwertoperation auf den Merkmalswerten, die mit der KLT aus den Zeit-Aktivitäts-Kurven gewonnen wurden, segmentierten Leberregion.

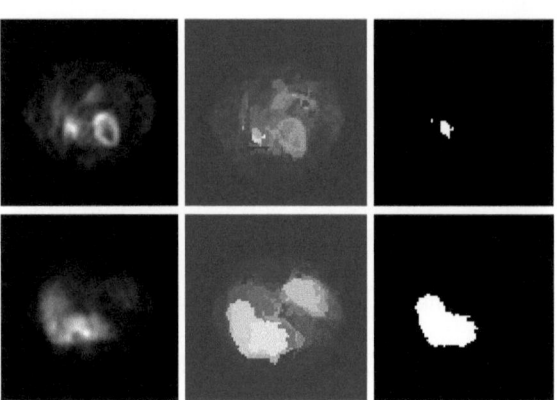

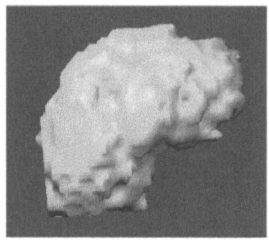

Pyramidenebene extrahiert werden kann, muss für die korrekte Segmentierung der Herzregion aufgrund der Vielzahl von Partialvolumenvoxeln ein modellbasierter Ansatz genutzt werden.

Durch die eingeführte Regionenzusammenfassung konnten außerdem Scatterartefakte in den Daten identifiziert werden. Hier ist eine Rückkopplung zur Verbesserung der Bildrekonstruktion geplant.

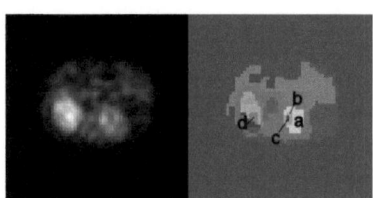 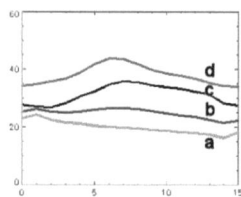

Abb. 6. Detektierter Scatter von der Leber im Segment c. Der Kurvenverlauf des Herzsegments c stellt eine Kombination der typischen Kurvenverläufe der Leber (Segment d) und des Herzens (Segmente a und b) dar.

Literaturverzeichnis

1. Celler, A., Farncombe, T., Bever, C., Noll, D., Maeght, J., Harrop, R., Lyster, D.: Performance of the dynamic single photon emission computed tomography (dSPECT) method for decreasing or increasing changes, Phys. Med. Biol., 45: 5525-5543, 2000.
2. Burt, P.J., Hong, T.H., Rosenfeld, A.: Segmentation and estimation of image region properties through cooperative hierarchical computation. IEEE Trans. Systems, Man, Cybernetics 11: 802-809, 1981.
3. Toennies, K.D., Celler, A., Blinder, S., Moeller, T., Harrop, R.: Scatter segmentation in dynamic SPECT images using principal component analysis, Medical Imaging 2003, accepted paper

Morphological Scale-Space Decomposition for Segmenting the Ventricular Structure in Cardiac MR Images

Haythem El-Messiry[1], Hans A. Kestler[1,2], Olaf Grebe[2] und Heiko Neumann[1]

[1]Department of Neural Information Processing, University of Ulm
[2]Department of Internal Medicine II/ Cardiology , University of Ulm
89069 Ulm, Germany
Email: hmessiry@neuro.informatik.uni-ulm.de

Summary. We propose a method for segmenting the endocardial contour of the left ventricle from magnetic resonance (MR) images, using morphological scale-space decomposition based on multiscale spatial analysis. This approach comprises a powerful tool which presents many advantages: the preservation of scale-space causality, the localisation of sharp-edges, and the reconstruction of the original image from the scale-space decomposition. An appropriate scale is defined as the scale that maximizes the response of the morphological filter through the scale-space at each point giving constant scale values in a region of constant width. The approach was able to separate the gray-level appearance structures inside the ventricular cavities from the endocardial contour, facilitating the segmentation process.

1 Introduction

Magnetic resonance imaging (MRI) has been shown to provide an accurate and precise technique for assessing cardiac volumes and function in a non-invasive manner. However, segmenting the endocardial boundary of the left heart ventricle has shown to be a difficult task. The major problems related to the boundary's detection are the typical shortcomings of discrete data, such as sampling artifacts and noise, which may cause the shape boundaries to be indistinct and disconnected. Furthermore, the gray-level appearance of structures inside the ventricular cavities, such as papillary muscles, are often indistinguishable from structures of interest for diagnostic analysis, such as the moving inner heart boundary. Thus, segmentation appears error-prone and often incomplete. There exit a number of different approaches that employ different models for segmentation. For example approaches are based on deformable models [3], specially the active contour models and their extensions but most of the applied techniques fails in over passing the appearance structures inside the ventricular cavities, since they are almost adjacent to the endocardial contour even if the initial position is near to the final position.

The presented method represent a bottom-up multiscale analysis based mainly on the idea presented by Köthe [1], taking advantage of using the morphological scale-space by decomposing the image into numbers of scales of different structure size, and defining an appropriate scale that maximizes the response of the band-pass morphological filter at each point in the image. This scale gives constant values in a region of constant width.

2 Methods

2.1 Image acquisition and pre-processing

Images were acquired using a 1.5T whole body scanner (Intera CV, Philips Medical Systems) with Master Gradients (slew rate 150 T/m/s, amplitude 30 mT/m) and a 5-element phased-array cardiac coil. Three short survey scans were performed to define the position and true axis of the left ventricle. Afterwards, wall motion was imaged during breath holding in long and short-axis slices using a steady-state free precession sequence, which provides an excellent demarcation of the endocardium. Cardiac synchronization was achieved by prospective gating. The cine images were recorded with 23 heart phases (23 frames per heart cycle). Each frame of 256x256 with a slice thickness of 10mm.

2.2 Morphological scale-space and Appropriate scale

Mathematical morphology is a nonlinear analysis of signals [2], using structuring elements. Two dual operations, erosion and dilation, are the most basic morphological operators. Erosion is shrinking operation while dilation is an expanding one. By combining dilation and erosion two new operations can be defined

$$\text{opening: } (f \circ d_s)(x) = ((f \ominus d_s) \oplus d_s)(x)$$
$$\text{closing: } (f \bullet d_s)(x) = ((f \oplus d_s) \ominus d_s)(x) \quad (1)$$

The function $d_s(x)$ is called the *structuring function*, and $f(x)$ is the input image (i.e. morphological scale-space comes in variety opening-closing scale-space). The Morphological band-pass filter is defined according to [1], by the following formula (with limiting blob size $s = 0 < \ldots < n < n+1 = \infty$, where n must be chosen larger than the image diagonal):

$$\begin{aligned}
\text{for closing: } & H_{n+1}(x) = f(x) \\
& B_k^{k+1}(x) = (H_{k+1} \bullet d_k)(x) \\
& H_k(x) = H_{k+1}(x) - B_k^{k+1}(x) \\
\text{for opening: } & H_{n+1}(x) = f(x) \\
& B_k^{k+1}(x) = (H_{k+1} \circ d_k)(x) \\
& H_k(x) = H_{k+1}(x) - B_k^{k+1}(x)
\end{aligned} \quad (2)$$

where the resulting B_l^u represent a morphological decomposition of the image into ands of different structure sizes with light and dark blobs ($H_k(x)$) are intermediate high-pass filtered images).

Similar to the definition of Köthe, the appropriate scale is defined as

$$S(x) = \arg_k \left(\max_{k=1,\ldots,n} \left| \frac{B_{k+1}^k(x)}{k-(k+1)} \right| \right) \qquad (3)$$

2.3 Algorithm

The algorithm was achieved by linking the appropriate scale, with the scale-space decomposition obtained from the close morphological operator, in order to distinguish between the inner cavity and the inner gray-level structures inside it, which facilitate the inner boundary segmentation. The algorithm goes as follow:

1. Calculate the morphological band-pass filter based on (2), using a disk as a flat structuring element of increasing logarithmically, obtaining a close scale-space and an open scale-space respectively. Applying (3) for both close and open scale-space, two appropriate scales are obtained, as shown in figure 1.

2. Based on the evaluation of the close scale-space and referring to the appropriate close scale, individual scales can be assigned a 'main scale' or a 'secondary scale', (figure 2a) as follows:

- 3 main scales. Scale 6: determines the inner region. Scale 4: determines the boundary. Scale 3: determines the inner structures.
- 3 secondary scales. Scale 1 and 2: determine tiny structures. Scale 5: determines large structures around the boundary.

From the previous evaluation and the observation of the behaviour of the data set, we can conclude the following:

- Scale 1, mostly represents tiny structures in the region of scale 6.
- Scale 2, mostly represents tiny structures in the region of scale 4.
- Scale 5, mostly represents structures of equal size around scale 4.

Assign the values of all scales in the appropriate close scale into only 2 main scales (4 and 6), representing the inner region and the boundary (figure 2b). Scale 3 appears in both the inner region and the boundary. Now we need to assign the value of scale 6 to the structure in scale 3, found in the area of the inner region, the remaining structures the same value of scale 4. This classification is obtained by applying the following algorithm.

a) Referring to the appropriate close scale determine the scale containing inner region (scale 6).
b) Apply a region growing algorithm to detect the region of interest.

- Calculate the centre of mass of the scale.
- Select the brightness intensity in 8-connected neighbours to represent the seed point for the region growing.
- Stopping criteria using a defined threshold value.

c) Calculate the centre of mass of the image.

d) Calculate the distance between the centre of mass and the farthest point which lies in the region of interest obtained from b.

3. Draw a circle with radius equal to the distance obtained from 2d on the appropriate close scale, for every value of scale 3 determine if it is inside the circle or not, and assign the value of scale 6 or scale 4 respectively (figure 3).

4. Apply an opening morphological operator on the result image for smoothing.

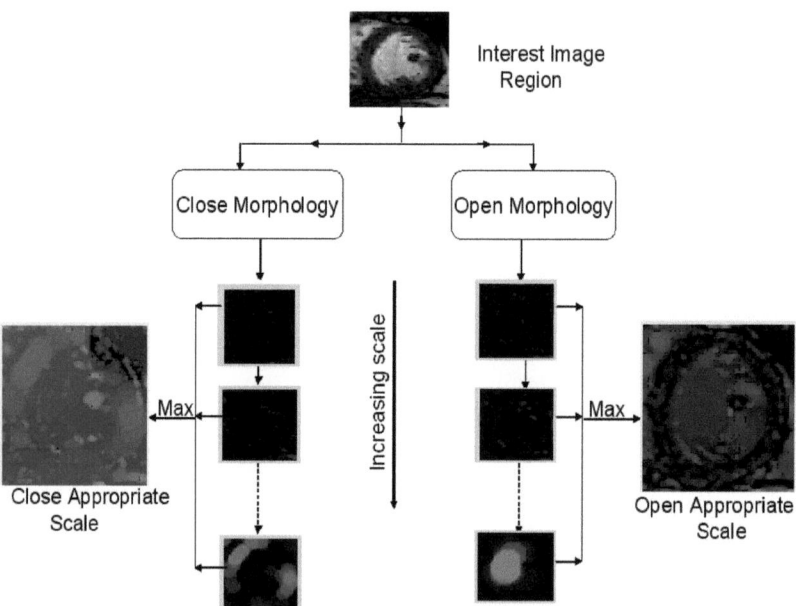

Fig. 1. Decomposition of an image with respect to structure sizes. Left: using the close morphology. Right: using open morphology, and obtaining the maximum response of the scale operators in each case.

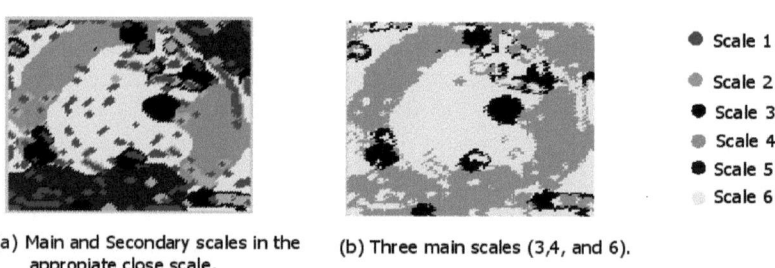

Fig. 2. (a) 6 scales marked in the appropriate close scale. (b) results from assigning the secondary scales the same values as the main scales (4 and 6), and showing only the three scales 3, 4, and 6.

3 Results and Conclusion

The proposed approach was tested on 150 MR images from different cases, each image of size 95x95 pixels, representing the interest region, which is extracted from 256x256 pixels as explained (section 2.1). The approach was able to correctly locate and classify the inner structures in 91% of the tested cases. The results were also recorded and compared according to the mean distance error between the drawn contour points and the contour obtained from the proposed method, the best result was of 0.1 mean distance error. We are working to modify the proposed method with respect to the following points: 1. Refine the way of selecting the best scale that represent the inner region, specially in the contraction phase. 2. Combine the proposed model with a top-down model to improve the performance of the segmentation.

4 Acknowledgments

H. El-Messiry would like to express his gratitude to the DAAD for the exchange scholarship PhD program. And Professor Dr. Günther Palm's support is also gratefully acknowledged.

References

1. U. Köthe: *"Local Appropriate Scale in Morphological Scale-Space"*, in: B. Buxton, R. Cipolla (eds.): Computer Vision, Proc. of 4th European Conference on Computer Vision, vol. 1, Lecture Notes in Computer Science 1064, pp. 219-228, Berlin: Springer, 1996.
2. A.Bangham, P. Chardaire, P. Ling: *"The Multiscale Morphology Decomposition Theorem"* , in: J. Serra,, P. Soille(eds.): Mathematical Morphology and Its Application to Image Processing, Proc. Of ISMM'94, Kluwer 1994.
3. M. Kass, A. Witkin, and D. Terzopoulos, *"Snakes: Active contour models"*, International Journal of Computer Vision, 1,(4), pp. 321-331, 1987.

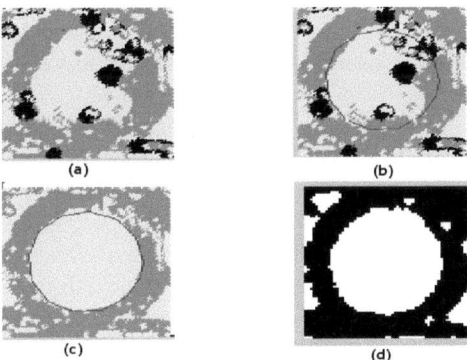

Fig. 3. (a) Appropriate scale with 3 main scales. (b) The drawn circle separates between the structures in scale 3 either assigned to scale 4 or 6. (c) Result after assigning scale 3. (d) Final smoothed result with strong inner boundary appearance.

A Segmentation and Analysis Method for MRI Data of the Human Vocal Tract

Johannes Behrends[1], Phil Hoole[2], Gerda L. Leinsinger[1], Hans G. Tillmann[2], Klaus Hahn[3], Maximilian Reiser[1] and Axel Wismüller[1]

[1]Institut für Klinische Radiologie, Klinikum der Universität München,
Ziemssenstrasse 1, 80336 München
[2]Institut für Phonetik und Sprachliche Kommunikation,
Ludwig-Maximilians-Universität München, Schellingstrasse 3, 80799 München
[3]Klinik und Poliklinik für Nuklearmedizin, Klinikum der Universität München,
Ziemssenstrasse 1, 80336 München

Summary. MRI enables the in vivo analysis of the three-dimensional functional anatomy of the human vocal tract during phonation. For this purpose, MRI examinations are performed during phonation using different slice orientations. Subsequent anatomically correct registration enables a high-precision three-dimensional reconstruction of the vocal tract. Finally, a curvilinear midline is computed from which the three-dimensional functional anatomy of the human vocal tract can be approximated by a cascade of cylindric objects represented by their characteristic location-dependent cross-sectional areas ("area function").

1 Introduction

Obtaining articulatory-acoustic models requires detailed knowledge of the three-dimensional geometry of the human vocal tract. Since most models are based on one-dimensional wave propagation, the vocal tract can be approximated as a tube consisting of a finite number of "stacked" cylindrical area elements from the glottis to the mouth opening. This model can be obtained by determination of intersectional areas of the vocal tract along a *midline* as a function of distance from the glottis. Thus, a particular vocal tract shape can be described by its so-called *area function*.

In early studies of the 1960's and 1970's such models were based on X-ray images and vocal tract impressions [1], [2]. The importance of MRI increased in the last ten years [3], [4], [5], [6] with the aim of achieving more precise articulatory models, i.e. area functions need not be estimated from a midsagittal projection, but can be obtained directly from three-dimensional image data.

This work deals with the segmentation of the human vocal tract and the generation of its area function. The initial segmentation step is performed by three-dimensional region growing (sec. 3). Subsequently, a curved vocal tract midline is computed not only for a midsagittal slice but for the whole three-dimensional data set based on a modified one-dimensional self-organizing feature map approach (sec. 4).

Fig. 1. (a): Midsagittal slice, vowel /a/; (b): Three-dimensional surface-rendered vocal tract shape.

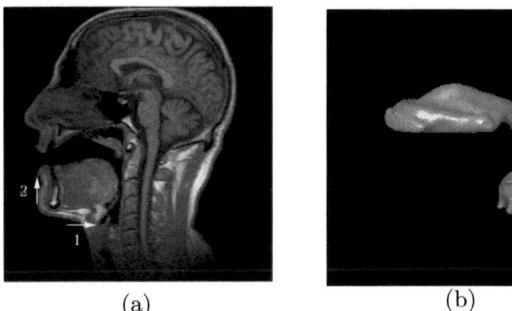

(a)   (b)

2 Image Data

Three-dimensional MRI data were acquired from nine healthy professional speakers (eight male, one female), aged 22 to 34 years. A standardized MRI sequence protocol (Siemens^{TM} Vision 1.5 T, T1w FLASH[1], TR=11.5ms, TE=4.9ms) was used. The scans were obtained in three different slice orientations, i.e. in axial, coronal (matrix size $256 \times 256 \times 23$, resolution $1.172 \times 1.172 \times 4 \text{mm}^3$), and sagittal (matrix size $256 \times 256 \times 13$, resolution $1.172 \times 1.172 \times 4 \text{mm}^3$) planes each in order to improve subsequent software-based three-dimensional analysis of the data sets. The subjects performed prolonged emission of sounds of the German phonetic inventory (vowels /i/, /y/, /u/, /e/, /a/, /o/, /ø/, (post-) alveolar consonants /s/, /sh/, /n/, /l/, and the dental /t/). Audio tape recording two seconds before and during imaging was obtained to control the correctness of the utterances. The dental /t/ could be prolonged during measurement by leaving out the burst.

From each subject, dental impressions were taken. These were scanned by a computer tomography (CT) in order to get three-dimensional data of the teeth with high resolution (matrix size $512 \times 512 \times 200$, resolution $0.156 \times 0.156 \times 0.3 \text{mm}^3$) without X-ray exposure of the subjects themselves.

Interactive registration of the teeth phantoms and the MRI data sets was performed on a Picker^{TM} VoxelQ VX workstation, all other computations on a Linux personal computer with an Intel^{TM} Pentium III 900 MHz Processor in Interactive Data Language (IDL) from Research Systems Inc. (RSI^{TM}).

3 Segmentation

The goal of the segmentation process is to generate a vocal tract shape which is completely separated from its surrounding tissue. In other words, we want to obtain binary masks $M \in \{0, 1\}$ of a MRI data set X, representing the vocal

---

[1] Fast Low Angle SHot.

Fig. 2. (a): Midline through the vocal tract (underlying the midsagittal slice), vowel /a/; (b): resulting area function.

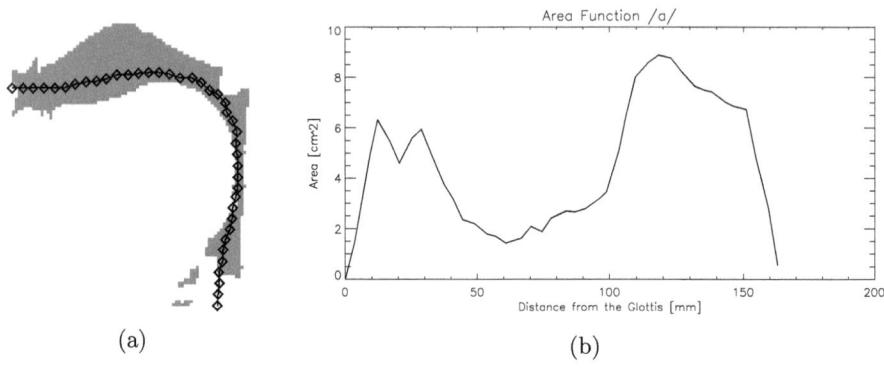

tract. Fig. 1a shows a midsagittal slice of the human skull. The vocal tract shape is extracted from the glottis (arrow 1) to the mouth opening (arrow 2). Fig. 1b shows the segmentation result as a three-dimensional surface rendered image.

The problem of direction-specific low spatial resolution due to voxel anisotropy was solved by "Automated Image Registration" [7] of the data sets acquired for each phoneme in three slice orientations. Thus, a synthesized high-resolution data set could be obtained which served as the basis for further reconstruction and analysis of the vocal tract.

Since it is desirable to perform segmentation with least possible human intervention and computational expense, we used three-dimensional region growing as in [5] to solve this segmentation problem. However, there are several major problems in vocal tract segmentation: (i) As teeth and the hard palate can hardly be distinguished from air within the vocal tract, region growing would leak into these anatomical structures. (ii) The vocal tract has to be separated from the air outside the body preventing region growing from leaking outside the head region into the extracranial air, which could occur due to the open mouth during phonation. (iii) Region growing can leak through the glottis into the trachea.

(i) was solved by imaging and registration of dental impressions of the subjects as described in sec. 2. The problem of closing the mouth opening can be solved by convolution of each slice of the MRI data set with an I-shaped kernel. After these preprocessing steps, head masks can be generated by three-dimensional region growing starting outside the head. Leakage problems towards the trachea can be prevented by setting a reference point at the bottom of the glottis, thus excluding all caudal voxels from further segmentation procedure.

In a last step, the vocal tract is segmented by three-dimensional region growing leading to the result of fig. 1b.

4 Computation of the vocal tract midline

As conventional two-dimensional midsagittal approaches to midline identification do not account for asymmetries of the vocal tract shape, they cannot provide a realistic evaluation of the functional anatomy during phonation. In order to overcome these problems a three-dimensional curvilinear midline is computed using a modified self-organizing map (SOM) approach [8] based on a one-dimensional topology [9] in which the vocal tract shape is considered as a data distribution in the three-dimensional geometric space.

To avoid over-folding of the codebook the SOM algorithm was modified by keeping the local neighborhood width σ_r of each neuron in the range of its critical value σ_r^c at which the over-folding occurs [8]. If we define $\alpha = |r' - r''|$ as the distance between the closest neuron r' and the second closest neuron r'' to the current data point, we observe topology violation if $\alpha > 1$. In this case, σ_r is increased locally by

$$\sigma_r := \max\left(\sigma_r, \alpha K \exp\left(-\frac{2(r-R)^2}{\alpha^2}\right)\right), \quad \text{where} \quad R = \frac{1}{2}(r' + r''), \quad (1)$$

and K is an empirical factor.

For the construction of the final midline the resulting one-dimensional SOM chain C is used as an input for subsequent postprocessing steps comprising smoothing and extrapolation: (i) Smoothing of C by convolution with a kernel decreasing exponentially by neighborhood distance. As a result we obtain a smoothed codebook $\tilde{C}$. (ii) Extrapolation of $\tilde{C}$ in the direction of the glottis and the mouth opening, respectively, and resampling $\tilde{N}$ equidistant points $\tilde{P}$ on the resulting curve. (iii) Computation of normal vectors $\tilde{n}_i$ or each point $\tilde{p}_i$ in $\tilde{P}$ by $\tilde{n}_i = \tilde{p}_{i-1} - \tilde{p}_{i+1}$. These normal vectors are perpendicular to an oblique section $\tilde{S}_i$ through the vocal tract. For the edge points $\tilde{p}_1$ and $\tilde{p}_{\tilde{N}}$, $\tilde{P}$ is extrapolated. (iv) Computation of $\tilde{q}_i$ as the center of gravity of the corresponding corss-sectional area $\tilde{S}_i$ through the vocal tract. This results in a curve $\tilde{Q}$ which is again resampled by equidistant points. (v) Convolution of the curve $\tilde{Q}$ by applying step (i) leading to a smoothed midline Q.

With the smoothed normal vectors, we can easily obtain planes which contain vocal tract sections perpendicular to Q corresponding with p_i. A voxel counting algorithm yields the area function shown in fig. 2b.

5 Results

In all the volunteers, we accurately evaluated the structure of the lips, tongue, soft palate, and pharynx. While midsagittal slices were consistent with data acquired by electromagnetic midsagittal articulography (EMMA), the analysis of the posterior and lateral parts of the tongue root revealed quite complex shapes. A sharp groove was found for most phonemes, usually with considerable asymmetry about the midline. The depth of the groove (2–10mm) in relation to the distance between the tongue and the soft palate or the pharyngeal wall

(7–13mm) varied strongly. In several cases, the groove was so deep that it formed an essential part of the cross-sectional area (max 26%). As could be expected, the area functions for different phonemes revealed characteristic reproducible properties with only small inter-speaker variability.

6 Discussion

Fast MRI in different slice orientation followed by subsequent co-registration enables rapid and precise in vivo three-dimensional evaluation of the human vocal tract during phonation. Using this information, acoustic-articulatory models can be obtained by computer-assisted image analysis methods. In this context, the computation of a three-dimensional curvilinear midline through the vocal tract based on a modified self-organizing map approach accounts for asymmetries of the vocal tract shapes, thus improving area function results in comparison to conventional modeling by midsagittal two-dimensional analysis methods. This evaluation may contribute to the construction of speech synthesis methods and, in the long run, may serve as the initial step for the clinical diagnosis of inborn or surgery-caused abnormalities affecting the functional anatomy of the oro-pharyngeal tract during speech production.

References

1. Fant G: Acoustic Theory of Speech Production. Mouton, den Haag 1960.
2. Mermelstein P: Articulatory Model for the Study of Speech Production. Journal of the Acoustical Society of America 53(4):1070–1082, 1973.
3. Baer T, Gore JC, Gracco RC: Analysis of Vocal Tract Shape and Dimension using Magnetic Resonance Imaging: Vowels. JASA 90(2):799–828, 1991.
4. Narayanan SS, Alwan AA, Haker K: Towards Articulatory-Acoustic Models for Liquid Approximants based on MRI and EPG Data. JASA 101(2):1064–1089, 1995.
5. Titze I, Story B: Vocal Tract Area Functions from Magnetic Resonance Imaging. JASA 100(1):537–554, 1996.
6. Soquet A, Lecuit V: Segmentation of the Airway from the Surrounding Tissues on Magnetic Resonance Images: A Comparative Study. ICSLP, 1998.
7. Woods RP, Cherry SR, Mazziotta JC: Rapid automated algorithm for aligning and reslicing PET images. JCAT 16:620–633, 1992.
8. Der R, Herrmann M: Second-Order Learning in Self-Organizing Maps. Kohonen Maps. Oja E (Publisher) 1999.
9. Kohonen T: Self-Organizing Maps. Springer, Heidelberg 2001.

Farbtexturbasierte optische Biopsie auf hochauflösenden endoskopischen Farbbildern des Ösophagus

Christian Münzenmayer[1], Steffen Mühldorfer[2], Brigitte Mayinger[2]
Heiko Volk[1], Matthias Grobe[1] und Thomas Wittenberg[1]

[1]Fraunhofer-Institut für Integrierte Schaltungen, 91058 Erlangen
[2]Universität Erlangen-Nürnberg, Medizinische Klinik I, 91054 Erlangen
Email: mzn@iis.fraunhofer.de

Zusammenfassung. In diesem Beitrag stellen wir zwei neue Verfahren zur Farbtexturklassifikation in endoskopischen Bildern vor. Diese multispektralen Texturmerkmale basieren auf Summen- und Differenzhistogrammen sowie Statistischen Geometrischen Merkmalen. Die Anwendbarkeit dieser Farbtexturmerkmale zur automatischen Klassifikation von hochaufgelösten Bildern der Schleimhaut des Ösophagus wird nachgewiesen. Es zeigt sich, dass durch die Verwendung dieser kombinierten Farbtexturmerkmale signifikante Klassifikationsverbesserungen erzielt werden können.

1 Problemstellung

Ohne erkennbare Ursache wurde in den letzten Jahrzehnten eine Vervier- bis Verfünffachung der Inzidenz des Adenokarzinoms des Ösophagus beobachtet. Der größte Teil der Adenokarzinome des distalen Ösophagus entwickelt sich aus spezialisiertem Zylinderepithel, der sogenannten Barrett-Schleimhaut. Bei der Barrett-Schleimhaut handelt es sich um spezialisiertes, intestinales Zylinderepithel, das sich metaplastisch als Folge einer Defektheilung auf dem Boden einer Refluxösophagitis entwickelt. Es wird geschätzt, dass 5% der Patienten mit häufigem Sodbrennen eine Barrett-Schleimhaut entwickeln. Diese Patientengruppe trägt das Risiko einer karzinomatösen Entartung von etwa 0,5% pro Patient und Jahr. Der Nutzen endoskopischer Vorsorgeuntersuchungen bei Patienten mit Refluxkrankheit ist derzeit umstritten, da bislang das individuelle Risiko einer tumorösen Entwicklung nur unzureichend prognostiziert werden kann. Neue Ansätze, dieses Problem zu lösen, sind die Verwendung von Farbstoffen (Chromoendoskopie") und die hochauflösende Vergrößerungsendoskopie (SZoomendoskopie"). Ein langfristiges Ziel ist dabei eine automatische, bildbasierte Gewebeerkennung im Ösophagus als Ergänzung zur konventionellen Biopsie.

2 Stand der Forschung

Texturmerkmale zur Analyse von strukturierten Oberflächen werden seit über zwanzig Jahren in der Bildverarbeitung untersucht und eingesetzt. Mit der stetigen Weiterentwicklung der Rechenleistung handelsüblicher Rechner sowie der dedizierten Erweiterung von Texturverfahren auf farbiges Bildmaterial ist es heute jedoch möglich, u.a. endoskopisch aufgenommenes Bildmaterial mit der darin enthaltenen Farb- und Texturinformation mit Methoden der Bildverarbeitung zu untersuchen und automatisch auszuwerten. Nach unserem Wissensstand gibt es derzeit noch sehr wenige Untersuchungen, um endoskopische Bilder mit Verfahren der digitalen (Farb-)Textur-Verarbeitung zu untersuchen. Palm et al. [1] haben die bekannten Cooccurrence-Merkmale und Gaborfilter in Richtung Farbfähigkeit weiterentwickelt und an endoskopischen Aufnahmen menschlicher Stimmlippen untersucht. Karkanis et al. [2] haben Untersuchungen zur automatischen, rechnergestützten Klassifikation von Kolonkarzinomen publiziert, bei denen Cooccurrence- und Wavelet-Merkmale im Grauwertbereich mit neuronalen Netzen trainiert und klassifiziert wurden.

3 Summen- und Differenz-Histogramme

Summen- und Differenz-Histogramme wurden von M. Unser [3] als Näherung für die zweidimensionalen Cooccurrence-Matrizen eingeführt mit dem Vorteil einer wesentlich schnelleren Berechnung. Diese Histogramme beinhalten die Häufigkeiten der Grauwertsummen bzw. -differenzen in einem bestimmten Pixelversatz (d, Θ) in einer Bildregion D. Mit dem maximalen Grauwert $G = 255$ sind diese definiert als:

$$h_S(i) = |\{(x_1, y_1) \in D | I(x_1, y_1) + I(x_2, y_2) = i\}|, \qquad (1)$$
$$h_D(j) = |\{(x_1, y_1) \in D | I(x_1, y_1) - I(x_2, y_2) = j\}|, \qquad (2)$$

wobei $i = 0, \ldots, 2(G-1)$ und $j = -G+1, \ldots, G-1$. Diese Histogramme werden bezüglich der Pixelanzahl N in D normiert und zur Berechnung von 15 Merkmalen (vgl. [3]) verwendet. Für Farbbilder ist die einfachste Erweiterung, diese Merkmale auf allen drei Kanälen (RGB) zu berechnen und in einen gemeinsamen Merkmalsvektor zu kombinieren (sog. *Intra-plane Verfahren*).

Um die statistischen Abhängigkeiten zwischen den Ebenen zu berücksichtigen werden ebenenübergreifende Histogramme (sog. *Inter-plane Verfahren*) wie folgt definiert:

$$h_S^{(pq)}(i) = |\{(x_1, y_1) \in D | I^{(p)}(x_1, y_1) + I^{(q)}(x_2, y_2) = i\}|, \qquad (3)$$
$$h_D^{(pq)}(j) = |\{(x_1, y_1) \in D | I^{(p)}(x_1, y_1) - I^{(q)}(x_2, y_2) = j\}|, \qquad (4)$$

wobei $p \neq q \in \{R, G, B\}$, $i = 0, \ldots, 2(G-1)$ und $j = -G+1, \ldots, G-1$. Der HSV-Farbraum (Hue, Saturation, Value) erlaubt die Trennung von Farb- und Intensitätsinformation. Durch die bei schwacher Beleuchtung unvermeidlichen Sensorstörungen werden Farbwerte H bei geringer Sättigung S störanfällig. Dies wird durch einen Schwellwert S_{min} behoben:

$$H' = \begin{cases} H & \text{wenn } S \geq S_{min}, \\ 0 & \text{sonst.} \end{cases} \qquad (5)$$

Farbtöne H werden also nur bei ausreichender Sättigung betrachtet. Die Bestimmung dieses Schwellwerts erfolgt momentan noch heuristisch. Da der Farbton H' als Winkelmaß repräsentiert wird, sind trigonometrische Abstandsmaße erforderlich:

$$d = \sin\left(\frac{H_1 - H_2}{2}\right), \tag{6}$$

$$s = \sin\left(\frac{H_1 + H_2}{2}\right). \tag{7}$$

Um diskrete Histogramme aufzubauen, werden diese Abstandsmaße auf den Bereich $[-255; 255]$ bzw. $[0; 510]$ skaliert. Für diese sog. *nichtlinearen H'V-Merkmale* werden je 15 Merkmale in der H'-Ebene mit o.g. Abstandsmaßen und in der V-Ebene mit skalaren Summen und Differenzen bestimmt.

4 Statistische Geometrische Merkmale

Die Statistischen Geometrischen Merkmale (SGF) basieren auf geometrischen Eigenschaften der Regionen eines Binärbildstapels, der durch sukzessive Schwellwertoperationen auf dem ursprünglichen Grauwertbild berechnet wird [4]. Für eine Serie von Schwellwerten $\alpha_i = \alpha_0 + i\Delta\alpha$ wird ein Binärbildstapel erzeugt:

$$I_{B\alpha_i}(x,y) = \begin{cases} 1 & \text{wenn } I(x,y) \geq \alpha_i, \\ 0 & \text{sonst.} \end{cases} \tag{8}$$

In jedem Binärbild wird durch eine Regionenanalyse die Zahl und mittlere Irregularität der weißen und schwarzen Regionen berechnet. Der Merkmalsextraktionsprozess berechnet die statistischen Eigenschaften, wie Mittelwert und Varianz dieser Maße bezüglich aller Bilder des Stapels, was zu 16 numerischen Merkmalen führt [4].

Eine Farberweiterung kann nun ebenso durch *Intra-plane* Merkmale mit evtl. Farbraumkonversion erfolgen. Ebenenübergreifende Eigenschaften werden durch logische Verknüpfungen zwischen den Binärbildstapeln erreicht. Für ein Farbbild $I(x,y)$ werden die Binärbilder $I_{B\alpha}^{(pq)}(x,y)$ durch

$$I_{B\alpha}^{(pq)}(x,y) = I_{B\alpha}^{(p)}(x,y) \odot I_{B\alpha}^{(q)}(x,y), \tag{9}$$

$$I_{B\alpha}^{(p)}(x,y) = \begin{cases} 1 & \text{if } I^{(p)}(x,y) \geq \alpha, \\ 0 & \text{otherwise,} \end{cases} \tag{10}$$

erzeugt, wobei $\odot$ eine der boolschen Operationen AND ($\wedge$), OR ($\vee$) und XOR ($\oplus$) darstellt. Auf diesen drei Bildstapeln werden die Originalmerkmale berechnet und zu einem Gesamtvektor zusammengefügt. *Nichtlineare H'V* Merkmale werden analog zu den Summen- und Differenzhistogrammen auf den Kanälen H' und V berechnet, wobei hier angemerkt sei, dass die erste Schwellwertbildung auf dem Farbton H bezüglich der Sättigung S und erst im zweiten Schritt auf dem modifizierten Farbton H' stattfindet, also keine in dem Sinne redundante Schwellwertbildung auftritt.

Abb. 1. Betrachtete Gewebetypen des Ösophagus (a) Plattenepithel (b) Corpus-Schleimhaut (c) Cardia-Schleimhaut (d) Barrett-Schleimhaut (aus drucktechnischen Gründen nach Graukonvertierung und linearer Histogrammspreizung)

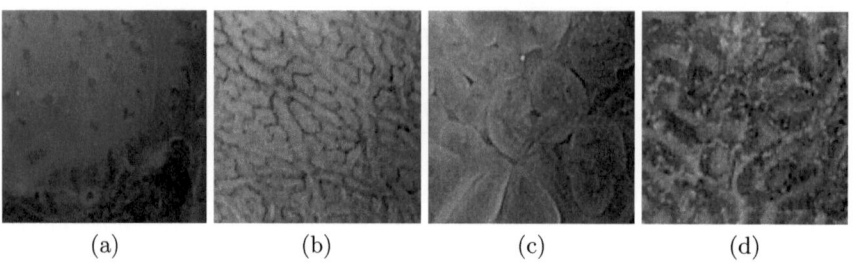

(a)   (b)   (c)   (d)

Tabelle 1. Erkennungsraten zur Gewebeklassifikation im Leaving-One-Out Verfahren auf 2734 Regionen der Größe 64x64 Pixel in 121 Bildern. Für die Inter-plane SGF-Merkmale sind die Ergebnisse für die AND/OR/XOR Operation angegeben.

Merkmale	Grau	Intra	Inter	H'V	S_{min}
Histogramme	65%	85%			
Cooccurrence	70%				
Unser S/D	73%	90%	90%	86%	150
Chen SGF 16	54%	79%	74%/75%/81%	60%	0

5 Experimentelle Evaluierung

Auf einer klassifizierten Stichprobe von zoom-endoskopischen Aufnahmen (115x, Olympus GIF Q160Z) des Ösophagus bei 6 Patienten wurden quadratische Regionen der Größe 64x64 Pixel selektiert und zur Evaluierung verwendet. Es handelt sich hierbei um Regionen, die gesundes Plattenepithel (PE), gesunde Schleimhaut der Cardia (CS) und des Corpus (CO), sowie Barrett-Schleimhaut (BS) zeigen (Abb. 1). Die vorgestellten Farbtexturmerkmale werden im Leaving-One-Out-Verfahren gegenüber Histogramm-Merkmalen und den bekannten Cooccurrence-Verfahren evaluiert. Für die Summen- und Differenz-Histogramme wird dabei ein Offset von $d = 1$ und für die Statistischen Geometrischen Merkmale eine Binarisierungsschrittweite $\Delta\alpha = 16$ verwendet.

Tabelle 1 stellt die erzielten Erkennungsraten gegenüber. Zunächst kann festgehalten werden, dass eine automatische Klassifikation mit Erkennungsraten bis zu 90% im Leaving-One-Out-Verfahren möglich ist. Dabei sind die Farbmerkmale grundsätzlich den Grauwertmerkmalen überlegen.

Einen besseren Erkenntnisgewinn verspricht die Interpretation der entstehenden Kontingenztafeln (Vertauschungsmatrizen), von denen exemplarisch die der *Inter-plane* Summen-/Differenz-Histogramme herausgegriffen wurde (Tabelle 1). Hier zeigt sich eine relativ hohe Vertauschungsrate bei den Klassen Barrett- und Cardia-Schleimhaut, was durch deren auch für den Spezialisten ähnliche optische Erscheinungsform nachvollziehbar ist.

Tabelle 2. Kontingenztafel mit den Detailergebnissen der *Inter-plane* Summen-/Differenz-Histogramme

	BS	PE	CS	CO	r	Ok	Total
BS	**962**	5	87	10	90%	962	1064
PE	20	**220**	19	8	82%	220	267
CS	87	4	**715**	9	88%	715	815
CO	9	2	3	**574**	98%	574	588
∑					90%	2471	2734

6 Diskussion

Die Verwechslungen zwischen Cardia- und Barrett-Schleimhaut sind weiter nicht überraschend, da die Unterschiede auch makroskopisch während der Endoskopie in der hochaufgelösten Ansicht nicht trivial zu erkennen sind. Andererseits ist die Abbildung der charakteristischen plastischen Strukturen stark abhängig vom Aufnahmewinkel des Endoskops, d. h. bei leicht geneigter Ansicht sind diese besser sichtbar. Weitere Verbesserungen erwarten wir uns hier von einer umfangreicheren und hinsichtlich der Aufnahmepositionen und Gewebeabständen vereinheitlichten Stichprobe. Nicht unterschätzt werden sollten ebenfalls die variierenden Beleuchtungsverhältnisse und die damit verbundene Farbvarianz, deren Einfluss und Kompensation durch Methoden der Farbnormierung noch nicht vollständig geklärt sind. Spezielle Färbetechniken (z. B. Methylenblau), die neoplastisches Material anfärben, lassen weitere Verbesserungen erwarten. In jedem Falle lässt sich festhalten, dass durch die vorgestellten kombinierten Farbtexturansätze signifikante Klassifikationsverbesserungen gegenüber Grauwert- und Histogrammverfahren erzielt werden.

Literaturverzeichnis

1. Palm C, Metzler V, Mohan B, et al.: Co-Occurrence Matrizen zur Texturklassifikation in Vektorbildern. Procs BVM 99:367–371, 1999.
2. Karkanis SA, Magoulas GD, Grigoriadou M, Schurr M: Detecting Abnormalities in Colonoscopic Images by Textural Description and Neural Networks. Procs of Workshop on Machine Learning in Medical Applications, Advance Course in Artificial Intelligence-ACAI99, Chania, Greece, 59-62, 1999.
3. Unser M: Sum and Difference Histograms for Texture Analysis. IEEE Transactions on Pattern Analysis and Machine Intelligence, 8(1):118–125, 1986.
4. Chen YQ, Nixon MS, Thomas DW: Statistical Geometrical Features for Texture Classification. Pattern Recognition, 28(4):537–552, 1995.

Bildverarbeitung für ein motorisiertes Lichtmikroskop zur automatischen Lymphozytenidentifikation

Michael Beller[1], Rainer Stotzka[1], Hartmut Gemmeke[1]
Karl-Friedrich Weibezahn[2] und Gudrun Knedlitschek[2]

[1]Institut für Prozessdatenverarbeitung und Elektronik
Forschungszentrum Karlsruhe, 76344 Eggenstein, Germany
[2]Institut für Medizintechnik und Biophysik
Forschungszentrum Karlsruhe, 76344 Eggenstein, Germany
Email: Michael.Beller@ipe.fzk.de

Zusammenfassung. Zur Diagnose potentiell maligner Erkrankungen können die Größenverhältnisse von Lymphozyten aus arteriellem und venösem Blut herangezogen werden. Die Bestimmung dieser Größen wird bisher manuell durchgeführt. Es wird ein Detektionssystem weiterentwickelt, das die Selektion der Lymphozyten und ihre Auswertung objektiv gewährleisten soll. Dafür wird ein motorisiertes Lichtmikroskop zusammen mit einer CCD-Kamera benutzt. Bei 20facher Vergrößerung wird in einem Blutausstrich zunächst nach angefärbten Zellen gesucht, die danach mit 100facher Vergrößerung angefahren und genau vermessen werden. Zuletzt werden diese Zellen in Lymphozyten und Nicht-Lymphozyten klassifiziert.

1 Problemstellung und medizinischer Hintergrund

Tumorzellen sind Körperzellen, die nicht mehr einer normalen Wachstumsregulierung unterliegen. Die Zelle verändert jedoch häufig nicht nur Form und Größe, sondern meist auch ihr Verhalten und ihre Oberflächencharakteristik und ist so prinzipiell durch das Immunsystem zu erkennen. Hinweise auf die Anwesenheit von Tumorzellen im Körper sollten sich aus Veränderungen bestimmter Komponenten des Immunsystems ergeben.

Dieser Hypothese entsprechend ergaben Beobachtungen an einer ukrainischen Klinik, dass die Größenverhältnisse von Lymphozyten aus Kapillarblut (überwiegend arteriell) zu solchen aus venösem Blut Rückschlüsse auf eine potentielle maligne Erkrankung gestatten. Über die Ursachen, die hier zugrunde liegen, ist noch wenig bekannt. Diese vergleichende Methode könnte den zur Zeit verwendeten bildgebenden Verfahren (Strahlenbelastung bei einigen Verfahren erheblich), histologischen Untersuchungen an Biopsiematerial und Verfahren mit Tumormarkern überlegen sein, da sie lediglich eine Blutentnahme erfordert und zudem letztgenannte in der Unterscheidung in gut- und bösartig oft unsicher sind.

Zur wissenschaftlichen Analyse dieser Beobachtung ist die Untersuchung einer großen Zahl von Blutausstrichen notwendig. Da ein einigermaßen geschultes Auge etwa ein bis fünf Tage benötigt, um die Probenträger für einen Patienten vollständig zu analysieren [1], wurde ein automatisches System entwickelt, das auf einem Probenträger angefärbte Objekte segmentiert und vermisst.

2 Stand der Forschung

Die zur Zeit verwendeten Verfahren der Zellzählung und Zellgrößenbestimmung sind deren manuelle Bestimmung, das Coulter-Prinzip und die Flusszytometrie. Die manuelle Bestimmung ist aufgrund der Kosten- und Zeitintensitivität sowie der Intepretationsfehler durch den Untersuchenden nicht geeignet [2]. Beim Coulter-Verfahren und der Flusszytometrie werden die Zellen in einem isotonischen Medium aufgenommen. Dies führt zu Volumenänderungen der Zellen [1]. Während des Passierens des elektrischen Messfelds bei Einsatz der Coulter-Methode können die Zellen zudem verformt werden, was zu einer Veränderungen der Größenverhältnisse führt [2]. Diese Verhältnisse sind jedoch für die Interpretation wichtig. Weiterhin kann mit beiden Verfahren die gewünschte Größenauflösung von $0,5\,\mu m$ nicht erreicht werden.

Es existieren Systeme, die Blutzellen erkennen und solche, die Blutzellen vermessen. Es gibt auch Systeme, die beide Funktionen vereinen, jedoch müssen diese konstant überwacht werden und klassifizieren häufig falsch. Dazu wurde in [2] die Analyse von Hundeblutproben herangezogen: „Denn bei einer Differenzierung von 100 Leukozyten (...) betrug die Zahl der nicht erkannten und manuell nachzudifferenzierenden Zellen durchschnittlich $18,8\,\%$ und maximal sogar $50,7\,\%$.". Als Alternative werden in [2] halbautomatische Syteme genannt, die das Orten und Fokussieren der Zelle selbst übernehmen und die eigentliche Identifikation dem Untersucher überlassen. Dies ist aus o.g. Gründen nicht akzeptabel.

Unser Ziel ist daher die Entwicklung eines Systems, das nahezu vollautomatisch weiße Blutkörperchen aufnimmt, zählt, segmentiert, vermisst und klassifiziert. Die benötigte Zeit wird gegenüber einer manuellen Vermessung wesentlich verkürzt werden. Durch den Einsatz von herkömmlichen Geräten werden Aufwand und Kosten verringert. Zusätzlich werden spezielle Nachteile der bisherigen automatischen Methoden zur Zellzählung und Identifikation umgangen. Eine breit angelegte Studie zur Verifikation der Beobachtungen ist somit möglich.

3 Materialien und Methoden

Ein Standard-Lichtmikroskop (Axioskop, Zeiss) mit einem xyz-Tisch (Märzhäuser) wird mit einer CCD-Kamera (SIS ColorView Camera) gekoppelt. Die Optik und das Mikroskop selbst sind manuell optimal eingestellt. Die Auflösung der Kamera beträgt 1280×1024 Pixel bei einer Pixelgröße von $0,32\,\mu m \times 0,32\,\mu m$ für die 20fache bzw. $0,06\,\mu m \times 0,06\,\mu m$ für die 100fache Vergrößerung.

Die Kamera ist an einen handelsüblichen PC angeschlossen. Bei der verwendeten Software handelt es sich um AnalySIS® der Firma SIS [3]. Dieses Programm ermöglicht die Steuerung des Mikroskoptisches, die Verwendung der CCD-Kamera und die Bildverarbeitung. Innerhalb von AnalySIS existiert ein Derivat der Programmiersprache C, welches um verschiedene Bildverarbeitungsroutinen erweitert wurde und die Erstellung eigener Verarbeitungsfunktionen gestattet. Das vorgestellte Verfahren wurde hierin implementiert.

Die verwendeten Blutproben wurden auf Objektträgern ausgestrichen und gemäß der Methode nach Pappenheim [4] angefärbt. Die Erythrozyten wurden durch eine Säurebehandlung zerstört, da sie den Segmentierungsprozess stören. Dies hat keinen Einfluß auf die Größenverteilung der Lymphozyten.

Der Objektträger wird bei 20facher Vergrößerung mäanderförmig abgetastet. Wird ein angefärbtes Objekt gefunden, wird dessen Position gespeichert. Bei 100facher Vergrößerung werden dann die abgespeicherten Positionen angefahren, die Objekte aufgenommen und analysiert. Ihre Merkmale werden extrahiert und die Objekte als Lymphozyt/Nicht-Lymphozyt klassifiziert.

3.1 Segmentierung

Das Auffinden eines angefärbten Objektes bei 20facher Vergrößerung erfolgt durch eine Suche nach Objekten, die in der Größenordnung der gesuchten Zellen liegen und eine ähnliche Form haben.

Bei 100facher Vergößerung werden die Charakteristika der Zellen untersucht. Es wird zuerst das RGB-Bild in ein Grauwertbild transformiert. Danach wird derjenige Schwellwert für das trimodale Histogramm gesucht, der die Zelle vom Hintergrund separiert. Das Histogramm ist trimodal, da das Bild aus Zellkern, Zellplasma und Hintergrund besteht. Mittels einer Region-Of-Interest wird der Hintergrund ausgewählt und dessen Mittelwert μ und dessen Standardabweichung σ bestimmt. Der Schwellwert wird bei $\mu - 3\sigma$ gesetzt, wodurch 99,73% der Hintergrundwerte berücksichtigt sind [5].

Für das nun bimodale Histogramm existiert ein Schwellwert, der Kern und Plasma gut trennt. Ein gängiges Verfahren ist die Methode von Otsu [6]. Hierbei wird der Schwellwert dort gesetzt, wo die Summe der Varianzen der entstehenden Gruppen minimal wird. Die Erkennung des Zellkerns ist nötig, da sich Lymphozyten von z.B. Granulozyten nicht in der Größe sondern in der Form des Kerns unterscheiden. Somit sind nun 2 Objekte für die weitere Analyse vorhanden.

3.2 Merkmalsextraktion und Klassifikation

Nach der Segmentierung werden 24 Merkmale der detektierten Objekte extrahiert. Der Merkmalsvektor besteht unter anderem aus den folgenden Elementen: (konvexe) Fläche, (konvexer) Umfang, Equivalent Circle Diameter (ECD), Objektschwerpunkt in x und y, minimaler, mittlerer und maximaler Grauwert des Objektes, Standardabweichung σ, Varianz σ^2, mittlerer und maximaler Durchmesser, maximale Objektausdehnung in x und y, Orientierung und Zirkularität.

Abb. 1. Von links nach recht: Nach Pappenheim angefärbter Lymphozyt. Segmentierter Zellkern (rot). Segmentiertes Plasma (blau) und Kern (rot).

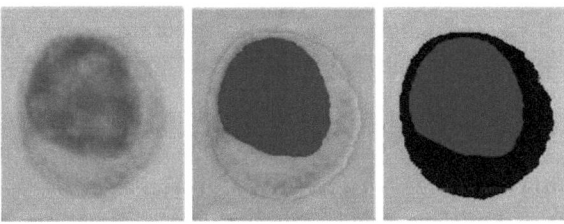

Die Klassifikation in Lymphozyt/Nicht-Lymphozyt erfolgt mit gängigen Methoden [7]: Bayes, k-Nearest Neighbour (kNN) und einem Klassifikationsbaum. Die Merkmale bilden einen 48-dimensionalen Raum, der sich aus den jeweils 24 Merkmalen von Kern und Plasma zusammensetzt. Bayes nimmt an, dass die Merkmale multivariat normalverteilt sind.

4 Ergebnisse

Die Ergebnisse, die die Klassifikation nach vollständiger Kreuzvalidierung [8] für 190 untersuchte Zellen liefert, finden sich in Tab. 1.

Das Augenmerk ist auf die Lymphozyten gerichtet. Handelt es sich bei der betrachteten Zelle um einen Nicht-Lymphozyten, der als Lymphozyt klassifiziert wurde, bezeichnet man dies als falsch-positiv (f.-pos.). Falsch-negativ (f.-neg.) ist äquivalent dazu ein Lymphozyt, der als Nicht-Lymphozyt klassifiziert wurde.

Klassifikator	wahr	falsch	Fehlerrate	f.-pos.	f.-neg.	f.-pos.-Rate	f.-neg.-Rate
Bayes	181	9	4,7%	1	8	0,5%	4,2%
kNN,{k=1,3}	185	5	2,6%	3	2	1,6%	1,1%
K-Baum	181	9	4,7%	4	5	2,1%	2,6%

Tabelle 1. Ergebnisse der Klassifikation. f.-pos. = falsch positiv, f.-neg. = falsch negativ. Für Bayes gilt, dass die a priori Wahrscheinlichkeiten beider Klassen gleich sind.

5 Diskussion

Das vorgestellte Verfahren zur automatischen Lymphozytenidentifikation ermöglicht es, Größenhistogramme von Lymphozyten anhand von Blutausstrichen zu erstellen. Diese können zur Diagnose einer malignen Erkrankung herangezogen werden. Unter idealen optischen Voraussetzungen liegt die Schwierigkeit in der Segmentierung von Kern und Plasma, da der Kontrast oft gering ist. Modifikationen der Färbemethoden könnten hier möglicherweise zu weiteren Verbesserungen führen. Zur Positionsermittlung hingegen muss nur ein angefärbtes Objekt gefunden werden.

Die mit dem Verfahren von Otsu erzielten Ergebnisse zur Trennung von Zellkern und Zytoplasma sind einer manuellen Segmentierung durchaus ebenbürtig. Zur Bewertung wird der *Equivalent Circle Diameter (ECD)* verwendet. Dieser Wert wird zu einer diagnostischen Aussage herangezogen [1]. Die Güte des automatischen Vorgangs bestimmt sich durch den Vergleich zur manuellen Segmentierung.

Wurden Zellen manuell segmentiert, betrugen die Abweichungen der subjektiven Beurteilungen des ECD durch mehrere Personen bis zu $0,8\,\mu m$. Somit ergibt der Vergleich nur eine Abschätzung der tatsächlichen Übereinstimmung. Als „gut segmentiert" werden diejenigen automatisch segmentierten Zellen bezeichnet, deren ECD weniger als $0,5\,\mu m$ – also unterhalb der geforderten Auflösung – von den manuell segmentierten abweicht. Nach diesem Kriterium werden 88 % der Lymphozyten und 92 % ihrer Kerne „gut segmentiert". Lässt man eine Abweichung von $1\,\mu m$ zu, so sind es 95 % resp. 98 %. Auch ein Vergleich der Größenhistogramme zeigt keine nennenswerten Unterschiede.

Aufgrund des vielfach schwachen Kontrasts ist eine perfekte automatische Segmentierung ohne a priori Wissen über die Zellen nicht möglich. Ein geschulter Mensch besitzt dieses Wissen und kann fehlende Bildinformation kompensieren – ein Algorithmus, der nur auf Intensitäten basiert, jedoch nicht.

Die Klassifikation liefert mit Fehlerraten zwischen $2,6\,\%$ und $4,7\,\%$ gute Ergebnisse. Die interessante falsch-positiv-Rate liegt mit $0,5\,\%$ bis $2,1\,\%$ unter dem Wert von $5,5\,\%$, der in [2] genannt wird. Die falsch-negativ-Rate liegt mit $1,1\,\%$ bis $4,2\,\%$ ebenfalls unter der Literaturangabe von 12 %.

Das automatisierte Verfahren benötigt etwa 10 Stunden, was gegenüber einer manuellen Analyse deutlich Zeit spart. Eine vollständige Automatisierung ist aufgrund des Wechsels der Vergrößerung mit konventionellen Geräten jedoch nicht möglich (Vollautomatische Mikroskope sind inzwischen auf dem Markt).

Zu untersuchen bleibt, ob und inwiefern die Fehlerrate mit sinnvollem Aufwand verbessert werden kann. Möglicherweise ließe sich die Klassifikation durch Segmentierungen mit regionen- oder texturorientierten Verfahren verbessern.

Literaturverzeichnis

1. Andreas Berting. *Automatische Lymphozytenidentifikation.* Master's thesis, Fachhochschule Gießen-Friedberg, 2000.
2. Marion Püsch. *Hämatologiesystem ADVIA 120, Softwareadaption und Evaluation bei den Tierarten Schaf und Ziege.* PhD thesis, Universität Gießen, 2002.
3. SIS GmbH. http://www.soft-imaging.de.
4. B. Romeis. *Mikroskopische Technik.* Oldenbourg-Verlag, 1968.
5. Lothar Sachs. *Angewandte Statistik.* Springer, 9th edition, 1999.
6. Al Bovik. *Handbook of Image and Video Processing.* Academic Press, 2000.
7. Casimir A. Kulikowski, Sholom M. Weiss. *Computer Systems that learn.* Morgan Kaufmann, 1991.
8. D. Michie, D.J. Spiegelhalter, C.C. Taylor. Machine Learning, Neural and Statistical Classification. Ellis Horwood, 1994.

Segmentierung von überlappenden Zellen in Fluoreszenz- und Durchlichtaufnahmen

Matthias Grobe, Heiko Volk, Christian Münzenmayer und Thomas Wittenberg

Fraunhofer-Institut für Integrierte Schaltungen, 91058 Erlangen
Email: grobems@iis.fhg.de

Zusammenfassung. Dieser Beitrag beschreibt die Segmentierung von Zellen aus zervikalen Abstrichen. Als Bildmaterial werden von einem Mikroskop aufgenommene, hochauflösende, registrierte Bildpaare verwendet, die jeweils aus einem Durchlichtbild und einem Fluoreszenzbild bestehen. Die Segmentierung der Zellplasmen erfolgt im Durchlichtbild, die der Zellkerne im Fluoreszenzbild, wobei jeweils histogrammbasierte Verfahren eingesetzt werden. Es werden sowohl einzeln liegende Zellen als auch sich überlappende Zellen segmentiert. Diese Zellaggregate werden anschließend getrennt, um jeweils einen einzelnen Zellkern mit seinem dazugehörigen Zellplasma zu erhalten. Während dieser Trennung werden die Überlappungen der verschiedenen Zellplasmen lokalisiert und berücksichtigt.

1 Problemstellung

Im Rahmen der Krebsfrüherkennung bei Frauen werden zervikale Abstriche mit dem Verfahren nach Papanicolaou (PAP-Färbung") aufbereitet, sodass Zellen mikroskopisch betrachtet und auf Veränderungen durch Krebs untersucht werden können. Um diese äußerst aufwändige manuelle Prozedur zu automatisieren können die angefärbten Proben digitalisiert und durch einen Computer vorverarbeitet werden. Für eine computergestützte Klassifikation der Probe anhand der einzelnen Zellen müssen diese segmentiert werden.

2 Stand der Forschung

Um Zellen computergestützt zu klassifizieren, werden die Zellkerne in PAP-gefärbten Durchlichtbildern segmentiert und auf diesen morphologische sowie Texturmerkmale berechnet [1,2]. Da hierbei die Segmentierung des zugehörigen Zellplasmas nicht durchgeführt wird, wird damit jedoch das nach zytologischen Gesichtspunkten wichtige Verhältnis zwischen Zellkernfläche und Zellplasmafläche außer Acht gelassen.
   Es existieren mittlerweile Algorithmen [3,4], die auch oder ausschließlich das Zellplasma segmentieren. Diese basieren aber überwiegend auf unvollständigen Segmentierungen, die das allgegenwärtige Problem der Überlagerung der Zellen ignorieren oder nur unzureichend behandeln. Manche Ansätze [5] gehen davon

Abb. 1. Ausschnitt eines registrierten Bildpaares: links PAP-gefärbtes Durchlichtbild (gemittelte Grauwerte des RGB-Originalbildes), rechts DAPI-gefärbtes Fluoreszenzbild (blauer Farbkanal des RGB-Originalbildes)

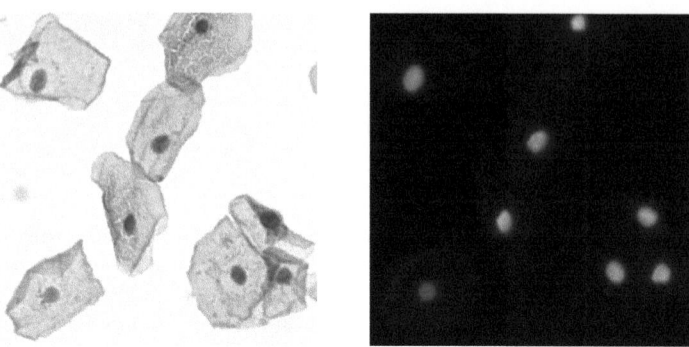

aus, dass gegenseitige Überlagerungen nicht vorkommen - eine Gegebenheit, die bei einer effizienten Aufbereitung der Abstriche fast unmöglich zu erreichen ist. Andere Verfahren [6] segmentieren Zellen bzw. Zellkerne und können zudem mögliche Überlagerungen entdecken, behandeln diese überlappenden Zellen jedoch nicht weiter und schließen sie dadurch von der Klassifikation aus.

3 Wesentlicher Fortschritt durch den Beitrag

Im Gegensatz zu anderen Verfahren wird für den vorgestellten Ansatz die Verarbeitung der Abstriche erweitert: Neben der originären PAP-Färbung wird eine Probe zudem durch eine sog. DAPI-Fluoreszenzfärbung aufbereitet und unter UV-Beleuchtung aufgenommen. Wegen dieser Doppelfärbung stehen registrierte Bildpaare der Probe zu Verfügung, d.h. jeweils eine PAP-gefärbte Durchlicht- und eine DAPI-gefärbte Fluoreszenzaufnahme (siehe Abb. 1).

Neben der Segmentierung des Zellkerns und des Zellplasmas von frei liegenden Zellen beschäftigt sich dieser Beitrag speziell mit der Behandlung von sich gegenseitig überlappenden Zellen. Es wird angestrebt, aus jenen Zellaggregaten eine möglichst große Anzahl Zellen herauszutrennen, um damit idealerweise viele einzelne Zellen pro Probe zu erhalten. Eine segmentierte Zelle besteht jeweils aus einem Paar von (einschlußfreien) Binärmasken für den Zellkern und das Zellplasma. Aus diesen Flächenpaaren lässt sich u.a. auch das Kern-Plasma-Verhältnis berechnen.

4 Methoden

Die Segmentierung von Zellen beginnt mit den Zellplasmen im PAP-gefärbten Durchlichtbild. Hierfür wird ein Grauwerthistogramm des Bildes erstellt, aus dem mit dem Verfahren der bimodalen Entropie [7] ein Schwellwert berechnet werden kann. Dieser liegt zwischen den charakteristischen Ansammlungen der

Grauwerte der Zellen und des Hintergrundes. Anschließend wird das Bild mit dem Schwellwert binarisiert und die einzelnen Regionen darin separiert. Nach einer Säuberung der Binärmasken von Einschlüssen repräsentieren diese die Plasmen einzelner Zellen oder ungetrennter Zellaggregate.

Nun wird das DAPI-gefärbte Fluoreszenzbild betrachtet: Aus dem blauen Farbkanal des Bildes wird ein Grauwerthistogramm generiert und mithilfe der bimodalen Entropie ein Schwellwert berechnet. Mit diesem lässt sich das Bild binarisieren, um Hypothesen für Zellkerne zu finden. Diese Hypothesen umfassen einen oder mehrere Zellkerne sowie einen geringen, umgebenden Bereich. Bei der Betrachtung jeder einzelnen Hypothese wird ein lokales Grauwerthistogramm erstellt, aus dem sich wiederum ein lokaler Schwellwert berechnen lässt. Mit diesem kann der Bereich innerhalb der Hypothese in echte Zellkerne und den Hintergrund binarisieren werden. Auch hierbei findet eine Säuberung der Binärmasken von Einschlüssen statt.

Anschließend werden die Zellkernflächen den Zellplasmaflächen zugeordnet. Alle Zellaggregate, die pro Zellplasmafläche mehr als eine Zellkernfläche beinhalten, werden auf ihre mögliche Teilbarkeit hin untersucht. Als Kriterien werden dabei die Abstände der Zellkernschwerpunkte und deren geometrische Lage zueinander verwendet. Wenn ein Zellplasma teilbar erscheint, wird für dieses zuerst ein Grobschnitt mit geraden Schnittkanten berechnet, um eine Grundfläche für das Plasma zu erhalten. Diese Schnitte verlaufen zwischen je zwei sog. "Einschnürungspunkten" (siehe Abb. 2a). Diese Punkte bestimmen die kürzeste Verbindung zwischen dem "linken" und "rechten" Zellplasmarand des Zellaggregates zwischen jeweils zwei Zellkernen. Zur Verbesserung des Grobschnittes wird der Bereich einer möglichen Überlappung des Zellplasmas definiert: dieser umfasst eine Raute zwischen den Zellkernschwerpunkten und den "Einschnürungspunkten" (siehe Abb. 2b). Innerhalb dieser Raute wird ein lokales Grauwerthistogramm des PAP-gefärbten Durchlichtbildes erstellt und mittels des Verfahrens nach Otsu [8] ein Schwellwert berechnet. Diese Vorgehensweise basiert auf der Annahme, dass das angefärbte Zellplasma auf dem Bild dunkler erscheint als der weiße Hintergrund und dass zwei oder mehr überlappende Zellplasmen aufgrund ihrer "additiven Transparenz" nochmals dunkler erscheinen. Mit dem Schwellwert wird der Bereich innerhalb der Raute (abzüglich der Flächen der Zellkerne) binarisiert und die Ränder durch die Entfernung von Einschlüssen gesäubert. Die gewonnene Fläche, welche die Überlappung der beiden Zellplasmen der zwei Zellen darstellt (siehe Abb. 2c), wird beiden Grobschnitten der herauszutrennenden Zellplasmen hinzugefügt. Alle herausgetrennten Zellen inkl. einem Kern und einem Zellplasma werden als Ergebnis zurückgegeben.

5 Ergebnisse

Um die automatische Segmentierung bewerten zu können, wurde ein Satz von 271 Zellbildpaaren herangezogen und manuell (von einer Person) sowie automatisch segmentiert (Daten siehe Tab. 1). Hierbei wurde der überwiegende Teil der Zellen (76 %) aus der Handsegmentierung wiedergefunden, wobei erwähnt

Abb. 2. (*a*) Zellaggregat mit sich überlappenden Zellplasmen (schraffiert), Zellkernen (kariert), Einschnürungspunkten (Pfeile) und den Grobschnitten der Zellplasmatrennung (gestrichelte Linien); (*b*) Bereiche möglicher Überlappungen der Zellplasmen (Ziegelschraffur); (*c*) Segmentierte Überlappungen der Zellplasmen (schwarz); (*d*) Beispiel einer segmentierten Zelle aus Abb. 1

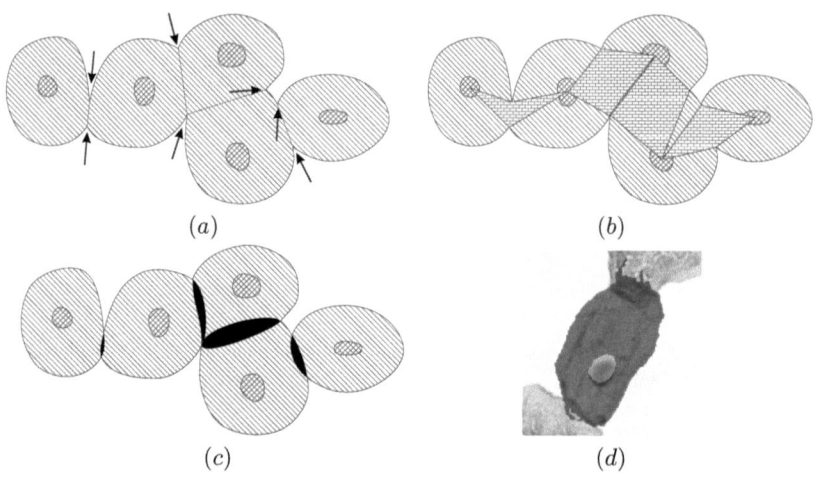

werden muss, dass bei beiden Segmentierungen nicht vollständig alle Zellen der Aufnahmen segmentiert wurden. Die segmentierende Person wie der Algorithmus ließen "unmarkierbare" bzw. "untrennbare" bzw. "ungültige", da am Bildrand liegende, Zellen außer Acht, wobei diese beiden Mengen aber unterschiedlich waren.

Anschließend wurden die von beiden Segmentierungen markierten bzw. gefundenen Zellen miteinander verglichen. Hauptsächliche Kriterien waren die Abstände der Schwerpunkte der Zellkernflächen und die Größe der Kern- und Plasmaflächen. Bei einer durchschnittlichen Fläche der Zellkerne von 876 Pixel beträgt der mittlere Abstand der Schwerpunkte zwischen manueller und automatische Segmentierung lediglich 1,26 Pixel. Der mittlere Unterschied der Flächen beträgt bei den Zellkernen 166 Pixel und bei den Zellplasmen 1491 Pixel, wobei die Zellplasmen im Durchschnitt 18637 Pixel groß sind.

6 Diskussion

Die Experimente zeigen, dass der vorgeschlagene Algorithmus eine genügend große und damit sinnvolle Menge der Zellen segmentieren kann. Einzeln liegende Zellen werden im Vergleich zur Handsegmentierung fast perfekt gefunden und sich überlappende Zellen werden ausreichend gut aus den Zellaggregaten herausgetrennt, sofern es sich nur um 2 bis 3 gleichzeitige Überlappungen handelt. Bei höheren Überlappungen haben selbst ausgebildete Fachkräfte Schwierigkeiten, eine korrekte Trennung der Plasmen vorzunehmen.

Tabelle 1. Daten und Ergebnisse

Segmentierte Bildpaare	271
Größe der Bilder	1000 x 700 Pixel
Fläche eines Pixels	0,52 x 0,52 μm
Zellen in manueller Segmentierung	1665
Zellen in automatischer Segm.	1973
Wiedergefundene Zellen	1263 (76 %)
Nicht autom. gefundene Zellen	402
Zu viel autom. gefundene Zellen	710
ϕ Fläche Kerne man. Segm.	873 Pixel (σ 252)
ϕ Kernfläche zu viel/zu wenig in autom. Segm.	21/145 Pixel (σ 36/86)
ϕ Zellkernabstand man./autom. Segm.	1,26 Pixel (σ 0,79)
ϕ Fläche Plasmen man. Segm.	18637 Pixel (σ 6835)
ϕ Plasmafläche zu viel/zu wenig in autom. Segm.	1378/1113 Pixel (σ 2446/1657)

Im Detail lässt sich sagen, dass die Flächen der Zellkerne und die Abstände der Schwerpunkte der Zellkerne kaum von der Handsegmentierung abweichen: Die Größen der einzelnen Vergleiche liegen in einem sinnvollen Rahmen und damit auch das o.g. Kern-Plasma-Flächenverhältnis.

Ein weiterer Grund für die ausreichende Genauigkeit der Segmentierung ist der Vergleich mit der Schwankung innerhalb der manuellen Segmentierung: in einem Experiment wurde ein kleiner Satz Bilder von ein und derselben Person an verschiedenen Tagen mehrfach segmentiert (5 Bildpaare, darin insgesamt 40 segmentierte Zellen). Hierbei zeigten sich Abweichungen der segmentierten Flächen, welche in der Größe in etwa dem Unterschied zwischen manueller und automatischer Segmentierung entsprachen.

Literaturverzeichnis

1. Dörrer R, Fischer J, Greiner W et al. Ein lernendes System zur Zellbildanalyse. Institut für Physikalische Elektronik, Universität Stuttgart. Stuttgart, 1987.
2. Dörrer R, Fischer J, Schlipf W et al. FAZYTAN Labortest Abschlußbericht. Institut für Physikalische Elektronik, Universität Stuttgart. Stuttgart, 1989.
3. Bamford P, Lovell B: A Water immersion algorithm for cytological image segmentation. Proc of Segment 96, Sydney, 1996.
4. Wu K, Gauthier D, Levine M: Live Cell Image Segmentation. Center for Intelligent Machines, McGill University. Montreal, 1995.
5. Byriel J: Neuro-Fuzzy Classification of Cells in Cervical Smears. Dept. of Automation, Technical University of Denmark Lyngby, 1999.
6. Jarkrans T: Algorithms for Cell Image Analysis in Cytology and Pathology. Faculty of Science and Technology, Uppsala University. Uppsala, 1996.
7. Paulus D, Hornegger, J: Pattern Recognition of Images and Speech in C++. Advanced Studies in Computer Science. Vieweg, Braunschweig, 1997.
8. Lehmann T, Oberschelp W, Pelikan E, Repges R: Bildverarbeitung für die Medizin. Springer, Berlin, 1997.

Fraktal hierarchische, prozeß- und objektbasierte Bildanalyse
Anwendungen in der biomedizinischen Mikroskopie

A. Schäpe[1], M. Urbani[2], R. Leiderer[1] und M. Athelogou[1]

[1]Definiens AG, München
[2]Institut für Chirurgische Forschung der Ludwig–Maximilians–Universität München
Email: aschaepe@definiens.com

Zusammenfassung. Licht- und elektronenmikroskopischen Bilddaten sind heute etablierte Informationsmedien in der Medizin und Biologie. Multispektrale digitale Bilder mit komplexen Inhalten werden in großen Mengen halb- und vollautomatisch erzeugt. Eine Analyse im Sinne einer Automatisierung der Extraktion von vernetztem Wissen verlangt nach neuen Methoden. Die Spezialisierung pixelbasierte Lösungen ermöglicht oft automatische Bildanalysen, bleibt aber nichts desto trotz in gewissen Rahmen auf spezifische Applikationen beschränkt. Der fraktal hierarchische prozeß- und objektbasierte Ansatz der *Cognition Networks*, ist in der Lage komplexe Systeme zu analysieren und zu simulieren. Dabei wird ein neues selbstähnliches dynamisches Objektmodell benutzt.

1 Einführung

Objekte und Objektnetze, sowie Prozesse, Hierarchien, und Semantik werden in der Literatur ausführlich beschrieben [7,8,9]. Im vorliegenden Ansatz der Cognition Networks [1,2] sind die Selbstähnlichkeit aller Komponenten und die Dynamik der Auswertung wesentliche Eigenschaft der Bildanalyse. Die beteiligten Objekte sind fraktal in dem Sinne, als das die Grundeigenschaften und Mechanismen in allen Komponenten und Skalen des Systems zueinander ähnlich sind. Die Bildanalyse erfolgt durch die dynamische Erzeugung und Modifikation von Objekten und Verknüpfungen in Cognition Networks.

2 Cognition Networks und Bildanalyse

Cognition Networks sind Netze aus Objekten. Objekte sind wohl unterscheidbare Einheiten, die in der Lage sind, Daten zu tragen. Sie werden durch Verknüpfungsobjekte miteinander verbunden. Verknüpfungsobjekte können wie alle anderen Objekte Daten tragen und wiederum durch andere Verknüpfungsobjekte verknüpft werden. Insbesondere die üblichen semantische und hierarchische Beziehungen können durch Verknüpfungsobjekte dargestellt werden [1,2]. Grundkomponenten der Methodik (Bildobjekte, Merkmale und Klassen) werden bereits erfolgreich zur Bildanalyse in der Fernerkundung eingesetzt [3,4,5].

Das Bildmodell bilden (vektorielle) diskrete Ortsraumfunktionen [8]. Dadurch können Grauwertbilder, Farbbilder, und multispektrale Daten verarbeitet werden. Ein konkretes Bild wird als *Szene* bezeichnet. Die einzelnen (skalaren) Ortsraumfunktionen der Szene heißen die *Kanäle* der Szene. Es wird die einfache 4er-Nachbarschaft und der darauf basierende Zusammenhangsbegriff angenommen. Das Verfahren ist jedoch auch für die erweiterte 8er Nachbarschaft anwendbar.

2.1 Bildobjekte

Jedes *Bildobjekt* repräsentiert eine zusammenhängende Region in der Szene. Bildobjekte sind *benachbart*, wenn ihre assoziierten Regionen entsprechend der 4er-Nachbarschaft benachbart sind. Benachbarte Bildobjekte sind durch ein *topologisches Verknüpfungsobjekt* verbunden. Eine *Bildobjektebene* bildet eine Partition der Szene in Bildobjekte, d.h. die Bildobjekte einer Ebene sind disjunkt und die Szene wird vollständig von den Objekten der Ebene überdeckt. Eine *Bildobjekthierarchie* ist eine vollständig geordnete Menge von Bildobjektebenen derart, dass es für jedes Objekt o in einer feineren Ebene genau ein Objekt o' in der gröberen Ebenen gibt, in dem o (vollständig) enthalten ist. Bildobjekte sind entlang dieser Einbettungshierarchie über hierarchische Verknüpfungsobjekte miteinander vernetzt [3,4,5]. Im folgenden wird eine konkrete Szene zusammen mit einer zugehörigen Bildobjekthierarchie als *Situation* bezeichnet. Der Begriff Objekt wird häufig synonym mit Bildobjekt verwendet.

2.2 Klassen und Klassenzugehörigkeit

Klassenobjekte beschreiben die im Bild zu erkennenden Sachverhalte. Sie sind Teil eines hierarchischen semantischen Netzes, der *Klassenhierarchie* [3,4,5]. Bildobjekte werden durch ein *klassifizierendes Verknüpfungsobjekt* (KVO) einer Klasse zugeordnet. Die Gesamtheit aller KVO's heißt *Klassifikation* und ist ein Bestandteil der Situation. Jedes KVO trägt eine Gewichtung der Zugehörigkeit des Bildobjektes zu der verknüpften Klasse. Ein Bildobjekt kann zu beliebig vielen Klassen mit unterschiedlicher Zugehörigkeit zugeordnet sein. Die Klasse mit der höchsten Zugehörigkeit heißt die *aktuelle Klasse* des Objektes. Die *Objekte der Klasse K* sind alle Bildobjekte deren aktuelle Klasse die Klasse K ist. Als Klassifikationsverfahren kann die Beschreibung der Objekte durch Fuzzy – Zugehörigkeitsfunktionen über den Wertebereich der Merkmale und Nearest - Neighbour-Klassifikation [5] eingesetzt werden. Generell kann jedes Klassifikationsverfahren in das System integriert und durch Fuzzy – Logik mit den anderen Verfahren verknüpft werden.

2.3 Merkmale

Merkmalsobjekte sind beliebige Zahlenwerte, die anhand eines definierten Verfahren aus einer gegebenen Situation berechnet werden können. Es gibt zwei wesentliche Arten von Merkmalen: *Objektmerkmale* sind Eigenschaften eines Bildobjekts, z.B. Farbe, Form und Textur des Objektes. Auch Beziehungen des Objektes zur Umgebung, wie z.b. die mittlere Helligkeitsdifferenz des Objektes zur Umgebung, der Abstand zu einem anderen Objekt einer gewissen Klasse oder die Anzahl der Unterobjekte einer gewissen Klasse sind typische Objektmerkmale [5]. *Metadaten* können unabhängig von einem konkreten Bildobjekt berechnet werden und beschreiben die aktuelle Situation im allgemeinen: z.b. der Grauwert – Mittelwert eines Bildkanals, die Anzahl der Ebenen in der Objekthierarchie oder die Anzahl der Bildobjekte mit einer gewissen Klassenzugehörigkeit sind typische Metadaten. Eine weitere wichtige Klasse von Merkmalen sind Attribute. *Attribute* sind gespeicherte Zahlenwerte, die durch Prozesse gezielt verändert werden können. Attribute können sowohl im Bereich der Objektmerkmale als auch im Bereich der Metadaten verwendet werden.

2.4 Prozesse

Modifikationen der Situation werden von Prozessen durchgeführt. Ein Prozeß besteht aus einem Algorithmus und einer (Bildobjekt-) Domäne. Prozesse können beliebig viele Unterprozesse besitzen. Der Algorithmus beschreibt *was* der Prozeß tun soll. Beispiele für Algorithmen sind die Klassifikation, das Erzeugen von Bildobjekten (Segmentierverfahren) und die Modifikationen von Bildobjekten wie z.B. Fusionieren und Teilen von Bildobjekten oder Umgruppieren von Unterobjekten. Weitere wichtige Algorithmen sind die Modifikation von Attributen und das Exportieren von Resultaten. Die Domäne beschreibt *wo* der Prozeß seinen Algorithmus und seine Unterprozesse ausführen soll. Domänen sind beliebige Teilmengen der Bildobjekthierarchie und werden durch eine strukturelle Beschreibungen definiert. Beispiele für Domänen sind Bildobjektebenen oder die Bildobjekte einer Klasse. Alle Bildobjekte einer Domäne werden bei der Ausführung des Prozesses iterativ durchlaufen. Dadurch können Domänen von Unterprozessen auch lokal und relativ zur Domäne des übergeordneten Prozesses definiert werden: z.B. die Unterobjekte oder die benachbarten Objekte des aktuellen Objektes im übergeordneten Prozeß. Durch die üblichen Mengentheoretischen Operationen lassen sich zusätzlich beliebig komplexe Strukturen der Bildobjekthierarchie beschreiben und mit einem ausgewählten Algorithmus gezielt und selektiv bearbeiten.

3 Ergebnisse

Die vorliegende Methode zur Bildanalyse wurde als Software Framework (*Cellenger Prototyp, Definiens AG München*) implementiert. Ziel der Anwendung ist, den bildanalytischen Prozeß im Sinne einer automatischen Analyse von größeren digitalen Bildserien zu realisieren. Die Entwicklungskomponente von Cellenger erlaubt die visuelle und interaktive Entwicklung spezieller Cognition Networks zur Lösung einer konkreten bildanalytischen Aufgabe. Merkmale, Klassen und Prozesse können mit Hilfe einer graphischen Benutzerschnittstelle entworfen und

Abb. 1. Fluoreszenzmikroskopie dedifferenzierte Muskelzellen: A: Original, B: Resultat: Violett: Zellverbände (Myotybes), Orange: stimulierte Zellkerne, Blau: nicht stimulierte Zellkerne, Gelb: Kontaminationen.

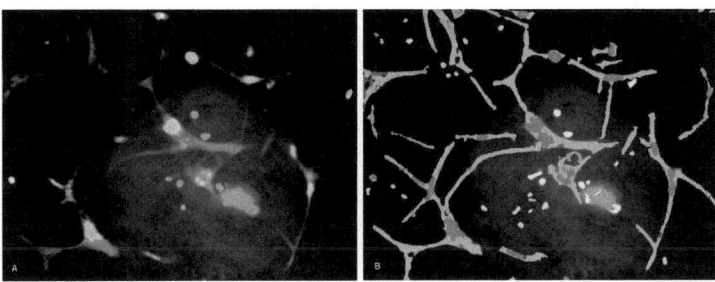

getestet werden. Die fertigen Lösungen können gespeichert und mit Hilfe einer Prozessierungskomponente vollautomatisch auf einen größeren Satz von Bildern angewendet werden.

Abb. 1 zeigt eine Anwendung aus dem Bereich Fluoreszenzmikroskopie von dedifferenzierten Muskelzellen. Das Bild ist Teil einer Serie von Dr. E. Tanaka, Max Planck Institut für Zellbiologie Dresden [6].

Abb. 2 zeigt ein stark texturiertes Bild aus der Elektronenmikropie. Dargestellt ist eine Aufnahme der Rattenleber in 3000facher Vergrößerung. Das Bild entstammt einer Stichprobe von 20 Bildern aus einer Bildreihe von 700 Bildern. 9 davon wurden als Trainings- und 11 als Testdaten benutzt. Die Testdaten wurden vom Mediziner visuell interpretiert. Die Daten wurden mit Hilfe der vorgestellten Methode automatisch analysiert. Bezogen auf die 12 Leberzellkerne in den Testdaten, wurden 10 richtig und einer zum Teil (unter 50% Überlapp mit dem entsprechenden Maskenobjekt) gefunden. Ein Leberzellkern wurde nicht erkannt.

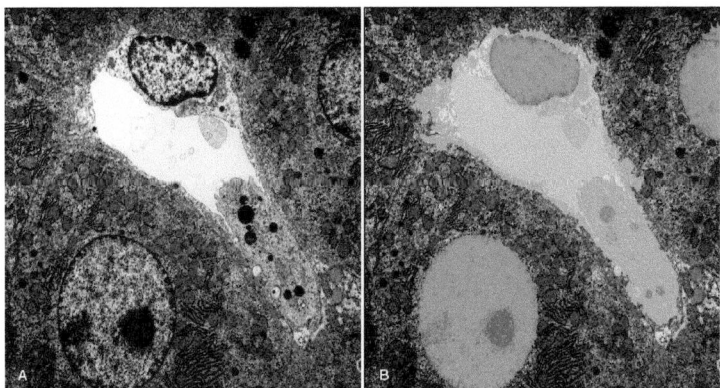

Abb. 2. Elektronenmikroskopie Leber (Sprague Dorley Ratte). A: Original. B: Ergebnis. Blau: Zellkerne, Grün: Lumen, Violett: Sinusoid Rest umschließt blauen Endothelzellkern.

4 Diskussion

Die Anwendung der Cognition Networks in der Bildanalyse ermöglicht ein leistungsfähiges, flexibles System zur automatischen Auswertung von Bildern aus verschiedensten mikroskopischen Verfahren. Die gezielte adaptive Prozessierung der Bildobjekte mittels Domänen bietet die Möglichkeit einer automatischen Einschränkung der Analyse auf spezifische und für die Fragestellung relevanten „objects of interest". Die aktive Vernetzung aller beteiligten Komponenten und die Integrationsfähigkeit anderer Verfahren aus den Bereichen der Bild- und Datenanalyse erlaubt die Durchführung von Analyse und Simulation von komplexen Fragestellungen an komplexen Bildinhalten. Das Verfahren ermöglicht insbesondere eine schnelle und automatische Charakterisierung von Gewebe- bzw. Zellzuständen. Das digitale mikroskopische Bild als Informationsmedium in der Medizin, Biologie bzw. Biotechnologie gewinnt durch die gezielte Wissensextraktion mittels des vorgestellten Verfahrens einen Mehrwert.

5 Danksagung

Die Autoren danken der Bayerischen Forschungsstiftung für die Unterstützung im Rahmen des **amoBi2** Projektes.

Literaturverzeichnis

1. G. Binnig, G. Schmidt, M. Athelogou, et. al., Nth Order Fractal Network for Handling Complex Structures, German Patent Application Nr. DE10945555.0 of 2. Oct.98 and DE 19908204.9 of 25 Feb. 1999; United States Application 09/806,727 of Sept.24,1999 and July 9,2001.
2. G. Binnig, M. Baatz, J. Klenk, et. al.: Will Machines start to think like humans? Europhysics News Vol.33 No.2, 2002.
3. M. Baatz, A. Schäpe, G. Schmidt: Verfahren zur Verarbeitung von Datenstrukturen, German Patent Application Nr. DE19960372.3 of 14 Sept. 1999
4. M. Baatz, A. Schäpe: Object-Oriented and Multi-Scale Image Analysis in Semantic Networks. Proc. of the 2nd International Symposium on Operationalization of Remote Sensing, Enschede, ITC, 1999.
5. eCognition User Guide, Definiens Imaging GmbH, 2000, http://www.definiens-imaging.com/documents/index.htm
6. Echeverri K , Clarke JWC, Tanaka EM. In vivo imaging implicates muscle fiber dedifferentiation as a significant contributor to the regenerating tail blastema, Developmental Biology 2001;236:151-64.
7. J. Rumbaugh, M. Blaha, W. Premerlani, F. Eddy, et. al.: Object-Oriented Modelling and Design, Prentice Hall International Editions, 1991
8. T. Lehmann, W. Oberscheld, E. Pelikan, et. al.: Bildverarbeitung für die Medizin, Springer, Berlin Heidelberg New York 1997
9. H. Niemann: Pattern Analysis and Understanding, 2nd Edition, Springer, Berlin Heidelberg New York 1990

Stereoscopic Skin Mapping for Dermatology

Gerhard Paar[1] and Josef Smolle[2]

[1] JOANNEUM RESEARCH, Institute of Digital Image Processing, A-8010 Graz
[2] University of Graz Department of Dermatology, A-8010 Graz
Email: gerhard.paar@joanneum.at

Summary. Dermatological assessment of localization and extent of skin involvement is often a pre-requisite for therapy planning and therapeutic effects evaluation. Topodermatographic Image Analysis systems use only 2D information for mole mapping which does not allow precise 3D measurements. Photogrammetry can reconstruct surfaces in the 3D space from multiple 2D image data. For this purpose, a stereoscopic prototype system was created that uses two or more digital consumer cameras. Structured projected light is used for the stereo reconstruction of the skin surface, and patient-pose invariant light for the actual skin texture. The patient is rotated on a motorized turntable for a full coverage of the trunk. Dense stereo matching results in a point cloud overlaid with texture from the skin. After merging the results of different views a full textured reconstruction of the patient's trunk is available as digital surface model (DSM) projected on a near-elliptical shape. Visualization is done by triangulation that generates a VRML2.0 file (3D and high-resolution texture). The system has been realized as a low-cost solution covering the principle requirements of 3D documentation in dermatology. The hard- and software is described, examples and performance are demonstrated. It is an operational tool for image data management, visualization, measurement on the unwrapped surface, and 3D data export. First reconstructions are shown together with software that allows time-series comparison in 3D. Data collection and dermatologic exploitation has started begin of 2003. *Skin Mapping* is a joint development of JOANNEUM RESEARCH, the University of Graz Department of Dermatology and DIBIT Messtechnik GmbH of Mils, Austria.

1 Introduction and Scope

Mole mapping is a key to therapy planning and the assessment of therapeutic effects, particularly in clinical studies concerning investigational new drugs. Objective and repeatable methods for the measurement and mapping of lesions in a global geometric context as well as high resolution optical documentation are needed for quantitative change detection. Localization and extent of skin involvement so far has largely been done by subjective, semi-quantitative scoring systems [2]. Digital images are a widely used means of documentation, but they provide only two-dimensional information and are therefore inappropriate when large areas of the body surface and the geometrical relations have to be considered.

Photogrammetric methods that combine a high resolution textural documentation with three dimensional information have evolved in many medical application areas such as anatomical measurements, anthropometry, body motion analysis and surgery. For the determination of body shapes several systems are already on the market [4]. However, these solutions are in most cases either based on high cost hardware equipment, or are in prototype stage. To the knowledge of the authors a link between skin texture and 3D body structure has not been established yet. In dermatology many attempts have been made to locate moles on the skin. Digital dermoscopy (incident light microscopy, surface microscopy) has been used to create diagnostic classification procedures. In particular, colour and texture features have been evaluated by linear discriminant analysis [3], classification and regression trees, k-nearest-neighbour analysis and neural networks. Topodermatographic measurements use high resolution 2D digital photographs from different viewing angles under controlled illumination conditions. Digital cameras are available that allow surface resolutions in the range of 0.2mm per pixel on an image covering the full trunk. Consumer cameras have not reached this up to now due to cost driven compromises, but the rapidly growing market enables quick enhancements. For the system described in this paper it means that diagnosis directly from the images provided here may be possible within the next 3 years.

To give access to 3D mole mapping in the global three-dimensional context of the human body within an operational system the *Skin Mapping* system has been developed. It consists of a stereoscopic camera setup acquiring image and 3D data from either the trunk or one leg of a patient at a time. Section 2 describes the system hard - and software. After an installation end of 2002 some preliminary results are available, those and the current performance are outlined in Section 3. Section 4 gives a brief conclusion as well as an outlook for the next development steps and open questions.

2 System Layout

The patient is placed and rotated on a motorized turntable for a full coverage of the Torso or other roughly convex parts of the body, a graphical data acquisition user interface is available (Figure 1). The images are stored in a data base. Three low-cost consumer digital cameras are used for stereoscopic image acquisition. Structured light is provided by a flash in a consumer slide projector, two cameras take stereo images with this random noise pattern projected onto the visible skin surface patch. The third camera, placed in between, takes high resolution texture images. It triggers 4 flashes arranged each 90° below the patient that are also rotated in order to get consistent illumination. The system covers an area of about 3×2 m. The cameras are calibrated in terms of *interior orientation* (lens parameters), *relative orientation* with respect to each other and *exterior orientation* to the turntable rotation axis. Calibration is determined by calibration target images in different rotational states, and photogrammetric adjustment. White balance for objective colours is an available tool as well, but not

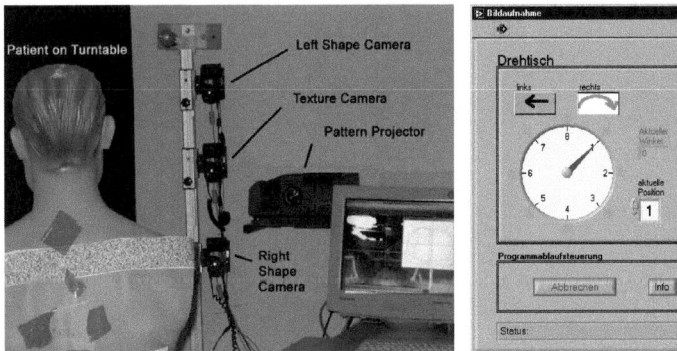
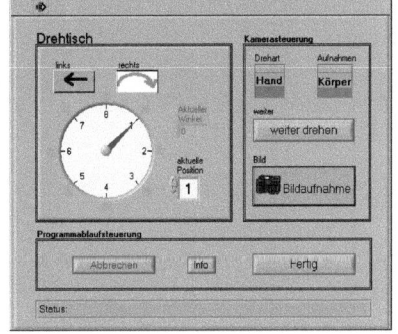

Fig. 1. *l:* Skin Mapping system layout. *r:* User interface for image acquisition.

yet integrated in the system. Dense stereo matching [6] is performed, the camera and rotation axis calibration are used for the 3D projection of each stereo disparity [5]. The texture camera orientation allows a texture projection onto the reconstruction result. After smoothly merging the reconstructions of 8 views on a DSM projected on a surface model (a near-elliptical shape) a full textured reconstruction of the patient's trunk is available, which means a geometrically correct high-resolution virtual model of the surface. Measurement of location and geometric features of lesions in 3D is then possible using the DSM and an ortho image (colour texture projection onto the DSM). The visualization user interface allows a quick comparison between different temporal stages.

3 System Performance and Results

Camera synchronization for the consumer cameras [1] on a Windows XP® system is possible down to a resolution of 100 msec. Data acquisition time is mainly restricted by the flash charging, all 8 positions are taken within less than 5 minutes. The pose-invariant illumination allows an a-posteriori change detection of skin regions that might not have been considered as interesting at earlier diagnostic sessions, but later turned into focus of clinical interest. Figure 2 shows an image data set of one position. Since the resolution of the 3D data is not a crucial parameter for the current application the shape images are resampled to 640 × 480 pixels, the texture images are kept at 2272 × 1704. Automatic stereo matching and reconstruction (DSM & ortho image with a resolution of 0.5mm and Vrml files) takes less than 20 minutes. The inconsistencies on overlapping areas between individual patches are typically better than 3mm on a full trunk. Figure 3 shows the user interface using the unwrapped ortho image and DSM. Some individual Vrml patches as well as a combination of the patches (not yet smoothly merged) are shown on Figure 4. The system has been installed by the end of 2002 at the Institute of Dermatology at the University of Graz, therefore statements about medical impact or experience are not yet available at this point.

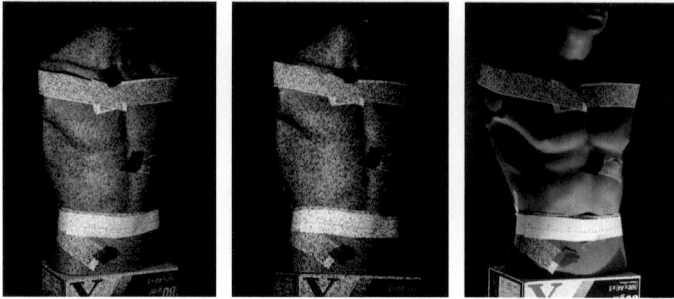

Fig. 2. *l:* Input images of one sector (of eight). *left and middle:* Random pattern projected for left and right shape camera, *right:* Texture image. The target is a male dress doll, with some auxiliary target patterns glued on the surface (see also Figure 2).

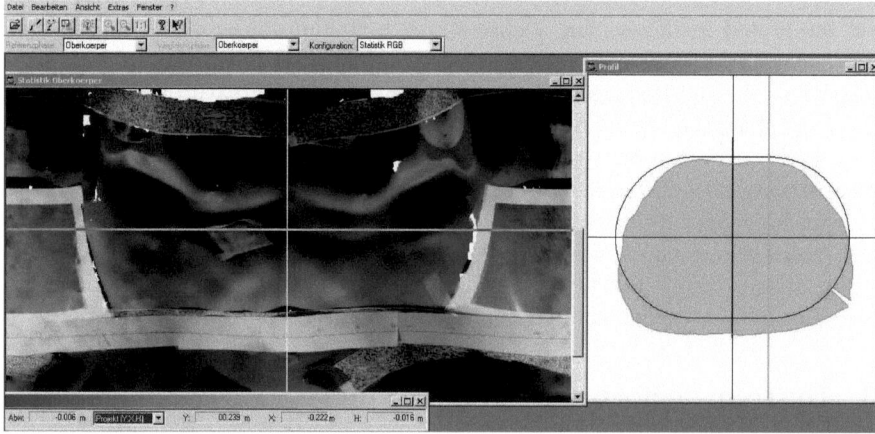

Fig. 3. *l:* Skin Mapping measurement tool. *l:* Unwrapped trunk surface (ortho image), *r:* body shape profile at current cursor position. Coordinates on the ortho image cursor position are shown below. Switching between different temporal states is possible. SW courtesy of DIBIT Messtechnik, Mils, Austria, http://www.dibit-scanner.at/

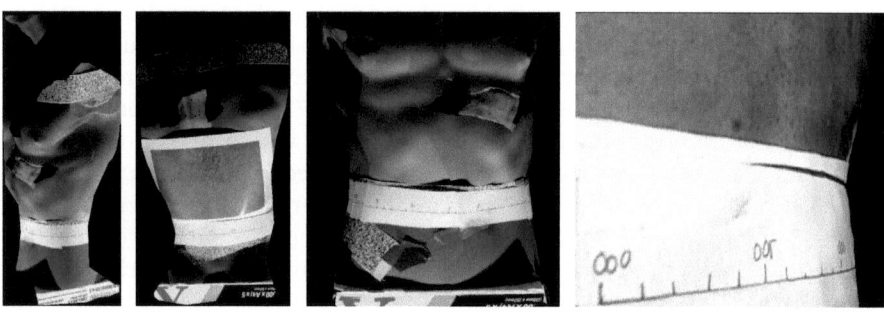

Fig. 4. *l:* Individual Vrml patches (left) and combination of all 8. *r:* Highest resolution (zooming in the Vrml, underlying the 2272×1704 texture image), tick marks in *cm*.

4   Conclusion and Outlook

The *Skin Mapping* system based on stereoscopic images enables objective mapping and unwrapping of the skin surface for a description of lesions in the global geometric context of the body surface. Measurements are possible in all three dimensions. Current developments consider automation aspects, new representations of the body, interactive visualization, and measurement and manipulation tools for the doctor. The current system does not align overlapping patches, which creates overlapping artefacts when the patient is moving during image acquisition or reconstructions from different temporal states are overlaid. Solutions are available from tunnel reconstruction and need to be adopted to the 3-camera data set. Another important issue is body model determination individually for each patient since the current ellipse - like representation does not allow area-keeping mapping. From a clinical point of view, application will be mainly focused on the detection and automated screening of pigmented skin lesions. In the future, a comparison between time sequence images may help to detect gross morphologic changes, particularly the development of new individual pigmented lesions. The present resolution, however, does not seem to be sufficient for an automated classification of individual pigmented lesions. Therefore, the system will serve as a guiding system, recognizing regions of interest, with close-up views obtained with digital dermoscopy as a second step.

In summary the approach presented here is a candidate for a low-cost solution to 3D mole mapping, particularly when the resolution of and data interfacing to consumer cameras are further increased. Current deficiencies like the accurate overlapping of the individual patches already have solutions from other application fields, adaptations will be addressed in the near future. Midterm aim is a linkage with commercial vision systems for dermatology, covering the full range of global mapping down to the high resolution representations used for diagnostic purposes.

References

1. http://www.synccapture.de/
2. Bahmer FA, Schäfer J, Schubert HJ: Assessment of the extent and the severity of atopic dermatitis - the ADASI-score. Arch.Dermatol. 127: 1239-1240, 1991.
3. Smolle J: Computer Recognition of Skin Structures Using Discriminant and Cluster Analysis. Skin Research and Technology 6: 58-63, 2000
4. Simmons KP, Istook C: Body measurement techniques: A comparison of 3-D body scanning and physical anthropometric methods. 2001 Seoul KSCT/ITAA Joint World Conference, Seoul, South Korea, June 13, 2001.
5. Bauer A, Paar G: Stereo Reconstruction from Dense Disparity Maps Using the Locus Method. Procs. 2nd Conference on Optical 3-D Measurement Techniques, pp 460-466, Zürich, Switzerland, October 1993
6. Paar G, Pölzleitner W: Robust Disparity Estimation in Terrain Modeling for Spacecraft Navigation. Procs. 11th ICPR. International Association for Pattern Recognition, 1992.

Messbar einfach: Mobiles und wirtschaftliches 3D Body Scanning in der Medizin mit dem MagicalSkin Scanner®

Marcus Josten[1], Dirk Rutschmann[1] und Robert Massen[2]

[1]corpus.e AG, 70178 Stuttgart
[2]MASSEN machine vision systems GmbH, 78467 Konstanz
Email: marcus.josten@corpus-e.com

Zusammenfassung. Innovative Lösungen für das Body Scanning der Zukunft – der MagicalSkin Scanner? steht für eine neue Generation von 3D-Body Scannern. corpus.e hat eine Technologie entwickelt, welche auf am Markt erhältliches Standardequipment zurückgreift, einfach in der Handhabung ist und dabei extrem kostengünstig und mit hoher Qualität das Bodyscanning in der Masse wirtschaftlich ermöglicht. Hierzu wird lediglich eine handelsüblich Digitalkamera, ein speziell markierter elastischer Überzug, sowie ein spezieller Softwareclient benötigt.

1 Positionierung

Die corpus.e AG ist ein Pionier auf dem Gebiet der dreidimensionalen Erfassung, Digitalisierung und Vermessung des menschlichen Körpers (Abb.1). Auf der Basis von weltweit patentierten einzigartigen Lösungen entwickeln wir innovative Technologien und Applikationen für die dreidimensionale Erfassung und Vermessung in einer bisher am Markt nicht vorhandenen Wirtschaftlichkeit und Mobilität.

Corpus.e entwickelt und vertreibt innovative, qualitativ hochwertige, aber wirtschaftliche und mobile Systeme zur Erfassung und Verarbeitung der dreidimensionalen Raumform von Körpern.

2 Die Idee

Die dreidimensionale Erfassung und Digitalisierung der Raumform des menschlichen Körpers bietet für viele Bereiche der Medizin enorme Potentiale.

Neben manuellen Messtechniken, wie Maßband oder Gipsabdruck, sowie dem direkten körpernahen Anpassens am Kunden mit allen seinen Unzulänglichkeiten gibt es bereits heute eine Reihe von Technologien am Markt mit denen die dreidimensionale Raumform eines Körpers digital erfasst werden kann, den sogenannten Body Scannern. Diese Systeme sind hochkomplexe, teure und stationäre Systeme, die ein wirtschaftliches Erfassen in der Masse nicht erlauben. Hinzu kommt, dass im Gesundheitswesen der Kostenfaktor eine immer wichtigere Rolle spielt.

Abb. 1. Körperwelten in 3D.

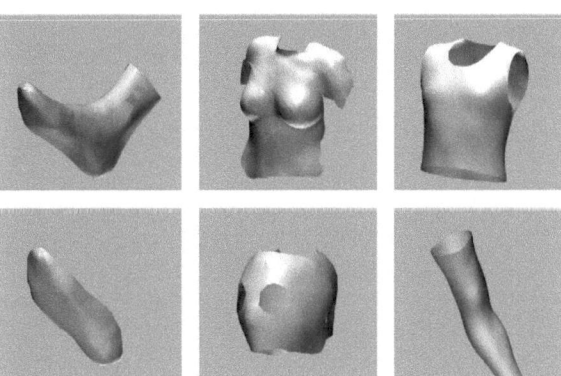

Genau hier setzt die corpus.e Technologie an. Grundgedanke war es, ein System zu entwickeln, welches auf am Markt erhältliches Standardequipment zurückgreift, einfach in der Handhabung ist, dabei extrem kostengünstig und mit hoher Qualität sowohl im Krankenhaus, in der Praxis, als auch zu Hause das Bodyscanning in der Masse wirtschaftlich ermöglicht.

Die corpus.e Technologie umfasst dabei die folgenden Funktionalitäten:

- Erfassen der dreidimensionalen Raumform von Körpern und Körperteilen
- Erstellung der digitalen dreidimensionalen Kopie des Körperteils
- Erstellung von Produktions- und Visualisierungsdaten aus dem dreidimensionalen Abbild

Die corpus.e Technologie basiert auf weltweit patentierten Prinzipien. Eine handelsübliche Digitalkamera, der magical skin und ein handelsüblicher PC oder Laptop - das ist alles was benötigt wird. Der Digitalisierungsprozess ist dabei extrem einfach.

3 Grundlegendes Funktionsprinzip

Das Grundprinzip des Digitalisierungsprozesses (Abb. 2):

- Der Kunde zieht den magical skin", einen elastischen, eng anliegenden Textilüberzug mit spezieller Markierung über die zu digitalisierende Körperpartie.
- Das Körperteil wird daraufhin aus mehreren Ansichten manuell mit einer handelsüblichen Digitalkamera photographiert. Die Bilder werden vor Ort auf einem handelsüblichen PC oder Laptop überspielt.
- Mit Hilfe eines speziellen Softwareclient werden die Bilder nun automatisch vorausgewertet, auf Plausibilität geprüft und die Daten komprimiert. Die Daten werden dann auf Knopfdruck per Internet, Analoganschluss oder ISDN an den corpus.server übertragen.

Abb. 2. Komponenten des Digitalisierungsprozesses.

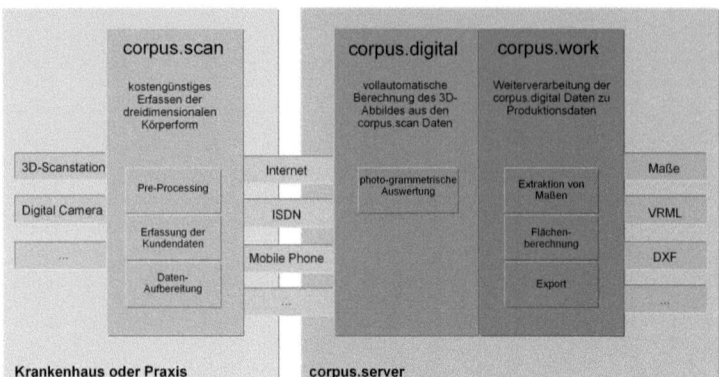

- Die vorausgewerteten Daten werden nun auf dem corpus.server vollständig ausgewertet, d.h. aus den zweidimensionalen Bildern bzw. Informationen wird nun vollautomatisch ein dreidimensionales Abbild der gescannten Körperpartie berechnet. Aus diesem 3D-Modell können daraufhin vollautomatisch ggf. erforderliche Produktionsdaten generiert werden.

4 Methode

Für die berührungslose Erfassung der dreidimensionalen Form des menschlichen Körpers sind eine ganze Reihe von unterschiedlichen Verfahren bekannt, welche entweder auf Streifenprojektion, der Laserlinienprojektion, der Laserlaufzeitmessung oder der Photogrammetrie und teilweise auch auf kombinierten Verfahren dieser Techniken beruhen. Besonders kostengünstig sind die sogenannten passiven Verfahren der Nahbereichs-Photogrammetrie, zu denen die Technik von corpus.e zählt, da hier lediglich kalibrierte Photoapparate oder Digitalkameras, aber keine teuren Projektionseinheiten und genau kalibrierte mechanische Systeme benötigt werden.

Das patentierte Verfahren und somit die Wertschöpfung von corpus.e besteht nun darin, die Bilder vollautomatisch auszuwerten. Ein entscheidender Schritt hierzu ist die Aufbringung der photogrammetrischen Marken und Codierungen auf einen textilen Überzug, dem Magical Skin. Hiermit kann das entsprechende Körperteil überzogen werden und stellt somit eine auswertbare photogrammetrische Markierung zur Verfügung.

5 Ergebnisse

Die gewonnen Photos können nun durch eine Reihe von patentierten 2D- und 3D-Bildverarbeitungsverfahren vollautomatisch ausgewertet und ein 3D-Modell des gescannten Körperteils erstellt werden. Die spezielle Markierung und Codierung des magical skin ermöglicht hierbei eine vollautomatische photogrammetrische Berechnung der dreidimensionalen Raumform in Form einer Punktewolke. Ergebnis ist somit ein digitales 1:1-Abbild des gescannten Körperteils.

Aus diesem 3D-Modell können nun automatisch die erforderlichen Produktionsdaten, z.B. Längen, Umfänge, Volumen usw. generiert, ggf. in einer Datenbank gespeichert und zur Nutzung und Weiterverarbeitung direkt für die Anwendung zur Verfügung gestellt werden. Für die Visualisierung können aus der XYZ Koordinatenwolke CAD/CAM exportierbare Flächenbeschreibungen (Dreiecks- bzw. NURBS-Flächen in .dxf oder .vrml Formaten) ermittelt werden.

Ergebnis ist also nicht nur eine exakte 1:1-Kopie des gescannten Körperteils, sondern auch spezifische und auf die Anwendung zugeschnittene Produktionsdaten. Hierbei wird eine Genauigkeit von 0,03 % erreicht, bezogen auf den Umfang eines Beines.

6 Ausblick

Die corpus.e Technologie wird wie oben beschrieben z.Zt. im Bereich Bein- und Knievermessung für die Anwendung im orthopädischen Bereich eingesetzt (Abb. 3).

Neue Einsatzgebiete in der medizinischen Anwendung sind in der Diskussion, beispielsweise der Einsatz in der Schönheitschirurgie, der Positionierung von Strahlenpatienten usw. Auf Grund ihrer Wirtschaftlichkeit, hohen Qualität und Mobilität bietet diese Technologie sicherlich weitere spannende Anwendungsfelder in der Medizin und damit interessante Diskussionspunkte.

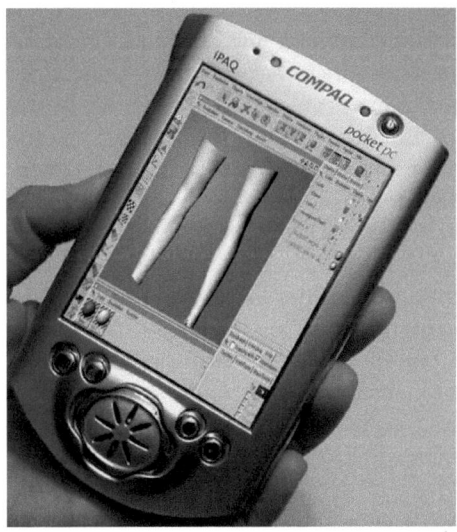

Abb. 3. Beinvermessung für die Orthopädie

Analyse kleiner pigmentierter Hautläsionen für die Melanomfrüherkennung

C. Leischner[1], H. Handels[1], J. Kreusch[2] und S.J. Pöppl[1]

[1]Institut für Medizinische Informatik, Universität zu Lübeck, 23538 Lübeck
[2]Klinik für Dermatologie, Universität zu Lübeck, 23538 Lübeck

Zusammenfassung. Im Rahmen dieses Beitrages werden Bildanalyseverfahren vorgestellt, die für die Charakterisierung kleiner maligner und nicht maligner Hautläsionen entwickelt wurden. Ausgangspunkt der Analyse bilden epilumineszenzmikroskopische Aufnahmen (ELM-Aufnahmen) der Läsionen, in denen sich Eigenschaften und Feinstrukturen der Läsionen detailliert widerspiegeln. Wie durch erste Ergebnisse im Rahmen einer Studie mit 66 Bildbeispielen gezeigt werden konnte, bilden die extrahierten Merkmale quantitative Kenngrößen, die zur Charakterisierung von Struktureigenschaften von kleinen malignen und nicht malignen Hautläsionen und somit für die computergestützte Früherkennung von Melanomen genutzt werden können.

1 Einleitung

Die Inzidenz von malignen Veränderungen der Haut nimmt weltweit, besonders aber in westlichen Industriegesellschaften, aufgrund multikausaler Faktoren beständig zu. Zur Unterstützung des Arztes bei der Diagnose von Hautkrebs werden zunehmend computerbasierte Archivierungs- und Diagnoseunterstützungssysteme (Computer-Aided-Diagnosis Systeme) eingesetzt, mit denen Hautläsionen digital aufgenommen und automatisch analysiert werden. Für die Prognose des Patienten ist eine möglichst frühzeitige Erkennung und operative Entfernung von Melanomen von entscheidender Bedeutung. Vor diesem Hintergrund kommt der im Mittelpunkt dieses Beitrags stehenden computerunterstützten Analyse und Erkennung von kleinen malignen Hautläsionen besondere praktische Bedeutung zu.

Die im dermatologischen Bereich bislang eingesetzten CAD-Verfahren bewerten Hautläsionen hinsichtlich ihrer Malignität zumeist auf der Basis von Bildmerkmalen, deren Extraktion durch die bewährte dermatologische ABCD-Regel zur Hautkrebserkennung motiviert ist [4], [5],[7], [9]. Im Rahmen jüngerer dermatologischer Forschungsarbeiten [8] hat sich herausgestellt, dass die ABCD-Regel zur Erkennung besonders kleiner maligner Hautläsionen, sogenannter „early melanoma", nur eingeschränkt geeignet ist, da sich viele der ABCD-Charakteristika erst in einem fortgeschrittenen Entwicklungsstadium ausbilden. Für die Erkennung kleiner Melanome, die von der ABCD-Regel stark abweichende Eigenschaften aufweisen, sind bisher keine speziellen computergestützten Verfahren verfügbar. Nachfolgend werden neue Methoden zur computergestützten Analyse kleiner Melanome in ELM-Aufnahmen vorgestellt.

2 Methoden

Im Rahmen einer Studie wurden 66 ELM-Aufnahmen kleiner maligner und nicht maligner Hautläsionen untersucht. Mithilfe speziell abgestimmter Bildanalyseverfahren wurden 20 Bildmerkmale zur Charakterisierung der Pigmentierung (4), des Grau-Blau-Weiß-Schleiers (1) sowie der Netz- (7) und der Globulistruktur (8) aus den digitalisierten ELM-Aufnahmen extrahiert. Gemäß ihrer Oberflächenbeschaffenheit wurden die kleinen Hautläsionen durch einen erfahrenen Dermatologen in die drei Strukturklassen „diffus homogen", „Netzstruktur" und „Globulistruktur" eingeteilt. Bei Hautläsionen aller drei Strukturklassen wurden Bildmerkmale zur Charakterisierung der Läsionspigmentierung und zur Erkennung eines Grau-Blau-Weiß-Schleiers extrahiert.

Zur Gewinnung der Merkmale zur Beschreibung der Pigmentierungseigenschaften wird das diskrete V-Kanal Bild der Hautläsion analysiert. Für die Beschreibung des Farbverlaufs der Läsionspigmentierung wird die Konturlinie der segmentierten Läsion beginnend bei 100% stufenweise um 10% verkleinert (Abb. 1 links). Dann wird das Bild der Hautläsion entlang der skalierten Konturlinien durchlaufen und für jede Konturlinie der mittlere Grauwert der auf ihr liegenden Bildpunkte ermittelt. Durch Errechnung der Ausgleichsgeraden durch die ermittelten Mittelwerte kann eine Maßzahl zur Beschreibung des Farbverlaufs gewonnen werden. Ferner werden drei Symmetrie-Merkmale gewonnen. Dazu wird das Bild der Hautläsion ausgehend vom ihrem Zentrum auf insgesamt acht Linien nach Außen durchlaufen. Diese Linien sind an der Hauptachsenlage der Hautläsion orientiert und verlaufen in acht Himmelsrichtungen (Abb. 1 rechts). Aus den Grauwertverläufen der Bildpunkte unter den acht Linien werden verschiedene statistische Kenngrößen abgeleitet und miteinander in Beziehung gesetzt.

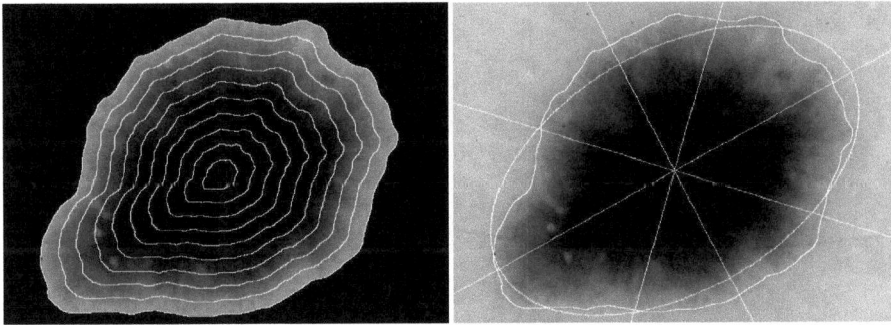

Abb. 1. V-Kanal Bild eines Nävus mit ausgeprägt symmetrischem Farbverlauf, links zu sehen mit schrittweise verkleinerten Konturlinien, rechts mit Linien vom Zentrum nach Außen.

Abb. 2. Links: Bild einer Hautläsion mit stark ausgeprägtem Grau-Blau-Weiß-Schleier. Rechts: Segmentierung des Grau-Blau-Weiß-Schleiers durch Maximum-Likelihood Klassifikation

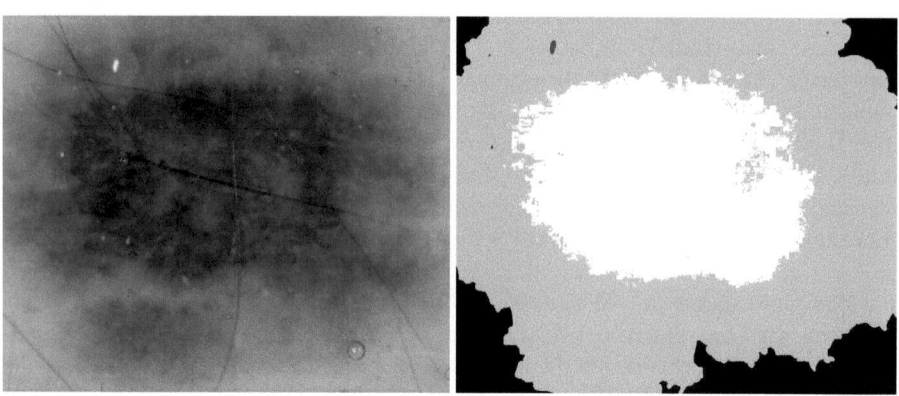

Zur Beschreibung der Ausprägung eines Grau-Blau-Weiß-Schleiers über der zu analysierenden Hautläsion wird der Grau-Blau-Weiß-Schleier durch eine Maximum-Likelihood-Klassifikation auf dem RGB-Bild der Hautläsion segmentiert und anschließend der relative Anteil des Schleiers an der Läsionsfläche ermittelt (Abb. 2).

Bei der Analyse von Bildern von kleinen, pigmentierten Hautläsionen der Klassen "Netzstruktur" und „Globulistruktur" werden - zusätzlich zu den eben genannten bildanalytischen Methoden - Verfahren angewandt, die zu Bildmerkmalen führen, die die Verteilung von Netzmaschen beziehungsweise von Globuli über die Läsionsfläche charakterisieren. Dazu werden die gesuchten Strukturen (Netzmaschen beziehungsweise Globuli) zunächst segmentiert (Abb. 3). Vorbereitend dazu wird für jeden Bildpunkt des Hautläsionsbildes der Pearson-Korrelationskoeffizient zwischen seiner lokalen Grauwertumgebung und bestimmten Templates für die jeweils zu segmentierende Struktur gebildet. Auf dem resultierenden Korrelations-Grauwertbild wird zur eigentlichen Segmentierung eine markerbasierte Watershed-Transformation durchgeführt [2]. Die dafür notwendigen Markerkomponenten werden durch ein Thresholding-Verfahren aus dem Korrelations-Grauwertbild gewonnen. Schließlich werden aus dem so entstandenen Binärbild der segmentierten Netzmaschen diverse statistische Merkmale zur Verteilung der segmentierten Netzmaschen beziehungsweise Globuli abgeleitet.

3 Ergebnisse

Die entwickelten Bildanalyseverfahren wurden auf einen Testdatensatz von 66 kleinen, pigmentierten Hautläsionen angewandt, die zuvor durch einen Dermatologen in die Klassen „maligne" und „nicht maligne" klassifiziert wurden (Tab. 1). Der mittlere Durchmesser der Hautläsionen des Testdatensatzes betrug $3{,}23 mm$.

Abb. 3. Links: V-Kanal Bild eines Nävus mit ausgeprägter Netzstruktur. Rechts: Segmentierung der Netzmaschen

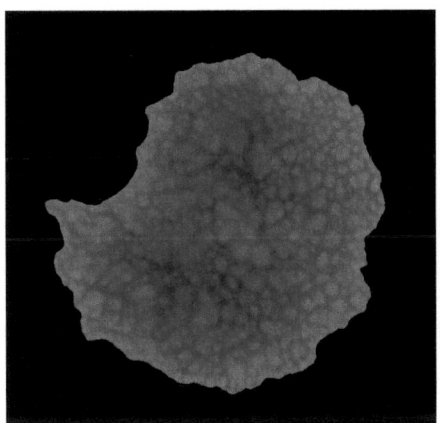 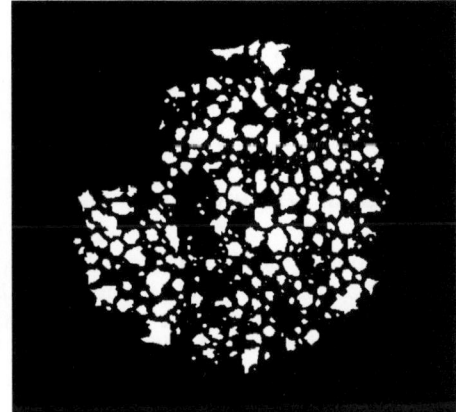

Für die Hautläsionen jeder Strukturklasse wurden die beschriebenen Bildmerkmale extrahiert. Die Diskriminierungsfähigkeit der extrahierten Bildmerkmale wurde mithilfe der linearen Diskriminanzanalyse nach Fisher [3] untersucht. Es konnte dann gezeigt werden, dass sich auf der Basis dieser Merkmale für jede der drei Hautläsions-Strukturklassen eine lineare Diskriminanzfunktion finden lässt, durch die maligne und nicht maligne Hautläsionen des Testdatensatzes, die der jeweiligen Strukturklasse angehören, vollständig korrekt separiert werden.

Tabelle 1. Zusammensetzung des Testdatensatzes.

Klasse	diffus homogen	Netzstruktur	Globulistruktur	gesamt
maligne	5	2	4	11
nicht maligne	10	23	22	55

4 Diskussion und Schlußfolgerungen

Das verwendete Segmentierungsverfahren erwies sich subjektiv als robust bezüglich der Segmentierung der gesuchten Strukturen, auch wenn deren Kanten nur teilweise geschlossen waren (diskrete Netzstrukturen). Die Existenz einer vollständig korrekt separierenden linearen Diskriminanzfunktion für jede Hautläsions-Strukturklasse illustriert die Eignung der extrahierten Merkmale für die computergestützte Erkennung kleiner Melanome. In Zukunft ist eine

Überprüfung der Merkmale anhand eines vergrößerten Bilddatensatzes notwendig. Darüber hinaus ist zu untersuchen, welche Merkmale beziehungsweise welche Mermalskombinationen für die optimierte Klassifikation und Erkennung kleiner Melanome am geeignetsten sind. In der klinischen Praxis kann eine Einteilung in die Strukturklassen „diffus-homgen", „Netzstruktur" und „Globulistruktur" zwar leicht vom Dermatologen durchgeführt werden, jedoch ist es für eine weitgehend automatisierte Melanomerkennung sinnvoll, eine computergestützte Erkennung der Hautläsions-Strukturklasse zu ergänzen.

Literaturverzeichnis

1. G. Argenziano, G. Fabroccini, P. Carli, et al.: Epiluminescence Microscopy for the Diagnosis of Doubtful Melanocytic Skin Lesions: Comparison of the ABCD Rule of Dermatoscopy and a New 7-Point Checklist Based on Pattern Analysis. Arch Dermatol. 134: 1563–1570, 1998.
2. S. Beucher: The Watershed Transformation Applied to Image Segmentation. School of Mines, Paris, France, 1995.
3. L. Fahrmeier, A. Hamerle: Multivariate statistische Verfahren. de Gruyter, Berlin, 1984.
4. J.E. Golston, W.V. Stoecker, R.H. Moss, I.P.S. Dhillon: Automatic Detection of Irregular Borders in Melanoma and Other Skin Tumors. Computerized Medical Imaging and Graphics 16(3): 163-177, 1992.
5. A. Green, N. Martin, J. Pfitzner, M. O'Rourke, N. Knight: Computer Image Analysis in the Diagnosis of Melanoma. J Am Acad Dermatol. 31(6): 958–964, 1994.
6. H. Handels: Medizinische Bildverarbeitung. Teubner, Stuttgart, 2000.
7. A. Horsch, W. Stolz, A. Neiss, W. Abmayr, R. Pompl, A. Bernklau, W. Bunk, D. R. Dersch, A. Gläßl, R. Schiffner, G. Morfill: Improving Early Recognition of Malignant Melanomas by Digital Image Analysis in Dermatoscopy. Stud. Health Technol. Inform., 43: 531–535, 1997.
8. M.A. Pizzichetta, R. Talamini, D. Piccolo, et al.: The ABCD Rule of Dermatoscopy Does Not Apply to Small Melanocytic Skin Lesions. Arch Dermatol. 137: 1361–1363, 2001.
9. R. Pompl, W. Bunk, A. Horsch, W. Stolz, W. Abmayr, A. Gläßl, G. Morfill: MELDOQ: Ein System zur Unterstützung der Früherkennung des malignen Melanoms durch digitale Bildverarbeitung, in: Horsch, A., Lehmann, T. (Hrsg.). BVM 2000, 234–238, 2000.
10. A.J. Sober, J.M. Burstein: Computerized Digital Image Analysis: An Aid for Melanoma Diagnosis-Preliminary Investigations and Brief Review. Journal of Dermatology 21(11): 885–890, 1994.

3D-Visualisierung vitaler Knochenzellen

Alexander Roth[1], Kay Melzer[1], Kay Annacker[1], Hans-Gerd Lipinski[1],
Martin Wiemann[2] und Dieter Bingmann[2]

[1]Bereich Med. Informatik, Fachhochschule Dortmund, 44227 Dortmund
[2]Institut für Physiologie, Universität Essen, 45122 Essen
Email: alexander.roth@fh-dortmund.de

Zusammenfassung. Eine dreidimensionale Zellbildvisualisierung vitaler Knochenzellen stellt hohe Ansprüche an das Ausgangsbildmaterial. Schon geringe Bildstörungen wie Rauschen, schwacher Kontrast und eine ungleichmäßige Ausleuchtung führen unter Umständen zu unbrauchbaren Resultaten. Um trotzdem zu einer brauchbaren Darstellung zu gelangen, müssen diese Artefakte so weit wie möglich eliminiert werden, bevor die eigentliche 3D-Visualisierung und Weiterverarbeitung durchgeführt wird. Ein neu entwickelter Algorithmus erlaubt es, in einer Vorverarbeitungsstufe vor der eigentlichen 3D-Visualisierung die Bilder von störenden Elementen zu befreien indem auf die fouriertransformierten Daten eine 18-bändige Equalizerfunktion angewendet wird, welche die für die weitere Verarbeitung wichtigen Bildelemente gegenüber den Störanteilen neu gewichtet. Mit Hilfe des entwickelten Equalizers ist es möglich, nach der Bilderfassung (aber vor der 3D-Rekonstruktion) die Bildqualität der histologischen Bilddaten entscheidend zu verbessern. Das hier vorgestellte Verfahren wurde an zahlreichen Bildern aus der Praxis getestet und führte durchweg zu besseren Ergebnissen.

1 Einleitung

Knochenzellen bilden ein komplexes Netzwerk von zellverbindenden morphologischen Strukturen innerhalb der extrazellulären Knochenmatrix aus. Untersuchungen über den Informationsaustausch, welcher über dieses Netzwerk zwischen den einzelnen Zellen erfolgt, erfordern eine möglichst genaue Kenntnis über die morphologisch-topologischen Zusammenhänge.

Mit Hilfe eines konfokalen Lasermikroskops lassen sich Bilder vitaler Knochenzellen aus Zellkulturen gewinnen. Die anschließende morphologische Strukturanalyse und Darstellung erfolgt mit Methoden der digitalen Bildverarbeitung und der Computergrafik [1]. Eine automatisierte dreidimensionale Zellbildauswertung vitaler Knochenzellen stellt dabei hohe Ansprüche an das Ausgangsbildmaterial. Schon geringe Bildstörungen führen unter Umständen zu unbrauchbaren Resultaten für eine dreidimensionale Visualisierung. In der Praxis lassen sich Bildstörungen wie Rauschen, schwacher Kontrast und andere störende Artefakte bei der Erfassung an einem konfokalen Lasermikroskop nicht vollständig vermeiden. Um trotzdem zu einer brauchbaren Darstellung zu gelangen, müssen diese Artefakte so weit wie möglich eliminiert werden, bevor die eigentliche 3D-Visualisierung und die dafür notwendigen Vorverarbeitungen durchgeführt werden.

Im Folgenden wird ein Verfahren vorgestellt, das sich als sehr geeignet für die Eliminierung von Bildstörungen im Rahmen von räumlichen Darstellungen vitaler Knochenzellen mit Hilfe computergrafischer Methoden erwiesen hat.

2 Material und Methoden

Kalvarienfragmente neugeborener Ratten wurden in einem Wachstumsmedium (ICN in 5 % fetales Kälberserum) gehalten. Das Zellgewebe wurde mit dem Fluoreszenzfarbstoff Calcein AM über Nacht angefärbt. Die Knochenfragmente wurden für die experimentellen Untersuchungen in eine Beobachtungskammer mit Deckglas-Boden überführt und mit einem 40fach Immersionsobjektiv betrachtet. Ein Z-Stapel von Fluoreszenzbildern wurde mit einer CCD-Kamera aufgenommen (Hamamatsu Orca ER), die Bestandteil einer konfokalen Laser Scanning Einrichtung war (UltraView, Perkin Elmer, Cambridge, England) (Abb. 1).

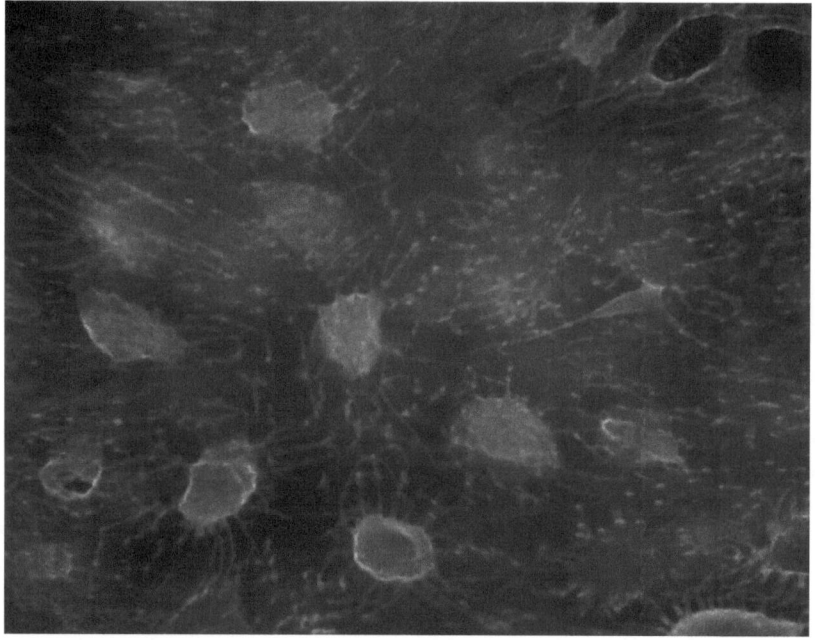

Abb. 1. Ein Bild aus dem Zellbildstapel im Original.

Die mathematische Grundlage für die durchgeführten Filterungen bildete die 2-dimensionale Fourier-Transformation (FFT), mit deren Hilfe die Bildinformationen in die Ortsfrequenzen des Bildes überführt wurden [2]. Im Ortsfrequenzraum wurden ausgewählte Ortsfrequenzbereiche gewichtet und das Ergebnis mit der inversen Fouriertransformation in den Ortsbereich zurück transformiert. Die so vorverarbeiteten Bildstapel wurden nun mit Hilfe des Marching-CubeAlgorithmus dreidimensional vektorisiert und über eine Open-GL Schnittstelle dargestellt.

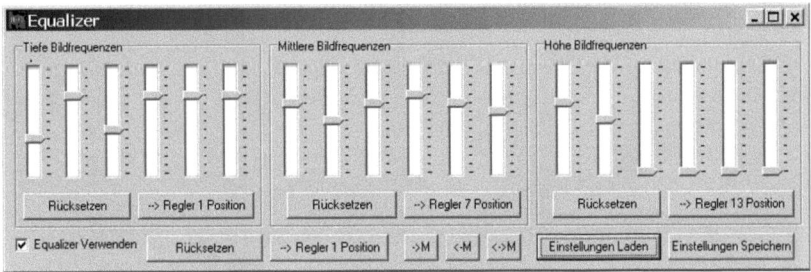

Abb. 2. Einstellfenster für die Equalizer-Funktion.

3 Ergebnisse

Der Bilddatenstapel wurde sequentiell mit Hilfe des FFT Algorithmus in seine Ortsfrequenzen zerlegt. Auf diese Ortsfrequenzen wurde nun eine Gewichtungsfunktion angewendet ("Image-Equalizer-Funktion"), mit deren Hilfe Frequenzanteile, die nur Bildstörungen enthalten, eliminiert und Frequenzanteile, die sowohl Störungen als auch wesentliche Bildinformationen enthalten etwas gegenüber den Frequenzanteilen mit den gesuchten Bildinformationen abgeschwächt wurden. Um dieses zu erreichen, wurde ein Image-Equalizer implementiert, der nach erfolgter Fouriertransformation den Ortsfrequenzbereich in 18 feste Frequenzbänder zerlegt (Abb. 2). Die Breite der Frequenzbänder nimmt mit aufsteigender Frequenz zu, wobei sich ein Anstieg von 32,4011 % zur jeweils nächsten Frequenzbandbreite durch Versuche als Optimal gezeigt hat. Eingestellt wird jeweils der höchstfrequente Bereich des Frequenzbandes. Von dort aus wird linear zur nächsten Frequenzbandgrenze interpoliert. Nun wird eine entsprechende Gewichtung vorgenommen. Dadurch wird erreicht, dass der jeweilige Ortsfrequenzbereich entweder gedämpft, verstärkt oder unverändert bleibt. Da die optimale Einstellung der Regler u. U. sehr zeitaufwendig sein kann, unterstützt die entwickelte Software den Benutzer beim Einstellen der Filterregler durch eine Vielzahl systematischer Hilfestellungen. Nach erfolgter Rücktransformation der modifizierten Ortsfrequenzen in den Ortsbereich wurden die Bilddaten für die Visualisierung auf ein optimales Maß gespreizt und das Ergebnis zwischengespeichert. Abschließend kann der Datensatz dreidimensional visualisiert werden. Hierfür wird der gefilterte Bilddatenstapel mit Hilfe eines erweiterten Marching-Cube Algorithmus vektorisiert und kann nun 3-dimensional oder sogar stereoskopisch dargestellt werden (Abb. 4)[3].

Abb. 3. Das Bild aus Abb. 1 nach erfolgter Filterung.

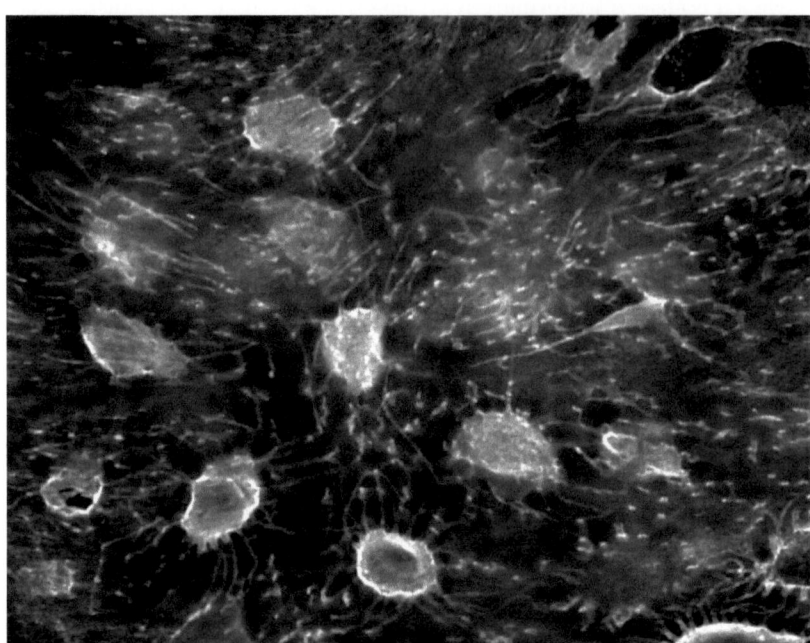

4 Diskussion

Das Hauptproblem bei der dreidimensionalen Zellbildauswertung und Visualisierung von Knochenzellbildern (Zellkultur) stellen die zahlreichen störenden Artefakte dar, die schon bei der Bilderfassung entstehen. Gerade die nur schwer zu erkennenden feinen tentakelartigen Verbindungsstrukturen zwischen den Zellen gehen bei herkömmlichen Filterungsverfahren (Tiefpassfilter, Bandpassfilter) schnell verloren, da sie nur schwer gegen die Artefakte abzugrenzen sind. Mit Hilfe des Image-Equalizers ist es jedoch möglich, genau diejenigen Ortsfrequenzen hervorzuheben, welche genau diese feinen Verbindungsstrukturen repräsentieren. Natürlich liegen auch in diesen Ortsfrequenz-Bereichen Störanteile. Offensichtlich fallen sie jedoch gegenüber den eliminierten Störungen nicht mehr ins Gewicht. Durch die sehr feine Einstellungsmöglichkeit des Equalizers mit Hilfe der 18 Frequenzbänder ist eine gute Differenzierung von Störungen und wesentlichen Informationen möglich geworden. Das verbleibende Problem ist jedoch die jeweils optimalen Einstellungen für die Regler des Equalizers zu finden. Obwohl bereits viele Ansätze zur Anwenderunterstützung in das Programm eingeflossen sind, bleibt es doch letztendlich der Mensch, der die Entscheidung über die Filterung treffen muss. Ein Aufwand der sich lohnt, wie man aus dem direkten Vergleich von Abb. 1 und Abb. 3 ersehen kann. Das Ziel unserer Arbeit, den erfahrenen Physiologen zu unterstützen, nicht ihn zu ersetzen, wurde erreicht.

Abb. 4. Abschließend kann der Datensatz 3-dimensional visualisiert werden.

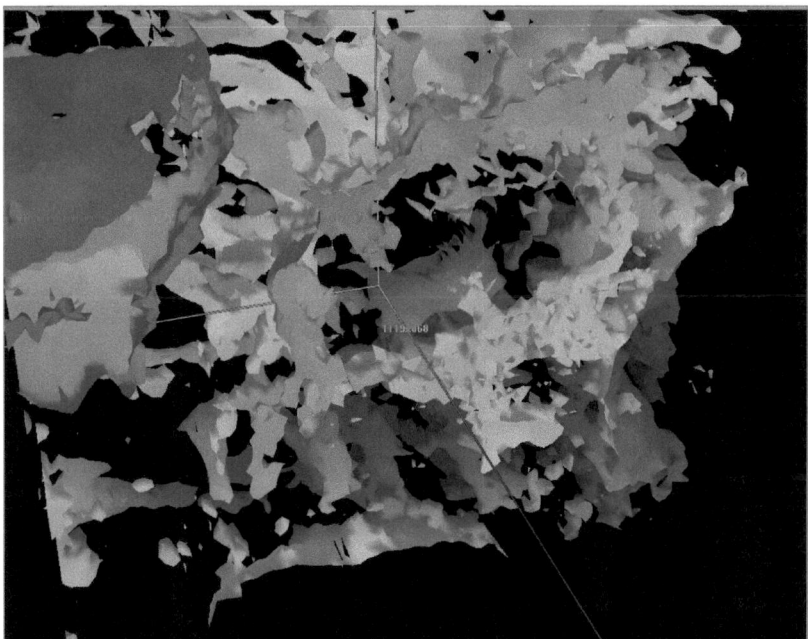

Nach erfolgter Bildverbesserung ist die weiterverarbeitende Software in der Lage, die Zellausläufer zu verfolgen und deren räumlichen Verlauf zu rekonstruieren und zu visualisieren. Dieses ermöglicht nun den 3-dimensionalen Blick auf lebende Knochenzellen, woraus sich natürlich gegenüber den Bildern abgetöteter Zellen völlig neue Möglichkeiten, z.B. die der Langzeitbeobachtung und der funktionellen Bildanalyse (z.B. extra- und interzellulärer Calciumtransport), ergeben.

Literaturverzeichnis

1. Parazza F., Humbert C., Usson Y., Method For 3D Volumetric Analysis Of Intranuclear Fluorescence Distribution In Confocal Microscopy, Computerized Medical Imaging and Graphics, 17(1993), 189-200
2. Press W.H., Teukolsky S.A., Fourier Transforms Of Real Data In Two and Three Dimensions, Computers in Physics, 5(1989), 84-87
3. Melzer K., Lipinski H.-G., Grönemeyer D.H.W., Stereoskopische 3D Verfahren und 3D-Interaktionsmethoden für chirurgische Navigationssimulatoren, Biomed. Technik, Band 46, Ergänzungsband 1(2001), 382-383

Dreidimensionale Rekonstruktion der Invasionsfront von Gebärmutterhalskarzinomen

Ulf-Dietrich Braumann[1], Jens-Peer Kuska[2] und Jens Einenkel[3]

[1]Interdisziplinäres Zentrum für Bioinformatik, Universität Leipzig, 04103 Leipzig
Email: braumann@izbi.uni-leipzig.de
[2]Institut für Informatik, Universität Leipzig, 04109 Leipzig
Email: kuska@informatik.uni-leipzig.de
[3]Universitätsfrauenklinik Leipzig, 04103 Leipzig
Email: einj@medizin.uni-leipzig.de

Zusammenfassung. Die Art der Invasion von Gebärmutterhalskarzinomen in umliegendes gesundes Gewebe besitzt prognostische Relevanz. Es wird eine Verarbeitungskette (starre und nichtlineare Registrierung sowie Farbsegmentierung) vorgestellt, mit der anhand histologischer Serienschnitte Teilvolumina aus dem Bereich der Invasionsfront rekonstruiert werden können.

1 Einleitung

Die 3D-Charakterisierung des Invasionsmusters beim Plattenepithelkarzinom des Gebärmutterhalses anhand histologischer Serienschnitte ist eine aktuelle klinische Fragestellung, die höchste Anforderungen besonders an Bildverarbeitung und -analyse stellt. Die Arbeit ist Teil eines Projektes und hat die weitere Aufklärung der Tumorinvasion am Beispiel des Plattenepithelkarzinoms des Gebärmutterhalses (Cervix Uteri) zum Ziel. Bei der Ausbreitung von Tumoren spielen viele Einzelfaktoren eine Rolle, deren Zusammenspiel sich in Variationen morphologisch charakterisierbarer Invasionsmuster niederschlägt, obwohl der derselbe Tumortyp vorliegt (hier: Plattenepithelkarzinom). Die Variationsbreite reicht dabei von einer glatten Tumor-Wirt-Grenzfläche bis hin zu diffus aufgesplitterten Mustern, die unterschiedliche prognostische Relevanz besitzen [1]. Wichtige Einschränkung dieser Studien ist, daß alle morphologischen Einteilungen nur anhand einzelner histologischer Schnitte erfolgt sind.

Zur genauen Analyse von Gewebevolumina mit Submillimeterauflösung werden histologische Serienschnitte als Referenzmethode angesehen. Daher wurde für unsere Fragestellung prinzipiell auf diese Technik zurückgegriffen. Allerdings muß eine Vielzahl von Artefakten (Verzerrungen, Risse, Falten, Schwankungen der HE-Färbung) in Kauf genommen werden. Diese können bei routinemäßigen Untersuchungen vom Pathologen gut toleriert werden. Für eine automatische Rekonstruktion mit Registrierung und Segmentierung resultieren daraus aber erhebliche Anforderungen. Daher wird in der vorliegenden Arbeit ein mehrstufiges

Verfahren vorgestellt, das zur Rekonstruktion der Tumorinvasionsfront eingesetzt wird. Es geht in Art und Umfang erheblich über unsere früheren Arbeiten hinaus [2].

Hauptproblem der Rekonstruktion ist die automatische referenzdatensatzlose Registrierung der histologischen Serienschnitte. Es existieren in der Literatur Arbeiten zur Registrierung von Datensätzen praktisch aller Bildmodalitäten. Verglichen mit bisher behandelten histologischen Serienschnitten, nimmt das uns vorliegende Problem eine besondere Stellung ein: Während es sich in der Literatur meist um Serienschnitte von Organen wie Gehirnen [3,4] handelt, liegen uns Schnitte aus Teilpräparaten des Gebärmutterhalses vor, die nicht nur hochauflösend digitalisiert (Pixelgröße typ. $8^2\mu m^2$), sondern auch sehr dünn geschnitten wurden (z. T. mehrere hundert Schnitte, Stärke typ. $10\mu m$). Unter diesen Umständen ist unseres Erachtens für eine erfolgreiche Gewinnung von Volumeninformation die Kombination geeigneter bekannter Registrierungsschritte (starre Ausrichtung, globale und lokale nichtlineare Entzerrung) die beste Lösung.

2 Methodik

In der ersten Stufe wird der Serienschnitt einer sukzessiven paarweisen starren Registrierung anhand der Luminanzbilder unterzogen und damit der Volumendatensatz auf das effektiv erfaßte Volume Of Interest (VOI) eingeschränkt. Grundlage bildet die Verbindung von translationsinvarianter polar-logarithmischer Fourier-Mellin-Transformation (FMI [6]) und Phase-Only Matched Filtering (POMF [7]) zur Verdrehungsbestimmung (Reskalierung ist nicht erforderlich) sowie ein weiteres POMF zur Translationsbestimmung. Darin hat ein POMF zur Bestimmung der Koordinaten der besten Korrelation x_t und y_t für ein Referenzbild $r(x,y)$ sowie ein betrachtetes Bild $s(x,y)$ prinzipiell die Form

$$(x_t, y_t) = \arg\max_{(x,y)} F^{-1}\left[\frac{F(r(x,y))}{|F(r(x,y))|} \cdot F(s(x,y))^*\right] \quad (1)$$

Die Korrelation im Fourierraum mittels POMF erweist sich erwartungsgemäß als sehr schnell gegenüber iterativen Verfahren im Ortsraum sowie im Rahmen des stufenweisen Rekonstruktionsverfahrens als ausreichend genau.

Danach erfolgt eine erste nichtlineare Entzerrung. Diese zweite Stufe sehen wir als erforderlich an, da die nachfolgende nichtlineare krümmungsbasierte Registrierung ansonsten aufgrund der Artefakte der Bilder zwar gute *paarweise* Registrierungen erzeugt, jedoch zugleich mit fortschreitender Abarbeitung der Serie mehr und mehr Artefakte nachbildet, was i. a. schließlich zu sehr starken Deformationen bis hin zu topologischen Defekten führt. Es wird zunächst also ein gleichmäßig dünn besetztes Verschiebungsvektorfeld berechnet und mittels Methode der kleinsten Fehlerquadrate die optimalen Koeffizienten eines Entzerrungspolynom (Ansatz: 5. Ordnung) geschätzt. Für die lokale Korrelation wird pro Verschiebungsvektor erneut ein POMF angewandt.

Hieran schließt eine farbbasierte Analyse hinsichtlich des jeweiligen Tumors an. Es werden hierfür für jeden Serienschnitt (Variabilität der Färbung!) in fünf ausgewählten Schnitten manuell Tumor- und Normalgewebebereiche komplett segmeniert. Im weiteren wird mit intensitätsnormierten Farbwertanteilen b und g gearbeitet, die für beide Bereiche Normalverteilungen genügen. Dafür werden die Parameter der Verteilungsdichten für Tumor ρ_c und Normalgewebe ρ_m geschätzt. Die Wahrscheinlichkeit eines Pixels ξ, Tumorgewebe darzustellen, wird bestimmt als

$$\gamma(\xi) = \frac{\rho_c(\xi)}{\rho_c(\xi) + \rho_m(\xi)}. \tag{2}$$

Da die Färbung innerhalb einer Serie Schwankungen und Driften unterliegt, wird der farbbasierten Analyse eine Farbadaptation bezüglich eines gewählten Referenzschnittes vorangestellt. Adaptationskriterium ist dabei die geschätzte multivariate Normalverteilung der Farbvalenzen im RGB-Raum.

In der vierten Stufe erfolgt die Bestimmung eines vollständigen verbleibenden Verschiebungsvektorfeldes $\boldsymbol{u}$ zur Beseitigung restlicher lokaler Registrierungsfehler. Dafür wird eine krümmungsbasierte nichtlineare Registrierung von betrachtetem Bild $s(x,y)$ auf Referenzbild $r(x,y)$ auf der Basis einer partiellen Differentialgleichung 4. Ordnung verwendet [5]:

$$\frac{\partial \boldsymbol{u}}{\partial t}(x,y,t) = -\alpha\,\Delta^2 \boldsymbol{u}(x,y,t) + \boldsymbol{f}(\boldsymbol{u}(x,y,t)) \tag{3}$$

mit

$$\boldsymbol{f} = \bigl(s(x - u_x(x,y), y - u_y(x,y)) - r(x,y)\bigr) \\ \times \nabla\bigl(s(x - u_x, y - u_y) - r(x,y)\bigr) \tag{4}$$

Das gekoppelte System partieller Differentialgleichungen für die Verschiebungsfelder wird mit sukzessiver Approximation und diskreter Fouriertransformation gelöst. Das Verschiebungsfeld wird dabei basierend auf Wahrscheinlichkeitsbildern aus der zuvor durchgeführten Farbanalyse berechnet. Somit gehen Bereiche der Bilder in diesen Registrierungsschritt umso höher ein, je höher dort die lokale Wahrscheinlichkeit für Tumorgewebe ist.

In der letzten Rekonstruktionsstufe wird der registrierte Volumendatensatz einer Medianfilterung unterzogen, an die sich eine Isoflächenberechnung [8] entsprechend eines gegebenen Schwellwertes anschließt.

3 Ergebnisse und Diskussion

Mit der dargestellten Methodik ist es uns erstmals gelungen, Tumorpräparate anhand histologischer Serienschnitte zu rekonstruieren und die Invasionsfronten zu bestimmen (siehe Abb. 1 mit drei ausgewählten Beispielen mit (a) 90, (b) 300 und (c) 100 Schnitten). Nur in sehr wenigen Fällen traten prinzipielle Probleme bei der Rekonstruktion auf, so daß ca. 1% der Schnitte mit gröbsten Artefakten wie großflächigen Gewebelücken oder großen Einfaltungen/Rissen nicht berücksichtigt werden konnten.

Der Verarbeitungsaufwand des mehrstufigen Verfahrens zahlt sich deutlich aus und wird für diese Art Datenmaterial mit sehr vielen verschiedenen

Dreidimensionale Rekonstruktion der Invasionsfront 233

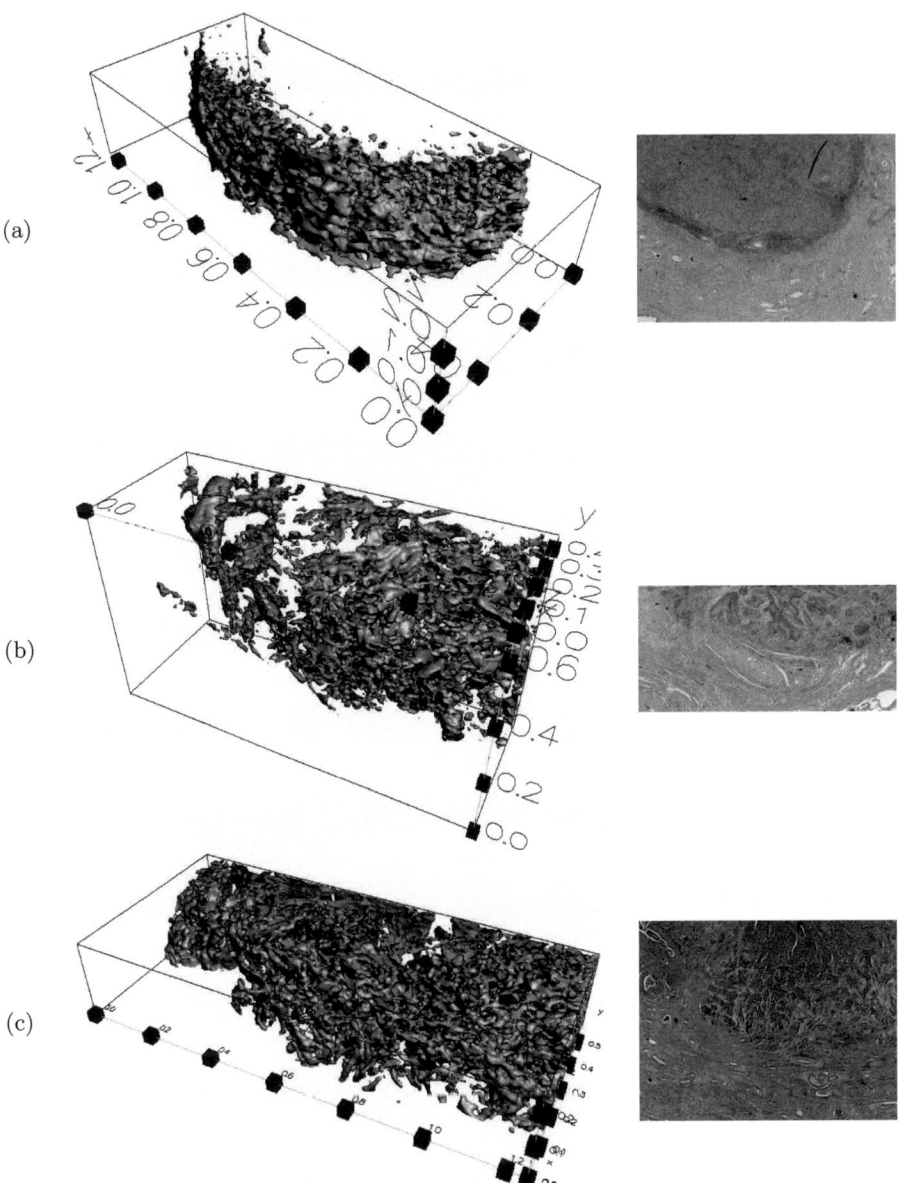

Abb. 1. Isoflächen von Tumorinvasionfronten und dazu korrespondierende einzelne Beispielschnitte mit (a) geschlossenem, (b) plumpem und (c) netzigem Invasionsmuster, dargestellt mittels ca. 280000, ca. 900000 bzw. ca. 1100000 Polygonen, Schwellwert jeweils 86% Tumorwahrscheinlichkeit. Die zugrundeliegenden rekonstruierten Gewebevolumina haben eine Größe von (a) $5{,}4 \times 3{,}8 \times 0{,}9\,\text{mm}^3$, (b) $7{,}1 \times 3{,}3 \times 3{,}0\,\text{mm}^3$ und (c) $7{,}0 \times 5{,}2 \times 1{,}0\,\text{mm}^3$.

möglichen Artefakten als erforderlich angesehen. Zur Quantifizierung der Registrierungsgüte wurde pro Serie der verbliebene mittlere quadratische Restfehler anhand von Verschiebungsvektorfeldern der geglätteten Volumendatensätze bestimmt. Dabei ergab sich für das Präparat in Abb. 1(a) nach starrer Registrierung ein Fehler von 1,87 Pixel, nach polynomialer nichtlinearer Registrierung 0,76 Pixel und nach krümmungsbasierter nichtlinearer Registrierung 0,72 Pixel. Für das Präparat in Abb. 1(b) sind die Restfehler 1,49, 0,83 bzw. 0,62 Pixel und für das Präparat in Abb. 1(c) 1,97, 0,84 und 0,57 Pixel.

Gegenwärtig arbeiten wir daran, die rekonstruierten Invasionsfronten quantitativ zu untersuchen, um eine objektivierte Charakterisierung der Invasionsmuster vornehmen zu können.

Danksagung

Die Autoren danken sehr herzlich Frau Regina Scherling für die Erstellung der Serienschnitte sowie Herrn Torsten Frohn für deren Digitalisierung.

Literaturverzeichnis

1. Horn LC, Fischer U, Bilek K: Histopathologische Prognosefaktoren beim primär operativ therapierten Zervixkarzinom. Zentralbl Gynakol, 123(5):266–274, 2001.
2. Braumann UD, Galle J: Untersuchungen zur Rekonstruktion netzartiger Tumorinvasionsfronten anhand histologischer Serienschnitte. Procs BVM 2002:239–242, 2002.
3. Modersitzki J, Schmitt O, Fischer B: Effiziente, nicht-lineare Registrierung eines histologischen Serienschnittes durch das menschliche Gehirn. Procs BVM 2001:179–183, 2001.
4. Schmitt O, Modersitzki J: Registrierung einer hochaufgelösten histologischen Schnittserie eines Rattenhirns. Procs BVM 2001:174–178, 2001.
5. Fischer B, Modersitzki J: Fast Curvature Based Registration of MR-Mammography Images. Procs BVM 2002:139–142, 2002.
6. Casasent D, Psaltis D: Position, Rotation and Scale-Invariant Optical Correlation. Appl Opt 15:1793–1799, 1976
7. Horner JL, Gianino PD: Phase-Only Matched Filtering. Appl Opt 23(6):812–816, 1984
8. Kuska JP: MathGL3d 3.0 – Interaktiver OpenGL-Viewer für Mathematica. http://phong.informatik.uni-leipzig.de/~kuska/mathgl3dv3

Ein schneller Klassifikations-Ansatz für das Screening von Zervix-Proben basierend auf einer linearen Approximation des Sammon-Mappings

Heiko Volk, Christian Münzenmayer, Matthias Grobe und Thomas Wittenberg

Fraunhofer-Institut für Integrierte Schaltungen, 91058 Erlangen
Email: vlk@iis.fraunhofer.de

Zusammenfassung. Kommt es bei einer Klassifikation auf die Verarbeitungsgeschwindigkeit an, so wird in der Regel der Polynom- gegenüber dem kNN-Klassifikator bevorzugt. Die Eigenschaft, den für die Klassifikation verantwortlichen Datensatz zu identifizieren, geht bei dem Polynomklassifikator und anderen Verfahren, wie etwa neuronalen Netzen, verloren. Die Nachvollziehbarkeit spielt aber gerade in medizinischen Anwendungen eine wichtige Rolle. Dieser Beitrag stellt einen neuen Ansatz vor, mit dem die Eigenschaften beider Klassifikatoren, die Nachvollziehbarkeit und die hohe Verarbeitungsgeschwindigkeit, kombiniert werden können. Das Verfahren beruht auf einer linearen Approximation des Sammon-Mappings. Der praktische Einsatz anhand des automatischen Zervix-Screenings zeigt die Nutzbarkeit des vorgestellten Verfahrens.

1 Problemstellung

Krebs ist eine der häufigsten Todesursachen in den Industrie-Ländern. Nach Brust- und Darmkrebs steht das Zervix-Karzinom (Gebärmutterhalskrebs) an dritter Stelle der bei Frauen auftretenden Krebsarten. Durch die ab dem 20. Lebensjahr gesetzlich vorgesehene mögliche Krebsvorsorgeuntersuchung ist die Zahl der später an Zervix-Karzinom erkrankten Fälle in den letzten Jahren stark gesunken. Die Anzahl der dabei zu untersuchenden Proben pro Jahr ist enorm. Im Rahmen eines Forschungsprojektes zur Automatisierung des Zervix-Screenings werden Bildverarbeitungs-Ansätze zur automatischen Auswertung von Zervix-Proben untersucht. Das Ergebnis einer solchen Auswertung soll als Diagnosevorschlag dem Arzt präsentiert werden.

2 Stand der Forschung

Für eine automatische Auswertung wird eine Zervixprobe unter dem Mikroskop aufgenommen und digitalisiert. Auf den Bildrohdaten werden die einzelnen Zellen segmentiert [1] und jede Zelle anschließend klassifiziert. Dies geschieht anhand einer Datenbank von Referenz-Zellen, von denen die jeweilige Klassenzugehörigkeit bekannt ist (Gold-Standard). Zur Klassifikation wird bislang der k-Nächste-Nachbar (kNN) Klassifikator verwendet, da er die Möglichkeit bietet, die Merkmalsvektoren zu identifizieren, nach denen eine Zelle klassifiziert wurde. Dies erlaubt eine iterative Verbesserung der Trainingsstichprobe, da sich Inkonsistenzen in den Trainingsdaten somit zurückverfolgen lassen. Ebenso können dem Arzt damit die dazugehörigen Zellen der Trainings-Stichprobe graphisch präsentiert werden. Eine typische Zervix-Probe besteht aus ca. 600 digitalisierten Aufnahmen (Bildgröße 1300x1024), die in ca. 10 - 15 Minuten analysiert werden müssen. Diesen Zeitanforderungen wird der kNN, selbst in ausgedünnter und optimierter Form, bei großen Trainingsstichproben nicht gerecht. Ein Polynom-Klassifikator oder neuronale Netze, die eine schnellere Klassifikation ermöglichen, erlauben hingegen keine Kontrolle der Klassifikationsentscheidung, sind also nicht nachvollziehbar.

3 Sammon-Mapping

Das Sammon-Mapping [2] ist ein nichtlineares Mapping-Verfahren, welches zur Analyse von hochdimensionalen Daten benutzt wird. Das Hauptproblem bei der Analyse hochdimensionaler Daten ist die Erkennung von Struktur, wobei sich Struktur hier auf die geometrische Beziehung der Datenpunkte untereinander bezieht. Für gewöhnlich projiziert der Algorithmus die Daten in einen zweidimensionalen Raum. Dabei ist zu beachten, dass der Abstand zwischen zwei Punkten im 2D-Raum den korrespondierenden Abstand im hoch-dimensionalen Raum approximiert. Durch diese Randbedingung bleibt die inhärente Struktur der Datenpunkte erhalten. Mathematisch ist die Randbedingung als Kostenfunktion s_stress definiert:

$$s_\text{stress} = \frac{1}{\sum_{i<j} d_{ij}^*} \sum_{i<j}^{N} \frac{\left(d_{ij}^* - d_{ij}\right)^2}{d_{ij}^*} \quad (1)$$

wobei d_{ij}^* für den Abstand zweier Datenpunkte im Hochdimensionalen, d_{ij} für den Abstand im Zweidimensionalen und N für die Anzahl der Datenpunkte steht. Die Projektion stellt ein Optimierungsproblem dar, welches hier mit einem Gradientenabstiegsverfahren gelöst wird.

4 Lineare Approximation

Das nachfolgend erläuterte Verfahren zur linearen Approximation des Sammon Mappings (nachfolgend LASM genannt) kann als Hybrid-Ansatz zwischem dem kNN- und Polynom-Klassifikator betrachtet werden. In der vorliegenden Anwendung des automatischen Zervix-Screenings, beläuft sich die Dimension des Merkmalsraumes auf anfänglich 14 Merkmale. Diese werden durch das Sammon-Mapping auf einen zwei-dimensionalen Merkmalsraum projiziert. Aus den Originaldaten A und projizierten Merkmalsdaten B lässt sich ein lineares Gleichungssystem erstellen und der Vorgang des Sammon-Mappings $S(A)$ mit Hilfe einer Projektionsmatrix P schätzen.

Abb. 1. Lineare Approximation des Sammon Mappings des Zervix-Datensatzes einer Patientin. Die Darstellung der Klassenzugehörigkeit (Grün = Normale Zellen, Gelb = CIN-I Zellen, Orange = CIN-II Zellen, Rot = CIN-III Zellen, CIN = Cervical Intraepithelial Neoplasia) und zugehörigen Trainingsvektoren ist hier kombiniert dargestellt. Die Grenzen der Trainingsvektoren ergeben ein Voronoi-Diagramm, welches der Zuordnung eines unbekannten Datenpunktes dient.

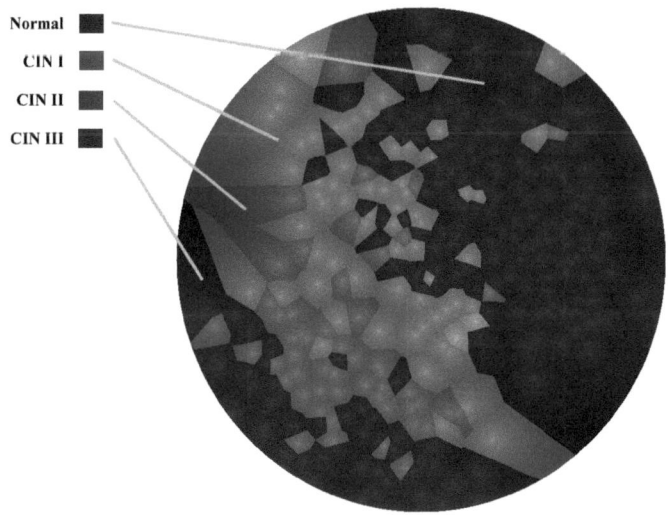

$$B_{\text{SM}} = S(A_{\text{Original}}) \qquad (2)$$

Mit Hilfe der Projektionsmatrix P lassen sich die Originaldaten in den zweidimensionalen LASM-Raum projizieren,

$$B_{\text{LASM}} = P \cdot A_{\text{Original}} \qquad (3)$$

wobei B_{LASM} die lineare Approximation des Sammon-Mappings darstellt und allgemein $B_{\text{LASM}} \neq B_{\text{SM}}$ gilt.

Die projizierten Trainingsdatenpunkte B_{LASM} lassen sich als Abbildungskarte darstellen (Abbildung 1). Innerhalb dieser Karte werden die Koordinaten der zugehörigen Datenpunkte mit der jeweiligen Klasse des Datenpunktes markiert. Mit Hilfe des kNN-Klassifikators lassen sich allen übrigen Punkten der Karte der jeweilig naheliegendsten Klasse zuordnen. Während des Klassifikationsvorgangs werden unbekannte Merkmalsvektoren mittels der Abbildung P in die Karte projiziert, aus der die entsprechende Klassenzugehörigkeit ausgelesen wird. Durch Erstellen einer zweiten Karte, der sogenannten Vektorkarte, kann in gleicher Weise ein Verweis auf den jeweiligen Merkmalsvektor der Lernstichprobe gespeichert werden. Damit ist es möglich, mit einer einfachen und schnellen

Tabelle 1. Veränderung der Klassifikationsrate durch das *LASM-Verfahren im Bezug auf den kNN-Klassifikator*

Stichprobe	Nicht optimiert	Optimiert
Zervix1	[-1,6%;2,6%]	[-1,1%;0,1%]
Zervix12	[-5,4%;-0,9%]	[-4,3%;-0,2%]
Ösophagus	-30,8%	-24,4%
Vistex	-31,2%	-25,3%

Matrixmultiplikation und zwei anschließenden Speicherzugriffen die Klasse sowie den dazugehörigen Merkmalsvektor zu ermitteln.

5 Ergebnisse

Zur Evaluierung des LASM-Verfahrens wurden drei verschiedene Stichproben herangezogen, zwei medizinische - die bereits erwähnte Zervix-Zellen-Stichprobe, sowie eine Datenbank zur Untersuchung endoskopischer Aufnahmen von Barrett-Ösopahgus-Patienten [3] - sowie eine akademische, die VisTex-Stichprobe [4]. Für jede Stichprobe wurde die Gesamtklassifikationsrate für Standard- (1-NN, L2-Norm) und optimierte Einstellungen (bestes k für k-NN, bestes Abstandsmaß) des k-Nächsten-Nachbar Klassifikators ermittelt. Ebenso wurden die Raten des LASM-Verfahren berechnet und mit denen des kNN verglichen. Die Zervixzellen-Stichprobe setzte sich aus einer Probe mit einer Patientin, sowie einer Probe mit 12 verschiedenen Patientinnen zusammen. Dabei wurde jeweils ein Zwei-Klassen Problem (Gesund-Krank) und ein Mehr-Klassen Problem (Gesund, mehrere Dysplasie-Grade, Tumor) betrachtet.

Das LASM-Verfahren soll keine Steigerung der Klassifikationsrate einer Aufgabenstellung bewirken, sondern die Nachteile verschiedener Klassifikations-Verfahren durch die Kombination der jeweiligen Vorteile ausgleichen. Deshalb soll in der nachfolgenden Auswertung lediglich festgestellt werden, ob die Klassifikationsrate stabil bleibt. Die Auswirkung des LASM-Verfahrens auf die einzelnen Datensätze ist in Tabelle 1 dargestellt.

Die Änderung der Klassifikationsrate der Zervix-Zellen-Stichprobe anhand des LASM-Verfahrens mit nur einer Patientin belief sich zwischen -1,6% bis +2,6% für den Standard- und -1,1% bis +0,1% für den optimierten Fall im Vergleich zum kNN-Klassifikator. Bei der 12-Patientinnen-Probe betrugen die Raten zwischen -5,4% bis -0,9% für den Standard- und -4,3% bis -0,2% für den optimierten Fall. Die Änderungen der Klassifikationsrate bei der Ösophagus-Stichprobe betrugen -30,8% für den Standard- und -24,4% für den optimierten Fall. Ähnlich verhielten sich die Werte bei der VisTex-Stichprobe. Der Standardfall berechnete sich zu -31,2% und für den optimierten Fall ergaben sich -25,3% im Vergleich zum kNN-Klassifikator.

6 Diskussion

Für die Zervix-Zellen-Stichprobe ergibt sich eine sehr geringe Änderung im Klassifikationsverhalten des LASM-Verfahrens gegenüber dem kNN-Klassifikator, in manchen Fällen sogar eine leichte Verbesserung, was sich durch Approximationsfehler in der Projektion zugunsten des LASM-Verfahrens erklären lässt. Das etwas schlechtere Ergebnis der 12-Patientinnen-Probe zur Ein-Patientin-Probe kann aus den Unterschieden der Patientinnen untereinander erklärt werden.

Auffällig ist der starke Abfall der Klassifikationsrate bei den beiden anderen Stichproben. Es konnte gezeigt werden, dass bereits die Verringerung des Merkmalsraumes um nur eine Dimension, die Güte der Klassifikation stark beeinträchtigt. Des weiteren lässt sich durch einen Vergleich der Klassifikationsrate in Abhängigkeit der Anzahl der Dimensionen des projizierten Raumes die Dimensionalität eines Klassifikationsproblems abschätzen. So erweist sich das Zervixzellen-Problem als ein annähernd zwei-dimensionales Problem, wo hingegen die beiden anderen höher-dimensionale Probleme darstellen. Eine geringe Dimensionalität eines Problems ist jedoch nicht gleichbedeutend mit der Einfachheit deselben. Wie einfach oder komplex ein Klassifikationsproblem ist, wird hauptsächlich durch die Verteilung der Datenpunkte der einzelnen Klassen festgelegt. So kann zum Beispiel ein zwei-dimensionales Problem komplexer sein als ein drei-dimensionales. Weitere Untersuchungen zum Thema der Dimensionalität eines Klassifikationsproblem sind derzeit in Bearbeitung, wobei auch ein Vergleich mit der Hauptachsen-Transformation (PCA) vorgesehen ist.

Zusammenfassend kann gesagt werden, dass sich das LASM-Verfahren für annähernd zwei-dimensionale Problemstellungen eignet, wobei es die Vorteile zweier Klassifikationsansätze vereint. Voraussetzung für den Einsatz ist jedoch das vorherige Abschätzen der Dimensionalität eines Problems.

Literaturverzeichnis

1. Grobe M, Volk H, Münzenmayer C, Wittenberg T: Segmentierung von überlappenden Zellen in Fluoreszenz- und Durchlichtaufnahmen, Bildverarbeitung für die Medizin. Springer, Berlin, 2003.
2. Sammon J. W.: A Nonlinear Mapping for Data Structure Analysis, IEEE Transactions on Comp., Vol. C-18, No. 5, p.401-409, 1969.
3. Münzenmayer C, Mühldorfer S, Mayinger B, Volk H, Grobe M, Wittenberg T: Farbtexturbasierte optische Biopsie auf hochauflösenden endoskopischen Farbbildern des Ösophagus, Bildverarbeitung für die Medizin. Springer, Berlin, 2003.
4. MIT Media Laboratory Vision and Modelling group: Vistex vision texture database, 1995.

Visualisierung und Interpretation von Stimmlippenschwingungen

Ulrich Hoppe, Frank Rosanowski, Jörg Lohscheller,
Michael Döllinger und Ulrich Eysholdt

Abteilung für Phoniatrie und Pädaudiologie
der Universität Erlangen, 91054 Erlangen
Email: ulrich.hoppe@phoni.imed.uni-erlangen.de

Zusammenfassung. Für die quantitative Bewertung der pathologischen Stimme ist die Messung und Analyse der Stimmlippenbewegungen von zentraler Bedeutung. Rauhigkeit, ein typisches Symptom des kranken Kehlkopfes, beruht auf irregulären, im Extremfall auf chaotischen Stimmlippenschwingungen. Die Messung der Stimmlippenschwingungen gelingt in Echtzeit mit einer für medizinische Zwecke angepassten Hochgeschwindigkeitskamera. Die Schwingungen können mit sogenannten Kymogrammen visualisiert werden. Diese Kymogramme liefern den zeitabhängigen Bewegungsverlauf der Stimmlippen entlang einer Linie von anterior nach posterior. In diesem Beitrag wird beschrieben, inwieweit durch eine Erweiterung auf Mehrlinienkymogramme auch ortsabhängige Schwingungsmoden (anterior-posterior Moden) dargestellt und quantifiziert werden können.

1 Einleitung

Die Stimme ist die Basis für die akustische Kommunikation des Menschen. Stimmstörungen sind in der Regel die Folge von irregulären Stimmlippenschwingungen, die wiederum durch ungünstige endolaryngeale Massen- und Spannungszustände entstehen. Grundlage für die medizinische Untersuchung der Stimme ist die endoskopische Beobachtung der Stimmlippen und deren Schwingungen. Diese Schwingungen gehören zu den schnellsten Vorgängen im menschlichen Organismus und liegen im Bereich zwischen 60 und einigen hundert Schwingungen pro Sekunde. Mit bloßem Auge können diese daher nicht beobachtet werden. Deshalb wurde hierzu eine digitale Hochgeschwindigkeitskamera an ein Endoskop adaptiert, das Aufnahmeraten von bis zu 10000 Einzelbildern pro Sekunde erlaubt.

Die Zeitlupendarstellung solcher Hochgeschwindigkeitsvideos ist für klinische Zwecke ungeeignet, weil sie einerseits sehr zeitaufwendig ist und andererseits nur eine grobe qualitative Beurteilung erlaubt [1]. Zur Visualisierung dieser Hochgeschwindigkeitsaufnahmen wird in der Regel die Kymogrammdarstellung verwendet, bei der aus allen Einzelbildern eine Bildzeile extrahiert und durch Aneinanderreihen ein künstliches, funktionelles Bild erzeugt, das eine Abschätzung

Visualisierung und Interpretation von Stimmlippenschwingungen 241

Abb. 1. Berechnung eines Kymogramms aus einer HG-Bildserie. Aus jedem Einzelbild wird eine Zeile herausgenommen. Die korrespondierenden Zeilen aus verschiedenen Bildern werden zu einem neuen Bild zusammengefasst, das den zeitlichen Ablauf der Schwingung visualisiert (Zeitablauf hier vertikal).

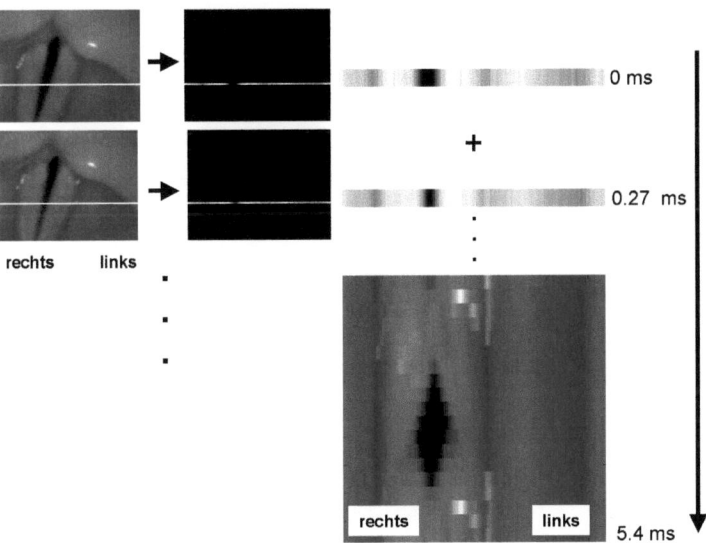

des Schwingungsverlaufs ermöglicht. Die Kymogrammdarstellung stellt eine Reduktion eines 3D-Datensatzes auf einen 2D-Datensatz unter Vernachlässigung räumlicher Unterschiede dar. Sie eignet sich daher gut zur Visualisierung von Schwingungen, wenn keine lokalen Schwingungsunterschiede auftreten [2].

Zur Beurteilung von pathologischen Stimmlippenschwingungen ist diese Art der Darstellung oft nicht ausreichend, da lokal unterschiedliche Schwingungsmuster (z. B. anterior-posterior-Schwingungsmoden) gerade ein wesentlicher Teil des Störungsbildes sind [3]. In diesem Beitrag wird beschrieben, inwieweit diese lokalen Schwingungsunterschiede durch die simultane Verwendung der Information von bis zu fünf Kymogrammen visualisiert und quantifiziert werden können.

2 Methoden

Bei 30 weiblichen Probandinnen im Alter von 18 bis 25 Jahren mit normaler Stimmfunktion wurden digitale Hochgeschwindigkeitsvideos der Stimmlippenschwingungen während der Phonation mit einer Aufnahmerate von 3704 Bildern zu je 128 x 64 Bildpunkten pro Sekunde (8 bit Grauwertkodierung) aufgenommen. Die Endoskopiebilder wurden mit einem LASER-Projektionssystem (LPS) metrisch kalibriert. Das LPS erlaubt im bewegten Kehlkopfbild Längenmessungen mit einem Fehler von ±0.1 mm [4].

Aus diesen Aufnahmen wurden sowohl Einfach- als auch Mehrfachkymogramme extrahiert und daraus mit einem bereits früher beschriebenen wissensbasier-

Abb. 2. Mehrlinienkymogramm einer HG-Bildserie bei einer Probandin. Die Stimmlippenschwingungen zeigen deutliche Unterschiede von dorsal (oberes Bild) nach ventral.

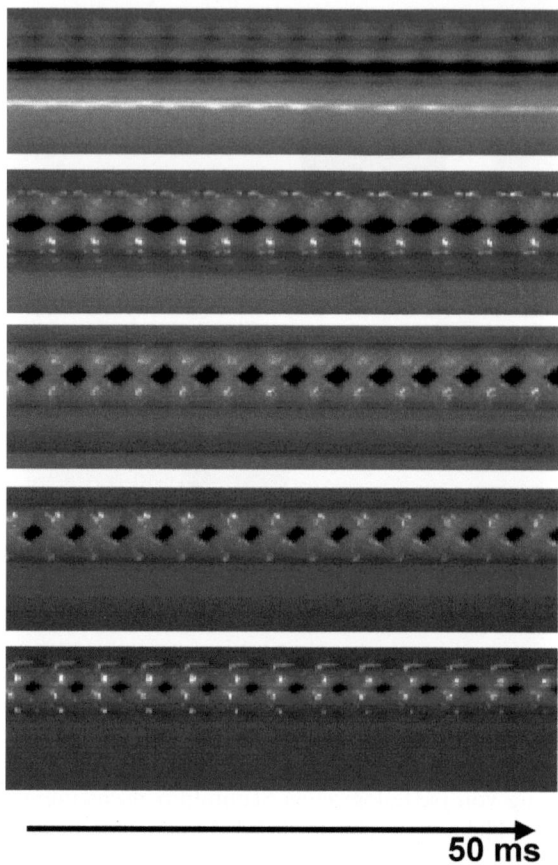

ten Segmentierungsverfahren die Schwingungsverläufe an bis zu fünf unterschiedlichen Stellen entlang der Stimmlippen bestimmt. Die Kymogrammberechnung ist in Abb. 1 dargestellt. Abb. 2 zeigt exemplarisch ein Mehrlinienkymogramm für eine Probandin (No. 10). Der Abstand zweier Kymogramme beträgt jeweils 4 mm. Aus den Kymogrammen wurden die Bewegungskurven der linken und rechten Stimmlippe an den jeweiligen Orten extrahiert.

3 Ergebnisse

Die an unterschiedlichen Positionen registrierten Kymogramme zeigen bereits bei normalen Stimmen lokale Schwingungsunterschiede der Stimmlippenschwingungen. So können vor allem drei Unterschiede beobachtet werden:

1. Die maximalen Auslenkungen der Stimmlippen variieren zwischen 30 und 200 %,
2. Die Randbereiche der Stimmlippen (dorsal und ventral) haben deutlich kürzere Schlusszeiten im Vergleich zum medialen Stimmlippenbereich,
3. im dorsalen Bereich tritt in 33 % der Aufnahmen keine Berührung der Stimmlippen während der Schwingung auf.

In den meisten Fällen ist der Randbereich (anterior und posterior) in der Schließungsphase gegenüber dem mittleren Bereich verzögert, wohingegen in der Öffnungsphase der mediale Bereich gegenüber den Randbereichen verzögert ist. Diese Phasenunterschiede liegen im Bereich von unter einer Millisekunde.

4 Diskussion

Die Ergebnisse belegen, dass bereits bei normaler Stimmfunktion lokale Unterschiede der Stimmlippenschwingungen zu beobachten sind. Diese Unterschiede können mit den bisher üblichen Verfahren nicht visualisiert werden.

Bei Patienten mit gestörter Stimmfunktion ist noch von weit größeren Unterschiede entlang der anterior-posterior Glottisachse auszugehen. So wurden bei Patienten mit funktionellen Stimmstörungen und einseitigen Stimmlippenlähmungen nicht nur Unterschiede im Phasen- und Amplitudenverhalten, sondern darüber hinaus auch unterschiedliche Grundfrequenzen im anterioren und posterioren Bereich beschrieben [3].

Mit der hier vorgestellten Methode ist nicht nur eine Visualisierung, sondern auch eine Quantifizierung der lokalen Schwingungsunterschiede und somit eine feinere Klassifikation des Störungsbildes möglich. In einer Folgestudie wird der Einfluss dieser Schwingungsauffälligkeiten auf die Stimmqualität untersucht.

Literaturverzeichnis

1. Niimi S, Miyai M: Vocal fold vibration and voice quality. Folia Phoniatr Logo 52(1): 32-38, 2000.
2. Tigges M, Wittenberg T, Mergell P, Eysholdt U: Imaging of vocal fold vibration by digital multi-plane kymography. Comput Med Imag Grap 23(6): 323-330, 1999.
3. Neubauer J, Mergell P, Eysholdt U, Herzel H: Spatio-temporal analysis of irregular vocal fold oscillations: Biphonation due to desynchronization of spatial modes. J Acoust Soc Am 110(6): 3179-3192, 2001.
4. Schuberth S, Hoppe U, Döllinger M, Lohscheller J, Eysholdt U: High precision measurement of the vocal fold length and vibratory amplitudes, Laryngoscope 112: 1043-1049, 2002.

Projektionsansichten zur Vereinfachung der Diagnose von multiplen Lungenrundherden in CT-Thorax-Aufnahmen

Volker Dicken[1], Berthold Wein[2], Henning Schubert[2], Jan-Martin Kuhnigk[1], Stefan Kraß[1] und Heinz-Otto Peitgen[1]

[1] MeVis, Centrum für medizinische Diagnosesysteme und Visualisierung, Universitätsallee 29, 28359 Bremen
[2] Universitätsklinikum Aachen, Pauwelsstraße 30, 52057 Aachen
Email: dicken@mevis.de

Zusammenfassung. Neue Visualisierungstechniken zur Befundung von Rundherden in hochaufgelösten Thorax-CT-Daten aus Mehrzeilen-Scannern werden vorgestellt. Sie basieren auf einer Segmentierung der Lungenflügel und verschiedenen Projektionsansichten sowie nichtlinearer, anatomische Reformatierung der Daten. Insbesondere die Detektion kleiner Rundherde in der Nähe der Pleura oder des Mediastinums kann damit erleichtert werden.

1 Einleitung

Aufgrund von Fortschritten in der CT-Scannertechnologie steigt die Anzahl zu befundender Schichtbilder in der Lungendiagnostik stark an. Aktuelle klinische Scanner liefern Datenmengen von über 400 Schichten im Format 512x512. Im Laboreinsatz wird mit bis zu 2000 Schichten 1024x1024 gearbeitet. Diese in konventioneller Betrachtung axialer Einzelschichten zu befunden ist zeitraubend und anstrengend, Volumenrendering-Techniken werden daher zunehmend eingesetzt. Alternativ oder ergänzend dazu kann durch den Einsatz von Projektionsansichten vorsegmentierter Lungenflügel, die Anzahl der für die die Befundung zu betrachtender Bilder reduziert werden.

Hervorhebungen tumorverdächtiger Regionen, welche optisch im Rahmen der Geräteauflösung mit dem Rand verbunden sind und als linsenförmige oder rundliche Auflage der Pleura erscheinen sind von besonderem Interesse.

Durch Einführung hochauflösender CT-Protokolle und Bestrebungen, Niedrigdosis-Thorax-CT für Screening bei Lungenkrebs-Risikogruppen (starke Raucher, Asbestverarbeiter) zu etablieren, haben sich mehrere Gruppen, insbesondere in den USA und Japan [1,2,3], mit der Rundherddiagnostik im Lungen-CT befasst. Die meisten Ansätze zielen dabei auf automatische Detektion verdächtiger Strukturen.

Die klinische Radiologie hat in der Lungen-CT-Diagnostik durch die Einführung von Thinslab-Maximum-Intensity Projektionen (Thinslab-MIP [4,5]) einen Weg gefunden, mit den anfallenden Datenmengen umzugehen. Der Zeitaufwand zur Befundung vergrößert sich dennoch durch bessere Aufnahmeprotokolle erheblich.

Die koordinatenachsenparallelen Schichtbilder und Thinslab-MIPs zeigen in der Regel Anteile unterschiedlicher Regionen der Lunge. In der Hilusregion können selbst große Tumoren zwischen den großen Gefäßen übersehen oder nur schwer abgegrenzt werden. Im Lungenparenchym gibt es evtl. freistehende Rundherde und nahe der Pleura erscheinen Tumoren eher als scheinbare Verdickung des Rippen- oder Zwerchfells. Die Abgrenzung zwischen Tumoren und gesundem Lungengewebe in den verschiedenen Regionen ist sehr unterschiedlich. Durch die Notwendigkeit nach verschiedenartigen Kontrasten gleichzeitig zu suchen, wird die Aufmerksamkeit des Radiologen bei konventioneller oder Thinslice-MIP Befundung stark beansprucht.

2 Methoden

Diese Arbeit zielt darauf, die Zahl zu betrachtender Bilder in der Lungen-Rundherddiagnostik zu reduzieren und die Sichtbarkeit kleiner pleuraständiger Tumoren deutlich zu erhöhen. Ferner sollen neue Ansichten dem Radiologen die Zuordnung der Rundherde zu den Lungensegmenten erleichtern, eine automatische Detektion ist nicht Gegenstand unserer Arbeit.

Vorverarbeitung für Lungen-Projektionen. Die Lungenflügel sowie die Hauptbronchien werden durch Vorverarbeitung mit Region-Growing und Watershed-Methoden automatisch segmentiert (Dauer: 2-3 min, Lungen-CT, 400 Schichten, 512x512 auf einem Standard-PC). Daran schließt sich die interaktiv durchführbare Bestimmung von MIP, MIP-Distanz sowie Objekt-Distanz-Projektion der Lungenflügel an (s.u.). In diesen Projektionsansichten wird nach verdächtigen Strukturen gesucht. Klickt man diese an, wird eine parallel dargestellte axiale Schicht so aktualisiert, dass die Struktur auch in vertrauter Ansicht beurteilbar wird.

MIP-Projektionen der vorsegmentierten Lunge. Die MIP-Projektion der vorsegmentierten Lunge zeigt ein leicht verständliches Bild der Lunge (s. Abb. 1), das von Rippen und mediastinalen Strukturen befreit ist, welche ansonsten die Aufmerksamkeit auf Grund ihrer Helligkeit auf sich ziehen.

Bei den MIP-Distanzbildern werden ausschließlich Strukturen innerhalb des Lungenflügels, welche heller als ein interaktiv veränderbarer Schwellwert sind, projiziert. Anstelle des Wertes des hellsten Voxels in Projektionsrichtung wird sein Abstand vom Rand des Volumens farbkodiert dargestellt. Eine derartige Darstellung aus sagittaler Absicht ergänzt um Projektionen oder Markierungen bereits segmentierter Tumore eignet sich auch als Übersichtsbild für die Befundung von Patienten mit multiplen Metastasen.

Oberflächendistanzbilder. Die Detektion pleuraständiger Tumoren ist in den MIP-Bildern unmöglich, da diese Tumoren bei der Segmentierung der Lungenflügel schon als dem Rippenfell oder Zwerchfell zugehörig klassifiziert werden und nicht in den vorsegmentierten Lungendaten enthalten sind. Solche Tumoren verursachen Veränderungen der segmentierten Lungenoberfläche. Diese werden

Abb. 1. Links: Maximum-Intensity-Projektion (MIP) einer vorsegmentierten Lunge mit diversen kalzifizierten Rundherden. Rechts: Falschfarbenkodierte Distanzinformation zur MIP.

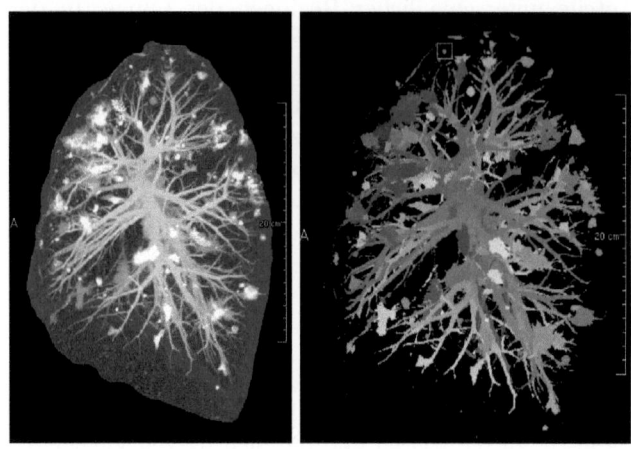

sichtbar (s. Abb. 2), wenn bei der Projektion der Abstand zur segmentierten Oberfläche der Lunge bestimmt wird und lokale Veränderungen im zunächst glatt erscheinenden Distanzbild durch Gradientenfilterung hervorgehoben werden.

Patientenindividuelle, nichtlineare, anatomische Reformatierung. Ausgehend von der segmentierten Oberfläche können Volumendaten auf eine neue Art dargestellt werden. Die Zeilen des Datensatzes werden so gegeneinander verschoben, dass Voxel an der Oberfläche der Lunge in einer Schicht senkrecht zur Blickrichtung liegen. Die im Original gekrümmten Schichten werden schichtweise betrachtet. Gewissermaßen wird ein krummliniges, patientenindividuelles Koordinatensystem zur Reformatierung der Daten verwendet. Dafür verwenden wir den Begriff *anatomische Reformatierung*. Der Vorteil der anatomisch reformatierten Schichten ist, dass sie nur Voxel gleichen Abstands zur Organgrenze zeigen, welche meist in ähnlicher anatomischer Umgebung liegen.

Durch bidirektionale Synchronisation zwischen den Projektionsansichten zum leichteren Auffinden verdächtiger Strukturen und den vertrauten axialen Schichten kann die neue Darstellung in etablierte Befundungsabläufe eingebunden werden.

Synchronisierte lokale 2D und 3D Ansichten. Lokales Volumenrendering der Umgebung verdächtiger Strukturen erlaubt eine zuverlässigere Beurteilung. Das Rendering wird durch Selektion eines Punktes gestartet. Eine Segmentierung des Rundherds zur Bestimmung des Volumens sowie weiterer morphologischer und statistischer Parameter kann sich anschließen. Alternativ kann eine Umgebung des selektierten Punktes in Zoomansicht oder MPR-Schichten detailliert inspiziert werden.

Abb. 2. Links: Distanzbild aus sagittaler Ansicht. Rechts: Durch Gradientenfilterung werden diverse pleuraständige Rundherde hervorgehoben.

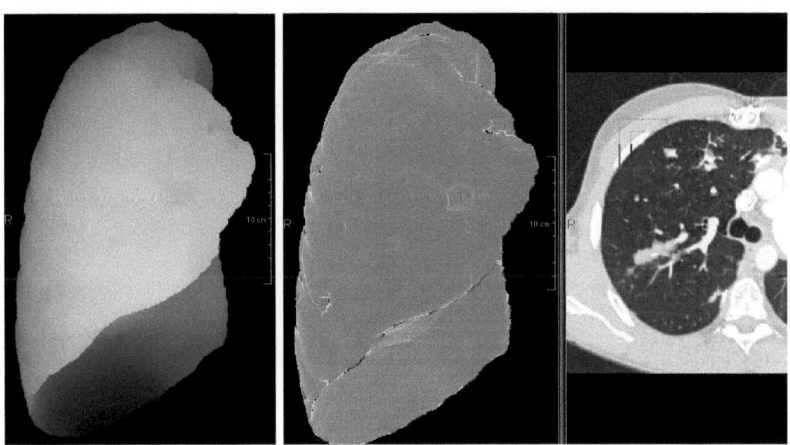

3 Ergebnisse

Datenmaterial. Eine Serie von 30 Datensätzen von Lungenpatienten wurde mit Projektionsansichten betrachtet. Davon waren 8 Datensätze mit hochauflösenden Protokollen (ca. 300 Schichten) aufgenommen. Die Software ist beim klinischen Partner installiert, eine quantitative klinische Bewertung des Softwareassistenten steht noch aus.

Befunde basierend auf MIP-Ansichten. Die Standard-MIP-Projektionen aus 3 orthogonalen Ansichten der vorsegmentierten Lungenflügel erlauben eine rasche Detektion und gute räumliche Zuordnung aller größeren Tumore. Analoge Minimum-Intensity Projektion kann bei Verdacht auf emphysematische Erkrankungen einen guten Überblick bieten. Aus Gründen der algorithmischen Effizienz für eine interaktive Anwendung und Standardisierung der Benutzerführung wurde auf nicht-achsenparallele Ansichten verzichtet.

Der durch die Projektion bedingte Informationsverlust in einer Dimension bei MIP-Ansichten kann durch Farbkodierung des MIP-Distanzbildes, d.h. des Abstands zum Rand der Daten des hellsten Voxels in Blickrichtung, partiell aufgefangen werden.

Befundung von Oberflächenansichten und anatomischer Reformatierung. Die Hervorhebung von Unregelmäßigkeiten in der Oberflächenstruktur durch die Oberflächen-Distanzbilder der Lunge erlaubt eine einfache Beurteilung pleuraständiger Veränderungen.

Die auf gleichen Abstand zur Lungenoberfläche transformierten CT-Daten sind für gesunde Patienten sehr homogen. Jegliche pathologische Veränderung nahe der Lungenoberfläche wird darin deutlich sichtbar. In sagittaler Ansicht ist die Zuordnung einer selektierten Position zu den Lungenlappen leicht. Auch eine

Abb. 3. Diverse oberflächennahe kleine Rundherde in anatomischer Reformatierung.

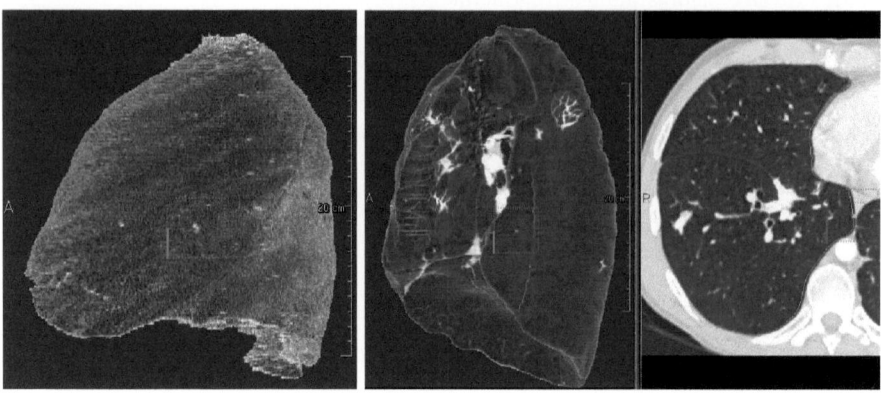

exakte Segmentzuordnung ist durch vereinfachte Verfolgung der Gefäße bis zum Hilus leichter als in axialer Thinslice-MIP-Ansicht.

4 Diskussion

Wir stellen eine Alternative oder Ergänzung zur Thinslice-MIP zur Befundung von hochaufgelösten Thorax CT-Daten basierend auf einer Vorsegmentierung der Lungenflügel und Nutzung organspezifischer Koordinatensysteme zur Darstellung der Daten vor. Die Darstellung in Kombination mit vertrauten Schichtbildern eröffnet dem Arzt neue Möglichkeiten, große Datenmengen zu betrachten. Wir erwarten, dass mit entsprechender Einarbeitung und optimierter Nutzerführung die Bearbeitungszeit und Sicherheit einer Befundung gesteigert werden kann.

Literaturverzeichnis

1. Yankelevitz DF, Reeves AP, Kostis WJ, et al.: Small Pulmonary Nodules: Volumetrically Determined Growth Rates Based on CT Evaluation; Radiology, 217: 251-256, 2000.
2. Ko JP and Betke M: Chest CT: Automated Nodule Detection and Assessment of Change over Time- Preliminary Experience.; Radiology, 218, 267-273, Jan. 2001.
3. Kanazawa K, Katawa Y, Niki N et al. Computer-aided diagnosis for pulmonary nodules based on helical CT images. Comp. Med. Imag. Graph. 22: 147-167, 1998.
4. Napel S, Rubin GD, Jeffrey RB Jr. STS-MIP: a new reconstruction technique for CT of the chest. J. Comput. Assist. Tomogr. 17(5):832-8 Sep-Oct 1993.
5. Eibel R, Turk TR, Kulinna C , et al.: Multidetector-row CT of the lungs: Multiplanar reconstructions and maximum intensity projections for the detection of pulmonary nodules. Rofo. Fortschr. Geb. Rontgenstr. Neuen Bildgeb. Verfahr. 173(9):815-21, Sep 2001.

Computer Aided Liver Surgery Planning Based on Augmented Reality Techniques

Alexander Bornik[1], Reinhard Beichel[1], Bernhard Reitinger[1], Georg Gotschuli[2], Erich Sorantin[2], Franz Leberl[1] and Milan Sonka[3]

[1]Institute for Computer Graphics and Vision, Graz University of Technology,
Inffeldgasse 16/2, A-8010 Graz, Austria
[2]Department of Radiology, Graz University Hospital, Auenbruggerplatz 9,
A-8036 Graz, Austria
[3]Department of Electrical and Computer Engineering, The University of Iowa,
Iowa City, IA 52242, USA

Summary. A system for liver surgery planning is reported that enables physicians to visualize and refine segmented input liver data sets, as well as to simulate and evaluate different resection plans. The system supports surgeons in finding the optimal treatment strategy for each patient and facilitates the data preparation process. Using augmented reality eases complex interaction with 3D objects and contributes to a user-friendly design. First practical evaluation steps have shown a good acceptance. Evaluation of the system is ongoing and future feedback from surgeons will be collected and used for design refinements.

1 Introduction

Planning of surgical liver tumor resections based on tomographic imaging modalities like X-ray computed tomography (CT) is a complex task, involving the identification of structures of interest (liver, vasculature, liver segments and tumors), followed by an assessment of the three-dimensional (3D) relationships between these objects. The decision if a resection is suitable or not and the detailed strategy for the surgical intervention is mainly based in the outcome of this assessment. A crucial step during the planning stage is the process of developing a 3D understanding of the complex structures based on cross-sectional images. This step usually requires joint efforts from radiologists and surgeons. By building a virtual liver surgery planning system this process can be facilitated as shown in recent publications [2] [9] [1].

The main challenge for radiologists is segmentation of data sets in order to provide the information needed for surgical planning. This process is tedious and time consuming if done manually. On the other hand fully automated segmentation approaches will fail in some cases due to the large variability of shape and gray-value appearance of normal or diseased objects to segment (e.g. liver cirrhosis in the case of liver segmentation). Challenges radiologists face are interaction with 3D objects for viewing, specifying tissue subject to resection or taking distance measurements. Interaction is also an important key for developing a 3D understanding of complex objects and their relations.

The developed augmented reality (AR) based liver surgery planning system supports both, radiologists and surgeons during the planning stage. It can be seen as an interface between radiologists and surgeons with a well defined information flow. The intentions concerning augmented reality were the following: Current computer aided liver surgery planning applications are conventional desktop systems. The interaction with virtual objects on the desktop is not very intuitive. Additional time needed for training raises the acceptance threshold of the system. Adding stereo capable display devices makes topological structures more understandable, but the interaction remains the same.

The developed system provides a natural and intuitive way of interaction with 3D objects, due to the use of tracked input devices. Surgeons and radiologists wear see-though head mounted displays (HMDs) that display virtual objects e.g. the liver surface, vessels and tumors. The surrounding world can still be seen and interacted with. Virtual objects can be observed as if they were real.

The capabilities of the AR environment are also utilized for 3D segmentation result inspection and editing (see Figure 1 in Section 2). Generally user interaction is limited to cases where automated segmentation algorithms fail. The amount of time required by radiologists for fixing a segmentation problem can be lessened compared to using a manual approach instead. An expansion of the developed core system for intra-operative applications is possible and provides the advantage of having one platform for planning and support during surgery.

Surgery planning using augmented reality is an emerging field. Related work in this field has been published by *Fuchs et. al.* [4], *Fuhrmann et. al.* [5], *Salb et. al.* [7] and others.

2 System Overview

The following section gives an overview (see Figure 1) of the developed system concerning both, the possible application modes (Section 2.1) of the system and the hardware setup used (Section 2.2).

2.1 Application Modes

Visual Inspection Once the initial segmentation is available the radiologist may load the datasets into the augmented reality environment for visual exploration and evaluation. To do so, the segmented objects are converted to surface representations using surface reconstruction techniques based on an algorithm related to the marching cubes algorithm [6], followed by a conversion to a deformable simplex-mesh [3]. Surface reconstruction is done for the most important structures only, while context information is displayed using direct volume rendering. The radiologist may observe the organ from different viewpoints and distances by walking around it or directly moving it using tracked input devices. In addition the transparency of the objects can be altered in order to make topological relations more understandable. The ability to move a tracked panel showing original CT data through the scan volume is another key feature. It

Fig. 1. Schema of the developed system. Quality assessment and editing of segmentation results, on the one hand and resection planning on the other are the main objectives.

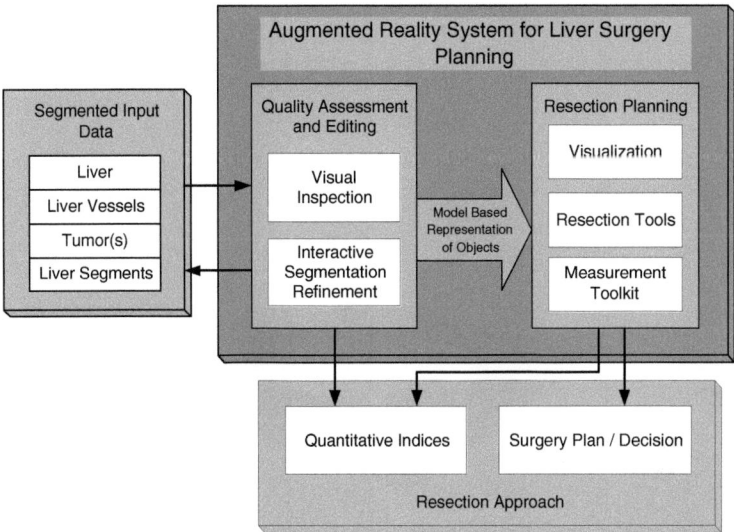

opens up a highly intuitive way for visual evaluation of the input segmentation based on the surface models reconstructed from them. Clipping the object slightly above the tracked panel, allows for more accurate evaluation at object boundaries.

Interactive Segmentation Refinement The task of interactive segmentation refinement is closely related to the visual inspection, in terms of the tools used. Instead of just evaluating the segmentation, interaction with tracked input devices is utilized to manipulate the surface representation of the segmented objects. The developed liver surgery planning system provides various tools for interactive true 3D editing of the surface representation ranging from generic, mesh based methods to others taking higher level shape information into account. The results of single deformation steps can be visualized throughout the editing process by moving the CT data textured panel to locations of interest. The deformed surface representations of e.g. the liver may be exported to traditional volume datasets at any time using fast voxelization techniques. The interactive use of these tools enables radiologists to correct imperfect segmentations intuitively, requiring only little amounts of time.

Resection Planning Once the accuracy of all reconstructed liver structures has been approved by the radiologist, resection planning by, the surgeon can be performed using the same tools. In case both physicians wear HMDs, they can explore the datasets in a collaborative way. In addition we provide measurement tools to quantify e.g. the total liver volume, the volume of individual liver

Fig. 2. Collaborative visual evaluation. Both users wear head-tracked HMDs and use tracked input devices.

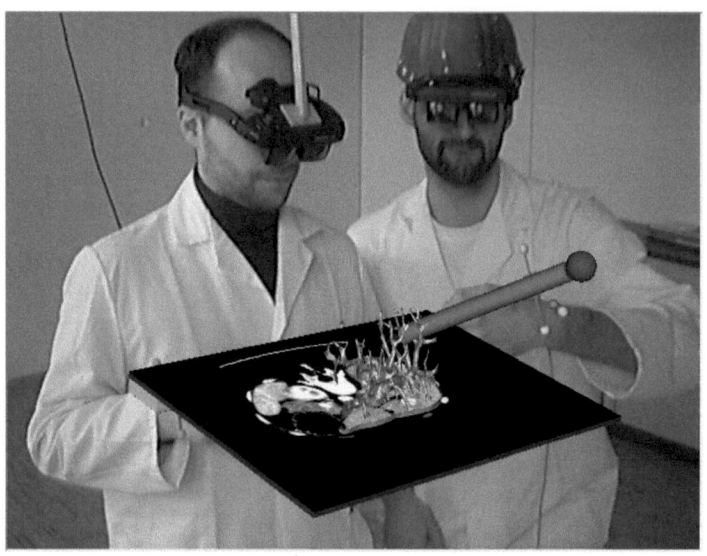

segments or tumors. Distance measurements from arbitrary points in space to specific objects are realized by another tool within the system as well as visualization of security margins around tumors. These tools provided to surgeons enable them to decide whether it makes sense for the patient to undergo a resection or not. In case a resection is indicated, a resection plan may be elaborated based on information gained from the visualization.

2.2 Hardware Setup

The hardware setup used consists of different components: stereoscopic see-through HMD(s), tracking system, tracked input devices as well as rendering and tracking workstations. The used optical six degrees of freedom (6 DOF) tracking system delivers position and orientation information not only for the HMD but also for different input devices like pen and interaction panel (PIP). Our input devices have been proposed for the *Studierstube*, an augmented reality environment library [8]. The pen is furthermore equipped with buttons, to trigger input events.

3 Discussion and Conclusion

The whole system developed so far, represents a new approach for virtual liver surgery planning (see Figure 2). The core functionality including suitable visualization techniques, interaction methods for the definition of resections as well as quantitative assessment tools for the virtual surgery in terms of (liver) volume calculations have been developed. The extension of the core functionality via plug-ins is ongoing. The input data segmentation process is also aided. A new technique to revise segmentation results globally or locally in 3D utilizing the augmented reality environment has been developed. First practical evaluation results are promising and full scale evaluation is underway.

4 Acknowledgements

This work was supported by the Austrian Science Foundation (FWF) under grant P14897.

References

1. H. Borquain, A. Schenk, et al. HepaVision2 – a software assistant for preoperative planning in living-related liver transplantation and oncologic liver surgery. In *Proc. 16th Intl. Congress of Computer Assisted Radiology and Surgery*, pages 341–346. CARS, June 2002.
2. C. Cárdenas, M. Thorn, et al. A system for the virtual planning of liver surgery. In M.-H. Kim and H.-P. Meinzer, editors, *Proc. 5th Korea-Germany Joint Workshop on Adv. Med. Image Processing*. Ewha Womans University, May 15th/16th, 2001
3. H. Delingette. Simplex meshes: a general representation for 3D shape reconstruction. Technical Report 2214, INRIA, Mar. 1994
4. H. Fuchs, M.A. Livingston, et al. Augmented reality visualization for laparoscopic surgery. In *MICCAI Proc. 1st Intl. Conf. on Medical Image Computing and Computer-Assisted Intervention*, pages 934–944. Springer, 1998.
5. A. Fuhrmann, R. Wegenkittl, et al. ARAS – augmented reality aided surgery. In *IEEE and ACM International Symposium on Mixed and Augmented Reality*, 2002.
6. A. Gueziec and R. Hummel. The wrapper algorithm. In *Proceedings of the IEEE Workshop on Biomedical Image Analysis*, pages 204–213, June 1994.
7. T. Salb, J. Brief, et al. Intraoperative presentation of surgical planning and simulation results using a stereoscopic see-through head-mounted display. In *Proceedings of the SPIE on Electronic Imaging*. SPIE, 2000.
8. D. Schmalstieg, A.L. Fuhrmann, et al. Studierstube – an environment for collaboration in augmented reality. In *Proceedings of Collaborative Virtual Environments*, pages 19–20, 1996.
9. L. Soler, J.-M. Clément, et al. Planification Chirurgicale Hépatique Assistée par Ordinateur. In *Journées de la société française de Chirurgie Digestive*, Paris, Dec. 1999.

3D-Nachverarbeitung in der CT-Bildgebung des Felsenbeins

Thomas Rodt[1,2], Sönke Bartling[1,2], Hartmut Burmeister[2],
Kersten Peldschuss[2], Peter Issing[3], Thomas Lenarz[3],
Hartmut Becker[2] und Herbert Matthies[1]

[1]Abteilung Medizinische Informatik, Medizinische Hochschule Hannover
[2]Abteilung Neuroradiologie, Medizinische Hochschule Hannover
[3]Abteilung Hals-Nasen-Ohrenheilkunde, Medizinische Hochschule Hannover
Email: rodt@gmx.de

Zusammenfassung. 3D-Nachverarbeitungstechniken der CT des Felsenbeins ermöglichen eine strukturierte räumliche Darstellung und Dokumentation der komplexen Felsenbein-Anatomie und Pathologie. Datensätze von 176 Patienten wurden unter klinischen Bedingungen mit einer Mehrschicht-CT bei Verwendung eines dosisreduzierten Protokolls akquiriert. Verschiedene Nachverarbeitungstechniken wurden unter klinischen und experimentellen Bedingungen untersucht. Um die Auswirkungen großer Datensätze auf die 3D-Nachverarbeitung zu untersuchen, wurden Daten mit einem hochauflösenden Volumen-CT akquiriert und nachverarbeitet. Die 3D-Nachverarbeitung erleichterte die klinische Diagnostik und präoperative Planung in Fällen von komplexen Felsenbeinpathologien. Gegenwärtig wird die Anwendung der 3D-Nachverarbeitung durch den erhöhten Zeitaufwand und die relativ hohen Kosten in der klinischen Verwendung limitiert.

1 Einleitung

Die radiologische Beurteilung des Felsenbeines wird durch die geringe Größe der anatomischen Strukturen, die teilweise im Submillimeterbereich liegt, sowie die Komplexität der Anatomie auf kleinem Raum erschwert. Eine hochauflösende Bildgebung ist gegenwärtig mit der Mehrschicht (MS) CT-Technik möglich [1,2]. Sie erlaubt je nach Gerätetechnik heute Auflösungen von bis zu 0.5 mm in der z-Achse. Zukünftig wird durch neue CT-Techniken eine noch höhere isometrische Auflösung in allen drei Raumachsen möglich sein. Aufgrund der Menge an Informationen, die beurteilt werden müssen, werden daher Techniken nötig, die Informationen zur Beurteilung und Dokumentation strukturieren.
Hierbei könnten computergestützte Verfahren wie die 3D-Nachverarbeitung hilfreich sein. Neben der Selektion von Informationen zur Beurteilung und Dokumentation, können 3D-Darstellungen das Erlangen einer räumlichen Vorstellung der komplexen Anatomie erleichtern. Verschiedene 3D-Nachverarbeitungsalgorithmen sind für den Bereich des Felsenbeines bereits beschrieben worden.

Die technischen Grundlagen der verschiedenen Algorithmen sind in der Literatur ausführlich beschrieben [3]. Im klinischen Bereich werden gegenwärtig zur Segmentation eines relevanten Volumens überwiegend schwellenwertbasierte Verfahren oder die manuelle Segmentation verwendet. Die Berechnung der 3D-Darstellung erfolgt vorwiegend mit Hilfe von Surface Rendering (SR) und Volume Rendering (VR). Die Vor- und Nachteile dieser beiden Verfahren für den klinischen Einsatz sind in den letzten Jahren kontrovers diskutiert worden.

Der klinische Nutzen einer Nachverarbeitungstechnik wird durch ihre diagnostische Sicherheit und ihren Zeitaufwand bestimmt. Die daher für den klinischen Einsatz zu fordernde Standardisierung der Nachverarbeitungstechnik und Evaluation an Normalpatienten ist jedoch oft nicht gegeben. Andererseits liegt der Vorteil der 3D-Nachverarbeitung im Bereich des Felsenbeines gerade in der strukturierten räumlichen Präsentation der extrem komplexen Anatomie und Pathologie in diesem Bereich [4, 5]. Diese Komplexität wird mit zunehmender Vereinfachung der Nachverarbeitungsalgorithmen nicht mehr ausreichend erfasst und wertvolle Informationen zur korrekten Beurteilung der Anatomie und Pathologie des Felsenbeines können unterschlagen werden.

In dieser Arbeit wurden Nachverarbeitungsalgorithmen zur 3D-Darstellung der anatomischen Strukturen des Felsenbeines untersucht. Ein Algorithmus, der den klinischen Ansprüchen genügte, wurde an einem größeren Patientenkollektiv untersucht. Die Auswirkungen großer Datensätze auf die Bedeutung der 3D-Nachverarbeitung ist bislang nur unzureichend untersucht. Exemplarisch wurden daher Datensätze, die unter Verwendung einer hochauflösenden Bildgebungstechnik akquiriert wurden, mit den verschiedenen 3D-Nachverarbeitungstechniken untersucht.

2 Material und Methoden

176 Patienten wurden untersucht, davon 20 Patienten ohne morphologische Felsenbeinpathologie und 156 Patienten mit Pathologien des Mittel- und Innenohres. Die klinische Datenakquisition erfolgte mit einem MS-CT (GE LightSpeed QX/i). Das CT besitzt 4 Detektorzeilen, mit denen eine simultane Datenakquisition im helikalen Modus möglich ist. Ein dosisreduziertes Protokoll wurde zur Datenakquisition bei 140 kV Röhrenspannung und 80 mA Anodenstromstärke verwendet. Der Pitch betrug 3 und die Schichtkollimation 1.25 mm. Anschließend erfolgte die Bildrekonstruktion unter Verwendung eines kantenbetonten 180 Lineare Interpolation Algorithmus bei 0.3 mm Rekonstruktionsintervall und 9.6 cm Blickfeld. Der Cone-Winkel wurde bei der Bildrekonstruktion am CT vernachlässigt. Weiter wurden 3 anatomische Felsenbeinmodelle unter Verwendung des klinischen Protokolls mit dem MS-CT untersucht sowie 4 anatomische Felsenbeine mit einer experimentellen Volumen CT (VCT)-Technologie, die durch Verwendung eines 20 x 20 cm großen Flachdetektors, bei einer 1024 x 1024 Matrix, eine deutlich höhere Auflösung erlaubte. Es wurden 900 Projektionsaufnahmen während einer 360° Rotation des Felsenbeines auf einer Drehscheibe aufgenommen. Die Bildrekonstruktion erfolgte mit einem Feldkamp-Davis-Kress

Abb. 1. Virtuelle Endoskopie des Mittelohres (A) mit dem SR. Ansicht eines Normalbefundes der linken Seite aus dem äußeren Gehörgang nach medial. 3D-Darstellung der Ossikel (B) mit dem VR. Ansicht eines Normalbefundes der rechten Seite von anterior-superior.

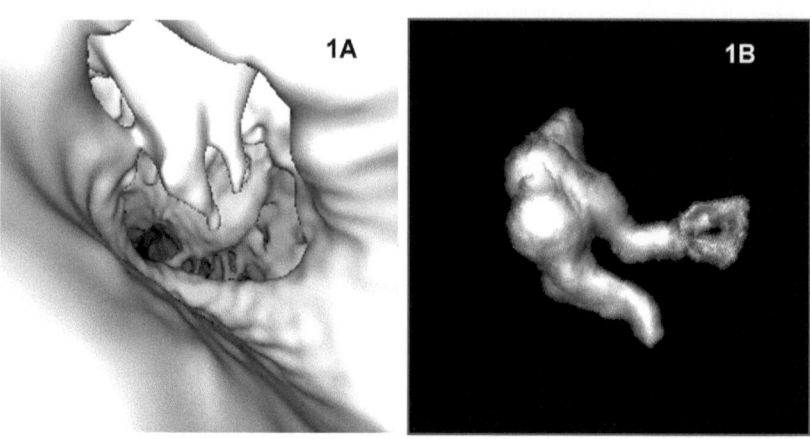

Algorithmus. Es resultierten pro Felsenbein mehr als 400 Schichtbilder mit einer isometrischen Auflösung von 0.15 mm.

Verschiedene Nachverarbeitungstechniken kamen unter Verwendung von kommerzieller (GE Advantage Windows 3.1) und experimenteller Software (Slicer; Surgical Planning Laboratory, Harvard Medical School, Boston MA, USA) zur Anwendung.

Für die klinische Diagnostik wurden bei festen Schwellenwerten 6 standardisierte virtuell endoskopische Ansichten des Cavum tympani mit dem SR-Algorithmus generiert (Abb. 1A). Nach grober manueller Vorsegmentation der Ossikel und ihrer Umgebung wurden 6 standardisierte Ansichten mit dem VR-Algorithmus erstellt (Abb. 1B). Die Darstellungsqualität des Algorithmus wurde an Normalpatienten quantitativ durch Auswertung der Darstellung von 36 anatomischen Strukturen sowie experimentell durch Vergleich mit korrespondierenden realen Ansichten evaluiert [6]. Die 3D-Darstellungen wurden mit den intraoperativen Befunden verglichen.

Weiter wurden experimentell unter Verwendung manueller und automatischer Segmentationsverfahren 3D-Modelle der einzelnen anatomischen Strukturen untersucht. Die einzelnen Modelle konnten getrennt bearbeitet und dargestellt werden. Verschiedene Visualisierungstechniken wurden untersucht. Neben 3D-Ansichten wurden unter anderem virtuell endoskopische und stereoskopische Ansichten sowie Filmsequenzen erstellt. Die 3D-Ansichten wurden mit den 2D-Schichtbildern korreliert [7]. Die Möglichkeiten der 3D-Nachverarbeitung bei der Beurteilung sehr hochauflösender Datensätze wurden anhand der VCT Datensätze aufgezeigt.

Abb. 2. 3D-Darstellung des Mittel- und Innenohres anhand von MS-CT Daten (A). Felsenbeinlängsfraktur mit Frakturfragment, das eine Dislokation des Hammer-Amboss- und des Amboss-Stapes-Gelenkes verursacht. Die 3D-Modelle der einzelnen anatomischen Strukturen sind mit einer axialen 2D-Schicht korreliert. Ansicht von inferior. 3D-Darstellung des Mittel- und Innenohres anhand von VCT Daten (B). Aufgrund der verbesserten Auflösung lassen sich deutlich mehr anatomische Substrukturen beurteilen. Normalbefund, Ansicht von lateral.

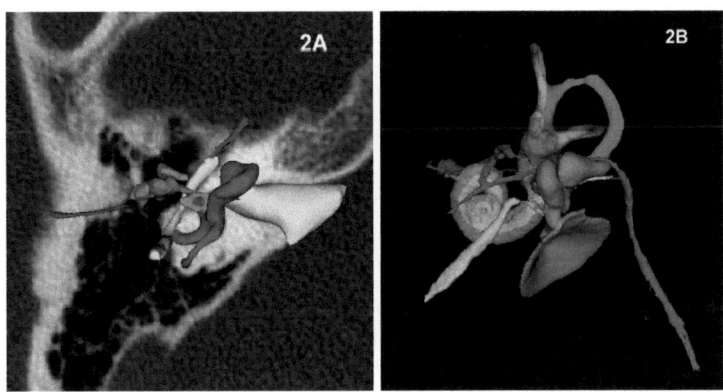

3 Ergebnisse

Die klinische 3D-Nachverbeitung von CT-Datensätzen des Felsenbeines mit der beschriebenen Technik vereinfachte das Erlangen einer räumlichen Vorstellung der individuellen Anatomie und Pathologie. Die radiologische Beurteilung insbesondere bei komplexen Pathologien wie Missbildungen, Trauma und Implantaten wurde so erleichtert. Die Virtuelle Endoskopie ermöglichte Darstellungen, die die intraoperativen Ansichten bereits präoperativ simulierten. Aufgrund des standardisierten und an Normalpatienten evaluierten Nachverarbeitungsalgorithmus wurde die diagnostische Sicherheit erhöht und der Zeitaufwand reduziert. Es standen quantitative Informationen über die Darstellungshäufigkeit einzelner anatomischer Strukturen bei standardisierter Nachverarbeitung an Normalpatienten zur Verfügung. So konnte beispielsweise bei der klinischen Beurteilung einer nicht dargestellte Struktur sicher zwischen einer Aplasie dieser Struktur und einem Nachverarbeitungsartefakt differenziert werden. Die Evaluation ergab eine verbesserte Darstellung kleiner Strukturen, wie der Stapesschenkel, durch Verwendung des VR. Auch in der experimentellen Korrelation der virtuellen mit den realen Ansichten zeigte sich mit dem VR eine höhere Übereinstimmung der Ansichten als mit dem SR. Die gesamte Nachverarbeitung benötigte 15 Minuten. Für die Beurteilung komplexer Pathologien erschien dieser Zeitaufwand akzeptabel, insbesondere da durch die 3D-Darstellungen die Präsentation der Befunde erleichtert wurde. Für weniger komplexe Pathologien und Dokumentationszwecke war die Methode bei dieser Nachverarbeitungszeit nicht praktikabel.

Die experimentell untersuchten Nachverarbeitungstechniken ermöglichten die strukturierte Präsentation mit Hilfe der 3D-Modelle der einzelnen anatomischen Strukturen. Die unterschiedlichen Visualisierungstechniken, wie die transparente Darstellung von 3D-Modellen, die Korrelation mit den 2D-Schichtbildern oder die Translation anhand einer den 3D-Modellen zugeordneten Matrix ermöglichte instruktive Darstellungen. Aufgrund des Zeitaufwandes von mehreren Stunden zum Erstellen der hochwertigen 3D-Modelle erscheint weniger die klinische Verwendung dieser Technik als vielmehr die Verwendung für Lehrzwecke gegenwärtig praktikabel.

Mit der VCT-Technik wurden pro Felsenbein 400 nichtüberlappende Schichten mit einem Schichtabstand von 0.15 mm akquiriert. Durch die verbesserte Auflösung waren deutlich mehr anatomische Substrukturen darstellbar als mit der MS-CT. Aufgrund der großen Anzahl an Schichten in denen kleinste anatomische Strukturen dargestellt waren, wurde die mentale Integration der 2D-Informationen in eine 3D-Vorstellung der Struktur erschwert. Beispielsweise wurden die Ossikel in über 100 2D-Schichtbildern dargestellt. Die 3D-Nachverarbeitung ermöglichte eine strukturierte Präsentation der Information und somit die einfache Dokumentation der Befunde sowie die erleichterte Lokalisation relevanter Befunde in den Schichtbildern.

4 Schlussfolgerung

3D-Darstellungsverfahren können die klinische Diagnostik und präoperative Planung bei komplexen Felsenbeinpathologien vereinfachen. Zur Beurteilung und Dokumentation relevanter Befunde sind 3D-Nachverarbeitungstechniken bei hochauflösenden Datensätzen hilfreich. Neue technische Entwicklungen könnten die Anwendung dieser Techniken als Routineverfahren aufgrund der vereinfachten Handhabung und des reduzierten Zeitaufwandes ermöglichen.

Literaturverzeichnis

1. Klingebiel R, Bauknecht HC et al. High-resolution Petrous Bone Imaging Using Multi-slice Computerized Tomography. Acta Otolaryngol 121: 632–636, 2001.
2. Ohnesorge B, Flohr T, Schaller S et al. Technische Grundlagen und Anwendungen der Mehrschicht-CT. Radiologe 39: 923-931, 1999.
3. Calhoun P, Kuszyk B, Heath D et al. Three-dimensional Volume Rendering of Spiral CT Data: Theory and Method. RadioGraphics 19: 745-764, 1999.
4. Howard J, Elster A, May J. Temporal Bone: Three-dimensional CT, Part I. Normal Anatomy, Techniques, and Limitations. Radiology 177: 421-425, 1990
5. Seemann M, Luboldt W et al. Hybride 3D-Visualisierung und virtuelle Endoskopie von Cochlea-Implantaten. Fortschr Röntgenstr 172: 238-243, 2000.
6. Rodt T, Bartling S, Schmidt A et al. Virtual endoscopy of the middle ear: experimental and clinical results of a standardised approach using multi-slice helical computed tomography. Eur Radiol 12: 1684-1692, 2002.
7. Rodt T, Ratiu P et al. 3D visualisation of the middle ear and adjacent structures using reconstructed multi-slice CT datasets, correlating 3D images and virtual endoscopy to the 2D cross-sectional images. Neuroradiology 44: 783-790, 2002.

Integration automatischer Abstandsberechnungen in die Interventionsplanung

Bernhard Preim[1], Christian Tietjen[2], Milo Hindennach[1]
und Heinz-Otto Peitgen[1]

[1]MeVis – Centrum für Medizinische Diagnosesystem und Visualisierung,
Universitätsallee 29, 28359 Bremen, Email: {preim, milo, peitgen}@mevis.de
[2]Otto-von-Guericke-Universität Magdeburg, Institut für Simulation und Graphik,
Universitätsplatz 2, 39106 Magdeburg, Email: tietjen@mail.cs.uni-magdeburg.de

Zusammenfassung. Wir stellen ein Verfahren aus der Robotik vor, mit dem minimale Abstände zwischen polygonalen 3D-Objekten effizient bestimmt werden können. Dabei beschreiben wir eine empirisch bestimmte Parametrisierung, die sich als besonders günstig erwiesen hat. Für das bei der Interventionsplanung wichtige Problem der Bestimmung eines minimalen Abstandes zwischen Gefäßen und Tumoren wird eine spezielle Lösung beschrieben, die eine Filterung der Gefäßvoxel basierend auf einem Kriterium für den Gefäßdurchmesser beinhaltet.

1 Einleitung

Für die Planung lokaler Interventionen sind Lageverhältnisse zwischen krankhaften Veränderungen und angrenzenden Strukturen wichtig, um über das Vorgehen zu entscheiden. Neben einer anschaulichen 3D-Visualisierung ist eine quantitative Analyse wesentlich. Eine exakte interaktive Vermessung von Abständen ist aufwändig. Basierend auf einer Segmentierung relevanter Objekte können minimale Abstände automatisch bestimmt werden. Aufgrund der großen Datenmenge bei medizinischen Visualisierungen muss das Verfahren effizient sein. Zudem muss es in der Lage sein, Objekte mit beliebiger Form zu analysieren. Im Vergleich zu dem ursprünglich entwickelten Verfahren [3] der Abstandsberechnung ist das hier vorgestellte Verfahren durch die effiziente Nutzung einer Hierarchie von Hüllkörpern deutlich schneller und uneingeschränkt anwendbar (auch auf Objekte, deren konvexe Hüllen sich überlappen).

2 Verwandte Arbeiten

Als Orientierung für die Entwicklung unserer Methode wurden Verfahren der Abstandsberechnung aus den Gebieten Algorithmische Geometrie und Robotik untersucht. In der Robotik richtet sich das praktische Interesse auf die Detektion von Kollisionen zwischen 3D-Objekten in dynamischen Systemen. Ein verbreitetes Verfahren ist in der Bibliothek V-COLLIDE realisiert [1]. Es beruht darauf, dass für alle Objekte achsenorientierte und objektorientierte Bounding Boxen

Abb. 1. Ein einfaches geometrisches Objekt und seine Repräsentation durch umschließende Kreise bzw. eine Hierarchie umschließender Kreise, aus [5]

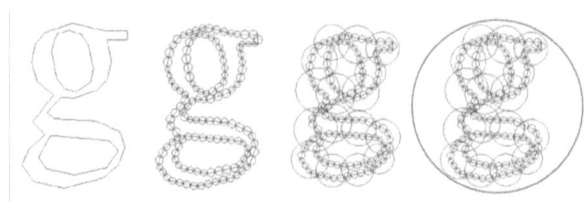

berechnet werden (AABB bzw. OBB), wobei aus den geometrischen Informationen hierarchische Datenstrukturen aufgebaut werden (OBB-Bäume). Sie dienen dazu, schnell zu entscheiden, welche Objekte mit Sicherheit nicht kollidieren, um aufwändigere Berechnungen auf wenige Kandidatenpaare zu konzentrieren. Die hier beschriebene Aufgabenstellung ist dazu stark verwandt, aber in zwei wichtigen Details unterschiedlich: (1) Es handelt sich nicht um dynamische Objekte, die ihre Position verändern. (2) Nur zwei vom Benutzer selektierte Objekte werden betrachtet.

Aus diesen Gründen ist der erhebliche Vorverarbeitungsaufwand für die Berechnung objektorientierter Bounding-Boxen hier nicht gerechtfertigt, weil die berechnete Information nur ein einziges Mal verwendet wird.

Die Mehrheit der existierenden Verfahren zur Abstandsbestimmung ist auf konvexe Objekte beschränkt. Abstandsberechnungen zwischen nicht-konvexen polygonalen Oberflächen wurden in [2] und [5] vorgestellt. Das Verfahren von KAWACHI [2] ist bei beweglichen Objekten besonders geeignet. Für die einmalige Abstandsberechnung zwischen statischen Objekten ist das Verfahren von QUINLAN [5] günstiger. Abb. 1 zeigt eine Prinzipskizze in 2D.

3 Abstandsberechnung auf Basis umschließender Kugeln

Das im folgende vorgeschlagene Verfahren orientiert sich an [5]. Die beiden betrachteten Objekte werden durch die Eckpunktmengen $V_1 = \{v_{1i}, i=1,...,m\}$ und $V_2 = \{v_{2j}, j=1,..,n\}$ (*vertices*) beschrieben. Für eine effiziente Abstandsberechnung werden diese Punktmengen in einer hierarchischen Datenstruktur repräsentiert. Dabei werden Teilobjekte bzw. ihre zugehörigen Punkte v_{1i} und v_{2j} zu Knoten n_{1r}^h und n_{2s}^g zusammengefasst und für jeden Knoten eine umschließende Kugel S_{1r}^h bzw. S_{2s}^g auf der jeweiligen Hierarchiebene g bzw. h bestimmt. Das Verfahren besteht aus folgenden Schritten:

1. *Aufbau einer hierarchischen Datenstruktur.* Initial wird für V_1 und V_2 die Bounding Box (AABB) bestimmt. Die v_{1i} werden solange in einen Behälter einsortiert, bis ihre Anzahl größer ist als der Parameter *maxEntries*. Wenn dieser Wert erreicht ist, wird AABB(V_1) in gleich große Quader unterteilt. Entsprechend dem Parameter *partition* wird AABB(V_1) in 2^3,...,5^3 Quader unterteilt und jeder Punkt seiner Box zugeordnet. Das Einsortieren der v_{1i} und die Unterteilung werden rekursiv fortgesetzt, bis alle v_{1i} einsortiert sind

Abb. 2. Minimaler Abstand zwischen einem Tumor und einem Gefäßsystem in der Leber, wobei nur Gefäße ab einem Durchmesser von 2 mm berücksichtigt werden.

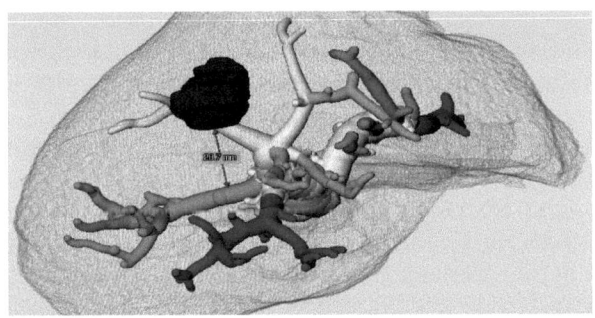

und jeder Behälter höchstens *maxEntries* Punkte enthält. Die v_{2j} werden analog in Behälter einsortiert, die durch Unterteilung von AABB(V_2) entstehen. Die Behälter entsprechen den Knoten der hierarchischen Struktur.

2. *Bestimmung umschließender Kugeln.* Für alle Knoten n_{1r} und n_{2s} wird die kleinste umschließende Kugel bestimmt, deren Mittelpunkt dem Mittelpunkt der AABB des jeweiligen Knotens entspricht. Es entsteht eine Hierarchie von Kugeln, wobei S_1^{root} die Kugel von V_1 darstellt.

3. *Bestimmung einer Schätzung des minimalen Abstandes d_{guess}.* S_1^{root} und S_2^{root} werden betrachtet. Für die Kugel mit dem größeren Durchmesser werden die Unterkugeln betrachtet. Für jede dieser Unterkugeln wird der Abstand der Oberfläche zu der anderen Kugel bestimmt und das Minimum gebildet. Wir nehmen an, es tritt für die Kugel S_1^{root} und S_{2s}^g auf. Wiederum wird für die größere der beiden Kugeln die Menge der Unterkugeln durchlaufen und der Abstand berechnet. Dies wird bis zu den Kugeln fortgesetzt, die den Blättern der Hierarchie entsprechen. Für das gefundene Kugelpaar $(S_{1r}^h; S_{2s}^g)$ werden die Abstände zwischen allen Punkten berechnet. Das Minimum dieser Abstände d_{guess} ist eine erste Schätzung des minimalen Abstandes.

4. *Bestimmung des minimalen Abstandes d_{min} durch Analyse aller Punkte in Kugelpaaren $(S_{1r}^h; S_{2s}^g)$ mit Abstand ¡ d_{guess}.* Ausgehend von d_{guess} werden alle Kugelpaare betrachtet, bei denen der Abstand der Kugeloberflächen ¡ d_{guess} ist. Alle anderen Kugelpaare können ausgeschlossen werden. In den verbleibenden Kugelpaaren werden alle Abstände zwischen den Punkten berechnet und mit d_{guess} verglichen. Danach steht das Minimum fest.

Die Berechnung des euklidischen Abstandes beinhaltet die Bestimmung der Quadratwurzel. Dieser zeitaufwändige Schritt kann eingespart werden, solange nur bestimmt werden muss, zwischen welchen Eckpunkten das Minimum auftritt.

Parameterbestimmung. Durch umfangreiche Laufzeittests mit Objekten, die aus hochaufgelösten CT-Daten segmentiert wurden, wurden die für die Effizienz wesentlichen Parameter *partition* und *maxEntries* empirisch bestimmt. Sie passen sich an die Größe der jeweiligen Punktmenge (*size*) an, wobei *partition* Werte von 2^3, 3^3, 4^3 oder 5^3 annimmt. Die Kubikzahlen als Werte für *partition* sind dadurch motiviert, dass in allen Richtungen (x-, y- und z) die Bounding

Box in gleich große Teile eingeteilt werden soll. *MaxEntries* muss so gewählt werden, dass einerseits die Zahl der Einträge pro Kugel nicht zu groß wird; andererseits so, dass die Zahl der Kugeln nicht zu groß wird. Werte zwischen 200 und 1000 haben sich als günstig erwiesen. In diesem Intervall wird *maxEntries* an den Wert von *size* angepasst. Die durchschnittliche Belegung liegt weit unter dem Maximum (z.B. 200 bei *maxEntries* = 1000).

Validierung. Die naive Methode zur Berechnung des minimalen Abstandes besteht darin, alle Abstände zwischen den Eckpunkten beider Objekte zu betrachten und das Minimum zu bilden. Die Korrektheit der hier vorgestellten Abstandsberechnung wurde sichergestellt, indem die Übereinstimmung der Ergebnisse der naiven Methode mit denen der vorgestellten festgestellt wurde.

4 Einschränkung der Vermessung auf Teile des Gefäßbaumes

Bei der Abstandsberechnung zwischen Tumoren und Gefäßen besteht der Wunsch chirurgischer Anwender darin, nur Gefäße mit einem bestimmten Mindestdurchmesser zu betrachten. Daher wurde ein Modul VESSELFILTER entwickelt, das zwei Eingänge besitzt: einen segmentierten Gefäßbaum und das abgeleitete Skelett zusammen mit den Durchmesserinformationen für jedes Skelettvoxel. Der VESSELFILTER bestimmt daraus alle Gefäßabschnitte, deren Durchmesser oberhalb des Schwellwertes d_{thresh} liegen und die dazugehörigen Teile des segmentierten Gefäßbaumes (Abb. 2). Die Filterung wird so durchgeführt, dass ein zusammenhängender Gefäßbaum nicht in mehrere Teile zerfällt. Aufgrund von Diskontinuitäten im Gefäßdurchmesser von der Wurzel des Gefäßbaumes zur Peripherie wäre dies möglich. Der Gefäßbaum wird daher unter Berücksichtigung der Hierarchie durchsucht. Dies geschieht ausgehend von den Blättern. Sowie auf dem Weg zur Wurzel erstmals ein Gefäßabschnitt mit $d > d_{thresh}$ auftaucht, werden alle weiteren Gefäßabschnitte nicht gefiltert.

5 Ergebnisse und Diskussion

Das beschriebene Verfahren wurde detailliert erprobt. Dabei wurden z.B. Abstände zwischen Gefäßbäumen und Tumoren bestimmt. Der minimale Abstand konnte bei allen Messungen in maximal 600 Millisekunden bestimmt werden. Im Unterschied zu [5] werden Punktmengen und keine Polyeder benutzt. Dadurch kann der minimale Abstand zwischen Objekten bestimmt werden, von denen eines im anderen enthalten ist.

Tab. 1 fasst einige Messergebnisse zusammen. In Spalten 2 und 3 ist die Zahl der Eckpunkte der beiden selektierten Objekte dargestellt. In den folgenden beiden Spalten ist die durchschnittliche Zahl der Einträge pro Kugel und die Maximalzahl dargestellt. Bei den Messungen 1-3 ist aus der Objektanzahl ein Maximum von 200 Einträgen bestimmt worden (aufgetreten sind daher Werte bis zu 199). Bei den Messungen 4-6 waren Gefäßsysteme beteiligt (mehr

Tabelle 1. Parameter und Ergebnisse der Abstandsbestimmung

Nr.	Obj_1, Punkte	Obj_2, Punkte	Obj_1, Entries (Avg., Max.)	Obj_2, Entries (Avg., Max)	Obj_1, Kugeln	Obj_2, Kugeln	Zeit in Sek.
1	5244	2147	79.4; 191	46.7; 119	66	46	0.06
2	10540	5703	48.8; 190	59.4; 195	216	96	0.04
3	18785	7759	48.7; 199	44.3; 199	386	175	0.11
4	25078	5703	272.6 ; 903	59.4; 195	92	96	0.10
5	49911	5703	253.2 ; 967	59.4; 195	197	96	0.14
6	88887	22298	189.9 ; 970	126.2; 997	468	177	0.59

als 20 000 Eckpunkte). Die 4. und 5. Messung beziehen sich auf den Abstand zwischen Tumoren und Gefäßen; die 6. Messung bezieht sich auf den Abstand von zwei Gefäßsystemen zueinander – eine besonders aufwändige Messung, die die Leistungsfähigkeit des Algorithmus bei großen Datenmengen zeigt. Für die Gefäßsysteme wurde ein zulässiger Maximalwert von 1000 Einträgen pro Kugel bestimmt. In den Spalten 6 und 7 wird die Zahl der verwendeten Kugeln angegeben. Die Tiefe des Baumes lag in allen Beispielen zwischen 3 und 5; es ist also nicht zu entarteten Bäumen gekommen. Die letzte Spalte enthält den Gesamtaufwand auf einem Intel Pentium IV-Prozessor.

Das Verfahren ist in den bei MeVis entwickelten INTERVENTIONPLANNER integriert [4]. Dieser auf chirurgische Anwender zugeschnittene Softwareassistent enthält neben Möglichkeiten zur Resektionsplanung ein Modul mit interaktiven und automatischen Vermessungsmöglichkeiten und wird an 4 Kliniken zur Planung von Leberoperationen eingesetzt. Die automatische Abstandsmessung wird genutzt, um Abstände zwischen Tumoren und Blutgefäßen abzuschätzen.

Für den klinischen Einsatz ist wichtig, dass die Verbindungslinie zwischen den Objekten, an denen der minimale Abstand berechnet wurde, erkennbar ist. Dazu wird die Kamera des 3D-Viewers auf den Mittelpunkt der Linie gerichtet und die Kamera auf diesen Mittelpunkt zubewegt (Abb. 2).

Literaturverzeichnis

1. Hudson TC, Lin MC, Cohen J, Gottschalk S, Manocha D: V-COLLIDE: Accelerated Collision Detection with VRML, *Symposium on the Virtual Reality Modeling Language*, 1997.
2. Kawachi K und Suzuki H: Distance Computation between Non-convex Polyhedra based on Voronoi Diagrams, *Geometric Modeling and Processing*, S. 123-130, 2000.
3. Preim B, Sonnet H, Spindler W, Peitgen HO: Interaktive und automatische Vermessung von 3D-Visualisierungen für die Planung chirurgischer Eingriffe, *Bildverarbeitung für die Medizin*, Springer, S. 19-23, 2001.
4. Preim B, Hindennach M, Spindler W, Schenk A, Littmann A und Peitgen HO: Visualisierungs- und Interaktionstechniken für die Planung lokaler Therapien, *Simulation und Visualisierung* (Magdeburg, März 2003), erscheint im SCS-Verlag, 2003.
5. Quinlan S: Efficient Distance Computation between Non-Convex Objects, *IEEE International Conference on Robotics and Automation*, 1994.

Modellierung und Visualisierung der dynamischen Eigenschaften des Tongenerators bei der Ersatzstimmgebung

Jörg Lohscheller, Michael Döllinger, Maria Schuster,
Ulrich Eysholdt und Ulrich Hoppe

Abteilung für Phoniatrie und Pädaudiologie, Universität Erlangen-Nürnberg,
Bohlenplatz 21, 91054 Erlangen
Email: joerg.lohscheller@phoni.imed.uni-erlangen.de

Zusammenfassung. Im Rahmen einer Tumorbehandlung am Kehlkopf kann es zu einer vollständigen Entfernung des Kehlkopfes kommen. Als Folge der Operation geht die Funktion des Kehlkopfes als Tongenerator verloren. Die Rehabilitation der Stimme wird ermöglicht, indem die Luftröhre durch ein Silikonventil mit der Speiseröhre verbunden wird. Beim Ausatmen können so Schleimhäute der Speiseröhre („pharyngealesophageal segment", PE-Segment) in Schwingungen versetzt und als Ersatztongenerator genutzt werden. Zur Untersuchung der Ersatzstimme werden die Bewegungen des PE-Segmentes mit einer Hochgeschwindigkeitskamera aufgenommen. Diese Bewegungsmuster werden mit einem Bildverarbeitunsalgorithmus ausgewertet und visualisiert. Zudem wurde ein biomechanisches Modell entwickelt, mit dem das Schwingungsmuster des PE-Segmentes simuliert wird.

1 Einleitung

Akustische Kommunikation basiert auf der Erzeugung und Wahrnehmung von Sprache. Die Sprachinformation wird im Vokaltrakt durch Modulation (Artikulation) des primären Stimmsignals erzeugt. Bei normaler Stimmgebung dienen zwei parallel angeordnete Stimmlippen im Kehlkopf als tonerzeugendes Element, die durch einen Luftstrom in Schwingungen versetzt werden. Ein vollständiger Verlust der Stimmgebung tritt auf, wenn bei einer Tumorbehandlung am Kehlkopf der gesamte Kehlkopf entfernt werden muss (Laryngectomie). Bei diesem chirurgischen Eingriff werden der Luft-und Speiseweg voneinander getrennt. Um den Verlust der Stimme zu kompensieren wird die Speiseröhre durch ein Silikonventil erneut mit der Luftröhre verbunden. Während des Ausatmens kann so die Luft aus der Lunge durch das Ventil in die Speiseröhre geleitet werden. Der Luftstrom regt in der Speiseröhre Schleimhautgewebe zu Schwingungen an. Das PE-Segment kann so als ersatzstimmgebendes Element genutzt werden.

Untersuchungen der Ersatzstimmgebung haben gezeigt, dass die Qualität der Ersatzstimme im Wesentlichen von dem Schwingungsmuster des PE-Segmentes abhängig ist. Üblicherweise hat die Ersatzstimme einen raueren Stimmklang als die Normalstimme. Der rauhe Stimmklang wird durch unregelmäßige Schwingungen des PE-Segmentes hervorgerufen. Diese Irregularitäten können sowohl durch morphologische als auch durch physiologische Asymmetrien des PE-Segmentes hervorgerufen werden. Ein Großteil dieser morphologischen Asymmetrien kann mittels Lupenendoskopie beobachtet werden. Der Einfluss von Muskelspannungen und Gewebesteifigkeiten auf die Qualität der Ersatzstimme kann jedoch ausschließlich während des Schwingungsvorganges des PE-Segmentes (Phonation) untersucht werden. Die Bewegungen des PE-Segmentes lassen sich mit einer endoskopischen Hochgeschwindigkeitskamera aufzeichnen (3704 Hz, 128 × 64 Bildpunkte, 256 Grauwertstufen). In den Hochgeschwindigkeitsaufnahmen (HG-Aufnahmen) lässt sich der Schwingungsvorgang der Schleimhäute durch die zeitabhängige Öffnungsfläche identifizieren [2].

Ziel dieser Arbeit ist die Analyse und Simulation der Bewegungsmuster des PE-Segmentes. Dazu wurde ein pixel-basierter Bildverarbeitungsalgorithmus entwickelt, der die Dynamik des PE-Segmentes visualisiert. Um Aussagen über physiologische Parameter des PE-Segmentes zu machen, wurde ein biomechanisches Modell der Ersatzstimmgebung entwickelt. Durch Änderung der Modellparameter kann so der Einfluss von Gewebesteiffigkeiten, Muskelspannung und Luftdruck auf das Schwingungsmuster des PE-Segmentes untersucht werden.

2 Methoden

2.1 Visualisierung der Dynamik

Zur Darstellung der Bewegungen des PE-Segmentes innerhalb einer Hochgeschwindigkeitsaufnahme ist es erforderlich die in einer Sequenz enthaltenen Zeitinformationen der Bewegung des PE-Segmentes zu analysieren [1]. Zur Visualisierung der Dynamik des PE-Segmentes werden dazu innerhalb der Videosequenzen die Phasenverschiebungen der Grauwertverläufe an jeder Pixelposition (i,j) einer Bilderfolge $g(i,j,t)$ ausgewertet. Dazu werden die Maxima der Kreuzkorrelationen $\varphi_{max}(g_z, g_r)$ zwischen dem Grauwertverlauf im Zentrum der Pseudoglottis $g_z := g(i_z, j_z, t)$ mit den Grauwertverläufen im restlichen Bild $g_r := g(i,j,t)$ berechnet. Zur Darstellung der Dynamik des PE-Segmentes werden die Zeitverschiebungen Δt der jeweiligen Maxima zum Kreuzkorrelationskoeffizienten bestimmt und in einer Matrix M gespeichert:

$$M(i,j) := \Delta t_{\varphi_{max}}(i,j) \quad \forall (i,j). \tag{1}$$

2.2 Modellierung des PE-Segmentes

Das PE-Segment wird als elastischer Schlauch modelliert, der von einer Luftströmung zu Schwingungen angeregt wird. Der ösophageale Luftstrom und die damit wechselwirkende visko-elastische Rohrwandung im PE-Segment bilden das Modellsystem. Erreicht der Luftstrom aus der Lunge einen Schwellwert, wird auf der Schleimhaut eine Oberflächenwelle angeregt. Aufgrund des ähnlichen mechanischen Aufbaus und des vergleichbaren Antriebsmechanismus von PE-Segment und Stimmlippen beruht das Modell des PE-Segmentes auf dem biomechanischen Zwei-Massen-Modell (2MM) von Ishizaka & und Flanagan [3], das von Steinecke und Herzel vereinfacht wurde [4]. Durch Erweiterung des 2MM wird der Morphologie des PE-Segmentes Rechnung getragen. Dazu werden mehrere Zwei-Massen-Modelle kreisförmig angeordnet und horizontal miteinander gekoppelt. In Abbildung 1 ist schematisch die Aufsicht sowie ein Querschnitt des Modells des PE-Segmentes (PE-Modell) gezeigt. In dem Modell repräsentieren die

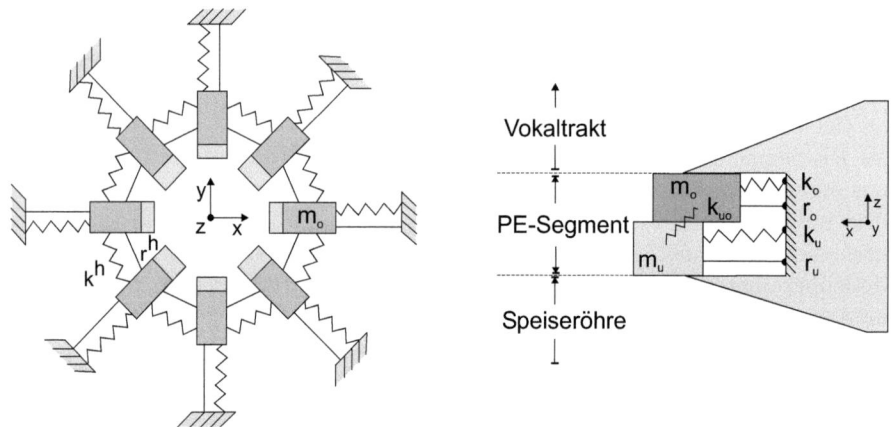

Abb. 1. Mehr-Massen-Modell des PE-Segmentes: Aufsicht (links), Querschnitt (rechts).

Masse-, Feder- und Dämpfungselemente die visko-elastischen Eigenschaften des PE-Segmentes. Der antreibende Volumenstrom wird mit der Bernoulli-Gleichung als laminare Strömung beschrieben. Ein aus N Zwei-Massen-Modellen bestehendes PE-Modell lässt sich durch ein System von $8 \cdot N$ Differentialgleichungen beschreiben:

$$x' = A \cdot x + b(x). \tag{2}$$

Die Matrix A sowie der nichtlineare Anteil $b(x)$ enthalten Informationen über die Feder- und Dämpfungselemente, den Einfluss der laminaren Strömung, sowie Auswirkungen von Kollisionen des Gewebes während der Schwingung.

3 Ergebnis

3.1 Visualisierung der Dynamik

Abbildung 2 zeigt das Ergebnis der Visualisierung von Hochgeschwindigkeitsaufnahmen zweier laryngektomierter Patienten. In beiden Ergebnissen lässt sich ausgehend von den Mittelpunkten der PE-Segmente (schwarzes Kreuze) ein quasi kontinuierlicher Anstieg der Zeitverschiebung erkennen. Die Hauptausbreitungsrichtungen der PE-Segmente, die mit Pfeilen markiert sind, als auch die maximale Zeitverschiebung weichen aufgrund der individuellen Morphologie hingegen voneinander ab. Die maximal berechneten Zeitverschiebungen sind 8.1 ms bzw. 3.3 ms.

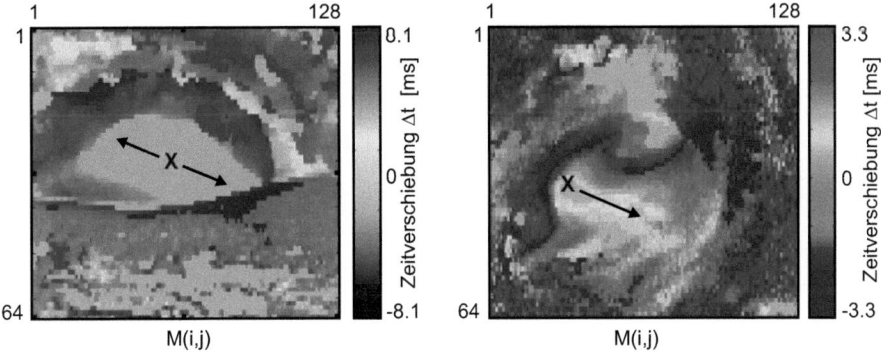

Abb. 2. Visualisierung der Dynamik zweier PE-Segmente.

3.2 Modellierung

Zur Demonstration des Verhaltens des PE-Modells wurde initial für alle 2MM der Standardparametersatz von Ishizaka & und Flanagan verwendet [3]. Die Ergebnisse der Modellsimulationen sind in Abbildung 3 dargestellt. Das linke Diagramm zeigt das Verhalten der Grundfrequenz bei Änderung der Federkonstanten k_u, siehe Abbildung 1. Die Federkonstanten der oberen Massen sind dabei definiert als $k_o = \frac{k_u}{10}$. Es zeigt sich ein linearer Zusammenhang zwischen Zunahme der Federkonstanten und Grundfrequenz. Das rechte Diagramm zeigt das Verhalten der Grundfrequenz bei Variation des Luftdrucks p_L. In Übereinstimmung mit [5] zeigt sich, dass die Änderung des Luftdrucks nur einen geringen Einfluss auf die Grundfrequenz besitzt.

3.3 Diskussion

Die Darstellung der Zeitabhängigkeit der Maximalwerte der Kreuzkorrelationsfunktionen erlaubt eine Visualisierung der dynamischen Eigenschaften des PE-Segmentes. Eine Auswertung der Zeitverschiebungen in Abhängigkeit des Abstandes zum Mittelpunkt des PE-Segmentes erlaubt zudem Abschätzungen über die Geschwindigkeit der Bewegung des PE-Segmentes in die verschiedenen Ausbreitungsrichtungen. Mit diesem Verfahren lassen sich jedoch keine Bewegungskurven aus den HG-Aufnahem extrahieren.

Es wurde ein biomechanisches Modell vorgestellt, mit dem die dynamischen Eigenschaften des PE-Segmentes simuliert werden können. Das Modell erlaubt die Untersuchung des Einflusses von Parameterüderungen auf das Schwingungsverhalten des PE-Segmentes. In Zukunft soll das Modell automatisch an die Bewegungen des PE-Segmentes in den HG-Aufnahmen angepasst werden, um physiologisch relevante Parameter zu bestimmen [5].

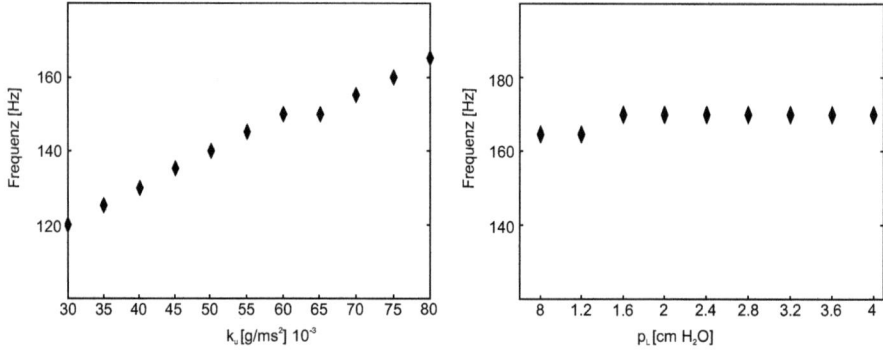

Abb. 3. Zusammenhang zwischen Grundfrequenz-Federkonstanten und Grundfrequenz-Luftdruck im PE-Modell.

Literaturverzeichnis

1. J. Lohscheller, M. Schuster, M. Döllinger, U. Hoppe, U. Eysholdt, "Analyse von digitalen Hochgeschwindigkeitsvideos der Ersatzstimmgebung," *Springer Verlag, Informatik aktuell, Bildverarbeitung für die Medizin*, pp. 43–46, 2002.
2. U. Eysholdt, M. Tigges, T. Wittenberg, and U. Pröschel, "Direct Evaluation of High–Speed Recordings of Vocal Fold Vibrations," *Folia Phoniatrica et Logopaedica*, vol. 48, pp. 163–170, 1996.
3. K. Ishizaka and J. L. Flanagan, "Synthesis of voiced sounds from a two-mass model of the vocal cords," *Bell Syst. Techn. J.*, vol. 51, pp. 1233–1268, 1972.
4. I. Steinecke, "Untersuchungen an einem vereinfachten Stimmlippenmodell,"Diplomarbeit, Institut für Thoretische Physik, Humboldt-Universität Berlin, 1994.
5. M. Döllinger, U. Hoppe, F. Hettlich, J. Lohscheller, S. Schuberth, U. Eysholdt, "Vibration Parameter Extraction from Endoscopic Image Series of the Vocal Folds," *IEEE, T Bio-Med Eng*, vol. 49(8), pp. 773–781, 2002.

Visualisierung einer 3D-Sondennavigation zur Nadelpositionierung in Tumoren im CT-Datensatz für die interstitielle Brachytherapie

Detlef Richter[1], Gerd Straßmann[2], Rolf Becker[1], Andreas Glasberger[1], Sabine Gottwald[1] und Tim Keszler[1]

[1]Fachhochschule Wiesbaden, FB Informatik, 65197 Wiesbaden
[2]Universitätsklinikum Marburg, Abt. für Strahlentherapie, 35043 Marburg
Email: richter@informatik.fh-wiesbaden.de

Zusammenfassung. Bei der interstitiellen Brachytherapie ist die Genauigkeit der Positionierung von Sonden für eine optimale Therapie entscheidend. Diese wird durch ein infrarot-basiertes 3D-Navigationssystem sowohl für die Sonden als auch für die Patientenregistrierung erreicht. Basierend auf vorhergehenden eigenen Arbeiten wird ein schnelles Navigationssystem vorgestellt, das auf zwei Ethernet-gekoppelten PCs implementiert ist. Dadurch ist die Visualisierung der Navigation, bezogen auf die aktuelle Patientenlage, weitgehend in Echtzeit möglich.

1 Einleitung

Bei der Brachytherapie, d. h. bei der intrakorporalen Strahlentherapie, werden Hohlnadeln unter computertomographischer Kontrolle im Tumorgewebe positioniert, in die später eine radioaktive Quelle computergesteuert eingeführt wird, um den Tumor zu bestrahlen. Entscheidend für eine optimale Therapie ist sowohl die Genauigkeit, mit der die Sonden im Tumor plaziert werden können, als auch die Einhaltung der in einer vorausgehenden Bestrahlungsplanung definierten Sondenverteilung im Tumor. Eine schnelle Visualisierung von Position und Orientierung der Sonden mittels eines Navigationssystems erhöht die Genauigkeit der Nadelpositionierung.

Zur Nadelpositionierung wurden verschiedene Navigationssysteme entwickelt. Unterschieden werden Systeme mit Laserführung und solche, die auf elektromagnetischer Basis oder mit stereooptischer Messung die Position der Nadel ermitteln und diese im CT-Datensatz eines Patienten anzeigen. Speziell für die interstitielle Brachytherapie, bei der mehrere Nadeln in einem Tumor positioniert werden müssen, werden zur Zeit Neuronavigationssysteme adaptiert [1,2].

Mit Hilfe unseres stereooptischen Navigationssystems, das speziell bei der interstitiellen Brachytherapie angewendet werden soll, ist es möglich, die Position und die Orientierung von mehreren Biopsienadeln unter Berücksichtigung der aktuellen Lage des Patienten in einer vom Arzt definierten Schnittebene durch den vorhandenen DICOM-Datensatz on-line, d. h. mit einer Wiederholungsrate von 12,5 Hz, zu visualisieren.

2 Methoden

Die entwickelte Methode stützt sich auf ein stationäres, kalibriertes, stereooptisches und infrarot geführtes Navigationssystem. Es besteht aus folgenden Modulen: Stereooptisches Infrarot-Meßsystem zur Definition der Nadelposition und deren Ausrichtung; automatische Patientenregistrierung; softwaregestützte Visualisierung der Nadelposition im CT-Datensatz des Patienten.

Das Meßsystem wurde aus einer vorausgehenden Entwicklung übernommen [3]. Es besteht aus zwei Videokameras mit infrarot-empfindlichen Transmissionsfiltern. Als mathematisches Modell werden ideale Lochkameras mit radialsymmetrischer Verzerrung durch die Objektive angenommen. Die optischen Achsen der Kameras sind zueinander geneigt. Die Positionen der Kameras werden auf das Koordinatensystem des Tomographen bezogen.

Die Visualisierung der Nadelposition im CT-Datensatz wurde ebenfalls getrennt entwickelt, wobei die Patientenregistrierung noch nicht implementiert war [4]. Für die Visualisierung der Nadelposition werden homogenisierte Bilddaten, d.h. isotrope Voxel, verwendet.

3 Patientenregistrierung

Im Rahmen der vorliegenden Arbeit wurde die Patientenregistrierung entwickelt. Diese sollte sich vollständig auf die vorhandenen Systemkomponenten, d. h. auf das stereooptische Kamerasystem, abstützen. Hierfür werden Landmarken eingesetzt, die sowohl im CT-Datensatz als auch mit dem Infrarot-Kamerasystem leicht segmentierbar sein müssen. Es wurden zylinderförmige Landmarken verwendet, in deren Rotationsachse sich jeweils eine Infrarot-Leuchtdiode befindet. Das Material der Landmarken besteht aus PMDF, $\sigma = 1{,}78$ g/cm^3. Es wird im CT kontrastreich dargestellt.

Mit Hilfe eines 3D-Gradientenfilters werden innerhalb eines interaktiv vorgegebenen VOI im homogenisierten Datensatz die normierten Grauwertgradienten bestimmt. Unter Verwendung der bekannten geometrischen Abmessungen der Landmarken und der Auflösung der homogenisierten DICOM-Bilddaten werden Punkte berechnet, aus denen als Ausgleichsgerade die Rotationsachse der Landmarken und damit die Positionen der Leuchtdioden bestimmt werden. Diese bilden eine Menge von n Punkten im Raum: $L = \{L_i | L_i \in \Re^3,\ i = 1, \ldots, n\}$. Die Abbildungen der Leuchtflecke der Leuchtdioden in den Landmarken können in den Bildern der Stereokamera leicht segmentiert werden. Die Positionen der Leuchtdioden werden aus den Stereokamerabildern trianguliert und ebenfalls als Punktmenge erkannt: $K = \{K_i | K_i \in \Re^3,\ i = 1, \ldots, n\}$. Eine rigide Transformation,

$$x_{CT} = R * x_{Cam} + T \tag{1}$$

bei der x_{CT} ein Vektor eines Punktes im DICOM-Datensatz, x_{Cam} ein Vektor eines Punktes im Stereokamerakoordinatensystem, R eine dreidimensionale Rotationsmatrix und T ein Translationsvektor sind, bildet K auf L so ab, daß die Summe der euklidischen Abstände der beiden Punktmengen minimiert wird. Die Rotationsmatrix und der Translationsvektor definieren die Umrechnung der Koordinatensysteme. Die Berechnung der Transformationsmatrix aus bekanntem x_{CT} und x_{Cam} erfolgt mit Hilfe von Quaternionen.

Die Biopsiesonde selbst wird in einem mit Infrarot-Leuchtdioden bestückten Tracker geführt. Das Trackermodell und die aktuelle Trackerposition sind ebenfalls als zwei Punktmengen definiert, die durch eine rigide Transformation aufeinander abgebildet werden. Die Transformation definiert so die Position und Orientierung der Biopsiesonde im Kamerakoordinatensystem.

4 Visualisierung

Die Visualisierung der Position der Biopsiesonde geschieht in der entsprechenden Schnittebene des DICOM-Datensatzes. Die Schnittebene wird durch die Gerade der Biopsiesonde und durch eine Leuchtdiode des Trackers definiert. Die Sondengerade und -spitze werden mit Hilfe der Ergebnisse aus der Patientenregistrierung in das Koordinatensystem des DICOM-Datensatzes umgerechnet. Durch Drehen des Trackers kann sich der Radiologe diejenige Schnittebene auswählen, die die zu seiner Orientierung notwendigen Strukturen enthält. Zur On-line-Darstellung der Schnitt-ebene wird jedoch aus Zeitgründen keine trilineare Interpolation durchgeführt. Statt dessen wird der homogenisierte Datensatz verwendet und als Grauwert des berechneten Bildpunktes derjenige des nächstliegenden Voxels eingesetzt.

5 Ergebnisse

Die Navigation und die Visualisierung wurden auf zwei Rechnern (Pentium 3, 700 MHz, 128 MByte RAM, 2 Frame-Grabber DT 3152 / Pentium 3, 1,7 GHz, 256 MByte RAM, jeweils unter Windows NT, Visual Studio und C++) implementiert, von denen auf dem ersten Rechner die 3D-Triangulation und auf dem zweite Rechner die Schnittbildberechnung durchgeführt wird. Beide Rechner kommunizieren über eine Ethernet-Verbindung (100 Mbit/s) unter TCP/IP, wobei lediglich die Daten der Sondenposition und -orientierung übertragen werden.

Für die Bildaufnahme des Trackers wird die Zeit eines Videovollbildes d.h. 40 ms, für die 3D-Trangulation ca. 5 ms, für die Datenübertragung zwischen den Rechnern ca. 10 μs und für die Visualisierung der Schnittebene in den CT-Daten ca. 35 ms benötigt. Da die Triangulation und die Visualisierung parallel erfolgen, geschieht die Aktualisierung der Darstellung der Schnittebene alle 80 ms bzw. mit einer Wiederholungsrate von 12,5 Hz.

Eine noch vorläufige Evaluation der Registrierung wurde anhand einer Fixierungsmaske eines Patienten mit einem Kopf-Hals Tumor durchgeführt, zu der

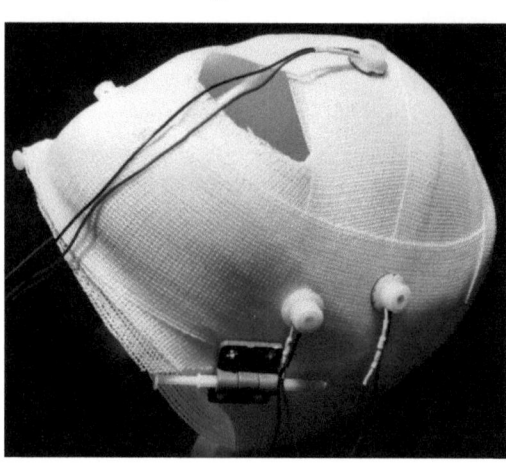

Abb. 1. Fixierungsmaske mit Landmarken.

auch ein kompletter CT-Datensatz vorliegt. An der Maske waren fünf Landmarken befestigt (Abb. 1). Die Maske wurde durch einen sechsachsigen Roboter längs seiner x-, y- und z-Achsen in definierten Schrittweiten von 10 mm bewegt und die neuen Positionen mit dem Patientenregistrierungsmodul in bezug auf die Ausgangsposition gemessen. Die Messungen wurden jeweils zweimal wiederholt. Die Abb. 2a-c zeigen die gemessenen Abweichungen der Registrierung von der tatsächlichen Verschiebung.

Weiterhin wurde die Drehung der Patientenmaske um die z-Achse untersucht. Da sich bei einer definierten Drehung durch den Roboter zusätzliche Translationen ergeben, wurde die Maske nach der Rotation mit dem Schwerpunkt der Landmarken wieder in die ursprüngliche Lage verschoben und nun der Rotationswinkel gemessen. Das Ergebnis der Messung ist in Abb. 2d dargestellt.

6 Diskussion

Für die Patientenregistrierung lagen im betrachteten Translationsintervall die relativen Abweichungen im Bereich bis 3,2 % und die absoluten Abweichungen unter 0,6 mm. Für den dargestellten Winkelbereich ergab sich eine absolute Abweichung der Messungen von kleiner 0.6 Grad. Im Gegensatz zu stereooptischen Systemen, bei denen mit Hilfe von Reflektoren Infrarotlicht reflektiert wird, arbeitet unser System mit Infrarot-Leuchtdioden am Patienten, mit dem Vorteil, daß bei einer teilweisen Verdeckung einzelner Leuchtdioden deren Intensität soweit erhöht werden kann, daß unter günstigen Umständen die Stereokamera noch einen Leuchtfleck an der Position der Landmarke registrieren kann.

Elektromagnetischen Meßsystemen dagegen haben den Vorteil, daß Verdeckungen keine Auswirkungen auf die Messung haben. In der Praxis aber wird gerade die Winkelmessung und die Translationsmessung durch größere Metallteile im Operationssaal oder am CT/Ultraschallarbeitsplatz so gestört, daß die Anwesenheit von Metall vermieden werden muß [5,6,7].

Abb. 2. Evaluation der Patientenregistrierung.

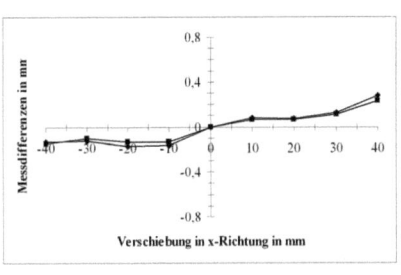

(a) Translation in x-Richtung

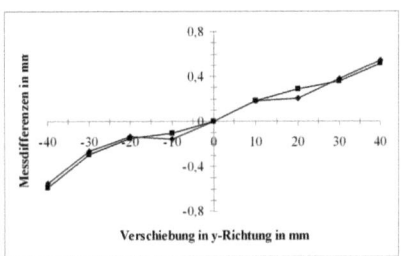

(b) Translation in y-Richtung

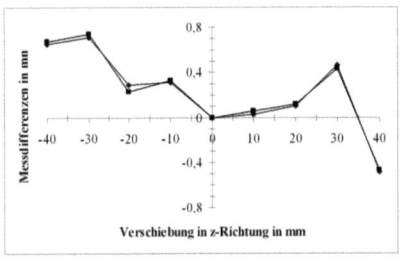

(c) Translation in z-Richtung

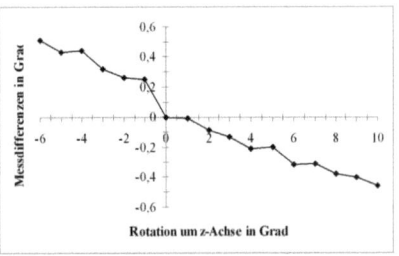

(d) Rotation um die z-Achse

Literaturverzeichnis

1. Bale RJ et al. First experiences with computer-assisted frameless stereotactic interstitial brachytherapy (CASIB), Strahlentherapie und Onkologie, Vol. 9, 473–477, 1998.
2. Bale RJ et al. Head and neck tumors : Fractionated frameless stereotactic interstitial brachytherapy - initial experience, Radiology, Vol. 2, 591–595, 2000.
3. Richter D, Straßmann G, Harm M. Ein dreidimensionales Sondennavigationssystem für die extrakranielle Brachytherapie in der Strahlentherapie. Bildverarbeitung für die Medizin, Springer, Berlin, 44–48, 2001.
4. Richter D, Straßmann G, Glasberger A, Harm M. Three-dimensional Navigation of Biopsy Needles for Medical Applications. Analysis of Biomedical Signals and Images, Biosignal 2002, p 444–447, VUTIUM PRESS, 2002.
5. Straßmann G et al. Navigation system for interstitial brachytherapy, Radiother Oncol 2000, 56(1), 49–57, 2000.
6. Birkfellner W et al. Systematic distortions in magnetic position digitizers, Med Phys 1998, 25(11), p 2242–2248, 1998
7. Straßmann G, Heyd R, Cabillic-Engenhart R, Kolotas C, Walter S, Sakas G, Richter D, Zamboglou N: Die Genauigkeit der Computer-assistierten stereotaktischen interstiellen Brachytherapie. Strahlentherapie und Onkologie, Vol 11, p 644–647, 2002.

Projektorbasierte erweiterte Realität in der interstitiellen Brachytherapy

Robert Krempien[1], Sascha Däuber[2], Harald Hoppe[2], Wolfgang Harms[1], Oliver Schorr[2], Heinz Wörn[2] und Michael Wannenmacher[1]

[1] Abt. Klinische Radiologie - Schwerpunkt Strahlentherapie -,
Universität Heidelberg, INF 400, 69120 Heidelberg
[2] Institut für Prozessrechentechnik und Robotik,
Universität Karlsruhe, 76128 Karlsruhe
Email: robert_krempien@med.uni-heidelberg.de

Zusammenfassung. Operationsplanungssysteme bieten die Möglichkeit der Planung von brachytherapeutischen Eingriffen vor der Nadelimplantation. Dies erlaubt es eine tumorwirksame Dosis im Zielvolumen zu gewährleisten unter Berücksichtigung einer optimierten Nadelgeometrie zum Erreichen einer homogenen Dosisverteilung und unter Berücksichtigung von umgebenden Risikostrukturen. Der entscheidende Schritt von der Planung zur intraoperativen Umsetzung bleibt jedoch die sinnvolle Bereitstellung der präoperativ gewonnenen Daten ohne die erzielte Genauigkeit wieder ganz oder teilweise einzubüßen. Während die Verwendung von Navigationssystemen zwar die Möglichkeit eröffnet chirurgische Geräte mit den entsprechenden Planungsdaten am Monitor zu überlagern ist eine Methode die Planungsdaten unmittelbar im Operationsfeld sichtbar zu machen sinnvoll. Das vorgestellte System ermöglicht die genaue Referenzierung der aktuellen Patientenlage mit den Planungsdaten und die Visualisierung von Planungsdaten auf dem Patienten (Operationsplan, Tumorlage und Form, Risikostrukturen) bei geringster Beeinträchtigung des Brachytherapeuten sowie des Implantationsablaufes. Das vorgestellte System ermöglicht eine Verbesserung der bestehenden brachytherapeutischen Behandlungen und kann eventuell neue Therapiemöglichkeiten erschließen.

1 Einleitung

Problemstellung Die interstitielle Brachytherapie ist eine hochwirksame Bestrahlungstechnik in der Behandlung von Kopf-Hals-Tumoren, Brusttumoren, Gynäkologischen Tumoren, Prostata-Karzinomen und Weichteiltumoren [1-3]. Die interstitielle Brachytherapie beschreibt die chirurgische Implantation von radioaktiven Quellen in einen malignen Tumor. Ursprünglich wurden hierbei radioaktive Drähte oder Nadeln direkt in einen Tumor eingebracht. Heutzutage hat sich das Afterloading Verfahren durchgesetzt. Hier werden zunächst über Hohlnadeln Plastikkatheter in einen Tumor implantiert. Eine einzelne schrittbewegte Quelle wird dann zu Bestrahlung verwendet. Die Qualität eines brachytherapeutischen Implantates hängt von der Möglichkeit der Abdeckung des Zielvolumens

(PTV), der Implantatgeometrie, einer homogenen Dosisverteilung und umgebenden Risikostrukturen ab. Das heißt die Genauigkeit der Nadelimplantation ist entscheidend für den Erfolg der Brachytherapie.

2 Stand der Forschung

Heutzutage wird die Platzierung der Nadeln vor der Therapieplanung durchgeführt. Der Behandlungsplan wird auf der Basis der erreichten Nadelpositionen erstellt. Die Implantation wird anhand von präoperativem Bildmaterial und der klinischen Situation im Operationssaal durchgeführt. Das Erreichen einer optimalen Nadelverteilung hängt in erster Linie von der Erfahrung des Therapeuten ab. Der Brachytherapeut muss in der Lage sein, sich die Tumorlokalisation im dreidimensionalen Raum vorzustellen, anhand dieser Vorstellung eine optimale Nadelverteilung im Zielvolumen im Geiste visualisieren und diese dann operativ umzusetzen. Fehler in der Nadelimplantation können nur durch eine Veränderung der individuellen Standzeiten der Quelle an den einzelnen möglichen Quellpositionen bis zu einem gewissen Grad ausgeglichen werden. Neuerdings erlauben Operationsplanungssysteme die virtuelle präoperative Planung von Eingriffen mit hohen Genauigkeitsanforderungen [4]. Detaillierte Planungen dieser Eingriffe können am Computer unter Zuhilfenahme entsprechenden Planungssysteme und geeignet aufbereiteter Daten aus bildgebenden Verfahren (CT, MRT) durchgeführt werden [5]. Diese Systeme bieten die Möglichkeit der Planung von brachytherapeutischen Eingriffen vor der Nadelimplantation [6]. Dadurch kann ein sichere Implantation der Nadeln im Zielvolumen gewährleistet werden unter Berücksichtigung einer optimierten Nadelgeometrie zum Erreichen einer homogenen Dosisverteilung und unter Berücksichtigung von umgebenden Risikostrukturen. Der entscheidende Schritt von der Planung zur intraoperativen Umsetzung bleibt jedoch die sinnvolle Bereitstellung der präoperativ gewonnenen Daten ohne die erzielte Genauigkeit wieder ganz oder teilweise einzubüßen. Zum einen muss die Registrierung der aktuellen Patientenlage mit der virtuellen Patientenlage in den Planungsdaten in Übereinstimmung gebracht werden. Zum andern müssen die Planungsdaten des Operationsplanungssystems während der Operation im Kontext der aktuellen Situation bereitgestellt werden.

Wesentlicher Fortschritt durch den Beitrag Das vorgestellte System bieten die Möglichkeit der Planung von brachytherapeutischen Eingriffen vor der Nadelimplantation und ermöglicht die genaue Referenzierung der aktuellen Patientenlage mit den Planungsdaten und die Visualisierung von Planungsdaten auf dem Patienten (Operationsplan, Tumorlage und Form, Risikostrukturen) bei geringster Beeinträchtigung des Brachytherapeuten sowie des Implantationsablaufes.

3 Methoden

Das System besteht aus einem Video Projektor, zwei CCD Kameras und einem 'state of the art' PC (800 Mhz CPU, 256 Mbyte RAM) und einem Operationsplanungssystem. Letzteres ermöglicht es anhand der präoperativen Bilder

Abb. 1. Basierend auf einem Planungs-CT wird mittels eines Planungssystems ein virtueller Plan für die Brachytherapie erstellt. Nach Segmentierung der Patientenobefläche, eventueller Risikostrukturen und des Tumors wird der Zugangsweg der Brachytherapie-Nadeln sowie deren Verteilung im Tumor bestimmt. Die Position des Patienten im Op wird mittels eines Oberflächenscanners erfasst und mit der virtuellen Ptientenoberfläche des Planungs-CT registriert. Mittels des Videoprojektors werden die Planungsdaten (Tumorlage, Risikostrukturen, Zugansweg und Einstichrichtung) auf den Patienten projeziert. Mittels Online-Referenzierung können die daten der jeweils gänderten Patientenposition angepaßt werden.

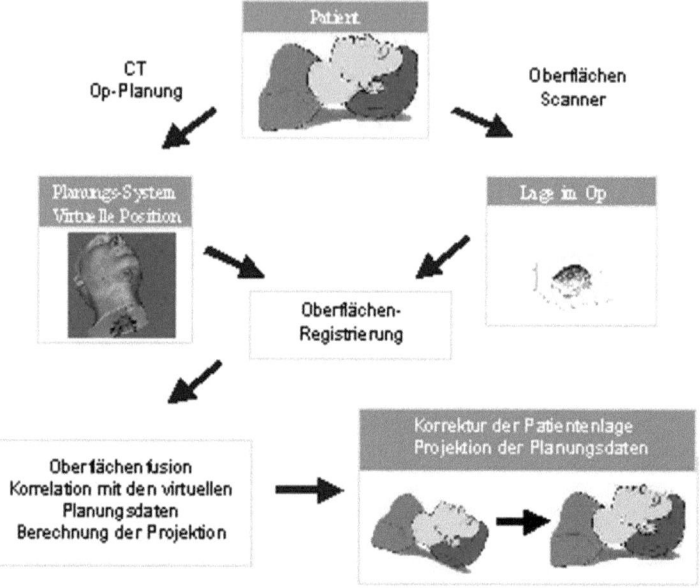

einen Implantationsplan für die Brachytherapie zu erstellen und diesen an das Projektorsystem weiterzugeben. Nun wird die aktuelle Patientenlage mit Hilfe eines sog. Oberflächenscanners erfasst. Dabei wird eine Serie von Streifenmustern („kodiertes Licht") auf die Körperoberfläche projiziert und die Bildfolge von zwei CCD-Kameras aufgenommen. Im Rechner werden die so gewonnenen Bilder unter Beachtung der sich ausbildenden Moiré-Muster ausgewertet und liefern eine Menge von dreidimensionalen Raumkoordinaten (Punktwolke) zurück, die alle auf der Oberfläche des Patienten liegen. Daraus lässt sich die augenblickliche dreidimensionale Lage des Patienten rekonstruieren und diese mit den Planungsdaten abgeglichen. Der Videoprojektor ermöglicht es die Planungsdaten nach Anpassung auf die aktuelle Patientenlage auf die Patientenoberfläche zu projizieren (Abb. 1) [7].

4 Ergebnisse

Im vorliegenden Beitrag wird eine System vorgelegt, welches in der Lage ist die aktuelle Patientenoberfläche zu erfassen und diese mit der virtuellen Lage des

Abb. 2. Virtuelle Planung der Brachytherapie. Nach Segmentierung des Tumors werden die Einstichstellen der Brachytherapienadeln sowie deren Zugangsweg unter Berücksichtigung eventueller Risikoorgane definiert.

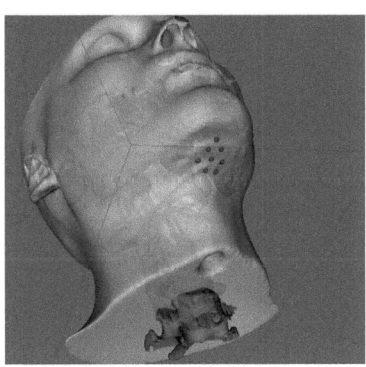

Patienten in den Planungsdaten abzugleichen (Abb. 1). Die präoperativ festgelegten Planungsdaten (Abb. 2) können mit einem Videoprojektor direkt auf dem Patienten sichtbar gemacht werden. Dabei kann sowohl auf Markerschrauben zur Registrierung als auch auf eine Fixierung des Patienten verzichtet werden, wobei dessen Bewegungen über aufgeklebte passive Marker nachverfolgt werden. Die Genauigkeit der Projektion beträgt derzeit +-1 mm ohne und +-3 mm mit Nachverfolgung der Patientenlage, während der Operationsplan momentan mit 0.5 Hz nachgeführt werden kann. Die Möglichkeit der Patientenreferenzierung über den Oberflächenscan erlaubt es die aktuelle Patientenlage digital zu erfassen. Damit sind sowohl die reale als auch virtuelle Lage das Patienten in digitaler Form vorhanden und können miteinander abgeglichen werden. Der Videoprojektor ermöglicht es die Planungsdaten nach Anpassung auf die aktuelle Patientenlage auf die Patientenoberfläche zu projizieren. So können sowohl Einstichpunkte der Brachytherapienadeln, wie auch Tumor- und Risikostrukturen und ihre Lokalisation während der Operation auf der Patientenoberfläche bereitgestellt werden (Abb. 3).

5 Diskussion

Operationsplanungssysteme bieten die Möglichkeit der Planung von brachytherapeutischen Eingriffen vor der Nadelimplantation. Dies erlaubt es eine tumorwirksame Dosis im Zielvolumen zu gewährleisten unter Berücksichtigung einer optimierten Nadelgeometrie zum Erreichen einer homogenen Dosisverteilung und unter Berücksichtigung von umgebenden Risikostrukturen. Der entscheidende Schritt von der Planung zur intraoperativen Umsetzung bleibt jedoch die sinnvolle Bereitstellung der präoperativ gewonnenen Daten ohne die erzielte Genauigkeit wieder ganz oder teilweise einzubüßen. Während die Verwendung von Navigationssystemen zwar die Möglichkeit eröffnet chirurgische Geräte mit den entsprechenden Planungsdaten am Monitor zu überlagern ist eine Methode die Planungsdaten unmittelbar im Operationsfeld sichtbar zu machen sinnvoll. Das vor-

Abb. 3. Links: Registrierung der aktuellen Patientenlage mit der virtuellen Lage im CT. Rechts: Projektion des Tumors und einer Nadelposition auf die Patientenoberfläche.

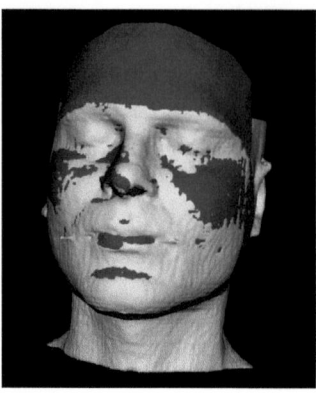 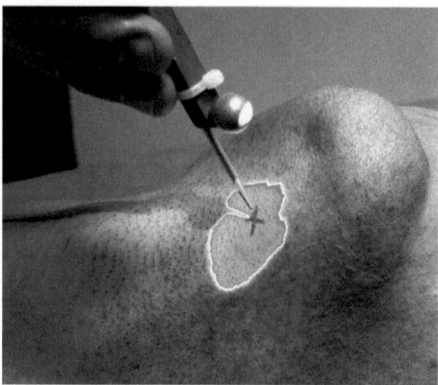

gestellte System ermöglicht die genaue Referenzierung der aktuellen Patientenlage mit den Planungsdaten und die Visualisierung von Planungsdaten auf dem Patienten (Operationsplan, Tumorlage und Form, Risikostrukturen) bei geringster Beeinträchtigung des Brachytherapeuten sowie des Implantationsablaufes. Das vorgestellte System ermöglicht eine Verbesserung der bestehenden brachytherapeutischen Behandlungen und kann eventuell neue Therapiemöglichkeiten erschließen.

Literaturverzeichnis

1. Shasha D, Harrison LB, Chiu-Tsao ST. The role of brachytherapy in head and neck cancer. *Semin Radiat Oncol.* 1998;8:270-81
2. Harms W, Krempien R, Hensley FW, et al. M 5-year results of pulsed dose rate Brachytherapy applied as a boost after breast-conserving therapy in patients at high risk for local recurrence from breast cancer *Strahlenther Onkol* 2002; 178:11;607-614.
3. Zietman AL. Localized prostate cancer: brachytherapy. *Curr Treat Options Oncol.* 2002;3:429-36.
4. Peters TM. Image-guided surgery: from X-rays to virtual reality. *Comput Methods Biomech Biomed Engin.* 2000;4:27-57..
5. Hassfeld S, Brief J, Krempien R, et al. Computer-assisted oral, maxillary and facial surgery. *Radiologe.* 2000;40:218-26
6. Krempien R, Hassfeld S, Harms W, et al. A new computer assisted real time 3D navigation system for intersitial brachytherapy. *Int J Radiat Oncol Biol Phys* 51S:197, 2001
7. Hoppe H, Daeuber S, Kuebler C. Raczkowski J, Woern H A new, accurate and easy to implement camera and video projector model. Stud Health Technol Inf. 2002;85:204-206

Volumetric Meshes for Real–Time Medical Simulations

Matthias Mueller and Matthias Teschner

Computer Graphics Laboratory
ETH Zurich, Switzerland
Email: muellerm@inf.ethz.ch,
URL: http://graphics.ethz.ch/

Summary. We present an approach to generating volumetric meshes from closed triangulated surface meshes. The approach initially generates a structured hexahedral mesh based on the bounding box of a surface. Each hexahedron is represented by five tetrahedrons. The complexity of the initial tetrahedral mesh is user-defined. In a second step various subdivision methods can be optionally applied to the tetrahedral mesh. These subdivision steps can adjust the number of tetrahedra and the quality of their aspect ratio. Additionally, they can adapt the accuracy of the correspondence of the boundary of the volumetric mesh with the given surface mesh. A third step removes tetrahedra which are outside the object. And a fourth step optimizes point positions of the resulting volumetric mesh with respect to the aspect ratio of tetrahedra.

The approach has been applied to a variety of medical surface meshes. It is intended to use the generated volume meshes in medical applications, such as real-time simulation for stent placement and for hysteroscopy.

1 State-of-the-Art

There exist various algorithms for tetrahedral mesh generation based on 3D Delaunay triangulation [6], advancing fronts [4], [5], and octrees [7]. Most approaches are focussed on the quality of generated tetrahedra with respect to their aspect ratio or other measures [3]. Detailed surveys of 2D and 3D mesh generation can be found in [1] and [2]. In general, the boundary of the volume mesh equals the given surface mesh and the number of generated volume primitives is comparatively large.

2 Contributions

We present an approach to generating volumetric tetrahedral meshes, which are suitable for real-time physically-based medical simulations. Based on a user-defined initial complexity of the volumetric mesh various subdivision schemes can be applied optionally. These schemes allow to control the final complexity of the tetrahedral mesh. Furthermore, the aspect ratio of tetrahedra and the correspondence of the surface mesh with the boundary of the tetrahedral mesh are controlled by theses schemes. The subdivision schemes can be applied dependent on a desired complexity of the mesh or on a desired quality of the boundary of the volumetric mesh. Low-complexity meshes can be generated for real-time applications and very complex meshes can be computed for simulations where high accuracy is required.

3 Methods

Given a water-tight triangle-based surface mesh we generate a tetrahedral mesh for the contained volume as follows:

In a **first step** we start with a structured mesh of hexahedra that fills the bounding box of the initial surface mesh. The number of hexahedra is user-defined. The bounding box of the surface mesh is filled with a structured mesh of tetrahedra by subdividing each hexahedral cell into five tetrahedra in an alternating fashion.

As a **second step**, we subdivide the tetrahedral mesh along the triangle-based surface mesh. Therefore, three optional steps can be applied. First, for every vertex of the surface mesh we generate a vertex in the initial tetrahedral mesh by subdividing the surrounding tetrahedron into four tetrahedra. Second, if a surface triangle intersects with an edge of the tetrahedral mesh, the edge is subdivided. Third, if an edge of the surface mesh intersects with a face of a tetrahedron, then the tetrahedral face is subdivided. If edges or faces are subdivided, new tetrahedrons are generated accordingly.

All described subdivision processes are optional. When all subdivision steps are applied, the boundary of the tetrahedral mesh equals the triangle-based surface mesh. However, the number of tetrahedra is comparatively large and the aspect ratio of newly generated tetrahedra might be less optimal. If subdivision is not performed, the number of resulting tetrahedra is smaller. However, the boundary of the tetrahedral mesh only approximates the initial surface mesh.

In a **third step** all tetrahedra, that are located outside the surface, are removed. Therefore, for each tetrahedron an arbitrary ray from the center of the tetrahedron to the surface of the bounding volume of the initial surface is considered. If the number of intersections of such a ray with the surface mesh is even, the tetrahedron is considered outside and has to be removed.

As a **fourth step**, the tetrahedral mesh is optimized iteratively. Positions of all vertices are optimized with respect to a set of constraints. Since we are interested in small aspect ratios for all tetrahedra, we use lower and upper distance constraints per edge and per oriented height of each tetrahedron. In addition, all points, that are part of the boundary of the tetrahedral mesh, are constrained to lie on the initial surface mesh. If all subdivision processes in step two have been applied, then all boundary points of the tetrahedral mesh are initially located on the surface mesh. Otherwise, they are forced to move into the direction of the surface mesh by this optimization approach.

4 Results

We have generated volumetric meshes from a variety of surface meshes. The resulting tetrahedral meshes are used in medical applications such as hysteroscopy simulation. Therefore, we have applied the presented approach to a surface model of a uterus consisting of about 5000 triangles. In the initial step we have subdivided the bounding box of the uterus into 1000 hexahedral cells, resulting in 5000 tetrahedra.

If all subdivision methods are applied in the second step, the final mesh consists of 11000 tetrahedra. It takes 15s on a PC to perform all subdivision processes. Optimizing point positions in the third step requires 5s per iteration and 50 optimization steps have been applied.

If subdivision is only performed for surface triangles that interfere with edges of the volumetric mesh, mesh adaptation takes 3s and the final result consists of 5700 tetrahedra. One step to optimize the point positions of the volumetric mesh takes 1s and 20 iterations have been performed in this case.

Dependent on the applied subdivision steps we can vary the number of generated tetrahedra, the quality of aspect ratios, and the quality of the correspondence of the boundary of the volume mesh with the surface mesh.

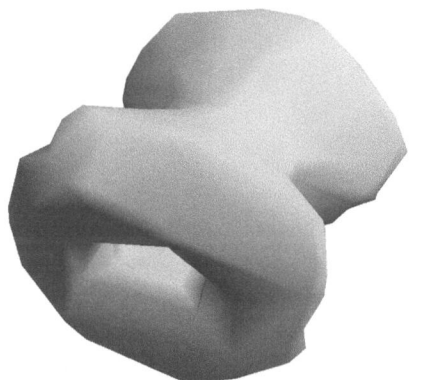

Fig. 1. Surface mesh of a uterus, consisting of 5000 triangle.

Fig. 2. Structured mesh of hexahedra that approximates the initial surface mesh. The bounding box of the uterus is filled with 5000 tetrahedra by subdividing each hexahedral cell into five tetrahedra. Tetrahedra, that are located outside the surface, are removed. The resulting mesh consists of 3170 tetrahedra.

Fig. 3. In this case, the initial tetrahedral mesh (see Fig. 2) is subdivided along the triangle-based surface mesh. If a surface triangle intersects with an edge of the tetrahedral mesh, the edge is subdivided. New tetrahedrons are generated accordingly. The resulting mesh consists of 7400 tetrahedra.

Fig. 4. Optimized mesh. Positions of all vertices (see Fig. 3) are optimized with respect to aspect ratios for all tetrahedra. Further, all boundary points of the tetrahedral mesh are constrained to lie on the initial surface mesh. In addition, tetrahedra with insufficient quality are deleted. The final mesh consists of 2400 tetrahedra.

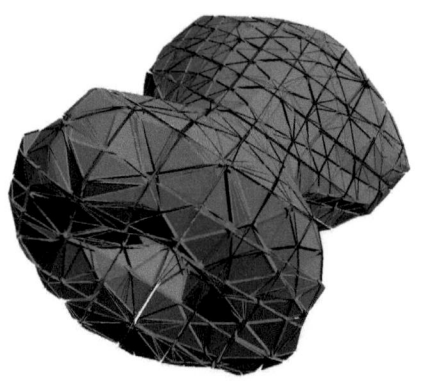
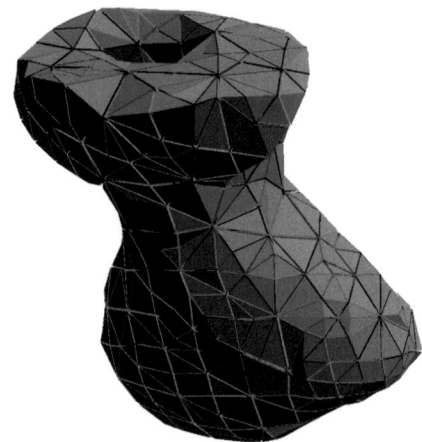

5 Conclusion

We have presented an approach to generating volumetric tetrahedral meshes from surface meshes, which are suitable for real-time physically-based simulations.

Interior tetrahedra are regularly shaped while tetrahedra near the surface are optimized to meet geometric constraints. Improved aspect ratios of the tetrahedra guarantee a stable numerical solution of the partial differential equations that describe our system. Adaptibility of the number of tetrahedra ensures real-time performance of medical simulations which are applied to the tetrahedral meshes.

Ongoing work focusses on additional postprocessing steps for volumetric meshes where all subdivision steps have been applied. Beside the fact, that the boundary of the volumetric mesh exactly corresponds to the surface mesh, the volumetric mesh can contain small tetrahedra with inappropriate aspect ratios. Therefore, we intend to investigate edge-collaps methods to reduce the number of tetrahedra and to improve the aspect ratio of the remaining tetrahedra, while maintaining the boundary of the volume mesh.

References

1. Marshall Bern and David Eppstein. Mesh Generation and Optimal Triangulation. In *Computing in Euclidean Geometry*, D.-Z. Du and F. Hwang, editors, vol. 1 of Lecture Notes Series on Computing. World Scientific, Singapore, pp.23–90, 1992.
2. Marshall Bern and Paul Plassmann. Mesh Generation. In *Handbook of Computational Geometry*, Joerg Sack and Jorge Urrutia, editors, Elsevier Science, 2000.
3. A. Liu and B. Joe. Relationship between tetrahedron shape measures. *BIT*, vol. 34, pp. 268–287, 1994.
4. R. Loehner and P. Parikh. Three–dimensional grid generation via the advancing–front method. *Int. J. Numer. Meth. Fluids*, vol. 8, pp. 1135–1149, 1988.
5. Nguyen Van Phai. Automatic mesh generation with tetrahedral elements. *Int. J. Numer. Meth. Eng.*, vol. 18, pp. 273–289, 1982.
6. D. F. Watson. Computing the n–dimensional Delaunay–tessellation with application to Voronoi polytopes. *Computer J.*, vol. 24, pp. 167–171, 1981.
7. M. A. Yerry and M. S. Shephard. Automatic three–dimensional mesh generation by the modified–octree technique. *Int. J. Numer. Meth. Eng.*, vol. 20, pp. 1965–1990, 1984.

Verbesserte Volumenrekonstruktion aus 2D transesophagal Ultraschallbildserien

Uwe Graichen[1], Rainer Zotz[2] und Dietmar Saupe[3]

[1]Universität Leipzig, Institut für Informatik, Augustusplatz 10-11, 04109 Leipzig
Email: graichen@informatik.uni-leipzig.de
[2]Kardiovaskuläre Forschungsgruppe am Klinikum Schwalmstadt,
Krankenhausstr. 27, 34613 Schwalmstadt
[3]Universität Konstanz, Fachbereich Informatik und Informationswissenschaft,
78457 Konstanz

Zusammenfassung. Mit TEE-Sonden ist es möglich, Ultraschallbildserien vom Herzen in sehr guter Qualität aufzunehmen. Aus diesen Bildserien kann man Volumendatensätze rekonstruieren. Diese Volumendaten sind, trotz Triggerung nach Herz- und Atemphase, von starken Bewegungsartefakten gestört, die aber reduziert werden können, wenn man die benachbarten Bilder der Serie paarweise registriert. Es wird ein schnelles Verfahren vorgestellt, um artefaktarme Volumendatensätze aus TEE-Ultraschallbildserien zu rekonstruieren.

1 Einleitung

Volumendatensätze können aus 2D-Ultraschallbildserien rekonstruiert werden, die durch transesophagal Echokardiographie (TEE-Sonde) aufgezeichnet wurden. Bedingt durch die Bewegung des Herzens und des Patienten während der Aufnahme und trotz Triggerung nach Atem- und Herzphase enthalten die Bildserien Bewegungsartefakte. Feine Strukturen können in Volumendaten, die aus nicht registrierten Bildserien rekonstruiert wurden, schlecht detektiert werden.

Die Bewegungsartefakte können verringert werden, wenn man benachbarte Bilder der Serie vor der Volumenrekonstruktion registriert. Die Rekonstruktion soll schnell erfolgen, deshalb werden für die Registrierung affine Transformationen verwendet. Die Parameter der Transformationen werden durch Korrelationsverfahren ermittelt. Die Rotations- und Skalierungsparameter werden aus den Fourier-Mellin invarianten Deskriptoren der Bilder bestimmt.

Die HP-Ultraschallbilder haben eine besondere Struktur, die zu sehr starken Nebenkeulen im Fourierspektrum führt. Bevor Verfahren, die auf der Fouriertransformation beruhen, auf diese Bilder angewendet werden können, muß der Ultraschallkegel mit einer Fensterfunktion maskiert werden.

2 Methoden

In den folgenden Abschnitten werden die Fensterfunktionen, die Fourier-Mellin invariante Deskriptoren (FMID) und die Korrelationsverfahren vorgestellt, die für die Volumenrekonstruktion verwendet werden.

Abb. 1. An den Ultraschallkegel angepaßte 2D-Fensterfunktionen.

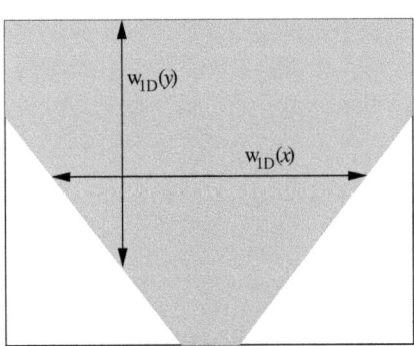

(a) Generierung der 2D-Fensterfunktion

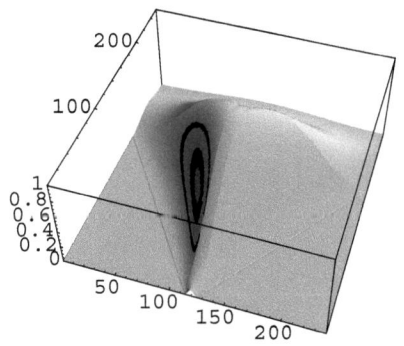

(b) 2D-Fensterfunktion, an Ultraschallkegel angepaßt

2.1 Fensterverfahren

In Ultraschallaufnahmen befinden sich die wichtigen Bildinformationen im Ultraschallkegel, der nur einen Teil des Bildes ausmacht. Die Kanten zwischen Ultraschallkegel und Hintergrund können zu starken Leckeffekten im Fourierspektrum führen. Korrelationsverfahren können deshalb nicht auf das gesamte Bild angewendet werden. Der Bereich des Ultraschallkegels muß vorher mit einer Fensterfunktion maskiert werden.

Aus der digitalen Signalverarbeitung sind eine Reihe von Fensterfunktionen bekannt [1]. In der vorliegenden Arbeit wurden die Hann-, Hamming-, Blackman- und Riemann-Fensterfunktion untersucht und mit der Rechteck-Fensterfunktion verglichen [2]. Für die Maskierung des Ultraschallkegels müssen die Fensterfunktionen aus dem Raum $\mathbb{R}^1$ für den Raum $\mathbb{R}^2$ erweitert und an die Form des Ultraschallkegels angepaßt werden. Die 2D-Fensterfunktion erhält man durch Multiplikation von zwei Serien orthogonal zueinander stehenden 1D-Fensterfunktionen

$$w_{2D}(x, y) = w_{1D}(x, \tau(y)) \cdot w_{1D}(y, \tau(x)) , \tag{1}$$

deren Position und Weite an das Ultraschallfenster angepaßt wurde, siehe auch Abbildung 1. Die Weite τ der beiden 1D-Fensterfunktionen wird in Abhängigkeit von ihren Positionen im Ultraschallkegel ermittelt. Die Maskierung geschieht im Ortsraum durch Multiplikation des Ultraschallbildes mit der Fensterfunktion.

2.2 Fourier-Mellin Invariante Deskriptoren

Die Translationsparameter zweier Bilder, die sich nur durch Verschiebung voneinander unterscheiden, lassen sich leicht durch Korrelationsverfahren ermitteln. Rotations- und den Skalierungsparameter kann man durch Korrelation der FMID der Bilder ermitteln [3,4]. Gegeben ist ein Referenzbild $f(x,y)$ und eine translatierte, rotierte und skalierte Kopie

$$g(x,y) = f(\sigma(x\cos(\alpha) + y\sin(\alpha)) - x_0, \sigma(-x\sin(\alpha) + y\cos(\alpha)) - y_0) \quad (2)$$

mit dem Rotationsparameter α, dem Skalierungsparameter σ und dem Verschiebungsvektor (x_0, y_0). Für die Fouriertransformierten von $f(x,y)$ und $g(x,y)$ gilt

$$G(u,v) = e^{-i\phi_g(u,v)} \sigma^{-2} |F(\sigma^{-1}(u\cos(\alpha) + v\sin(\alpha)), \quad (3)$$
$$\sigma^{-1}(-u\sin(\alpha) + v\cos(\alpha)))|,$$

wobei $\phi_g(u,v)$ die Phase der Fourier-Transformierten von $g(x,y)$ ist. Die Phase ist abhängig von Rotation, Skalierung und Translation. Die Amplitude

$$|G(u,v)| = \sigma^{-2} |F(\sigma^{-1}(u\cos(\alpha) + v\sin(\alpha)), \sigma^{-1}(-u\sin(\alpha) + v\cos(\alpha)))| \quad (4)$$

der Fourier-Transformierten von $g(x,y)$ ist hingegen translationsinvariant. In Gleichung 4 ist zu sehen, eine Rotation des Bildes um α bewirkt eine Rotation der Amplitude der Fourier-Transformierten um α, und die Skalierung des Bildes um σ bewirkt eine Skalierung des Amplitudenbildes im Frequenzraum (u,v) um σ^{-1}. Die Rotation und die Skalierung können entkoppelt werden, indem man das Amplitudenspektrum in Polarkoordinaten transformiert. Wenn das Originalbild reell ist, dann ist das Amplitudenspektrum eine periodische Funktion von θ, mit einer Periodenlänge π. Es ist also ausreichend, wenn man für den FMID zwei aneinander angrenzende Quadranten des Amplitudenspektrums verwendet. Aus

$$\sigma^{-1}(u\cos(\alpha) + v\sin(\alpha)) = \frac{r}{\sigma}\cos(\theta - \alpha) \quad (5)$$
$$\sigma^{-1}(-u\sin(\alpha) + v\cos(\alpha)) = \frac{r}{\sigma}\sin(\theta - \alpha)$$

folgt

$$g_p(\theta, r) = \sigma^{-2} f_p(\theta - \alpha, r/\sigma). \quad (6)$$

In der Darstellung nach Gleichung 6 ergibt eine Rotation des Bildes eine Verschiebung entlang der Winkelachse. Die Skalierung des Bildes ist reduziert zu einer Skalierung der radialen Achse und einer Verstärkung der Intensität durch den konstanten Faktor σ^{-2}. Auch die Skalierung des Bildes kann zu einer Verschiebung entlang der radialen Achse reduziert werden, wenn man die radialen Koordinaten mit einem logarithmischen Koordinatensystem darstellt

$$f_{pl}(\theta, \lambda) = f_p(\theta, r) \quad (7)$$
$$g_{pl}(\theta, \lambda) = g_p(\theta, r) = \sigma^{-2} f_{pl}(\theta - \alpha, \lambda - \kappa) \quad (8)$$

mit $\lambda = \log(r)$ und $\kappa = \log(\sigma)$. Durch Fouriertransformation erhält man

$$G_{pl}(\omega, \psi) = \sigma^{-2} e^{-j2\pi(\omega\alpha + \psi\kappa)} F_{pl}(\omega, \psi) \quad (9)$$

mit Rotation und Skalierung als Phasenverschiebung. Die Funktion $f_{pl}(\theta, \lambda)$ ist der FMID des Bildes $f(x,y)$. Der FMID ist invariant gegenüber Verschiebungen zwischen den Bildern $f(x,y)$ und $g(x,y)$.

2.3 Korrelationsverfahren

Ein gebräuchliches Verfahren, die Translationsparameter x_0, y_0 zwischen zwei diskreten Bilder $f(x,y)$ und $g(x,y)$ zu ermitteln, ist die Kreuzkorrelation. Im Frequenzraum, mit $F(u,v) = \mathcal{F}\{f(x,y)\}$ und $G(u,v) = \mathcal{F}\{g(x,y)\}$, gilt

$$C(u,v) = F(u,v)G^*(u,v) \tag{10}$$

mit g^* der komplex Konjugierten zu g. Die Funktion $c(x,y) = \mathcal{F}^{-1}\{C(u,v)\}$ hat an der Stelle (x_0, y_0) ein Maximum. Das Ergebnis der Kreuzkorrelation hängt vorwiegend von der Bildenergie ab und nicht von der Bildstruktur. Mit Hilfe der Kreuzkorrelation kann man deshalb schlecht zwischen Objekten von unterschiedlicher Gestalt aber gleicher Größe und gleichem Energiegehalt unterscheiden. Die Kreuzkorrelation bildet oft kein deutlich abgrenzbares Maximum aus.

Die Spektralphase enthält die Ortsinformationen der Objekte im Bild und ist unempfindlich gegenüber der Bildenergie. Man kann deshalb als Korrelationsfunktion die invers Fouriertransformierte von

$$C_{\text{POMF}}(u,v) = F(u,v)T(u,v) , \tag{11}$$

mit der Transferfunktion

$$T(u,v) = \text{Phase}(G^*(u,v)) = e^{j(-\phi_g(u,v))} \tag{12}$$

verwenden mit der Spektralphase $\phi_g(u,v)$ des Bildes $g(x,y)$. Dieses Korrelationsverfahren wird auch „phase-only matched filter" (POMF) genannt [3]. Bei Bildern, die sich nur durch Translation voneinander unterscheiden und die Objekte mit kontrastreichen Kanten enthalten, liefert der POMF ein wesentlich besser abgrenzbares Maximum als die Kreuzkorrelation.

3 Ergebnisse

Die für die verbesserte Volumenrekonstruktion verwendbaren Registrierungsverfahren wurden an jeweils 1100 künstlichen Bildpaaren getestet, die mit unterschiedlich starkem, multiplikativen Gaußschen Rauschen versehen wurden. Es wurde ermittelt mit welcher Kombination aus Fensterfunktion und Korrelationsfunktion am besten die einzelnen Transformationsparameter ermittelt werden können [2]. Die Tests an künstlichen Datensätzen haben ergeben, daß man für die Ermittelung der Translationsparameter und der Rotationsparameter verschiedene Fensterfunktionen verwenden muß. Die FMID werden am besten von Bildern bestimmt, die mit der Blackman-Fensterfunktion maskiert wurden. Die Translationsparameter können bei verrauschten Bildern am besten mit Hilfe der Riemann-Fensterfunktion ermittelt werden. Für die Bestimmung der Rotationsparameter eignet sich besonders die Kreuzkorrelation, für den Skalierungsparameter verwendet man am besten die POMF. Die Translationsparameter lassen sich für schwach verrauschte Bilder am besten durch POMF bestimmen, für stärker verrauschte Bilder verwendet man die Kreuzkorrelation.

Die Bewegungsartefakte in den Ultraschalldatensätzen konnten durch das neue Rekonstruktionsverfahren erheblich reduziert werden. Ein Beispiel ist in Abbildung 2 zu sehen.

Abb. 2. Schnittbilder durch rekonstruierte Volumendatensätze.

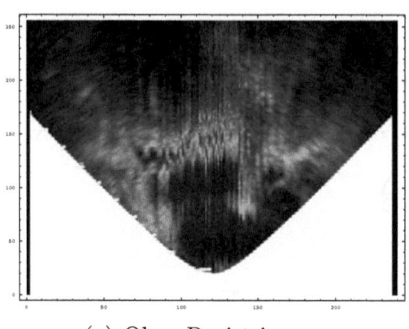
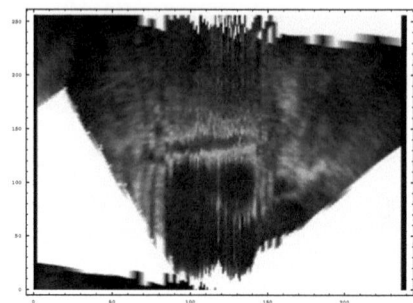

(a) Ohne Registrierung (b) Mit Registrierung

4 Diskussion

Durch das vorgestellte Verfahren konnten die Bewegungsartefakte in den Volumendatensätzen deutlich gesenkt werden. Feinere Strukturen, wie z. B. Blutgefäße, sind in unregistrierten Datensätzen nicht oder nur sehr schlecht zu erkennen. In Datensätzen, die aus registrierten Bildserien rekonstruiert wurden, ist auch der Verlauf von sehr feinen Strukturen erkennbar und kann mit Verfahren der digitalen Bildverarbeitung ermittelt werden.

Die Korrelationsfunktionen und die FMID lassen sich mit Hilfe der schnellen Fouriertransformation sehr effizient berechnen. Auch die Fensterfunktionen können sehr schnell angewendet werden. Mit dem vorgestellten Verfahren lassen sich sehr schnell artefaktarme Volumendatensätze rekonstruieren.

Die für die Registrierung verwendeten affinen Transformationen können die sehr komplexen Bewegungen des Herzens nicht vollständig kompensieren, die teilweise für die Bewegungsartefakte verantwortlich sind. Eine weitere Verminderung der Bewegungsartefakte in den Volumendatensätzen läßt sich sicher durch nichtrigide Registrierungsverfahren erreichen, die aber auch deutlich aufwendiger sind.

Literaturverzeichnis

1. F.J. Harris. On the Use of Windows for Harmonic Analysis with the Discrete Fourier Transform. *Proc. IEEE*, 66(1):51–83, January 1978.
2. U. Graichen, R. Zotz, D. Saupe. Volumenrekonstruktion aus TEE-Ultraschallbildserien. Technical Report, Universität Leipzig, Institut für Informatik, http://dol.uni-leipzig.de, December 2002.
3. Q. Chen, M. Defrise, F. Deconinck. Symmetric Phase-Only Matched Filtering of Fourier-Mellin Transforms for Image Registration and Recognition. *IEEE Transactions on Pattern Analysis and Machine Intelligence*, Vol. 16:1156 – 1168, December 1994.
4. B. Srinivasa Reddy, B.N. Chatterji. An FFT-Based Technique for Translation, Rotation and Scale-Invariant Image Registration. *IEEE Transactions on Image Processing*, 5:1266–1271, August 1996.

Evaluation der 3-D-Präzision eines bilddatengestützten chirurgischen Navigationssystems

Jürgen Hoffmann[1], Dirk Troitzsch[1], Michael Schneider[1],
Frank Reinauer[2] und Dirk Bartz[3]

[1]Klinik und Poliklinik für Mund-, Kiefer- und Gesichtschirurgie,
Universitätsklinikum Tübingen, 72076 Tübingen
[2]Karl Leibinger Medizintechnik, 78570 Mühlheim
[3]Wilhelm-Schickard-Institut für Informatik, Graphisch-Interaktive Systeme,
Eberhard-Karls-Universität Tübingen, 72076 Tübingen
Email: juergen.hoffmann@uni-tuebingen.de

Zusammenfassung. Die bilddatengestützte chirurgische Navigation findet für sehr unterschiedliche Indikationen bereits seit einigen Jahren klinische Verwendung. Die Weiterentwicklung der Hardware und insbesondere die Verbesserung der Bilddatenqualität machte eine Re-Evaluation der Genauigkeit dieser Technik unter Berücksichtigung innovativer Konzepte erforderlich. Wir stellen die Ergebnisse der Präzisionsmessung bei Verwendung eines neuartigen standardisierten Modells vor. Im Vordergrund stand die metrische Analyse der Genauigkeit der Tooltip-Orientierung, jedoch auch die Vermessung der Trajektorien-Orientierung im dreidimensionalen Raum. Dazu kam ein 3D-Digitalisierer zum Einsatz, die Auswertung erfolgte in einer CAD-Umgebung.

1 Einleitung

Für verschiedene operative Eingriffe in der Mund-, Kiefer- und Gesichtschirurgie ist die korrekte dreidimensionale Orientierung von Instrumententrajektorien obligatorisch. So bedingt eine korrekte Platzierung dentaler und kraniofazialer Implantate unter Berücksichtigung des individuellen Knochenangebots deren spätere pro- bzw. epithetische Versorgbarkeit. Ferner dürfen durch eine Bohrung Risikostrukturen (wie z.B. Nerven und Blutgefässe) nicht verletzt werden [1-3]. Neben der Präzisionsbeurteilung für die Insertion alloplastischer Implantate kommt der korrekten dreidimensionalen Orientierung referenzierbarer chirurgischer Instrumente eine hohe Bedeutung zu.

Daher sollte die Genauigkeit des Auffindens vordefinierter Zielpunkte sowie der räumlichen Orientierung der Bohrungen in Bezug auf die vorgegebene Referenz in einer experimentellen in-vitro-Studie untersucht werden.

Abb. 1. Die auf Plexiglas als Modellgrundmaterial basierende Studie.

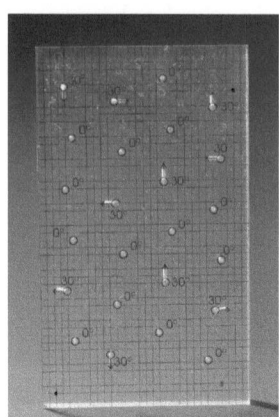 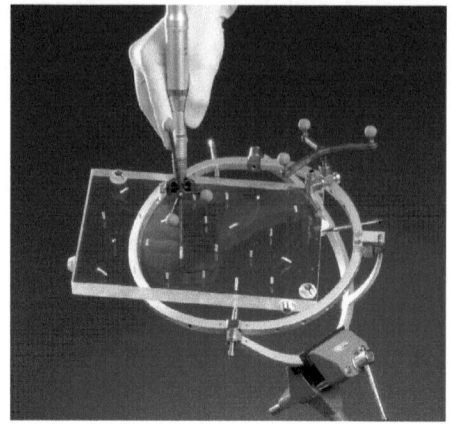

(a) Plexiglas-Phantommodell mit definierten Bohrlöchern
(b) Navigationsgestützte Bohrungen am Plexiglasrohling

2 Material und Untersuchungsmethodik

Für die Studie wurde zunächst ein modulares Holzmodell entworfen und aufgebaut. Anatomische Risikostrukturen, in unserer Modellsituation z.B. der Nervus alveolaris, wurden durch eingelegte Kunststoffschichten mit differenter Strahlendichte imitiert. Dieses Spezialphantom wurde mit Titanschrauben verschiedener Dimensionen und Platten sowie Klebemarkern bestückt und mittels hochauflösender Computertomografie (Somatom Sensation 16, Siemens) gescannt. Nach dem Einlesen der Schichtbilddaten wurde das Modell über das Anfahren der Marker („Fiducials") durch das Navigationssystem (VectorVision^{TM}, BrainLAB) registriert.

Im ersten Ansatz wurden die Schraubenköpfe navigationsorientiert aufgesucht und die Differenz zur tatsächlichen Lage dokumentiert. In einem zweiten Schritt wurden die Schrauben entfernt, die Öffnungen verschlossen und diese navigationsgeführt mit einem Spezialbohrer neu gebohrt. Hierbei ergab sich eine materialbedingte ungenaue Reproduzierbarkeit der Bohrungen.

Wir verwendeten daher für die weiteren Untersuchungen ein Plexiglasmodell definierter Geometrie (Abb. 1a). Hier erfolgten die Referenzbohrungen durch eine CNC-gesteuerte Bohrmaschine. Das Plexiglasreferenzmodell wurde ebenfalls in der oben beschriebenen Weise computertomographisch untersucht. Zur dreidimensionalen Orientierung waren hier, wie am Holzmodell, Klebemarker angebracht worden.

Die Bilddaten wurden nach Konversion in das Navigationsgerät eingelesen. Ein Plexiglasrohling wurde dann mit Klebemarkern in gleicher Position versehen und dreidimensional referenziert (Abb. 1b). Die Bohrungen an diesem Rohling erfolgten schliesslich navigationsgestützt auf Basis der am Referenzmodell akquirierten Bilddaten. Hierzu verwendeten wir ein mechanisch angetriebenes

Abb. 2. Messung der Abweichungen vom Referenzmodell.

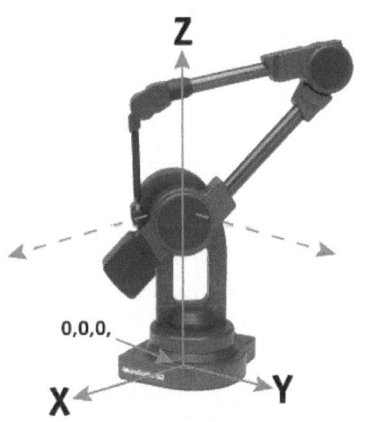
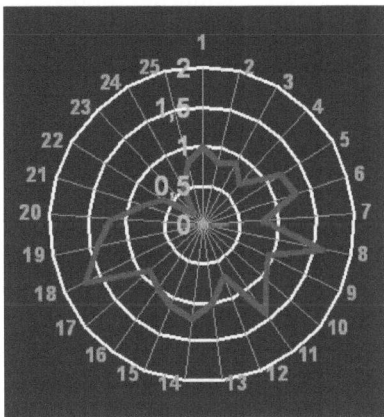

(a) 3-D-Digitalisierer zur computergestützten Auswertung der Bohrtrajektorien

(b) Abweichung des Bohreintrittspunkts (XY-Ebene) in Relation zum Referenzmodell (Angaben in mm)

konventionelles Dental-Handstück sowie Spiralbohrer mit definiertem Gewindedurchmesser.

Mittels eines hochpräzisen 3D-Digitalisierers (Immersion, San Jose (USA), Abb. 2a) wurde zum einen die Geometrie des Plexiglasmodells überprüft, zum anderen wurde der Eintritts- sowie Endpunkt der Bohrung abgetastet und die Genauigkeit im Vergleich zur vorgegebenen Ausgangssituation unter Verwendung eines CAD-Systems (Pro-Engineer, Fa. PTC) analysiert.

3 Ergebnisse

Das Identifizieren und Anfahren aller Schraubenköpfe gelang mit einer Genauigkeit zwischen 0,7 und 1,2 mm, als Differenz zwischen geplanter und tatsächlicher Position. Die Mehrzahl der insgesamt 240 Bohrungen konnten mittels Navigationsführung präzise durchgeführt werden, d. h. mit einer mittleren Genauigkeit von 0,8 mm und 0.3° Achsenabweichung (Abb. 2b). Jedoch waren auch Ortsabweichungen (1,5-2,2 mm) bei korrekter Achsenrichtung sowie Abweichungen der Achsenrichtung (0,6-0,9°) bei korrektem Bohrereintritt festzustellen.

4 Diskussion

Die intraoperative Genauigkeit der auf Bilddatenbasis definierten Trajektorien ist nur schwer am Patienten eruierbar. Bislang wurden zwar Studien über die Genauigkeit von Implantatpositionen an Leichenpräparaten durchgeführt [4, 1, 3]. Hiermit war jedoch zwar eine Aussage über den Bezug zu Risikostrukturen (Nerven, Kieferhöhle), jedoch keine korrekte Angabe über die 3-D-Orientierung der Trajektorien möglich.

Ausgehend von der bewährten Praxis in Osteosynthese-Übungskursen wurde daher zunächst ein einfaches Modell für Präzisionsmessungen mit dem Werkstoff Holz aufgebaut. Im hochauflösenden CT-Scan konnten die einzelnen Schichten und Titan-Schrauben bzw. Platten sehr gut kontrastiert dargestellt werden. Am hölzernen Modell waren jedoch materialbedingt Deviationen der Bohrrichtung aufgrund des inhomogenen Werkstoffs nicht auszuschliessen. Wir entschlossen uns daher, Plexiglas als Referenzmodell sowie für die navigationsgestützten Bohrungen am Rohling einzusetzen.

In früheren Untersuchungen waren zur Beurteilung der Bohrrichtungen zumeist schichtbildgebende Verfahren eingesetzt worden, deren Messungenauigkeit nach unserer Einschätzung eine Präzisionsbeurteilung erschwert. In anderen Studien war nur eine Abweichung des Bohrerein- oder Austritts bzw. deren Bezug zu kritischen Strukturen evaluiert worden [1, 5, 2, 3]. In unserer experimentellen Untersuchung konnten teilweise Differenzen von mehr als 1 mm und Abweichungen in der Achsenrichtung bei navigationsgestützten Bohrungen festgestellt werden.

Inwieweit diese gefundenen Genauigkeitsabweichungen für die klinische Praxis, d. h. Platzierung von Implantaten u. ä., tatsächlich relevant sind, muss in weiterführenden Studien evaluiert werden. Ferner ist festzustellen, dass Präzisionsmessungen in der hier beschriebenen Form nur eine Aussage über die kumulierten Fehler unterschiedlicher Ursache erlauben. So ist schon durch die Bildgebung, insbesondere bei bewegten Objekten, eine Artefaktbildung möglich. Darüberhinaus können weitere Ungenauigkeiten durch eine inadäquate Technik der Patientenregistrierung auftreten, weitere Mängel entstehen durch Fehler der z.B. optischen Objektregistrierung [5-7]. Wir werden daher unter Verwendung reproduzierbarer Modellsituationen eine weitergehende Fehleranalyse durchführen und die Bedeutung der Ergebnisse für die klinische Verwendung der Navigationstechniken bewerten.

Literaturverzeichnis

1. Gaggl A, Schultes G, Karcher H: Navigational precision of drilling tools preventing damage to the mandibular canal. J Craniomaxillofac Surg 29(5): 271-5, 2001
2. Wanschitz F, Birkfellner W, Watzinger F et al.: Evaluation of accuracy of computer-aided intraoperative positioning of endosseous oral implants in the edentulous mandible. Clin Oral Implants Res 13(1): 59-64, 2002
3. Watzinger F, Birkfellner W, Wanschitz F et al.: Placement of endosteal implants in the zygoma after maxillectomy: a Cadaver study using surgical navigation. Plast Reconstr Surg 107(3): 659-67, 2001
4. Birkfellner W, Solar P et al.: In-vitro assessment of a registration protocol for image guided implant dentistry. Clin Oral Implants Res 12(1): 69-78, 2001
5. Hassfeld S, Muhling J: Comparative examination of the accuracy of a mechanical and an optical system in CT and MRT based instrument navigation. Int J Oral Maxillofac Surg 29(6): 400-7, 2000
6. Hassfeld S, Muhling J: Computer assisted oral and maxillofacial surgery – a review and an assessment of technology. Int J Oral Maxillofac Surg 30(1): 2-13, 2001
7. Khadem R, Yeh CC et al.: Comparative tracking error analysis of five different optical tracking systems. Comput Aided Surg 5(2): 98-107, 2000

Evaluation der rechnergestützten Bildverbesserung in der Videoendoskopie von Körperhöhlen*

S. Krüger[1], F. Vogt[2], W. Hohenberger[1]
D. Paulus[2*], H. Niemann[2] und C.H. Schick[1]

[1]Chirurgische Klinik mit Poliklinik
Friedrich-Alexander-Universität Erlangen-Nürnberg, 91054 Erlangen
Email: {krueger, hohenberger, schick}@chirurgie-erlangen.de
[2]Lehrstuhl für Mustererkennung
Friedrich-Alexander-Universität Erlangen-Nürnberg, 91058 Erlangen
Email: {vogt, paulus, niemann}@informatik.uni-erlangen.de
[2*]neue Anschrift: Inst. für Computervisualistik, Uni Koblenz-Landau, 56070 Koblenz

Zusammenfassung. Bei minimal-invasiven chirurgischen Eingriffen betrachtet der Operateur derzeit auf seinem Video-Monitor direkt die aufgenommenen, unveränderten Endoskopiebilder aus dem Operationsfeld. Die im Operationsverlauf typischerweise auftretende Verschlechterung der anfänglich guten Bildqualität konnte bislang meist nur inadäquat und zeitraubend behoben werden. Durch rechnergestützte Bildverbesserung im Sinne von Farbnormierung, zeitlicher Filterung und Bildentzerrung kann eine Steigerung der Bildqualität erreicht werden. Die vorliegende Arbeit beschreibt, mit welchen Methoden der Einsatz dieser Verbesserungen in der klinischen Praxis evaluiert wird.

1 Einleitung

Der Wandel der chirurgischen Technik in den operativen Disziplinen verläuft weg von den großen, traumatisierenden Eingriffen hin zu minimal-invasiven Verfahren, welche bereits vielfach den Standard darstellen. Nach der Entwicklung entsprechenden Instrumentariums gilt das Hauptaugenmerk aktuell dem videoendoskopischen Übertragungssystem sowie der Rechnerunterstützung, welche die Grundlagen für eine computergestützte Chirurgie bilden.

Während einer so genannten „endoskopischen" Operation werden die Kamerabilder derzeit ohne Zwischenbearbeitung direkt auf einen Videomonitor übertragen. Beeinträchtigungen der anfänglich guten Bildqualität müssen in Kauf genommen werden. Zum einen verzerren die verwendeten Weitwinkeloptiken die aufgenommenen Bilder. Zum anderen wird das zu OP-Beginn gut eingestellte Bild im Operationsverlauf typischerweise durch den Einsatz von

---

* Diese Arbeit wurde gefördert durch die Deutsche Forschungsgemeinschaft im Rahmen des SFB 603 (Teilprojekt B6). Für den Inhalt sind ausschließlich die Autoren verantwortlich.

Elektrokoagulation oder Ultraschallmessern verschlechtert, da hierbei Schwebepartikel und Rauch entstehen. Desweiteren erschweren auftretende Blutungen durch rötliche Verfärbung die Unterscheidbarkeit von Geweben. Die genannten Störungen machen wiederholte Gasaustausche und Spülungen des OP-Gebietes nötig, welche zeitaufwändig und im Ergebnis oft unzureichend sind.

In [1] werden die verschiedenen Bildverbesserungsmethoden vorgestellt, welche in Echtzeit möglich sind und in der Endoskopie zum Einsatz kommen sollen. Insbesondere Optiken mit kleinem Durchmesser (5mm) verändern durch die entstehende starke Verzerrung die räumliche Zuordnung. Zur Korrektur der Bildverzerrung werden die intrinsischen Kameraparameter durch Kamerakalibrierung berechnet und über einen festen Algorithmus die Videoendoskopiebilder entzerrt [2]. Mittels zeitlicher Filterung (Medianfilter) können störende Schwebepartikel und Rauch aus den Videoendoskopiebildern reduziert werden [1]. Farbfehler, die insbesondere nach Blutungen mit rötlicher Durchtränkung aller Gewebe auftreten, werden mittels sog. Farbrotation [3] korrigiert und somit wieder eine Farbdiskrimination der Gewebe ermöglicht [1]. Glanzlichter können detektiert und nachfolgend substituiert werden [4].

Die vorliegende Arbeit beschreibt ein Evaluierungsverfahren zur Auswertung der angewendeten Methoden der Bildverbesserung und erläutert, welcher Nutzen dem Operateur daraus entsteht.

2 Methoden

Für die Evaluation der rechnergestützt verbesserten videoendoskopischen Bilder wird ein spezielles, eigens implementiertes Auswertungsprogramm unter Linux verwendet. Den Ärzten werden dabei jeweils mehrere Bildsequenzen (Original und verarbeitete Sequenz) und ausgewählte Einzelbilderpaare (je ein endoskopisches Originalbild und ein verbessertes Bild) zu den drei bearbeiteten Teilbereichen zeitliche Filterung (T3 und T5: aktuelles Bild wird aus 3 bzw. 5 Bildern erzeugt), Entzerrung (Abb.1) und Farbnormierung (Abb.2) vorgelegt. Es wird hierfür bei allen Testpersonen stets auf eine normierte Einstellung des Monitors geachtet. Die Originale und die verarbeiteten Einzelbilder werden doppelblind (weder Untersucher noch Auswerter kennen die Reihung und Zuordnung der Bilder) in zufälliger Anordnung von 12 Ärzten unterschiedlicher Fachkenntnis und unterschiedlicher Endoskopie-Erfahrung beurteilt.

Die Bewertungskriterien beinhalten neben der einfachen „besser oder schlechter" Gesamtentscheidung die Auswahlkriterien Bildschärfe, Verzerrung und Farbeindruck mit Wertebereichen von −2 (Original besser) über 0 (beide Bilder gleich) bis +2 (verarbeitetes Bild besser).

Aus den gewonnenen Ergebnissen wird der Mittelwert und die Standardabweichung errechnet und aufgeschlüsselt, wie häufig die verbesserten Bilder als wirklich besser bewertet werden (MW > 0), wie oft kein Unterschied vorliegt (MW ∼ 0) und wie häufig das ursprüngliche, unverarbeitete Bild als besser beurteilt wird (MW < 0).

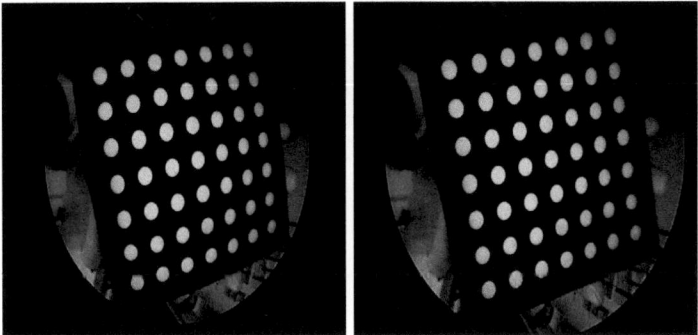

Abb. 1. Bilderpaar Verzerrung: Endoskopisches Originalbild (links) und verarbeitetes, entzerrtes Bild (rechts).

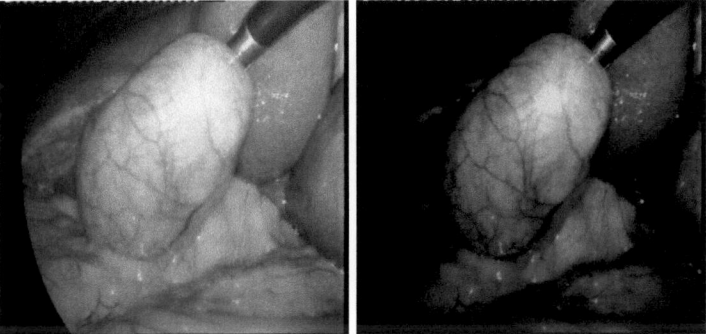

Abb. 2. Bilderpaar Farbnormierung: Endoskopisches Originalbild (links) und verarbeitetes, farbnormiertes Bild (rechts).

3 Evaluation und Ergebnisse

Bei der Auswertung der jeweils 120 Einzelbilderpaare und 5 Bildsequenzpaare fanden sich folgende Ergebnisse (Tab. 1):

Die hinsichtlich der Verzerrung bearbeiteten Einzelbilder wurden von den Ärzten auf 218 von insgesamt 360 Bildern als signifikant besser und auf 103 Bildern als nicht unterschiedlich eingestuft. Die Bildschärfe und der Farbeindruck wurden bei diesen Bildern als unverändert bewertet (MW −0.064 bzw. −0.008). Bei den farblich nachbearbeiteten Einzelbildern zeigte sich ein auffälliges Resultat: auf 253 Bildern fanden die Auswerter bearbeitetes Bild und Original gleich gut, bezüglich des Farbeindruckes aber 151mal das farbnormierte Bild besser. Interessanterweise wurden die farbnormierten Bilder auch gleichzeitig als signifikant schärfer bezüglich Bild- und Tiefenschärfe beurteilt, obwohl dieses Kriterium in den Bildern nicht verändert worden war. Bei der zeitlichen Filterung T5 (d.h. Filtergröße 5) wurde im Kriterium „besser" und „Bildschärfe" das Originalbild als etwas besser eingestuft (MW −0.20 und −0,26), bei T3 (d.h. Filtergröße 3) zeigten sich keine signifikanten Unterschiede zwischen den Ein-

Tabelle 1. Auswertung der Einzelbildevaluation nach den 3 Teilbereichen: FN = farbnormiert, EZ = entzerrt, T3/ T5 = zeitlich gefiltert (zeitliche Filtergröße 3 bzw. 5)

	Kriterium	Mittelwert	Std.abweichung	Original besser	Verarbeit. Bild besser	Bilder gleich	Bilder gesamt
FN	Besser	0.08	0.54	39	68	253	360
	Bildschärfe	0.38	0.86	83	211	66	360
	Verzerrung	0.04	0.35	10	23	327	360
	Farbeindruck	0.16	0.94	107	151	102	360
EZ	Besser	0.50	0.68	39	218	103	360
	Bildschärfe	-0.06	0.47	48	25	287	360
	Verzerrung	0.58	0.84	43	214	103	360
	Farbeindruck	-0.01	0.22	8	6	346	360
T3	Besser	-0.08	0.66	94	64	202	360
	Bildschärfe	-0.09	0.70	82	53	225	360
	Verzerrung	-0.04	0.41	36	21	303	360
	Farbeindruck	-0.03	0.28	19	10	331	360
T5	Besser	-0.20	0.73	140	67	153	360
	Bildschärfe	-0.26	0.80	131	55	174	360
	Verzerrung	-0.06	0.44	45	24	291	360
	Farbeindruck	-0.04	0.29	20	7	333	360

zelbildern,. Dies führte zu der Überlegung, die Auswertung nicht nur anhand von Einzelbildern, sondern auch von Filmsequenzen durchzuführen, weil vermutet wurde, daß hier die Reduktion von schwebenden Teilchen oder Rauch besser nachvollzogen werden kann.

Demgemäß wurden bei den verschiedenen Filmsequenzen die zeitlich gefilterten Sequenzen mit Verringerung oder Entfernung von Rauch und Schwebeteilchen von allen Testpersonen als deutlich besser empfunden. Im Rahmen der zeitlichen Filterung wurde durch 7 von den 12 Ärzten den T5 gefilterten Sequenzen der Vorzug vor den T3 gefilterten Sequenzen gegeben. Für die farblich verarbeiteten Bildsequenzen galt im Gegensatz zu den Einzelbildern, daß die farbnormierten Filme von der Mehrzahl der Ärzte (jeweils 7 von 12) als verbessert im Vergleich zu den unverarbeiteten Originalsequenzen beurteilt wurden.

4 Diskussion und Ausblick

Bislang existieren kaum Möglichkeiten, ein Endoskopiebild zu Beginn eines minimal-invasiven Eingriffes (z.B. einer Gallenblasen-Entfernung) bestmöglich einzustellen und diese gute Anfangseinstellung während des gesamten Operationsverlaufes zu erhalten. Vor jeder Operation wird mit dem Endoskop der Weißabgleich durchgeführt. Bei neueren Geräten ermöglicht während der Operation der Bildprozessor eine digital berechnete Schärfenanhebung, genauer die Kantenschärfung durch Kontrastanhebung. Bezüglich der Farben kann lediglich die Intensität der Grundfarben Rot, Grün und Blau mit einem Regler am Monitor in engen Grenzen reguliert werden. Bisher kann kein Einfluß auf die wichtigen Bereiche der Verzerrung, der Störeinflüsse durch Rauch oder Schwebeteilchen und den sich veränderten Farbeindruck der Endoskopiebilder genommen werden.

Durch den Einsatz der in der Einleitung genannten Bildverbesserungsmethoden für den Bereich der Videoendoskopie von Körperhöhlen ist die Erzeugung von rechnergestützt modifizierten Bildern möglich. Obwohl diese Verfahren eine Verbesserung der Bildqualität zum Ziel haben, ist es unbedingt notwendig, zu evaluieren, inwieweit die erzielten Veränderungen für die Videoendoskopie minimal-invasiver Eingriffe auch wirklich brauchbar sind. Die Evaluierung soll klären, welche Bildveränderungen überhaupt wahrgenommen werden und welche davon in der klinischen Praxis für den Operateur eine subjektive Verbesserung darstellen.

Die Entzerrung der Bilder und die zeitliche Filterung zur Entfernung von Rauch und Schwebeteilchen bieten aufgrund der Evaluation eine gute Möglichkeit, die Bildqualität zu verbessern. Bezüglich der farblichen Normierung ergibt sich ein eher uneinheitliches Bild: bei den Einzelbildern wird zwar eine Verbesserung der Bildschärfe und geringfügig auch des Farbeindrucks gesehen, insgesamt aber farbnormierte und ursprüngliche Bilder als weitgehend gleich bewertet. Bei den Kurzfilmen hingegen wurden die farbnormierten Sequenzen von der Mehrheit der Ärzte als besser eingestuft. Dies wurde mit einer verbesserten Unterscheidbarkeit des Bildhintergrundes und einer ermöglichten Sicht beispielsweise auf im Bereich einer Blutung liegende Strukturen im bewegten Bild begründet.

Der Einfluß des unterschiedlichen Ausmaßes an Weiterbildung/ Endoskopieerfahrung und der Auswahl der Evaluationskriterien auf die Ergebnisse wird gegenwärtig untersucht. Inwieweit die Evaluierung von der Tagesverfassung der einzelnen Testperson abhängig ist, ob Wiederholungsläufe bei einzelnen Probanden immer die selben Ergebnisse bieten würden und ob es interindividuelle Unterschiede gibt, ist derzeit ebenso Gegenstand weiterer Untersuchungen.

Die vorliegende Evaluierung unterstreicht die Wichtigkeit des Einsatzes von Bildverarbeitungsverfahren in der klinischen Praxis und verdeutlicht die Notwendigkeit der Evaluation der Verfahren.

Literaturverzeichnis

1. Vogt F, Klimowicz C, Paulus D: Bildverarbeitung in der Endoskopie des Bauchraums. In H. Handels: 5. Workshop Bildverarbeitung für die Medizin, pages 320-324, Springer Berlin, Heidelberg, New York. Lübeck, 2001.
2. Tsai R Y: A versatile camera calibration technique for high-accuracy 3D machine vision metrology using off-the-shelf TV-cameras and lenses. IEEE Journal of Robotics and Automation, Ra-3(3): 323-344, August 1987
3. Paulus D, Csink L, Niemann H: Color cluster rotation. In: Proceedings of the international Conference on Image Processing (ICIP), Chicago, October 1998. IEEE Computer Society Press. Chicago, October 1998.
4. Palm C, Lehmann T, Spitzer K: Bestimmung der Lichtquellenfarbe bei der Endoskopie makrotexturierter Oberflächen des Kehlkopfes. In: K.-H. Franke, editor, 5.Workshop Farbbildverarbeitung, pages 3-10, Ilmenau, 1999. Schriftenreihe des Zemtrums für Bild- und Signalverarbeitung e.V. Ilmenau

Volumetrische Messungen und Qualitätsassessment von anatomischen Kavitäten

Dirk Bartz[1], Jasmina Orman[1] und Özlem Gürvit[2]

[1] WSI/GRIS, Universität Tübingen, Sand 14, D-72076 Tübingen, Germany
[2] Klinik für Strahlendiagnostik, Universitätsklinikum Marburg,
Baldinger Str., D-35033 Marburg, Germany
Email:{bartz,jorman}@gris.uni-tuebingen.de

Zusammenfassung. Die volumetrische Beurteilung von Körperkavitäten ist von großer Bedeutung für eine Reihe von Anwendungen in der Medizin. Leider ist es oft nicht klar wie Volumenzellen der Randflächen der segmentierten Objekte in die Berechnung des Volumens eingehen, da diese in aller Regel nicht komplett von dem segmentierten Volumen eingenommen werden. In diesem Beitrag stellen wir eine Methode vor, die abhängig von einem Fehlerschwelle die Volumenzellen der Randflächen rekursiv unterteilt um so eine genauere Approximation des tatsächlichen Volumens zu erreichen. Darüber hinaus evaluieren wir unsere Ergebnisse mit tatsächlich gemessenen Volumina in Phantomstudien.

1 Problemstellung

Die volumetrische Beurteilung von Körperkavitäten ist von großer Bedeutung für eine Reihe von Anwendungen in der Medizin. Von besonderem Interesse sind hierbei vor allem die genaue Bestimmung der Größe von Stenosen in Blutgefäßen, des Halses und des Volumens von Aneurysmen, und das Volumen von kardialen und zerebralen Ventrikeln und anderer CSF-gefüllten Kavitäten des Zentralen Nervensystems. Leider beschränken sich die derzeit etablierten Methoden auf die ungefähre Schätzung dieser Messgrößen, basierend auf 2D-Bildern, z.B. auf einzelne Schichten (oder MPRs) von 3D-Scannern (CT, MRT, Rotationsangiographie, etc.), oder auf 2D-Roentgenbilder.

2 Stand der Forschung

Jüngere Methoden der Forschung benutzen die tatsächlich volumetrische Information eines kompletten 3D-Bilderstapels. Relevante Bereiche werden hierbei von nicht relevanten Bereichen durch eine Reihe von verschiedenen Segmentierungsverfahren abgegrenzt, so z.B. mit 3D-Region-Growing [1], oder der Watershed-Transformation [2]. Leider sind hierfür den Autoren keine genaueren Untersuchungen für deren tatsächliche Genauigkeit bekannt. Darüber hinaus werden die Randbereiche der Segmentierungen mit variierender Genauigkeit behandelt. In dieser Arbeit präsentieren wie eine 3D-Volumetriemethode, die auf einer üblichen Segmentierung von 3D-Scannerdatensätzen aufbaut. Sie ermöglicht

Abb. 1. (a) Zerebrales Ventrikelsystem mit Aqueduct-Stenose, (b) 6mm Phantom Datensatz.

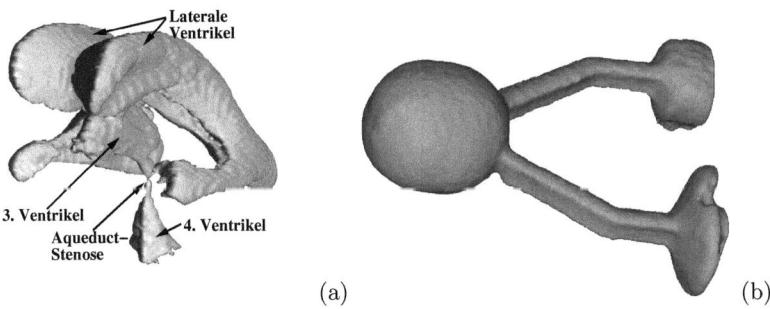

(a) (b)

eine voxelgenaue Bestimmung der Meßgrößen für die wir uns hier interessieren. Insbesondere verwenden wir die Segmentierungswerkzeuge, die im Rahmen von dem VIVENDI-Projekt zur virtuellen Endoskopie entwickelt wurden [1]. Darüber hinaus werden wir die Ergebnisse mit den tatsächlich gemessenen Volumen von einer Reihe von Phantommodellen von Aneurysmen, Blutgefäßen, und Herzkammern vergleichen.

3 Methoden

Die für das Volumenassessment verwendeten Datensätze wurden mit Hilfe einer biplanaren Angiographieeinheit mit einer Rotationsoption aufgenommen (Siemens Neurostar), mit der ein hochauflösender 3D-Datensatz in der relativ kurzen Zeit von 7-14 Sekunden aufgenommen werden kann. Für die Phantommodelle wurde die Hochdosisoption und der 22cm Bildverstärker verwendet, die 128 bis 400 Einzelbilder mit unterschiedlichen Auflösungen (128×128 bis 512×512, wobei aber aber nur die Datensätze mit der Auflösung von 512×512 verwendet wurden) mit einem isotropen Pixel- und Schichtabstand von bis zu 0.2mm (als untere Grenze) erzeugten. Die Phantome wurden mit einem nicht-ionischen, jodierten Hochkontrastauflösungskontrastmittel gefüllt um das Lumen des untersuchten Hohlraums zu rekonstruieren. Während unsere Berechnungen alle auf 3D-Datensätzen beruhen, die aus der Rotationsangiographie stammen, lassen sich die Methoden prinzipiell auch auf andere Modalitäten wie z.B. CT oder MRT (vgl. Abb. 1a) anwenden.

3.1 Segmentierung

Das Segmentierungswerkzeug des VIVENDI-Systems zur virtuellen Endoskopie wurde zur Identifikation der relevanten Voxel verwendet [1]. Es ist basiert auf einem halbautomatischen 3D-Regions-Growing-Ansatzes, bei dem neben dem Saatpunkt ein geeigneter (unterer) Schwellwert spezifiziert wird. Zusätzlich kann hier noch ein oberer Schwellwert spezifiziert werden, so dass die Segmentierung durch einen Voxelwertintervall (und damit einer zweiten Materialschnittstelle)

Abb. 2. Segmentierung der 15mm Phantomhohlräume: (a) Äußere Hülle mit spezifiziertem Schwellwert, (b) innerer Kern mit Signalabschwächung unterhalb des Schwellwerts.

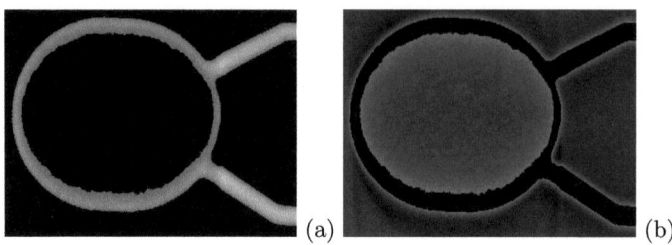

beschränkt werden kann. Diese Standardsegmentierung ist in vielen Fällen ausreichend um die relevanten Voxel einer anatomischen Struktur zu segmentieren. Dies gilt insbesondere für Scanningprotokolle, die einen guten Kontrast der Hohlräume zu den umgebenden Gewebedaten gewährleisten. Leider erfordern verschiedene Effekte eine weitere Bearbeitung. So wird z.B. durch die Injektion des Kontrastmittels keine gleichemäßige Verteilung gewährleistet; eine entsprechende Signalabschwächung in bestimmten Bereichen der Hohlräume macht dadurch eine rein Schwellwert-basierte Segmentierung unmöglich, da die betroffenen Voxel nicht mehr segmentiert werden (siehe auch Abb. 2).

Verbindungsartefakte können durch andere Scanningeffekte verursacht werden, so z.B. durch den Partialvolumeneffekt. So werden bestimmte Verbindungen zwischen anatomischen Strukturen geschaffen, die wiederum zu Segmentierungsbereichen führen, die nicht zusammen gehören. Durch einfache Clippingoperationen können die Verbindungsartefakte allerdings beseitigt werden. Hierzu verwenden wir Clipoperationen auf den orthogonalen Ebenen (axial, sagittal, coronal), und die sich auf die Verbindungen beschränken. Darüber hinaus können kleine Verbindungen durch Paintoperationen oder Cliplinien mit der Maus entfernt (oder hinzugefügt) werden. Komplexere Clipoperationen verwenden Heuristiken, z.B. Verbindungen bestehen nur aus einer sehr kleinen Voxelmenge, oder virtuelle Clips [3]. Da alle Clipoperationen bestimmte Bereich irrtümlich clippen könnten, wurde eine Undo-Funktion für die letzten 10 Operation geschaffen. Die Qualität der Segmentierung kann mittels einfachen Standarddarstellungsoptionen visualisiert werden. Hierzu zählen ein (ggf. binäre) Cine-Modus des Bildstapels, Maximum-Intensity-Projektionen (MIP), oder die Rekonstruktion der segmentierten Hohlraumoberfläche mittels Methoden des Volumerendering.

In Abbildung 2 zeigen wir die beiden Arbeitsschritte, die zur Segmentierung der Phantome durchgeführt werden. Nach der einfachen Segmentierung der äußeren Hülle mit Hilfe des Schwellwertintervall $[isowert, MAX]$ (Abb. 2a), wird der innere Kern im Intervall $[MIN, isowert]$ (Abb. 2b),segmentiert. Zusammen bilden beide Bereiche – die als Segmentierungsmaske vereinigt werden – den kontrastmittel-gefüllten Hohlraum des Phantoms.

Abb. 3. Volumenbestimmung in einem Teilausschnitt einer Voxelkugel: (a) Transparente Darstellung der Unterteilung der Volumenzellen in Kern- (ausgefüllt) und Randzellen (Drahtmodell), (b) Randzellen bei opaker Darstellung.

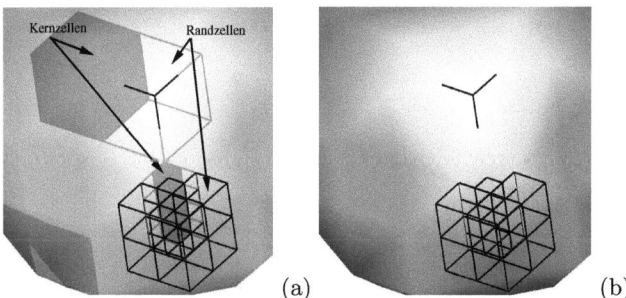

3.2 Bestimmung des Volumens

Basierend auf der Segmentierung werden Volumenzellen (Quader von 2x2x2 Voxel) die komplett zum segmentierten Bereich gehören (Kernzellen), zum Volumen aufsummiert. Zellen auf dem Rand der Segmentierung (zwischen einem und sieben Voxel einer Zelle liegen im segmentierten Bereich) müssen anders behandelt werden (Abb. 3). Während die Anzahl dieser Randzellen in konvexen Strukturen relativ klein ist, können sie jedoch in komplexen Strukturen (wie z.B. dem zerebralen oder kardialen Ventrikelsystems) nicht einfach ignoriert werden. So zahlen bis zu 50% aller Zellen des zerebralen Ventrikelsystems zum Rand [4] (siehe auch Abb. 1a und Tab. 1). In unserem Beispiel in Tabelle 1 nehmen ca. 22% des Volumens des Ventrikelsystems Randzellen (40% aller Volumenzellen) ein.

In unserem Ansatz wird das Volumen solcher Randzellen abhängig von der Klassifikation und dem Intensitätswert der Voxel bestimmt. So werden die Randzellen rekursiv unterteilt, bis entweder nur ein (oder sieben) Voxel außerhalb der Segmentierung liegen, oder bis eine Fehlerschwelle erreicht ist. Im ersten Fall wird das Volumen der Subzelle entsprechend der trilinearen Interpolation ihrer Intensitätswerte gewichtet und aufsummiert.

Andere Messungen, z.B. Entfernungen, sind innerhalb der Segmentierung möglich, oder können bei komplexen Strukturen – wie z.B. Durchmesser von Aneurysmahälsen – innerhalb von VIVENDI durchgeführt werden.

4 Ergebnisse und Diskussion

Für unser Volumenassessment wurde eine Reihe von verschiedenen Volumendatensätzen einer 3D-Rotationsangiographieeinheit verwendet. Diese Datensätze sind Aufnahmen von Phantommodellen, die entsprechende Körperhohlräume simulieren, wie z.B. Blutgefäße, Aneurysmen, oder Herzkammern. Im Gegensatz zur tägliche klinische Routine werden allerdings die Phantommodelle mit dem Kontrastmittel aufgefüllt. Für genaue Messungen kann so das Füllvolumen des

Tabelle 1. Volumetrische Messungen an verschiedenen Datensätzen mit verschiedenen Rotationszeiten. Die prozentuale Differenz zwischen dem gemessenen und dem berechneten Volumen ist u.a. abhängig von dem Schwellwert. Der Datensatzname bezeichnet den Durchmesser der Hauptkavität der Modelle (mit Ausnahme der letzten beiden Datensätze). Zum Vergleich wurde eine Volumenberechnung für ein Ventrikelsystems (MRT, vgl. Abb. 1a) beigefügt.

Modell/ Datensatz Rotationszeit	gemessenes Volumen [ml]	Datensatz/berechnetes Volumen			Volumen der Randzellen [ml]
		Schwellwert (%)	Volumen [ml]	Differenz (%)	
6, 8s	0.25	30	0.26	4.00	0.03
8, 8s	0.32	51	0.36	12.50	0.03
10, 5s	0.80	47	0.831	3.88	0.064
10, 8s	0.80	47	0.826	3.25	0.062
15, 8s	2.78	35	2.72	-2.21	0.11
20, 5s	5.30	59	5.17	-2.45	0.17
Herz, 8s	6.48	35	6.75	4.17	0.26
Ventrikelsystem	n.a.	29	91.00	n.a.	19.99

Phantoms direkt gemessen werden. Die Art der Kontrastmittelgabe und die einfache Geometrie der Phantome machen die Volumendaten weniger empfindlich für Partialvolumeneffekte. Deshalb konnte auf vielen Kompensationstechniken [2,5] verzichtet werden. Sie bleiben allerdings notwendig für andere Modalitäten oder bei Kontrastmittelaufnahmen, die der Routine entsprechen.

Tabelle 1 zeigt eine Übersicht über die Messungen mit Hilfe der abgefüllten Flüssigkeit und mit Hilfe des segmentierten Volumendatensatzes. Problematisch ist die starke Abhängigkeit von der Wahl des geeigneten Schwellwertes, der nicht immer offensichtlich ist. Eine Variation von 5-10% kann bereits zu entsprechenden Vergrößerung (Verkleinerung) des segmentierten Volumens führen. Dies ist jedoch eher ein Problem der Segmentierung, nicht der Volumenbestimmung.

Literaturverzeichnis

1. D. Bartz, W. Straßer, M. Skalej, D. Welte. Interactive Exploration of Extra- and Intracranial Blood Vessels. In *Proc. IEEE Visualization*, 389–392,547, 1999.
2. H. Hahn, M. Lentschig, M. Deimling, B. Terwey, H. Peitgen. MRI Based Volumetry of Intra- and Extracerebral Liquor Spaces. In *Proc. Computer Assisted Radiology and Surgery*, 384–389, 2001.
3. D. Welte, U. Klose. Segmentation and Selective Imaging of Arteries and Veins from Contrast-Enhanced MRA Data. In *Proc. Europ. Congress of Radiology*, 1999.
4. A. Luft, M. Skalej, D. Welte, R. Kolb, K. Burk, J. Schulz, T. Klockgether, K. Voigt. A New Semiautomated, Three-Dimensional Technique Allowing Precise Quantification of Total and Regional Cerebellar Volume Using MRI. *Magnetic Resonance in Medicine*, 40(1):143–151, 1998.
5. H. Hahn, W. Millar, M. Durkin, O. Klinghammer, H. Peitgen. Cerebral Ventricular Volumetry in Pediatric Neuroimaging. In *Proc. Computer Assisted Radiology and Surgery*, pages 59–62, 2001.

Automatische Berechnung orthopädischer Maßzahlen auf der Basis virtueller dreidimensionaler Modelle der Hüfte

J. Ehrhardt[1], T. Malina[1], H. Handels[1], B. Strathmann[2],
W. Plötz[2,3] und S.J. Pöppl[2]

[1]Institut für Medizinische Informatik, Universität zu Lübeck, 23538 Lübeck
[2]Klinik für Orthopädie, Universität zu Lübeck, 23538 Lübeck
[3]Klinik für Orthopädie, Krankenhaus der Barmherzigen Brüder, 80639 München
Email: ehrhardt@medinf.uni-luebeck.de

Zusammenfassung. Orthopädische Maßzahlen, wie Winkel, Abstände etc., bilden eine wesentliche Grundlage für die orthopädische Diagnose und Therapieplanung. Konventionell werden diese Maße anhand von Röntgenprojektionsbildern gewonnen. Das hier vorgestellte Programm OrthoCalc berechnet orthopädische Maßzahlen anhand virtueller dreidimensionaler Modelle der beteiligten Knochenstrukturen und assoziierter Landmarken. Es werden Algorithmen präsentiert, welche die automatische Bestimmung eines patientenbezogenes Koordinatensystem, der Rotationszentren und der Kontaktfläche des Hüftgelenks und verschiedener orthopädisch relevanter Winkel des Beckens ermöglichen. Durch eine integrierte Visualisierungskomponente kann der Arzt die berechneten Werte validieren. Die Benutzung dreidimensionaler Modelle für die Berechnung der orthopädischen Kenngrößen erlaubt die korrekte Erfassung der dreidimensionalen Lagebeziehungen und vermeidet auf Projektionsfehlern beruhende Ungenauigkeiten. Durch die automatisierte Berechnung der Maßzahlen wird der Arzt von dem damit verbundenen komplexen Interaktionsaufgaben in der virtuellen Umgebung entlastet.

1 Einleitung

Für die Planung von Hüftoperationen werden zahlreiche orthopädische Maßzahlen, wie z.B. Winkel, Distanzen oder die Größe von Kontaktflächen, benötigt [1,2]. Diese Maßzahlen geben dem Arzt einen komprimierten Eindruck der Patientenanatomie und helfen ihm bei der Diagnosefindung und Therapieplanung. Im Allgemeinen werden solche Maße aus Röntgenbildern mit definierter Projektionsrichtung gewonnen (z.B. anterior–posterior oder laterale Projektionen). Insbesondere bei Vorliegen von (u. U. schmerzhaften) Erkrankungen der beteiligten Knochenstrukturen ist eine korrekte und reproduzierbare Positionierung des Patienten nicht möglich und die gemessenen Winkel sind fehlerbehaftet.
   Seit der Einführung der Computertomographie nutzen deshalb eine Reihe von Ansätzen axiale CT–Schichtbilder der Hüfte zur Bestimmung orthopädisch

relevanter Winkel [3,4]. In den letzten Jahren wurden erste Ansätze zur Berechnung orthopädischer Kenngrößen anhand von virtuellen dreidimensionalen Knochenmodellen entwickelt [5]. Bei diesen Verfahren ist jedoch eine umfangreiche Benutzerinteraktion zur Festlegung von Achsen und Winkeln notwendig. Insbesondere die präzise Positionierung von Meßwerkzeugen (siehe [5]) in virtuellen 3D–Szenen ist für den ungeübten Benutzer mit einem erheblichen Interaktionsaufwand verbunden.

Das im Rahmen dieser Arbeit vorgestellte Programm OrthoCalc ermöglicht die *automatische* Berechnung orthopädischer Parameter für die Planung von Hüftoperationen. Dies entlastet den Arzt einerseits von der manuellen Bestimmung und bietet andererseits die Möglichkeit einer Erhöhung der Genauigkeit und Reproduzierbarkeit der Ergebnisse. Eine grafische Benutzeroberfläche visualisiert die berechneten Größen. Das Einblenden anatomischer Achsen und die farbkodierte Darstellung von Distanzen ermöglicht dem Benutzer eine Beurteilung der Patientengeometrie und die Evaluation der Korrektheit der berechneten Werte.

2 Methode

Die Eingangsdaten des Softwaresystems OrthoCalc sind trianguliert, dreidimensionale Oberflächenmodelle folgender Knochenstrukturen: rechtes und linkes Hüftbein, Kreuzbein, rechter und linker Femurkopf und –schaft sowie einige anatomische Landmarken, wie z.B. Symphyse, Promontorium und Spina iliaca anterior superior. Eine automatische Segmentierung dieser Strukturen und Landmarken kann durch die in [6] und [7] beschriebenen atlasbasierten Verfahren erfolgen.

In einem ersten Schritt wurde durch die beteiligten Mediziner eine Liste der wesentlichen orthopädischen Parameter der Hüfte erarbeitet. Viele dieser Maßzahlen werden in der klinischen Routine anhand zweidimensionaler Röntgenprojektionsbilder ermittelt. Durch die Verwendung räumlicher Modelle mußten einerseits neue, präzise Berechnungsvorschriften erarbeitet werden, andererseits war die Entwicklung neuer dreidimensionaler Maße möglich, wie z.B. die Berechnung der Kontaktfläche von Femurkopf und Hüftpfanne.

Einige orthopädisch relevante Winkel sind auf der Basis vertikaler oder transversaler Körperachsen definiert. Deshalb ist die Bestimmung eines patientenbezogenen, anatomischen Koordinatensystems nötig.

2.1 Bestimmung eines patientenbezogenen Koordinatensystems

Das Koordinatensystem wird durch die Sagittal–, die Frontal– und die Transversalebene definiert. Die Sagittalebene ist die Symmetrieebene des Beckens. Die Abbildung

$$\phi_E(x) = x - 2(n_E \cdot (x - x_E)) n_E \qquad (1)$$

spiegelt den Punkt x an der Ebene E mit Normalenvektor n_E und Ursprungspunkt x_E. Die gesuchte Sagittalebene $\hat{E}$ kann automatisch durch die Lösung des

Abb. 1. (a) Das Zentrum des Femurkopfes wird durch die Approximation mit einer Kugel bestimmt. (c) Die Kontaktfläche wird durch die farbkodierte Distanzen zwischen Femurkopf und Acetabulum visualisiert. (c) Die farbkodierte Darstellung der Abstände der Oberflächenpunkte von der approximierten Kugel. Gleichmäßig geringe Distanzen zeigen, dass die Gelenkfläche der Kugelform gut entspricht. Im Bereich des *Fovea capitis femuris* gibt es eine natürliche Abweichung von der Kugelform.

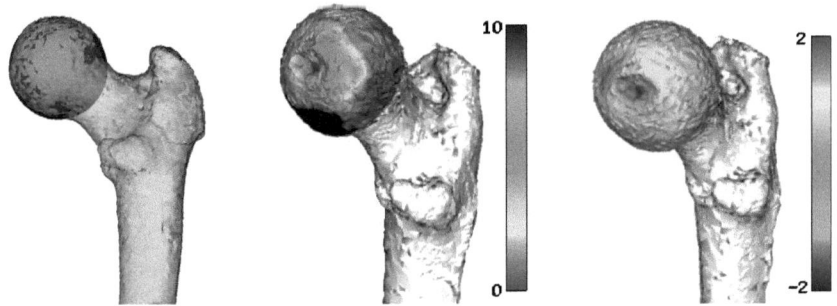

(a) Kugelapproximation des Femurkopfes (b) Kontaktfläche von Femurkopf und Acetabulum (c) Rundheit des Femurkopfes

folgenden Optimierungsproblems bestimmt werden:

$$\sum_{x \in \Omega} (I_{ct}(x) - I_{ct}(\phi_{\hat{E}}(x)))^2 \rightarrow \min, \quad (2)$$

wobei Ω die Menge der Knochenvoxel im CT-Volumen I_{ct} des Patienten ist. Die Minimierung von Gl. 2 wird in einer aktuellen Implementierung mit Powells Methode durchgeführt. Die Frontalebene steht senkrecht zur Sagittalebene und verläuft durch die Symphyse und den Mittelpunkt der beiden Spinae iliacae anterior superior. Die Transversalebene ergibt sich automatisch, da sie senkrecht zur Frontal- und Sagittalebene liegt. Der Koordinatenursprung ist die Symphyse. Eine alternative Definition bezieht nur die Symphyse, das Promontorium und Landmarken einer Hüftseite ein, da die Symmetrie des Beckens nicht gegeben ist, wenn eine Hüftseite deformiert oder durch einen Tumor teilweise zerstört ist.

2.2 Automatische Berechnung orthopädischer Maßzahlen

Das Softwaresystem OrthoCalc berechnet automatisch eine Reihe von orthopädischen Maßzahlen. Das Zentrum der Rotationsbewegung des Femurkopfes spielt dabei eine Schlüsselrolle. Durch die Anpassung einer Kugel an die Oberfläche des Femurkopfes läßt sich das Femurkopfzentrum automatisch und genau bestimmen. Hierfür wird das Oberflächenmodell als Menge $\{x_i \in \mathbb{R}^3, i = 1, \ldots, n\}$ von

Punkten im Raum aufgefaßt. Gesucht ist die Kugel mit Zentrum z_f und Radius r_f, welche folgende Gleichung minimiert (Abb. 2(a)):

$$\sum_{i=1}^{n}(\|x_i - z_f\| - r_f)^2. \qquad (3)$$

Ausgehend vom Femurkopfzentrum wird anschließend mittels eines Strahlverfolgungsalgorithmus die Hüftpfanne segmentiert und somit die Berechnung der Kontaktfläche von Femurkopf und Acetabulum ermöglicht. Die Größe dieser Kontaktfläche zeigt an, ob ein korrekter Sitz des Femurkopfes in der Hüftpfanne gewährleistet ist (Abb. 2(b)).

Durch eine erneute Kugelapproximation kann anschließend das Rotationszentrum der Hüftpfanne bestimmt werden. Für eine optimale Rotationsbewegung des Femurkopfes in der Hüftpfanne sollten die Gelenkflächen möglichst gleichmäßig gerundet sein. Die Abweichungen der Oberflächenpunkte von der approximierten Kugel sind ein Maß für die "Rundheit" des Femurkopfes. Durch eine farbkodierte Darstellung dieser Distanzen sind Abweichungen von der Kugelform leicht zu erkennen (siehe Abb. 2(c)).

Die Anteversion und Inklination der Hüftpfanne sind Winkel, welche die Neigung der Hüftpfanne bezüglich der Frontal- und Transversalebene beschreiben. Zur Berechnung dieser Maße werden zunächst Punkte auf dem Hüftpfannenrand automatisch detektiert, und anschließend wird durch eine *least–squares*–Approximation die Pfanneneingangsebene bestimmt, und deren Neigung berechnet.

Der CE–Winkel wird konventionell in a.–p. Röntgenprojektionsbildern bestimmt, und ist als der Winkel zwischen der Körperlängsachse und der Geraden durch das Femurkopfzentrum und den äußeren Rand der Hüftpfanne definiert. Durch die Verwendung dreidimensionaler Modelle kann der CE-Winkel für jeden Punkt des Hüftpfannenrandes berechnet und somit als Kurve dargestellt werden.

Für die Bestimmung der Neigung zwischen Femurschaft und –hals (CCD-Winkel) ist die Berechnung einer Schaftachse und einer Halsachse des Femurs notwendig. Die Schaftachse wird mittels einer Hauptkomponentenanalyse bestimmt. Das Verfahren zur Berechnung der Femurhalsachse ist an das in [8] beschriebene Verfahren angelehnt.

3 Ergebnisse und Diskussion

Für eine erste Evaluation der präsentierten Algorithmen standen 3D-Modelle der Knochenstrukturen von 7 CT-Datensätzen des Beckens zur Verfügung. Hierbei handelte es sich um den weiblichen und männlichen Visible Human Datensatz und um die Datensätze von fünf Patienten, welche unter einem Tumorbefall des Beckens oder unter einer Hüftdysplasie litten. Die Beurteilung der Ergebnisse erfolgte durch die visuelle Begutachtung eines Mediziners.

Für die Visible Human Datensätze war eine korrekte Berechnung aller orthopädischen Maßzahlen möglich. Die berechneten Maßzahlen entsprachen Normwerten für gesunde Hüften. Für einen Patienten schlug die Berechnung des linken Femurkopfzentrums fehl. Dieser Patient litt unter einer akuten Hüftdysplasie, so dass die Annahme der Kugelform des Femurkopfes nicht gewährleistet war. Die rechte Hüftseite eines weiteren Patienten wurde durch einen Tumor weitgehend zerstört, so dass die Segmentierung dieser Hüftpfanne nicht möglich war. Für die übrigen Patientendatensätze konnten die orthopädischen Maßzahlen automatisch berechnet werden, und die automatische Detektion dysplastisch degenerierter Hüften war möglich. Allerdings verhinderte eine hohe Schichtdicke von $4mm$ für vier der Patientendatensätze die sinnvolle Interpretation der Kontaktfläche zwischen Femurkopf und Hüftpfanne.

Das Programm OrthoCalc berechnet orthopädische Kenngrößen anhand dreidimensionaler Modelle der Knochenstrukturen der Hüfte und assoziierter Landmarken. Durch die präsentierten Algorithmen können z.B. ein patientenbezogenes Koordinatensystem, die Rotationszentren des Hüftgelenks und verschiedene orthopädisch relevante Winkel, automatisch berechnet werden. Durch eine integrierte Visualisierungskomponente kann der Arzt die berechneten Werte validieren. Dadurch wird der Interaktionsaufwand des Arztes weiter reduziert und eine automatische Analyse der Hüftgeometrie ermöglicht. Die Benutzung dreidimensionaler Modelle für die Planung orthopädischer Eingriffe erlaubt weiterhin die Entwicklung neuer dreidimensionaler orthopädischer Kenngrößen. Neben der Unterstützung für die virtuelle Operationsplanung kann das System OrthoCalc auch als Plattform zur Entwicklung und zum Test solcher neuen Maße dienen.

Ein Vergleich automatisch berechneter Maßzahlen mit konventionell ermittelten Werten soll in einer klinischen Studie erfolgen.

Literaturverzeichnis

1. D. Simon, B. Jaramaz, M. Blackwell, F. Morgan, A.M. DiGioia, III, E. Kischell, B. Colgan, T. Kanade. Development and Validation of a Navigational Guidance System for Acetabular Implant Placement. In *MRCAS*, pages 583-592, 1997.
2. H. Handels, J. Ehrhardt, B. Strathmann, W. Plötz, S.J. Pöppl. Three-dimensional Planning and Simulation of Hip Operations and Computer-Assisted Design of Endoprostheses in Bone Tumor Surgery. *J. of Comp. Aided Surg.*, 6:65–76, 2001.
3. L.S. Weiner, M.A. Kelly, R.I. Ulin, D. Wallach. Developement of the acetabulum and hip: computed tomography analysis of the axial plane. *J. Pediatr. Orthop.*, 4(13):421–425, 1993.
4. C.L. Stanitski, R. Woo, D.F. Stanitski. Acetabular version in slipped capital femoral epiphysis: a prospective study. *J. Pediatr. Orthop. B*, 15(2), 1996
5. J.A. Richolt, N. Hata, R. Kikinis, J. Kordelle, M.B. Millis. Three–dimensional bone angle quantification. In I. Bankman et al., editors, *Handbook of Medical Image Processing*. Academic Press, 2000.
6. J. Ehrhardt, H. Handels, T. Malina, B. Strathmann, W. Plötz, S.J. Pöppl. Atlas based Segmentation of Bone Structures to Support the Virtual Planning of Hip Operations. *International Journal of Medical Informatics*, 64:439–447, 2001.
7. J. Ehrhardt, H. Handels, S.J. Pöppl. Atlasbasierte Erkennung anatomischer Landmarken. In *Bildverarbeitung für die Medizin 2003, to appear*.
8. S. Prevrhal, M. Heitz, K. Engelke, W. A. Kalender. Quantitative CT am proximalen Femurschaft: In vitro–Studie. *Z. Med. Phys.*, 7:170–177, 1997.

Ein Verfahren zur objektiven Quantifizierung der Genauigkeit von dreidimensionalen Fusionsalgorithmen
Ein Optimierungs- und Bewertungswerkzeug

Falk Uhlemann[1], Ute Morgenstern[2] und Ralf Steinmeier[3]

[1]Lehrstuhl Erkennende Systeme und Bildverarbeitung, Institut für Künstliche Intelligenz, Fakultät Informatik, Technische Universität Dresden, 01307 Dresden
[2]Institut für Biomedizinische Technik, Fakultät Elektrotechnik und Informationstechnik, Technische Universität Dresden, 01062 Dresden
[3]Klinik für Neurochirurgie, Universitätsklinikum Carl Gustav Carus, Technische Universität Dresden, 01307 Dresden
Email: uhlemann@ifwt.et.tu-dresden.de

Zusammenfassung. Für die Bewertung von Ergebnissen dreidimensionaler Bildverarbeitungsalgorithmen in der Medizin wurde ein Verfahren für die numerische Ergebnisbewertung entwickelt, welches in diesem Beitrag vorgestellt wird. Sowohl für die Optimierung während der Entwicklung, als auch für den Vergleich verschiedener Algorithmen stellt diese objektive quantitative Beurteilung ein wertvolles Werkzeug dar. Die implementierte Software erlaubt die automatische Generierung und Transformation von simulierten realistischen Datensätzen sowie die systematische Berechnung der entsprechenden Verarbeitungsergebnisse und Gütemaße.

1 Einleitung

In den letzten Jahren erfuhr die Entwicklung und der klinische Einsatz von dreidimensionalen Bildverarbeitungsalgorithmen für die Medizin einen enormen Aufschwung.

Ein Anwendungsgebiet dreidimensionaler Bildverarbeitungsalgorithmen ist die Überlagerung multimodaler Daten. Dabei besteht die Aufgabe im Finden von Korrespondenzen in Aufnahmen des gleichen Objektes von verschiedenen Bildgewinnungsverfahren oder zu unterschiedlichen Zeitpunkten.

Für diese Fusionsaufgabe wurden durch zahlreiche Forschergruppen leistungsfähige Verfahren entwickelt, die auch bei vollautomatischer Berechnung bereits befriedigende Ergebnisse liefern. Eine Einschätzung der erreichten Fusionsergebnisse erfolgt dabei meist visuell durch den Entwickler bzw. die klinischen Nutzer.

Für eine erste Abschätzung der Fusionsgüte ist die visuelle Begutachtung meist ausreichend, für eine quantitative, objektive Evaluation der Fusionsgüte oder einen Vergleich mit anderen Verfahren jedoch ungenügend. Deshalb wurde in dieser Arbeit die Möglichkeit einer objektiven Bewertung unter Benutzung

Tabelle 1. Vergleich von Verfahren zur Erzeugung von Referenzdaten

Nr.	Verfahren	Klinische Relevanz	Validität	Genauigkeit	Kosten/ Aufwand
1	Aufnahme realer klinischer Datensätze mit Einschraubmarkern [1]	Hoch	Hoch	Mittel	Hoch/ Hoch
2	Aufnahme realer Daten von physikalischen Phantomen mit Markern [2]	Gering	Hoch	Niedrig	Hoch/ Mittel
3	Simulation realistischer Daten durch Modellierung des Aufnahmeprozesses für einfache Phantomgeometrien [3]	Gering	Mittel	Hoch	Niedrig/ Niedrig
4	Simulation realistischer Daten durch Modellierung des Aufnahmeprozesses und entsprechende Modifikation segmentierter klinischer Daten [4,5,6]	Hoch	Mittel	Hoch	Niedrig/ Mittel bis Hoch

simulierter realistischer Daten untersucht und eine Methode entwickelt, die die automatisierbare Analyse von Fusionsalgorithmen hinsichtlich ihrer Qualität anhand numerischer Gütekennzahlen erlaubt.

2 Methode

Gegenwärtig existieren verschiedene Ansätze für die Erzeugung von Referenzdatensätzen, d.h. Aufnahmen bei denen die ideale Überlagerung der korrespondierenden Koordinatensysteme bekannt ist, die im folgenden näher vorgestellt werden sollen.

2.1 Methodenvergleich

In 2.3 sind die gegenwärtig gebräuchlichsten Verfahren für die Generierung dreidimensionaler medizinischer Daten mit einigen Vor- und Nachteilen aufgeführt. Dabei bezieht sich die „Klinische Relevanz" auf die Häufigkeit der abgebildeten Objekte in der klinischen Routine und die Validität auf die Sicherheit der Übereinstimmung der jeweiligen generierten Daten mit realen Aufnahmen.

Bei diesem Vergleich ist erkennbar, dass die Auswahl nur eines Verfahren immer einen Kompromiss zwischen den aufgeführten Kriterien darstellt. Deshalb sollten bei der Entwicklung bzw. dem Vergleich von Algorithmen mehrere Methoden der Bewertung zum Einsatz kommen. Leider ist die Berechnung objektiver quantitativer Gütekennzahlen anhand von Referenzdaten gegenwärtig noch nicht gängige Praxis bei der Entwicklung von Bildverarbeitungsalgorithmen.

2.2 Gütemaße und Datenbasis

Neben dem Einsatz von Daten mit bekannten Transformationsparametern (Referenzdaten) gilt es, numerische Ausdrücke zu finden, die eine Aussage über die

Qualität eines Algorithmus' ermöglichen. Dabei sollen diese Gütemaße einerseits einfach interpretierbar sein, andererseits müssen die verschiedensten Einflüsse, die durch die Unterschiede im bearbeiteten Datenmaterial bedingt sind, berücksichtigt werden.

Gegenwärtig werden zur Ergebnisbewertung von Bildverarbeitungsalgorithmen für die Fusion von dreidimensionalen Daten häufig die mittlere Abweichung bzw. die *Figure-of-Merit* (*FOM*) des Abstandes für eine Auswahl von definierten Punkten im Volumen von den Referenzkoordinaten oder die Abweichung der berechneten Transformationsparameter gegenüber den Referenzparametern eingesetzt. Dabei ist zu beachten, dass die Güte der erreichten Ergebnisse in entscheidendem Maße von der Qualität des bearbeiteten Datenmaterials abhängt. Deshalb sind Vergleiche von Ergebnissen bei Benutzung verschiedener Daten meist nicht sehr aussagekräftig.

Das „Retrospective Registration Evaluation Project" an der *Vanderbilt University – School of Engineering* [1] versucht dieses Problem durch eine öffentlich zugängliche Bilddatenbank zu lösen. Dennoch bleibt bei dieser Datenbank, selbst bei Vernachlässigung der begrenzten Genauigkeit der Referenztransformation (ca. 1 mm), das Problem der eingeschränkten Datenvariabilität. So sind Störgrößen wie Rauschen und Geometrieinhomogenitäten nicht nur vom aufgenommenen Objekt, sondern auch vom Aufnahmengerät abhängig. Wollte man all diese Parameter in angemessener Weise berücksichtigen, so würde die Anzahl von Datensätzen dramatisch steigen.

Deshalb wurde während der Entwicklungsphase von Fusionsalgorithmen auf die Simulation realistischer Datensätze zurückgegriffen [3,4]. Dies erlaubt die freie Parameterwahl für die Transformation und das Hinzufügen von Artefakten.

2.3 Modellierung des Bildgewinnungsprozesses

Heutige Bildgewinnungssysteme stellen hoch entwickelte Geräte dar, deren Modellierung ein schwieriges Problem darstellt. Hinzu kommt, dass die physikalischen Vorgänge der Wechselwirkungen in biologischem Gewebe bei der Bilderzeugung (Emission, Absorption, Reflexion, Streuung...) äußerst komplex sind. Für einen ersten Ansatz der softwaremäßigen Simulation erscheint es demnach sinnvoll, geeignete Vereinfachungen vorzunehmen.

Als Ausgangsbasis für die Verfahren 3 und 4 dienen segmentierte und entsprechend dem Gewebetyp mit einer Nummer versehene (gelabelte) anatomische Daten. Anschließend werden sowohl algorithmische (z.B. Berechnung der Schichtdaten aus den Projektionen) als auch physikalische Vorgänge (z.B. Helligkeit und Verteilung der Grauwerte in Abhängigkeit des Labels, Addition von Rauschen...) softwaretechnisch nachgebildet. Dabei werden nur die wichtigsten Schritte und Einflussgrößen berücksichtigt (siehe [3,4,5,6]).

2.4 Implementierung des Verfahrens

Während der Fusionsalgorithmenentwicklung und für erste Voruntersuchungen wurde eine Simulationssoftware entsprechend [3] eingesetzt, die eine schnelle

Berechnung einfacher Phantomgeometrien unter Hinzufügen von Störungen ermöglicht. Da für den Vergleich verschiedener Fusionsalgorithmen jedoch die klinische Relevanz der Bilddaten eine entscheidenden Rolle spielt, wurde dafür auf die Daten aus [4] zurückgegriffen (aus segmentierten MRT- Daten simulierte PET-Aufnahmen mit und ohne Rauschen). Der Einsatz beliebiger anderer Ausgangsdaten ist jedoch problemlos möglich.

Diese Daten werden im nächsten Schritt wahlweise mit systematisch oder randomisiert variierten Parametern transformiert (Festkörpertransformation). Ein entsprechendes Auswertemodul gestattet das automatische Einlesen, Vorverarbeiten und (Rück-) Transformieren der Datensätze. Dabei ist es möglich, verschiedenste Matching-Funktionen einzubinden und hinsichtlich ihrer Genauigkeit zu untersuchen. Die Ergebnisberechnung erfolgt mit Hilfe von zusätzlich in die jeweiligen DICOM- Datei- Header eingebrachten Informationen über die Referenztransformation. Dieses Werkzeug erlaubt eine automatisierte Analyse von Algorithmen über eine große Anzahl von Datensätzen.

2.5 Ein Beispiel für die Anwendung des Verfahrens

Im folgenden wird der Einsatz des beschriebenen Verfahren am Beispiel einer intra- bzw. intermodalen Überlagerung (PET-PET bzw. MRT-PET) von dreidimensionalen Datensätzen veranschaulicht. Dabei wurden die Aufnahmen sowohl mit äquidistanten als auch mit randomisierten Parametern transformiert.

Für die Berechnung der Überlagerung wurden Algorithmen mit verschiedenen Optimierungskriterien für eine Festkörpertransformation mit 6 Freiheitsgraden herangezogen. Diese waren einerseits eine Bewegungsabschätzung (*Motion Estimation*) und andererseits die relative Entropie (*Normalised Mutual Information – NMI*).

Einige Ergebnisse der Untersuchung sind in Abb. 1 gezeigt. Dafür wurden die simulierten PET- Datensätze um bis zu 40 m m verschoben bzw. bis zu 45 Grad rotiert. Die relativ hohen Abweichungen gegenüber der idealen Überlagerung (bei Translation von MRT- PET bis zu 18 mm) sind hauptsächlich auf das, im Sinne einer *worst- case-* Abschätzung starke, hinzugefügte Rauschen in den PET- Aufnahmen zurückzuführen. Insgesamt konnte eindeutig festgestellt werden, dass die *NMI* genauer und robuster als der eingesetzte *Motion Estimation* Algorithmus ist.

3 Ergebnisse

Mit dem dargestellten Verfahren konnten die Algorithmen hinsichtlich verschiedenster Transformationsaufgaben untersucht und die Ergebnisse genau quantifiziert werden.

Die Analyse von Bildverarbeitungsalgorithmen durch eine numerische Bewertung erlaubt eine gezielte Optimierung von Verfahren während der Entwicklung, sowie einen objektiven Vergleich von Bildverarbeitungsalgorithmen. Durch entsprechende Erweiterungen dieses Ansatzes ist eine Schaffung von Standards für

Abb. 1. Gütemaße für verschiedene Fusionsalgorithmen.

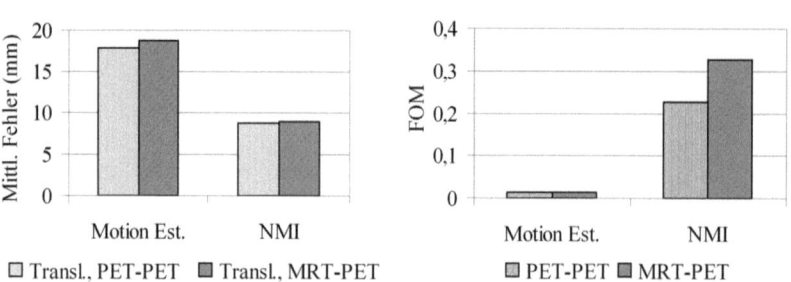

die Validierung bzw. die Qualitätssicherung von Methoden in der Bildverarbeitung möglich.

4 Ausblick

Künftige Untersuchungen werden weitere Algorithmen, Datensätze und Gütemaßzahlen einbeziehen, um ein universelles Werkzeug für die Entwicklung, Optimierung und den Vergleich von Bildverarbeitungsalgorithmen bereitstellen zu können. Diese Arbeit stieß bereits auf internationales Interesse, so dass eine Fortführung der Untersuchungen in einer internationalen Arbeitsgruppe geplant ist.

Literaturverzeichnis

1. West J, Fitzpatrick JM, Wang MY et al.: Comparison and Evaluation of Retrospective Intermodality Brain Image Registration Techniques. SPIE Medim '96 conference, Newport Beach, CA, February 10-15, 1996. vol. proc. SPIE 2710:332-347, 1996
2. Sobottka S, Uhlemann F, Beuthin- Baumann B, et al.: Genauigkeit der digitalen Bildfusion von PET und MRT/CT eines automatischen Matching- Algorithmus. Duffner, F.; Grote, E.H., 1. Jahrestagung der Sektion Neurochirurgie und Neuronavigation der Deutschen Gesellschaft für Neurochirurgie 05. und 06. Oktober 2001, Universitätsklinikum Tübingen - Klinik für Neurochirurgie:60, 2001
3. Uhlemann F: Segmentierung, Volumenbestimmung und Visualisierung medizinischer Daten verschiedener Modalitäten. Institut für Biomedizinische Technik, Fakultät Elektrotechnik, Technische Universität Dresden, Diplomarbeit, 2000.
4. Chodkowski B: A Simulation of Clinically Realistic PET Data and its Use in the Evaluation of Image Registration Algorithms. Master of Science, School of Engineering and Applied Science of George Washington University, 1996.
5. Kwan RKS, Evans AC, Pike GB: An Extensible MRI Simulator for Post-Processing Evaluation, Visualization in Biomedical Computing (VBC'96), Lecture Notes in Computer Science, vol. 1131, Springer,:135-140, 1996.
6. Grova C, Biraben A, Scarabin JM, et al.: A methodology to validate MRI/ SPECT registration methods using realistic simulated SPECT data. In W.J. Niessen and M.A. Viergever, editors, MICCAI 2001, Utrecht (The Netherlands), Lecture Notes in Computer Science, volume 2208:275-282, Springer, 2001.

Image Fusion of 3D MR-Images to Improve the Spatial Resolution

C. Vogelbusch[1], S. Henn[2], J.K. Mai[3], T. Voss[3] und K. Witsch[1]

[1]Mathematisches Institut, Lehrstuhl für Angewandte Mathematik,
Heinrich-Heine-Universität Düsseldorf, Germany
[2]Mathematisches Institut, Lehrstuhl für Mathematische Optimierung,
Heinrich-Heine-Universität Düsseldorf, Germany
[3]Institut Anatomie I, Heinrich-Heine-Universität Düsseldorf, Germany
eMail:Christoph@VogelbuschNet.de

Summary. In this paper we present an approach to combine the information of n MR images the so-called source images $\{S_i\}_{1 \le i \le n}$ – monitored from different directions – into a so-called fused image I which should include the features of each source image. The so-called image fusion process cuts into two steps. First an affine linear mapping is determined, so that the so-called sum of squared differences, between the source images is as small as possible. Furthermore, a trilinear interpolation is used to combine the information of the matched source images. The image fusion approach is tested on real MR images provided by the Institute of Anatomie I, Heinrich-Heine-Universität Düsseldorf.

1 Introduction

The resolution of MR images has been steadily increased during the past years. However, it is still very limited with respect to the underlying histology. The resolution obtained in clinical settings is normally in the range of one square-millimeter; the magnification at which the structural information is derived by light microscopy is higher by a factor of between 100 and 1000. This means that the correlation between morphological and functional information is far from optimum.

Our goal is to narrow the gap in resolution between clinical MR images and underlying tissue. The imaging modalities providing the highest resolution, however, obtain this only in two but not in three dimensions greatly affecting 3-dimensional reconstruction. In order to compensate for the loss of detail we developed a image fusion approach which renders an increased resolution throughout tissue volume. Image fusion is a way of combining information of several images given e.g. by different spatial resolution or different sensors. The result is a product that synergistically combines the best features of each of its components. In this paper we provide a powerful image fusion approach to combine MR images together.

In our situation n 3D-MR source images $\{S_i\}_{1 \le i \le n}$ from a single object, recorded in frontal, sagittal and/or horizontal direction are given. Each set consist of a moderate number of slides (e.g. 70-100) with high resolution (e.g.

512×512). The aim of the proposed image-fusion approach is to incorporate information of the images to one fused image I with highest resolution (e.g. $512 \times 512 \times 512$), so that the details of the images are well preserved.

2 Image fusion of MR images

In the following the image fusion approach is illustrated for several MR images monitored from different directions. The MR images are recorded in the DICOM format. We start the image fusion process by an affine linear matching of the images. Within the matching process the reference image is defined w.l.o.g. by the first source image S_1. The optimal transformations are determined by minimizing the sum of squared differences

$$g(A,b) = ||S_1 - S_i(f^{(i)}(A,b))||_2^2 \quad \text{for} \quad i = 2, .., n \qquad (1)$$

between the reference and each template image $\{S_i\}_{2 \leq i \leq n}$. The considered mappings f depend crucial on the monitored direction of the reference image S_1. E.g., let S_1 be recorded in frontal, S_2 in sagittal and S_2 in horizontal direction, then the affine linear mappings are restricted to the form

$$f^{(i)}(A,b)(x) = \underbrace{M_1 \circ R \circ M_2}_{=:A} x + b = Ax + b \qquad (2)$$

where R is the rotation matrix according to the three axis (e.g., see [4]), b is the translation vector and

$$M_1 := \begin{pmatrix} 1 & 0 & 0 \\ 0 & s_2 & 0 \\ 0 & 0 & s_3 \end{pmatrix} \quad \text{resp.} \quad M_2 := \begin{pmatrix} s_1 & 0 & 0 \\ 0 & 1 & 0 \\ 0 & 0 & 1 \end{pmatrix} \qquad (3)$$

are scaling matrices. We combine the searched parameters to a vector $m = (s_1, s_2, s_3, r_1, r_2, r_3, b_1, b_2, b_3)^T$. This leads us to a nine-dimensional minimization problem $\min_m g(m)$ for each pair of images. To solve the optimization problem several approaches are proposed in the literature, e.g. the authors in [2,5] use the Powell-algorithm, in [7] the Downhill-algorithm, the minimization approach in [1,6] is based on a singular value decomposition and the Levenberg-Marquardt iteration is used in [3]. Due to the fact that in our application the condition of the resulting Jacobian is small, the resulting minimization problem is solved just by a Gauss-Newton iteration with additional line-search. Therefore we determine a descend direction

$$d = argmin_{\Delta m}\{||B\Delta m - r||\} \qquad (4)$$

with $h(x) = S_1(x) - S_i(f_i(x))$ and $x_{i,j,l}$ the Jacobian is defined by

$$B = \begin{pmatrix} \frac{\delta h(x_{1,1,1},m)}{\delta m_1} & \cdots & \frac{\delta h(x_{1,1,1},m)}{\delta m_9} \\ \vdots & \ddots & \vdots \\ \frac{\delta h(x_{n,m,l},m)}{\delta m_1} & \cdots & \frac{\delta h(x_{n,m,l},m)}{\delta m_9} \end{pmatrix} \quad \text{and} \quad r = \begin{pmatrix} h(x_{1,1,1},m) \\ \vdots \\ h(x_{n,m,l},m) \end{pmatrix}, \qquad (5)$$

by solving it's normal-equations $B^T B \Delta m = B^T r$. The reason is that this way we just have to do a 9×9 Cholesky-composition. A QR decomposition is unnecessarily since the condition of this problem is acceptable small. B can be calculated either by a analytical differentiation or difference quotients. Of course there is no big difference between this possibilities, except the analytical differentiation leads to better results for small steps. The solution Δm is used in the line-search

$$\lambda^* = \arg\min_{\lambda>0} g(m + \lambda \Delta m) \tag{6}$$

as direction. For a fast minimization of the functionals (1) a multiresolution framework is developed. Therefore the problem is solved in lower resolutions first. As lower resolutions the images are restricted to half the size in each direction until a fixed image resolution is achieved. The minimization problem is solved first on the coarsest resolution, by using initial guess which includes no rotation, the DICOM-scalings and a translation that centers the images according to each other. The resulting solution vector is adapted to the next finer resolution and is used there as initial guess. This is done until the finest resolution is reached. In the second step of the image fusion process the images are fused to an image I, which contains all features of the source images $\{S_i\}_{1 \leq i \leq n}$. Therefore, we use just a trilinear interpolation for the voxels $\{S_i(f_i(x))\}_{2 \leq i \leq n}$ and the fused image I is determined by

$$I(x) = \frac{S_1(x) + \sum_{i=2}^{n} S_i(f_i(x))}{n}. \tag{7}$$

3 Discussion

The function f has to fulfill different conditions. It should allow translation, rotations and a global scaling as well as taking care of that each image has one direction with lower resolution. The last condition is the reason why the scaling M is split in (1). As the images are matched to the frontal, the frontal scaling has to be done before the rotation, while the sagittal and horizontal scaling has to be done after the rotation. This allows also the global scaling for small angles. As the angles have to be small one restriction is that the images must have the same orientation. Another restriction is, that so far the slides must be equidistant. Instead of extending the images in some way, we just leave out any calculation in th sum, that would use values that would be outside the boundary. This speeds up the convergence significantly, as no "fake" boundary falsifies the descent direction. It also allows the images to be slightly different in what they show. But this assumes our start value is good enough to find not only a local but a global minimum.

4 Results

The shown results in Figure 2 which is a central slide of a fused 3D-image is quite what we tried to accomplish. The image is smooth and the artefacts of

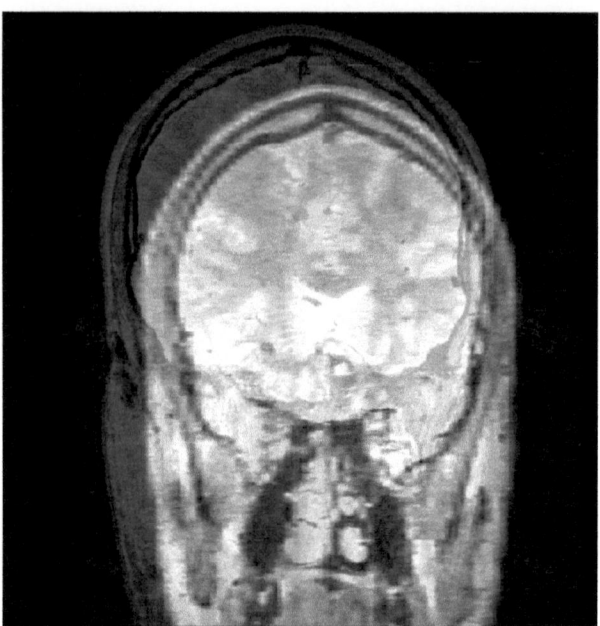

Fig. 1. The central slides of the unmatched frontal and sagittal image sets.

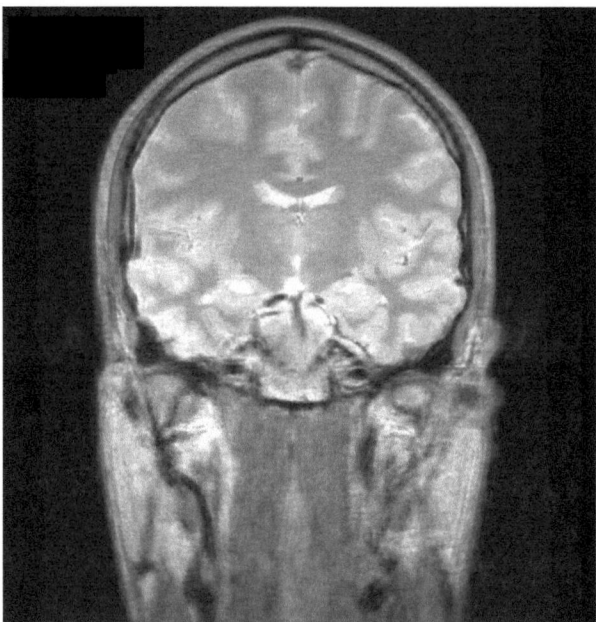

Fig. 2. . Central slide of the fused image.

the different resolutions are neglect able. In Figure 1 you see a slide of a given problem. The frontal image shown dark and the sagittal shown in white. One can notice the different resolutions of the images. Shown from this direction the frontal resolutions are high, while the sagittal has a low horizontal resolution. One can also notice that the sagittal image slide is not matching in any way to the frontal as we have a 3D-problem. In Figure 1 one can see the same frontal, but a different sagittal slide.

References

1. ARUN K.S., HUANG T.S. AND BLOSTEIN S.D., Least square fitting of two 3-D point sets, IEEE Trans PAMI, 9(5), pp. 698–700, 1987.
2. HATA N., SUZUKI M., DOHI T., ISEKI H., TAKAKURA K. UND HASHIMOTO D., Registration of ultrasound echography for intraoperative use: A newly developed multiproperty method, Proc SPIE, Vol 2359, Visualization in Biomedical Computing, SPIE Press, Bellingham, WA, pp. 251–259, 1994.
3. HAMADEH A., LAVALLEE S., SZELISKI R., CINQUIN P. UND PERIA O., Anatomy-based registration for computer-integrated surgery, Lecture Notes in Computer Science, Vol 905, Computer Vision, Virtual Reality and Robotics in Medicine, pp. 213–218, 1995.
4. H. HANDELS, Medizinische Bildverarbeitung, Teubner Verlag.
5. PELIZZARI C.A., CHEN G.T.Y., SPELBRING D.R., WEICHSELBAUM R.R. AND CHEN C.-T., Accurate tree-dimensional registration of CT, PET and/or MR images of the brain, Journal Comput. Assist. Tomogr., 13(1), pp. 20–26, 1989.
6. UMEYAMA S., Least-squares estimation of transformation parameters between two point patterns, IEEE PAMI 13(4), pp. 276–380, 1991.
7. Mangin J.F., Frouin V., Bloch I., Bendriem B. und Lopez-Krahe J., Fast nonsupervised 3D registration of PET and MR images of the brain, Journal of Cerebral Blood Flow and Metabolism, 14, pp. 749–62, 1995.

Registrierung von CT– und MRT–Volumendaten der Leber

Thomas Böttger[1,2], Nicole V. Ruiter[1], Rainer Stotzka[1], Rolf Bendl[3] und Klaus K. Herfarth[4]

[1]Institut für Prozessdatenverarbeitung und Elektronik,
Forschungszentrum Karlsruhe, 76133 Karlsruhe
[2]Abteilung für Medizinische und Biologische Informatik,
[3]Abteilung für Medizinische Physik,
Deutsches Krebsforschungszentrum, 69120 Heidelberg
[4] Radiologische Universitätsklinik, 69120 Heidelberg
Email: t.boettger@dkfz.de

Zusammenfassung. Es wird ein Verfahren zur automatischen Registrierung von CT– und MRT–Volumendaten der Leber vorgestellt. Die nicht-rigiden Deformationen wurden mittels Thin-Plate Splines modelliert. Ein Verfahren zur automatischen Berechnung der für die Thin-Plate Spline-Interpolation benötigten Kontrollpunkte wurde entwickelt und implementiert. Zur Optimierung der Registrierungstransformation wurde als Gütemaß Mutual Information verwendet.

1 Einleitung

Am DKFZ in Heidelberg werden Patienten mit Lebermetastasen mittels stereotaktischer Bestrahlung behandelt. Eine Phase I/II – Studie zeigte gute erste Ergebnisse [1]. Die für die Therapie notwendige Bestimmung von Dosis und Ort der Bestrahlung wird anhand von Computertomographie–Daten (CT) durchgeführt. Die Besonderheit liegt hierbei in der Abdominalkompression des Bauchraumes. Dadurch wird der komplette Bauchraum und somit auch die Leber fixiert. Bewegungen und Lageveränderungen durch Atmung oder Verdauungsvorgänge werden minimiert, was für eine möglichst genaue Reproduzierbarkeit der während der Planung ermittelten Tumorposition notwendig ist.

In den CT–Daten sind die Lebertumoren oft unvollständig oder überhaupt nicht erkennbar. Da die Bestrahlungsapparatur nicht MR–kompatibel ist, wird vor der Behandlung ein diagnostisches Magnetresonanztomogramm (MRT) aufgenommen. Im MRT kann man das kranke Gewebe deutlich besser identifizieren.

Um den Arzt bei der Planung der Strahlentherapie zu unterstützen, sollen die aus dem MRT gewonnenen Informationen über Ort und Größe des Tumors mit den Volumendaten des Planungs-CT fusioniert werden.

Diese Arbeit untersucht, inwiefern eine solche Datenfusion - die Registrierung der MRT– und CT–Daten - realisierbar ist. Es handelt sich hierbei um die Registrierung dreidimensionaler multimodaler Bilddaten weichen Gewebes. Die beschriebene Abdominalkompression erschwert die Registrierung in besonderem

Maße. Veröffentlichungen zur elastischen Registrierung von dreidimensionalen CT- und MRT-Daten der Leber waren zum Zeitpunkt der Arbeit nicht bekannt.

2 Methoden

Es wurde ein Verfahren implementiert, dass die Bilder in zwei Phasen registriert. Es wurden Schnittstellen zu *VIRTUOS*, der Bestrahlungsplanungssoftware des DKFZ, definiert und implementiert. Somit können die registrierten MRT-Datensatze im Therapieplanungssystem zur Verfügung gestellt werden.

Im ersten Schritt wird mittels rigider Transformationen eine initiale Überlagerung erzielt. Diese Registrierung dient als Startpunkt für die als zweites folgende nicht-rigide Registrierung. In diesem zweiten Schritt sollen vor allem die lokalen Deformationen des weichen Gewebes erfasst und modelliert werden. Der Registrierung geht eine Vorverarbeitung voraus. Hierbei werden sämtliche sichtbare Teile der Betrahlungsapparatur aus den Daten entfernt. Zusätzlich ist auch ein Resampling der Daten erforderlich, um eine gleiche Ortsauflösung der zu registrierenden Datensätze zu erhalten.

2.1 Rigide Transformation

Die Freiheitsgrade der rigiden Transformation ergeben sich aus dem dreidimensionalen Translationsvektor $t = (t_x, t_y, t_z)^T$ dessen Komponenten die Verschiebungen entlang der drei Raumrichtungen darstellen sowie einem Rotationswinkel φ, der die Rotation um die Körperlängsachse beschreibt. Somit lässt sich die rigide Transformation T_{rigid} eines Bildpunktes p mit den homogenen Koorddinaten $(x, y, z, 1)^T$ folgendermaßen darstellen:

$$T_{rigid} \begin{pmatrix} x \\ y \\ z \\ 1 \end{pmatrix} = \begin{pmatrix} \cos\varphi & -\sin\varphi & 0 & t_x \\ \sin\varphi & \cos\varphi & 0 & t_y \\ 0 & 0 & 1 & t_z \\ 0 & 0 & 0 & 1 \end{pmatrix} \begin{pmatrix} x \\ y \\ z \\ 1 \end{pmatrix} \quad (1)$$

2.2 Optimierung der rigiden Transformation

Während der Registrierung werden Transformationsparameter gesucht, welche die beiden Bilddatensätze in optimaler Weise überlagern. Die Güte des Registrierungsergebnisses wird dabei mittels des entropiebasierten Gütemaßes Normalized Mutual Information (NMI) bestimmt [2]. NMI hat sich besonders in der Registrierung multimodaler Bilddaten bewährt. Ausgehend von zwei Bildern, der Referenz R und dem transformierten Modellbild M^T, berechnet es sich wie folgt:

$$NMI(R, M^T) = \frac{H(R) + H(M^T)}{H(R, M^T)} \quad (2)$$

Während der Optimierung der Überlagerung zweier Bilder wird das Gütemaß NMI maximiert. Dazu wurde ein Gradientenabstiegsverfahren implementiert.

2.3 Nicht-rigide Registrierung

Zur Modellierung der elastischen Deformationen des Lebergewebes wird die Thin-Plate Spline-Interpolation [3] verwendet. Sie basiert auf der Überlagerung von anatomisch korrespondierenden Kontrollpunktpaaren, welche vom Anwender manuell in den Bilddaten bestimmt werden müssen. Im Folgenden wird ein Algorithmus vorgestellt, der den hohen Aufwand der manuellen Kontrollpunktwahl verringern soll.

2.4 Automatische Kontrollpunktberechnung

In Anlehnung an den von Likar und Pernus [4] entwickelten Ansatz zur hierarchischen Kontrollpunktberechnung in 2D wurde ein Algorithmus für den 3D–Fall entworfen.

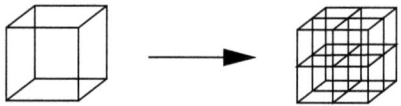

Abb. 1. Hierarchische Unterteilung der Volumina zur Kontrollpunktberechnung

Die Volumina werden, wie in Abb. 1 angedeutet, in jeweils 8 gleich große Teilwürfel unterteilt. Danach werden die Teilwürfel des Modellvolumens mit den Teilwürfeln der Referenz rigide registriert. Die Mittelpunkte der rigide registrierten Teilwürfel dienen dann wie bei Likar als Kontrollpunkte für die Thin-Plate Spline–Interpolation. Es folgt der nächste Verfeinerungsschritt.

3 Ergebnisse

Anhand zweier Datensätze wurden die implementierten Methoden untersucht. Dazu wurden in den beiden Originaldatensätzen anatomisch gleiche Punkte, sogenannte Landmarken, identifiziert. Als Landmarken wurden beispielsweise der Tumormittelpunkt oder markante Gefäße in der Leber verwendet. Die Landmarken wurden während der einzelnen Registrierungsschritte ebenfalls transformiert. Nach den jeweiligen Registrierungsphasen wurde der mittlere Abstand aller Landmarkenpaare berechnet und ausgewertet.

Nach der Vorverarbeitung der beiden Datensätze wurde die initiale rigide Registrierung automatisch hergestellt. Die Versuche haben gezeigt, dass diese automatische Registrierung die manuell durch einen Anwender erzielbare Genauigkeit erreicht [5]. Ausgehend von den rigide registrierten Datensätzen wurde die nicht–rigide Thin-Plate Spline-Interpolation durchgeführt.

Es wurden verschiedene Versuche mit manuell gewählten und automatisch berechneten Kontrollpunkten durchgeführt. Zusätzlich wurde der hierarchische Ansatz zur automatischen Kontrollpunktberechnung auf seine Funktionsfähigkeit hin untersucht.

3.1 Ergebnisse des Phantomversuches zur Thin-Plate Spline-Interpolation mit automatischer Kontrollpunktberechnung

Abb.2 zeigt die Ergebnisse der Thin-Plate Spline-Interpolation mit automatischer Kontrollpunktberechnung anhand eines Phantoms. Es ist gut erkennbar, wie der Algorithmus die lokalen Deformationen nachbildet.

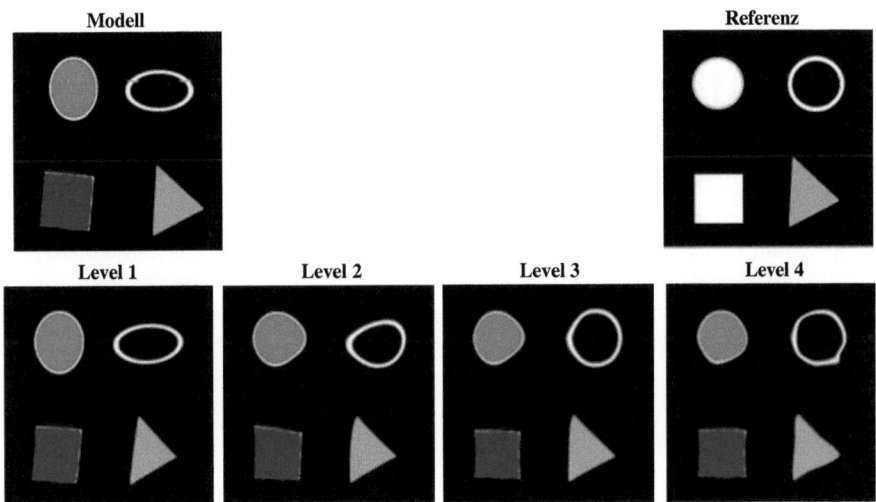

Abb. 2. Schichtbilder eines mittels Thin-Plate Splines registrierten Phantoms.(oben: Ausgangsdaten, unten: Ergebnisse der einzelnen Verarbeitungsstufen)

3.2 Ergebnisse der Thin-Plate Spline-Interpolation

Es wurde eine Analyse der Spline-Interpolation durchgeführt. Es wurden jeweils 5 Landmarkenpaare im Tumor definiert, deren mittlere Abstände nach den verschiedenen nicht-rigiden Deformationen verglichen wurden. Tabelle 1 zeigt die Werte für die unterschiedlichen Transformationen. Es wird deutlich, dass die Thin-Plate Spline-Interpolation basierend auf den manuell gewählten Kontrollpunkten ein gutes Ergebnis liefert. Bei Anwendung der automatischen Kontrollpunktberechnung verringert sich der Fehler nur leicht und steigt im weiteren Verlauf sofort wieder an.

4 Diskussion und Zusammenfassung

Der Versuch, ein weitgehend automatisches Registrierungsverfahren zu implementieren, war erfolgreich. Die initiale rigide Überlagerung bildet den Ausgangspunkt für die nicht-rigide Deformation. Die Ergebnisse der zweiten Registrierungsphase haben gezeigt, dass die sehr starken Deformationen der Referenzdaten mittels der angewandten Spline-Interpolation modelliert und die MRT-Daten erfolgreich mit dem Planungs-CT registriert werden können. Auf diesem

Tabelle 1. Mittlerer quadratischer Abstand der Landmarken bei Spline-Interpolation mit manuell gewählten und automatisch berechneten Kontrollpunkten.

Phase	pat_gk	pat_bb
	MSE [mm]	
Nach rigider Registrierung	16,4	15,0
Manuell	8,8	11,2
Automatisch L1	14,3	14,9
Automatisch L2	16,3	14,5
Automatisch L3	17,9	16,8

Weg können die aus dem MRT gewonnenen Kenntnisse über Größe und Lage des Tumors der Therapieplanung zugänglich gemacht werden.

Die Ergebnisse des Algorithmus zur automatischen Kontrollpunktberechnung entsprachen nicht den Erwartungen. Ein Grund dafür ist die geringe statistische Signifikanz der Histogramme, die für die Registrierung kleiner Teilbilder nicht ausreicht. Eventuell muss hier ein anderer Ansatz gewählt werden. Es bleibt zu überprüfen, inwiefern die durch Thin-Plate Splines modellierten Gewebedeformationen den durch die Abdominalkompression hervorgerufenen tatsächlichen Deformationen der Leber entsprechen. Im nächsten Schritt kann eine Studie angefertigt werden, die das Verfahren anhand einer statistisch relevanten Anzahl von Datensätzen überprüft.

Literaturverzeichnis

1. Herfarth KK, Debus J,Lohr F, Bahner ML et al.: Stereotactic Single Dose Radiation Therapy of Liver Tumors: Results of a Phase I/II Trial. J Clin Oncol, vol. 19, 165–170, 2001
2. Viola P: Alignment by Maximization of Mutual Information. PhD Thesis. MIT Artificial Intelligence Laboratory, June 1995
3. Bookstein FL: Principal Warps: Thin-Plate Splines and the Decomposition of Deformations. IEEE Transactions On Pattern Analysis and Machine Intelligence. vol. 11 no. 6, 576–585, 1989
4. Likar B, Pernus F: A Hierarchical Approach to Elastic Registration Based on Mutual Information. Image and Vision Computing,33–44, 1999.
5. Böttger, T: Registrierung von CT– und MRT–Volumendaten der Leber. Diplomarbeit IAIM, Universität Karlsruhe, IPE, Forschungszentrum Karlsruhe, 2002

Automatische, robuste Anpassung von segmentierten Strukturen an geänderte Organgeometrien bei der fraktionierten Strahlentherapie

C. Frühling, A. Littmann, A. Rau und R. Bendl

Abteilung für Medizinische Physik, Deutsches Krebsforschungszentrum,
69120 Heidelberg
Email: C.Fruehling@dkfz-heidelberg.de

Zusammenfassung. In der fraktionierten Strahlentherapie werden Patienten über einen längeren Zeitraum mit ionisierenden Strahlen behandelt. Im Körperstammbereich ist die Lage und Größe der Organe Schwankungen unterworfen. Um den Tumor sicher mit der notwendigen Dosis zu bestrahlen, muss der Therapeut ein grösseres Volumen bestrahlen. Die Strahlenbelastung des gesunden Gewebes könnte reduziert werden, wenn die Organbewegungen rechnerisch bestimmt und die Strahlenfelder vor jeder Dosisfraktion entsprechend angepasst würden. Dieser Artikel präsentiert einen Ansatz zur automatischen Anpassung bereits segmentierter Strukturen an Verifikationsaufnahmen. Diese Methode soll es zukünftig erlauben, vor jeder Dosisfraktion eine Kontrolle bzw. Anpassung des Therapieplans an die geänderte Anatomie durchzuführen.

1 Problemstellung

Bei der Tumorbehandlung mit Hilfe von ionisierender Strahlung sind zwei Randbedingungen zu beachten:

1. Das erkrankte Gewebe soll durch die Applizierung einer hinreichend großen Strahlendosis zerstört werden.
2. Das umliegende, bzw. das im Strahlengang liegende, gesunde Gewebe soll möglichst gering belastet werden.

Die Erfüllung dieser Randbedingungen wird durch die weitreichende Veränderungsmöglichkeiten bei der Organanordnung im Rumpf erschwert. Die große Variabilität der Organgeometrien ist dadurch begründet, dass die Lagerung des Patienten, die unterschiedlichen Füllgrade des Verdauungstraktes sowie eine evtl. Rückbildung des Tumors mit der einhergehenden Rückwanderung der Organe großen Einfluss auf die Anordnung und Gestalt der inneren Organe haben.

Die manuelle Segmentierung therapierelevanter anatomischer Strukturen und die Definition eines Strahlentherapieplans ist zeitaufwendig und erfordert ein großes Fachwissen. Daher wird diese Planung bisher bei der fraktionierten Strahlentherapie nur einmal zu Beginn der gesamten Therapie durchgeführt. Um die

Variabilität der Organgeometrie zu berücksichtigen und den Tumor sicher mit dem Therapiestrahl zu erfassen ist es i.d.R. notwendig, einen Bereich zu bestrahlen, der deutlich über den sichtbaren Tumor hinaus geht (Zielvolumen). Dadurch wird ein beträchtlicher Teil gesunden Gewebes der therapeutisch wirksamen Dosis ausgesetzt. Mögliche Nebenwirkungen im gesunden Gewebe begrenzen deshalb die Dosis, mit welcher der Tumor bestrahlt werden kann.

Das Ziel der adaptiven Strahlentherapie ist, den Bestrahlungsplan der sich verändernden Anatomie anzupassen, um so besser die Strahlendosis auf den Tumor konzentrieren zu können. Dadurch sinkt die Dosisbelastung im gesunden Gewebe und damit die Wahrscheinlichkeit für Nebenwirkungen. Gleichzeitig ergibt sich die Möglichkeit, die Dosis im Tumor und damit die Tumorkontrollwahrscheinlichkeit zu erhöhen.

2 Stand der Forschung

Der Zeitaufwand, der für die Planung einer tumorkonformen Strahlentherapie notwendig ist, wird entscheidend beeinflusst von der Zeit, die für die Segmentierung der therapierelevanten Strukturen notwendig ist. Eine Segmentierung ist zur quantitativen Evaluation der Bestrahlungspläne notwendig. Da sich Zielvolumen und oft auch Bereiche mit sensiblen Risikostrukturen nicht an wahrnehmbaren Bildinformationen orientieren, sind bislang alle Ansätze zur automatischen Segmentierung gescheitert. Aufgrund des Zeitbedarfs ist es nicht möglich, vor jeder einzelnen Dosisfraktion Bildgebung, Segmentierung und Therapieplanung zu wiederholen. Durch die Verfügbarkeit von CT Scannern in unmittelbarer Nähe des Therapiegerätes ist es in jüngster Zeit möglich geworden, vor einer Dosisfraktion Verifikationsdatensätze zu akquirieren. Eine konventionelle Segmentierung der therapierelevanten Strukturen in diesen Bildsequenzen dauert aber zu lange und kann nicht vor der Bestrahlung erfolgen. Damit ist eine sofortige Modifikation des Bestrahlungsplans nicht möglich.

3 Wesentlicher Fortschritt durch diesen Beitrag

Der hier vorgestellte Ansatz basiert auf der schnellen, automatischen Anpassung der zu Beginn der Behandlungsserie erstellten Planungsdatensätze an die aktuelle Patientengeometrie, die mit Hilfe von CT Verifikationsaufnahmen vor jeder Bestrahlungsfraktion bestimmt wird. Wenn es gelingt, eine elastische Transformation zu finden, die alle Voxel des Planungsdatensatzes ausreichend gut auf den Verifikationsdatensatz abbildet, können die zuvor segmentierten Strukturen der gleichen Transformation unterworfen werden. Damit könnte der Aufwand für die Segmentierung vermieden bzw. deutlich reduziert werden. Die besonderen Randbedingungen werden durch den engen zeitlichen Rahmen und durch den schwachen Weichteilkontrast in den CT Bildserien gegeben. Erste Tests haben gezeigt, dass es mit dem implementierten Verfahren möglich ist, einen Standardplanungsdatensatz in kurzer Zeit (< 2 min) an eine Verifikationsbildsequenz anzupassen.

4 Methoden

Das Verfahren beruht auf der Kombination von Template Matching und der Auswertung des optischen Flusses. Die Anwendung optischer Flussmethoden findet normalerweise ihre Grenzen, wenn Bewegungen grösser als die zu beobachtenden Objekte sind bzw. in Regionen mit überwiegend homogenen Strukturen. Deshalb kombinieren wir diesen Ansatz mit einer Template Matching Methode [1] , bei der initial korrespondierende Bildbereiche gesucht werden. Die elastische Transformation zwischen beiden Datensätzen wird dadurch ermittelt, dass Transformationen, die zwischen kleinen korrespondierenden Bildregionen (Templates) berechnet werden, mit Hilfe eines Thin-plate-spline Verfahrens über das gesamte Datenvolumen propagiert werden. [2] Die Qualität aber auch die Performance dieses template-basierten Ansatzes hängt entscheidend von der Anzahl der ausgewählten Templates ab. Wenige Templates liefern i.d.R. keine ausreichend gute Gesamttransformation, sie können aber eine ausreichend gute Abschätzung liefern, so dass das nachfolgende Flussverfahren nur noch die Aufgabe hat, die gefundenen Verschiebungsvektoren in engen Grenzen zu modifizieren.

4.1 Korrespondenzbestimmung

In einem ersten Schritt werden in den Bildern Templates bestimmt. Dies sind markante Bildbereiche, die sich durch ihre höhere Varianz von den umliegenden Bereichen unterscheiden. Als Ähnlichkeitskriterium zum Auffinden der korrespondierenden Bildregion verwenden wir einen modifizierten Korrelationskoeffizienten. Da es sich bei der gegebenen Aufgabenstellung um die Registrierung mono-modaler Bildsequenzen handelt, ergäbe sich aus der Verwendung der Mutual Information kein Vorteil, gleichzeitig erfordert dieses Verfahren eine gewisse Größe der zu vergleichenden Bildbereiche. Um die Transformation zwischen Templates möglichst präzise bestimmen zu können, sollte deren Größe aber relativ gering sein. Die Suche nach korrespondierenden Regionen in der Kontrollaufnahme erfolgt ausgehend von den ursprünglichen Koordinaten eines Templates unter Berücksichtigung bereits gefundener Transformationen von benachbarten Templates mit Hilfe der Powell-Optimierung.[3]

4.2 Bewegungsberechnung

Die Transformationen zwischen den einzelnen Templates werden mit Hilfe des Thin-Plate-Spline Ansatzes [2] über das ganze Volumen propagiert. In einem zweiten Schritt erfolgt eine detailliertere Bewegungsbestimmung über die Auswertung des optischen Flusses in einer Auflösungspyramide. Die hierarchische Bestimmung des optischen Flusses [4] wurde gewählt, da dieser Ansatz eine grobe Bestimmung des optischen Flusses auch für Regionen mit geringem Informationsgehalt (homogene Regionen) verspricht. Weiterhin kann so eine Heuristik zur Bewertung der berechneten Bewegungen implementiert werden.

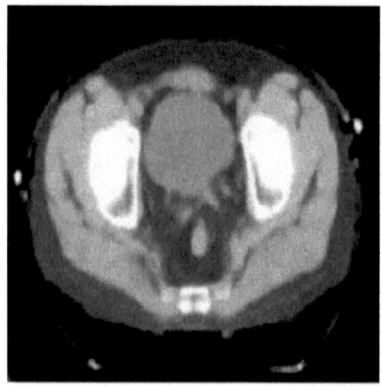 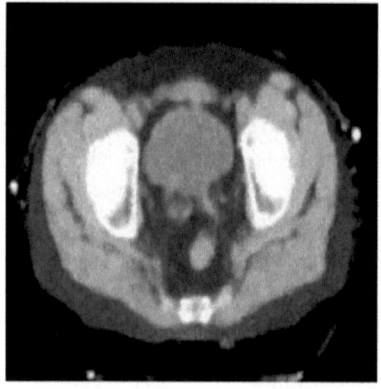

Abb. 1. Originalbild: Behandlungsbeginn

Abb. 2. Originalbild: Kontrollaufnahme

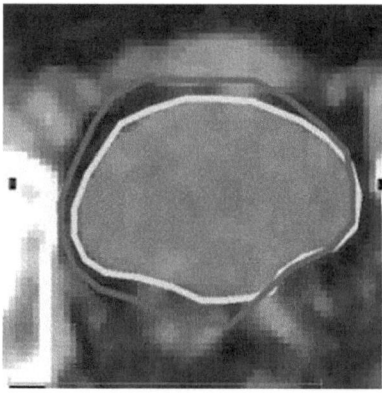 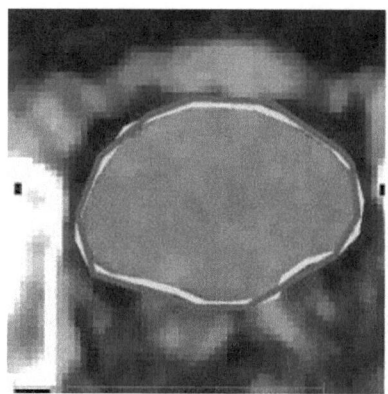

Abb. 3. Kontrollaufnahme mit Blasenkontur (dunkel) und Kontur aus Planungs-CT (hell)

Abb. 4. Kontrollaufnahme mit angepasster Blasenkontur (dunkel) und Kontur aus Planungs-CT (hell)(weitere Informationen s. Text)

5 Ergebnisse

Das Verfahren wurde bisher anhand einiger weniger CT-Datensätze von Prostata-Patienten evaluiert. Der Algorithmus lieferte bei Verschiebungen um mehrere Zentimeter bei gleichzeitiger Rotation des Körpers um seine Längsachse korrekte Ergebnisse.

Die Verwendung der Varianz als Auswahlkriterium für die zur Korrespondenzbestimmung verwendeten Templates macht das Verfahren anfällig für kleinere Bilddefekte und Bildrauschen. Dieses Problem kann durch die Vorschaltung eines Median-Filters stark reduziert werden.

Die Anpassung der vordefinierten Strukturen war bei einer Auflösung von 256x256 Bildpunkten in 36 Schichten auf einem Pentium 3 mit 800MHz in ca. 5 Minuten möglich. Auf einem Pentium 4 mit 2,4 GHz wurden noch 1:25 Minuten benötigt.

5.1 Bildbeispiele

Bild 1 zeigt eine CT Schicht des Planungsdatensatzes, Bild 2 eine annähernd korrespondierende des Verifikationsdatensatzes. Bild 3 und 4 zeigen einen vergrößerten Ausschnitt der Region der Blase aus Bild 2. Dem Bild 3 sind zwei Konturen überlagert. Eine davon umfasst direkt die Blase, sie wurde auf Basis von Bild 2 durch den Strahlentherapeuten zu Kontrollzwecken segmentiert. Die grössere Kontur zeigt die Blasendefinition auf Basis des Planungs-CTs. Aufgrund der gefundenen Transformation wurde diese Kontur deformiert und passt in Bild 4 ausreichend gut zur Segmentierung, die durch den Therapeuten erfolgte.

6 Diskussion

Unter Verwendung des optischen Flusses alleine ist die Bestimmung der Transformationen in vielen Fällen nicht zuverlässig möglich. Gerade bei großen Lageveränderungen des Körpers oder starken Organbewegungen ist die initiale Approximierung der Bewegung mit Hilfe von Templates eine gute Initialisierung für die Berechnung des optischen Flusses. Beide Verfahren ergänzen sich und machen das Verfahren insgesamt robuster und gleichzeitig detailgenauer. Die Kombination mit dem Flussverfahren ermöglicht, die Anzahl der Regionen beim templatebasierten Verfahren klein zu halten und verkürzt damit die Rechenzeit. Bislang wurde das Verfahren nur an wenigen Datensätzen evaluiert, aufgrund der positiven Erfahrungen soll eine umfangreichere Evaluation unter klinischen Bedingungen erfolgen. Durch die Einbeziehung zusätzlicher Constraints (z.B. Kenntnisse über die Lage knöcherner Strukturen) hoffen wir sowohl Präzision als auch Performance des Verfahrens weiter zu verbessern.

Literaturverzeichnis

1. P. Rösch et al. Template selection and rejection for robust non-rigid 3D registration in the presence of large deformations. In *SPIE 2001 Medical Imaging, San Diego*, 2001.
2. F.L. Bookstein. Principal Warps: Thin-Plate Splines and the Decomposition of Deformations. *IEEE Transactions on Pattern Analysis and Machine Intelligence*, 11(6):567–585, 1989.
3. W.H. Press, S.A. Teukolsky, W.T. Vetterling, B.P. Flannery. *Numerical Recipes in (C): The Art of Scientific Programming*. Cambridge University Press, 1993.
4. J. Weber, J. Malik. Robust Computation of Optical Flow in a Multi-Scale Differential Framework. *International Journal of Computer Vision*, (2):5–19, 1994.

Intraoperative Bildverarbeitung zur Verbesserung MRT-gestützter Interventionen
Erweiterung auf nicht-neurochirurgische Anwendungen

Harald Busse[1], Michael Moche[1], Matthias Seiwerts[1], Jens-Peter Schneider[1], Arno Schmitgen[2], Friedrich Bootz[3], Roger Scholz[4] und Thomas Kahn[1]

[1] Klinik für Diagnostische Radiologie, Universität Leipzig, 04103 Leipzig
[2] Fraunhofer-Institut für Angewandte Informationstechnik, 53457 St. Augustin
[3] Klinik für Hals-, Nasen-, Ohrenheilkunde / Plastische Operationen, Universität Leipzig, 04103 Leipzig
[4] Orthopädische Klinik, Universität Leipzig, 04103 Leipzig
Email: busse@medizin.uni-leipzig.de

Zusammenfassung. Neben der prä- und postoperativen Diagnostik wird die MRT auch zunehmend zur Navigation therapeutischer Maßnahmen eingesetzt. In einem vertikal offenen MRT-System können Intervention und Bildgebung ohne zwischenzeitliche Umlagerung des Patienten durchgeführt werden. Die fortlaufende Bildgebung genügt jedoch nicht immer den Anforderungen an eine zielgenaue und schnelle Navigation. Daher wurde in eine vorhandene iMRT-Umgebung ein in dieser Hinsicht verbessertes Navigationssystem auf PC-Basis implementiert und klinisch eingesetzt. Im Gegensatz zur herkömmlichen Navigation auf der Basis präoperativer Daten erlaubt das erweiterte System eine intraoperative Aktualisierung der Referenzdaten und somit auch einen Einsatz in verschieblichen Organen.

1 Einleitung

Für die Planung, Steuerung und Kontrolle minimal-invasiver Eingriffe werden zunehmend bildgebende Verfahren, wie z.B. MRT, CT, Ultraschall, oder Durchleuchtungsradiographie, eingesetzt. Mit Hilfe intraoperativer MRT- (iMRT-) Systeme können sowohl Planung und Kontrolle als auch die eigentliche Intervention in der selben bildgebenden Einheit durchgeführt werden. Obwohl die iMRT die Vorteile eines hohen Weichteilkontrasts und einer freien Angulierbarkeit bei fehlender ionisierender Strahlung bietet, mangelt es offenen MR-Scannern – ausgezeichnet durch einen freien Patientenzugang – oft an ausreichender Bildqualität, hohen Bildwiederholraten, geeigneten Planungsoptionen und der Möglichkeit, wertvolle externe Bildinformationen zu integrieren. Um die Sicherheit der Eingriffe zu erhöhen, muss die unterstützende Bildgebung jedoch sehr genaue und aktuelle Informationen über den Interventionsverlauf im Inneren des Körpers bereitstellen.

In der Literatur werden unterschiedliche Ansätze zur bildgestützten Planung und Kontrolle von Interventionen, vornehmlich im neurochirurgischen Bereich,

Abb. 1. Schematische Übersicht der systemintegrierten (graue Pfeile) und der erweiterten Navigation (schwarze Pfeile).

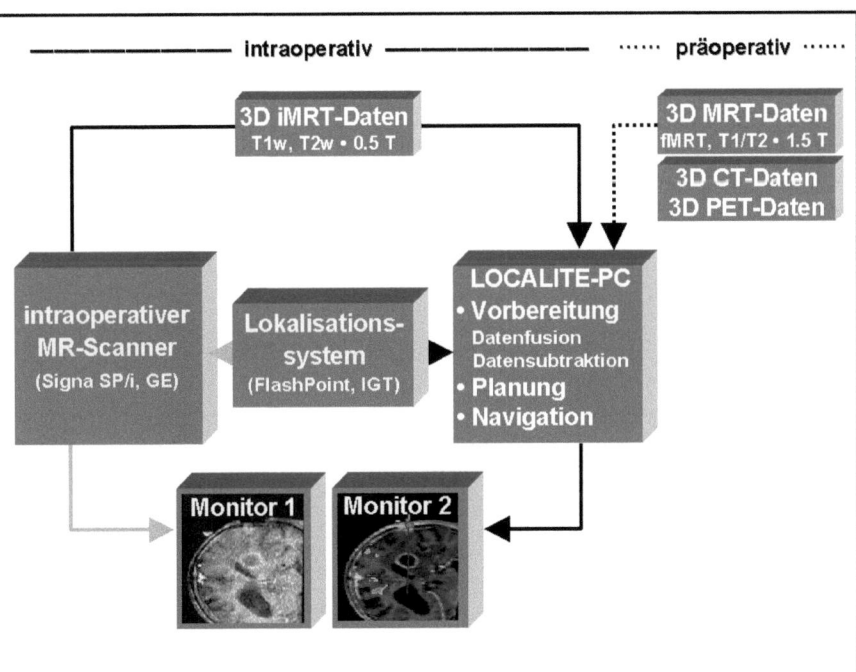

beschrieben [1,2,3,4]. Obwohl die Möglichkeit zur Integration von Bildinformationen anderer Modalitäten oder funktioneller Studien technisch realisiert wurde, sind auf den gegenwärtigen iMRT-Systemen noch keine Standardlösungen verfügbar. Kommerziell erhältliche Systeme sind vergleichsweise teuer, was ihre Verbreitung auf ausgewiesene Institutionen beschränkt. Software-Lösungen, die auf einer einfachen Workstation oder einem handelsüblichen PC laufen, wurden lediglich experimentell realisiert. Daher wäre die Entwicklung eines erschwinglichen, flexibel erweiterbaren, und auf die klinischen Anforderungen unterschiedlicher Disziplinen zugeschnittenen Systems von großem Nutzen.

2 Material und Methoden

2.1 Bildgestützte Orientierung

Das PC-basierte, medizinisch zertifizierte System zur multimodalen, bildgestützten Führung operativer Eingriffe (LOCALITE GmbH, Bonn) wurde an die Komponenten eines bestehenden iMRT-Systems angepasst. Hierzu zählen ein offener 0,5 T Scanner (Signa SP/i, GEMS, Milwaukee, WI) sowie ein optisches Lokalisationssystem (Flashpoint, IGT, Boulder, CO), welches die 3D-Koordinaten (Position und Orientierung) eines Operationsinstruments mit einer Frequenz von rund 10 Hz (Tracking) an den PC überträgt (Abb.1). Zur systemintegrierten Navigation werden mit einer Wiederholrate von etwa 0,25 fps fortlaufend MR-Scans gemäß der jeweiligen Stellung des Instruments akquiriert. Im erweiterten Modus, werden entsprechend angulierte, hochqualitative Schichten aus einem zuvor übertragenen (Zeitbedarf: ca. 5 min) 3D-iMRT-Referenzdatensatz (Akquisition: ca. 5 min) rekonstruiert (MPR) und mit einer Bildwiederholrate von 3–4 fps sowohl im Kontrollraum auf dem PC-Bildschirm als auch oberhalb des Operationsfeld im Magnetraum auf einem LCD-Schirm dargestellt.

2.2 Datenfusion

Die Fusion der intraoperativ akquirierten Referenzdaten mit den präoperativen Daten weiterer Modalitäten (CT, MRT, fMRT, PET) wird in zwei Schritten durchgeführt. Zunächst muss der Benutzer interaktiv in beiden Modalitäten 3-5 anatomische Landmarken, wie z.B. die Augenlinsenmitte, Nasenspitze, oder äußere Gehörgänge, aufsuchen und markieren. Das Ergebnis dieser starren, marker-basierten groben Vorregistrierung wird im darauf folgenden automatischen Schritt durch eine iterative Simplex-downhill-Minimisierung auf mutual-information-Basis verfeinert und abschließend vom Experten auf seine Genauigkeit kontrolliert.

2.3 Enhancement-Visualisierung

Bei pathologischen Strukturen mit geringem Bildkontrast, z.B. kleinen Mammaläsionen, wird ein Differenzbild nach Kontrastmittelgabe (geringe anatomische Information) auf dem entsprechenden nativen Bild farbig überlagert. Sowohl das native als auch die KM-verstärkten 3D-Bilder werden in der selben Position aufgenommen, um lagerungsabhängige Bildverzerrungen zu minimieren. Bei verschieblichem Gewebe sollte die Zielregion zusätzlich fixiert werden, z.B. mit einer speziellen Kompressionseinheit bei Mammainterventionen.

3 Ergebnisse

Die klinischen Anwendungsbereiche des Systems lagen in Körperregionen mit unterschiedlichen Anforderungen an Bildkontrast und Navigation (Schädelbasis, Knochen, Weichteile, Mamma, Leber). Die Lokalisation pathologischer Befunde wurde im Vergleich mit der systemintegrierten Navigation als merklich schneller und einfacher beurteilt. Alle Zielregionen wurden vom Operateur ohne schwerwiegende Komplikationen erreicht.

Während bei Eingriffen am Gehirn zusätzliche Informationen über funktionelle Areale oder die genaue Tumorabgrenzung, z.B. aus fMRT-, diagnostischen (1.5 T) MRT-, oder PET-Untersuchungen, von großem Vorteil sind, war die Indikationsstellung für eine Datenfusion bei den hier betrachteten nicht-neurochirurgischen Patienten seltener. Die anspruchsvollen Eingriffe an der Schädelbasis erforderten eine genaue Orientierung entlang der dünnen, knöchernen

Abb. 2. Benutzeroberfläche und Screenshot einer Navigationsszene zur Platzierung eines Applikators für die Laserablation einer Lebermetastase. Zur Orientierung dienen der geplante Eintrittspunkt an der Hautoberfläche, der Zielpunkt im Tumor, sowie die momentane Position des Applikators (virtuelles Objekt).

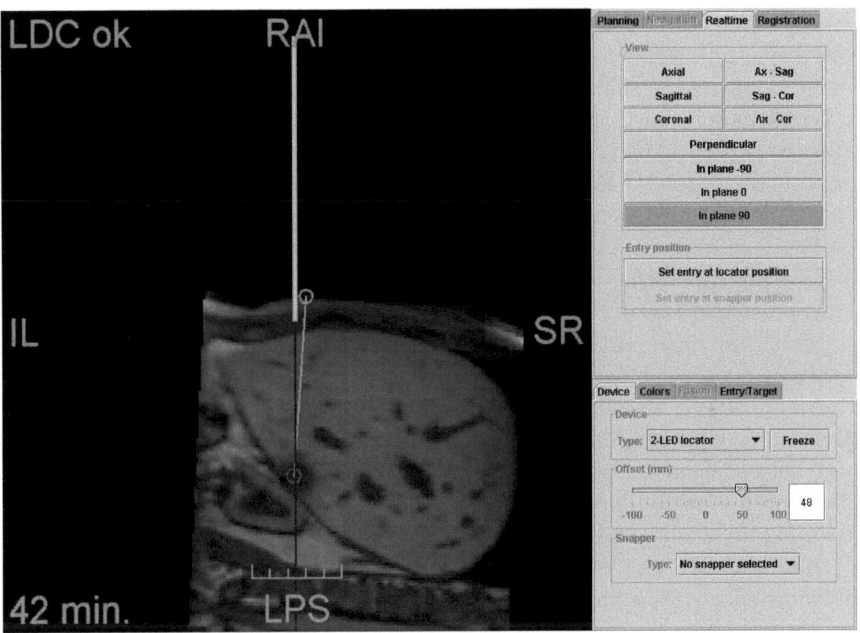

Strukturen, welche in allen Fällen durch Einblendung fusionierter CT-Daten gewährleistet werden konnte.

Mammaläsionen, welche nicht oder nur schwer auf konventionellen KM-verstärkten MR-Aufnahmen abgrenzbar waren, die aber auf einen malignen Prozess hindeuten, konnten mit dem genannten Subtraktionsverfahren bei allen durchgeführten Drahtmarkierungen eindeutig visualisiert und erreicht werden.

Trotz Atemverschieblichkeit der Leber konnten die eingebrachten Applikatoren für die LITT (Laserinduzierte interstitielle Thermotherapie) durch Wahl spezieller Beatmungsparameter (Patient in Vollnarkose) sowie weitgehender Fixierung des Abdomens genau platziert werden (Abb.2). Dieses Vorgehen trug wesentlich zum Erfolg der Lasertherapie bei.

Alle relevanten Schritte, der Datentransfer externer Modalitäten, die schnelle, semi-automatische Bildregistrierung (5–10 min), die farbige Enhancement-Visualisierung, sowie die interaktiv bestimmte Echtzeit-Schichtrekonstruktion (MPR) inklusive Darstellung wurden direkt vom PC aus gesteuert. Lediglich die Auswahl der Referenzpunkte für die grobe Vorregistrierung erforderte einen Benutzereingriff, alle anderen Schritte waren entweder automatisch oder nur mit geringem Aufwand verbunden.

4 Diskussion

Eine gute Bildqualität und schnelle Bildwiederholung sind die Grundlagen für eine komfortable Auge-Hand-Koordination. Gemeinsam mit der Integration zusätzlicher Bildinformationen wird die Effizienz und Sicherheit MRT-gestützter Eingriffe gesteigert. Die Bedienung des hier eingesetzten erweiterten Navigationssystem kann schnell, auch von Anfängern erlernt werden und erfordert nur wenige Benutzereingriffe.

Der Nachteil des hier beschriebenen Verfahrens scheint, dass die rekonstruierten Schichten (MPR) lediglich den intraoperativen Zustand zum Zeitpunkt der Aufnahme des 3D-Referenzdatensatzes widerspiegeln. Mögliche Abweichungen von der tatsächlichen Situation können jedoch jederzeit durch Vergleich mit den fortlaufend gescannten MR-Bildern erkannt werden.

Eine intraoperative Aktualisierung des Referenzvolumens stellt somit eine bemerkenswerte Lösung zur Korrektur von Gewebeverschiebungen dar, wie sie typischerweise nach partieller Gewebeentfernung (Resektion, Drainage von Flüssigkeiten) oder, im Falle des Hirns, nach Eröffnung der Dura auftritt. Für derartig komplexe Interventionen ist der Zeitaufwand für eine erneute Datenaufnahme und -Übertragung (ca. 15 min) im Verhältnis mit der Gesamtdauer der Intervention (Stunden) nahezu vernachlässigbar. Bei normalen Mammainterventionen oder Weichteilbiopsien ist eine derartige Aktualisierung bei regelrechter Fixierung nicht notwendig.

Diese Arbeit zeigt eindrücklich, wie verschiedene, vergleichsweise einfache Bildverarbeitungskomponenten klinisch umgesetzt werden konnten, um maßgeblich zur Effizienz anspruchsvoller Interventionen beizutragen. Die klinisch bedeutsame Erweiterung auf nicht-neurochirurgische Eingriffe wurde bisher dadurch erschwert, dass sich präoperativ erhobene Daten in verschieblichen Geweben nicht zur Navigation eignen. Erst durch die Kombination einer leistungsfähigen Navigation mit einer intraoperativen Bildgebung konnte der Anwendungsbereich erweitert werden.

Literaturverzeichnis

1. Roux FE, Boulanouar K, Ranjeva JP, et al.: Acta Neurochir (Wien) 141:71-79, 1999.
2. Gering DT, Nabavi A, Kikinis R, et al.: J. Magn. Res. Imaging 13:967-975, 2001.
3. Nimsky C, Ganslandt O, Kober H, et al.: Neurosurgery 48:1082-1089, 2001.
4. Moche M, Busse H, Dannenberg C, et al.: Radiologe 41:993-1000, 2001.

3D-Segmentierung des menschlichen Tracheobronchialbaums aus CT-Bilddaten

D. Mayer[1], S. Ley[1], B. S. Brook[2], S. Thust[1], C.P. Heussel[1], H.-U. Kauczor[1]

[1]Klinik für Radiologie, Johannes Gutenberg-Universität Mainz
[2]Medical Physics and Academic Radiology, University of Sheffield, UK
Email: dmayer@radiologie.klinik.uni-mainz.de

Zusammenfassung. Zur Erstellung eines mathematischen Lungenmodells zur Simulation individueller inhalativer Therapien ist die genaue Geometrie des menschlichen Tracheobronchialbaums notwendig. Diese wird durch eine intelligente 3D-Segmentierung aus CT-Datensätzen gewonnen. Der hybride Algorithmus wurde umfangreich auf unterschiedlichen Bildmaterialien manuell evaluiert.

1 Einleitung

Inhalative medikamentöse Therapien werden zunehmend für Atemwegs- und systemische Erkrankungen eingesetzt. Für neue Entwicklungen, z.B. der Verabreichung von Insulin oder Schmerzmitteln, ist eine genaue individuelle Dosierung erforderlich, um lebensbedrohliche Komplikationen zu vermeiden. Dazu wird ein Modell benötigt, das Applikation, Deposition und Aufnahme der inhalierten Medikamentenmenge individuell vorausberechnen kann. Das EU-Projekt COPHIT hat das Ziel, ein mathematisches Lungenmodell zu entwickeln, das auf CFD (Computational Fluid Dynamics) zur Simulation der Gas- und Partikelverteilung im menschlichen Atemwegsystem aufbaut. Für diese Berechnungen muss die genaue Geometrie des Tracheobronchialbaums bekannt sein, die durch Segmentierung von computertomographischen (CT) Datensätzen gewonnen wird.

Die Segmentierung der gut kontrastierten Luftwege wird im wesentlichen durch Partialvolumeneffekte und Bildrauschen erschwert, so dass vor allem die Erkennung der peripheren Bronchien anspruchsvoll wird. Es existiert bereits eine breite Anzahl von Arbeiten über die Segmentierung von Bronchialsystemen, die sich überwiegend in 4 Gruppen einteilen lassen [1]. Viele Ansätze verwenden ein schwellbasiertes Region-Growing, die jedoch nur schwer in die Peripherie vordringen können und leicht ins Lungengewebe auslaufen. Zu den wissensbasierten Lösungen zählen vor allem die Arbeiten von Sonka [2]. Evaluierungen an menschlichen Datensätzen sind jedoch nicht bekannt. Andere Segmentierungsansätze werden durch Mittelachsentransformationen unterstützt. Da auch ihre Berechnung nicht fehlerfrei ist, kann sich die Abhängigkeit beider Komplexe nachteilig auswirken. Zur letzten Gruppe gehören mathematische Bildoperationen, die morphologische Eigenschaften innerhalb einer Bildschicht erkennen. Diese werden jedoch erst in einem anschließenden Arbeitsschritt zu einem 3D Endergebnis rekonstruiert.

Der in der vorliegenden Studie verfolgte Ansatz zur Segmentierung des Bronchialbaumes beschreibt ein hybrides 3D Region-Growing, das anhand von einfachem anatomischem Wissen Fehlsegmentierungen vermeidet. Es arbeitet auf Bilddaten aus CT Routineuntersuchungen, die einerseits unterschiedliche Erkrankungen und andererseits die individuelle Anatomie enthält. Daneben wurden verschiedene geräteinterne Rekonstruktionsalgorithmen (flächen- und kantenbetont) evaluiert, um eine von der Bildrekonstruktion weitgehend unabhängige Software zu erzeugen. Die Qualität des Segmentierungsalgorithmus wurde erstmals umfangreich manuell evaluiert.

2 Material und Methode

Bilddaten der Mehrschicht CT wurden an einem Siemens Somatom Volume Zoom CT-Scanner während der Routineuntersuchung akquiriert (Schichtdicke 1,25 mm; Kollimation 1,0 mm; Inkrement 1,0 mm) und mit drei verschiedenen Rekonstruktionsalgorithmen (AB 30, 40, 50) nachverarbeitet.

Zur Segmentierung wurde ein hybrides Bereichswachstumsverfahren entwickelt, das mit zwei Schwellwerten arbeitet. Der Algorithmus besteht aus drei Modulen (2.1 bis 2.3) mit sich jeweils ergänzenden Fähigkeiten, die zur Erkennung unterschiedlicher Strukturen des Tracheobronchialbaums eingesetzt werden. Ihr Einsatz richtet sich nach der Verlaufsrichtung des Gefäßes im Raum, so dass die Auswirkung des Partialvolumeneffektes im besonderen Maße berücksichtigt werden kann. Ist das Verfahren einmal gestartet, interagieren alle Module solange automatisch miteinander, bis das Bereichswachstumsverfahren keine weiteren Bildpunkte mehr anlagern kann. Protokolle überprüfen durch einfaches anatomisches Wissen, ob die Segmentierungsergebnisse z.B. schlauchförmig sind und sich zur Peripherie hin verjüngen (Abb. 1).

Mit den beiden Schwellwerten wird das Bildvolumen pauschal in drei Kategorien unterteilt. Kategorie I umfasst alle Bildpunkte mit einer Röntgendichte kleiner -950 HE, die definitiv als Luftweg verstanden werden. Bereiche größer -775 HE bleiben von der Segmentierung unberücksichtigt, sie gehören als umgebendes Gewebe zur Kategorie III. Für die Bildpunkte der dazwischenliegenden Kategorie II kann aufgrund der Röntgendichte nicht global entschieden werden, ob sie noch zu den Luftwegen oder bereits zum Lungengewebe gehören. Diese teilweise durch Partialvolumeneffekte geprägte Kategorie II wird von den einzelnen Module durch Fuzzy Logik Systeme in Luftwege und Lungengewebe klassifiziert.

2.1 Seeding

Die Segmentierung startet nach manueller Vorgabe eines Vektors mit einem N6 Region-Growing, das nur auf der Kategorie I arbeitet. Um Bildrauschen zu unterdrücken und ein mögliches Auslaufen in das Lungengewebe zu verhindern, werden die Bildpunkte über eine kubische Texturmaske (3x3x3 Voxeln) klassifiziert. Dazu eignen sich besonders statistische Merkmale der 1. Ordnung wie die Momente. Dieses Modul arbeit schnell und erkennt die weiten Luftwege.

2.2 Wellensegmentierung

Bei der Wellensegmentierung handelt es sich primär um ein 2D Verfahren, das die Wände der Bronchien innerhalb einer Bildschicht klassifiziert. Dazu werden von bereits segmentierten Bereichen Wellen über eine einzelne Bildschicht ausgesandt. Auf jeder Welle werden die Bronchuswände bestimmt, das eingeschlossene Wellensegment wird als Luftweg angenommen. Das neu hinzugewonnene Segment ist der Ausgangspunkt zum Übertrag auf die nächste Welle, auf der wiederum nach der Bronchuswand gesucht wird.

Zur Klassifikation von Wandelementen aus Kategorie II dient ein Fuzzy System, das als Inputvariablen die Dichte des Bildpunkts, die lokale Steigung und das Wissen über die Wandelemente der vorherigen Welle erhält. Die Wellensegmentierung wird solange fortgesetzt, bis das Ende des Bronchus erreicht ist. Ein mitlaufendes Protokoll überprüft durch Form- und Größenparameter wie authentisch die Ergebnisse sind und entfernt ggf. wieder Teile der Segmentierung. Verzweigt sich ein Bronchus innerhalb der Bildschicht, wird die Aufteilung rekursiv verfolgt. Da sich der Bronchus auch in den benachbarten Bildschichten fortsetzen kann, werden simultan zwei Wellen mitgeführt, die eine Segmentierung in den Nachbarschichten rekursiv fortsetzen.

Die Klassifikation in 2D wird gegenüber einem 3D Ansatz bevorzugt, um auch Datensätze mit höherer Schichtdicke (z.B. 3,0 mm) besser bearbeiten zu können. Die Wellensegmentierung erkennt vor allem axial, aber auch größere vertikal verlaufende Bronchien.

2.3 Template Matching

Um die im Bildmaterial nur noch fragmental erscheinenden peripheren Luftwege zu segmentieren, dient ein Template Matching Ansatz. Auch dieses Verfahren klassifiziert innerhalb einer Bildschicht, verfolgt die Bronchien aber über benachbarte Bildschichten in vertikaler Richtung. Zuerst wird durch ein temporäres 2D Seeding das Lumen als erste Näherung bestimmt. Ausgehend von der Lumengröße werden Templates generiert, mit denen der Bereich vom Lumen zur fragmentalen Bronchienwand bestmöglich geschlossen werden soll. Dazu werden die Templates an verschiedenen Positionen nahe dem bereits bestimmten Lumen platziert. Das temporäre Seeding wird wiederholt, diesmal werden auch alle Bildpunkte der Kategorie II, die von dem Template erfasst sind, hinzugefügt. Durch die verschiedenen Positionierungen der Templates entsteht eine Vielzahl an segmentierten Bereichen unterschiedlicher Form. Durch ein Fuzzy System wird geprüft, ob die ermittelten Bereiche zu einem Bronchus gehören. Inputvariablen sind der mittlere Grauwert des Bereiches und der Kontrast zur umgebenden Hülle. Das beste Resultat wird übernommen, wenn es ein Minimum an Qualität erreicht. Das Template Matching wird für die Segmentierung der kleinen, vertikal verlaufenden Bronchien eingesetzt.

3 Evaluierung und Ergebnisse

Es wurden bei 22 zufällig ausgewählten Patienten mit unterschiedlichen Erkrankungen (gesund = 8, Emphysem = 5, flächige Verschattungen = 9) alle Generationen der segmentierten Bronchien der Lunge manuell von einem erfahrenen Thoraxradiologen auf ihre Richtigkeit überprüft (insgesamt 6063 Bronchien). Für die ersten 7 Verzweigungsgenerationen des Bronchialbaums wurde festgehalten, wie viele Verzweigungen auf den CT-Aufnahmen effektiv erkennbar waren, welche vom Algorithmus erkannt wurden und wo Fehlsegmentierungen vorlagen. Dies wurde für das beschriebene Standardverfahren der Segmentierung und zwei weitere Einstellungen der Software, ein reines Schwellwert und ein manuell optimiertes Verfahren, als Vergleichsmöglichkeit durchgeführt. Da auch die drei verschiedenen Rekonstruktionsalgorithmen ausgewertet wurden, ergeben sich insgesamt 54567 Bronchien auf ca. 60.000 CT Schichtbildern. Die Qualität der Segmentierung wird für jede Verzweigungsgeneration durch die Sensitivität (1) und dem positiven Vorhersagewert (PV) (2) beschrieben.

$$Sensitivität = \frac{gefundene\ Verzweigungen}{existierende\ Verzweigungen} \qquad (1)$$

$$PV = \frac{gefundene\ Verzweigungen}{gefundene\ Verzweigungen + Fehlsegmentierungen} \qquad (2)$$

Desto höher der zur Bildrekonstruktion verwendete Kernel (damit stärker kantenbetont, aber höheres Bildrauschen), je sensitiver konnte der Bronchialbaum segmentiert werden. Da der PV bei allen Kernels vergleichbar war, erzielten die kantenbetont rekonstruierten Bilddaten (AB 50) die besten Resultate. Die Segmentierung mit der Standardeinstellung liefert im Vergleich zum Schwellwertverfahren ein erhöhtes Vordringen in die Peripherie um ca. 3 Generationen. Mit der manuell optimierten Einstellung konnte die Standardsegmentierung noch einmal verbessert werden (Tab. 1). Die Qualität der Segmentierung von gesunden und emphysematischen Patienten war nahezu gleich, während Datensätze mit flächigen Verschattungen die Sensitivität auf der 5. Generation um ca. 40 % sinken ließen. Krankheiten dieser Kategorie können die Atemwege verengen.

Generation	Schwellwert Sens. (%)	Schwellwert PV (%)	Standard Sens. (%)	Standard PV (%)	manuell optimiert Sens. (%)	manuell optimiert PV (%)
3	97	100	96	100	96	100
4	81	100	94	100	94	98
5	53	100	85	93	86	93
6	28	99	59	91	60	89
7	9	100	28	91	30	92

Tabelle 1. Vergleich der Softwareeinstellungen Schwellwert, Standard und manuell optimiert. Sensitivität (Sens.) und positiver Vorhersagewert (PV) wurden auf Bilddaten gesunder Patienten, die mit Kernel AB50 rekonstruiert wurden, erhoben.

4 Diskussion

Mit SegoMeTex steht ein einfach zu handhabendes Segmentierungstool zur Verfügung, das auf Bilddaten der Mehrschicht CT mit unterschiedlicher Qualität bei verschiedenen Erkrankungen robust arbeitet. Die Segmentierungszeit pro Tracheobronchialbaum liegt im Bereich von 60 Sekunden (Intel Pentium III, 850 MHz). Programmoptionen bieten die Möglichkeit, die Segmentierungsergebnisse zu verbessern oder an besondere Gegebenheiten anzupassen, so dass auch die Segmentierung z.B. in Schweinelungen möglich ist. Der Algorithmus ist so modular aufgebaut, dass prinzipiell auch andere Gefäßsysteme segmentiert werden können. So konnten in Pilotuntersuchungen auch bereits die Pulmonalarterien (Abb. 2) segmentiert werden.

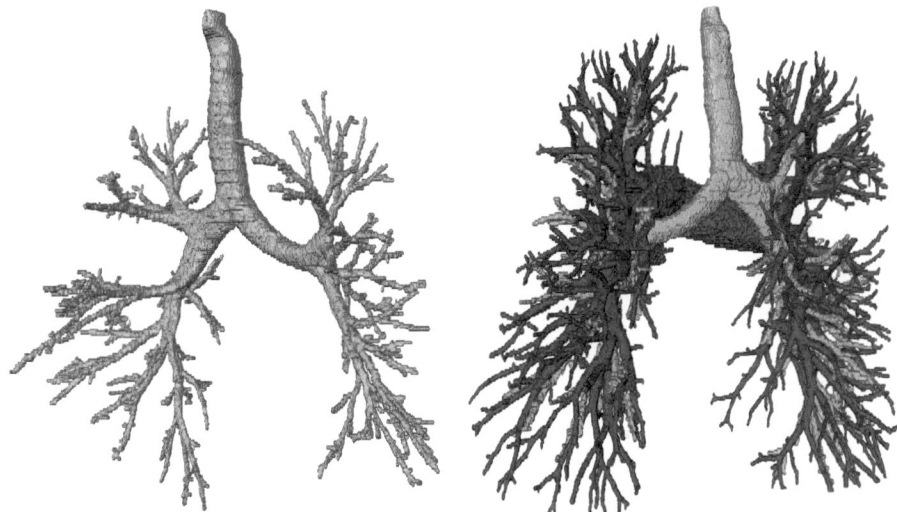

Abb. 1. 3D Darstellung der hybriden Segmentierung des Tracheobronchialbaums

Abb. 2. Segmentierter Bronchialbaum (hell) und Pulmonalarterien (dunkel)

Unterstützt von der Europäischen Kommission (IST-1999-14004: COPHIT") und DAAD / British Council

Literaturverzeichnis

1. Kirarly AP, Hoffman EA et al.: Three-dimensional Human Airway Segmentation Methods for Clinical Virtual Bronchuscopy. Acad Radiol 2002; 9:1153-1168
2. Park W, Hoffman EA, Sonka M.: Segmentation of intrathoracic airway trees: a fuzzy logic approach. IEEE Trans Med Imaging 1998, 17:489-497

Automated Segmentation of the Optic Nerve Head for Glaucoma Diagnosis*

Radim Chrástek[1], Matthias Wolf[1], Klaus Donath[1], Heinrich Niemann[1],
Torsten Hothorn[2], Berthold Lausen[2], Robert Lämmer[3],
Christian Y. Mardin[3] and Georg Michelson[3]

[1]FORWISS, Knowledge Processing Research Group, 91058 Erlangen
[2]Department of Medical Informatics, Biometry and Epidemiology
[3]Department of Ophthalmology and Eye Hospital
Friedrich-Alexander-University, 91054 Erlangen
Email: chrastek@forwiss.de

Summary. The diagnosis of glaucoma is closely associated with a morphological change in the optic nerve head (ONH), which can be examined with a scanning laser ophthalmoskop (Heidelberg Retina Tomograph). In this contribution a method for automated segmentation of the external margin of the ONH is presented. The method is based on morphological operations, Hough transform and Active Contours. The method was compared with a manually outlined margin on a subset of 159 subjects from the Erlangen Glaucoma Register. The correct classification rate was estimated to be 77.8% when using a tree-based classificator. This result is comparable with the estimated rate based on a manual outlining of the ONH.

1 Introduction

Glaucoma is the second most common cause of blindness worldwide. But it can be prevented if it is detected in its early stage. The diagnosis of glaucoma is closely associated with a morphological change in the optic nerve head (ONH) that can be examined with the Heidelberg Retina Tomograph (HRT). Shape parameters are calculated from the HRT mean topography images after manually outlining the contour line of the inner edge of Elschnig's scleral ring by an eye doctor into the HRT reflectivity image. This is not only time-consuming and subjective, this procedure also has a limited reproducibility. For that reason a method for automatic detection of the optic disc margin would be of great value. Furthermore it would provide the possibility to use the laser scanning tomography as tool in screening methods for glaucoma.

The HRT reflectivity image is first preprocessed in order to correct differences in illumination. Then, the rough position of the optic disc is estimated, a Region of Interest (ROI) is extracted, and the search space for the outer margin is restricted. In the last step, the estimated external border is smoothed by

---

* This work is funded by SFB 539, Project A 4. Only the authors are responsible for the contents

Fig. 1. Optic disc localisation. Thresholded image (a); Euclidian distance map (b); Valid regions (c); Detected center of the optic disc (d)

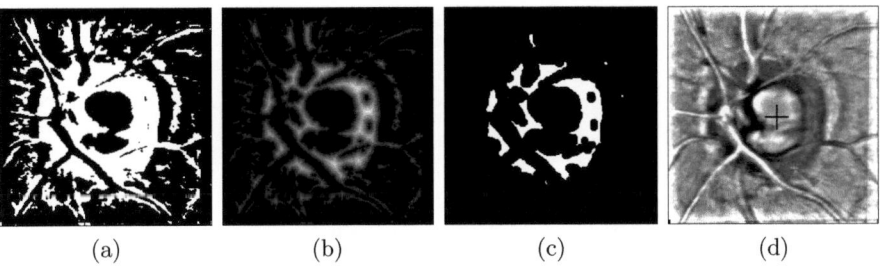

(a) (b) (c) (d)

means of Active Contours. The approach has been evaluated quantitatively and qualitatively.

2 Image Data and Preprocessing

Images of the patient's retina are acquired with confocal laser scanning microscopes *Heidelberg Retina Tomograph HRT I* and *HRT II*. Our method is applied to the reflectivity (intensity) images (size 256×256 pixel) with all possible fields of view (HRT I: $10°\times10°$, $15°\times15°$, $20°\times20°$; HRT II: $15°\times15°$).

Due to differences in illumination and contrast even an ophthalmologist can hardly recognize the outer optic disc margin correctly. Therefore, HRT images are preprocessed in order to normalize illumination and contrast (see [1]).

3 Segmentation of the Optic Disc

3.1 Optic Disc Localization

After correction of differences in illumination, the optic nerve head represents the darkest part in the image. Thus, the estimation of the optic nerve head corresponds with finding dark areas in the image. For this, the image is thresholded by θ_{ONH} which is automatically calculated based on mean gray value and standard deviation of all pixels (Fig. 1 (a)).

To remove noise and small regions an Euclidian Distance Map (EDM) is calculated that assignes each pixel the value of distance to the next region boundary (Fig. 1 (b)). After that the EDM is thresholded by removing all pixels with values lower than 5. In this way, all background artifacts and image pixels belonging to vessels are filtered out reliably (Fig. 1 (c)) and the center of gravity of the remaining pixels is assumed to be the rough position of the center of the optic disc, see Fig. 1 (d).

3.2 Estimation of the Optic Disc Margin

In the next processing steps different strategies are pursued to restrict the search space for the potential contour. Later, these restrictions are merged and the border of the optic nerve head is determined with respect to these constraints.

Fig. 2. Different search spaces/constraints. Rough restriction of the search space (a); Detected circular structure (b); Detected parapapillary athrophy (c); Possible valid contour points (d)

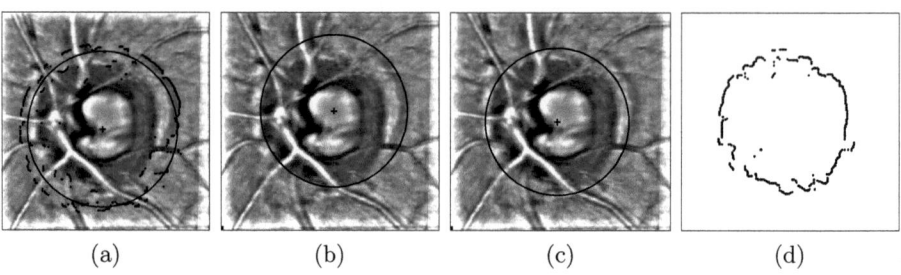

(a) (b) (c) (d)

Rough Restriction of the Search Space. The searched space is roughly restricted by a circle (see Fig. 2 (a)) fitted to optic disc margin candidates. The candidates are the most distant foreground pixels in the thresholed image (see Fig. 1 (a)) from the detected optic disc center in radial direction. The candidates are allowed within a certain radius only. The radius was set to 100 pixels for the field of view (fov) $10°\times10°$, 70 pixels for the fov $15°\times15°$ and 55 pixels for the fov $20°\times20°$.

Detection of Circular Structure. The optic disc margin has a nearly circular appearance. For this, the Hough transform for detecting circles is applied to the preprocessed binarized input image. The transform begins with a large radius which is successively decreased. The resulting circle can be seen in Fig. 2 (b).

Detection of Parapapillary Atrophy. The detection of the papillary atrophy is based on the search for bright areas. Again, the preprocessed input image is binarized and the resulting regions are investigated. Since differences in illumination have been corrected, a global threshold, valid for all images, can be used. The existence of the papillary atrophy can be verified by testing the number and the size of the resulting regions in the binary image and by verifying the success of the Hough transform which is again used for finding a circle in the given set of points. An example of the result of this step is given in Fig. 2 (c).

Contour Point Detection. After three different search spaces have been identified, the different constraints are used all together to restrict the position of valid contour points. The position of valid candidates for the contour line are shown in Fig. 2 (d).

3.3 Fine Segmentation of the External Margin of the Optic Disc

Up to now the detected contour points are unsorted, isolated and not connected. To find a unique object boundary the possible optic disc margin is limited to an Active Contour Model. The final contour can be found by balancing internal and external forces. Internal forces control the elasticity and rigidity of the initial curve resulting from the previous step whereas external forces attract the contour to pixels with some desirable features. For that we used a modified Active Contours model called anchored snakes. The best image points to which the

Fig. 3. Results. Comparison of automated (solid) and manual segmentation (dashed), field of view (fov): $10°\times 10°$ (a); Comparison of segmentation for the same eye captured with two different fov: $10°\times 10°$ (b) and $15°\times 15°$ (c); Result for fov of $20°\times 20°$ (d)

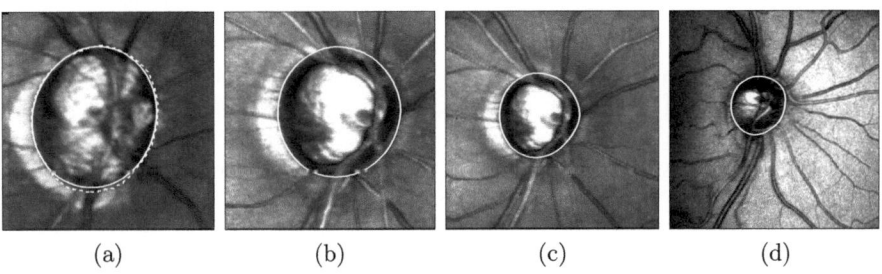

(a) (b) (c) (d)

initial curve should be attracted are searched and set as anchors. Now a spring connection is established between each contour point and the anchors and the forces are balanced [2].

4 Statistical Evaluation of the Algorithm

Data. The study population consists of a subset of a case-control study [3] with known glaucoma diagnosis, control group: $n = 77$, age 56 $(52 - 61)$ years; case group: $n = 82$, age 56 $(51 - 61)$ years (median, 25% and 75% quantile). The data is part of the *Erlangen Glaucoma Registry*. The standard HRT-parameters are used as features for discriminating between normal and glaucomatous eyes. By default, 62 shape parameters of the optic nerve head either globally or in 4 predefined sectors of the papilla are computed from each image. For each image from the case-control study the standard parameters based on the manually and automatically outlined disc margin are computed. The classifiers are evaluated for both sets of features.

Classifiers. The performance of three different classifiers to discriminate between normal and glaucomatous eyes is evaluated: Linear discriminant analysis (LDA) [4], classification trees [5], and classification trees with improvement of the results by bootstrap aggregation (BAGGING) [6].

Error Rate Estimation. The bias corrected .632+ bootstrap estimator [7] is used to estimate the classification error, i. e. the proportion of incorrect classified subjects. Each estimator is computed using 50 bootstrap replications.

5 Results and Conclusion

Examples of the automated contour line calculation are given in Fig. 3. The reproducibility is demonstrated by images (b) and (c) where the same eye was captured in different resolutions. The method was evaluated by measuring overlapping areas outlined automatically and manually, by comparing sensitivity and specificity of the HRT classifier based on automated and manual outlining, and by comparing the error rate estimation of three classifiers. In average the area of the automatically detected disc margin overlaps in 91% with the reference area (manually outlined). The automated method achieves a sensitivity/specifity of 85% / 58% compared with 88% / 66% for manually outlining. The classification error of LDA for the automated determination of the scleral ring (27.7%) is close to the classification error of LDA for the manual determination of the scleral ring (26.8%). When using CTREE the misclassification rate of automatic detected disc margin (25.2%) is slightly higher than of manually drawn outline (22.0%). The classification error of BAGGING is lower when features based on a manually detected disc margin are used (13.4%, automated detection: 22.2%).

The influence of the automated segmented margin on the classification result was evaluated by means of a case-control study. It could be shown that this approach is suitable for automated glaucoma screening even if the estimated error rates for the automatically segmented external margins were slightly higher than for manually outlined external margins. Shape parameters of the optic nerve head for separation between normal eyes and eyes with glaucomatous damage depend on the exact outlining of the contour line. With the described method 72.3% of images were classified correctly (27.7% was the estimated classification error). In combination with new developed classifiers the estimated error rates are at least as low as with manual outlining and use of linear discriminant analysis.

References

1. R. Chrastek, G. Michelson, K. Donath, M. Wolf, and H. Niemann. Vessel Segmentation in Retina Scans. In J. Jan, J. Kozumplik, I. Provaznik, and Z. Szabo, editors, *Analysis of biomedical signals and images, Proc. of 15th Int. EuraSip Conf. EuroConference BIOSIGNAL 2000*, pages 252–254, Brno, 2000.
2. R. Chrastek, M. Wolf, K. Donath, G. Michelson, and H. Niemann. Automated Outlining of the External Margin of the Optic Disk for Early Diagnosis of Glaucoma. In L. T. Shuskova, O. P. Nikitin, L. M. Samsonov, and P. A. Polushin, editors, *Proc. of 5th Int. Conf. on Physics and Radioelectronics in Medicine and Ecology*, pages 16–19, Vladimir, 2002.
3. T. Hothorn and B. Lausen. Bagging tree classifiers for laser scanning images: Data- and simulation-based strategy. *Artificial Intelligence in Medicine*, 27:65–79, 2003.
4. N. V. Swindale, G. Stjepanovic, A. Chin, and F. S. Mikelberg. Automated analysis of normal and glaucomatous optic nerve head topography images. *Investigative Ophthalmology and Visual Science*, 41(7):1730–42, 2000.
5. L. Breiman, J. H. Friedman, R. A. Olshen, and C. J. Stone. *Classification and regression trees*. Wadsworth, California, 1984.
6. L. Breiman. Bagging predictors. *Machine Learning*, 24(2):123–140, 1996.
7. B. Efron and R. Tibshirani. Improvements on Cross-Validation: The .632+ Bootstrap Method. *Journal of the Am. Statistical Association*, 92(438):548–560, 1997.

Segmentierung dreidimensionaler Objekte durch Interpolation beliebig orientierter, zweidimensionaler Segmentierungsergebnisse

Ivo Wolf, Amir Eid, Marcus Vetter, Peter Hassenpflug und Hans-Peter Meinzer

Abt. Medizinische und Biologische Informatik
Deutsches Krebsforschungszentrum (DKFZ), D-69120 Heidelberg
Email: i.wolf@dkfz.de

Zusammenfassung. Interaktive Verfahren zur Segmentierung sind in der Praxis unverzichtbar. Eine hinreichend präzise Interaktion ist nur auf zweidimensionalen Ansichten durchführbar. Die Segmentierung von dreidimensionalen Objekten, die sich über eine Vielzahl von Schichten erstecken, bedeutet oft einen für den routinemäßigen Einsatz kaum akzeptablen Zeitaufwand. Abhilfe können Interpolationsverfahren schaffen, die die Objektform aus einer reduzierten Anzahl segmentierter Schichten schätzen. Während meist lediglich die Interpolation von Segmentierungsergebnissen auf parallelen Schichten betrachtet wird, verwendet das im vorliegenden Beitrag beschriebene Verfahren sich schneidende, beliebig orientierte Schichten. Auf diese Weise lassen sich bereits mit sehr wenigen zweidimensionalen Segmentierungen gute Approximationen des Objekts erstellen.

1 Einleitung

In der medizinischen Bildverarbeitung ist die Segmentierung ein notwendiger Vorverarbeitungsschritt für viele weiterführende Anwendungen wie bildgestützte Operationsplanung und Chirurgie. Der hohe zeitliche Aufwand für die zuverlässige Segmentierung dreidimensionaler Datensätze stellt nach wie vor eine entscheidende Limitation für die Akzeptanz neuer bildgestützter Verfahren in der Praxis dar. Automatische Segmentierungsmethoden können nur in wenigen Fällen ein korrektes Ergebnis garantieren. Für den Einsatz in der Praxis ist die – durch den Arzt festzustellende – Korrektheit des Ergebnisses jedoch eine unabdingbare Voraussetzung.

Die interaktive Erstellung, die Kontrolle und gegebenenfalls Korrektur von Segmentierungsergebnissen ist in zweidimensionalen Schnittbildern wesentlich einfacher und genauer als in dreidimensionalen Visualisierungen. Grund ist – neben der einfacheren Interaktion im Zweidimensionalen –, dass gleichzeitig innerhalb wie außerhalb des zu segmentierenden Objekts liegende Strukturen dargestellt werden können und nicht, wie zwangsläufig bei dreidimensionaler Darstellung, innenliegende Strukturen von weiter außen liegenden verdeckt werden. Eine schichtweise Segmentierung der einzelnen aufgenommenen Schichten ist jedoch

Abb. 1. Links: Inkonsistenzen bei schichtweiser Segmentierung. Segmentiert wurde in den Originalschichten, die senkrecht auf der dargestellten rekonstruierten Schicht stehen. Rechts: Segmentierung in einer rekonstruierten Schicht. Die Kontur (hellgrau) der Segmentierung in der aktuellen Schicht muss die als Linien sichtbaren Segmentierungen, die in anderen Schicht-Orientierungen angelegt wurden (weiß), in deren Endpunkten berühren.

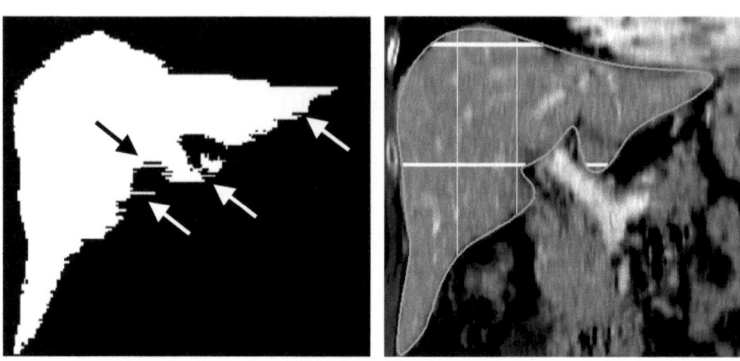

nicht nur extrem langwierig, sondern birgt zudem die Gefahr von Inkonsistenzen zwischen den Schichten (s. Abb. 1, links). Es ist daher wünschenswert, die Interaktion in beliebig orientierten, zweidimensionalen Schichten zu ermöglichen (s. Abb. 1, rechts) und daraus eine Schätzung der Objektform zu interpolieren.

2 Stand der Forschung

Die Beschleunigung interaktiver Segmentierungsverfahren durch Interpolation oder Extrapolation wurde bisher in der Regel auf parallele Schichten beschränkt. Klassisches Beispiel ist die Shape-Based Interpolation [1]. Treece et al. stellen eine Erweiterung des Shape-based-Interpolation-Ansatzes für nicht-parallele Schichten vor [2]. Sich schneidende Konturen werden von der Methode zwar unterstützt, aufgrund der Anforderungen des Einsatzgebiets Freihand-3D-Ultraschall stellen sie jedoch eher einen zu tolerierenden Ausnahmefall dar. Gute Ergebnisse entstehen vor allem für annähernd parallele Konturen.

Für das Live-Wire-Verfahren [3] existiert eine Erweiterung zur Rekonstruktion einer dreidimensionalen Segmentierung aus nicht-parallelen, zweidimensionalen Segmentierungsergebnissen. Je zwei Schnittpunkte der Konturen von nicht-parallel liegenden, zweidimensionalen Segmentierungsergebnissen werden als Endpunkte eines automatisch berechneten Live-Wire-Linienzuges verwendet.

Die Generierung von interpolierenden Oberflächen aus begrenzenden Randlinien ist ein Teilgebiet des *Computer aided geometric design* (CAGD) [4]. Während Bézier und B-spline Methoden eine Oberfläche anhand eines Netzes aus Kontrollpunkten, die teilweise nicht Teil der zu unterpolierenden Oberfläche sind, erstellen, liegen bei Coons-Patches bzw. Gordon-Surfaces (eine Verallgemeinerung der Coons-Patches) die vorgegebenen Konturen stets auf der Oberfläche und eignen sich daher als Grundlage für das im Folgenden vorgestellte Verfahren zur Rekonstruktion einer dreidimensionalen Segmentierung aus nicht-parallelen, zweidimensionalen Segmentierungsergebnissen.

3 Methoden

Als Eingabe für das Verfahren dienen zweidimensionale Segmentierungsergebnisse auf beliebig orientierten Ebenen. Die Erzeugung der zweidimensionalen Segmentierungsergebnisse kann mit Hilfe beliebiger, insbesondere konturbasierter Methoden (z.B. Live-Wire [3], Phase-Wire [5], aktive Konturen, etc. erfolgen. Es ist lediglich darauf zu achten, dass die einzelnen Segmentierungsergebnisse konsistent sind, d.h. Bereiche, die in einer Schicht als zugehörig zum Objekt definiert wurden, müssen auch in allen anderen Schichten, die denselben Bereich enthalten, als zum Objekt gehörend markiert sein (s. Abb. 1, rechts). Am einfachsten gelingt dies mit einer graphischen Benutzerumgebung, die neben der Anzeige der in anderen Orientierungen erstellten Segmentierungsergebnisse (weiße Linien in Abb. 1, rechts) die Möglichkeit bietet, als nächsten (Kontroll-)Punkt (z.B. des Live-Wire-Verfahrens) den nächstgelegenen Randpunkt eines bereits vorhandenen, die aktuelle Schicht schneidenden Segmentierungsergebnisses zu wählen.

Das Verfahren erlaubt, mehrere Objekte innerhalb eines Ablaufs zu erstellen. Alle Konturen *eines* Objekts müssen direkt oder indirekt (über andere Konturen) mit allen anderen Konturen des gleichen Objekts verbunden sein. Je Objekt steht folglich ein Konturnetz mit den Schnittpunkten der Konturen als Knoten und den Konturabschnitten zwischen den Schnittpunkten als (nicht-lineare) Kanten zur Verfügung.

Für die Berechnung der Objektoberfläche sind zunächst die Konturabschnitte für jedes zu interpolierende Flächenstück (*Face*) des Konturnetzes zu bestimmen. Abb. 2 erläutert diesen von uns als *Pfadsuche* bezeichneten Vorgang. Das Konturnetz unterteilt das Objektvolumen in disjunkte, zusammenhängende *Kompartimente* (Abb. 3(a)). Ein gültiger, d.h. nur ein *Face* umschließender Pfad darf keine Seite eines Kompartiments schneiden (Abb. 3(b)).

Die maximal mögliche Anzahl an Knoten je *Face* entspricht der Anzahl der Eingabekonturen. Zur Interpolation der Faces verwenden wir auf beliebige Kantenanzahl erweiterte *Coons-Patches* [4]. In der ersten Ableitung kontinuierliche und damit glatte Übergänge zwischen den Patches werden durch hermitesche Interpolation erreicht.

4 Ergebnisse und Diskussion

Das Verfahren liefert schon bei einer sehr geringen Anzahl von Initialkonturen eine gute Approximation der Organoberfläche. Abb. 3 zeigt die Ergebnisse der Rekonstruktion einer Leber und einer Niere aus insgesamt zehn bzw. vier segmentierten Schichten. Bei drei Initialkonturen in jeder der drei Raumrichtungen ergab ein erster quantitativer Test für Leberdatensätze (n=5) eine Übereinstimmung mit manueller Segmentierung aller Originalschichten (ca. 140)

Abb. 2. (a) Die Seiten der durch das Konturnetz definierten *Kompartimente* (K_I-K_{VIII}) dürfen bei der *Pfadsuche* (b) nicht geschnitten werden.

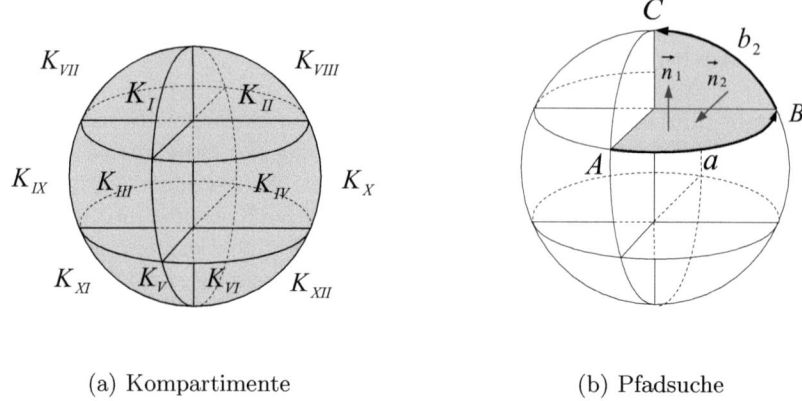

(a) Kompartimente (b) Pfadsuche

von durchschnittlich 90 % und für je fünf Initialkonturen von 93 %. Die Laufzeit des Verfahrens beträgt bei den genannten Schichtanzahlen deutlich unter einer Sekunde auf einem Standard-PC (Laufzeit von einer Sekunde bei etwa 40 Konturen).

Das Verfahren ist als eigenständige, interaktive 3D-Segmentierungsmethode einsetzbar, zumindest für Anwendungen bei denen nur ein schmales Zeitfenster zur Verfügung steht (z.B. volumetrische Fragestellungen) und daher eine präzise Segmentierung auf einzelnen Schichten undurchführbar ist – ob letztere tatsächlich genauer ist, bleibt angesichts der dabei häufig auftretenden Inkonsistenzen (s. Abb. 1) zu klären. Als sehr nützlich hat sich die Methode außerdem für die Selektion komplex geformter Volumes-of-Interest (VOI) erwiesen, beispielsweise als Vorverarbeitungsschritt für die Volumenvisualisierung oder zur Eingrenzung des Arbeitsbereichs regionenorientierter Segmentierungsverfahren. Weiterhin kann sie zur Generierung guter Initialisierungen von dreidimensionalen Segmentierungsverfahren wie aktiven Oberflächen oder Level-Set-Methoden dienen.

Für die Erstellung der Initialkonturen können beliebige zweidimensionale Segmentierungswerkzeuge eingesetzt werden. Die vorgegebenen Initialkonturen werden unverändert in das resultierende Oberflächenmodell übernommen. Dies ist eine wünschenswerte Eigenschaft, da davon ausgegangen werden kann, dass auf 2D-Schichten interaktiv erstellte oder korrigierte Segmentierungsergebnisse korrekt sind.

Die deutliche Reduktion des Arbeitsaufwands gepaart mit der medizinischen Anwendern wohlvertrauten Interaktion auf zweidimensionalen Schichten und der geringen Laufzeit des Algorithmus versprechen eine hohe Akzeptanz bei den Benutzern.

Abb. 3. Ergebnisse der Interpolation (a) einer Leber aus vier transversalen, und je drei sagittalen und frontalen, pixel-basiert segmentierten Schicht und (b) einer Niere aus zwei transveralen und je einer sagittalen und frontalen, konturbasiert segmentierten Schicht mit eingezeichneten Initialkonturen.

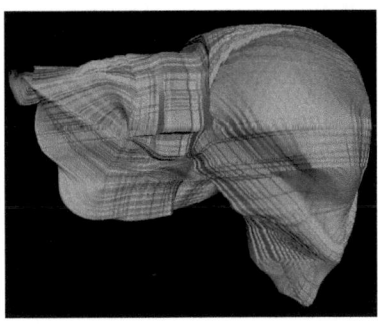
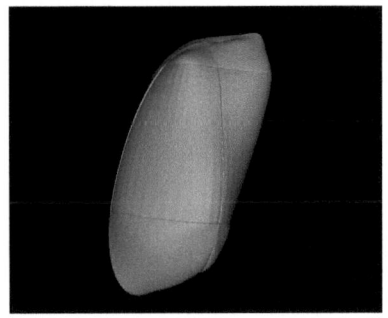

(a) Leber (10 Schichten) (b) Niere (4 Schichten)

5 Danksagung

Die Forschungsarbeit wird von der Deutschen Forschungsgemeinschaft im Rahmen des SFB 414 „Informationstechnik in der Medizin – Rechner und Sensorgestützte Chirurgie" gefördert.

Literaturverzeichnis

1. Herman GT, Zheng J, Bucholtz CA: Shape-Based InterpolationRestoration of digital multiplane tomosynthesis by a constrained iteration method. IEEE Comp Graph and Appl 12(3):69–79, 1992.
2. Treece GM, Prager RW, Gee AH, Berman L: Fast surface and volume estimation from non-parallel cross-sections, for freehand three-dimensional ultrasound. Med Image Anal 3(2):141–173, 1999.
3. Falcao AXF, Udupa JK: A 3D generalization of user-steered live-wire segmentation. Med Image Anal 4(4):389–402, 2000.
4. Farin GE: Curves and Surfaces for CAGD: A Practical Guide. Academic Press, San Francisco, 1999.
5. O'Donnell L, Westin CF, Grimson WEL, Ruiz-Alzola J, Shenton ME, Kikinis R: Phase-Based User-Steered Image Segmentation. Procs MICCAI 01:1022–1030, 2001.

An Expectation Maximization-Like Algorithm for Multi-atlas Multi-label Segmentation

Torsten Rohlfing, Daniel B. Russakoff and Calvin R. Maurer, Jr.

Image Guidance Laboratories, Department of Neurosurgery, Stanford University, Stanford, CA, USA

Summary. We present in this paper a novel interpretation of the concept of an "expert" in image segmentation as the pairing of an atlas image and a non-rigid registration algorithm. We introduce an extension to a recently presented expectation maximization (EM) algorithm for ground truth recovery, which allows us to integrate the segmentations obtained from multiple experts (i.e., from multiple atlases and/or using multiple image registration algorithms) and combine them into a final segmentation. In a validation study with randomly deformed segmentations we demonstrate the superiority of our method over simple label voting.

1 Introduction

Segmentation by non-rigid registration to an atlas image is an established method for labeling of biomedical images [1]. We have recently demonstrated [3] that the choice of the atlas image has a big influence on the quality of the segmentation. Moreover, we demonstrated that by using multiple atlases the segmentation accuracy can be improved over approaches that use a single individual or even an average atlas.

As Warfield *et al.* [5] were able to show for binary segmentations (foreground vs. background), combining multiple expert segmentations by majority-based consensus methods does not in general produce the best results. Instead, they describe an expectation maximization (EM) algorithm that iteratively estimates each expert's quality parameters, i.e., sensitivity and specificity. The final segmentation is then computed with these parameters taken into account by weighting the decisions made by a reliable expert higher than ones made by a less reliable one.

We present in this paper an extension of the Warfield method to an arbitrary number of labels. Also, we propose a new interpretation of the term "expert" as the pairing of a non-rigid registration method with an individual atlas. Just as different human experts generate different segmentations, so do different registration methods using the same atlas, or the same registration method using different atlases. Regardless of whether one or the other applies, we can utilize our method to automatically distinguish good from bad, that is accurate from inaccurate, segmentations and incorporate this knowledge into the segmentation outcome.

2 Notation and Algorithm

Let $\mathcal{L} = \{0,\ldots,L\}$ be the set of (numerical) labels in the segmentation. Each element in $\mathcal{L}$ represents a different anatomical structure. Every voxel in a segmented image is assigned exactly one of the elements of $\mathcal{L}$ (i.e., we disregard partial volume effects), which defines the anatomical structure that this voxel is part of. For every voxel i, let $T(i) \in \mathcal{L}$ be the unknown ground truth, i.e., the a priori correct labeling. We assume that the prior probability $g(T(i) = \ell)$ of the ground truth segmentation of voxel i being ℓ is uniform (independent of i). During the course of the EM algorithm, we estimate weights $W(i,\ell)$ as the current estimate of the probability that the ground truth for voxel i is ℓ, i.e., $W(i,\ell) = P(T(i) = \ell)$.

Given segmentations by K experts, we denote by $D_k(i)$ the decision of "expert"[1] k for voxel i, i.e., the anatomical structure that, according to this expert, voxel i is part of. Each expert's segmentation quality, separated by anatomical structures, is represented by a $L+1 \times L+1$ matrix of coefficients λ. For expert k, we define

$$\lambda_k(m,\ell) := P(T(i) = \ell | D_k(i) = m), \tag{1}$$

i.e. the conditional probability that if the expert classifies voxel i as part of structure m, it is in fact part of structure ℓ. The diagonal entries ($\ell = m$) represent the *sensitivity* of the respective expert when segmenting structures of label ℓ, i.e.,

$$p_\ell^{(k)} = \lambda_k(\ell,\ell). \tag{2}$$

The off-diagonal elements quantify the crosstalk between the structures, i.e., the likelihoods that the respective expert will misclassify one voxel of a given structure as belonging to a certain different structure. The *specificity* of expert k for structure ℓ is easily computed as

$$q_\ell^{(k)} = \sum_{m \neq \ell} \lambda_k(m,\ell). \tag{3}$$

Estimation Step. In the "E" step of our EM-like algorithm, the (usually unknown) ground truth segmentation is estimated. Given the current estimate for λ, and given the known expert decisions D, the probability of voxel i having label ℓ is

$$W(i,\ell) = \frac{g(T(i) = \ell) \prod_k \lambda_k(D_k(i),\ell)}{\sum_j g(T(i) = j) \prod_k \lambda_k(D_k(i),j)}. \tag{4}$$

Maximization Step. The "M" step of our algorithm estimates the expert parameters λ to maximize the likelihood of the current ground truth estimate determined in the preceding "E" step. Given that previous ground truth estimate g,

---

[1] Note that in the context of the present paper, we use the term "expert" for the combination of a non-rigid registration algorithm with an atlas image.

the new estimates for the expert parameters are computed as follows:

$$\hat{\lambda}_k(\ell, m) = \frac{\sum_{i:D_k(i)=\ell} W(i,m)}{\sum_i W(i,m)}. \tag{5}$$

Obviously, since there is *some* label assigned to each voxel by each expert, the sum over all possible decisions is unity for each expert, i.e.,

$$\sum_l \hat{\lambda}_k(\ell, m) = \frac{\sum_l \sum_{i:D_k(i)=l} W(i,m)}{\sum_i W(i,m)} = \frac{\sum_i W(i,m)}{\sum_i W(i,m)} = 1. \tag{6}$$

Incremental Computation. We note that for the computation of the next iteration's expert parameters λ, we only need to know the *sums* of all weights W for all voxels as well as for the subsets of voxels for each expert that are labeled the same by that expert. In other words, only the values $W(i,j)$ for one fixed i and all j are needed at any given time. The whole field $W(i,j)$ need not be present at any time, thus relieving the algorithm from having to store an array of $N \cdot L$ floating point values. The weights W from Eq. (4) can instead be recursively substituted into Eq. (5), resulting in the incremental formula

$$\hat{\lambda}_k(\ell, m) = \frac{\sum_{i:D_k(i)=\ell} \prod_{k'} \lambda_{k'}(D_{k'}(i), m)}{\sum_i \prod_{k'} \lambda_{k'}(D_{k'}(i), m)}. \tag{7}$$

Domain Restriction. Mostly in order to speed up computation, but also as a means of eliminating image background, we restrict the algorithm to those voxels in the combined atlas for which at least one expert segmentation disagrees with the others. In other words, where all experts agree on the labeling of a voxel, that voxel is assigned the respected label and will not be considered during the algorithm.

3   Validation Study

We quantify the improvements of our algorithm over label averaging in a validation study. Three-dimensional biomedical atlases from 20 individuals [2] provide known ground truths. Simulated segmentations are generated by applying random deformations of varying magnitudes to the original atlases. For each ground truth, random B-spline-based free-form deformations [4] were generated by adding independent Gaussian-distributed random numbers to the coordinates of all control points. The variances of the Gaussian distributions corresponded to 2, 4, and 8 voxels. A total of 20 random deformations were generated for each individual and each σ.

The randomly deformed atlases were combined into a final atlas once by label voting, and once using our novel EM-like algorithm. Label voting simply counts for each voxel the number of atlases that assign a given label to that voxel. The label with most votes is assigned to the voxel in the final atlas.

Fig. 1. Mean correctness of combined segmentation over 20 individuals vs. number of random segmentations used. Results are shown for label voting (AVG) and EM algorithm, each applied to atlases after random deformations of magnitudes $\sigma = 10, 20, 30\,\mu\text{m}$.

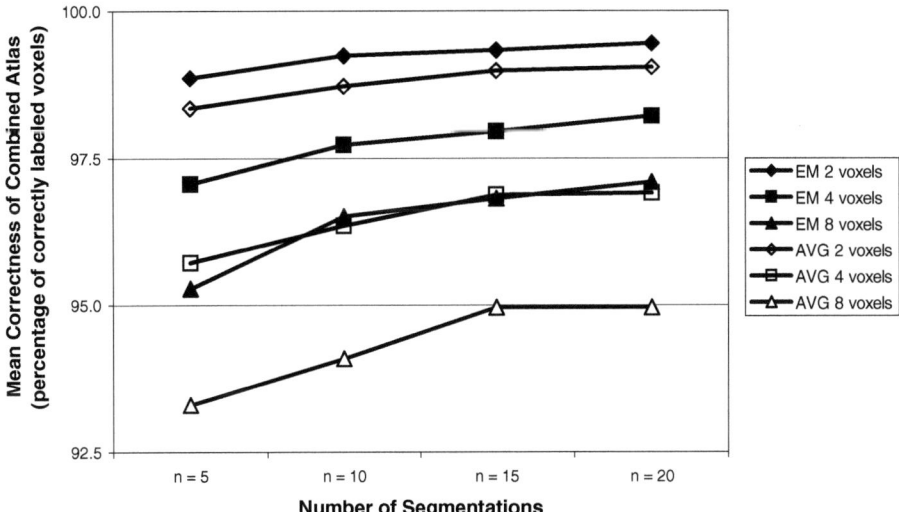

4 Results

As a measure of segmentation quality, we compared the generated segmentation to the original atlas and computed the percentage of correctly labeled foreground voxels. Figure 1 shows a plot of the mean correctness over all 20 individuals versus the number of segmentations. The EM algorithm performed consistently better, i.e., produced more accurate combined segmentations, than simple label voting. The improvement achieved using the EM algorithm is larger for greater magnitudes of the random atlas deformations.

5 Discussion

This paper has introduced a novel method for combining multiple segmentations into one final segmentation. It can be used for example to combine segmentations generated using non-rigid registration with a population of atlas images. Our method is an extension of an algorithm described by Warfield *et al.* [5]. The equivalence of both techniques for binary segmentation ($\mathcal{L} = \{0, 1\}$) is easily proved by induction over the iterations of the algorithm.

Using a validation study with random segmentations and known ground truth we were able to demonstrate the superiority of our algorithm over simple label voting. Our algorithm particularly outperforms label voting for large variations in the input segmentations, in our case corresponding to large magnitudes of the random atlas deformations.

It is worth noting that, while seemingly similar, the situation we address with the validation study in this paper is fundamentally different from validation of non-rigid registration. A promising approach to validating non-rigid image registration is by simulating a known deformation using a biomechanical model. The simulated deformation is taken as the ground truth against which transformations computed using non-rigid registration can be validated. In that context it is vitally important that the simulated deformation be based on a different transformation model than the registration, e.g., a B-spline-based registration must not be validated using simulated B-spline deformations.

In our context, however, the opposite is true: in this paper, we have validated methods for combining different automatic segmentations generated by non-rigid registration. In this framework it makes sense (and is in fact necessary to correctly model the problem at hand) that the randomly deformed segmentations are generated by applying transformations from the class used by the registration algorithm. Only in this way can we expect to look at variations in the segmentations comparable to the ones resulting from imperfect non-rigid registration.

Acknowledgments

TR was supported by the National Science Foundation under Grant No. EIA-0104114. The authors gratefully acknowledge support for this research provided by CBYON, Inc., Mountain View, CA.

References

1. BM Dawant, SL Hartmann, JP Thirion, F Maes, D Vandermeulen, P Demaerel. Automatic 3-D segmentation of internal structures of the head in MR images using a combination of similarity and free-form transformations: Part I, methodology and validation on normal subjects. *IEEE Trans Med Imag*, 18(10):909–916, 1999.
2. T Rohlfing, R Brandt, CR Maurer, Jr, R Menzel. Bee brains, B-splines and computational democracy: Generating an average shape atlas. In *IEEE Workshop on Mathematical Methods in Biomedical Image Analysis*, pp. 187–194, IEEE Computer Society, Los Alamitos, CA, 2001.
3. T Rohlfing, R Brandt, R Menzel, CR Maurer, Jr Segmentation of three-dimensional images using non-rigid registration: Methods and validation with application to confocal microscopy images of bee brains. In *Medical Imaging: Image Processing*, Proceedings of SPIE, 2003.
4. TW Sederberg, SR Parry. Free-form deformation and solid geometric models. *Comput Graph (ACM)*, 20(4):151–160, 1986.
5. SK Warfield, KH Zou, WM Wells. Validation of image segmentation and expert quality with an expectation-maximization algorithm. In *Proceedings of Fifth International Conference on Medical Image Computing and Computer-Assisted Intervention, Part I*, vol. 2488 of *LNCS*, pp. 298–306, Springer-Verlag, Berlin, 2002.

Matching von Multiskalengraphen für den inhaltsbasierten Zugriff auf medizinische Bilder

Benedikt Fischer, Christian Thies, Mark O. Güld und Thomas M. Lehmann

Institut für Medizinische Informatik, RWTH Aachen,
Email: bfischer@mi.rwth-aachen.de

Zusammenfassung. Übliche inhaltsbasierte Retrieval-Systeme verwenden lediglich globale Bildmerkmale, um eine kompakte Repräsentation des Bildinhalts zu erhalten. Für eine medizinische Anwendung ist jedoch die Verwendung regionaler Bildinformationen erforderlich. Die Bilder werden dazu zunächst über eine Multiskalenzerlegung zu Regionengraphen transformiert. Über einen Graphmatching-Algorithmus wird dann eine speziell für medizinisches Bildmaterial optimierte inhaltsbasierte Suche zur Verfügung gestellt.

1 Einleitung

Im Gegensatz zu allgemeinen Systemen für die inhaltsbasierte Bildsuche sind globale Bildmerkmale nicht für eine Anwendung in der Medizin geeignet, denn die für die Diagnostik relevanten Informationen sind nur innerhalb kleiner Bildregionen, d.h. lokal, enthalten [1]. In dem dieser Arbeit zugrundeliegenden Projekt Image Retrieval in Medical Applications[1] (IRMA,[2], http://irma-project.org), werden primär Röntgenbilder verwendet, so dass das für allgemeines Retrieval wichtigste Merkmal, die Farbe, ebenfalls nicht zur Verfügung steht. Eine weitere Schwierigkeit besteht in der großen Variabilität der relevanten Merkmale, die nicht nur von der Modalität (Röntgen, CT, etc.) sondern auch vom Kontext der Suche abhängen. So wird ein Retrieval in Röntgenbildern im Hinblick auf Frakturen die Kanteninformation benötigen, während sich für Tumoren eher Texturmerkmale eignen.

Im weiteren Text wird deshalb zunächst kurz auf die verwendeten Merkmale eingegangen. Darauf wird der Zusammenhang zwischen Image Retrieval und Graphmatching erläutert, bevor dann eine entsprechende Methode für Graphvergleiche vorgestellt wird.

2 Lokale Merkmale

Die Verwendung regionaler anstelle globaler Merkmale erschwert die Bildsuche, denn ein direktes Vergleichskriterium der Bilder über ein Distanzmaß der globalen Merkmalsvektoren wird hierdurch ausgeschlossen. Einer der bekanntesten Ansätze zur Verwendung regionaler Merkmale ist der Blobworld-Ansatz [3]. Hier

---

[1] Dieses Projekt wird gefördert von der Deutschen Forschungsgemeinschaft (DFG), Nr. Le 1108/4.

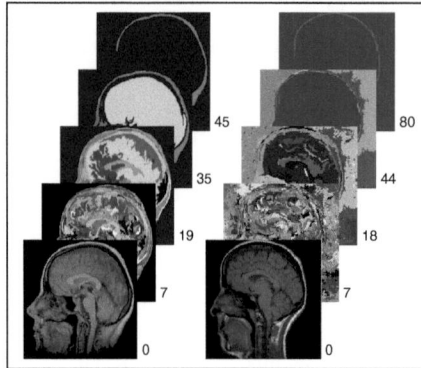

Bild	Skalen	Pixel	Abmessung	Blobs
1	66	65536	256x256	135826
2	135	40000	200x200	57585
3	355	40000	200x200	70478
4	384	72150	222x325	137201
5	153	71424	186x384	122344
6	166	66415	185x359	105969

Tabelle 1. Größenangaben für 6 zufällig ausgewählte von über 6500 medizinischen Bildern

Abb. 1. Exemplarische Skalenauswahl (mit Skalennr.) zweier Multiskalenzerlegungen

werden dominante Bildregionen approximiert durch ihre bestpassenden Ellipsen sowie einen Merkmalsvektor mit Mittelwerten über die gesamte Region. Diese kompakte Repräsentation einer Region wird als Blob bezeichnet. Der größte Nachteil von Blobworld kann darin gesehen werden, dass lediglich eine einzige Partitionierung verwendet wird, wodurch ein für die medizinische Anwendung inakzeptabler Informationsverlust entsteht.

3 Bildsuche als Graphvergleich

Um alle visuell nachvollziehbaren Segmente zu erhalten, verwendet der IRMA-Ansatz deshalb eine hierarchische Multiskalenzerlegung. Nach einer Umwandlung der berechneten Segmente in Blobs lässt sich durch die Zerlegung ein Blob-Graph aufbauen. Jeder Knoten entspricht dabei dem Blob einer Region auf einer bestimmten Skala. Innerhalb einer Skala entsprechen Verbindungen zwischen Graphknoten der Adjazenzrelation der repäsentierten Regionen. Verbindungen zwischen benachbarten Skalen entsprechen der Inklusionsrelation, wenn Regionen einer Skala in der nächsthöheren Skala zu einer größeren Region verschmelzen. Das Problem des Image Retrieval lässt sich somit als Graphmatching-Problem beschreiben, indem statt Bilder nun Graphen verglichen werden. Dabei ist zu beachten, dass nicht nur die Graphstruktur, sondern auch die Knoteninhalte für einen Vergleich der Graphähnlichkeit berücksichtigt werden müssen. Ferner lässt sich die Suche nach ähnlichen Knoten nicht auf die Suche innerhalb einzelner Skalen einschränken. Wie Abbildung 1 verdeutlicht, können korrespondierende Regionen auf ganz unterschiedlichen Skalen vorkommen.

Häufig wird die Anzahl der konsistenten Teilgraphen als Maß für die Ähnlichkeit zwischen Graphen verwendet [4]. Andere Konzepte verwenden eine Edit-Distanz, d.h. die Anzahl der Transformationsschritte (Edits), die benötigt wird, um einen Graph in den zu vergleichenden Graphen umzuwandeln [5].

Ferner gibt es Konzepte, die den größten gemeinsamen Teilbaum als Maß verwenden [6].

Alle Ansätze nutzen lediglich die Graphstruktur für den Vergleich, für Bildvergleiche ist jedoch der Knoteninhalt von wesentlicher Bedeutung. Auch wenn sich die Edit-Distanz zur Einbeziehung der Knoteninhalte modifizieren lässt, kommt sie wegen der exponentiellen Anzahl möglicher Edits nicht für eine effiziente Anwendung in Frage. Tabelle 1 verdeutlicht die zu verarbeitenden Graphdimensionen. Für medizinisches Bildretrieval ist also ein Ansatz nötig, der nicht nur in der Lage ist, mit sehr großen Graphen umzugehen, sondern vor allem auch die Knoteninhalte in den Vergleich einbezieht. Diese Eigenschaften können durch eine Anpassung des „Similarity Flooding Algorithm" (SFA) [7] erlangt werden, die in den folgenden Abschnitten beschrieben wird.

4 Verwendete Methode

Übersicht. Der SFA ist ein generisches Verfahren, mit dem Ähnlichkeiten zwischen Knoten zweier Eingabegraphen über eine Fixpunktiteration von Ähnlichkeitswerten bewertet werden. Zwei Knoten aus unterschiedlichen Graphen werden dabei als ähnlich definiert, wenn sie mit ihren jeweiligen Nachbarn über dieselbe Relation – d.h. entweder Adjazenz oder Inklusion – verbunden sind. Die Wahrscheinlichkeit einer Entsprechung ähnlicher Knoten steigt, wenn die benachbarten Knoten ebenfalls ähnlich sind. Um dies ausdrücken zu können, wird eine als Pairwise Connectivity Graph (PCG) bezeichnete Datenstruktur eingesetzt. Jedes Paar ähnlicher Knoten wird in diesen PCG als ein neuer (Verbund-)knoten aufgenommen und mit einem initialen Ähnlichkeitswert versehen. Um die Ähnlichkeit der Nachbarknoten zu berücksichtigen, werden die Ähnlichkeitswerte der PCG-Knoten im Rahmen einer Fixpunktiteration an die Nachbarn weitergegeben („geflutet").

PCG-Konstruktion. Da die Bäume der Multiskalenzerlegung sehr groß werden können, ist ein Filter nötig, der die Anzahl der betrachteten Paare möglichst noch vor ihrem Einfügen in den PCG reduziert. Hier lässt sich ausnutzen, dass jeder Knoten einem Blob entspricht. Über die Euklidische Distanz der Merkmalsvektoren und einen geeigneten Schwellwert lassen sich auf diese Weise unwahrscheinliche Knotenzuordnungen herausfiltern. Die PCG-Generierung lässt sich demnach für zwei gegebene Graphen G_1, G_2, Knoten u, v, x, y, eine Relation r, die Euklidische Distanz δ und einen Schwellwert θ durch folgenden Formalismus ausdrücken:

$$(u, r, v) \in G_1 \land (x, r, y) \in G_2$$
$$\land \big(\delta(u, x) < \theta \lor \delta(v, y) < \theta\big)$$
$$\Rightarrow \big((u, x), r, (v, y)\big) \in \text{PCG}(G_1, G_2) \qquad (1)$$

Da die Ähnlichkeit der Knoten über die Relation zu den Nachbarn definiert ist, werden also aus jedem Graphen beide über die Relation r verbundenen Knoten

Abb. 2. Beispiel zur PCG-Erzeugung

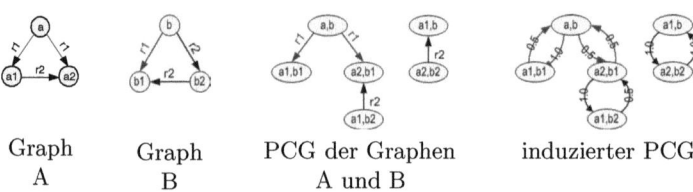

Graph A　　Graph B　　PCG der Graphen A und B　　induzierter PCG

in den PCG eingefügt. Abbildung 2 verdeutlicht die Konstruktion eines PCG anhand von zwei einfachen Graphen aus [7]. Anstelle der Euklidischen Distanz lassen sich in (1) leicht andere Distanzmaße einsetzen, z.B. um die Gewichtung einzelner Merkmale zu verändern.

Zur Berücksichtigung der Ähnlichkeitswerte der benachbarten PCG-Knoten werden die unidirektionalen Kanten (d.h. die Relationen), in bidirektionale Kanten verwandelt und mit Kantengewichten versehen, so dass der in Abbildung 2 rechts dargestellte induzierte PCG entsteht. Im Gegensatz zu der in [7] gewählten Gewichtung werden bei IRMA die Gewichte aller eingehenden statt aller ausgehenden Kanten eines Knotens gleichverteilt. Dadurch wird eine Benachteiligung von Knoten mit mehr ausgehenden Kanten, die folglich als besonders ähnlich gelten müssen, bei gleichzeitiger Gleichbewertung eingehender Kanten ausgeschlossen.

In jedem Iterationsschritt i wird der nächste Ähnlichkeitswert σ^{i+1} eines PCG-Knotens (n_1, n_2) berechnet als Summe des aktuellen Werts σ^i und der gewichteten Summe der Werte der direkten Nachbarn:

$$\sigma^{i+1}(n_1, n_2) = \sigma^i(n_1, n_2) + \sum_{\left((m_1,m_2),r,(n_1,n_2)\right) \in \text{PCG}} \omega(n_1, n_2) * \sigma^i(m_1, m_2) \quad (2)$$

Der Iterationsprozess beginnt mit $\sigma^0(n_1, n_2) = \delta(n_1, n_2)$ und wird solange wiederholt, bis die Euklidische Länge des Restvektors $\Delta(\sigma^i, \sigma^{i+1})$ für ein $i > 0$ unter einen zuvor definierten Schwellwert ϵ fällt. Im Fall oszillierender Ähnlichkeitswerte wird die Berechnung nach einer festen Anzahl an Iterationen gestoppt. Nach jedem Iterationsschritt wird zudem eine Normierung auf Werte zwischen 0 und 1 durchgeführt.

Fixpunkt-Analyse und Globales Ähnlichkeitsmaß. Nach der Fixpunktiteration können im PCG Mehrfachzuordnungen auftreten, wenn ein Knoten $u \in G_1$ in mehreren PCG-Knoten enthalten ist. Zum Beispiel bedeuten Vorkommen (u,x), (u,y) und (u,z), dass der Knoten u den Knoten x, y und z ähnlich ist. Es existieren mehrere Methoden, um Mehrfachzuordnungen zu eliminieren und eindeutige Zuordnungen zu erhalten. Neben den Filtern aus [7] sind Greedy-Ansätze oder die Einbeziehung mathematischer Logik möglich, um eventuelle Inkonsistenzen zu eliminieren. Im gegebenen Kontext des Bildvergleichs können Mehrfachzuordnungen jedoch auch sinnvoll sein, wenn ein Bild Objekte enthält, die in dem anderen Bild mehrfach auftreten. Beispiele hierfür sind Fissuren oder Tumorzellen. Aus diesem Grund werden die Mehrfachzuordnungen nicht entfernt.

Als globales Ähnlichkeitsmaß zwischen zwei Bildern wird dann die Summe der initialen Ähnlichkeitswerte aller PCG-Knoten verwendet, deren endgültiger Ähnlichkeitswert oberhalb des Erwartungswerts dieser Ähnlichkeitswerte liegt.

5 Diskussion

Es konnte gezeigt werden, dass sich das Problem der inhaltsbasierte Suche auf medizinischem Bildmaterial als Instanz des Graphmatchingproblems ausdrücken lässt. Dazu wurde eine Anpassung eines generischen Verfahrens an die Besonderheiten des medizinischen Bildmaterials vorgenommen. Insbesondere betrifft die Anpassung die Integration der Knoteninhalte, d.h. der eigentlichen Regionenmerkmale, in das Ähnlichkeitsmaß sowie ein Einführung eines graphglobalen Ähnlichkeitsmaßes. Mehrfachzuordnungen nach der Fixpunktiteration müssen nicht entfernt werden, da sie Indiz für mehrfach vorkommende Bildobjekte sein können. Im Zuge zukünftiger Untersuchungen sind weitere globale Ähnlichkeitswerte wie z.B. der Prozentsatz der Ähnlichkeitswerte über dem Erwartungswert, oder sinnvolle Filtertechniken bei Mehrfachzuordnungen zu eruieren.

Literaturverzeichnis

1. Tagare HD, Jaffe CC, Dungan J: Medical image databases: A content-based retrieval approach. JAMIA, 4: 184-198, 1997.
2. Lehmann TM, Wein BB, Dahmen J, Bredno J, Vogelsang F, Kohnen M: Content-Based Image Retrieval in Medical Applications A Novel Multi-Step Approach. Proc SPIE, 3972: 312-320, 2000.
3. Belongie S, Carson C, Greenspan H, Malik J: Color- and texture-based image segmentation using EM and its application to content-based image retrieval. Proc 6th ICCV, 675-682, 1998.
4. Shapiro L, Haralick R: A metric for comparing relational descriptions. IEEE Trans PAMI, 90-94, 1985.
5. Eshera M, Fu K: An image understanding system using attributed symbolic representation and inexact graph-matching. Journal of ACM, 604-618, 1986.
6. Bunke H, Shearer K: A graph distance metric based on the maximal common subgraph. Pattern Recognition Letters, 255-259, 1989.
7. Melnik S, Garcia-Molina H, Rahm E: Similarity flooding: A versatile graph matching algorithm and its application to schema matching. Proc 18th ICDE, 117-128, 2002.

Visualisierung anatomischer Strukturen von Oberbauchorganen mittels automatisch segmentierter 3D-Ultraschallbildvolumina
Ergebnisse einer Pilotstudie

H.M. Overhoff[1], S. Maas[1], T. Cornelius[1], S. Hollerbach[2]

[1]Labor für Geräte und Systeme der Gesundheitstechnik,
Fachhochschule Gelsenkirchen
[2]Knappschafts-Krankenhaus, Innere Medizin,
Ruhr Universität Bochum
Email: mo@pt.fh-gelsenkirchen.de

Zusammenfassung. Das Auffinden und das Staging von Tumoren und ihrer Metastasen in parenchymatösen Organen des Epigastriums wird durch moderne bildgebende Geräte wesentlich erleichtert. Für Befunde, die in "kurativer" Absicht operativ entfernt werden sollen bzw. können wurde die Machbarkeit einer ultraschallbild-basierten Diagnostik und Therapieplanung untersucht. In 3-D Ultraschall-Bildvolumina von 20 Patienten wurden charakteristische anatomische Strukturen (z.B. Gefäße, Abszesse, Tumoren) mittels spezifisch adaptierter automatischer computerbasierter Segmentierung gefunden und visualisiert. Das Auffinden pathologischer Befunde, ihre Quantifizierung und ihre räumlichen Beziehungen zu anatomischen Leitstrukturen wurden durch die 3D-Bildakquisition und die 2D- und 3D-Visualisierung wesentlich vereinfacht.

1 Einleitung

Durch die zunehmende Nutzung minimal invasiver Verfahren in der medizinischen Diagnostik und Therapie und durch den Trend hin zu traumaminimierenden Interventionen wurde es möglich, Vorteile in der Patientenversorgung bzgl. zuverlässiger Heilungsprozesse oder verminderter Rekonvaleszenzdauer zu erreichen. Allerdings vermisst der Chirurg bei solchen Prozeduren den direkten visuellen und taktilen Zugang zu den behandelten Organen. Dieses Defizit begründet den Bedarf an Assistenzsystemen, die den Verlust an Sinnenwahrnehmungen zumindest teilweise kompensieren.

Von wesentlicher Bedeutung ist die intuitive und korrekte Visualisierung des Situs. Es gibt immer mehr Befunde, die vor Jahren noch als inoperabel galten, die heute aber in "kurativer" Absicht operativ entfernt werden sollen bzw. können. Für die Therapieplanung derart schwieriger Prozesse (z.B. Tumoren der Leber oder der ableitenden Gallenwege) sind weitere Verbesserungen der Bildgebung notwendig, um das Ausmaß der Tumorinfiltration in umgebende Strukturen (z.B. Gefäße, Peritoneum, Lymphknoten, Lymphabflusswege) bereits präoperativ zu erfassen. Wünschenswert ist ein einfach handhabbares und nicht-ionisierendes bildgebendes Verfahren, durch dessen Verwendung Probleme bei der Zuordnung präoperativer Befunde zu ihrer intraoperativen Lage vermieden werden können. Da bereits geringe Veränderungen relativer Lagebeziehungen das Outcome einer Intervention wesentlich beeinflussen können, sollten technische Neuentwicklungen auch diesen Aspekt berücksichtigen.

Die 3D-Sonographie ist ein sich klinisch etablierendes nicht-ionisierendes bildgebendes Verfahren, das den genannten Erwartungen entsprechen könnte. Sie kann die 2D-Ultraschallbildgebung beispielsweise bei der Absicherung und Korrektur von Instrumentenpositionen während einer Intervention ergänzen [1] oder potentiell Röntgen-CT-Untersuchung ersetzen, die zur virtuellen Operationsplanung bei Eingriffen an der Leber durchgeführt werden [2][3]. Da aber die alleinige Darstellung des aufgezeichneten Ultraschallbildvolumens wegen der eingeschränkten Sicht auf relevante Strukturen von limitiertem Wert ist, werden diese Bildvolumina zur Visualisierung üblicherweise in orthogonalen Orientierungen virtuell geschnitten. Hiermit geht die unmittelbar visuelle räumliche Information aber verloren. Für eine nutzbringende 3D-Visualisierung ist die Reduktion des Bildvolumens auf seine diagnostisch relevanten anatomischen und pathologischen Strukturen notwendig, weswegen in einigen Fällen eine manuelle Segmentierung druchgeführt wird [4]. Allerdings ist solch ein Vorgehen zeitaufwendig und kann zu untersucherabhängigen Ergebnissen führen. Eine Abgrenzung beispielsweise von Lebergefäßen, Tumorgewebe oder anderen Raumforderungen sollte besser automatisch erfolgen.

Für eine automatische Segmentierung werden hier die typischen Eigenschaften der bildlichen Darstellung von Gefäßen und Tumoren – d.h. ihre charakteristische Gestalt und ihre charakteristische Grauwertdarstellung in Ultraschallbildern – analysiert. Durch die Visualisierung der segmentierten Strukturen lassen sich Befunde klar und eindeutig demonstrieren und ihr Bezug zu anatomischen Leitstrukturen zeigen. Solch eine Darstellung macht die Gefäßinfiltration von Tumoren offensichtlich, und weiterhin erlaubt sie eine reproduzierbare Befundidentifikation z.B. bei Patienten follow-ups. Segmentierte Raumforderungen lassen sich so bzgl. Größe, Gestalt und quantitativer Maße wie Distanzen oder Volumen bestimmen. Erste Ergebnisse einer Pilotstudie werden vorgestellt.

2 Material

Von 20 aufeinander folgend untersuchten Patienten mit Leberprozessen wurde jeweils ein transkutanes 3D-Ultraschallbildvolumen des Organs mit Hilfe eines selbst entwickelten 3D-Ultraschallsystems aufgezeichnet. Die Aufzeichnungstechnik beruht auf einem konventionellen Ultraschallgerät (Hitachi EDUB 6000^{TM}) und einem kommerziellen Positionsmessgerät (Zebris CMS 100^{TM}), das zur Vermessung der Bewegung des Schallkopfes dient.

Für die Bildaufzeichnung wurde ein 7.5 MHz curved array Schallkopf benutzt, der Bildkontrast wurde manuell eingestellt. Die Pixelkantenlänge betrug ca. 0.1 mm x 0.1 mm. Die Positionsmessung wurde für einen nahezu würfelförmiges

Arbeitsvolumen mit ca. 570 mm Kantenlänge optimiert. Dieses große Arbeitsvolumen erlaubte eine weiträumige Aufzeichnung der interessierenden Körperregionen unter klinischen Bedingungen. Die Genauigkeit der Lagemessung betrug ca. 0.75 mm. Das zeitgleiche Aufzeichnen der Schallkopfbewegung über die an ihm fixierten Schallsenderchen und der Ultraschallbilder über eine Videoschnittstelle erlaubte die räumlich korrekte Positionierung der Einzelbilder zu einem Bildvolumen.

Während eines Freihandschwenks wurden Bild- und Bewegungsdaten synchron von einem PC (Intel Pentium^{TM} II, 128 MB RAM, Microsoft Windows 95/NT^{TM}) aufgezeichnet.

3 Methoden

Die einzelnen Ultraschallbilder enthalten charakteristische Leberstrukturen, die beispielsweise als Leitstrukturen dienen können (Abbildung 1) oder auch pathologische Veränderungen zeigen (Abbildung 2). Jedes dieser Bilder wird individuell nach Gefäßen und Raumforderungen segmentiert.

Zur automatischen Gefäß-Segmentierung wird deren Darstellung durch im wesentlichen dunkle zusammenhängende Pixel für ein regionenbasiertes Verfahren genutzt. Um die Verarbeitungszeit zu minimieren wurde dieser Teil der Segmentierung nur in einer manuell definierten Region of Interest durchgeführt. Das Auffinden von Tumormetastasen mit typischem Aussehen (Abbildung 2) wird durch ein spezifisch adaptiertes texturorientiertes Verfahren erledigt. Beide Segmentierungsschritte wurden auf die Vermeidung falsch-positiver Ergebnisse optimiert. So sollten Fehlinterpretationen vermieden werden, die beispielsweise durch Artefakte verursacht werden könnten.

Die Bildverarbeitung und Visualisierung wurde durchgeführt auf einem PC-System unter Benutzung der objektorientierten multi-threading-fähigen C++ Klassenbibliotheken PicLib und OpsLib [5].

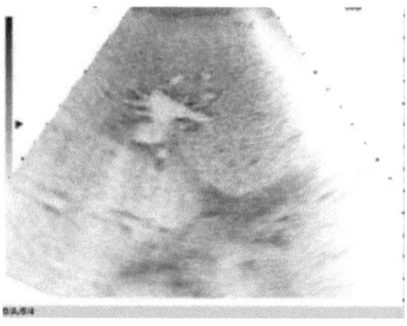

Abb. 1. Ultraschallbild der Leber (grauwertinvertiert). Deutlich sichtbar ist ein Querschnitt durch das Portalvenesystem im oberen Bildteil.

Abb. 2. Metastasen im Ultraschallbild der Leber. Die Metastasen zeigen einen charakteristischen dunkeln Saum sowie einen helleren zentralen Bereich (zur Demonstration manuell umrandet).

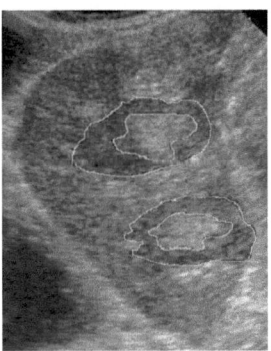

4 Ergebnisse

Die Segmentierungsdauer betrug ca. 20 Minuten für ein Bildvolumen, als Ergebnis wurde ein virtuelles Modell des Gefäßbaumes und des Tumors erstellt. Die segmentierten Lebergefäße und die tatsächlichen Gefäßwände entsprechen sich geometrisch korrekt (Abbildung 3). Probleme traten auf bei Gefäßkalibern kleiner als 0.3 mm, bei denen die gesamte Gefäßgestalt nicht mehr vollständig aufgefunden werden konnte. Die Tumordetektion war erfolgreich nur für eindeutig den genannten Kriterien entsprechender Bilddarstellung, d.h. bei dunklem Tumorsaum und hellem Tumorzentrum. Die Segmentierungen lieferten keine falschpositiven Tumore (Abbildung 4). Wurde in einem Einzelbild, bedingt durch zu geringen Kontrast, ein Tumor nicht gefunden, gelang dies jedoch i.a. in den Nachbarbildern. Ca. 80% aller Tumoren wurden so detektiert.

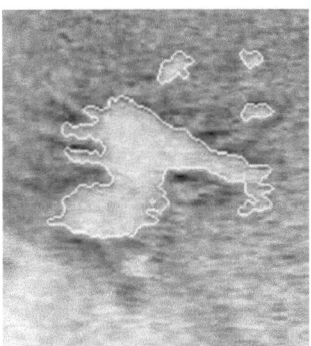

Abb. 3. Automatisch segmentierter Querschnitt durch das Portalvenensystem (weiße Linie), vgl. Abbildung 1. Feine Strukturanteile der Gefäße links oben und kleine Gefäße (rechts oben) wurden gefunden.

5 Diskussion

3D-Ultraschallbildvolumina gewähren eine differenzierte Einsicht in die Morphologie und sind insbesondere bei der Beurteilung komplexer Befunde einer 2D-Befundung überlegen. Die 3D-Visualisierung aufgearbeiteter, d.h. segmentierter Strukturen stellt Befunde intuitiver dar und erleichtert das Erkennen anatomischer Bezüge. Eine automatische Segmentierung ist allerdinge eine wesentliche Voraussetzung für solch eine reproduzierbare und untersucherunabhängige Diagnostik. Erste Ergebnisse für die Detektion und Visualisierung von Lebergefäßen und -tumoren wurden vorgestellt.

Die laufenden Arbeiten sind auf das Auffinden von Gefäßanteilen mit kleineren Durchmessern und insbesondere auf eine robuste Detektion intrahepatischer Raumforderungen ausgerichtet.

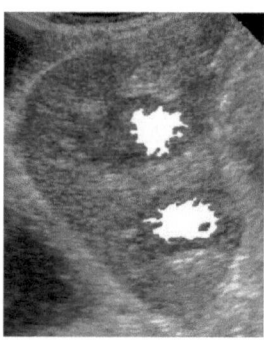

Abb. 4. Automatisch segmentierte Zentren von Metastasen. Dieses Zwischenergebnis ist die Basis für die endgültige Abgrenzung des gesamten Tumors, vgl. Abbildung 1.

Literaturverzeichnis

1. Rose SC, Hassanein TI, Easter DW, Gamagami RA, Bouvet M, Pretorius DH, Nelson TR, Kinney TB, James GM: Value of three-dimensional US for optimizing guidance for ablating focal liver tumors. J Vasc Interv Radiol (12): 507-515, 2001.
2. Oldhafer KJ, Högemann D, Stamm G, Raab R, Peitgen H-O, Galanski M: Three-dimensional (3-D) visualization of the liver for planning extensive liver resections. Chirurg (70): 233-238, 1999.
3. Lamadé W, Glombitza G, Demiris AM, Cardenas C, Meinzer HP, Herfarth C. Virtual operation planning in liver surgery. Chirurg (70): 239-245, 1999.
4. Lang H, Wolf GK, Prokop M, Nuber B, Weimann A, Raab R, Zoller WG. Three-dimensional ultrasound for volume measurement of liver tumors. Chirurg (70): 246-250, 1999.
5. Günther S, Overhoff HM, Stiller E. Concept and Realization of an Object-Oriented Class-Library designed for 3-D Image Processing and Visualization in Medical Diagnostics. Medical Imaging 1999: Image Display, Seong Ki Mun, Yongmin Kim (eds.), Proceedings of SPIE (3661): 332-342, 1999

Establishing an International Reference Image Database for Research and Development in Medical Image Processing

Alexander Horsch[1], Micheal Prinz[2], Siegried Schneider[3], Outi Sipilä[4]
Klaus Spinnler[8], Jean-Paul Vallée[5], Irma Verdonck-de Leeuw[6]
Raimund Vogl[7], Thomas Wittenberg[8], Gudrun Zahlmann[3]

[1]Dept. of Medical Statistics and Epidemiology, Technical University of Munich, Germany; [2]Dept. of Medical Computer Sciences, University of Vienna, Austria; [3]Siemens AG, Erlangen, Germany; [4]Dept. of Radiology, Helsinki University Central Hospital, Finland; [5]Digital Imaging Unit, Informatics Center, University Hospital of Geneva, Switzerland; [6]Dept. of Otorhinolaryngology, VU Medical Center, Amsterdam, The Netherlands; [7]Tiroler Landeskrankenanstalten GmbH (TILAK), IT Dept., Innsbruck, Austria; [8]Fraunhofer-Institut für Integrierte Schaltungen, 91058 Erlangen. Email: alexander.horsch@imse.med.tu-muenchen.de

> **Summary.** The lack of comparability of evaluation results is one of the major obstacles of Research and Development (R&D) in Medical Image Processing (MIP). The main reason for that is the usage of different image datasets with different quality, size and Gold standard. Currently, there exist only poor and insufficient attempts to cope with this problem. Therefore, one of the goals of the Working Group on Medical Image Processing of the European Federation for Medical Informatics (EFMI WG MIP) is to develop first parts of a Reference Image Database (RID) for Medical Image Processing R&D groups until 2005. Kernel of the concept is to identify highly relevant medical problems with significant potential for improvement by MIP, and then to provide respective reference datasets. The EFMI WG MIP has primarily the role of a specifying group and an information broker, while the provider user relationships are defined by bilateral co-operation or license agreements. An explorative RID prototype has been implemented in MySQL, templates for provider user agreements have been worked out and already applied for own 'pre-RID-MIP' co-operations of the authors. First RID datasets are made available in 2003 by WG members.

1 Introduction

Medical image processing (MIP) is a steadily growing field in modern medicine. Every year, new methods (sometimes not really new, but re-invented or slightly modified old ones) and systems are presented. However, it is usually impossible to compare the performance of different algorithms, methods and applications in a sound way, because almost every R&D group uses its own image datasets.

Currently, there exist only poor and insufficient attempts to cope with this problem. Using the well-known Lena image ("'Lady with a hat"') [1], the image processing and data communication communities have evaluated a huge number of basic methods and thereby established a de facto image reference. The task was comparably easy: one image with a variety of different features was chosen as a test image. For medical image processing, there have been only few attempts to establish appropriate reference datasets, such as Voxelman and Visible Human (these with emphasis on anatomy). One important reason for this is the much more difficult task: For medical image processing purposes, reference datasets from only some representative images to those with up to thousands of images (from a big number of different patients) are required for to cover at least the most important medical imaging domains. And the problem is further extended, since reference images are needed for various combinations of modalities (e.g. CT, MR, endoscopy), locations (e.g. heart, brain, lung) and diseases. However, there are comparable initiatives for other objectives, e.g. clinical applications [2] or biosignal analysis [3], which give valuable ideas for how to tackle the problem.

The Working Group on Medical Image Processing of the European Federation for Medical Informatics (EFMI WG MIP), initiated in September 2001 by the main author, has set as one of its goals to develop first parts of a Reference Image Database for Medical Image Processing R&D groups (RID-MIP) until 2005. The RID-MIP concept has been described in detail in [4]. This article puts the emphasis on intermediate results and obstacles.

2 Material and Methods

In the first phase, datasets for the following tasks are provided by WG members: 1) highly accurate classification of melanocytic lesions by skin surface microscopy, 2) highly accurate segmentation and volumetry of normal liver in CT, 3) fully automatic segmentation of stroke lesions in MRI.

The Unified Modelling Language UML [4] serves as language for graphical modelling, and the tool Together 6.0 (Together Soft Corp., Raleigh, NC, USA) as computer-based environment. The explorative RID prototype is implemented in MySQL.

3 Results

Overall concept. Figure 1 illustrates the overall concept of the initiative. The *target specification process* comprises the definition of criteria for the assessment of medical problems and their MIP parts, as well as the assessment itself. Result of the process is a list of highly relevant medical problems and corresponding MIP tasks and challenges, for which reference datasets should be made available with high priority. The *material development process* consists of the specification and preparation of datasets. Four kinds of datasets are distinguished: system trial datasets, elk test datasets, modality simulator datasets, phantom datasets. The *problem tackling process* comprises dataset brokering and impact follow-up. The processes are co-ordinated by EFMI WG MIP, whereas the provider user relationship itself is always a matter of a bilateral agreement or contract.

Fig. 1. The overall concept of the RID-MIP initiative

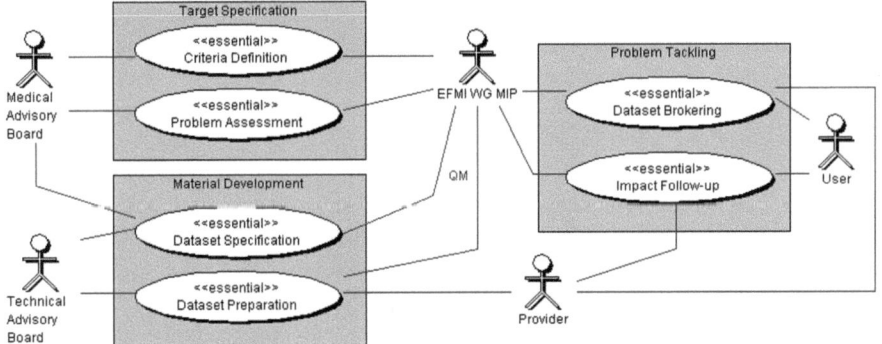

Benefit for the dataset provider. Why should an image producing party become a provider of the RID-MIP? 1) An important reason can be to get a solution for a problem from the user(s), if this is agreed in the co-operation between provider and user(s). 2) Co-operation with the aim to fuse the new ideas of the dataset user with the experience of the dataset provider and common publication of the results can also be a benefit. 3) A third reason might be the interest in fostering scientifically sound evaluation of MIP methods and systems. 4) Next reason can be to initiate further development after having finished a project where image datasets have been acquired. The objectives of the new task need not necessarily be the same as in the original project. It is a matter of the provider user agreement to create an interesting co-operation. 5) Then, a reason can be given by concrete incentives like, for example, to receive a software tool from EFMI WG MIP to support the technical preparation of the datasets for submission to the RID or for direct shipping to the user, especially if this tool has also additional benefit for the provider, for example as an image viewer and editor. 6) If the user is a company and the purpose of dataset usage is to evaluate a commercial product, then license fees can be the reason for to provide a dataset. 7) Finally, providers will have access to other datasets in their domain and can use this for quality control by comparing the image acquisition quality of their own datasets with other ones.

Delivery paths. Principally, there are two different delivery paths for datasets: 1) delivery by post via a storage medium (usually CD-ROM or DVD), 2) download directly from the WG website or a website of the dataset provider. It is up to the provider to decide whether he wants a) to keep the image dataset delivery under his own management, or b) to let the whole dataset be stored on the WG server for authorized (i.e. after bi-lateral agreement or contract has been signed) download, or c) to let the images and additional information on each image of the dataset be stored in the RID for authorized complete or selective download.

The explorative prototype. A first restricted version of the reference database in MySQL for internal usage within EFMI WG MIP as working prototype on the Internet has been developed in 2002. It comprises a) the dataset classification and management, b) the provider and user management, c) the follow-up management (impact), d) management of images and image-related additional information. Parts a-c of the database are dealing with management information on datasets as a whole, while part d deals with the images themselves. The prototype is available for WG members on the internal area of the WG website in order to discuss the further development.

The agreement templates. Templates for provider user agreements have been prepared in German and English language. They consist of the following paragraphs: §1 Subject (timely limited, non-exclusive usage license for the dataset); §2 User license (user is allowed to use the dataset in the framework of the scientific study referenced in this document); §3 Binding to purpose; §4 Validity timespan; §5 Reference character of the dataset; §6 Usage by a third party; §7 Media and copies; §8 Reference copy; §9 Fees; §10 Co-operation; §11 Publication of the results; §12 Runtime and irregular termination. The full text templates can be downloaded from the WG website. They have already been used for several co-operations.

The website. On the website *www.efmi-wg-mip.net* detailed information about the state of the work is made available to the public. Detailed conceptual documents, the roadmap, work plans and the explorative prototype are available in the internal area for WG members.

4 Discussion

There are at least two critical points beyond any problems with motivation or management: 1) The Gold standard. For many tasks, the creation of a reliable Gold standard is difficult. For example, to create the Gold standard segmentation for a system trial dataset with a hundred brain MRI examinations of MS patients is a huge amount of work, and the result is still a kind of a fuzzy standard. 2) To provide reference image datasets together with a task or challenge is probably not enough for many problems; it is also necessary to give (more or less mandatory) guidelines or recommendations for how to perform the evaluation of methods and systems on basis of the dataset, especially concerning the study design and the appropriate statistical methods and packages. The comparability of evaluation results will suffer from divergent evaluation procedures. (In medical and pharmaceutical research, these issues are considered very carefully.)

5 Conclusion

The first step of conceptual work on the way to a comprehensive reference image database for medical image processing has been done. The group of currently 11 active members from 6 European countries has to be enlarged. Applications for funding in the IST part (Information Society Technologies. Integrating and Strengthening the European Research Area) of the Sixth Framework Programme of the European Commission will hopefully be successful in order to bring the necessary power on the next steps of the initiative.

References

1. Munson DC jr: A Note on Lena. IEEE Transactions on Image Processing. 5(1):editorial, 1996
2. Horsch A: Jetzt im Web - der Health Informatics Software Catalogue der EFMI. mdi Forum der Medizin-Dokumentation und Medizin-Informatik 4(2):64–65, 2002
3. Penzel T, McNames J, deChazal P, Raymond B, Murray A, Moody G: Systematischer Vergleich von Algorithmen der EKG-Analyse zur Erkennung schlafbezogener Atmungsstörungen. Informatik, Biometrie und Epidemiologie in Medizin und Biologie 33(2-3):126–127, 2002
4. Prinz M, Horsch A, Schneider S, Sipild O, Spinnler K, Vallee JP, Verdonck-de Leeuw I, Vogl R, Wittenberg Th, Zahlmann G: A Reference Image Database for Medical Image Processing. Proceedings of the 2nd conference of the Österreichische Wissenschaftliche Gesellschaft für Telemedizin, a-telmed 2002, OCG-Schriftenreihe, Vienna, 45–51, 2002

Reproduzierbarkeit der Volumenmessung von Lungenrundherden in Mehrschicht-CT
Erste Ergebnisse eines neuen ellipsoiden Ansatzes

Christophe Della-Monta, Stefan Großkopf und Frank Trappe

Siemens AG, Medical Solutions
Computed Tomography, 91301 Forchheim
Email: {christophe.della-monta, stefan.grosskopf, frank.trappe}@siemens.com

Zusammenfassung. Wichtige Voraussetzung zur frühen Erkennung maligner Lungenrundherde ist die reproduzierbare Volumenmessung bei Niedrigdosis-Mehrschicht-CT-Untersuchungen (Siemens Somatom Sensation 16). Dieser Beitrag stellt einen neuen Algorithmus vor, der in die syngo® Postprocessing-Application LungCARE® integriert wurde und anhand beispielhafter Patientendatensätze mit dem zuvor verwendeten Algorithmus verglichen wurde. Der neue ellipsoide Ansatz weist eine höhere Reproduzierbarkeit der Ergebnisse auf, insbesondere für Rundherde deren Oberflächen nicht klar definiert sind, die irregulär geformt oder an Gefäße angewachsen sind.

1 Einleitung

Lungenkrebs stand in den USA im Jahr 2001 auf Platz zwei der am häufigsten auftretenden Krebsarten mit 157.400 Toten und 169.500 neuen Fällen. Die Überlebensrate fünf Jahre nach der ersten Diagnose betrug lediglich 14%.

Eine deutliche Verbesserung der Chancen auf eine Heilung (ca. 72%) ist bei früher Erkennung kleiner Lungenrundherde mit einem Durchmesser $\geq 2mm$ gegeben. Mittels Niedrigdosis-Mehrschicht-CT (Siemens Somatom Sensation 16, 10 mAs) kann für Risikopatienten ein Screening im mehrmonatigen Abstand durchgeführt werden. Die Bildakquisition erzielt in kurzer Zeit (*single-breath-hold*) eine hohe Auflösung, die zur Rekonstruktion eines Datensatzes mit 1mm Schichtabstand und $0,56 \times 0,56 mm^2$ *in-plane* Auflösung geeignet ist. Sie bietet somit eine gute Grundlage für die sichere Erkennung kleiner Rundherde.

Zur Unterstützung der Diagnose wird die syngo® Postprocessing-Application LungCARE® eingesetzt, die es ermöglicht einen oder – für eine *follow-up* Untersuchung – zwei Datensätze eines Patienten zu analysieren und miteinander zu vergleichen. Mit Hilfe eines MPR/MIP/VRT-Slab-Renderers können die Schichten visualisiert, systematisch durchsucht, Rundherde markiert und vermessen werden. Durch die Beobachtung einzelner Rundherde über einen Zeitraum von mehreren Monaten kann deren Wachstum quantifiziert werden, aus dem auf maligne Rundherde geschlossen werden kann. Eine hohe Reproduzierbarkeit der

Volumenmessung ermöglicht die genaue Bestimmung des Wachstums und ist daher wichtige Voraussetzung für eine sichere Diagnose.

Gegenstand unseres Beitrages ist ein neuer, verbesserter Segmentierungsansatz, dessen Reproduzierbarkeit anhand von beispielhaften Patientendatensätzen verifiziert und mit den Ergebnissen des zuvor verwendeten Ansatzes [1] verglichen wird.

2 Material und Methoden

2.1 Patientendaten

Vier Patientendatensätze wurden für diese Studie ausgewählt, die für den Ansatz in [1] problematisch waren, da die Oberflächen der Rundherde nur unzureichend klar definiert waren, eine irreguläre Form aufwiesen oder an Gefäßen angewachsen waren.

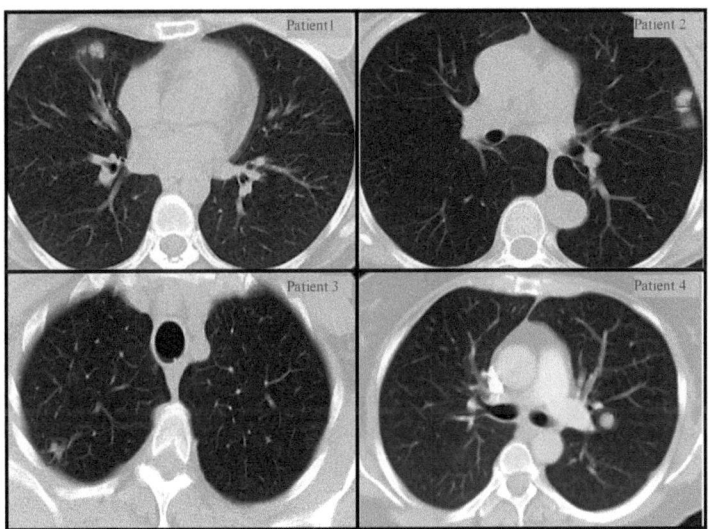

Abb. 1. Visualisierung von vier Patientendatensätzen mit Hilfe eines MIP-Slabs. Die Positionen der Rundherde sind durch rote Quadrate markiert.

2.2 Template-Basierte Segmentierung

Singuläre Rundherde werden aufgrund ihrer relativ hohen Dichte gegenüber dem Lungengewebe kontrastreich in CT abgebildet, so daß ein Schwellwertverfahren mit konstantem Schwellwert (ca. -400HU) nur geringfügig durch Bildrauschen beeinträchtigt wird. Die unter 2.1 gezeigten Problemfälle lassen sich jedoch nicht angemessen – auch nicht durch ein Regionenwachstumsvefahren mit adaptiven

Tabelle 1. Ergebnisse der Segmentierung mit Hilfe des ellipsoiden Templates unter Verwendung der Distanztransformation als Energiedefinition (DC)

	Patient 1		Patient 2		Patient 3		Patient 4		Average
	mm^3	%	mm^3	%	mm^3	%	mm^3	%	%
[1]	157	17.1	766	69.2	67	12.0	162	7.9	26.6
BC	73	8.5	6	0.5	109	27.4	16	1.0	9.4
NC	36	2.1	20	1.1	31	3.6	122	3.5	2.6
DC	10	0.9	22	1.7	1	0.2	60	3.4	1.5

Schwellwert – segmentieren, so daß eine formbasierte Methode zur Bestimmung der Konturen gewählt wurde.

Beim vorgestellten Ansatz wird ein ellipsoides Template (Abb. 2a) an den Rundherd angepaßt. Zunächst werden hierzu die neun Ellipsoiden-Parameter, Lage des Mittelpunktes, Ausrichtung und Länge der Halbachsen durch einen einfachen heuristischen Ansatz geschätzt. Im zweiten Schritt werden diese Parameter durch den Powell-Algorithmus [2] optimiert. Zur Bewertung der Lage des Templates wurden unterschiedliche Energiedefinitionen angewendet:

- Binärkodierung von potentiellen Rundherd- und Hintergrund-Voxels (Trennung durch konstanten Schwellwert) (BC)
- Anzahl der Nachbarn eines Voxel oberhalb des Schwellwertes (NC)
- Distanztransformation der Binärkodierung (siehe Abb. 2b) (DC)

Durch die letzten beiden Energiedefinitionen werden Oberflächen-Voxel und Voxel dünner Gefäße geringer gewichtet als Voxels im Zentrum des Rundherdes.

2.3 Auswertung

Für jeden der Rundherde wurden zunächst drei unterschiedliche Subvolumina (VOIs) durch Supersampling mit leicht variierten Parametern generiert. Anschließend wurde für jedes der Volumina die Segmentierung durchgeführt.

3 Ergebnisse

Tab. 1 faßt die Ergebnisse der Auswertung mit Hilfe der unterschiedlichen Energiedefinitionen zusammen. Während die Volumendifferenzen beim Ansatz nach [1] bis zu 69,2% betrugen (Mittelwert 26,6%) zeigt der neue Ansatz (DC) maximale Differenzen von 3,4% (Mittelwert 1,5%). Wie zu erwarten war, können singuläre Rundherde mit klar definierten Oberflächen durch beide Ansätze in etwa mit der gleichen Genauigkeit segmentiert werden während der ellipsoide Ansatz das Volumen für Problemfälle Ergebnisse mit kleinerer Abweichung ermittelte. Abb. 3 zeigt die Ergebnisse der Segmentierung unter Verwendung der Distanztransformation für die Energiedefinition.

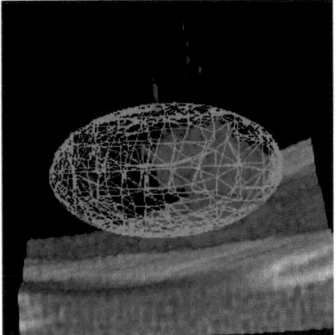 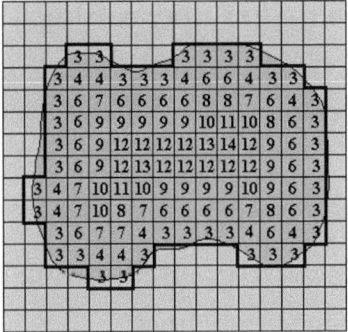

(a) Gewichtung der Voxels mittels Distanztransformation

(b) Standardabweichung der Volumenmessung für die Problemfälle aus Abschnitt 2.1

Abb. 2. Das ellipsoide Template und seine Lagebewertung.

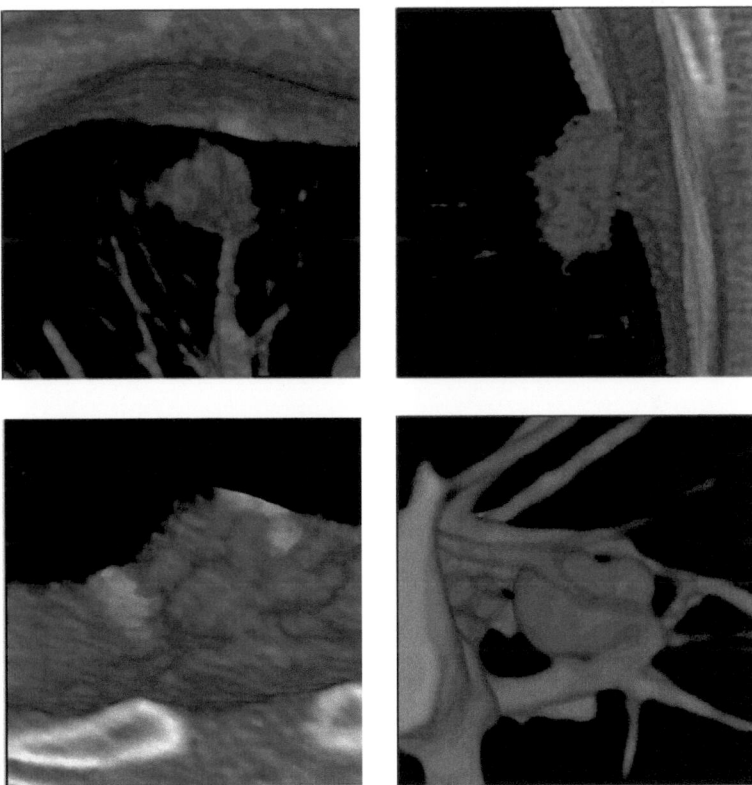

Abb. 3. Ergebnisse der Segmentierung mit Hilfe des ellipsoiden Templates unter Verwendung der Distanztransformation als Energiedefinition (DC)

4 Diskussion und Ausblick

Es wurde ein verbesserter Segmentierungsansatz vorgestellt und anhand beispielhafter problematischer Patientendatensätze mit einem vorhergehenden Ansatz verglichen. Nach diesen ersten Auswertungen zeigt sich, daß der ellipsoide Ansatz für eine größere Varianz Eingabedaten Ergebnisse mit erheblich verbesserter Reproduzierbarkeit ermittelt. Diese Eigenschaft sollte in einer breiter angelegten Studie verifiziert werden.

Literaturverzeichnis

1. Baumert B, Fan L, Das M, Novak CL, Herzog P, Kohl G, Flohr T, Schaller S, Qian JZ, Schoepf UJ: Performance Evaluation of a Pulmonary Nodule Segmentation Method Across Different Radiation Doses in Multi-Slice CT Studies, Proc. Diagnostic Imaging an Analysis, ICDIA 2002, Aug. 18-20, Shanghai, PR China, pp. 342 - 347
2. Press WH, Teukolsky SA, Vetterling WT, Flannery BP: [10] Numerical Recipes in C++, the art of scientific computing, second edition, Cambridge University Press, 2002

Automated Hybrid TACT Volume Reconstructions

Nick I. Linnenbrügger[1], Richard L. Webber[2],
Leif P. Kobbelt[3], and Thomas M. Lehmann[1]

[1]Institute of Medical Informatics,
Aachen University of Technology (RWTH), 52057 Aachen, Germany
[2]Departments of Dentistry and Medical Engineering,
Wake Forest University School of Medicine, Winston-Salem, NC 27157, USA
[3]Computer Graphics Group, RWTH Aachen, 52056 Aachen, Germany
E-mail: nilin@web.de

Summary. A new method for automated detection of reference points in single optical images is introduced. The detection process is based on Hough transforms for ellipses and lines. Experiments show that the algorithm is flexible with regard to different experiment setups and robust against variable lighting conditions. The new method allows the automated application of Tuned-Aperture Computed Tomography (TACT), which provides volume reconstructions from positions of reference points seen in planar radiographs. A hybrid system is used to replace radiographic with optical references.

1 Introduction

Tuned-Aperture Computed Tomography® (TACT®) allows volume reconstructions from multiple two-dimensional X-ray projections. These projections can be produced from unknown and / or random angles and positions [1]. A set of object features (*landmarks*) is used to determine the relative projection geometry. Usually, radiopaque spheres are attached as landmarks to the object, and their images are recognized reliably as fiducial references (*fiducials*) in all projections. A unique feature of TACT is that explicit determination of landmark positions in space is not necessary. In contrast, the reconstruction is based on relative positions of fiducials in respective projections only [1].

For a reconstruction based on unconstrained geometries, TACT requires up to six landmarks of two distinguishable types. Therefore, establishing an appropriate configuration can be challenging. Manual localization of fiducials is time-consuming and also problematic when local contrast is low. Other shortcomings of TACT include decreased reconstruction quality resulting from landmarks that mask anatomic details and the limited range of projection geometries (aperture).

Radiopaque landmarks can be replaced by radiolucent markers if a hybrid imaging system consisting of a radiographic system plus an optical camera is used. The camera is rigidly attached to the X-ray source and takes photographs of the scene [2]. Appropriate normalization made possible by the addition of four landmarks allows correction for projective artifacts produced when the optical imaging plane and the radiographic sensor are not parallel.

The task of automated fiducial detection is not new. Related research has been done in the field of computer vision, where fiducial positions are often used to determine the location and orientation of the camera [3]. Many approaches such as [4,5] assume temporal coherence of camera movement and use Kalman filtering or the Condensation algorithm, where fiducial positions in the next frame are predicted based on positions in the current frame. As such, these approaches require video sequences. Other approaches utilize information obtained from non-vision modalities such as a magnetic tracker or an inertial sensor to restrict the search space in the vision module (e. g., [6,7]). In contrast, the system presented here demands analysis of sequences of relatively uncorrelated images from a single camera because, in general, the camera position changes abruptly and unpredictably between shots.

This work presents a method for automated detection of fiducials in optical projections as produced by a hybrid TACT imaging system. This eliminates the need for radiopaque landmarks and overcomes other shortcomings of conventional TACT.

2 Method overview

Landmark design. Fig. 1 shows the design of an optical landmark. A circle is chosen as the basic form. Circles appear as ellipses when projected onto the camera's imaging plane. However, the projection of a circle's center does not coincide with the center of the corresponding ellipse. Consequently, circle centers are marked. The circle's interior region is divided into four quadrants, two of which are black and the other two have a certain color. The intersection of the discontinuities between adjacent quadrants of contrasting colors denotes the center of the circle.

The hue of colored quadrants is used to distinguish different landmarks. White point information is included in the design of landmarks to reduce sensitivity to changes in illumination. This is accomplished by circumscribing the inner circle with a white ring delimited peripherally by a thin black line.

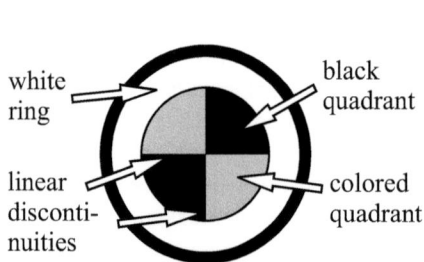

Fig. 1. Design of optical landmarks.

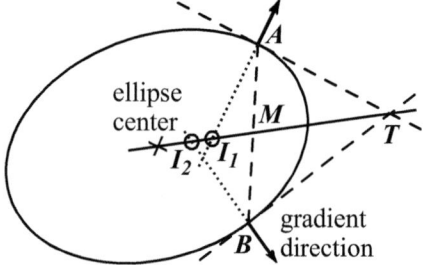

Fig. 2. Construction of lines for the detection of the ellipse center.

Calibration. A calibration mechanism that includes the number and colors of respective landmarks is defined to provide flexibility with regard to landmark constellation, imaging equipment, and lighting conditions. Information is obtained from a single optical projection under expected lighting conditions using the intended optical imaging system. Hues of respective landmarks are recorded in this image after white point correction. In addition, estimates of the largest major and smallest minor diameter are documented. These are obtained from user input. This calibration procedure is necessary only once for each combination of landmark arrangement, optical equipment, and lighting condition.

Fiducial detection. A fiducial candidate is a complete bright ellipse on a dark background (white ring delimited peripherally by a thin black line). The assumption of complete ellipses allows speed optimization and a higher degree of reliance on a successful detection. First, all candidates for being a fiducial are identified in intensity images of reduced size. At this stage, high sensitivity is required, but low specifity is acceptable. Local gradients and their directions are detected using the Canny edge detector such that gradient vectors point orthogonally from the brighter to the darker side of the edge. Subsequently, ellipses are localized by means of a Hough transform (HT) for ellipses [8]. Here, only bright ellipses on a dark background are regarded.

Thereafter, detected ellipses are converted back into corresponding parameters in the original image space domain. Now, only the region within a candidate ellipse is considered, and a dark ellipse on a bright background is searched by means of another HT for ellipses (inner circle circumscribed with a white ring). Inside this ellipse, two intersecting lines are detected by means of a HT for lines. Their intersection determines the exact location of the fiducial. The lines define four quadrants, and the hue of the fiducial candidate is computed from the white point corrected average color of the two colored quadrants. The candidate is rejected if any expected parts cannot be detected.

Verification. A fiducial candidate is considered to be an actual fiducial if it fulfills certain homogeneity criteria for the inner circle quadrants. The assignment of found fiducial candidates to landmarks is done according to the hue. The detection of fiducials is rejected if a bijective correspondence of detected fiducials and expected landmarks cannot be established.

3 Implementation

The extraction of elliptical shapes is achieved by means of a HT, which collects votes for parametrically described shapes in an *accumulator array*. In the case of ellipses, the parameter space becomes five-dimensional. However, the dimensionality of the problem is reduced by splitting the detection process into three subsequent steps: detection of the center, orientation, and axis lengths. This reduces the dimensionality of each step to only one or two [8].

The detection of the center is based on a general property of ellipses. For any two points A and B on an ellipse, the line through the intersection T of their tangents and the mid-point M between A and B passes through the center of the ellipse (Fig. 2). Thus, for all pairs of edge points in the image such a line $\overline{TM}$ is constructed, and cells along the line are incremented in a two-dimensional accumulator array with axes for center coordinates x_0 and y_0 [8]. Then, the center coordinates of the ellipse are defined by a peak in the accumulator array.

In [8], parameters of lines $\overline{TM}$ are determined, and peaks are found using a focusing algorithm. However, this procedure is equivalent to incrementing the value of accumulator cells along a line of infinite length. Accordingly, points erroneously vote for ellipse centers far away from their position—and this may lead to spurious accumulator peaks. In this work, the length of line segments is half the maximal expected major diameter, which is known from calibration. Line segments lie on $\overline{TM}$, start at M, and direct away from T. If A and B actually are points belonging to the same ellipse, M is located inside the ellipse. Consequently, the center cannot be further away than half the length of the major axis (Fig. 2).

Gradient direction at A and B and the position of A and B relative to the line $\overline{TM}$ is used to make the distinction between bright ellipses on a dark background and vice versa. Let us define $\vec{v} := T - M$ and denote gradient vectors at A and B as $\vec{g_A}$ and $\vec{g_B}$, respectively. Then, we can solve the following equations for the unknown scalars l and r to determine the position of intersections I_1 and I_2 relative to A and B and their gradient directions (Fig. 2):

$$A + l \cdot \vec{g_A} = M + m \cdot \vec{v} \qquad (1)$$
$$B + r \cdot \vec{g_B} = M + s \cdot \vec{v} \qquad (2)$$

For bright ellipses on a dark background, l and r are less than zero. For the opposite configuration, l and r are greater than zero. If l and r have different signs, A, B do not belong to the same ellipse, and this pair of points is disregarded.

For the detection of the orientation of the ellipse and the lengths of the semimajor and the semiminor axis, we follow the procedure described in [8].

4 Results

The method is applied in two experiments under different lighting conditions with 37 and 20 projections, respectively. All optical fiducials are detected successfully without any spurious responses. Resulting reconstructions are visually compared to those obtained using conventional TACT and appear to be identical. For an experiment setup with six landmarks and images of size 1930 x 1644 pixels, the algorithm runs on standard hardware (Intel® Pentium® III-M, 933 MHz, 512 MB RAM) in a mean time of 36.7 seconds per image using the Java™ 2 Platform Standard Edition, Version 1.3.

5 Discussion

In this work, a new algorithm is introduced that allows robust detection of optical fiducials for hybrid TACT volume reconstruction. Resulting from the calibration procedure, the method is flexible in terms of different landmark constellations and digital cameras. Also, it is robust against variable lighting conditions. Therefore, TACT can now be used more conveniently in a wider range of clinical applications. In particular, larger apertures become possible. In addition to optical markers, radiopaque landmarks are attached to the object in one of the experiments. In this case, the complete set of radiopaque landmarks is visible in only 20 of 37 radiographs, but all optical landmarks are apparent, and fiducials are detected correctly in all optical projections.

Although implemented in Java, the runtime of fiducial detection is about half the time required for the repositioning of the patient and the coupled system of X-ray source and optical camera, which takes about one minute. Hence, the computations are performed in "real time" during successive image acquisition. The method neglects geometric distortions of the optical system. If necessary, geometric correction must be performed prior to fiducial detection. The precision of the fiducial detection determines the quality of volume reconstructions. It is limited only by the precision of the detection of the intersection of the lines or the center of projected radiopaque landmarks for hybrid or conventional TACT, respectively. This is mainly dependent on the resolution of the system, i.e., the number of pixels divided by the size of the field of view. For hybrid TACT, the latter is affected by the spatial setup including the position of landmarks and the focal length of the camera. Hence, improved precision is expected for hybrid TACT. A comprehensive analysis of the precision is planned for the future.

References

1. Webber RL, Horton RA, Tyndall DA, et al.: Tuned-aperture computed tomography (TACT^{TM}). Theory and application for three-dimensional dento-alveolar imaging. Dentomaxillofac Radiol 26(1):53–62, 1997.
2. Webber RL, Robinson SB, Fahey FH: Three-dimensional, tuned-aperture computed tomography reconstruction using hybrid imaging systems. Unpublished manuscript; Contact: F. H. Fahey, PET Center, Wake Forest University School of Medicine, Winston-Salem, NC 27157, USA, E-mail: ffahey@wfubmc.edu, 2002.
3. Faugeras O: Three-Dimensional Computer Vision. MIT, Cambridge, 1993.
4. Se S, Lowe D, Little J: Local and global localization for mobile robots using visual landmarks. In 2001 IEEE/RSJ International Conference on Intelligent Robots and Systems, 414–420, IEEE, Piscataway, 2001.
5. Jang G, Kim S, Lee W, et al.: Color landmark based self-localization for indoor mobile robots. In 2002 IEEE International Conference on Robotics and Automation, 1037–1042, IEEE, Piscataway, 2002.
6. State A, Hirota G, Chen DT, et al.: Superior augmented reality registration by integrating landmark tracking and magnetic tracking. In Rushmeier H, ed., SIGGRAPH 1996 Conference Proceedings, 429–438, Addison Wesley, Reading, 1996.
7. You S, Neumann U, Azuma R: Hybrid inertial and vision tracking for augmented reality registration. In 1999 IEEE Virtual Reality Conference, 260–267, IEEE, Piscataway, 1999.
8. Guil N, Zapata E: Lower order circle and ellipse Hough transform. Pattern Recogn 30(10):1729–1744, 1997.

MRT-basierte individuelle Regionenatlanten des menschlichen Gehirns
Ziele, Methoden, Ausblick

Gudrun Wagenknecht[1], Hans-Jürgen Kaiser[2], Udalrich Büll[2]
und Osama Sabri[2,3]

[1]Zentrallabor für Elektronik, Forschungszentrum Jülich GmbH, 52425 Jülich
[2]Klinik für Nuklearmedizin, Universitätsklinikum der RWTH Aachen, 52074 Aachen
[3]Klinik und Poliklinik für Nuklearmedizin,Universitätsklinikum Leipzig, 04103 Leipzig
Email: g.wagenknecht@fz-juelich.de

Zusammenfassung. Die direkte automatisierte Generierung dreidimensionaler Regionenatlanten des menschlichen Gehirns auf der Basis von individuellem kernspintomographischen Bilddatenmaterial (MRT-Bilddaten) berücksichtigt die interindividuelle Variabilität menschlicher Gehirne. Die hierzu entwickelte Methodik besteht aus zwei aufeinander aufbauenden Schritten: der Gewebeklassifikation („Low Level"-Verarbeitung) und der wissensbasierten Analyse zur Extraktion anatomischer Regionen („High Level"-Verarbeitung). Die Quantifizierung koregistrierter emissionscomputertomographischer Bilddaten (ECT-Bilddaten) auf Basis der zugehörigen individuellen Atlanten ermöglicht die Berücksichtigung partialvolumenbedingter Effekte.

1 Einleitung

Struktur und Funktion des Gehirns lassen sich in-vivo mit tomographischen bildgebenden Verfahren dreidimensional abbilden. Zur Abbildung der Morphologie dient die Kernspintomographie (MRT), zur Abbildung der Funktion emissionscomputertomographische Verfahren, wie z.B. die Positronenemissionstomographie (PET).

Die Segmentierung anatomischer Regionen in funktionellen Bilddaten ist aufgrund des zur Anatomie komplementären Informationsgehaltes, aber auch aufgrund der vergleichsweise niedrigen räumlichen Auflösung schwierig. In der Literatur werden daher Methoden zur neuroanatomischen Zuordnung funktioneller Parameter auf der Basis von Gehirnatlanten beschrieben, die durch meist interaktive Segmentierung eines oder weniger Referenzgehirne in Form sogenannter Template-Atlanten [1] oder durch Zuordnung des Talairach-Koordinatensystems [2] gewonnen werden. In jedem Fall ist die nichtlineare Anpassung des individuellen Bilddatensatzes an diese Referenzsysteme erforderlich, die aufgrund der großen strukturellen Unterschiede individueller Gehirne problematisch sein kann.

Abb. 1. Ausgewählte Schichten eines dreidimensionalen T1-gewichteten MRT-Bilddaten-satzes und zu differenzierende Gewebearten.

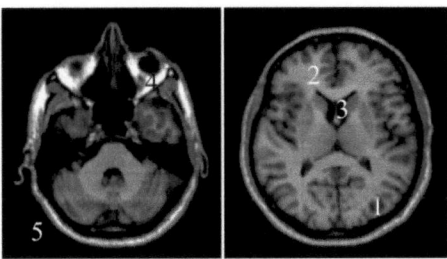

Die direkte Bestimmung anatomischer Regionen auf Basis des individuellen MRT-Bilddatensatzes des zu analysierenden Gehirns erfolgt bisher rein interaktiv [3] und ist daher sehr zeitaufwendig und untersucherabhängig. Daher wurde eine neue individuelle automatisierte Vorgehensweise entwickelt, die im folgenden dargestellt ist [4].

2 Methoden

Die direkte automatisierte Generierung dreidimensionaler Regionenatlanten (individuelle 3D-"Regions-of-Interest"-Atlanten, 3D-IROI-Atlanten) des menschlichen Gehirns auf der Basis von individuellem MRT-Bilddatenmaterial berücksichtigt die interindividuelle Variabilität menschlicher Gehirne und ermöglicht somit die Quantifizierung koregistrierter funktioneller ECT-Bilddaten unter Berücksichtigung von Partialvolumeneffekten.

Atlas-Generierung. Die zur Atlas-Generierung entwickelte zweistufige Methodik besteht aus einer voxelbasierten numerischen Klassifikation zur Gewebedifferenzierung („Low Level"-Verarbeitung) und einer hierauf aufsetzenden wissensbasierten Analyse der klassifizierten Bilddaten zur Extraktion anatomischer Regionen („High Level"-Verarbeitung).

Gewebeklassifikation. Die Analyse der Eigenschaften anatomischer Regionen auf Basis des zugrundeliegenden T1-gewichteten MRT-Bilddatenmaterials ergibt für die Gewebearten (graue (1) und weiße Substanz (2), Liquor (3), Fettgewebe (4)) und den Hintergrund (5), dass diese durch eher homogene dreidimensionale Regionen repräsentiert werden und zueinander kontrastreiche Grenzen bilden (Abb. 1).

Da die Bedeutung der Regionen für die nachfolgende wissensbasierte Analyse entscheidend ist, erfolgt die Gewebedifferenzierung auf Basis eines neuen vollautomatischen Verfahrens, bestehend aus automatischer Stichprobenextraktion - der Trainingspunktextraktion - und überwachter Klassifikation, das die implizite Segmentierung und Klassifikation der Geweberegionen unter Berücksichtigung beliebiger Merkmalsvektoren erlaubt. Die überwachte Klassifikation erfolgt auf Basis eines neuronalen Feed-Forward-Netzes, das auf Basis der automatisch ermittelten Stichprobe mit dem Error-Back-Propagation-Algorithmus trainiert ist [5]. Das neuronale Netz hat den Vorteil, dass Annahmen über die Verteilungsdichtefunktion der Merkmale nicht erforderlich sind. Entspricht die Verteilungsdichtefunktion der Merkmale keiner einfachen parametrischen Funktion, so sind mit diesem Verfahren bessere Ergebnisse als mit einfachen parametrischen Klassifikationsverfahren zu erwarten.

Regionenextraktion. Im zweiten Schritt der Atlas-Generierung dient die wissensbasierte Analyse der klassifizierten Bilddaten der weitergehenden Differenzierung anatomischer Regionen. Hierzu wird das auf der Basis von attributierten relationalen Graphen repräsentierte anatomische Wissen über die hierarchischen Beziehungen der zu extrahierenden Hirnregionen und deren Lagerelationen zueinander und zur sagittalen Medianebene auf der Grundlage sogenannter Basisalgorithmen - wie Template-Matching-Verfahren, Regionenwachstumsverfahren und Operatoren der Mathematischen Morphologie - unter Verzicht auf definierte Abstandsmaße implizit in einen für jede Hirnregion spezifischen Extraktionsalgorithmus umgesetzt.

Das Template-Matching dient der ersten groben Detektion anatomischer Regionen. Regionenwachstumsverfahren dienen der anschließenden genauen Abgrenzung in Richtung bereits detektierter Gewebegrenzen. Operatoren der mathematischen Morphologie dienen der genauen Bestimmung von Regionengrenzen, die keinen Gewebegrenzen entsprechen, die aber beispielsweise Sulci des Kortex repräsentieren.

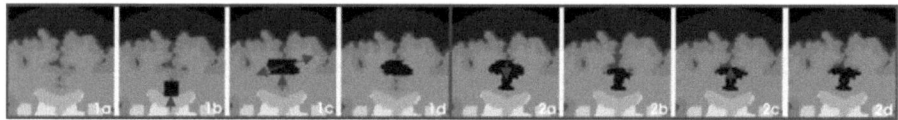

Abb. 2. Von links nach rechts: Schritte der Gyrus cinguli-Extraktion.

Ein Beispiel zeigt Abb. 2 für die Region des Gyrus cinguli. Im ersten Teil des Algorithmus erfolgt ausgehend vom Original (1a) ein 2D-Template-Matching zur groben Lagebestimmung des Corpus callosum (1b). Von diesem ausgehend wird durch erneutes 2D-Template-Matching der Bereich des Sulcus cinguli grob markiert und in 3D verfolgt (1c). Schließlich werden alle Voxel der grauen Substanz und des Liquors als Gyrus cinguli markiert (1d). Im zweiten Teil wird der Bereich des Gyrus cinguli in Richtung des Corpus callosum durch 2D-Region-Growing erweitert, so dass in dieser Richtung nun die genaue Grenze detektiert ist (2a). Durch 1D-Erosion (2b) und anschließende 2D-Dilatation (2c) wird die genaue Grenze in Richtung des Sulcus cinguli detektiert. Zum Schluß werden noch die zum Liquor gehörenden Voxel zurückgesetzt (2d). Die Extraktion ist damit beendet.

Im Rahmen der wissensbasierten Analyse werden die folgenden 3D-Regionen differenziert: die extracerebrale Region, das Gehirn, die Hirnhemisphären, der Hirstamm, das Kleinhirn, die Stammganglien, der Gyrus cinguli, die Inselregionen sowie die Hirnlappen.

Atlasbasierte Quantifizierung. Durch die vergleichsweise geringe Auflösung funktioneller Verfahren (PET: 4-6 mm FWHM) spielt der Partial-

Abb. 3. Vergleich der mittels neuronalem Netz (NNK) und parametrischer Klassifikation (PGK) auf der Basis realitätsnaher KSP erzielten Klassifikationsergebnisse.

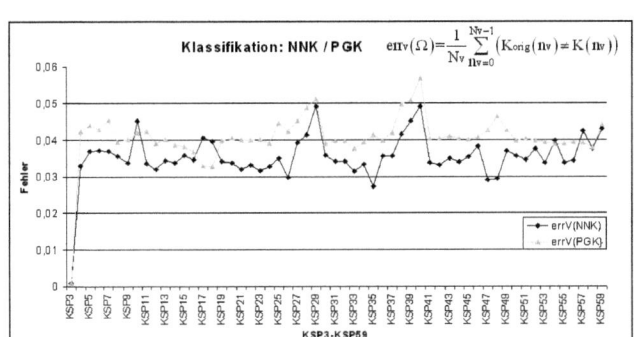

volumeneffekt (PVE) hier eine bedeutende Rolle. Dieser kann z.B. für den 2-5 mm breiten Kortex zu einer Beeinflussung der dort regional gemessenen funktionellen Parameter führen. Die Berücksichtigung dieses Effektes in funktionellen, quantitativ analysierten Bilddaten ist somit wichtig.

Zur atlasbasierten Quantifizierung koregistrierter ECT-Bilddaten wurde ein Verfahren zur Berücksichtigung des PVE entwickelt. Dieses Verfahren basiert auf der Faltung des MRT-basierten 3D-Regionenatlanten mit der idealisiert angenommenen Punktantwort („point spread function", PSF) des funktionellen Bildgebungssystems und anschließenden Festlegung eines partialvolumenabhängigen Schwellwertes. Hierdurch entstehen modifizierte 3D-Regionen in Abhängigkeit vom erwünschten Partialvolumeneinfluß angrenzender anatomischer Regionen [6] (Abb. 4).

3 Ergebnisse

Die entwickelten Verfahren wurden einer umfangreichen quantitativen Evaluation auf Basis hierzu entwickelter realitätsnaher Kopf-Software-Phantome (KSP1-KSP59) unterzogen [7] und auf Basis eines Kollektivs von 24 realen Probanden- und Patientenbilddaten zur Berücksichtigung der interindividuellen Variabilität menschlicher Gehirne bewertet. Im folgenden sind exemplarische Ergebnisse dargestellt. In Abb. 3 ist die Überlegenheit der mittels neuronalem Netz (NNK) erzielten Klassifikationsergebnisse im Vergleich zur parametrischen Klassifikation (PGK) - die eine gaußförmige Verteilungsdichtefunktion der Merkmale voraussetzt - deutlich zu erkennen. Zur NNK-Klassifikation vergleichbare Ergebnisse konnten mit dem kNN-Klassifikator erzielt werden, die NNK erfordert jedoch weniger Rechenzeit. Liegen koregistrierte Bilddaten vor, so kann eine quantitative Analyse der funk-tionellen Bilddaten auf Basis des zugehörigen individuellen 3D-Regionenatlanten durchgeführt werden. In Abb. 4 ist dies exemplarisch dargestellt. Erste Ergebnisse zeigen den Einfluss partialvolumenbedingter Effekte auf die quantitative Analyse [6].

Abb. 4. Links: Ein exemplarischer 3D-Regionenatlas; Mitte oben: Eine Schicht des 3D-Regionenatlanten (links), dem originalen MRT-Schnitt überlagerte Regionengrenzkonturen (rechts); Mitte unten: Eine Schicht des auflösungsangepassten, den Partialvolumeneffekt berücksichtigenden 3D-Regionenatlanten (links), dem koregistrierten PET-Schnitt überlagerte Regionengrenzkonturen (rechts); Rechts: Die quantitative Analyse der rot eingegrenzten Putamen-Region.

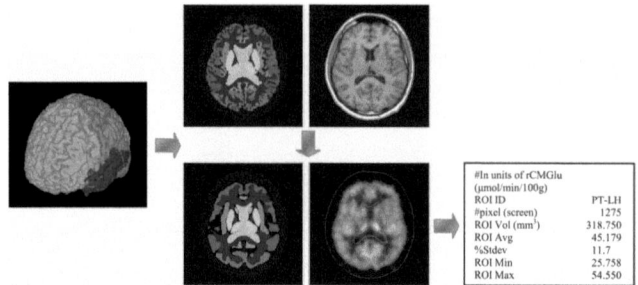

4 Diskussion

Die Extraktion individueller 3D-Regionenatlanten erfolgt durch die Kombination einer überwachten NNK-Klassifikation T1-gewichteter MRT-Bilddaten mit einer hierauf aufbauenden wissensbasierten Analyse der klassifizierten Bilddaten. Die nichtlineare Zuordnung der individuellen MRT-Bilddaten zu einem anatomischen oder statistischen Hirnatlanten ist hierzu nicht erforderlich. Durch die Berücksichtigung der Auflösung funktioneller Verfahren im Vergleich zum MRT können partial-volumenbedingte Effekte in erster Näherung berücksichtigt werden.Weiterentwicklungen sind insbesondere im Bereich der Stammganglienklassifikation, der weiteren Differenzierung kortikaler Regionen sowie der Patialvolumenkorrektur geplant.

Literaturverzeichnis

1. Collins DL, Holmes CJ, Peters TM, Evans AC: Automatic 3D model-based neuroanatomical segmentation. Hum Brain Map 3(3): 190-208, 1995.
2. Friston KJ, Ashburner J, Frith CD, Poline JB, et al.: Spatial registration and normalization of images. Hum Brain Map 2: 165-189, 1995.
3. Sabri O et al.: Correlation of Neuropsychological, Morphological and Funcional Findings in Cerebral Microangiopathy. J Nucl Med 39(1): 147-154, 1998.
4. Wagenknecht G: Entwicklung eines Verfahrens zur Generierung individueller 3D-"Regions-of-Interest"-Atlanten des menschlichen Gehirns aus MRT-Bilddaten zur quantitativen Analyse koregistrierter funktioneller ECT-Bilddaten. Dissertation, Shaker, Aachen 2002.
5. Rumelhardt DE, McClelland JL: Parallel Distributed Processing: Foundations. MIT Press, Cambridge, 1989.
6. Wagenknecht G, Kaiser HJ, Sabri O, Buell U: MRI-based individual 3D region-of-interest atlas of the human brain: Influence of the partial volume threshold on the quantification of functional data. Eur J Nucl Med 29, Suppl. 1: 157, 2002.
7. Wagenknecht G et al.: Simulation of 3D MRI brain images for quantitative evaluation of image segmentation algorithms. Proc SPIE 3979: 1074-1085, 2000.

Modulares Design von webbasierten Benutzerschnittstellen für inhaltsbasierte Zugriffe auf medizinische Bilddaten

Bartosz Plodowski[1], Mark Oliver Güld[1], Henning Schubert[2], Daniel Keysers[3]
und Thomas M. Lehmann[1]

[1]Institut für Medizinische Informatk, RWTH Aachen
[2]Klinik für Radiologische Diagnostik, RWTH Aachen
[3]Lehrstuhl für Informatik VI, RWTH Aachen
Email: Bartosz@bartorama.de

Zusammenfassung. In der Medizin ist man darauf angewiesen, schnell Daten wieder zu finden. Dies gilt insbesondere für die Vielzahl von medizinischen Bilddaten. In diesem Beitrag wird ein modulares Design von webbasierten Benutzerschnittstellen für inhaltsbasierte Zugriffe auf medizinische Bilddaten präsentiert. Schwerpunkte werden auf die Modularität, die Trennung von Inhalt und Layout sowie die Realisierung der Mechanismen *Relevance Facts*, *Relevance Feedback* und *Query Refinement* gelegt. Die Verwendung von standarisierten Schnittstellen garantiert dabei die problemlose Erweiterbarkeit des Systems.

1 Einleitung

Beim inhaltsbasierten Zugriff auf Bilddaten werden diese nicht durch textuelle Attribute; sondern durch automatisch extrahierte Merkmale und Merkmalskombinationen beschrieben, die aus einzelnen Bildpixeln oder aus segmentierten Bildregionen berechnet werden. Für die Anfragen an ein solches System müssen geeignete Schnittstellen verfügbar gemacht werden [1]. Neben der einfachen Vorgabe von Beispielbildern oder Merkmalswerten müssen dabei für medizinische Anwendungen vor allem drei Mechanismen realisiert werden:

– Mit *Relevance Facts* werden zu jedem gefundenen Bild die Kriterien visualisiert, warum dieses Bild als Ergebnis der Suchanfrage ausgegeben wurde;
– Beim *Relevance Feedback* kann der Arzt seine Anfrage durch Modifikation der Parameter korrigieren oder verfeinern [2];
– Das *Query Refinement* beschreibt den gesamten Prozess der Suchverfeinerung [3] und muss daher auch logische Verknüpfungen von Teilergebnissen bereitstellen.

Insbesondere im Internet werden bereits einfache Applikationen zum inhaltsbasierten Bildzugriff angeboten. Zwar gibt es z.T. sehr komfortable Interfaces, um z.B. farbige Bildregionen [4] und deren Anordnung [5] vorzugeben, diese sind jedoch durchweg proprietär und dadurch nicht übertragbar. Ausserdem werden die oben genannten Mechanismen nicht hinreichend unterstützt.

Die hierfür notwendige Kommunikation zwischen den einzelnen Anwendungen wird mit Hilfe der Extensible Markup Language (XML) realisiert [6]. XML beschreibt ein Grundmuster für den Aufbau gleichartiger Dokumente. Dadurch ist es möglich, für verschieden Anwendungen Standardschnittstellen zu schaffen. Ein solcher Standard ist das XML Remote Procedure Calling (XML-RPC) [7], das für den Aufruf von Prozeduren und die Übergabe der Parameter benutzt wird.

In diesem Beitrag wird ein modulares Konzept präsentiert, das neben den darzustellenden Bildern, Bildstrukturen und Merkmalen (I/O-Information) auch Prozessinformation modelliert und in der serverseitigen Datenbank des Systems ablegt. Die Protokollierung von Interaktionen ermöglicht die Wiederholung komplexer Query-Refinement-Prozesse sowie Bezüge auf vorherige Anfrageschritte. Weiterhin können Funktionen zur logischen Verknüpfung von Ergebnismengen einfach integriert werden. Damit wird der inhaltsbasierte Bildzugriff auch für medizinische Fragestellungen anwendbar.

2 Methoden

Auf der physikalischen Werkzeugebene wird die klassische Client/Server-Architektur eingesetzt. Auf der logischen Werkzeugebene werden drei Komponenten modelliert: Datenbank, Webserver und Browser (Abb. 1). Die serverseitige relationale Datenbank enthält alle Bilder, Merkmale, Methoden zur Merkmalsberechnung und auch die Prozessinformation, die für das Query Refinement verwendet wird. Die Datenbank ist mit dem Webserver, auf dem der Hypertext Preprocessor PHP [8] betrieben wird, über die Standardschnittstelle SQL [9] verbunden. Clientseitig wird ein Browser betrieben, auf dem das Webinterface dargestellt wird. Mit Hilfe von HTML, Javascript und DOM (Document Object Model) können so die Inhalte auf dem Browser dynamisch modifiziert werden. Auf der Anwendungsebene wurde für den Webserver eine modulare Toolbox in PHP mit einheitlich definierten Schnittstellen entwickelt. Diese beinhaltet Module zur Datenausgabe, Parametereingabe und Prozesssteuerung (Abb. 2).

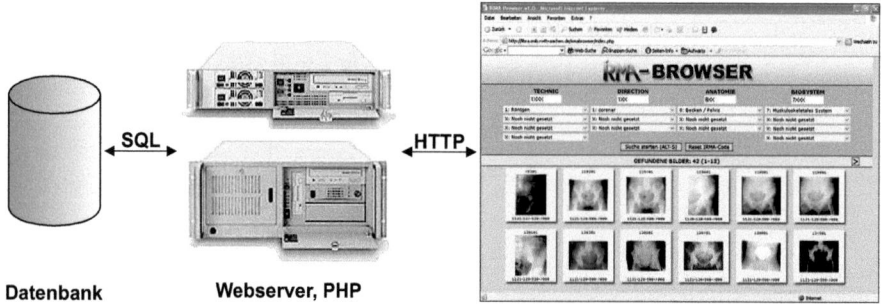

Abb. 1. Struktur der logischen Werkzeugebene

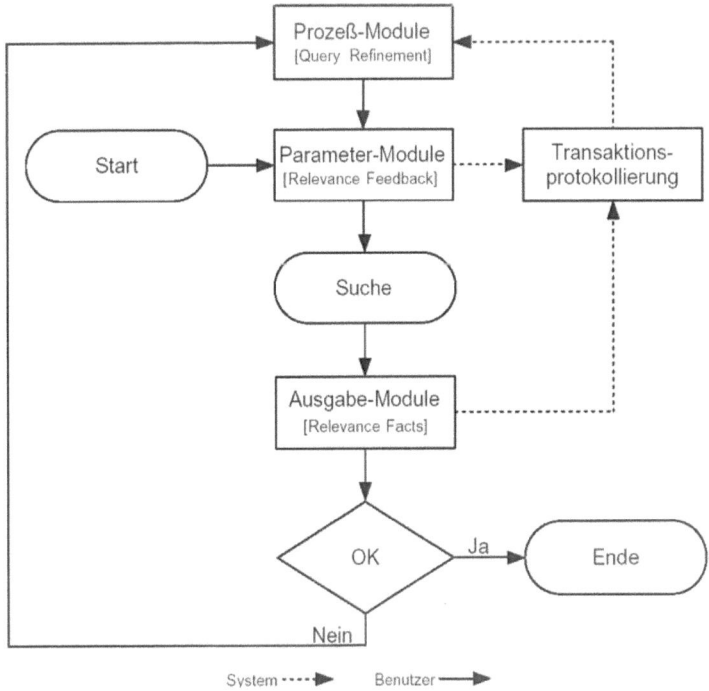

Abb. 2. Schnittstellen-Module und ihre Verknüpfung

2.1 Ausgabe-Module

Ausgabe-Module werden zum Darstellen von I/O-Informationen eingesetzt. Für den inhaltsbasierten Bildzugriff sind das

- Bilddaten (Bilder und Merkmalsbilder), die in verschiedener Größe und beliebiger Position auf der Anwendungsoberfläche dargestellt werden,
- Merkmale (Ganzzahl, Fließkommazahl, Zeichenkette), die alphanumerisch oder als Relativposition auf einer Skala dargestellt werden, und
- Regionengraphen, die auf abstrakter Ebene eine Segmentierung des Bildes beschreiben und durch Einblendung der Regionengrenzen in das Bild visualisiert werden.

2.2 Parameter-Module

Die Auswahlfunktionalität wird für alle Datenarten durch Mausklick realisiert. Mit den Parameter-Modulen können die Werte der I/O-Informationen darüber hinaus auch verändert werden. Bilddaten können z.B. mit der Maus repositioniert werden, um ihre Relevanz zu kennzeichnen. Numerische Merkmale können direkt über die Tastatur oder durch einen Schieberegler eingestellt werden. Für

Zeichenketten werden neben der Tastatureingabe auch Auswahlfenster angeboten. Für die hierachischen Regionengraphen können wiederum Schieberegler zum Auswählen der Hierarchiestufe dienen.

2.3 Prozess-Module

Mit den Prozess-Modulen kann man einzelne Anfragen logisch verknüpfen. Hierbei werden die Operationen AND, OR, XOR und NOT unterstützt. Zum Beispiel kann eine Suchanfrage dadurch verfeinert werden, dass man Regionen oder Regionen-Teilgraphen ausschließt oder andere Merkmale explizit zur Suche mit heranzieht.

2.4 Transaktionsprotokollierung

Die gesamte Funktionalität wird durch eine Transaktionsprotokollierung in der zentralen Datenbank ermöglicht. Somit können auch UNDO- und REDO-Funktionen einfach realisiert werden. Weiterhin wurden Module zum Importieren und Exportieren dieser Prozess-Logs implementiert, die es ermöglichen, auch später den Bildsuchprozess weiterzuführen, ab einem bestimmten Prozessschritt zu modifizieren, ihn erneut ablaufen zu lassen oder auch auf andere I/O-Informationen anzuwenden (siehe Abb. 2).

3 Ergebnisse

Relevance Facts werden bereits durch die Ausgabe-Module ermöglicht. Neben den Bildern, die das Ergebnis der Anfrage darstellen, können modular die Parameter visualisiert werden, die zu diesem Anfrageergebnis geführt haben. Dies ist Voraussetzung dafür, dass der Arzt seine Anfragen systemgerecht stellen kann. Die Parameter- und Prozess-Module ermöglichen ein umfangreiches Query Refinement, das erstmals auch die essentiellen Funktionen UNDO und REDO beinhaltet.

Die verschiedenen Module wurden bereits zu einer ersten Anwendung integriert, mit der die manuelle Referenz-Kategorisierung radiologischer Bilder in einen multiaxialen Code [10] unterstützt wird. Dabei werden jedem Bild bis zu 14 standardisierte Merkmale zugewiesen, wobei die Auswahl in einer Oberkategorie sofort die Auswahlmöglichkeit der Unterkategorie beeinflusst. Mit Hilfe dieses Code-Editors ist die komplexe Klassifizierung eines medizinischen Bildes in weniger als 30 Sekunden pro Bild möglich. Mit dem Code-Editor wurden bereits mehr als 2.000 Bilder kategorisiert. Die Transaktionsprotokolle werden dabei benutzt, um alle Änderungen des Codes für jedes Bild in der Datenbank festzuhalten. Somit kann jederzeit eingesehen werden, welcher Nutzer wann die Kategorisierung wie geändert hat. Ein älterer Zustand der Kategorisierung kann automatisch wiederhergestellt werden, diese können direkt auf andere Bilder übertragen werden.

4 Diskussion

Die modulare Toolbox auf der Anwendungsebene ermöglicht, mit nur wenigen Grundfunktionen (Darstellen, Auswählen und Einstellen von Bildern, Bildregionen, Zeichenketten und Zahlenwerten) komplexe und vielseitige Applikationen zum inhaltsbasierten Bildzugriff zu erstellen. Dabei muss nicht mehr versucht werden, die gesamte Funktionalität in eine Oberfläche zu integrieren. Vielmehr können die Module über standarisierte Schnittstellen zu adaptierten Applikationen kombiniert werden. In Kombination mit der Transaktionsprotokollierung bietet das System neue umfangreiche Möglichkeiten für das Content-based Image Retrieval in Medical Applications (IRMA) [11].

5 Danksagung

Das IRMA-Projekt wird von der Deutschen Forschungsgemeinschaft DFG gefördert (Le 1108/4).

Literaturverzeichnis

1. Tagare HG, Jaffe CC, Dungan J: Medical image databases – A content-based retrieval approach. JAMIA (4):184–198, 1997.
2. Wu P, Manjunath BS: Adaptive nearest neighbor search for relevance feedback in large image datasets. Procs ACM International Multimedia Conference (MM '01), 89–97, 2001.
3. Lau T, Horvitz E (Eds): Patterns of search – Analyzing and modeling web query refinement. Procs 7th International Conference on User Modeling, pp. 119–128, 1999.
4. Flickner M, Sawhney H: Query by image and video content – The QBIC system. Computer 28(9):23–32, 1995.
5. Carson C, Belongie S, Greenspan H, Malik J: Blobworld – Image segmentation using expectation-maximization and its application to image querying. IEEE PAMI 24(8):1026–1038, 2002.
6. W3C – World Wide Web Consortium (Ed): Extensible markup language (XML) 1.0 Second Edition. http://www.w3.org/TR/2000/REC-xml-20001006, 2000.
7. Wiener D (Ed): XML-RPC Specification. http://www.xmlrpc.com/spec, 1999.
8. Schmid E (Hrsg): PHP Handbuch. http://www.php.net/manual/de/, 2002.
9. International Organization for Standardization (Ed): ISO/IEC 9075 – Database language SQL. American National Standards Institute, New York, 1992.
10. Lehmann TM, Wein BB, Keysers D, Kohnen M, Schubert H: A monohierarchical multiaxial classification code for medical images in content-based retrieval. Procs IEEE International Symposium on Biomedical Imaging (ISBI'02), 313–316, 2002.
11. Lehmann TM, Wein B, Dahmen J, Bredno J, Vogelsang F, Kohnen M: Content-based image retrieval in medical applications - A novel multi-step approach. Procs SPIE 3972:312–320, 2000.

Automatische Kategorisierung von medizinischem Bildmaterial in einen multiaxialen monohierarchischen Code

M.O. Güld[1], H. Schubert[3], M. Leisten[3], B. Plodowski[1], B. Fischer[1],
D. Keysers[2] und T.M. Lehmann[1]

[1]Institut für Medizinische Informatik
[2]Lehrstuhl für Informatik VI
[3]Klinik für Radiologische Diagnostik
Rheinisch-Westfälische Technische Hochschule (RWTH), Aachen
Email: mgueld@mi.rwth-aachen.de

Zusammenfassung. Diese Arbeit untersucht die automatische Kategorisierung von radiologischem Bildmaterial anhand globaler Merkmale. Zur Bildinhaltsbeschreibung wird ein multiaxialer, monohierarchischer Schlüssel benutzt. Auf einem Datenkorpus mit 2470 Aufnahmen aus der klinischen Routine wird eine Erkennungsrate von 82.2% für eine Einteilung in acht anatomische Kategorien erreicht. Für eine feinere Einteilung des Korpus in 24 anatomische Kategorien wird eine Erkennungsrate von 80.5% erreicht.

1 Problemstellung

Die automatische Identifikation medizinischer Aufnahmen, z.B. die Bestimmung der abgebildeten Körperregion, ist für viele computerunterstützte Anwendungen eine Grundvoraussetzung. Insbesondere die Kategorisierung radiologischen Bildmaterials ist ein wichtiger Abstraktionsschritt in der Architektur [1] von Image Retrieval in Medical Applications (IRMA)[1]. Die automatische Kategorisierung erfordert Lösungen auf drei ineinander verzahnten Teilgebieten:

1. Bereitstellung eines geeigneten Kodierungsschemas;
2. Aufbau eines referenzkodierten Datenkorpus für die Evaluierung;
3. Entwicklung und Validierung von automatischen Methoden der Bildverarbeitung und Mustererkennung zur Extraktion, Selektion und Auswertung bzw. zum Vergleich von bildbeschreibenden Merkmalen.

2 Stand der Forschung

Zur einheitlichen, benutzerunabhängigen Kategorisierung medizinischen Bildmaterials wurde in [2] eine Codierung vorgeschlagen, die erstmalig die nötigen

---

[1] Das IRMA-Prokjekt wird gefördert von der Deutschen Forschungsgemeinschaft DFG (Le 1108/4)

Anforderungen hinsichtlich Vollständigkeit und Eindeutigkeit erfüllt. Die durch die Modalität bei der Bildgebung bereitgestellte kategorisierungsrelevante Information (z.b. in DICOM) ist jedoch konzeptionell unzureichend und nur eingeschränkt verfügbar [3]. Bisherige Publikationen adressieren häufig ein eingeschränktes Untersuchungsfeld bezüglich der Identifikation pathologischer Fälle, oftmals in Verbindung mit einer speziellen Modalität, z.B. Lungen-CTs [4].

3 Referenzkategorisierung des Datenkorpus

Der zur manuellen Referenzkategorisierung verwendete Schlüssel [2] besitzt für die vier fundamentalen Aspekte bei der Bildaufnahme je eine Achse: (a) Modalität, (b) Aufnahmeparameter (Orientierung, Marker), (c) Anatomie und (d) Biologisches System. Innerhalb jeder Achse ist eine Hierarchie mit einer Tiefe bis zu vier Stufen definiert. In jeder Stufe ist zusätzlich der Wert "nicht näher spezifiziert" wählbar, um eine Kategorisierung bei dieser Tiefe zu beenden.

Der Korpus umfaßt momentan 6514 Aufnahmen verschiedener Modalitäten, größtenteils konventionelles und digitales Röntgen sowie Durchleuchtung mit und ohne Kontrastmittel, konventionelle Mammographie, digitale Subtranktionsangiographie und Computertomographie. Die manuelle Referenzkategorisierung erfolgte durch erfahrene Radiologen. Zur Unterstützung der Radiologen wurde eine webbasierte Benutzerschnittstelle mit kontextsensitiver Eingabehilfe für den Schlüssel implementiert [5]. Bislang wurden 2470 Aufnahmen manuell kategorisiert, wobei der Anatomiecode für 1795 davon fixiert ist. Bei weiteren 675 Aufnahmen existiert eine Kategorisierung bzgl. der obersten Stufe des Anatomiecodes. Tabelle 1 illustriert die Verteilung der Aufnahmen bezüglich der Anatomie-Achse in der Verschlüsselung.

4 Verfahren zur automatischen Kategorisierung

Die Kategorisierung erfolgt anhand globaler Merkmale, d.h. es findet eine starke Komprimierung der Bildinformation auf wenige aussagekräftige Parameter statt. Ein Vorteil ist neben dem geringen Speicherplatzbedarf auch die schnelle Berechnung der Kategorisierungsentscheidung. Drastische Herunterskalierungen der einzelnen Aufnahmen auf eine einheitliche Größe (zunächst unter Verlust des Original-Seitenverhältnisses) haben sich in der Vergangenheit als globale Merkmale gegenüber globalen Texturbeschreibungen (z.B. fraktale Dimension, DCT-basierte Merkmale, Cooccurrence-Matrizen) oder Kanteninformationen als leistungsfähiger erwiesen [6,7]. Wir verwenden in unseren Experimenten einen k-Nearest-Neighbour-Klassifikator mit k=5. Als Distanzmaße innerhalb des Klassifikators werden der Euklidische Abstand und die Mahalanobis-Distanz verwendet. Bei Verwendung der skalierten Bilder werden ferner Distanzmaße verwendet, die eine Invarianz bzgl. geringfügiger lokaler Transformationen modellieren: die Tangentendistanz und die Korrelation. Während die bei der Korrelation das Minimum über einem Fenster gegeneinander verschobener Bildpaare gesucht und damit lediglich die Translation variiert wird, modelliert die Tangentendistanz

Tabelle 1. Häufigkeiten der Körperregionen im Referenzkorpus.

Region	Subregion	Code	Anz.	Region	Subregion	Code	Anz.
Ganzkörper	noch nicht gesetzt	1XX	0	Thorax	noch nicht gesetzt	5XX	47
	nicht näher spez.	100	0		nicht näher spez.	500	433
	Rumpf	11.	0		Knochen	51.	0
	Extremitäten	12.	0		Lungen	52.	0
Kopf	noch nicht gesetzt	2XX	164		Hilus	53.	0
(Schädel)	nicht näher spez.	200	1		Mediastinum	54.	0
	Gesichtsschädel	21.	5		Herz	55.	0
	Schädelbasis	22.	18		Zwerchfell	56.	0
	Hirnschädel	23.	6	Brust	noch nicht gesetzt	6XX	0
Wirbelsäule	noch nicht gesetzt	3XX	129	(Mamma)	nicht näher spez.	600	140
	nicht näher spez.	300	0	Bauch	noch nicht gesetzt	7XX	88
	Halswirbelsäule	31.	51	(Abdomen)	nicht näher spez.	700	29
	Brustwirbelsäule	32.	23		Oberbauch	71.	40
	Lendenwirbelsäule	33.	57		Mittelbauch	72.	45
	Kreuzbein	34.	0		Unterbauch	73.	47
	Steißbein	35.	0	Becken	noch nicht gesetzt	8XX	29
Obere	noch nicht gesetzt	4XX	64	(Pelvis)	nicht näher spez.	800	40
Extremität	nicht näher spez.	400	0		Kreuzbein	81.	0
(Arm)	Hand	41.	401		Darmbeinschaufel	82.	2
	Handgelenk	42.	31		Schambein	83.	0
	Unterarm	43.	16		Kleines Becken	84.	0
	Ellenbogen	44.	35	Untere	noch nicht gesetzt	9XX	154
	Oberarm	45.	6	Extremität	nicht näher spez.	900	2
	Schulter	46.	36	(Bein)	Fuß	91.	15
					Sprunggelenk	92.	16
					Unterschenkel	93.	15
					Knie	94.	250
					Oberschenkel	95.	26
					Hüfte	96.	9
							2470

mit Erweiterungen [7] darüber hinaus lokale Transformationen bzgl. Rotation, Scherung, Skalierung und Helligkeit.

5 Untersuchung

Zur Untersuchung, bis zu welcher Schlüsseltiefe eine automatsche Erkennung möglich ist, wurden verschiedene Granularitäten bei der Kategorieneinteilung gewählt. Die Anatomiekodierung des verwendeten Schlüssels ist dreistufig, wobei die oberste Stufe acht Kategorien definiert. Der Korpus umfaßt bereits jetzt hinreichend viele Bilder, um die Kategorisierung bis zur zweiten Stufe zu verfolgen. Hierbei werden die nicht näher spezifizierten Bilder des Korpus ausgeklammert. Die Kategorie "Brust (Mamma)" besitzt keine weitere Unterteilung, ferner

Tabelle 2. Einteilung des Referenzkorpus in 24 Kategorien.

Kategorie	Anz.	Kategorie	Anz.	Kategorie	Anz.
Gesichtsschädel	5	Schädelbasis	18	Hirnschädel	6
Halswirbelsäule	51	Brustwirbelsäule	23	Lendenwirbelsäule	57
Hand	401	Handgelenk	31	Unterarm	16
Ellenbogen	35	Oberarm	6	Schulter	36
Thorax	480	Brust (Mamma)	140	Oberbauch	40
Mittelbauch	45	Unterbauch	47	Becken (Pelvis)	71
Fuß	15	Sprunggelenk	16	Unterschenkel	15
Knie	250	Oberschenkel	26	Hüfte	9
					1839

wurden die Kategorien "Thorax" und "Becken (Pelvis)" mangels vorliegenden Bildmaterials nicht weiter unterteilt. Insgesamt resultiert eine Untermenge von 1839 Bildern in 24 Kategorien (siehe Tabelle 2). Zwecks Vergleichbarkeit mit früheren Publikationen wurde zusätzlich eine Kategorisierung mit nur sechs Kategorien betrachtet. Bei dieser verschmelzen die Kategorien "Abdomen" und "Becken" sowie "Arm" und "Bein" zu jeweils einer.

6 Ergebnisse

Tabelle 3 zeigt die erzielten Erkennungsraten unter Verwendung von Leaving-One-Out für die unterschiedlichen Auswahlen der Kategorien (6/8 Kategorien: 2470 Aufnahmen, 24 Kategorien: 1839 Aufnahmen). Die Verwendung von 16x16 Pixel großen Skalierungen der Aufnahmen erwies sich in den Experimenten als optimal. Für die oberste Stufe des Anatomiecodes wird eine beste Erkennungsrate von 82.5% unter Verwendung der Tangentendistanz erzielt. Die meisten Erkennungsfehler traten durch die Verwechslung der Kategorien "Bein", "Arm" und "Wirbelsäule" auf (siehe Tabelle 4). Eine automatische Kategorisierung bis zur zweiten Stufe (24 Kategorien) war mit einer Erkennungsleistung von 80.9% unter Verwendung der Korrelations-Abstandsmaßes möglich. Zum Vergleich ist die Erkennungsleistung eines NN angegeben, der auf globalen Texturmaßen (u.a. der fraktalen Dimension des Bildes) basiert [8].

Tabelle 3. Erzielte Erkennungsraten (Leaving-One-Out).

	Anzahl Kategorien		
Distanzmaß (5-NN)	6	8	24
16x16, Euklidischer Abstand	83.7%	79.0%	76.5%
16x16, Korrelation (5x5-Fenster)	86.2%	81.5%	80.9%
16x16 Tangentendistanz nach [7], keine Optimierung	86.3%	82.2%	80.3%
7 Texturmerkmale Euklidischer Abstand [8]	-	49.3%	-

Tabelle 4. Ergebnis der automatischen Kategorisierung mit 81.5% Erkennung.

	Kopf	Wirbelsäule	Arm	Thorax	Mamma	Abdomen	Becken	Bein
Kopf	156	5	4	2	3	4	1	19
Wirbelsäule	3	190	11	4	2	3	0	47
Arm	2	16	470	21	9	3	0	68
Thorax	4	7	17	435	0	1	0	16
Mamma	1	0	3	0	119	0	0	17
Abdomen	10	10	8	3	1	183	10	24
Becken	0	1	0	0	1	7	48	14
Bein	5	10	30	17	7	4	1	413

7 Diskussion

Eine weitere Verbesserung der Erkennungsleistung ist erforderlich. Hierbei sind hierarchische Ansätze zur gezielten Differenzierung bislang schwer trennbarer Kategorien (hier: Extremitäten und Wirbelsäule) denkbar, etwa durch die Kombination verschiedener Merkmale bzw. Klassifikatoren. Die mittelfristige Erweiterung des Korpus auf 10.000 Aufnahmen ermöglicht eine genauere Untersuchung existierender Verfahren und weitere Experimente mit noch feinerer Granularität bei der Kategorisierung.

Literaturverzeichnis

1. Lehmann TM, Wein BB, Dahmen J, Bredno J, Vogelsang F, Kohnen M: Content-Based Image Retrieval in Medical Applications - A Novel Multi-Step Approach, Procs SPIE 2000; 3972: 312-320
2. Lehmann TM, Wein BB, Keysers D, Kohnen M, Schubert H: A Monohierarchical Multiaxial Classification Code for Medical Images in Content-Based Retrieval, Procs IEEE ISBI 2002; 313-316
3. Güld MO, Kohnen M, Keysers D, Schubert H, Wein BB, Bredno J, Lehmann TM: Quality of DICOM Header Information for Image Categorization, Procs SPIE 2002; 4685: 280-287
4. Shyu CR, Brodley CE, Kak AC, Kosaka A, Aisen A, Broderick LS: ASSERT: a physician-in-the-loop content-based retrieval system for HRCT image databases, Computer Vision and Image Understanding 1995; 75: 111-132
5. Plodowski B, Güld MO, Schubert H, Keysers D, Lehmann TM: Modulares Design von webbasierten Benutzerschnittstellen für inhaltsbasierte Zugriffe auf medizinische Bilddaten, Proc. BVM 2003; in press
6. Paredes R, Keysers D, Lehmann TM, Wein B, Ney H, Vidal E: Classification of Medical Images Using Local Representations, Proc. BVM 2002; 171-174
7. Dahmen J, Keysers D, Motter M, Ney H, Lehmann T, Wein B: An Automatic Approach to Invariant Radiograph Classification, Proc. BVM 2001; 337-341
8. Chaudhuri BB, Sakar N: Texture Segmentation using Fractal Dimension, IEEE PAMI 1995; 17: 72-76

Atlasbasierte Erkennung anatomischer Landmarken

Jan Ehrhardt, Heinz Handels und Siegfried J. Pöppl

Institut für Medizinische Informatik, Universität zu Lübeck, 23538 Lübeck
Email: ehrhardt@medinf.uni-luebeck.de

Zusammenfassung. Es wird ein Verfahren präsentiert, welches auf der Basis dreidimensionaler, triangulierter Oberflächenmodelle von Knochenstrukturen eine robuste und genaue Bestimmung anatomischer Landmarken ermöglicht. Die Landmarken werden manuell auf dem Oberflächenmodell eines anatomischen Atlas festgelegt und durch ein nicht–lineares, oberflächenbasiertes Registrierungsverfahren automatisch auf das Oberflächenmodell des Patienten übertragen. Die Anpassung der Atlas– an die Patientenoberfläche erfolgt dabei in einer lokalen Umgebung der Landmarken. In den Registrierungsprozess werden, neben den euklidischen Abständen der Punkte, die Oberflächennormale und ein neu vorgestelltes Maß für die lokale Krümmung triangulierter Oberflächen einbezogen.
Eine abschließende Evaluation zeigt, dass durch das präsentierte Verfahren eine präzise und reproduzierbare Bestimmung der Positionen anatomischer Landmarken ermöglicht wird.

1 Einleitung

Anatomische Landmarken haben eine weitreichende Bedeutung in vielen Bereichen der Medizin. Sie werden z.B. zur Bestimmung von Winkeln und Distanzen bei der virtuellen Planung orthopädischer Eingriffe benötigt [1,2]. Die medizinische Bedeutung anatomischer Landmarken einerseits und die Problematik der manuellen Festlegung hinsichtlich Zeitaufwand und Reproduzierbarkeit andererseits, inspirierte die Entwicklung automatischer und semi–automatischer Verfahren zur Landmarkendetektion (siehe z.B. [3]). Diese Verfahren definieren Landmarken als Punkte mit besonderen differentialgeometrischen Eigenschaften. Orthopädisch relevante Landmarken auf den Oberflächen von Knochenstrukturen können deutlich von geometrisch markanten Punkten abweichen. Sie liegen oftmals auf Ansatzpunkten von Muskeln, welche nicht punktförmig, sondern flächig sind. Konzepte, wie z.B. Mitte der Fläche", lassen sich aber mit den o.g. Differentialoperatoren nicht umsetzen.

In [4] wurde deshalb ein atlasbasierter Ansatz zur automatischen Bestimmung anatomischer Landmarken vorgeschlagen. Hierbei werden die Positionen der anatomischen Landmarken für einen Atlasdatensatz interaktiv festgelegt. Anschließend werden die zugrundeliegenden Bildvolumina von Atlas und Patient durch ein nicht–lineares grauwertbasiertes Registrierungsverfahren aneinander angepaßt, und die Landmarkenpositionen vom Atlas auf den Patientendatensatz übertragen. Durch fehlende Grauwertkorrespondenzen und durch die geforderte Glattheitsbedingung des nicht-linearen Transformationsfeldes treten dabei Registrierungsfehler auf, so daß die ermittelten Landmarkenpositionen den Genauigkeitsanforderungen orthopädischer Planungsprozeduren nicht genügen.

In dieser Arbeit wird ein Verfahren vorgestellt, welches auf der Basis dreidimensionaler Oberflächenmodelle die präzise und reproduzierbare Übertragung anatomischer Landmarken vom Atlas auf den Patientenknochen gewährleistet. Dafür werden, neben den manuell festgelegten Atlaslandmarken, initiale Landmarkenpositionen auf dem Oberflächenmodell des Patienten benötigt.

2 Methode

Die Idee des im Folgenden beschriebenen Verfahrens beruht auf der Anpassung der Atlasoberfläche an die Patientenoberfläche in einer lokalen Umgebung der Landmarke. Ein Ausschnitt der Atlasoberfläche wird mit der Patientenoberfläche registriert. Dabei wird derjenige Bereich des Patientenknochens gesucht, welcher eine ähnliche Form, wie der Ausschnitt des Atlasdatensatzes hat. Die initiale Patientenlandmarke $\hat{l}_{Pat}$ dient der Einschränkung des Suchbereiches. Das Verfahren kann folgendermaßen algorithmisch beschrieben werden:

Sei $\mathcal{A}$ das triangulierte Oberflächenmodell des Atlas mit der manuell bestimmten Landmarkenposition $l_\mathcal{A}$ und $\mathcal{P}$ das triangulierte Oberflächenmodell des Patienten mit der initialen Landmarke $l_\mathcal{P}$. Für ein Dreieck $T \in \mathcal{A}$ (bzw. $T \in \mathcal{P}$) bezeichne $c(T)$ den Schwerpunkt des Dreiecks.

1. Sei $l_\mathcal{P}^0 = l_\mathcal{P}$ und $k = 0$.
2. Bestimme für einen Radius r die Dreiecksmengen

$$\tilde{\mathcal{P}}^k = \left\{ T_j \in \mathcal{P} \mid \|c(T_j) - \|c(T_j) - l_\mathcal{P}^k\| < r + \delta \right\} \text{ und}$$

$$\tilde{\mathcal{A}} = \left\{ T_j \in \mathcal{A} \mid \|c(T_j) - l_\mathcal{A}\| < r \right\},$$

3. Berechne die affine Transformation ϕ_1^k welche $\tilde{\mathcal{A}}$ auf den Ausschnitt der Patientenoberfläche $\tilde{\mathcal{P}}^k$ abbildet.
4. Führe eine nicht–lineare Registrierung der affin ausgerichteten Oberflächen durch, ermittle die nicht–lineare Transformation ϕ_2^k.
5. Bestimme die neue Landmarkenposition $l_\mathcal{P}^{k+1} = (\phi_2^k \circ \phi_1^k)(l_\mathcal{A})$.
6. Falls kein Abbruchkriterium erfüllt: $k = k + 1$, gehe zu 2.

Ein wesentlicher Parameter des Verfahrens ist der gewählte Radius r, welcher die Größe der betrachteten lokalen Umgebung festlegt. Wird er zu klein gewählt, können die charakteristischen Eigenschaften der Umgebung einer Landmarke nicht erfaßt werden, wird er zu groß gewählt, kann aufgrund der patientenspezifischen Variationen nur ein ungenügendes Registrierungsergebnis erreicht werden. Der Parameter δ stellt sicher, daß für jeden Punkt auf $\tilde{\mathcal{A}}$ ein korrespondierender Punkt auf $\tilde{\mathcal{P}}^k$ existiert. Hier wurde $\delta = 10mm$ gewählt. Als Abbruchkriterium erwies sich eine feste Anzahl von drei Iterationen als ausreichend.

2.1 Nicht–lineare oberflächenbasierte Registrierung unter Einbeziehung von Differentialeigenschaften

Die affine Registrierung in Schritt 3 erfolgt durch den *Iterative–Closest–Point* Algorithmus. Für die nicht–lineare Oberflächenregistrierung in Schritt 4 wird eine Erweiterung der in [5] vorgeschlagenen *Geometry–Constrained–Diffusion* angewendet. Hierbei werden zunächst Punktkorrespondenzen zwischen den affin registrierten Oberflächen $\tilde{\mathcal{A}}$ und $\tilde{\mathcal{P}}^k$ hergestellt und daraus ein Verschiebungsfeld abgeleitet. Dieses Verschiebungsfeld wird durch eine Gaußfilterung geglättet und auf die Atlasoberfläche $\tilde{\mathcal{A}}$ angewendet. Anschließend werden erneut Punktkorrespondenzen zwischen der deformierten Atlasoberfläche und der Patientenoberfläche erzeugt. Diese Schritte werden bis zur Konvergenz des Verfahrens wiederholt.

Für die Bestimmung der Punktkorrespondenzen wird in [5] ein auf der euklidischen Distanz der Punkte basierender *Nearest–Neighbour*–Ansatz vorgeschlagen. Hier wird dieses Verfahren so erweitert, dass auch Differentialeigenschaften der Oberfläche in den Registrierungsprozess einfließen.

Die Differentialeigenschaften der Oberflächen enthalten wichtige Informationen über die Korrespondenz von Oberflächenpunkten. Deshalb sollen die Oberflächennormalen und lokale Krümmungseigenschaften im Rahmen des Registrierungsprozesses berücksichtigt werden. Seien $p \in \tilde{\mathcal{A}}$ und $q \in \tilde{\mathcal{P}}^k$ Punkte auf den Oberflächen $\tilde{\mathcal{A}}$ und $\tilde{\mathcal{P}}^k$. Die Distanz dieser Punkte sei gegeben durch

$$D(\boldsymbol{p},\boldsymbol{q}) = \alpha \|\boldsymbol{p}-\boldsymbol{q}\|^2 + \beta \|\boldsymbol{n}(\boldsymbol{p})-\boldsymbol{n}(\boldsymbol{q})\|^2 + \gamma(\kappa_\epsilon(\boldsymbol{p})-\kappa_\epsilon(\boldsymbol{q}))^2, \qquad (1)$$

wobei $\boldsymbol{n}(\boldsymbol{p})$ und $\boldsymbol{n}(\boldsymbol{q})$ die Normalenvektoren der Oberflächen $\tilde{\mathcal{A}}$ und $\tilde{\mathcal{P}}^k$ an den Punkten $\boldsymbol{p}$ bzw. $\boldsymbol{q}$ sind. κ_ϵ stellt das in Abschn. 2.2 eingeführte Maß für die lokale Krümmung der Oberflächen dar. Die Gewichtungen α, β und γ können dabei z.B. entsprechend Gl. 2 bestimmt werden:

$$\alpha = \frac{1}{\max_{\boldsymbol{p}_i,\boldsymbol{p}_j \in \tilde{\mathcal{A}}}(\|\boldsymbol{p}_i - \boldsymbol{p}_j\|)}, \; \beta = \frac{1}{\max_{\boldsymbol{p}_i,\boldsymbol{p}_j \in \tilde{\mathcal{A}}}(\|\boldsymbol{n}(\boldsymbol{p}_i) - \boldsymbol{n}(\boldsymbol{p}_j)\|)} \text{ und} \qquad (2)$$
$$\gamma = \frac{1}{\max_{\boldsymbol{p}_i,\boldsymbol{p}_j \in \tilde{\mathcal{A}}}(|\kappa_\epsilon(\boldsymbol{p}_i) - \kappa_\epsilon(\boldsymbol{p}_j)|)}.$$

In jeder Iteration des nicht–linearen Registrierungsverfahrens ist für jeden Punkt $\boldsymbol{p}_i \in \tilde{\mathcal{A}}$ der korrespondierende Punkt $\boldsymbol{q}_i \in \tilde{\mathcal{P}}^k$ gesucht, welcher

$$\boldsymbol{q}_i = \arg \min_{\boldsymbol{q} \in \tilde{\mathcal{P}}^k} D(\boldsymbol{p}_i, \boldsymbol{q}). \qquad (3)$$

erfüllt. Eine effiziente Implementierung dieser Suche ist z.B. mittels *kd–trees* möglich. In der aktuellen Implementierung wird stattdessen zunächst der zu $\boldsymbol{p}_i$ euklidisch am nächsten benachbarte Punkt $\tilde{\boldsymbol{q}}$ auf $\tilde{\mathcal{P}}^k$ bestimmt. Anschließend wird in einer lokalen Umgebung dieses Punktes nach dem Minimierer von Gl. 1 gesucht.

2.2 Berechnung von Krümmungen triangulierter Oberflächen

Für die in Abschn. 2.1 vorgeschlagene oberflächenbasierte Registrierung wird ein Verfahren zur Bestimmung der lokalen Krümmungseigenschaften triangulierter Oberflächen benötigt. Die in [7] und [6] vorgeschlagenen diskreten Krümmungsmaße beziehen ausschließlich unmittelbar benachbarte Dreiecke in die lokale Krümmungsberechnung ein, und sind damit nicht unabhängig von der Größe der Oberflächendreiecke. Wenn die zugrundeliegenden Bildvolumina des Atlases und des Patienten in verschiedenen Auflösungen vorliegen, führt die Anwendung dieser Verfahren zu unbefriedigenden Ergebnissen. Hier wird deshalb ein neues Maß für die lokale Krümmung triangulierter Oberflächen vorgeschlagen.

Für einen Punkt x einer Oberfläche $\mathcal{O}$ sei $S_\epsilon(x)$ der Schwerpunkt der lokalen Umgebung $\mathcal{O} \cap \mathcal{K}(x, \epsilon)$ von x. $\mathcal{K}(x, \epsilon)$ ist dabei eine Kugel mit Zentrum x und Radius ϵ. Der Parameter ϵ beeinflußt die Größe der betrachteten lokalen Umgebung. Die Distanz des Schwerpunktes $S_\epsilon(x)$ zur Tangentialebene der Oberfläche im Punkt x

$$\kappa_\epsilon(x) = \frac{1}{\epsilon} \left(n(x) \cdot (S_\epsilon(x) - x) \right) \quad (4)$$

ermöglicht die Unterscheidung ebener ($\kappa_\epsilon \approx 0$), konvexer ($\kappa_\epsilon < 0$) und konkaver ($\kappa_\epsilon > 0$) Oberflächenbereiche. Das Krümmungsmaß κ_ϵ lieferte nahezu identische Krümmungswerte für zwei Oberflächenmodelle eines Hüftbeines, bestehend aus 150000 Dreiecken und 50000 Dreiecken. Dabei wurde $\epsilon = 3mm$ gewählt.

3 Ergebnisse und Diskussion

Für eine erste Evaluation des präsentierten Verfahrens standen CT-Volumina des Beckens und daraus generierte Oberflächenmodelle der Knochenstrukturen von sieben Patienten sowie ein auf dem Visible Human Datensatzes basierender anatomischer Atlas zur Verfügung. Für die Atlas und Patientendatensätze wurden manuell die Positionen von zehn anatomischen Landmarken festgelegt. Durch die in [4] vorgestellte grauwertbasierte Registrierung wurden für jeden Patientendatensatz initiale Landmarkenpositionen generiert, welche z.T. erheblich von den manuell definierten Landmarkenpositionen abwichen (bis zu $10mm$). Anschließend wurden die initialen Landmarkenpositionen durch das hier präsentierte Verfahren korrigiert (siehe Abb. 1). Durch eine visuelle Kontrolle wurde die Korrektheit der Ergebnisse validiert. Die mittlere Abweichung der verbesserten Landmarken zu den manuell definierten Landmarken betrug $2.5mm$ und ist auch auf Ungenauigkeiten bei der manuellen Positionierung zurückzuführen.

Um die Unabhängigkeit des vorgestellten Verfahrens von der Position der initialen Landmarke zu überprüfen, wurde für jede manuell festgelegte Patientenlandmarke 25 zufällig verschobene initiale Landmarkenpositionen erzeugt. Anschließend wurden die initialen Landmarkenpositionen durch das atlasbasierte Verfahren korrigiert und die Abweichung der automatisch gefundenen Landmarken zu ihrem Mittelwert gemessen.

Abb. 1. Es sind die Oberflächenmodelle des anatomischen Atlas (links) und eines Patienten (rechts) mit den Positionen der Landmarken dargestellt. Die Landmarken wurden trotz der großen Abweichung der initialen Landmarkenposition korrekt vom Atlas auf den Patientendatensatz übertragen.

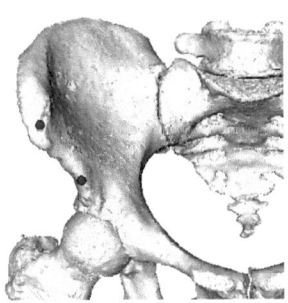 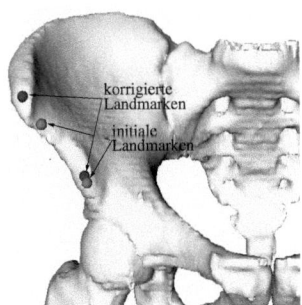

Die Abweichung der zufällig generierten Startpositionen von der manuell bestimmten Landmarke betrug im Mittel $7mm$ und maximal $10mm$. Die mittlere Abweichung der automatisch bestimmten Landmarken zu ihrem Mittelwert lag für alle Landmarken unter $1.5mm$, das Maximum dieser Abweichung betrug deutlich weniger als $4mm$. Vergleicht man diese Werte mit der Auflösung der zugrundeliegenden CT–Daten der Patienten von $0.75 \times 0.75 \times 4mm^3$, so sind sowohl die mittlere als auch die maximale Abweichung kleiner als der Schichtabstand des CT–Volumens.

Durch die automatische Landmarkendetektion können die Positionen anatomischer Landmarken robust und reproduzierbar bestimmt werden. Die dabei erzielten Genauigkeiten genügen den Anforderungen der orthopädischen Operationsplanung.

Literaturverzeichnis

1. A.M. DiGioia et al. HipNav: pre-operative planning and intra-operative navigational guidance for acetabular implant placement in total hip replacement surgery. In *Proc. of Computer Assisted Orthopedic Surgery*, Bern, 1995.
2. H. Handels, J. Ehrhardt, B. Strathmann, W. Plötz, S.J. Pöppl. Three-dimensional Planning and Simulation of Hip Operations and Computer-Assisted Design of Endoprostheses in Bone Tumor Surgery. *J. of Comp. Aided Surg.*, 6:65–76, 2001.
3. K. Rohr. Differential Operators for Detecting Point Landmarks. *Image and Vision Computing*, 15(3):219–233, 1997.
4. J. Ehrhardt, H. Handels, T. Malina, B. Strathmann, W. Plötz, S.J. Pöppl. Atlas based Segmentation of Bone Structures to Support the Virtual Planning of Hip Operations. *International Journal of Medical Informatics*, 64:439–447, 2001.
5. P.R. Andresen, M. Nielsen, Non-rigid registration by geometry–constrained diffusion. *Medical Image Analysis*, 5(4):81–88, 2001.
6. M. Desbrun, M. Meyer, P. Schröder, A. Barr. Implicit Fairing of Irregular Meshes Using Diffusion Curvature Flow. In *SIGGRAPH 99*, pages 317–324, 1999.
7. A.D. Castellano Smith. *The Folding of the Human Brain: From Shape to Function.* PhD thesis, University of London, 1999.

Erzeugung statistischer 3D-Formmodelle zur Segmentierung medizinischer Bilddaten

Hans Lamecker[1], Thomas Lange[2] und Martin Seebaß[1]

[1]Zuse Institut Berlin (ZIB), 14195 Berlin
[2]Robert–Rössle–Klinik, Charité, 13125 Berlin
Email: lamecker@zib.de

Zusammenfassung. Statistische Formmodelle haben sich als sehr zuverlässig für die medizinsche Bildsegmentierung erwiesen. Echte dreidimensionale Segmentierung scheitert jedoch häufig an der aufwändigen Korrespondenzbestimmung zwischen 3D Geometrien, die eine Voraussetzung für den Aufbau eines statistischen Formmodells ist. In dieser Arbeit wird ein interaktives Verfahren vorgestellt. Dieses ermöglicht eine effiziente Berechnung von Korrespondenzen zwischen beliebigen triangulierten Flächen, insbesondere auch für beliebige Topologien und Nicht–Mannigfaltigkeiten. Die Ergebnisse der Anwendung solcher Modelle zur Formanalyse und automatischen Bildsegmentierung werden diskutiert.

1 Einleitung

Segmentierung medizinischer Bilddaten ist die Grundlage für eine Reihe medizinischer Anwendungen, wie zum Beispiel die computergestützte Chirurgie oder Therapieplanung. Für den Einsatz in der klinischen Routine sind Verfahren erforderlich, die sich weitestgehend automatisch durchführen lassen. Deformierbare Modelle, die anatomisches Vorwissen verwenden, sind hierfür erfolgversprechend. Unter ihnen gelten statistische Modelle als besonders robust.

Cootes at al. [1] schlugen als erste vor, statistische Formmodelle für die Segmentierung medizinischer Bilddaten anzuwenden. Eine Hauptmodenanalyse (PCA = Principal component analysis) der Trainingsdaten ermöglicht eine effiziente Parametrisierung und kompakte Darstellung der zu segmentierenden Form.

Ein Hauptproblem bei dieser Methode ist die Bestimmung von korrespondieren Punkten zwischen den Formen der Trainingsdaten. Besonders in 3D ist es schwierig ein Kriterium für eine gute Korrespondenz zu finden, das eine eindeutige Lösung erlaubt. Verschiedene Ansätze werden verfolgt, welche sich grob in flächenbasierte und volumenbasierte Verfahren einteilen lassen:

Bei den flächenbasierten Verfahren werden die Geometrien zweier Objekte häufig auf gemeinsame Basisgebiete abgebildet [2,3], die dann die Korrespondenz herstellen. Dazu werden verschiedene Warping– oder Parametrisierungsmethoden eingesetzt. Mit diesen Verfahren können jedoch lediglich Objekte mit der Topologie einer Kugel behandelt werden.

Abb. 1. Zerlegung des Beckenknochens und der oberen Bereiche der Femure: Patchgrenzen können zu mehr als zwei Patches (I) oder zu nur einem Patch (II) gehören.

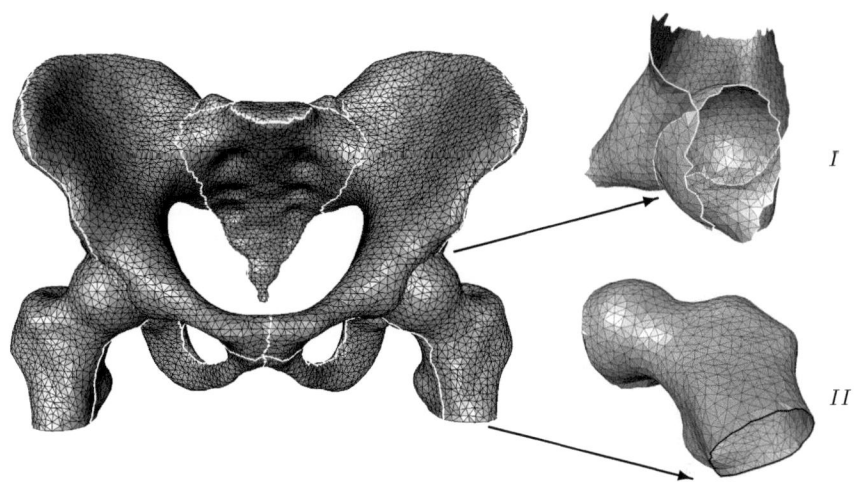

Gelegentlich werden auch direkt lokale geometrische Eigenschaften der Flächen ausgenutzt, um ohne den Umweg einer Parametrisierung die Korrespondenzen zu bestimmen [4].

Dem Problem der Berechung optimaler Korrespondenzen wenden sich Davies et al. [5] zu. Eine initiale Parametrisierung wird mittels eines informationstheoretischen Ansatzes verbessert. Erste Versuche in 3D für topologisch kugelförmige Objekte wurden unternommen. Das Optimierungsverfahren ist jedoch in 3D sehr rechenaufwändig.

Die volumenbasierten Verfahren basieren auf der Deformation regulärer 3D Kontrollgitter. Fleute at al. [6] minimieren den Euklidischen Abstand zwischen nächstgelegenen Punkten, während Rückert et al. [7] ein grauwertbasiertes elastisches Registrierungsverfahren benutzen.

Die Segmentierung besteht dann darin, das statistische Formmodell in die medizinischen Bilddaten einzupassen. Je nach Bildmodalität und Anwendung muss dazu ein spezifisches Modell der auftretenden Grauwerte entwickelt werden. Das Verfahren zur Korrespondenzbestimmung wird in dieser Arbeit anhand der Segmentierung von Lebern aus CT Daten evaluiert.

2 Methoden

Die hier beschriebene Methode zur Korrespondenzfindung wurde zuerst in Lamecker et al. [8] vorgestellt. Wir beschreiben hier eine Erweiterung, die es ermöglicht, mit geringer manueller Interaktion Korrespondenzen für beliebig komplizierte Formen zu berechnen.

Abb. 2. Zur Berechung eines Homeomorphismus f zwischen der rechten und der linken Fläche werden jeweils alle Patches beider Flächen auf Kreisscheiben mittels ϕ_1 und ϕ_2 abgebildet. Die Ränder werden so abgebildet, dass die Verzweigungspunkte aufeinander fallen. Die Abbildung γ resultiert aus der "Überlagerung" zweier Kreisscheiben. Der Homeomorphismus f ist dann $f = \phi_2^{-1} \circ \gamma \circ \phi_1$.

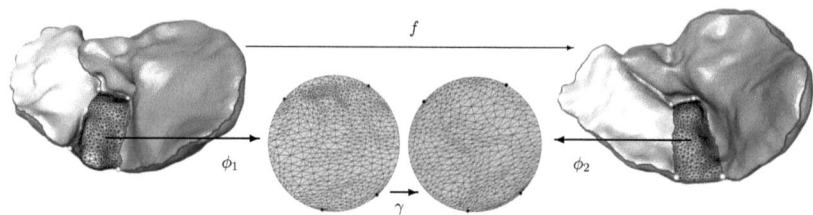

Eine Korrespondenzfunktion ist eine bijektive Abbildung von einer Referenzfläche auf eine andere Fläche. Die Grundidee besteht darin, die Verzerrung dieser Abbildung zu minimieren, wobei unter Verzerrung die lokale Scherung und Skalierung der Referenzfläche verstanden wird. Dieses Ziel wird approximativ auf folgende Weise erreicht:

Alle Flächen der Trainingsmenge werden in Patches (Flächenteile) zerlegt, welche die Topologie einer Kreisscheibe aufweisen. Ein Patch kann angrenzen an

a) kein anderes Patch (Flächen mit Rändern, siehe Abb. 1),
b) ein anderes Patch,
c) sich selbst oder
d) mehr als ein anderes Patch (nicht-mannigfaltige Flächen, siehe Abb. 1).

Die Zerlegung muss gleichermaßen auf allen Flächen der Trainingsmenge durchgeführt werden. Der Benutzer markiert dazu einige wenige anatomisch charakteristische Landmarken auf jeder Fläche. Diese werden automatisch durch kürzeste Pfade auf der Fläche verbunden. Dafür kann auch eine Metrik verwendet werden, die Pfade entlang großer Krümmung favorisiert (Merkmalslinien).

Jedes Patch wird dann auf eine Kreisscheibe abgebildet. Wir verwenden dazu ein Verfahren von Floater [9], bei dem die geodätische polare Abbildung approximiert und somit die Verzerrung näherungsweise minimiert wird. Diese Aufgabe läßt sich beschreiben durch ein dünnbesetztes Gleichungssystem, welches effizient lösbar ist. Durch Überlagerung der Parametrisierungen von entsprechenden Patches zweier verschiedener Flächen erhält man eine Korrespondenzfunktion zwischen diesen (siehe Abb. 2).

Für die Adaption des Modells an Grauwertdaten verwenden wir eine iterative Segmentierungsmethode, die der von Cootes et al. [1] ähnlich ist. In jeder Iteration werden die Lage- und Formparameter den Daten angepasst. Dazu werden Grauwertprofile entlang der Normalen der Modellfläche untersucht. Die Adaption hängt von der zu segmentierenden Bildmodalität ab. Wir verwenden zusätzlich eine Multilevel-Strategie, bei der nach und nach die Anzahl der Moden erhöht wird, um die Robustheit zu erhöhen.

3 Ergebnisse

Wir haben aus einer Trainingsmenge von 43 CT Daten von Lebern ein statistisches Modell generiert und damit 33 CT Daten automatisch segmentiert. Eine einfache Schwellenwertsegmentierung funktioniert hier nicht zuverlässig, wodurch der Einsatz eines robusteren Verfahrens nötig ist. Zur Erstellung des Modells wurde die Lebergeometrie in vier Patches zerlegt, wofür 6 Landmarken pro Geometrie manuell zu bestimmen waren. Die Modelladaption erfolgte nach Filterung der CT Daten mittels eines nicht linearen Diffusionsfilters. Dies erlaubte die Konstruktion eines deterministischen Modells für die Grauwerte entlang der Modellnormalen. Die Ergebnisse der automatischen Segmentierung ergaben einen mittleren Fehler von 2.3 mm (mittlerer symmetrischer Flächenabstand) gegenüber der manuellen Segmentierung. Durchschnittlich wichen 9.0 % der automatisch erzeugten Flächen um mehr als 5 mm von der manuellen Segmentierung ab (vgl. Lamecker et al. [10]). Eine weitere Untersuchung zeigte, dass die Grauwertprofil-Modellierung in den meisten Fällen sehr gut funktioniert.

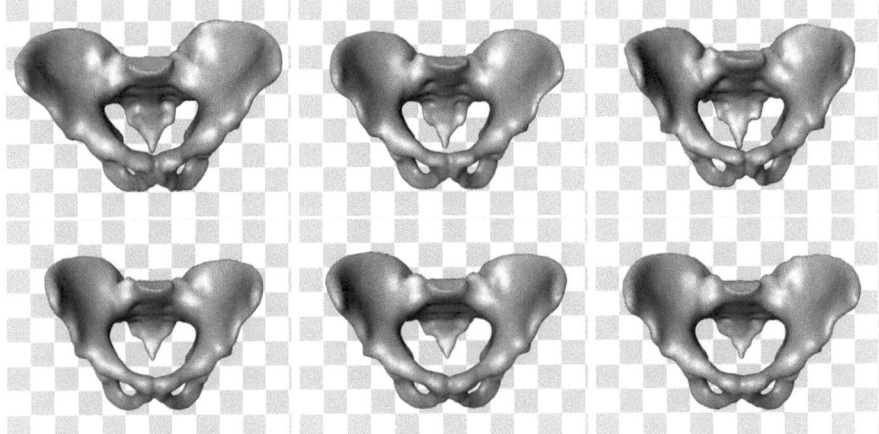

Abb. 3. Visualisierung der Variabilität der drei größten Eigenmoden eines statistischen Modells der Beckenknochens, aus 10 Trainingsdaten aufgebaut.

Für eine weitere Anwendung haben wir ein statistisches Formmodell des Beckenknochens aus 10 CT Trainingsdatensätzen aufgebaut (siehe Abb. 3). Die Topologie dieser Form ist deutlich komplizierter als bei der Leber (Torus mit zwei Henkeln). Die Segmentierung dieser CT Daten funktioniert gut, wurde jedoch noch nicht quantitativ ausgewertet. Interessant wird der Einsatz des Modells bei der Segmentierung von Knochen aus MR Daten, da insbesondere hier aufgrund fehlender Bildinformation ein robustes Verfahren nötig ist. In Zukunft soll hierfür eine geeignete Grauwertmodellierung entwickelt werden.

4 Diskussion

Das hier präsentierte Verfahren erlaubt eine effiziente Berechnung von Korrespondenzen zwischen beliebigen Flächen. Wir haben ein mit unserem Verfahren erzeugtes statistisches Modell erfolgreich zur Segmentierung eingesetzt. Dies wurde durch die quantitative Evaluation belegt. Zur weiteren Verbesserung der Korrespondenzen wollen wir in Zukunft nach der initialen Parametrisierung eine zusätzliche Relaxation (laterale Bewegung) der Oberflächenpunkte zulassen. Besonders Verzerrungen entlang der Patchgrenzen könnten so entfernt werden. Ausserdem könnte eine Relaxation während der Segmentierung hilfreich sein, um Bewegungen auf der Oberfläche zu vermeiden. Als Optimierungskriterium für diese Relaxation soll auch das informationstheoretische Maß von Davies et al. [5] getestet werden.

Eine Reduktion der manuellen Interaktion bei der Zerlegung der Patches ist erstrebenswert. Wir arbeiten daher auch an der automatischen Bestimmung von Landmarken und Merkmalslinien und deren automatischer Übertragung auf neue Geometrien.

Literaturverzeichnis

1. T. Cootes, A. Hill, C. Taylor, J. Haslam. Use of active shape models for locating structures in medical images. *Image and Vision Computing*, 12:355–366, 1994.
2. A. Kelemen, G. Szekely, G. Gerig. Three-dimensional model-based segmentation of brain mri. *IEEE Trans. on Medical Imaging*, 18(10):828–839, 1999.
3. P.M. Thompson, A.W. Toga. Detection, visualization and animation of abnormal anatomic structure with a deformable probabilistic brain atlas based on random vector field transformations. *Medical Image Analysis*, 1(4):271–294, 1996.
4. Y. Wang, B.S. Peterson, L.H. Staib. Shape-based 3d surface correspondence using geodesics and local geometry. *CVPR 2000*, 2:644–651, 2000.
5. R. Davies, C. Twining, T. Cootes, J. Waterton, C. Taylor. A minimum description length approach to statistical shape modelling. *IEEE Transactions on Medical Imaging*, 21(5), 2002.
6. M. Fleute, S. Lavallee, R. Julliard. Incorporating a statistically based shape model into a system for computed-assisted anterior cruciate ligament surgery. *Medical Image Analysis*, 3(3):209–222, 1999.
7. D. Rueckert, A.F. Frangi, J.A Schnabel. Automatic construction of 3d statistical deformation models using non-rigid registration. *MICCAI 2001*, 2001.
8. H. Lamecker, T. Lange, M. Seebaß. A statistical shape model for the liver. *MICCAI 2002*, 422–427, 2002.
9. M.S. Floater. Parameterization and smooth approximation of surface triangulations. *Computer Aided Geometric Design*, 14(3):231–250, 1997.
10. H. Lamecker, T. Lange, M. Seebaß, S. Eulenstein, M. Westerhoff, H.C. Hege. Automatic segmentation of the liver for the preoperative planning of resections. *MMVR 2003*, to appear.

High-Precision Computer-Assisted Segmentation of Multispectral MRI Data Sets in Patients with Multiple Sclerosis by a Flexible Machine Learning Image Analysis Approach

Axel Wismüller[1], Johannes Behrends[1], Oliver Lange[1], Miriana Jukic[1], Klaus Hahn[2], Maximilian Reiser[1], and Dorothee Auer[3]

[1]Institut für Klinische Radiologie, Klinikum der Universität München, Ludwig-Maximilians-Universität München, Ziemssenstraße 1, 80366 München
[2]Klinik und Poliklinik für Nuklearmedizin, Klinikum der Universität München, Ludwig-Maximilians-Universität München, Ziemssenstraße 1, 80366 München
[3]Max-Planck-Institut für Psychiatrie, Kraepelinstraße 2-10, 80804 München

> **Summary.** Automatic brain segmentation is an issue of specific clinical relevance in both diagnosis and therapy control of patients with demyelinating diseases such as Multiple Sclerosis (MS). We present a complete system for high-precision computer-assisted image analysis of multispectral MRI data based on a flexible machine learning approach. Careful quality evaluation shows that the system outperforms conventional threshold-based techniques w.r.t. inter-observer agreement levels for the quantification of relevant clinical parameters, such as white matter lesion load and brain parenchyma volume.

1 Introduction

In the light of current scientific discussions on the clinical role of MRI for the evaluation of white-matter disease [1], the development of *flexible* innovative strategies for computer-assisted high-precision segmentation methods is a subject of topical interest in human brain imaging. Flexibility here refers to (i) the input, (ii) the output, and (iii) the level of human intervention required in such systems. As far as the input is concerned, the user should have the opportunity of freely choosing among different MRI sequences and various combinations thereof. As for the output, the system should not be restricted to lesion quantification alone, but should offer the potential to provide high-precision whole-brain or tissue-specific segmentation as well, in order to account for global brain atrophy measures, e.g. Percentage of Brain parenchyma Volume (PBV), which have recently moved into the focus of current basic and clinical research interest [2]. Finally, the system should offer different levels of human intervention: On one hand, the development and evaluation of computer-assisted segmentation systems can benefit from the superior image analysis capabilities of human beings which implies a higher degree of operator interaction. On the other hand, for

Fig. 1. The segmentation system.

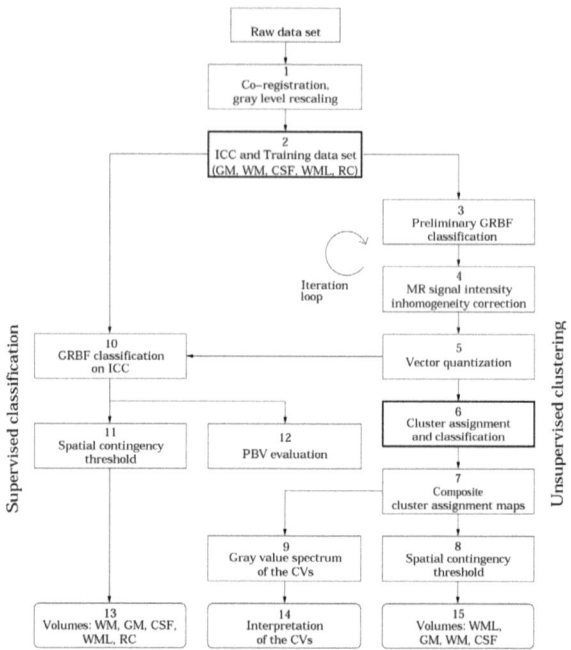

large-scale clinical (e.g. multi-center) studies, however, a reduction of human intervention may sometimes be helpful in situations where user interaction could reduce reproducibility, i.e. could impose subjective bias on segmentation results. Thus, the development, test, and evaluation of a segmentation system aiming at the analysis of specific pathological changes in MS is a challenge that requires considerable effort w.r.t. integrating substantial human expertise in order to optimize computer-assisted decision support. In this paper, we present a neural network-based segmentation system for multispectral MRI data sets of the human brain that has been specifically designed in order to provide a high degree of flexibility with regard to all three aspects mentioned above.

2 Methods

Data: Six patients with relapsing-remitting MS and EDSS [3] scores between 1.0 and 3.5 were included in the study. Image data were obtained on a 1.5 T MRI scanner General Electric, Signa™ employing a standardized MRI sequence protocol including *T1* and *T2* weighted, *Proton Density* (PD) weighted, *Fluid-attenuated Inversion-Recovery* (FLAIR), and *Magnetization Transfer* (MT) sequences in axial slice orientation. The T1 and MT sequences were repeated after intravenous contrast agent administration. Total scanning time was 27.4 min.

Image Analysis: The conceptual basis of single components of our system has been described in [4]. Here, we want to put special emphasis on the functional interplay between the various components in so far as it is relevant to

Fig. 2. (a) Axial FLAIR slice of a brain containing WML; (b) WML classification based on interactive cluster assignment using the CASCADE system; (c) supervised automatic WML classification using a GRBF neural network; (d) CSF segmentation by GRBF neural network classification. For explanation, see text.

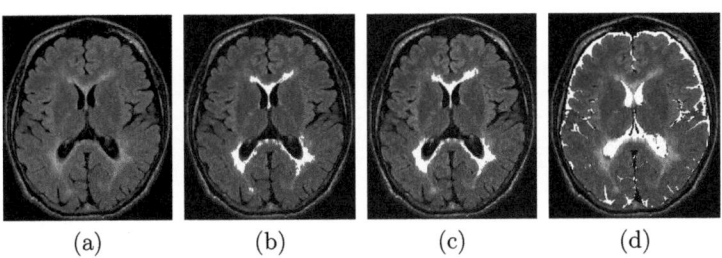

(a)   (b)   (c)   (d)

brain segmentation in MS. An overview of the segmentation system is shown in fig. 1. Thick-lined boxes indicate interactive steps. Boxes with rounded corners refer to segmentation results. After co-registration and gray level rescaling (1) of the input data, the intracranial cavity (ICC) is pre-segmented interactively. For the data presented here, this step was performed manually by human expert readers, however, (semi-)automatic techniques may be used as well, such as the methods developed by our group [5]. In a second step, a training data set is obtained manually comprising small reference regions labeled as "Gray Matter (GM)", "White Matter (WM)", "Cerebrospinal Fluid (CSF)", "White Matter Lesion (WML)", and a "Residual Class (RC)", representing other tissues such as meninges or larger vessels (2). Subsequently, gray level shift effects induced by magnetic field inhomogeneities and cross-talk effects can be corrected using the training data and the ICC masks (3, 4). For this purpose, we have developed a specific bootstrap algorithm based on iterative improvement of a preliminary neural network tissue classification, which will be published elsewhere. After these preprocessing steps, each voxel within the ICC mask is assigned to a feature vector x representing its MRI signal intensity spectrum. This set of feature vectors is partitioned into N clusters by unsupervised learning (5) based on minimal free vector quantization [4]. The resulting codebook can either be used for interactive visual tissue type classification based on cluster assignment maps (6), or automatic supervised segmentation can be obtained by subsequent training of a Generalized Radial-Basis Functions- (GRBF-) neural network (10), see [4].

For the interactive visual classification of cluster assignment maps, we developed a software system named CASCADE (Computer-Assisted Cluster Assignment Decision Environment) which enables quick and efficient screening of cluster assignment maps and underlying MRI data. Here, each feature vector x is uniquely attributed to its closest codebook vector $w_j(x)$ according to a minimal distance criterion in the gray level feature space, and corresponding cluster assignment maps (6) are constructed for visual inspection. In a second step, each cluster j belonging to codebook vector w_j is interactively assigned to a specific tissue class $\lambda \in \{0, \ldots, m\}$ by a human expert reader. Finally, all the clusters assigned to each specific tissue class λ are collected and merged yielding a composite cluster assignment map (7) representing the final segmentation result. Based

Table 1. Statistical analysis of WML and PBV quantification methods w.r.t. inter-observer agreement (univariate F-test, $N = 6$). The method yielding better results, i.e. higher inter-observer agreement is printed in bold face for each pairwise comparison.

Method A	Method B	p-value
WML segmentation		
Region Growing	**GRBF**	0.075
Region Growing	**CASCADE**	0.029
GRBF	**CASCADE**	0.027
PBV calculation		
GRBF	Angle Image	0.003

on this tissue assignment, the isolated or merged codebook vectors representing prototypical gray level spectra may be plotted for further visual analysis and interpretation (9, 14). Finally, segmentation results may be used for tissue-specific volume measurements (15), where spatial smoothing techniques or geometric contingency thresholding (8) can be employed as optional post-processing steps. An example for WML segmentation results is presented in fig. 2b.

Alternatively, for automatic supervised classification by a GRBF neural network (10) the training data from step (2) and the resulting codebook from step (5) can be re-cycled [4]. Based on the respective tissue segmentation, the WML volume can be quantified as well (11, 13 – see fig. 2c). Furthermore, the GRBF segmentation approach can be used for PBV calculation based on automatic CSF identification (12 – see fig. 2d).

3 Evaluation and Results

In order to perform a thorough quantitative evaluation of the described preprocessing and segmentation procedures w.r.t. all data processing steps involving human interaction, WML quantification and PBV computation were performed based on (i) interactive definition of training data sets by two different observers independently for supervised GRBF classification of WML and PBV computation, respectively, (ii) interactive reference region contour tracing for threshold definition of an observer-guided region growing technique [7] serving as a reference method, by two different observers independently, (iii) interactive cluster assignment using the CASCADE system by two different observers independently, and (iv) interactive threshold definition for the angle image method [2] serving as a reference method for PBV computation, by two different observers independently. The computation of inter-observer agreement levels was performed according to the statistical guidelines of the British Standards Institution [6]. In order to rank the methods w.r.t. their segmentation quality, the inter-observer agreements of CASCADE and GRBF neural network segmentation were compared to region growing, based on a univariate F-test. From the results presented in tab. 1, it can be concluded that (i) the mean inter-observer agreement in cluster assignment using the CASCADE segmentation procedure is higher than in both region growing ($p = 0.029$) and GRBF neural network classification ($p = 0.027$), i.e. there is a significant method effect; (ii) the mean inter-observer agreement in GRBF neural network classification is higher than in threshold-based region growing. However, statistical analysis reveals only a method effect of reduced significance for the comparison of GRBF neural network segmentation and region growing ($p = 0.075$). In conclusion, interactive cluster assignment using the CASCADE segmentation system performs significantly best in a comparison of the three methods, whereas supervised GRBF neural network classification is slightly better than conventional region growing serving as a reference method for WML quantification. For PBV computation, our GRBF neural netowrk method outperforms the reference angle image technique w.r.t. inter-observer agreement at a significance level of $p = 0.003$.

4 Discussion

For WML quantification in MS we obtain the best segmentation results using the CASCADE approach, where human expert knowledge is incorporated at a "cluster level" instead of a "pixel level", i.e. at an advanced, abstract level of knowledge representation within the pattern recognition process. We conjecture that this observation could be of particular interest in the light of ongoing discussions on "domain knowledge data fusion for decision support" in the machine learning community. Our study shows that computer-assisted image analysis using semi-automatic neural network segmentation outperforms conventional threshold-based techniques w.r.t. inter-observer agreement levels for both WML quantification and PBV calculation in MRI data of MS patients. At the same time, our segmentation system allows the radiologist and neuroscientist to choose freely among different input MRI sequences and various combinations thereof in order to systematically explore their contribution to brain imaging in MS.

References

1. Filippi M, Horsfield M, Tofts P, et al.: Quantitative assessment of MRI lesion load in monitoring the evolution of multiple sclerosis. Brain, 118:1601–1612, 1995.
2. Ge Y, Grossman RI, Udupa JK, et al.: Brain athropy in relapsing-remitting multiple sclerosis and secondary progressive multiple sclerosis: longitudinal quantitative analysis. Radiology, 214:665–670, 2000.
3. Kurtzke JF: Rating neurologic impairment in multiple sclerosis: an expanded disability status scale EDSS. Neurology 33:300–311, 1983.
4. Wismüller A, Vietze F, Dersch DR: Segmentation with neural networks. In: Bankman I, et al. (eds.), Handbook of Medical Imaging, Academic Press, ISBN 0-12-077790-8, 2000.
5. Wismüller A, Behrends J, Lange O, et al.: Automatic segmentation of cerebral contours in multispectral MRI data sets of the human brain by self-organizing neural networks. Radiology 221(P):461, 2001.
6. British Standards Institution: Precision of test methods. Part I. Guide for the determination of "reproducibility" for a standard test method by inter-laboratory tests. BS 5497. 1987.
7. Wicks D, Tofts P, et al.: Volume measurement of multiple sclerosis lesions with magnetic resonance images: a preliminary study. Neuroradiology 34:475–479, 1992.

Segmentierung von Hepatozellulären Karzinomen mit Fuzzy-Connectedness

Andrea Schenk[1], Sarah Behrens[1], Stephan A. Meier[2],
Peter Mildenberger[2] und Heinz-Otto Peitgen[1]

[1]MeVis, Centrum für Medizinische Diagnosesysteme und Visualisierung, Bremen
[2]Klinik und Poliklinik für Radiologie, Klinikum der
Johannes Gutenberg-Universität Mainz
Email: andrea.schenk@mevis.de

Zusammenfassung. Die Segmentierung von hepatozellulären Karzinomen nach Chemoembolisation stellt eine große Herausforderung an die Bildverarbeitung dar. CT-Aufnahmen sechs Wochen nach dieser Therapie sind die Grundlage für die angestrebte Volumetrie der Raumforderungen. In diesen Bildern stellen sich die mit Lipiodol und Mitomycin behandelten Tumore als inhomogene, kräftig kontrastierte Herde dar, während gleichzeitig neue Metastasen mit nur geringer Kontrastierung entstanden sein können. Ein neuer, auf Basis der Fuzzy-Connectedness beruhender Algorithmus zeigt in einer ersten Studie durch seine Fähigkeit, Grauwertinformationen mit Kriterien zu lokalen Zusammenhängen zu kombinieren, gute Ergebnisse. Vergleiche mit dem Goldstandard, der manuellen Kontureinzeichnung auf Schichten, zeigen eine Übereinstimmung in der Größenordnung der Interobserver-Variabilität. Wesentliches Merkmal des neuen Verfahrens ist die stark erhöhte Reproduzierbarkeit, sowohl zwischen verschiedenen Benutzern als auch zwischen mehreren Segmentierungen eines Anwenders. Dies, zusammen mit der kürzeren Interaktionszeit macht das Verfahren anwendbar für die klinische Routine.

1 Einleitung

Die Segmentierung von Raumforderungen in der Leber zur Volumenbestimmung geschieht im klinischen Alltag selten und dann meist nur durch manuelles Einzeichnen. Ursache dafür ist neben dem Fehlen von geeigneten Software-Werkzeugen vor allem die schlechte Abgrenzbarkeit vieler Tumoren zum umgebenden Leberparenchym. Insbesondere bei hepatozellulären Karzinomen (hepatocellular carcinoma, HCC) nach Chemoembolisation ist eine computergestützte Extraktion schwierig. Dies hat seine Ursache in der zusätzlichen Gabe des Kontrastmittels Lipiodol, das sich insbesondere in aktiven Tumorzellen anreichert. Damit ist nach einigen Wochen, in denen das Lipiodol in den gesunden Parenchymzellen abgebaut wird, eine diagnostische Beurteilung der Raumforderungen möglich. Auf der anderen Seite bewirkt es eine sehr inhomogene Darstellung dieser Tumore. Eine weitere Schwierigkeit für die Segmentierung entsteht durch die Anforderung, auch neu aufgetretene HCC-Herde, die im Zeitraum zwischen

Chemoembolisation und Aufnahme entstanden sind, zu erfassen. Diese Raumforderungen sind nur schwach mit dem Kontrastmittel Imeron, welches u.a. zur Hervorhebung der Lebergefäße verabreicht wird, angereichert, nicht aber mit dem wesentlich kontraststärkeren Lipiodol.

Das Ziel des hier vorgestellten Projektes ist daher nicht die Entwicklung einer vollautomatischen Segmentierungsmethode, sondern die Entwicklung und Validierung eines kontrollierbaren Verfahrens, das zusätzlich die Möglichkeiten der benutzergesteuerten Korrektur und Nachbearbeitung bietet. Die Hauptaspekte liegen dabei in einer Steigerung der Reproduzierbarkeit und einem Zeitgewinn gegenüber einer manuellen Segmentierung und Volumetrie.

2 Stand der Forschung

Während sich zahlreiche Artikel mit der bildgebenden Diagnostik der verschiedenen Raumforderungen innerhalb der Leber beschäftigen (z.B. [1,2]), existiert nur wenig Literatur zur Volumetrie von Leberherden. Vereinzelt wurden Vergleiche zwischen ein-, zwei- und dreidimensionalen Vermessungen gemacht, wobei alle Methoden durch manuelles Einzeichnen von Durchmessern oder Flächen realisiert werden [3]. Für die dreidimensionale Volumetrie werden die Flächeninhalte der auf Schichtbildern eingezeichneten Läsionsbereiche mit der Schichtdicke gewichtet und addiert („Sum of Area"-Verfahren).

Aus der Sicht der Bildverarbeitung können homogene, zum Teil gut abgrenzbare Läsionen, wie z.B. einige Arten von Lebermetastasen, mit bekannten Verfahren wie Region-Growing oder der Wasserscheidentransformation segmentiert werden. Dagegen ist die Definition von HCCs nach Chemoembolisation mit ihren starken Inhomogenitäten durch ein automatisches Verfahren problematisch. Veröffentlichungen über spezielle Ansätze finden sich in der Bildverarbeitungsliteratur nicht, in medizinischen Artikeln werden nur die oben erwähnten manuellen Verfahren zur Vermessung dieser Tumoren genannt.

3 Methoden

Lipiodol-angereicherte Raumforderungen lassen sich durch den starken Kontrast zur Umgebung, der in wesentlichen Anteilen vorhanden ist, gut erkennen. Gleichzeitig gibt es aber HCC-Anteile, die sich wenig bzw. aufgrund einer Nekrose sogar negativ vom Parenchym abheben. Damit ergibt sich, dass ein rein auf Grauwerten basierendes Verfahren nicht praktikabel ist. Aus diesem Grund wurde der lokale Zusammenhang, der die konvexe bis rundliche Form der Raumforderungen berücksichtigt, als Kriterium in das Segmentierungsverfahren integriert. Ein Algorithmus, der Bildeigenschaften wie Grauwerte und Kanten und gleichzeitig einen lokalen Zusammenhang zwischen Bildpunkten berücksichtigt, ist die von Udupa 1996 einführte Fuzzy-Connectedness [4].

Theorie der Fuzzy-Connectedness. Ausgehend von Kriterien zu Grauwerten und 3D-Nachbarschaft wird zwischen zwei Bildpunkten ein Fuzzy-Zusammenhang definiert und bewertet. Für einen Saatpunkt werden alle möglichen Pfade zu allen anderen Bildpunkten betrachtet. Die Stärke eines Pfades definiert sich dabei über den niedrigsten Fuzzy-Zusammenhangswert, der zwischen den Bildpunkten des Pfades auftritt. Die Fuzzy-Connectedness oder der Zugehörigkeitswert zwischen einem beliebigen Bildpunkt und dem Saatpunkt errechnet sich als Wert des stärksten Pfades, der die beiden Punkte verbindet. Details des Algorithmus, Möglichkeiten zu den Kriterien für Bildeigenschaften und Nachbarschaftsbeziehungen sowie verschiedene Erweiterungen finden sich beispielsweise in [4,5,6].

Interaktion und Erweiterungen der Fuzzy-Connectedness. Das von uns erweiterte und auf der Theorie der Fuzzy-Connectedness beruhende Verfahren zeigt nach dem Setzen eines Saatpunktes in einer Läsion und wenigen Sekunden Rechenzeit einen Segmentierungsbereich an. Dabei werden ausgehend von dem gewählten Saatpunkt alle Verbindungen über benachbarte Bildpunkte betrachtet und für jeden Bildpunkt die Fuzzy-Connectedness bestimmt. Die Ermittlung der Fuzzy-Connectedness pro Bildpunkt erfolgt in unserer Implementierung mit absteigender Zugehörigkeit, so dass der Algorithmus bei einem vorgegebenen Wert oder bei Erfüllung eines Überlaufkriteriums stoppen oder auch manuell durch den Benutzer abgebrochen werden kann.

Die Kriterien für die Fuzzy-Connectedness sind bei der Segmentierung von Lipiodolherden fest gewählt, während die Parameter bei den neueren Metastasen anhand einer Referenzläsion und durch Eingabe eines Durchmessers „gelernt" werden. Da diese Herde nur schwach kontrastiert sind und sich damit sehr schwer vom Leberparenchym abgrenzen lassen, geht hier ein zusätzliches Distanzmaß, das die Entfernung vom vorgegebenen Mittelpunkt bestimmt, in die Kriterien der Fuzzy-Connectedness mit ein.

Das nach der Berechnung angezeigte Segmentierungsergebnis kann anhand des Zugehörigkeitswertes nachträglich durch den Benutzer verkleinert oder vergrößert werden. Zusätzlich werden für die Integration von nicht kontrastierten Läsionsbereichen Nachverarbeitungsmethoden angeboten. Damit ist es möglich, potenzielle Löcher zu schließen, eine konvexe Hülle der segmentierten Region zu berechnen oder diese morphologisch zu erweitern (Abb. 1). Die Auswahl der Nachbearbeitungswerkzeuge ist dem Benutzer überlassen.

4 Material und Evaluierung

Für die klinische Evaluierung wurden an der Universitätsklinik Mainz CT-Daten von Patienten, die mit Chemoembolisation behandelt werden, akquiriert. Für die Auswertungen wird jeweils der Datensatz der arteriellen Phase verwendet. Ziel einer klinischen Studie mit über 50 Datensätzen ist der Vergleich der neuen Methode mit dem manuellen Einzeichnen durch mehrere Experten. Neben einem Volumenvergleich steht hier insbesondere eine Betrachtung über die Reproduzierbarkeit der Ergebnisse und die Geschwindigkeit der Auswertung im Mittelpunkt.

Da möglichst viele Daten für die klinische Studie genutzt werden sollen, standen für die hier vorgestellte erste Auswertung des Verfahrens nur wenige Da-

Abb. 1. Ausschnitt aus einer Computertomographie mit inhomogen kontrastiertem HCC (links). Segmentierungsergebnis mit Fuzzy-Connectedness (Mitte) und nach Nachverarbeitung mit einem morphologischen Filter (rechts).

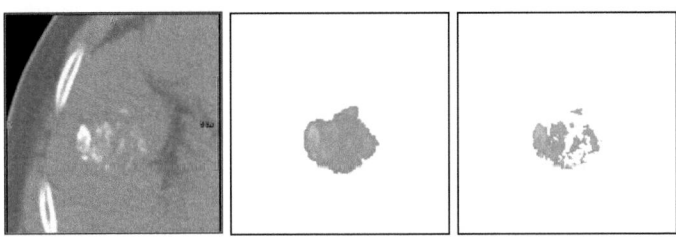

tensätze zur Verfügung. Diese Vorstudie wurde bei MeVis an sechs Datensätzen von jeweils zwei Personen durchgeführt. Zusätzlich lagen für den Vergleich mit dem Goldstandard von drei Datensätzen manuelle Segmentierungen von jeweils zwei Radiologen vor. Als Vergleichsmaß wurde nicht das Volumen herangezogen sondern der wesentlich genauere „Similarity Index" verwendet [7], der die übereinstimmenden Bildpunkte ins Verhältnis zu der Anzahl der Voxel der zu vergleichenden Segmentierungsergebnisse setzt.

5 Ergebnisse

Tests an verschiedenen Datensätzen haben sowohl in der Klinik als auch bei MeVis gezeigt, dass das neue Verfahren der manuellen Segmentierung vergleichbare Ergebnisse liefert, dies aber bei wesentlich geringerem Aufwand und in kürzerer Bearbeitungszeit als mit der manuellen Segmentierung. In der Vorstudie konnten die folgenden Ergebnisse gezeigt werden. Die Abweichungen zwischen den manuellen Segmentierungen und dem Verfahren der Fuzzy-Connectedness lag im Mittel bei 15,7% während die Abweichung zwischen den beiden manuellen Segmentierungen 14,9% betrug. Diese letzte Zahl zeigt die Schwierigkeit bei der Definition der Raumforderungen. Die gute Reproduzierbarkeit der computergestützten Volumetrie zeigt sich an einer Interobserver-Variabilität von 8,2% und an einer Intraobserver-Variabilität von nur 5,6%. Genauere Aussagen sind erst nach Abschluss der größeren klinischen Studie möglich. Mit den Ergebnissen der Vorstudie bestehen jedoch gute Aussichten, das Verfahren für die klinische Routine einzusetzen und damit den Therapieerfolg nach Chemoembolisation besser zu beurteilen zu können.

6 Diskussion

Die bisherigen Auswertungen der Vergleichsstudie ergeben eine positive Bewertung des neuen Verfahrens und seiner Benutzbarkeit. Eine detaillierte Beurteilung hinsichtlich des klinischen Einsatzes wird sich nach der Auswertung aller bislang akquirierten Daten und zusätzlicher Daten aus nachfolgenden Untersuchungen ergeben. Aus klinischer Sicht wird es durch eine schnelle computergestützte Segmentierung und Volumetrie möglich, ein zusätzliches Kriterium zur

Therapiebeurteilung in der klinischen Routine zu etablieren. Ein wichtiges Kriterium ist hierbei die Eigenschaft der Fuzzy-Connectedness, dass die segmentierte Region unabhängig vom gewählten Saatpunkt ist, solange dieser zur Region gehört. Damit sind gegenüber der herkömmlichen Auswertung die Ergebnisse weniger vom Benutzer abhängig, und ermöglichen durch die erhöhte Reproduzierbarkeit eine bessere Verlaufskontrolle nach Chemoembolisation und damit eine Entscheidungsgrundlage für weitere Therapieschritte.

Während die in der Studie verwendeten Parameter für die Lipiodolherde fixiert wurden, um so ein möglichst benutzerunabhängiges Segmentierungsergebnis und damit eine relativ hohe Reproduzierbarkeit zu gewährleisten, wurden die Parameter für die neuen Metastasen anhand einer Referenzläsion erlernt. Diese Lernfunktion wird auch im Rahmen anderer Fragestellungen, wie z.B. der Segmentierung von Gefäßen, zur Initialisierung der Fuzzy-Connectedness-Parameter verwendet.

7 Danksagung

Diese Arbeit entstand im Rahmen des Verbundprojektes VICORA, gefördert vom Bundesministerium für Bildung und Forschung (Förderkennzeichen 01EZ0010). Für die Mitarbeit an der Vorstudie danken wir unserem Kollegen Dr. Holger Bourquain.

Literaturverzeichnis

1. Nino-Murcia M, Olcott EW, Jeffrey RB et al.: Focal Liver Lesions: Pattern-based Classification Scheme for Enhancement of Arterial Phase CT. Radiology 215:746-751, 2000.
2. Vogl TJ, Hammerstingl R, Schwarz W: Bildgebende Diagnostik des hepatozellulären Karzinoms, Untersuchungstechnik, Ergebnisse und Indikationsstellung. Radiologe 41:895-905. Springer, 2001.
3. Prasad, SR, Jhaveri KS, Saini S et al.: CT Tumor Measurement for Therapeutic Response Assessment: Comparison of Unidimensional, Bidimensional, and Volumetric Techniques – Initial Observations. Radiology 225:416-419, 2002.
4. Udupa JK, Samarasekera S: Fuzzy Connectedness and Object Definition: Theory, Algorithms, and Applications in Image Segmentation. Graphical Models and Image Processing 58 (3): 246-261, 1996.
5. Nyúl LG, Falcao AX, Udupa JK: Fuzzy-Connected 3D Image Segmentation at Interactive Speeds. Procs. of SPIE Medical Imaging, Image Processing 3979:212-223, 2000.
6. Udupa JK, Saha PK: Multi-Object Relative Fuzzy Connectedness and its Implications in Image Segmentation. Procs. of SPIE Medical Imaging, Image Processing 4322:204-213, 2001.
7. Zijdenbos AP, Dawant BM, Margolin RA, Palmer AC: Morphometric Analysis of White Matter Lesions in MR Images: Method and Validation. IEEE Transactions on Medical Imaging 13 (4):716-724, 1994.

Fully Automatic Segmentation and Evaluation of Lateral Spine Radiographs

Michael Kohnen, Andreas H. Mahnken, Alexander S. Brandt,
Rolf W. Günther, and Berthold B. Wein

Dept. of Diagnostic Radiology, RWTH Aachen, Pauwelsstr. 30, 52057 Aachen
Email: kohnen@rad.rwth-aachen.de

Summary. A shape model for fully automatic segmentation and recognition of lateral spine radiographs has been developed. The shape model is able to learn the shape variations from a training dataset by a principal component analysis of the shape information. Furthermore, specific image features at each contour point are added into models of gray value profiles. These models were computed from a training dataset consisting of 62 manually segmented lumbar spine images. The application of the model containing both shape and image information is optimized on unknown images using a multi step simulated annealing search. During optimization the shape information of the model assures that the segmented object boundary stays plausible. The shape model was tested on the 62 images using the leaving one out paradigm.

1 Introduction

In clinical routine radiographs of the spine are often applied for the diagnosis of damaged posture or other injuries affecting the vertebrae of the spine. The diagnosis includes the detection of geometric measured values like angles between the vertebrae or the intervertebral disc height. Measuring these values is a time consuming and error prone task for physicians. Therefore, automatic computation of these values is of great interest. However, before an automatic extraction of the desired values from the spine model can be executed, accurate segmentation of the lumbar spine has to be performed. Difficulties arise concerning the quality of the medical images in all day clinical routine from various aspects: superpositions of bones (pelvis), air (bowels), or fatty tissue (obese patient) degrade image information considerably, projection distortion of two dimensional images of the vertebra causes different and varying lines on the bone body.

For these reasons classical methods of image segmentation are insufficient. Therefore we use a knowledge based segmentation technique based on the Active Shape Model (ASM) approach from COOTES ET AL. [1]. Previous approaches require manual placement of the starting position of the model [2]. This task is compensated by a multi step simulated annealing search method. Beyond, other improvements were applied to the original Active Shape Model approach to achieve higher segmentation accuracy [3].

2 Methodology

The whole approach divides into the generation of a training dataset of contours, the computation of flexible shape and gray value models, and their optimization.

The training dataset for both kinds of models, shape and gray value models, consists of manually drawn shapes. Each object shape has a constant number of landmarks located at the regions of interest, which are usually the parts of the contour with the highest curvature. Figure 1 illustrates the structure of the training dataset including the landmark points. Usually the manually drawn shapes have a differing number of contour points, but the computation of the model requires the same number of points for each element of the training dataset. Therefore, the contours are interpolated equidistantly between the landmark points.

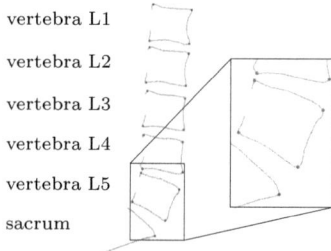

Fig. 1. Training example of a spine with landmark points marking the four corner points of the vertebrae.

2.1 Building the Model

The interpolated shapes also contain, beside the real shape variations, affine variances. For better control over the model behavior, it is profitable to separate the affine variances from the real shape variations. Since all shapes have an equal number of points, they can be aligned towards the mean shape using a least squared error method.

Each element of the aligned training dataset can be expressed as an $2n$-dimensional vector $\mathbf{x} = (x_1, y_1, \ldots, x_n, y_n)$. Suppose now the elements of the training dataset form a cloud in $2n$-dimensional space a Principal Component Analysis (PCA) can be used to approximate any of the original points with fewer than $2n$ parameters. The main aspect of this computation step is to reduce the dimensionality of the data significantly to model the shapes of the training set. Contour models using this kind of contour representation are also known as Point Distribution Models (PDM).

At this point we are able to compute a flexible shape model efficiently using a comparatively small number of parameters. But the shape model so far is only able to express shape characteristics of the training dataset. For an optimization of the model on unknown image material typical image features must be extracted from the images the training dataset was generated from. A strong feature is always the edge information of the objects. But gradient information itself is far too weak for a proper segmentation, because inside and outside of the object cannot be distinguished anymore.

Therefore gray value profiles are extracted from the images showing characteristic variations. To be independent of the varying exposure of the images the profiles are normalized. The computed normalized profiles are perpendicular to the shape contour and always have the same size. For each point of the shape model a gray value profile model is computed analogous to the computation of the shape model. The image structures may vary in different parts of the contours of the object. Therefore it would be very inappropriate to compute one general profile model for the whole object.

2.2 Optimization

For optimization a simulated annealing search technique is used. Four affine parameters and n model parameters must be optimized. Reasonable boundaries of the affine parameters are extracted either from the image dimensions and the affine variabilities in the training dataset. The boundaries for the model parameters are also estimated from the shape variations of training dataset. Each parameter can take different values in its interval, which are defined by a step size for each parameter.

The elements of the search space are defined by the values of the $4 + n$ parameters of the model. Each element has exactly $2(4 + n)$ neighbors, which can be computed by decreasing or increasing an parameter by its step size. Each element of the search space defines a shape located in the image frame. It is obvious that the energies of two neighboring elements of the search space do not differ significantly. Considering all elements of the search space they form an energy mountain profile, wherein the deepest valleys are the regions which correspond to the global minimum.

Simulated annealing can be viewed as a local search through that mountain profile enriched by a kind of randomized decision choosing whether to leave local optima in order to find better solutions.

The optimization is performed in three constitutive steps. At first a model consisting of 5 vertebrae and the sacrum is optimized on a down-sampled image of size $\frac{1}{16}$. This leads to a rough estimation of the position and major shape variations of the model. Thereafter the model is broken apart into three smaller models consisting of two vertebrae each. The segmentation information of the previous step is taken as an initialization for this optimization which is running at a scale of $\frac{1}{2}$. Finally shape models of each vertebra are optimized on the original image. In each step the allowed variation of the models is limited dependent on the segmentation result of the previous step. Furthermore the effect of breaking the model apart successively into smaller models leads to a decrease of shape variation in the training sets, which produces smaller search spaces for the simulated annealing optimization.

3 Results

The algorithm was tested on 62 unknown spine images of average image quality using the leaving-one-out paradigm. That means the different models were computed from the 61 remaining contours and the actual spine contour was taken as a reference contour to evaluate the result. Figure 2 shows a typical result after application of all optimization steps. For comparison the reference shapes are also displayed.

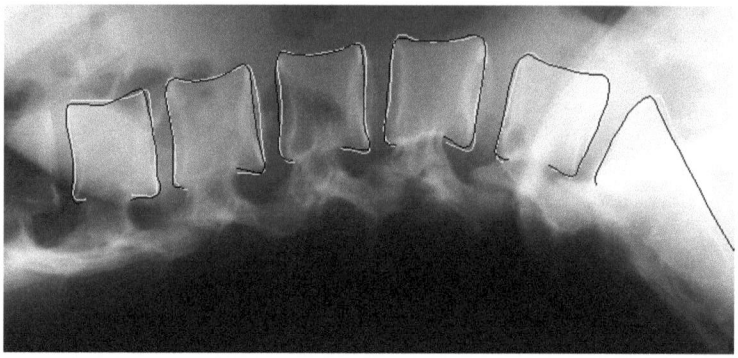

Fig. 2. Final segmentation result (white contour) of x-ray images together with the manual reference shapes (black contour).

3.1 Evaluation

The validation of the result shapes is performed by comparing them with manually drawn reference shapes. A number of different measures were extracted from the segmentation results. The mean, minimum, and maximum percentage cover $\bar{c}$, c_{min}, c_{max} of the shapes, the mean distances between the shapes $\bar{d}_S$ and the landmarks $\bar{d}_L$ in millimeters, and the minimum and maximum distances between the shapes $d_{min,S}$, $d_{max,S}$ and the landmarks $d_{min,L}$, $d_{max,L}$ in millimeters.

The maximum distances $d_{max,S}$ and $d_{max,L}$ were computed as the largest of the individual distances between result and reference shape. They quantify the overall localization quality by the largest occurring discrepancy. Whereas $\bar{d}_S$ and $\bar{d}_L$ are a measure for precision of the local delineation of shapes and landmarks respectively. Furthermore the mean percentage cover $\bar{c}$ can also be taken as a measure for the overall detection accuracy. Table 1 shows the results for each vertebra and the spine as a whole in detail.

Table 1. Final results of spine segmentation. The distances and their standard deviations are specified in millimeters.

	$\bar{c}$ $\mu \pm \sigma$	c_{min}	c_{max}	$\bar{d}_S$ $\mu \pm \sigma$	$d_{min,S}$	$d_{max,S}$	$\bar{d}_L$ $\mu \pm \sigma$	$d_{min,L}$	$d_{max,L}$
Vertebra L5	92.0 ± 4.2	79.3	97.3	1.28 ± 1.76	0.0	13.11	3.05 ± 2.41	0.15	13.51
Vertebra L4	91.9 ± 3.6	82.5	97.1	1.28 ± 1.68	0.0	12.90	2.82 ± 2.09	0.13	10.71
Vertebra L3	92.2 ± 3.7	82.8	97.4	1.43 ± 1.92	0.0	14.08	2.49 ± 1.73	0.08	10.71
Vertebra L2	91.4 ± 4.0	81.4	96.9	1.53 ± 2.05	0.0	15.01	2.55 ± 2.22	0.08	13.48
Vertebra L1	91.4 ± 4.4	72.2	97.1	1.46 ± 1.95	0.0	22.28	2.94 ± 2.85	0.21	20.69
Sacrum	79.8 ± 9.9	48.0	95.1	2.06 ± 2.95	0.0	33.18	5.19 ± 4.16	0.47	21.78
Spine	89.8 ± 7.0	48.0	97.4	1.51 ± 2.03	0.0	33.18	3.17 ± 2.62	0.08	21.78

4 Conclusion

We have presented a multi-step approach for the segmentation of the lumbar spine. A typical problem of deformable model adaption is the determination of the starting position. If the starting position is not close enough to the object, the algorithm runs the risk of being attracted to false features. Considering the spine with its ability to be more or less twisted a placement of the initial contour using only affine parameters is far too weak. Hence we use a simulated annealing search, which enables us to integrate a variable amount of model parameters into the search process to acquire a satisfying starting shape. Furthermore the adaption by breaking the spine model apart into separate models improves the segmentation accuracy significantly.

In summary the segmentation accuracy of the most significant parts of the shapes, the landmarks, is measured by a distance of 3.17mm with a standard deviation of 2.62mm. But these results can only give an estimation about the quality of the segmentation because the evaluation of each snake was only performed with a single manually drawn snake. Hence an evaluation with a set of contours of each snake manually drawn by different users would be practical. However the results show that this approach is able to provide fully automatic spine segmentations of a subjective satisfying quality.

Finally the presented approach can be easily applied to other segmentation tasks. Even an application in three-dimensional medical imaging is possible [4].

References

1. T. Cootes, et al., *Active shape models – their training and application*, Computer Vision and Image Understanding, vol. 61, n. 1, pp. 38-59, Jan. 1995.
2. L.R. Long, and G.R. Thoma, *Segmentation and image navigation in digitized spine x-rays*, Proc. SPIE 3979, pp. 169–179, 2000
3. A.H. Mahnken, M. Kohnen, S. Steinberg, B.B. Wein, and R.W. Günther, *Automatisierte Bilderkennung lateraler Röntgenaufnahmen der Wirbelsäule mit Formmodellen*, Fortschr. Röntgenstr. 2001, vol. 173, pp. 554–557, Thieme Stuttgart, 2001
4. M. Kohnen, A.H. Mahnken, J. Kesten, R.W. Günther, and B.B. Wein, *A three dimensional knowledge based surface model for segmentation of organic structures*, Proc. SPIE 4684, 2002

Endoskopische Lichtfelder mit einem kameraführenden Roboter[*]

F. Vogt[1], S. Krüger[2], D. Paulus[1,**], H. Niemann[1], W. Hohenberger[2], C. Schick[2]

[1]Lehrstuhl für Mustererkennung
Friedrich-Alexander-Universität Erlangen-Nürnberg, 91058 Erlangen
Email:{vogt,paulus,niemann}@informatik.uni–erlangen.de
[2]Chirurgische Universitätsklinik, Krankenhausstr. 12, 91054 Erlangen
Email: {krueger,hohenberger,schick}@chir.imed.uni-erlangen.de

Zusammenfassung. In diesem Beitrag beschreiben wir die Erzeugung endoskopischer Lichtfelder mit Hilfe eines kameraführenden Roboterarms, mit dem die Position und Orientierung des Endoskops berechnet wird. Das vorgestellte Verfahren wird mit dem herkömmlichen Verfahren zur Erzeugung von Lichtfeldern hinsichtlich Zeit und Qualität verglichen.

1 Einleitung

Bei minimal-invasiven endoskopischen Operationen werden dem Operateur die unverarbeiteten Bilder des Operationsgebiets (z. B. Bauchraum oder Brustkorb) auf einem Fernsehmonitor dargestellt. Abgesehen von der direkten Verbesserung von endoskopischen Bildern [1] wäre eine 3D Visualisierung des Operationsgebietes für den Operateur sehr hilfreich. Dadurch kann z. B. das Operationsgebiet betrachtet werden, ohne dass das Endoskop bewegt werden muss oder es könnte zusätzliche Information in der 3D Visualisierung angezeigt werden.

Mit *Lichtfeldern* [2] lassen sich 3D Szenen im Computer repräsentieren und es ist außerdem möglich, neue Ansichten der Szene darzustellen. Lichtfelder sind daher geeignet eine 3D Visualisierung zur Verfügung zu stellen. Sie können *ohne* zusätzlich Information direkt aus einer Video-Sequenz erzeugt werden [3]. Die für das Lichtfeld benötigten extrinsischen und intrinsischen Kameraparameter (Kameraposition und Kameraorientierung; Brennweite und Hauptpunkt) werden hierbei durch Punktverfolgung, Selbstkalibrierung und 3D-Rekonstruktion berechnet. Dies ist bei endoskopischen Sequenzen allerdings sehr schwer und nur unter bestimmten Voraussetzungen möglich: keine bzw. minimale Bewegung in der Szene, stetige Kameraführung, „geeignete Szene" zum Verfolgen von Punkten und gute Lichtverhältnisse. Sind diese Voraussetzungen nicht erfüllt, kann in der Regel kein Lichtfeld erzeugt werden. Durch einen kameraführenden Roboter lassen sich die für das Lichtfeld nötigen extrinsischen Kameraparameter robust berechnen. Die intrinsischen Kameraparameter werden in einem separaten Kalibrierungsschritt bestimmt (siehe Abschnitt 2).

---

[*] Diese Arbeit wurde gefördert durch die DFG im Rahmen des SFB 603 (TP B6). Für den Inhalt sind ausschließlich die Autoren verantwortlich.
[**] Neue Adresse: Inst. für Computervisualistik, Univ. Koblenz-Landau, 56070 Koblenz

Endoskopische Lichtfelder mit einem kameraführenden Roboter 419

Abb. 1. Laboraufbau (links) und Kinematik des Roboterarms AESOP 3000 (rechts). Links: (1) AESOP 3000 (2) „Patient" (3) Kamerakopf und Endoskop (4) Lichtquelle (5) Computer (6) Endoskopieturm mit Monitor (Originalbild) (7) Zweiter Monitor (Computerbild/Lichtfeld). Rechts: Sieben Freiheitsgrade (Länge, Winkel 1, ... , 6), Länge d. Endoskops, Korrekturwinkel (K2O-, Plug- und Optik-Winkel)

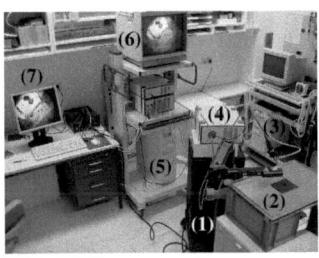
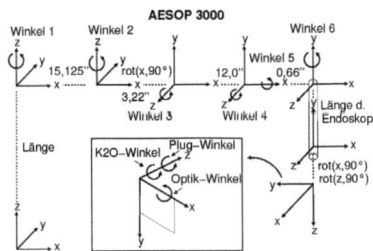

In den letzten Jahren wurden vermehrt Computer in der Endoskopie eingesetzt. Außer den Möglichkeiten zur direkten Bildverbesserung [1,4] können endoskopische Bildstörungen durch den Einsatz von Lichtfeldern reduziert werden [5]. Häufig werden dreidimensionale Daten (CT oder MR) so aufbereitet, dass eine virtuelle Endoskopie (z. B. des Darms) durchgeführt werden kann, ohne dass eine tatsächliche Endoskopie durchgeführt werden muss [6]. In [7] wird die Szenengeometrie aus endoskopischen Bildern des Dickdarms berechnet und durch Texturierung des resultierenden Dreiecksnetzes ein realistisches 3D-Oberflächenmodell erstellt. In [8] wird die Kameraposition mit Hilfe eines magnetischen Sensors bestimmt. Danach kann das endoskopische Bild durch Einsatz von Markern mit einem CT-Datensatz registriert und überlagert werden. Verschiedene Veröffentlichungen befassen sich mit der Erstellung von Lichtfeldern aus Video-Sequenzen „normaler" Szenen [3,2,9]. Den Autoren ist allerdings keine Gruppe bekannt, die sich mit dem speziellen Problem der endoskopischen Lichtfelder befasst.

In diesem Beitrag zeigen wir, wie eine 3D Visualisierung des Operationsgebietes durch die Erzeugung von Lichtfeldern unter Ausnutzung eines kameraführenden Roboters generiert werden kann.

2 Methoden

Der eingesetzte Roboterarm AESOP 3000 (Abb. 1), hergestellt von der Firma *Computer Motion Inc.*, besitzt sieben Freiheitsgrade. Die Bilder des Endoskops werden mit einem PC mit Framegrabberkarte direkt von der Endoskopiekamera aufgenommen. Jeweils vor und nach der Aufnahme eines Bildes werden die sieben Freiheitsgrade des Roboterarms (ein Längen- und sechs Winkelwerte) ausgelesen und gespeichert. Der Laboraufbau ist in Abb. 1 dargestellt.

Zunächst wird ein Kalibriermuster verwendet, um durch Kalibrierung die intrinsischen Kameraparameter zu berechnen [10]. Hierbei werden radiale und tangentiale Verzerrungskoeffizienten berechnet, mit deren Hilfe die durch die geringe Brennweite stark verzerrten endoskopischen Bilder entzerrt werden.

Abb. 2. Sequenz ALF014: extrinsische Kameraparameter. Pyramiden entsprechen den Kameras. Mit einem Kalibriermuster berechnet (links) und mit AESOP berechnet (rechts).

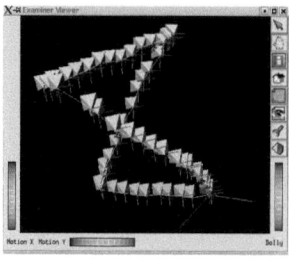 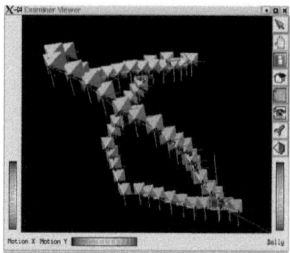

Abb. 3. Sequenz ALF029: extrinsische Kameraparameter. Mit AESOP berechnete Parameter (links) und mit dem herkömmlichen Verfahren berechnete Parameter (rechts).

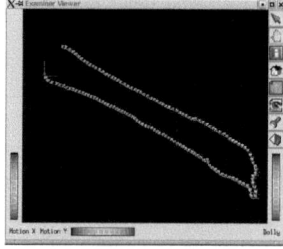 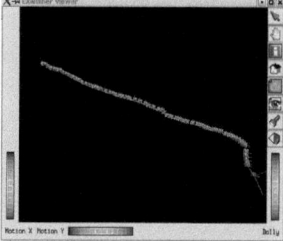

Der Längenwert und die Winkelwerte des Roboterarms vor und nach der Bildaufnahme werden gemittelt. Aus den sieben Werten pro Bild lässt sich durch die bekannte Kinematik des Roboterarms (siehe Abb.1) die Position und Orientierung der Endoskophalterung berechnen, allerdings nicht die benötigte Position und Orientierung der Endoskopspitze (hier befindet sich die gedachte Kamera).

Die Transformation von der Endsokophalterung zur gedachten Kamera lässt sich durch zwei weitere Kalibrierschritte bestimmen. Zunächst wird die Länge von der Endoskophalterung bis zum Linsenmittelpunkt der Endoskopspitze von Hand gemessen. Die Orientierung der Endoskopoptik in der Halterung (siehe Abb. 1, Plug-Winkel) wird mit Hilfe weiterer Aufnahmen (mindestens 2) eines Kalibriermusters bestimmt. Da der Kamerakopf nicht an der Endoskopoptik

  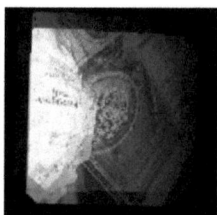

Abb. 4. Sequenz ALF029: Endoskopisches Originalbild (links), aus dem AESOP-Lichtfeld gerendertes Bild (mitte), aus dem herkömmlichen Lichtfeld gerendertes Bild (rechts).

fixiert sondern bei jeder Operation neu angebracht wird, wird außerdem die Drehung zwischen Kamerakopf und Endoskopoptik (siehe Abb. 1, K2O-Winkel) durch Detektion einer Kerbe am Rand der Optik bestimmt. Normalerweise wird eine 30 Grad Winkel-Optik verwendet, d. h. dieser Winkel (siehe Abb. 1, Optik-Winkel) ist in der Berechnung der Transformation zusätzlich zu berücksichtigen. Nun ist für jedes aufgenommene Bild die Kameraposition und -orientierung berechenbar (relativ zum Koordinatensystem des Roboterarms).

3 Experimente

Die berechneten Rotationsmatrizen $\boldsymbol{R}$ wurden anhand der folgenden zwei Eigenschaften überprüft: $\det(\boldsymbol{R}) - 1 = 0$ und $\|\boldsymbol{RR}^T - \boldsymbol{I}_3\|_F = 0$ (wobei $\|\cdot\|_F$ die Frobenius-Norm und $\boldsymbol{I}_3$ die 3×3 Einheitsmatrix ist). Als Ergebnis aus 2997 Matrizen ergibt sich (Mittelwert ± Standardabweichung): $\det(\boldsymbol{R}) - 1 = 2.42 \cdot 10^{-8} \pm 4.7 \cdot 10^{-7}$ und $\|\boldsymbol{RR}^T - \boldsymbol{I}_3\|_F = 1.193 \cdot 10^{-6} \pm 4.52 \cdot 10^{-7}$. Die Eigenschaften sind daher im Rahmen der Rechnergenauigkeit sehr gut erfüllt.

Der „Patient", eine Kiste mit einer Öffnung für das Endoskop, wurde zur Hälfte mit Zeitungspapier und zur anderen Hälfte mit ausgedruckten OP-Bildern aus dem Bauchraum ausgelegt. 16 Lichtfelder von künstlichen Objekten (z. B. Zeitungspapierkugel, Ricola-Dose) konnten unter OP-nahen Bedingungen (siehe Abb. 1) erzeugt werden. In Abb. 2 sind die extrinsischen Kameraparameter einer mit einem Kalibriermuster kalibrierten Sequenz (`ALF014`) im Vergleich zu den mit AESOP berechneten dargestellt. Translatorische Fehler liegen im Bereich zwischen 0 und 4 Millimeter, rotatorische Fehler liegen im Bereich von 0 bis 1.5 Grad pro Achse. Abb. 3 zeigt die berechneten extrinsischen Kameraparameter der Sequenz `ALF029` im Vergleich zur herkömmlichen Methode. Auffallend ist hier, dass mit der herkömmlichen Methode nur die Frames 74 bis 142 für das Verfahren nutzbar waren. In Abb. 4 sind beispielhaft aus einem Lichtfeld gerenderte Bilder zu sehen (Sequenz `ALF029`). Wie man sieht ist die Qualität des AESOP-Lichtfeldes vergleichbar zum herkömmlichen Verfahren. Bei dem AESOP-Lichtfeld ist außerdem ein größerer Szenen-Breich darstellbar, da alle Frames benutzt werden können. Zeitangaben sind in Tabelle 1 zusammengefasst.

Die Güte der Lichtfelder hängt vor allem von den Kalibrierungsschritten und der Genauigkeit des Roboterarms ab. Außerdem ist die Qualität der gerenderten Bilder umso schlechter, je näher sich das Endoskop an den Objekten befindet, da dann die Annahme einer Ebene als Szenengeometrie nicht mehr zutrifft und Tiefeninformation fehlt um die Fehler auszugleichen.

4 Diskussion und Ausblick

Unter Zuhilfenahme eines kameraführenden Roboters ist die Erzeugung endoskopischer Lichtfelder in kurzer Zeit (abhängig von der Anzahl der verwendeten Bilder) und sehr robust möglich (d. h. ohne szenenabhängige Steuerungsparameter und bei beliebigen Szenen). Dadurch kann das Verfahren in Zukunft auch während einer realen Operation eingesetzt werden.

Tabelle 1. Zeitverbrauch (Pentium IV, 2.4 GHz): LF = Lichtfeld, FF = Lichtfeld (Freiform-Parameterisierung), PP = Lichtfeld (Zwei-Ebenen-Parameterisierung), LF-Typ A = AESOP, LF-Typ H = herkömmlich.

Sequenz	#Bilder	Bildgröße	Zeit für FF LF	Zeit für PP LF	LF-Typ
ALF027	16	512 × 512	00:09 min	01:26 min	A
ALF014	54	512 × 512	00:30 min	04:26 min	A
ALF029	143	512 × 512	01:23 min	05:10 min	A
ALF028	236	512 × 512	02:14 min	05:20 min	A
ALF029	143 $\stackrel{nutzbar}{\rightarrow}$ 69	512 × 512	42:44 min	43:48 min	H

Nachteile der beschriebenen Methode zur Lichtfelderzeugung sind die nötigen Kalibrierschritte, die allerdings einmalig vor der Operation erfolgen können, und die sich aus der Fertigung des Roboterarms ergebende Ungenauigkeit.

Durch optionale Information über die Szenengeometrie kann zusätzlich die Darstellungsqualität beim Rendern verbessert werden. Geometrieinformation in Form von Tiefeninformation pro Bild (Tiefenkarte) kann aus den berechneten Kameraparametern und Bildern z. B. durch Stereoverfahren gewonnen werden. Die Erstellung von Tiefenkarten aus den berechneten Kameraparametern ist Gegenstand aktueller Forschung.

Literaturverzeichnis

1. F. Vogt, C. Klimowicz, D. Paulus, W. Hohenberger, H. Niemann, C. H. Schick. Bildverarbeitung in der Endoskopie des Bauchraums. In H. Handels, et al., editors, *Bildverarbeitung für die Medizin*, pp 320–324, Springer, 2001.
2. M. Levoy and P. Hanrahan. Light field rendering. In *Computer Graphics Proceedings, Annual Conference Series (Proc. SIGGRAPH '96)*, pp 31–42, 1996.
3. B. Heigl et al.. Plenoptic modeling and rendering from image sequences taken by a hand–held camera. In W. Förstner et al., editors, *Mustererkennung 1999*, pp 94–101, Heidelberg, September 1999. Springer.
4. C. Palm, et al. Bestimmung der Lichtquellenfarbe bei der Endoskopie makrotexturierter Oberflächen des Kehlkopfs. In K.-H. Franke, editor, *5. Workshop Farbbildverarbeitung*, pp 3–10, Zentrum für Bild- und Signalverarbeitung, Ilmenau, 1999.
5. F. Vogt, D. Paulus, I. Scholz, H. Niemann, and C. Schick. Glanzlichtsubstitution durch Lichtfelder. In Meiler et al. [11], pp 103–106.
6. C. Kübler, J. Raczkowsky, and H. Wörn. Rekonstruktion eines 3D-Modells aus endoskopischen Bildfolgen. In Meiler et al. [11], pp 211–214.
7. T. Thormählen, H. Broszio, and P. N. Meier. Automatische 3D-Rekonstruktion aus endoskopischen Bildfolgen. In Meiler et al. [11], pp 207–210.
8. M. Scheuering, et al. Intra-operative Augmented Reality With Magnetic Navigation And Multi-texture Based Volume Rendering For Minimally Invasive Surgery. *Rechner- und Sensorgestützte Chirurgie*, pp 83–91, 2001.
9. M. Pollefeys. *Self-Calibration and Metric 3D Reconstruction from Uncalibrated Image Sequences*. Katholieke Universiteit Leuven, Belgium, May 1999.
10. R. Y. Tsai. A versatile camera calibration technique for high-accuracy 3D machine vision metrology using off-the-shelf TV cameras and lenses. *IEEE Journal of Robotics and Automation*, Ra-3(3):323–344, August 1987.
11. M. Meiler, et al., editors. *Bildverarbeitung für die Medizin*, Springer, 2002.

Auswertung von Testbolusdaten
Untersuchungsplanung und Berechnung von Herzfunktionsparametern

Anja Hennemuth[1], Andreas Mahnken[2], Ernst Klotz[3], Kerstin Wolsiffer[3]
Leonie Dreschler-Fischer[1] und Werner Hansmann[1]

[1]Fachbereich Informatik der Universität Hamburg, 22257 Hamburg
[2]Radiologie des Universitätsklinikums der RWTH Aachen, 52057 Aachen
[3]Siemens Medical Solutions Forchheim, 91031 Forchheim
Email: 6hennemu@informatik.uni-hamburg.de

Zusammenfassung. Bei der Kontrastmittel-Computertomographie erhält die Untersuchungsplanung durch das Problem der zeitlichen Abstimmung von Injektion und Aufnahmezeitraum eine verstärkte Bedeutung. Zur Planungsunterstützung wurde ein Verfahren implementiert, das anhand einer *Testbolus*-Sequenz die zu erwartenden Dichte-Werte einer Region für beliebige Injektionseinstellungen und Scanintervalle simuliert. Die zur Planung erzeugten Testmessungen entsprechen einer dynamischen Untersuchung. Daher wurde ein Verfahren entwickelt, mit dem Herzfunktionsparameter aus der erzeugten *Testbolus*-Sequenz abgeleitet werden können. Die vorgestellten Verfahren wurden jeweils anhand der Auswertung aus *Testbolus*-Sequenz und CT-Untersuchung bestehender Datensätze getestet. Der Vergleich der simulierten mit den gemessenen Zeit-Dichte-Kurven und die Gegenüberstellung der aus *Testbolus*-Sequenz und Untersuchungsdaten ermittelten Herzfunktionsparameter zeigen vielversprechende Ergebnisse.

1 Einleitung

Computertomographische Untersuchungen finden heutzutage vielfältige Anwendung sowohl bei der Bildgebung anatomischer Regionen als auch bei Funktionsuntersuchungen. Da die Computertomographie eine Strahlenbelastung des Patienten mit sich bringt und daher nicht unnötig wiederholt werden sollte, ist hier eine gute Planung der Untersuchung besonders wichtig. Werden Kontrastmittel benutzt, verstärkt sich die Bedeutung der Planung noch, da hier auch die zeitliche Abstimmung von Kontrastmittelinjektion und Aufnahmebeginn zu berücksichtigen ist (siehe Abb. 1).

Zur Planung von Kontrastmittel-Computertomographien existieren im wesentlichen drei Ansätze: die Planung anhand bekannter Patientenparameter und Richtlinien, das *Bolus-Tracking* und das Schätzen der optimalen Einstellungen mittels einer *Testbolus*-Sequenz.

Beim *Bolus-Trackings* wird zunächst eine zu beobachtende Schicht ausgewählt, in deren Abbildung eine auszuwertende Bildregion definiert wird. Nach

Abb. 1. Ablauf einer CT-Untersuchung mit Kontrastmittel

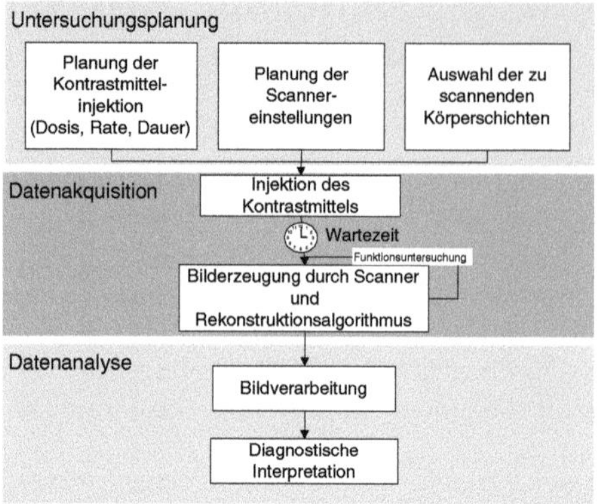

Injektion des Kontrastmittels wird mit niedriger Strahlendosis die ausgewählte Schicht wiederholt gescannt, bis in der definierten Bildregion die mittlere Dichte einen gegebenen Schwellwert erreicht, um dann mit der Aufnahme zu beginnen.

Zur Erzeugung einer *Testbolus*-Sequenz werden Schicht und Bildregion ähnlich wie beim *Bolus-Tracking* bestimmt. Dann wird nach Injektion einer geringen Kontrastmittelmenge mit niedriger Strahlendosis eine Bildsequenz erzeugt [1,2]. Aus den jeweiligen Dichte-Werten in der definierten Bildregion kann dann eine Zeit-Dichte-Kurve abgeleitet werden, auf deren Basis die optimalen Einstellungen für Kontrastmittelinjektion und Scanintervall geschätzt werden können [3]. Gegenüber dem *Bolus-Tracking* ergibt sich hier der Vorteil, daß neben dem Scanintervall auch die Injektionsparameter individuell angepaßt werden können.

Die hier vorgestellte Unterstützung der Untersuchungsplanung verwendet einen systemtheoretischen Ansatz zur Simulation von zu erwartenden Zeit-Dichte-Kurven bei Variation der Injektionseinstellungen, so daß der Planung Schätzungen mit einem mathematisch fundierten Konzept zugrundegelegt werden können.

Die Erzeugung einer *Testbolus*-Sequenz entspricht im Grunde genommen selbst schon einer dynamischen Kontrastmitteluntersuchung wie in Abb. 1 dargestellt und kann daher auch diagnostisch ausgewertet werden. Hier ist ein Verfahren zur Ableitung von Herzfunktionsparametern aus der Zeit-Dichte-Kurve einer *Testbolus*-Sequenz implementiert worden, das bereits in den 1980er Jahren entwickelt worden ist, aber nur in Tierversuchen getestet wurde [4,5].

2 Methoden

Simulation von Zeit-Dichte-Kurven anhand von Testbolus-Sequenzen.
Zur Simulation der zu erwartenden Dichte-Kurve bei Variation der Injektionsparameter wie Kontrastmitteldosis, Jod-Konzentration des Kontrastmittels oder Flußrate anhand der *Testbolus*-Sequenz ist hier ein systemtheoretischer Ansatz

Abb. 2. Lineares zeitinvariantes System zur Modellierung des Zusammenhangs zwischen Kontrastmittelinjektion und der Zeit-Dichte-Kurve einer betrachteten Bildregion

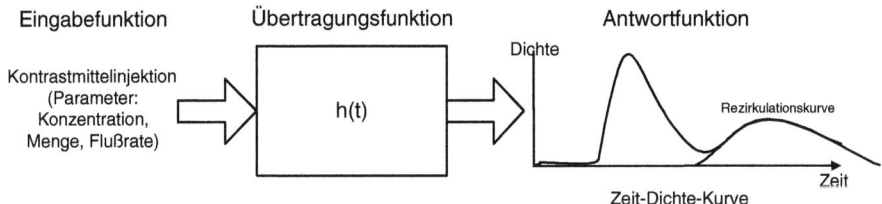

implementiert worden. Dabei ergibt sich die Eingabefunktion aus den gewählten Injektionsparametern, während die gemessene Zeit-Dichte-Kurve die zugehörige Antwortfunktion darstellt (siehe Abb. 2).

Es läßt sich dann die Veränderung einer Zeit-Dichte-Kurve bei Variation der Injektionsparameter direkt aus der Veränderung der Injektionskurve ableiten. Hier ist die Zeit-Dichte-Kurve der *Testbolus*-Sequenz mit Hilfe eines linearen Gleichungssystems so zerlegt worden, daß sie als Summe identischer zeitverschobener Kurven dargestellt werden kann, die jeweils der Antwort auf eine Kontrastmittelinjektion mit nur 2s Injektionsdauer entsprechen. Die möglichen Injektionskurven können durch Skalierung, Verschiebung und Addition einer 2s-Injektion dargestellt werden, und zur Modellierung der entsprechenden Antwortkurve werden dieselben Operationen auf die Antwortkurve der 2s-Injektion angewandt.

Die Rezirkulation des Kontrastmittels wird durch die *Testbolus*-Sequenz in der Regel nicht vollständig erfaßt, so daß der weitere Kurvenverlauf modelliert werden muß. Die drei hier getesteten Ansätze sind die Annahme des Kurvenabbruchs nach Ende der Messung, die Fortsetzung der Kurve mit dem letzten gegebenen Messwert und das Anpassen des Modells der Gamma-Variate, das eine typische Zeit-Dichte-Kurve ohne Rezirkulation beschreibt.

Durchgeführte Messungen. Um die Anwendbarkeit des Verfahrens zu testen, sind anhand von 17 Testboli Simulationen durchgeführt worden. Die eingestellten Parameter für die Injektion und das Scanintervall entsprachen dabei den bei dem anschließenden Spiralscan verwendeten Einstellungen. Die ausgewertete Bildregion lag im Darstellungsbereich der Aorta descendens, die in sämtlichen Bildern der *Testbolus*-Sequenz und des Spiraldatensatzes identifizierbar war (siehe Abb. 3).

Die räumliche Verschiebung zwischen den Schichtbildern des Spiraldatensatzes wurde aufgrund der hohen Flußgeschwindigkeit des Blutes in der Aorta descendens vernachlässigt.

Für die gegebenen Zeit-Dichte-Kurven wurden jeweils Ende und mittlere Höhe des Dichte-Plateaus ermittelt.

Ableitung von Herzfunktionsparametern aus *Testbolus*-Sequenzen. Zur Bestimmung von Herzfunktionsparametern aus *Testbolus*-Sequenzen wird hier zunächst das Herzzeitvolumen nach der *Stewart-Hamilton-Gleichung* (1) berechnet.

Abb. 3. Zur Überprüfung der Vorhersage ausgewertete Bildregion in verschiedenen Bildern der Spiral-Sequenz

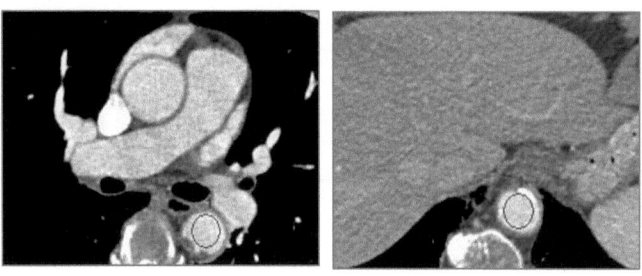

$$\text{Herzzeitvolumen}\left[\frac{l}{min}\right] = \frac{\text{Injizierte Jodmenge}\,[mg]}{\int_0^\infty c(t)dt \left[\frac{mg}{l}\cdot min\right]} \quad (1)$$

Mit $c(t)$ ist hier die Kontrastmittelkonzentrationskurve ohne Berücksichtigung der Rezirkulation gemeint. Das heißt, um die Gleichung anwenden zu können, ist hier zunächst durch Anpassung der Gamma-Variate an die gemessenen Zeit-Dichte-Werte eine rezirkulationskorrigierte Kurve berechnet worden, deren Dichte-Werte dann mit Hilfe der Proportionalitätskonstante in Konzentrationswerte konvertiert werden, so daß eine Anwendung der Gleichung möglich wird.

Durchgeführte Messungen. Zur Beurteilung des implementierten Verfahrens sind in 25 Datensätzen aus der gegebenen *Testbolus*-Sequenz jeweils drei Zeit-Dichte-Kurven erzeugt worden. Dazu wurden Bildregionen ausgewertet, die jeweils die Aorta descendens, die Aorta ascendens und die Pulmonalarterie repräsentieren. Aus den so erzeugten Kurven wurde mit Hilfe des oben beschriebenen Verfahrens das Herzzeitvolumen berechnet.

Zum Vergleich wurde aus der jeweils korrespondierenden 3D-Sequenz des Herzens mit Hilfe der volumenbasierten Applikation *Argus*, die bereits in der klinischen Anwendung ist, durch Segmentierung der Kammervolumina zunächst das Schlagvolumen und daraus das Herzzeitvolumen bestimmt.

3 Ergebnisse

Unterstützung der Untersuchungsplanung. Der Vergleich der Vorhersagen des Kurvenabstiegsbeginns mit dem aus der Referenzmessung geschätzten Wert ergab Korrelationen von 0.6842, 0.6879 und 0.6141 für die drei getesteten Methoden zur Kurvenfortsetzung mit direktem Abbruch am Ende der Sequenz, Fortsetzung mit dem letzten Meßwert und Anpassung der Gamma-Variate ($p < 0.01$). Die Abweichung beträgt im Mittel 3.71, 1.60 und 3.04s, wobei der Abstiegsbeginn in der Regel zu früh angenommen wird. Die Korrelation der vorhergesagten mittleren Plateau-Höhe ist dagegen mit Werten von 0.3528, 0.4664 und 0.4848 deutlich geringer. Eine Verwerfung der Nullhypothese ist hier mit $p < 0.05$ nur bei Verwendung der angepaßten Gamma-Variate zulässig.

Berechnung von Herzfunktionsparametern. Die mit dem vorgestellten Verfahren ermittelten Werte für das Herzzeitvolumen zeigen für die ausgewerteten Bildregionen, die die Aorta descendens und die Aorta ascendens repräsentieren, mit 0.8352 und 0.8698 deutliche Korrelationen mit den *Argus*-Ergebnissen ($p < 0.0001$). Für die dritte Bildregion, die die Arteria pulmonalis darstellt, ist die Korrelation mit 0.4596 ($p < 0.05$) deutlich geringer.

4 Diskussion

Die Simulation der Zeit-Dichte-Kurve einer Region anhand einer gegebenen *Testbolus*-Sequenz und der dabei verwendeten Injektions- und Zeitparameter hat bei der Schätzung des Kurvenverlaufs für die untersuchten Datensätze gute Ergebnisse geliefert. Die hier auftretenden Abweichungen der Vorhersagen bei der Kurvenhöhe sind wahrscheinlich auf die unzureichende Erfassung der Rezirkulation durch die *Testbolus*-Sequenz zurückzuführen und können durch eine geeignete Modellierung der Rezirkulationskurve verringert werden. Dann bietet dieses Werkzeug eine gute Hilfe bei der Planung von Kontrastmittel-Computertomographien.

Die mit Hilfe des implementierten Verfahrens berechneten Werte für das Herzminutenvolumen zeigen eine deutliche Korrelation mit den durch die Applikation *Argus* ermittelten Werten. Durch den geringen Benutzungs- und Berechnungsaufwand bei der Auswertung der zur Untersuchungsplanung erzeugten Zeit-Dichte-Kurven ist dieses Verfahren ein gutes Add-on zu einer solchen Planung.

Literaturverzeichnis

1. Birnbaum BA, Jacobs JE, Langlotz CP, Ramchandani P: Assessment of a bolus-tracking technique in helical renal CT to optimize nephrographic phase imaging. Radiology 1(211):87–94, 1999.
2. Stückle CA, Kickuth R, Liermann D, Kirchner J: Beobachtung der Dichteanstiegskurve nach intravenöser Kontrastmittelapplikation unter Verwendung eines Bolustriggerungssystems. Radiologe 42(6):480–484, 2002.
3. Fleischmann D: Present and future trends in multiple detector-row CT applications: CT angiography. Eur Radiol 12:11–16, 2002.
4. Garrett JS, Lanzer P, Jaschke W et. al.: Measurement of Cardiac Output by Cine Computed Tomography. American Journal of Cardiology 56:657–661, 1985.
5. Rumberger JA, Lipton MJ: Ultrafast Cardiac CT Scanning. Cardiology Clinics 7(3):713–734, 1989.

Kombination von Bildanalyse und physikalischer Simulation für die Planung von Behandlungen maligner Lebertumoren mittels laserinduzierter Thermotherapie

Arne Littmann[1], Andrea Schenk[1], Bernhard Preim[1],
Andre Roggan[2], Kai Lehmann[3], Jörg-Peter Ritz[3],
Christoph-Thomas Germer[3] und Heinz-Otto Peitgen[1]

[1]MeVis, Centrum für Medizinische Diagnosesysteme und Visualisierung, 28359 Bremen
[2] Celon AG Medical Instruments, 14513 Teltow
[3]Abteilung für Allgemein-, Gefäß- und Thoraxchirurgie, Universitätsklinikum Benjamin Franklin, Freie Universität Berlin, 12200 Berlin
Email: littmann@mevis.de

Zusammenfassung. In-situ Ablationsverfahren wie laserinduzierte Thermotherapie (LITT) und Radiofrequenztherapie haben in der Behandlung von Lebertumoren zunehmend Verbreitung gefunden. Dennoch existieren gegenwärtig keine computergestützten Planungssysteme, welche die patientenindividuelle Anatomie berücksichtigen. Auf Basis der konkreten intrahepatischen Strukturen ist eine genauere Planung der optimalen Anzahl an Applikatoren und deren Parametrisierung insbesondere im Hinblick auf den kühlenden Effekt von Gefäßen möglich. Das vorgestellte System realisiert dieses Konzept am Beispiel der LITT, indem es geeignete Segmentierungsverfahren mit Methoden zur Berechnung der Schadensverteilung durch Applikation von Laserstrahlen Temperaturverteilung verbindet.

1 Einleitung

Die präoperative Planung ist bei in-situ-Ablationsverfahren wie laserinduzierter Thermotherapie (LITT) und Radiofrequenztherapie von besonderer Bedeutung, da ein visueller Eindruck des betroffenen Organs und insbesondere des Therapieerfolgs nur eingeschränkt möglich ist. Lässt sich die Lokalisation der Applikatoren noch durch interventionelles MR oder Ultraschall überprüfen, ist eine Kontrolle des Therapieerfolgs, der Ausbreitung der Schadensfront im Gewebe, nicht direkt erreichbar. So verhindert beim Ultraschall die Bildung von Gasblasen als Folge der starken Erhitzung jedwede Möglichkeit zur Überwachung des Therapieerfolgs, während beim interventionellen MR mit Hilfe spezieller thermometrischer Sequenzen zwar die Temperaturverteilung im Gewebe verfolgt werden kann, nicht jedoch die primär interessierende Schadensverteilung.

Konkret verlangen in-situ Ablationsverfahren Unterstützung vornehmlich in der Planung des Zugangswegs sowie in der Beurteilung der erreichbaren irreversiblen Gewebeschädigung, die den gesamten Tumor einschließlich eines Sicherheitsrandes umfassen, jedoch im Idealfall nicht über diesen hinausgehen soll.

2 Verwandte Arbeiten

Bislang vorgestellte Systeme zur Simulation und Planung von LITT-Ablationen vernachlässigen die patientenindividuelle Anatomie. Puccini et al. stellen in [1] ein computergestütztes System zum Monitoring der erreichten Erhitzung durch eine LITT vor. Dabei werden während der Operation akquirierte thermometrische MR-Daten zum einen mit den vom Planungssystem errechneten Temperaturwerten verglichen und zum anderen für eine Monte-Carlo-Simulation genutzt, um die erreichte Schädigung zu beschreiben [2]. Eine intraoperative Segmentierung der die Temperaturverteilung maßgeblich beeinflussenden Gefäßsysteme wird nicht durchgeführt. Die aufgetretenen Abweichungen zwischen den vorhergesagten und tatsächlichen Werten werden mit nicht ausreichend genauer Parametrisierung der Gewebeeigenschaften begründet.

Das bisher einzige System, mit dem minimal-invasive Eingriffe an der Leber vollständig simuliert und geplant werden können, wird in [3] beschrieben. Dabei wird das geschädigte Volumen für eine spezifizierte Anordnung der Applikatoren abgeschätzt, die Lage desselben in Relation zu Risikoorganen analysiert und ermittelt, welche Anteile eines Tumors zerstört werden. Allerdings erfolgt die Bestimmung des geschädigten Volumens allein auf der Basis zuvor durchgeführter realer Fälle, so dass dem Benutzer zum einen nur eine eingeschränkte Auswahl an Applikatoranordnungen zur Verfügung steht und zum anderen auch hier der Einfluss der individuellen Gefäßverläufe auf die Temperaturverteilung im Gewebe nicht berücksichtigt wird.

Das am LMTB (Laser- und Medizin-Technologie GmbH) entwickelte LITCIT (Laser-Induced Temperature Calculation In Tissue) berechnet unter Verwendung gewebespezifischer optischer und thermischer Parameter die resultierende Gewebeschädigung für eine benutzerdefinierte Applikatoranordnung auf Basis von intrahepatischen Strukturen, die durch geometrische Objekte repräsentiert werden [4]. Vergleiche der Simulationsergebnisse mit realen Schädigungsvolumina ergaben im Falle von in-vitro-Experimenten eine gute Übereinstimmung; bei in-vivo-Versuchen traten jedoch infolge des kühlenden Einflusses der Lebergefäße deutliche Abweichungen auf, so dass die Notwendigkeit einer exakten Segmentierung der Gefäßsysteme der Leber offenbar wurde.

3 Computergestützte LITT-Planung

Um korrekte Vorhersagen über das geschädigte Gewebe zu erhalten, ist zunächst eine Segmentierung der therapierelevanten intrahepatischen Strukturen erforderlich. Deren gewebespezifischen thermischen und physikalischen Eigenschaften dieser Strukturen müssen anschließend ebenso spezifiziert werden, wie die Anordnung und Energiezufuhr der in der Therapie eingesetzten Applikatoren.

Abb. 1. Applikatorpositionierung in 3D/2D.

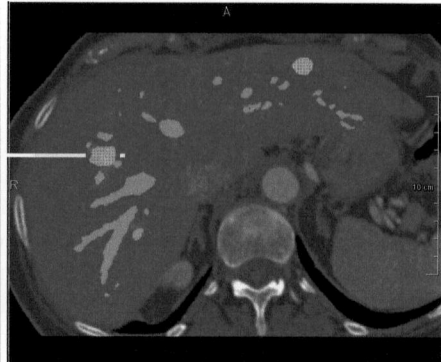

Nachdem auf Basis dieser Informationen die Simulation der LITT erfolgt ist, kann beurteilt werden, ob sich das berechnete geschädigte Volumen mit dem zum Erreichen der Therapieziele erforderlichen deckt oder ob einzelne Parameter anders zu wählen sind.

Analyse intrahepatischer Strukturen. Die Analyse therapierelevanter Strukturen erfolgt mittels HepaVision [5]. Zur Segmentierung der Gefäße wird dabei ein Verfahren verwandt, welches nach einem Vorverarbeitungsschritt zum Ausgleich von Intensitätsinhomogenitäten mittels eines modifizierten Regionenwachstums die Gefäße segmentiert [6]. Darüber hinaus ist mit HepaVision die semiautomatische Trennung der verschiedenen Gefäßsysteme (portalvenös, arteriell und venös) möglich und damit die gewünschte spezifische Parametrisierung der Blutperfusion derselben. Die Segmentierung der Leber erfolgt halbautomatisch mittels des Live-Wire-Verfahrens [7], die Definition des Tumors beziehungsweise der Metastasen mit verschiedenen Methoden, die sich nach der Art der Läsion richten[8].

Entscheidungsunterstützung. Anhand der gewonnen Informationen über den Tumor kann der Benutzer in seiner Entscheidung hinsichtlich der Therapieform und der Anzahl der Applikatoren automatisch unterstützt werden. Die Bestimmung der Tumorausdehnung erlaubt eine Einschätzung dessen, ob eine LITT überhaupt in Betracht gezogen werden kann. Überdies ermöglicht sie, die zum Erreichen des erforderlichen Schädigungsvolumens notwendige Anzahl an Applikatoren automatisch zu bestimmen und zudem einen initialen Vorschlag der Anordnung der Applikatoren zu generieren.

Simulation. Zur Berechnung der Temperatur- und Schadensverteilung auf der Basis der segmentierten patientenindividuellen Daten wird das LITCIT verwendet. Dies approximiert die Photonenverteilung im betrachteten Volumen mittels einer Monte-Carlo-Simulation und errechnet auf Grundlage dessen die resultierende Temperaturverteilung als Folge der Photonenabsorption. Die Berechnung des Wärmetransports innerhalb des Gewebes erfolgt mit der Methode der finiten Differenzen. Zur resultierenden Schadensverteilung gelangt man mit Hilfe des Arrhenius-Integrals [9].

Abb. 2. Simulierte LITT-Läsion ohne (links) beziehungsweise bei (rechts) Berücksichtigung der Gefäße und ansonsten identischer Parametrisierung: Rechts wird der Tumor infolge der Kühlung durch einen benachbarten Gefäßast nicht vollständig destruiert.

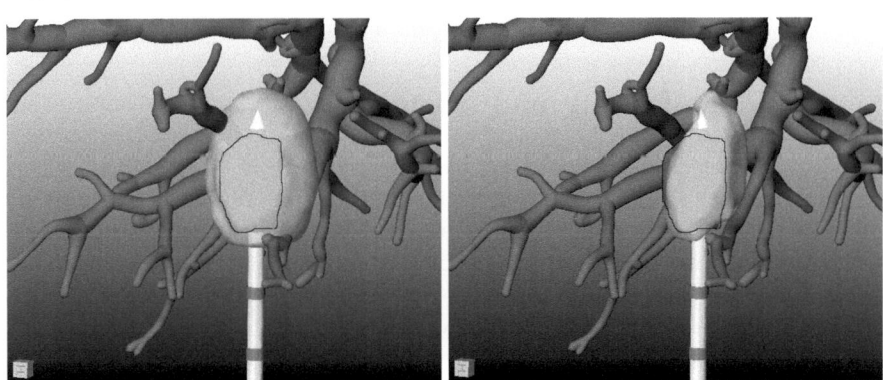

Visualisierung. Zur Visualisierung therapierelevanter Strukturen einerseits und der simulierten Schadensverteilung andererseits wird dem Benutzer eine synchronisierte 2D- und 3D-Ansicht zur Verfügung gestellt. Dabei werden in der 2D-Darstellung den Originaldaten die segmentierten Strukturen überlagert. Auch in der 3D-Ansicht kann der Benutzer eine Oberflächenvisualisierung der segmentierten Objekte mit einer Volumenvisualisierung kombinieren. Dies ermöglicht neben einer Verbesserung der räumlichen Vorstellung eine effektive Kontrolle darüber, ob sich die spezifizierte Applikatoranordnung umsetzen lässt, ohne sensible Strukturen zu verletzen oder auf knöcherne Strukturen zu treffen.

Um die Akzeptanz des Planungssystems zu erhöhen, wurde weiterhin besonderes Gewicht auf die komfortable Positionierung der Applikatoren gelegt. So richtet sich ein Applikator bei der Auswahl eines Tumors automatisch entsprechend dessen längster Hauptachse aus, wobei das Zentrum seiner aktiven Zone mit dem Schwerpunkt des Objekts zusammenfällt. Im Falle von n Applikatoren ordnen sich diese automatisch so um den Schwerpunkt an, dass die Zentren ihrer aktiven Zonen ein regelmäßiges n-Eck bilden, welches orthogonal zur längsten Hauptachse des Objektes liegt. Auf diese Weise ist gewährleistet, dass ein annähernd kugelförmiges Schädigungsvolumen erzielt wird. Darüber hinaus ermöglicht eine Positionierung per Maus und Tastatur in 3D und 2D eine Feinjustierung der Applikatoranordnung.

4 Diskussion

Erste Ergebnisse zeigen, dass bei Berücksichtigung der segmentierten Gefäßsysteme in der Simulation der LITT und entsprechender Parametrisierung des Blutflusses in denselben signifikante plausible Unterschiede zu Simulationen auftreten, welche diese Einflussfaktoren unberücksichtigt lassen.

Im vorliegenden Fall zeigt sich, dass man länger bestrahlen muss, als es das Szenario, welches Gefäße nicht explizit in die Simulation einbezieht, suggeriert, da ansonsten der Tumor nicht vollständig zerstört würde. Befinden sich große und damit stark durchblutete Gefäße in unmittelbarer Nähe zum Tumor kann ein zweiter Applikator erforderlich werden, um das gewünschte Schädigungsvolumen erzielen zu können. Eine detaillierte Untersuchung des neuen Planungssystems ist Gegenstand laufender Evaluierungen am Tiermodell.

5 Zusammenfassung und Ausblick

Am Beispiel der LITT wurde die patientenindividuelle Bildanalyse mit einer physikalischen Simulation der Schadensverteilung verknüpft, so dass der kühlende Einfluss der Gefäßsysteme auf die Wärmeausbreitung im Gewebe berücksichtigt wird und die präoperative Planung somit exaktere Ergebnisse liefert. Die Übertragung auf andere in-situ-Ablationsverfahren wie die Radiofrequenztherapie ist möglich durch die Modifikation der Simulationskomponente um die veränderte Energiezufuhr.

Die Erweiterung des vorgestellten Planungssystems um die Berücksichtigung der Gefäßdurchmesser, sowie um eine Analyse hinsichtlich der aus dem simulierten Schädigungsvolumen resultierenden Ausfallgebiete der Leber sind aus klinischer Sicht wünschenswerte Erweiterungen des Systems.

Literaturverzeichnis

1. Puccini S, Bär NK, Bublat M, Busse H, Kahn T: Evaluation of Monte Carlo Simulations for the Treatment Planning of Laser-Induced Interstitial Thermotherapy (LITT). Proceedings of the International Society of Magnetic Resonance in Medicine; 10, 2002.
2. Bublat M: Simulation der Licht- und Temperaturausbreitung bei der laserinduzierten interstitiellen Thermotherapie (LITT). Diplomarbeit an der Rheinischen Friedrich-Wilhelm-Universität Bonn, 1998.
3. Butz T, Warfield SK, Tuncali K, Silverman SG, van Sonnenberg E, Jolesz FA, Kikinis R: Pre- and Intraoperative Planning and Simulation of Percutaneous Tumor Ablation. Proceedings of the MICCAI; 317-326; 2000.
4. Roggan A, Knappe V, Ritz JP, Germer CT, Isbert C, Wacker F, Müller G: 3D-Bestrahlungsplanung für die laserinduzierte Thermotherapie (LITT). Zeitschrift für Medizinische Physik; 10: 157-167, 2000.
5. Bourquain H, Schenk A, Link F, Preim B, Prause G, Peitgen HO: HepaVision2: A software assistant for preoperative planning in living-related liver transplantation and oncologic liver surgery. Proceedings of the 16th International Congress and Exhibition on Computer Assisted Radiology and Surgery (CARS); 2002.
6. Selle D, Preim B, Schenk A, Peitgen HO: Analysis of Vasculature for Liver Surgery Planning. IEEE Transactions on Medical Imaging; 21: 8, 2002.
7. Schenk A, Prause G, Peitgen HO: Efficient Semiautomatic Segmentation of 3D Objects, Proceedings of the MICCAI; 186-195, 2000.
8. Schenk A, Behrens S, Meier A, Mildenberger P, Peitgen HO: Segmentierung von Hepatozellulären Karzinomen mit Fuzzy-Connectedness. Bildverarbeitung für die Medizin 2003.
9. Agah R, Pearce JA, Welch AJ, Motamedi M: Tissue Optics, Light Distribution and Spectroscopy; Optical Engineering; 33: 3178-3188, 1994.

Erkennung von Kopfbewegungen während Emissionstomographischer Datenaufnahmen

Karl Reichmann[1], F. Boschen[2], R. Rödel[1], K.U. Kühn[3],
A. Joe[1] und H. J. Biersack[1]

[1]Klinik und Poliklinik für Nuklearmedizin der Universitätskliniken Bonn, 53127 Bonn
[2]Fachbereich 13 Elektrotechnik und Informationstechnik, 42119 Wuppertal
[3]Abteilung für Medizinische Psychologie der Universitätskliniken Bonn, 53127 Bonn
Email: karl.reichmann@ukb.uni-bonn.de

Zusammenfassung. One assumption in emission tomograpy is the stability of activity distribution during acquisition. Thus, to detect movement of the patient, acquisition was splitted into two time segments. By calculating and comparing the centers of mass of the projections, evaluation of movement may be performed by means of two movement indicators: integral and total movement index. Depending on the movement of a phantom, iBI had values from 2.6 to 6 and the tBI values from 100 to 300. For Patients we obtained values of the iBI from 2.7 to 16 and of the tBI from 100 to 5000.

1 Einleitung

Eine wesentliche Annahme bei Durchführung tomographischer Aufnahmen ist ein vollständiger und konsistenter Satz der aufgenommenen Daten. Ein häufiger Grund, dass diese Voraussetzung nicht gegeben ist, sind Bewegungen des Patienten während der Datenaufnahme. Die Aufgabe dieser Präsentation ist es, quantitative Masse für Bewegungen der Patienten zur Verfügung zu stellen.

In der Literatur wurden bereits Aufnahmeprotokolle und Rekonstruktionsalgorithmen beschrieben, diese Bewegungen zu erkennen bzw. sie zu korrigieren [1, 2]. Voraussetzung dieser Vorgehensweisen waren entweder die Beobachtung des Patienten durch Videokameras oder eine ad hoc Kenntnis der Bewegung.

Diese Präsentation soll zeigen, dass es möglich war, die Bewegung des Patienten aus den Aufnahmedaten heraus zu erkennen und geeignete Masse der Bewegung zu extrahieren. Einzige Voraussetzung war ein leicht modifiziertes Aufnahmeprotokoll. Die hier vorgestellte Methode wurde sowohl an Phantomen als auch an Patienten getestet.

2 Methoden

Bei der für die Datenaufnahmen verwendeteten Kamera handelte es sich um eine für die Emissiontomographie des Gehirns optimierte Gammakamera (CERASPECT, DSI/USA). Der eigentliche Detektor war, im Gegensatz zu den üblichen planar gebauten Gammakameras, zylinderförmig (3). Der für die

Abbildung zuständige Parallelloch - Kollimator war in drei 120-Grad Segmente eingeteilt, so dass in jedem Moment drei Projektionen gleichzeitig aufgenommen wurden. Dadurch entsprach diese Kamera einer Dreikopf-Kamera für die Einzelphotonen Tomographie SPECT (= Single Photon Emission Computed Tomography).

Das in der klinischen Routine verwendete Aufnahmeprotokoll für Durchblutungsaufnahmen lautete: Mit einer Aufnahmedauer von 30 Minuten wurden 120 Projektionen aufgenommen. Die Abbildung bei jeder dieser Projektionen erfolgte in eine 512 x 64-er Bildmatrix. Die 512 Pixel waren eingeteilt in 3 x 171 Pixel, die jeweils den drei Kollimatorsegmenten entsprachen. Die 64 axialen Pixel ergaben nach Rekonstruktion die 64 Schichten. Die tomographische Rekonstruktion erfolgte über die gefilterte Rückprojektion (Butterworth - Filter). Die resultierenden Schichten hatten 128 X 128 Bildelemente. So gefiltert betrug ihre Ortsauflösung ca. 10 mm.

Die Modifikation dieses Standard - Protokolles bestand darin, dass die Dauer der Aufnahme von 30 Minuten gesplittet wurde in zwei äquivalente und vollständige Aufnahmen von jeweils 15 Minuten. Vor klinischer Rekonstruktion wurden die beiden Sätze von Rohdaten aufaddiert und anschliessend nach dem Standard Protokoll tomographisch rekonstruiert.

Zur Verifizierung der Bewegungsanalysen wurden Simulationen am Phantom durchgeführt. Als Phantom diente ein homogen mit ^{99m}Tc gefüllter Zylinder von 20 cm Durchmesser und einer Länge von 15 cm. Von diesem Phantom wurden 160 tomographische Aufnahmen, die dem klinischen Protokoll entsprachen, durchgeführt. Da jede Aufnahme über 15 Minuten aufgenommen wurde, ergab sich eine Aufnahmedauer (elapsed time) von 42.7 Stunden. Das entsprach etwa 7 Halbwertszeiten von ^{99m}Tc. Die applizierte Aktivität betrug 830 MBq. Für die erste Aufnahme ergaben sich dadurch 82 accumulierte Ereignisse pro Pixel. Die letzten Aufnahmen wurden mit 1/138 der ursprünglichen Aktivitä aufgenommemt. Damit überstrichen wir bei unseren Phantomaufnahmen den Bereich von 10-facher bis 1/10tel der klinischen Aktivität.

Während der ersten 64 Aufnahmen, also während der ersten 17 Sunden nach Messbeginn, wurde das Phantom in Ruhe gelassen. Von der 65. bis 77. Aufnahme, die von der Aktivitätskonzentration etwa der klinischen Routine entsprachen, wurden Verschiebungen unterschiedlicher Dauer von bis zu ± 5 mm durchgeführt. Die Verschiebungszeitpunkte und -stärken wurden durch Protokoll und Fotografie festgehalten. Die Genauigkeit dieser Positionierung lag bei ca. 0.2 - 0.3 mm.

Die Bewegung zu erkennen wurde die Lage des Phantomes im Raum während der ersten und der zweiten 15 Minuten verglichen. Die Position wurde dadurch bestimmt, dass für jedes Kollimator-Segment getrennt Projektion für Projektion und Schicht für Schicht die Schwerpunkte bestimmt wurden (in dieser Darstellung jedoch beschränken wir uns auf das erste Kollimator-Segment). Aus dieser Berechnung resultierten jeweils für die ersten und zweiten 15 Minuten Positionsmatrizen der Grösse 120 (Projektionen) x 64 (Schichten). Die Schwerpunktwerte wurden in Graustufen umgewandelt und in Bildmatrizen graphisch dargestellt.

Eine solche Matrix haben wir die Schwerpunkt Matrix (SM) genannt.Als Bewegungsmatrix (BM) wurde die Differenz der beiden Schwerpunktmatrizen bezeichnet. Ohne Bewegung musste die Bewegungsmatrix, von statistischen Schwankungen abgesehen, Werte um Null ergeben. Bewegungen während der Datenaufnahme mussten sich in Inhomogenitäten der Bewegungsmatrizen widerspiegeln. Das Vorzeichen der Bewegungsmatrix gab die Richtung der Bewegung an. Unabhängig von der Bewegungsrichtung war die quadrierte Bewegungsmatrix. Wir haben sie CHI − Quadrat Matrix (CHQM) genannt. Aus statistischen Gründen mussten die Bewegungsmatrizen in einer 3 (Projektionen) x 17 (Schichten) - Prozedur geglättet werden.

Die Stärke der beobachteten Bewegung zu quantifizieren wurden ein integraler und ein totaler Bewegungsindex eingeführt. Der integrale Bewegungsindex (iBI) war als die Spannweite iBI = max − min der Bewegungsmatrix definiert. Dieser iBI entsprach dem Mass der integralen Inhomogenität einer Gammakamera. Wegen des Wertebereiches um die Nullpunktslage durfte hier jedoch nicht durch (max + min) dividiert werden. Der zentrale Bereich (32 Schichten) der Bewegungsmatrizen wurde zu Bewegungsprofilen zusammengefasst. Der totale Bewegungsindex (tBI) war definiert als die absolute Fläche unter den resultierenden Profilen.

Für 37 zufällig ausgewählte Patienten der klinischen Durchblutungs-SPECT des Gehirns wurden dieselben Prozeduren zur Bewegungserkennung durchgeführt.

3 Ergebnisse

Als Beispiele für die Bewegungserkennung wurden vier Datensätze herangezogen: jeweils für Phantommessung und Patientenuntersuchung werden hier Datensätze ohne und mit Bewegung vorgestellt. Die Phantommessungen entsprachen, statistisch gesehen, der klinischen Routine. Die im Phantom Beispiel durchgeführte Bewegung dauerte weniger als eine Minute, der Ausschlag betrug ±3.5 mm. Art und Stärke der Patientenbewegungen waren naturgemäss unbekannt und mussten sich aus den Auswertungen ergeben.

Die beiden Schwerpunktmatrizen des nicht bewegten Phantoms (Abb. 1 a–b links) zeigten jeweils ein glattes, onduliertes Schwerpunkt Muster, das sich aus der nicht zentrierten Position des Phantoms ergab. Von Projektion zu Projektion ergaben sich dadurch unterschiedliche Schwerpunktwerte, die kein Hinweis auf Bewegung waren. Dasselbe galt für die Schwerpunktmatrizen (Abb. 2 a–b links) von Patienten, wobei hier die nicht rotationssymmetrische Struktur des Kopfes hinzu kam. Bei visuellem Vergleich der Schwerpunktmatrizen des bewegten Phantoms (Abb. 1 a–b Mitte) konnte die Bewegung anhand senkrechter Streifen erkannt werden. Derselbe Vergleich bei Patienten fiel dagegen sowohl beim gering als auch beim stark bewegten Patienten (Abb. 2 a–b links und Mitte) negativ aus.

Die Bewegungsmatrizen des nicht bewegten Phantoms waren im Rahmen der Statistik homogen. Für den integralen Bewegungsindex (iBI) ergab sich ein Wert von 2.6, für den totalen (tBI) ein Wert von 97. Die weniger als 1 Minute andauernde Bewegung des Phantoms von ±3.5 mm (was ca. 1/3 der Ortsauflösung der Kamera entsprach) war visuell als dunkler bzw. heller Streifen zu erkennen. Für den integralen Bewegungsindex (iBI) erhielten wir in diesem Fall einen Wert von 5.9 und für den totalen (tBI) einen Wert von 300. Der kleinste beobachtete integrale Bewegungsindex (iBI) der ausgewerteten Patienten betrug 2.66, der grösste 6.92 (in einem Extremfall wurde sogar ein Wert von 15.96 beobachtet). Die totalen Bewegungsindizes der Patienten lagen im Bereich zwischen 100 und 1000 (der Extremfall hatte einen Wert von 5000). Die visuelle Beurteilung der Bewegungsmatrizen (Abb. 1 und 2, jeweils mittlere Spalte c) zeigte beim bewegten Phantom bzw. Patienten deutlich die stattgefundene Bewegung. Dasselbe galt für die Bewegungsprofile (Abb. 1 mittlere Spalte d).

4 Diskussion

Die Aufspaltung einer tomographischen Datenaufnahme in Portionen von 2 x 15 Minuten versetzte uns in die Lage, Bewegung von Patienten während der Aufnahme zu erkennen. Als „Bewegungsmelder" zur Verfügung standen die Bewegungsmatrizen, die zunächst visuell beurteilt werden konnten. Aus den Bewegungsmatrizen konnten aber Indizes für die Bewegung extrahiert werden: integraler und totaler Bewegungsindex. Während der Auswertungen hat sich herausgestellt, dass die visuelle Interpretation der Bewegungsmatrizen empfindlicher war als die integralen und totalen Bewegungsindizes. Dies galt speziell für den Bereich geringer Bewegung, wo der totale Bewegungsindex einen Wert von 100 bis 150 hatte. Die Bewegungsindizes waren aber unter klinischen Randbedingungen in der Lage, kurzfristige (weniger als eine Minute von insgesamt 30) und schwache (±3.5 mm) Bewegungen zu erkennen. Die Bewegungsindizes haben gegenüber der visuellen Beurteilung den Vorteil, dass Schwellen definiert werden können, ab denen eine Aufnahme wiederholt werden muss.

Die hier gemachten Messungen und Aussagen resultierten zwar alle von der selben Gammakamera CERASPECT. Vom Prinzip her sind diese Aussagen aber auf alle Dreikopf Kameras anwendbar. Wieweit, der Aufbereitung der Originaldaten wegen, diese Bewegungserkennung auch auf die Positronentomographie anzuwenden ist, bleibt noch zu untersuchen. Ein weiterer zu untersuchender Punkt ist, ab welcher Schwelle der Bewegungsindizes sich Artefakte in den Tomogrammen zeigen.

Literaturverzeichnis

1. Picard Y, Thomas CJ: Motion correction of PET images using multiple acquisition frames. IEEE Trans Med Imaging; 16(2):137-44, 1997.
2. Li J, Jaszczak RJ, Coleman RE: A filtered backprojection algorithm for axial head motion correction in fan-beam SPECT. Phys Med Biol; 40(12):2053-63, 1995.
3. Smith, A.P., S. Genna: Acquisition and Calibration Principles for ASPECT. IEEE Transactions on Nuclear Science 35(1), 740-743, 1988.

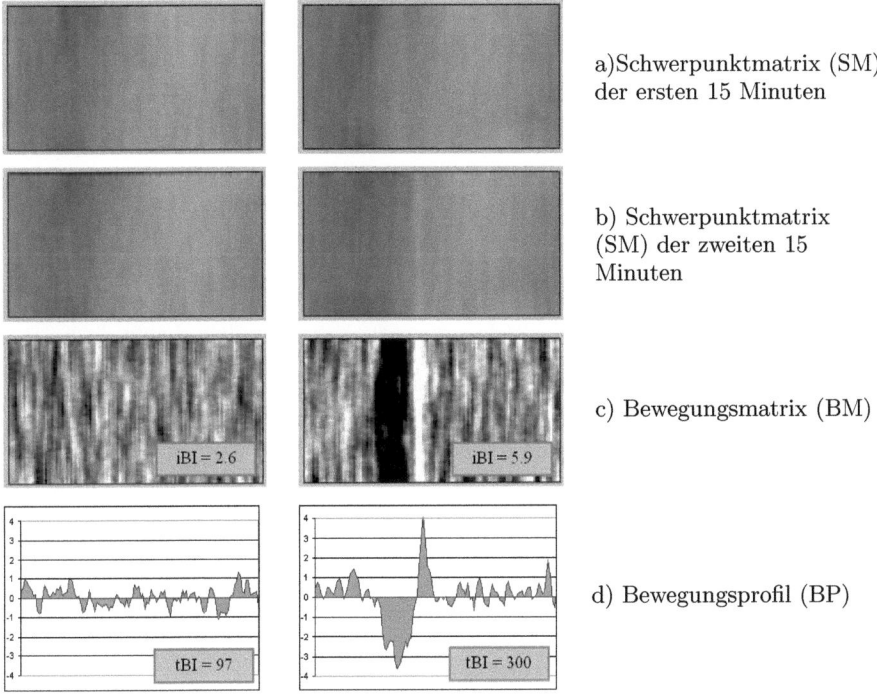

Abb. 1. Linke Spalte: Phantom, keine Bewegung; mittlere Spalte: Phantom, ±3,5 mm Bewegung.

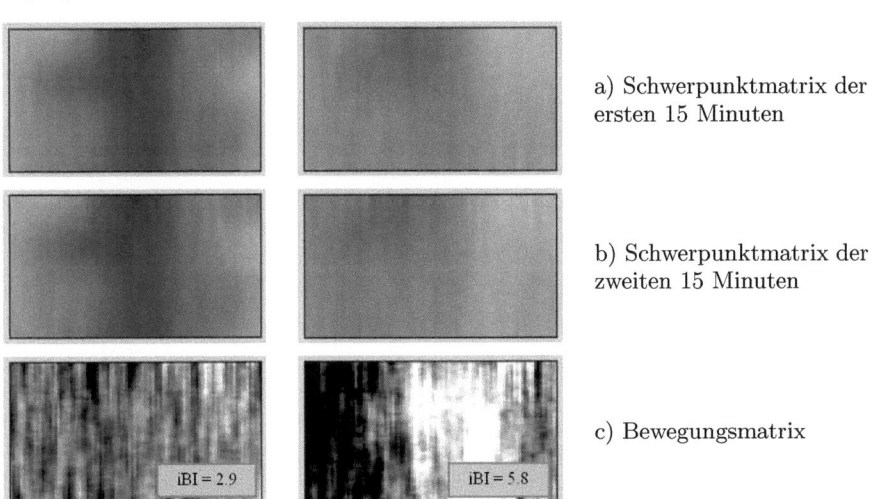

Abb. 2. Linke Spalte: Patient, geringe Bewegung; mittlere Spalte: Patient, starke Bewegung.

Aufbau eines Ultraschall–Computertomographen für die Brustkrebsdiagnostik

Rainer Stotzka, Tim O. Müller, Klaus Schlote–Holubek, Thomas Deck,
Susan Vaziri Elahi, Georg Göbel und Hartmut Gemmeke

Institut für Prozessdatenverarbeitung und Elektronik
Forschungszentrum Karlsruhe, 76344 Eggenstein
Email: rainer@stotzka.de

Zusammenfassung. Ultraschall–Computertomographie ist ein neues bildgebendes Verfahren, mit dem reproduzierbare und hochaufgelöste Volumenbilder in Echtzeit erstellt werden können. Für die Brustkrebsdiagnose wird die weibliche Brust von einem mit Ultraschallwandlern besetztem Zylinder umgeben und die transmittierten und gestreuten Signale aus allen Richtungen aufgenommen. Am Forschungszentrum Karlsruhe wurde ein experimenteller Versuchsaufbau erstellt und die Funktionsweise nachgewiesen. Messungen an einem Ultraschall–Phantom haben ergeben, das kleinste Strukturen (< 0.1 mm) abgebildet werden können. In Zukunft soll ein Tomograph mit mehreren tausend Wandlern aufgebaut werden.

1 Ultraschall in der Brustkrebs–Diagnose

Als bildgebende Verfahren zur Brustkrebs–Diagnose haben sich in Deutschland die Röntgen–Mammographie, Ultraschall und MR–Tomographie etabliert. In Vorsorgeuntersuchungen wird hauptsächlich die Röntgen–Mammographie eingesetzt. Manche Gewebeveränderungen lassen sich durch Röntgen–Mammographie aber nur kontrastarm oder gar nicht differenzieren. Deshalb wird häufig eine Ultraschalluntersuchung herangezogen, durch die sich z.B. Zysten und Fibroadenome sehr gut darstellen lassen. Zum anderen schädigt Ultraschall im Gegensatz zur Röntgen–Mammographie das zu untersuchende Gewebe nicht und kann daher bedenkenlos öfters eingesetzt werden.

Ein in der klinischen Medizin eingesetztes Ultraschallgerät besteht im wesentlichen aus einem Schallkopf mit einem Feld von Ultraschallwandlern und einer Visualisierungseinheit, die Schallreflexionen in Bildinformationen umsetzt und die verschiedenen Gewebearten darstellt. Die Echos des Gewebes werden nach dem Senden eines Schall–Wellenpakets (Puls) aufgezeichnet. Probleme bei der US–Mammographie sind in der Regel die geringe Orts– und Zeitauflösung und vor allen Dingen schlecht reproduzierbare Ergebnisse bei dynamischen Kontrastmitteluntersuchungen, bei denen die Kontrastmittelausbreitung in Tumor–Gefäßbäumen untersucht wird. Eine quantitative Bestimmung der Ausdehnung der Gewebestrukturen (z.B. von Tumoren) ist nicht möglich. Da der Schallkopf von den untersuchenden Ärzten von Hand nahe an das zu untersuchende

Gewebe gebracht werden muss, sind Bildqualität und Bildinhalt handhabungsabhängig. Die Brust wird komprimiert und verformt. Auch lassen sich die Bilder aufgrund der Verformung schlecht mit anderen Bildern, z.B. MRT oder Röntgen, überlagern. Damit wird eine computergestützte Diagnose erschwert.

Tomographische Methoden auf der Basis von Ultraschall versprechen eine wesentlich verbesserte Bildqualität. Zur Zeit werden an der Entwicklung eines Spiral-CT [1] im Kompetenzzentrum Medizintechnik in Bochum, eines Ultraschall–Tomographen im National Lab in Livermore [2] und eines Ultraschall Computertomographie–Systems [3,4] im Forschungszentrum Karlsruhe gearbeitet.

2 Ultraschall–Computertomographie

Wir entwickeln im Forschungszentrum Karlsruhe ein System, das zeitaufgelöste Volumenbilder des untersuchten Gewebes liefert. Ultraschallwandler werden in einem Array um einen Untersuchungsbehälter angeordnet, einer oder mehrere Wandler senden synchron. Simultan werden die Transmissions– und Reflexions–Signale aller empfangenden Sensoren von einer nachgeschalteten Datenverarbeitungseinheit ausgewertet. Mit diesem neuen bildgebenden Ultraschall–Verfahren sollen detailgerechte Volumenbilder in Echtzeit und mit wesentlich höherer räumlicher und dynamischer Auflösung erstellt werden.

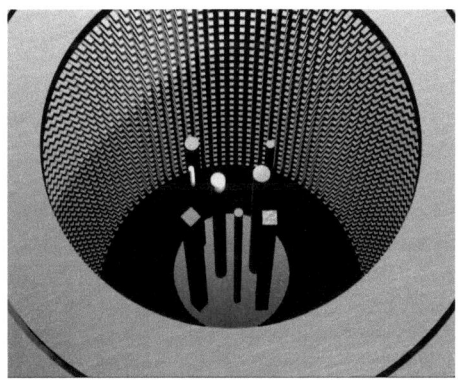

Abb. 1. Architektur eines 3D–Ultraschall-Computertomographen. Ein Zylinder ist vollständig mit Ultraschall–Wandlern bestückt. Das zu untersuchende Objekt (hier ein Phantom) steht im Zylinder, das Koppelmedium ist Wasser.

Die prinzipielle Architektur eines Ultraschall–Computertomographen ist in Abbildung 1 gezeigt: Ein mit Wasser als Koppelmedium gefüllter Zylinder ist vollständig mit Ultraschall–Wandlern besetzt. Idealerweise sind die Wandler nicht fokussiert, sondern besitzen eine Kugelcharakteristik. Ein Wandler sendet eine kurzen Ultraschall–Puls in das zu untersuchende Volumen (in Abbildung 2 zweidimensional angedeutet), alle anderen Wandler zeichnen synchron die durch-

Abb. 2. Funktionsweise eines Ultraschall–Computertomographen, dargestellt in 2D. Ein Wandler sendet einen Puls in das Brustgewebe, alle anderen empfangen die im Gewebe gestreuten Signale als A–Scans.

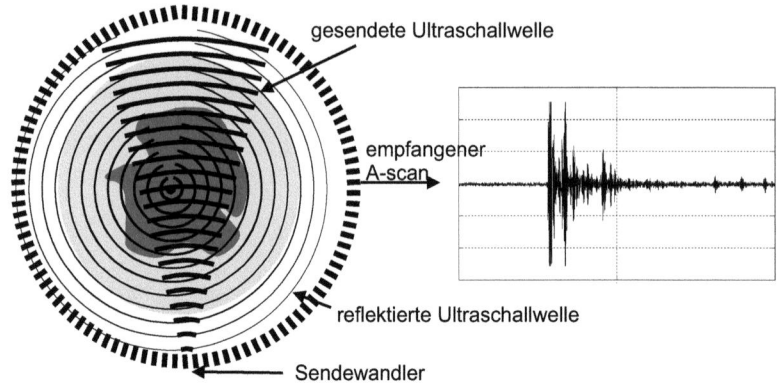

gehenden, reflektierten und gestreuten Signale als A–Scans auf. Danach sendet ein anderer Wandler einen Puls, usw.. Auf diese Art und Weise können mit jedem gesendeten Puls Informationen aus dem gesamten Volumen gesammelt werden.

3 Versuchsaufbau

Mit dem Versuchsaufbau (Abb. 3) wird die Funktionsweise des Verfahrens nachgewiesen. Der Aufbau besteht aus einem wassergefüllten Topf mit zwei Ultraschallwandler–Arrays mit jeweils 16 Elementen. Die Wandler sind auf einem Ring beweglich angeordnet, so dass sukzessive ein vollständiges Ringarray mit 100 Sende– und 1456 Empfangspositionen simuliert werden kann. Damit sind zweidimensionale Querschnitte durch das zu untersuchende Volumen möglich.

Ein Sendeelement mit der Resonanzfrequenz von ca. 3 MHz wird über einen Pulsgeber und Sendeverstärker angeregt und ein Ultraschallpuls abgestrahlt. Über das Koppelmedium Wasser dringt der Puls in das zu untersuchende Objekt ein und wird gestreut. Alle gestreuten, reflektierten und direkt transmittierten Signale werden als A–Scans (Abb. 2) an den Empfangswandlern aufgenommen, verstärkt und mit einer Abtastrate von 50 MHz und 12 Bit Genauigkeit abgetastet. Anschließend werden die A–Scans vorverarbeitet und gespeichert. Eine vollständige Messung, bestehend aus 100 Sendepositionen mit jeweils 1456 Empfangspositionen, benötigt ca. 3 GBytes an Speicherplatz.

Die Signalverarbeitung und Algorithmen zur Bild–Rekonstruktion werden in Matlab [5] entwickelt. Zur Zeit können Bilder der lokalen Schallgeschwindigkeiten, der lokalen Absorptionskoeffizienten [6] und der Reflexionen [3] erstellt werden.

Abb. 3. Versuchsanordnung zur Ultraschall–Computertomographie. Das zu untersuchende Objekt steht in einem mit Wasser gefüllten Topf und zwei auf einem Ring verfahrbare Ultraschall–Wandlerarrays simulieren einen vollständigen Ring von Wandlern.

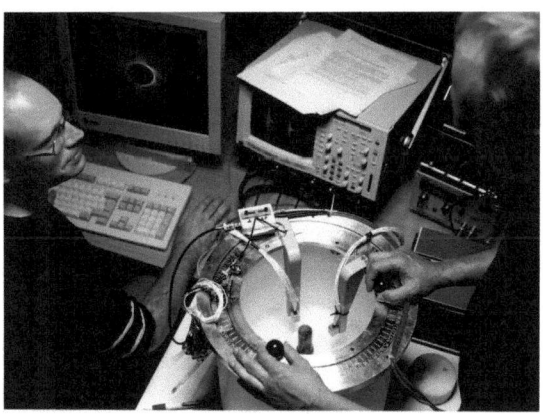

4 Ergebnisse

Zur Validierung wurden verschiedene Phantome konstruiert, in Gelantine eingebettet und mit dem Tomographen vermessen. In Abbildung 4 sind die Konstruktionszeichnung eines solchen Phantoms, die Ergebnisse eines konventionellen Ultraschallgeräts (3 MHz) und das Reflexions–Bild des Ultraschall–Computertomographen gegenübergestellt.

Die kleinsten Strukturen im Phantom bestehen aus Nylonfäden mit einer Dicke von 0,45 mm. Dies ist etwas geringer als die Wellenlänge von Ultraschall

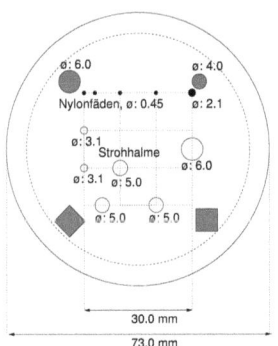
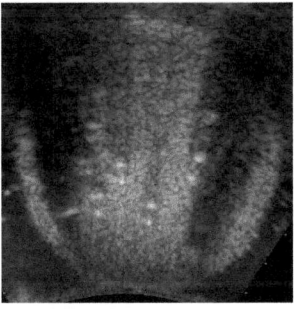
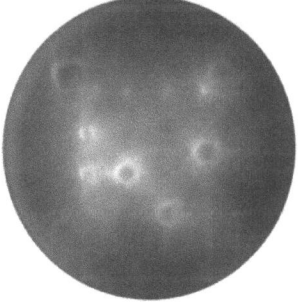

Abb. 4. Links: Grundrisszeichnung eines Ultraschall–Phantoms, mittig: konventionelles Ultraschall–Bild des Phantoms, rechts: rekonstruiertes Bild der Reflexionsdaten mit Ultraschall–Computertomographie. In beiden Ultraschall–Bildern ist die runde Form des Phantoms zu sehen, die inneren Strukturen jedoch nur im USCT–Bild. Obwohl nur 25 von 100 möglichen Sendepositionen ausgewertet wurden, sind die feinen Nylonfäden als Streuzentren gut zu erkennen.

(3 MHz) in Wasser. Im rekonstruierten Bild sind die Nylonfäden als Streuzentren deutlich zu erkennen. Werden die Phaseninformationen mit ausgewertet, können sogar Strukturen der Größe von 0.1 mm sichtbar gemacht werden.

5 Diskussion

Ultraschall–Computertomographie verspricht eine erhebliche Verbesserung des räumlichen und zeitlichen Auflösungsvermögens der Ultraschall–Bildgebung. Die Nachteile des wesentlich höheren apparativen Aufwandes werden durch die Qualität und die Reproduzierbarkeit der diagnostischen Informationen gerechtfertigt. Mit einem verbesserten Aufbau und durch die Kombination der abgebildeten physikalischen Eigenschaften (Schallgeschwindigkeit, Absorption und Streuung) werden subtile Gewebeunterschiede in den rekonstruierten Bildern erkennenbar. Dies ist besonders bei der Früherkennung von Brustkrebs bei jungen Frauen mit dichtem Brustgewebe, das sich in der Röntgenmammographie nur mit schlechtem Kontrast abbildet, wichtig.

Für den Aufbau eines Ultraschall–Computertomographen werden einige tausend Ultraschall–Wandler mit besonderen Eigenschaften benötigt. Dazu haben wir die Fertigungstechnik für ein miniaturisiertes Ultraschall–Wandler–Array entwickelt. Der besondere Schwerpunkt lag in der Reproduzierbarkeit und der preisgünstigen Herstellung. Damit haben wir die Grundlage zum Aufbau einer preiswerten Sensorik mit einigen tausend Wandlern geschaffen, mit denen detailgerechte Volumenbilder in Echtzeit erzeugt werden können.

Literaturverzeichnis

1. M. Ashfaq and H. Ermert. Ultrasound spiral CT for the female breast — first phantom imaging results —. In *35. Jahrestagung der Deutschen Gesellschaft für Biomedizinische Technik*, 2001.
2. R.R. Leach, S.G. Azevedo, J.G. Berryman, H.R. Bertete-Aguirre, D.H. Chambers, and J.E. Mast. Comparison of ultrasound tomography methods in circular geometry. In *SPIE's Internl. Symposium Medical Imaging 2002*, pages 362 – 377, 2002.
3. R. Stotzka, J. Würfel, and T. Müller. Medical imaging by ultrasound-computertomography. In *SPIE's Internl. Symposium Medical Imaging 2002*, pages 110 – 119, 2002.
4. R. Stotzka, J. Würfel, K. Scholte–Holubek, H. Gemmeke, and W.A. Kaiser. USCT: Ultraschall–Computertomographie. In *35. Jahrestagung der Deutschen Gesellschaft für Biomedizinische Technik*, 2001.
5. http://www.mathworks.com/.
6. T. Deck, T.O. Müller, and R. Stotzka. Rekonstruktion von Geschwindigkeits– und Absorptionsbildern eines Ultraschall–Computertomographen. In *Proceedings zu BVM Workshop 2003*, Informatik Aktuell, 2003. to be published.

Approximation koronarer Strukturen in IVUS-Frames durch unscharfe elliptische Templates

Frank Weichert[1] und Carsten Wilke[2]

[1] Universität Dortmund, Informatik VII
[2] Universitätsklinikum Essen, Strahlenklinik, Klinische Strahlenphysik
Email: weichert@ls7.cs.uni-dortmund.de

Zusammenfassung. Mit der Zunahme koronarer Gefäßerkrankungen etablierten sich auch Methoden auf Basis des intravaskulären Ultraschalls (IVUS), sei es in der Differenzialdiagnose arteriosklerotischer Veränderungen oder zur Therapiebegleitung der intravaskulären Brachytherapie. Gemeinsam ist allen Anwendungen die Notwendigkeit koronare Strukturen innerhalb der IVUS-Aufnahmen zu differenzieren. Der hier vorgestellte Algorithmus orientiert sich speziell an die Forderungen zum Einsatz innerhalb eines Bestrahlungsplanungssystems zur intravaskulären Brachytherapie. Deshalb ermöglicht er speziell die automatische Differenzierung potentieller Zielvolumen wie z.B. der EEL (External Elastic Lamina).

1 Problemstellung

Trotz der Bedeutung des intravaskulären Ultraschalls (IVUS) und der damit verbundenen Notwendigkeit den Arzt in der Diagnose zu unterstützen, hat die rechnergestützte IVUS-Auswertung, die Detektion koronarer Strukturen, noch keinen generellen Einzug in die klinische Routine genommen. Dieses ist z.T. auf den hohen manuellen Interaktionsaufwand oder die Beschränkung auf einzelne anatomische Strukturen innerhalb bestehender Systeme zurückzuführen [1].

Bedingt durch gewebecharakteristische Reflexionen und Absorptionen des Ultraschallsignals ist es möglich, sowohl die arterielle Morphologie (Intima, Media und Adventitia), aber auch arteriosklerotische Veränderungen oder ggf. vorhandene Stents durch signifikante Farbverläufe (Graustufen) oder eindeutige Texturen in den Ultraschalldaten zu manifestieren (Abb. 1a). Dieses a-priori Wissen über anatomische Gegebenheiten und dessen Repräsentierung in der grafischen Darstellung soll in dem hier vorgestellten Verfahren zur Modellbildung herangezogen und durch Methoden unscharfer Logik umgesetzt werden.

Eingebettet ist der hier vorgestellte Algorithmus in ein Projekt zur Entwicklung eines Systems zur Bestrahlungsplanung bei intravaskulärer Brachytherapie [2]. Durch die daraus resultierenden Forderungen ist es wichtig, potentielle Zielvolumen wie z.B. die EEL (External Elastic Lamina) automatisch zu segmentieren. Zusätzlich gewährt der Algorithmus zum einen die Möglichkeit, Segmentierungsinformationen in der "Online"-Auswertung zu liefern, aber auch

Abb. 1. Intravaskuläre Ultraschall-Aufnahme in (a) kartesischer und (b) polarer Ansicht mit anatomischen Referenzstrukturen. (c) Segmentierung mit Textur-Markern

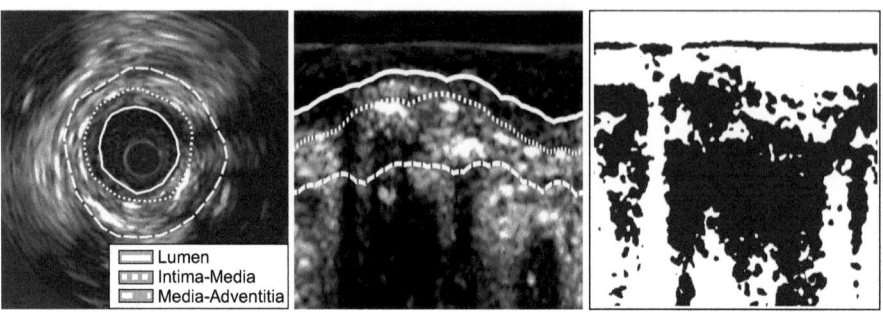

mit höherer Genauigkeit in der nachträglichen Auswertung, im Rahmen einer umfangreicheren Berechnung.

2 Methoden

Zur Segmentierung der IVUS-Frames erfolgt primär eine Klassifikation in relevante und nicht relevante morphologische Strukturen durch Texturmarker. Die resultierenden Punktmengen werden durch elliptische Templates in geschlossene Strukturen überführt, wobei Methoden unscharfe Logik die gefundenen Strukturen definierten anatomischen Einheiten (Lumen, Media, Adventitia) zuordnen. Diese Vorgehensweise wird im Folgenden thematisiert.

2.1 Vorsegmentierung über Textur-Marker

Zur Erkennung der genannten anatomischen Formen und arteriosklerotischen Strukturen dient ein auf die Problematik adaptiertes Verfahren auf Basis des *Multilevel Fuzzy Thresholding* (Abb. 1c) [3]. Ergänzend hierzu erfolgt ein Abgleich nach signifikanten Textur-Markern unter Verwendung der *Grey-Level-Run-Length* [4]. Exemplarisch seien hier die charakteristischen Doppelechosignale genannt, welche sich in vergleichbarer Weise im Grauwertgradienten erkennen lassen. Datenbasis sind IVUS-Frames in kartesischer- und polarer Darstellung (Abb. 1a, b). Gerade in der polaren Ansicht kann das Verfahren, durch eine Unterteilung in vertikale Berechnungseinheiten, effizient parallelisiert werden. Ergebnis dieser primären Phase sind Punktwolken oder Segmente, die einer ausgezeichneten anatomischen Struktur zugeordnet werden können (Abb. 2a). Bedingt durch die schlechte Qualität von IVUS-Aufnahmen und unterschiedlicher Artefakte kann es zu fehlsegmentierten Strukturen oder einer inkorrekten anatomischen Zuordnung kommen.

2.2 Elliptisches Template zur Konturverfolgung

Die nun folgende zweite Segmentierungsphase verfolgt zum einen das Ziel, gefundene Segmente in geschlossene Strukturen zu überführen. Zusätzlich sind die fälschlicherweise bestimmten Segmente zu erkennen und vom weiteren Berechnungsprozess auszuschließen. Hierzu sei ein Algorithmus vorgestellt, welcher unter Verwendung unscharfer Logik die gesuchten Strukturen durch Ellipsen approximiert. Der Grundgedanke folgt einem Ansatz nach Fitzgibbon [5]. Eine allgemeine Ellipse wird durch ein Polynom zweiten Grades

$$F(\mathbf{a}, \mathbf{x}) = \mathbf{ax} = ax^2 + bxy + cy^2 + dx + ey + f \qquad (1)$$

und eine ellipsenspezifische Sekundärbedingung

$$b^2 - 4ac < 0 \qquad (2)$$

beschrieben, wobei die Koeffizienten der Ellipse durch $\mathbf{a} = [a\ b\ c\ d\ e\ f]$ gegeben sind und die auf der Ellipse liegenden Punkte durch $\mathbf{x} = [x^2\ xy\ y^2\ x\ y\ 1]^T$. $F(\mathbf{a}, \mathbf{x_i}) = d$ bezeichne die "algebraische Distanz" eines Punktes zur Ellipse. Bezüglich der quadratischen Abstände aller Punkte ist die minimale Summe

$$\hat{\mathbf{a}} = arg\ min \left\{ \sum_{i=1}^{n} F(\mathbf{a}, \mathbf{x}_i)^2 \right\} \qquad (3)$$

zu bestimmen. Berechnet über das allgemeine Eigenwertproblem liefert der zum minimalen Eigenwert korrespondierende Eigenvektor die Parameter der gesuchten Ellipse. Unabhängig von der theoretischen Korrektheit ist das Verfahren für praktische Anwendung in seiner Standardversion nicht immer geeignet, da es, seiner Grundidee folgend, den Abstand bzgl. aller Punkte minimiert. Gerade in medizinischen Anwendungen kann es, bedingt durch unterschiedliche Artefakte, sinnvoll sein, die Auswahl der in die Berechnung einfließenden Punkte zu limitieren. Diese Idee wird im Folgenden mit Methoden unscharfer Logik umgesetzt.

Initial überführt ein Vektorisierungsalgorithmus die segmentierten Punkte in zusammenhängende Objekte, sofern sie einem geeigneten Zugehörigkeitsmaß entsprechen. Ergebnis ist eine disjunkte Aufteilung der Punkte in Objekte. Typische IVUS-Frames mit 400 mal 400 Pixeln ergeben pro Struktur ca. 350 segmentierte Pixel, welche zu durchschnittlich 10 bis 20 Objekten zusammengefaßt werden. Für diese Objekte werden alle möglichen Kombinationen berechnet und jeweils mit dem oben vorgestellten Algorithmus eine approximierende Ellipse berechnet. Es ist nun die Aufgabe von unscharfen Modellen die optimale Auswahl aus der Gesamtheit aller berechneten Ellipsen zu treffen. Dieses geschieht auf Basis unterschiedlicher Parameter. Neben dem arithmetischen Abstand, wird auch jeweils der geometrische Abstand zwischen allen Objekten und einer ermittelten Ellipse aufgezeichnet. Dieses erfolgt getrennt für die zu einer Kombination gehörenden und nicht gehörenden Objekte. Abbildung 2a zeigt die unterschiedlichen Objektgewichtungen durch entsprechende Graustufen der Punkte auf. Unter anderem erfolgt auch ein Abgleich der Parameter mit den anatomischen Vorgaben oder bereits gefundenen Strukturen.

2.3 Anatomische Klassifikation durch Fuzzy-Logic

Diese Differenzen zwischen ermitteltem Wert und Erwartungswert dienen jeweils einer linguistischen Variablen "Abstand" als Eingabe, welche durch eine Mit-

Abb. 2. (a) Kontrollpunktmenge zur Konturverfolgung, (b) Elliptische Approximation, (c) Korrelation zw. manuell und automatisch bestimmten Strukturen (hier: Lumen)

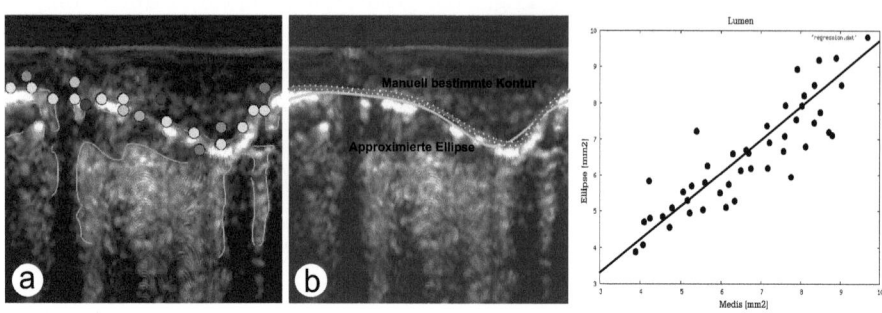

gliedschaftsfunktion auf die Attribute (Linguistische Modifikatoren) "gering", "mittel" und "hoch" modelliert wird. Als optimal hat sich hierbei die Zadeh-S Funktion erwiesen, da sie sich anhand anatomischer und geometrischer Erwartungswerte gut parametrisieren läßt [6]. Über eine gewichtete Zugehörigkeitsfunktion (Hamacher-Produkt) werden nun die a-priori-Wissen abhängigen und unabhängigen Mengen getrennt zusammengefasst. Um schließlich eine Entscheidung über die Zugehörigkeit einer berechneten Ellipse zu einer ausgezeichneten Struktur treffen zu können, sind beide Fuzzy-Mengen über eine duale Regelbasis zu vereinigen. Aus der Gesamtheit aller berechneten Ellipsen ergibt sich somit diejenige mit der höchsten Zugehörigkeit in der resultierenden Fuzzy-Menge als Ergebnis (Abb. 2b).

Dieser Vorgang wird für alle gesuchten Strukturen wiederholt, wobei die Berechnungsreihenfolge der einzelnen Strukturen nicht durch den anatomischen Aufbau vorgegeben wird, sondern durch die Möglichkeit eine Struktur sicher zu detektieren. Eingebracht wurde dieses Vorwissen in das System anhand von Expertenwissen und experimenteller Testphasen.

3 Ergebnisse

Im Rahmen der quantitativen und qualitativen Validierung der Segmentierungsergebnisse wurden Daten eines Silikon-Kautschuk-Phantoms, unter Verwendung ausgezeichneter Zuschlagstoffe, und in-vivo akquirierte IVUS-Frames verwendet. Als apparative Ausstattung kam im Universitätsklinikum Essen ein 30MHz Gerät der Firma Endosonics bei einem automatischen Pullback von 0.5mm/s zum Einsatz. Der Testdatenbestand umfaßte ca. 300 Aufnahmen, mit einer Auflösung von 400 mal 400 Pixeln, resultierend von 12 Patienten.

Gemäß Auswertungsmethoden nach Bland und Altmann wurden die automatisch ermittelten Konturen mit manuell bestimmten Daten verglichen (Abb. 2c) [7]. Bezüglich der Phantomdaten lag der Korrelationskoeffizient für die Lumenfläche bei 0.98. Im Rahmen der Messungen an realen Daten ergaben sich u.a. folgende durchschnittliche Korrelationskoeffizienten, für Lumen 0.94, Intima-Media-Interface 0.92 und Plaque 0.94. Insgesamt zeigt sich für lumennahe Strukturen eine recht hohe Differenzierung. Als problematisch erweist sich noch die Approximation der Adventitia in stark arteriosklerotisch veränderten Gefäßen, hier sind vereinzelt Abweichungen bis zu 15% möglich. Erklärbar ist dieses durch ausgeprägte Schallschatten "hinter" hartem Plaque.

Ermittelt wurden die Messwerte auf einem 1.4GHz Dual-Prozessor PC-System bei einer durchschnittlichen Berechnungsdauer von unter 1 Sekunde pro Segmentierung einer IVUS-Aufnahme.

4 Schlussfolgerungen

Im Rahmen eines Systems zur Simulation und Planung bei intravaskulärer Brachytherapie sollte ein Segmentierungsalgorithmus entwickelt werden, welcher unter Echtzeitbedingungen automatisch und hinreichend genau anatomische Strukturen extrahiert. Zusätzlich sollte er im Follow-Up (Nachuntersuchung) unter Bereitstellung längerer Rechenzeit eine verbesserte Approximation der gesuchten Strukturen ermöglichen. Die Beschränkung auf nur elliptische Formen erweist sich als geeigneter Kompromiss zwischen einer ausreichenden anatomischen Deformierbarkeit und einer notwendigen Limitierung bzgl. der Formvielfalt.

Zusammenfassend lässt sich die Kombination aus scharfer und unscharfer Logik als geeignete Basis einer Segmentierung medizinischer Daten bezeichnen. Unter Beachtung limitierender Faktoren ist es das weitere Vorgehen, die ermittelten Strukturen mittels Snakes stärker zu deformieren [8].

Literaturverzeichnis

1. C. von Birgelen, C. DiMario, W. Li, et al.: Morphometric analysis in threedimensional intracoronary ultrasound: An in-vitro and in-vivo study using a novel system for the contour detection of lumen and plaque, American Heart Journal 132, 516-527, 1996.
2. U. Quast: Definition and determinants of the relevant parameters of vascular brachytherapy, Vascular Brachytherapy, new perspective, Remedica Publishing, 1999.
3. L-K. Huang, M-J. Wang: Image Thresholding by minimizing the measures of fuzziness, Pattern Recognition, vol. 28/1, 41-51, 1995.
4. M. Galloway: Texture Analysis using Gray Level Run Lengths, Comp. Graphics and Image Proc. 4, 172-179, 1975.
5. A. Fitzgibbon, A. Pilu und R. Fischer: Direct least squares fitting of ellipses, In Proc. of the 13th Int. Conference on Pattern Rec, 253-257, 1996.
6. L.A. Zadeh, J. Kacprzyk: Computing with Words in Information/Intelligent Systems, Vol.1 & 2, Physica-Verlag Heidelberg, 1999.
7. J. Blank, D. Altman: Statistical methods for assessing agreement between two methods of clinical measurement, Lancet, vol. 2, 307-310, 1986.
8. M. Kass, A. Witkin und D. Terzopoulos: Snakes: Active Contour Models, Int. Journal of Computer Vision, 321-331, 1988.

Kategorisierung der Beiträge

Modalität bzw. Datenmaterial
Röntgen, 1, 41, 86, 96
- konventionell, 41, 101, 413
- digital, 16, 41, 166, 289, 373
Durchleuchtung, 41, 201
Angiographie, 41, 46, 51, 76, 81, 298
Computertomographie, 41, 46, 56, 76, 106, 111, 136, 146, 161, 166, 171, 244, 269, 279, 298, 303, 318, 323, 328, 333, 343, 368, 393, 398, 408, 423, 428, 438
- hochauflösend, 26, 244, 254, 289, 298, 423
- spiral, 244, 249, 254, 289, 298, 423
Sonographie, 26, 56, 284, 343, 358, 438
- Doppler-, 121
- intravaskulär, 61, 443
Kernspintomographie, 6, 16, 36, 66, 86, 91, 106, 126, 156, 166, 186, 298, 313, 328, 343, 378, 403
- funktionell, 141, 181
- hochauflösend, 21, 76, 91, 116, 298, 313
- interventionell, 328
Positron-Emission-Tomographie, 36, 343, 378
Single-Photon-Emission-Computertomographie, 176, 343, 378, 433
Endoskopie, 191, 235, 240, 264, 293, 418
Optische Verfahren
- sonstige, 11, 71, 196, 206, 211, 225, 230, 235, 274, 338, 348, 373
Multimodale Daten, 31, 36, 86, 151, 201, 235, 308, 328, 353, 373, 378, 388

Dimension der Daten
Bild (2D), 16, 31, 41, 56, 71, 86, 96, 101, 116, 131, 136, 151, 156, 161, 166, 181, 191, 196, 201, 206, 211, 220, 225, 235, 254, 293, 338, 353, 373, 383, 388, 413, 418
Bildsequenz (2D+t), 31, 61, 81, 141, 181, 211, 235, 240, 264, 293, 328, 423, 433, 443
Volumen (3D), 6, 16, 21, 26, 36, 41, 46, 51, 56, 61, 66, 76, 86, 106, 111, 126, 146, 156, 161, 171, 186, 216, 225, 230, 244, 249, 254, 259, 269, 274, 279, 284, 298, 303, 308, 313, 318, 328, 333, 343, 348, 358, 373, 378, 393, 398, 403, 408, 418, 428, 438

Volumensequenz (3D+t), 91, 121, 176, 323, 343, 368, 423

Pixelwertigkeit
Einkanal, 1, 6, 16, 21, 31, 36, 41, 46, 51, 56, 66, 76, 81, 91, 96, 101, 106, 111, 131, 136, 146, 151, 166, 176, 206, 220, 235, 240, 244, 249, 264, 269, 279, 284, 313, 318, 328, 333, 338, 343, 358, 368, 378, 388, 398, 408, 413, 428
Mehrkanal, 61, 121, 191, 196, 201, 206, 211, 220, 235, 293, 323, 373, 378, 403, 418

Untersuchte Körperregionen
Ganzkörper, 131, 166, 220, 269, 274, 279, 298, 328
Schädel, 6, 11, 21, 36, 46, 51, 116, 141, 156, 186, 240, 254, 264, 289, 298, 328, 338, 378, 403, 433
Wirbelsäule, 171, 413
Extremitäten
- untere, 16, 161, 211
Thorax, 61, 66, 81, 121, 146, 191, 211, 244, 284, 293, 328, 333, 368, 418, 443
Mamma, 86, 91, 96, 101, 136, 328, 438
Abdomen, 26, 51, 56, 111, 176, 235, 293, 318, 358, 398, 408, 418, 428
Becken, 111, 171, 201, 230, 303, 323, 393, 398

Betrachtetes Organsystem
Systemübergreifend, 76, 131, 254, 259, 274, 279, 313, 323, 328, 353, 428
Zentrales Nervensystem, 36, 141, 156, 254, 298, 378, 403, 433
Kardiovaskuläres System, 41, 46, 51, 61, 66, 81, 91, 121, 181, 284, 298, 423, 443
Respiratorisches System, 146, 244, 264, 333, 368
Gastrointestinales System, 56, 191, 235, 293, 318, 358, 408, 418
Uropoetisches System, 26
Reproduktionssystem, 201, 230, 235
Muskoloskeletales System, 16, 161, 303, 393, 413
Immunzelluläres System, 196
Dermales System, 211, 220

Kategorisierung der Beiträge

Primärfunktion des Verfahrens
Bilderzeugung und -rekonstruktion, 41, 61, 121, 126, 131, 136, 141, 211, 216, 230, 254, 279, 284, 323, 373, 418, 438
Bildverbesserung und -darstellung, 1, 36, 46, 61, 71, 81, 91, 141, 211, 225, 244, 254, 293, 313, 328, 433
Bildtransport und -speicherung, 106, 216, 353, 383
Merkmalsextraktion und Segmentierung, 6, 11, 51, 56, 61, 66, 71, 76, 96, 111, 146, 151, 156, 161, 166, 171, 176, 181, 186, 191, 196, 201, 206, 220, 240, 244, 254, 298, 333, 338, 343, 348, 353, 358, 373, 378, 393, 398, 403, 408, 413, 443
Objekterkennung und Szenenanalyse, 51, 56, 76, 101, 151, 166, 196, 206, 235, 244, 264, 338, 353, 388, 393
Quantifizierung von Bildinhalten, 1, 21, 51, 66, 76, 81, 96, 146, 186, 206, 216, 259, 264, 289, 298, 303, 343, 368, 378, 403
Multimodale Aufbereitung, 16, 26, 31, 36, 86, 186, 201, 289, 308, 318, 328, 378

Art des Algorithmus
Datenbasiert (low-level), 1, 6, 21, 31, 36, 41, 51, 56, 66, 76, 81, 91, 96, 101, 106, 131, 136, 141, 146, 151, 156, 161, 166, 176, 181, 186, 191, 196, 201, 211, 225, 230, 235, 244, 259, 264, 279, 284, 293, 298, 318, 328, 338, 343, 348, 353, 378, 388, 403, 418, 428

Datenbasiert (low-level), 433
Regionenbasiert (mid-level), 6, 26, 56, 66, 81, 96, 151, 186, 206, 244, 269, 323, 333, 338, 358, 378, 408, 423
Regionenbasiert (mid-level), 353
Wissensbasiert (high-level), 1, 16, 36, 46, 91, 101, 111, 121, 126, 156, 161, 206, 240, 303, 368, 373, 378, 393, 398, 413, 423, 443
Wissensbasiert (high-level), 171

Art des Projektes
Grundlagenforschung, 1, 6, 36, 66, 71, 81, 96, 249, 403, 418
Grundlagenforschung, 31, 220, 225, 259, 264, 333, 413
Methodenentwicklung, 16, 41, 46, 51, 61, 126, 141, 206, 244, 289, 303, 363, 403, 408, 418
Methodenentwicklung, 1, 6, 11, 21, 36, 56, 66, 71, 76, 81, 86, 96, 106, 111, 116, 121, 131, 136, 146, 151, 156, 166, 181, 186, 191, 196, 201, 230, 240, 249, 284, 293, 298, 308, 318, 323, 338, 348, 358, 368, 378, 393, 398, 438, 443
Anwendungsentwicklung, 383
Anwendungsentwicklung, 16, 26, 41, 46, 51, 61, 91, 101, 126, 141, 161, 176, 206, 211, 216, 235, 244, 254, 269, 274, 279, 289, 303, 313, 328, 343, 363, 373, 388, 403, 408, 418, 423, 428

Autorenverzeichnis

Annacker K, 225
Athelogou M, 206
Auer D, 403

Böttger T, **318**
Büchler MW, 56
Büll U, 378
Bartling S, 254
Bartz D, 289, **298**
Bauer M, 21
Becker H, 254
BeckerR, 269
Behrends J, **186**, 403
Behrens S, 408
Beichel R, 249
Beller M, **196**
Bendl R, 318, 323
Bente KA, 36
Benz M, 11
Bernarding J, 116
Biersack HJ, 433
Bingmann D, 225
Bluemke DA, 91
Bootz F, 328
Bornik A, **249**
Boschen F, 433
Brandt AS, 413
Braumann UD, **230**
Braun J, **116**
Brook BS, 333
Bruijns J, **51**
Burgkart R, 16, 126
Burkhardt S, **16**, **126**
Burmeister H, 254
Busse H, **328**

Cárdenas CE, 76
Celler A, 176
Chrástek R, **338**
Cornelius T, 358

Döllinger M, 264
Däuber S, 274
Döllinger M, 240
de Simone R, 121
Deck T, 438
Deck TM, **136**
Decker P, **131**

Della-Monta C, **368**
Dicken V, 146, **244**
Dickhaus H, 81
Dietmayer K, 171
Dold C, 26, **141**
Donath K, 338
Dreschler-Fischer L, 423
Drexl J, **101**
Droske M, **31**

Ehrhardt J, **303**, **393**
Eid A, 343
Einenkel J, 230
El-Messiry H, **181**
Elahi SV, 438
Eysholdt U, 240, 264

Führ H, **96**
Firle E, **26**, 141
Fischer B, **353**, 388
Fischer B, 1
Frühling C, **323**

Göbel G, 438
Güld MO, 353, 383, **388**
Günther RW, 413
Gürvit Ö, 298
Gemmeke H, 86, 136, **196**, 438
Germer CT, 428
Glasberger A, 269
Gong RH, **66**
Gosch C, 106
Gotschuli G, 249
Gottwald S, 269
Graichen U, **284**
Grebe O, 181
Greiner G, 21, 46
Grenacher L, 56
Grobe M, 191, **201**, 235
Großkopf S, 368

Häusler G, 11
Hahn HK, 146
Hahn K, 186, 403
Handels H, 220, 303, 393
Hansmann W, 423
Harms W, 274
Hassenpflug P, **56**, 76, 343

Hastenteufel M, **121**
Hastreiter P, 21, 46
Heinlein P, 101
Henn S, 313
Hennemuth A, **423**
Herfarth KK, 318
Hesser J, 106, 156
Heussel CP, 333
Hindennach M, 146, 259
Hoffmann J, **289**
Hohenberger W, 293, 418
Hollerbach S, 358
Holzmüller-Laue S, **161**
Hoole P, 186
Hoppe H, 274
Hoppe U, **240**, 264
Hornegger J, 41
Horsch A, **363**
Hothorn T, 338

Issing P, 254

Jacobs MA, 91
Joe A, 433
Josten M, **216**
Jukic M, 403

König S, **156**
Kücherer H, 81
Kühn KU, 433
Kahn T, 328
Kaiser HJ, 378
Kaiser WA, 86
Kauczor HU, 333
Kaus M, 171
Kestler HA, 181
Keszler T, 269
Keysers D, 151, 383, 388
Klotz E, 423
Knedlitschek G, 196
Kobbelt LP, 166, 373
Kohnen M, 151, **413**
Krüger S, 418
Krüger S, **293**
Kraß S, 146, 244
Krempien R, **274**
Kreusch J, 220
Kuhnigk JM, **146**, 244
Kuska JP, 230

Lämmer R, 338
Lamecker H, 111, **398**
Lange O, 403

Lange T, **111**, 398
Lausen B, 338
Leberl F, 249
Lehmann K, 428
Lehmann T, 383
Lehmann TM, 151, 353, 373, 388
Leiderer R, 206
Leinsinger GL, 186
Leischner C, **220**
Leisten M, 388
Lenarz T, 254
Ley S, 333
Liersch D, **166**
Linnenbrügger NI, **373**
Lipinski HG, 225
Littmann A, 323, **428**
Lohscheller J, 240, **264**
Ludwig R, 56

Mühldorfer S, 191
Müller TO, 86, 136, 438
Münzenmayer C, **191**, 201, 235
Maas S, 358
Mahnken A, 423
Mahnken AH, 413
Mai JK, 313
Maier T, **11**
Malina T, 303
Malsch U, **81**
Mardin CY, 338
Massen R, 216
Matthies H, 254
Maurer CR Jr, 91, 348
Mayer D, **333**
Mayinger B, 191
Meier SA, 408
Meinzer HP, 76, 121, 343
Meinzer HP, 56
Melzer K, 225
Michelson G, 338
Mildenberger P, 408
Moche M, 328
Modersitzki J, **1**
Morgenstern U, 308
Mottl-Link S, 121
Mueller M, **279**

Neukam FW, 11
Neumann H, 181
Niemann H, 293, 338, 418
Nimsky C, 21, 46
Nkenke E, 11

Orman J, 298
Overhoff HM, **358**

Pöppl SJ, 220, 393
Pöppl SJ, 303
Pál I, **71**
Paar G, **211**
Paulus D, 293, 418
Peitgen HO, 146, 244, 259, 408, 428
Pokor V, 171
Peldschuss K, 254
Pietrzyk U, **36**
Plötz W, 303
Plodowski B, **383**, 388
Pohle R, **176**
Poliwoda C, 106
Preim B, **259**, 428
Prinz M, 363

Rödel R, 433
Rau A, 323
Reichenbach JR, 86
Reichmann K, **433**
Reinauer F, 289
Reiser M, 186, 403
Reitinger B, 249
Rezk-Salama C, 21
Richter D, **269**
Richter GM, 56
Ritz JP, 428
Rodt T, **254**
Roggan A, 428
Rohlfing T, **91**, **348**
Rohr K, 66
Rohr K, 6
Rosanowski F, 240
Roth A, **225**
Roth M, 16
Ruiter NV, **86**, 318
Rumpf M, 31
Russakoff DB, 348
Rutschmann D, 216

Sabri O, 378
Sack I, 116
Saupe D, 284
Schöbinger M, 56, **76**
Schüle T, 41
Schäpe A, **206**
Schaller C, 31
Schenk A, **408**, 428
Schick C, 418

Schick CH, 293
Schlote–Holubek K, 438
Schmitgen A, 328
Schmitz KP, 161
Schnörr C, 41
Schneider JP, 328
Schneider M, 289
Schneider W, 101
Schneider S, 363
Scholz R, 328
Schorr O, 274
Schubert H, 244, 383, 388
Schuster M, 264
Schweikard A, 16, 126
Seebaß M, 111, 398
Seiwerts M, 328
Sipilä O, 363
Smolle J, 211
Sonka M, 249
Sorantin E, 249
Sovakar A, 166
Soza G, **21**
Spinnler K, 363
Steinmeier R, 308
Stotzka R, 86, 136, 196, 318, **438**
Straßmann G, 269
Strathmann B, 303
Strobel N, **106**

Tönnies KD, 176
Teschner M, 279
Thies C, **151**, 353
Thorn M, 56, 76
Thust S, 333
Tietjen C, 259
Tillmann HG, 186
Timinger H, **171**
Tolxdorff T, 116
Tomandl B, 46
Trappe F, 368
Treiber O, 96
Troitzsch D, 289

Uhl W, 56
Uhlemann F, **308**
Urbani M, 206

Vallée JP, 363
Vega F, 21, **46**
Verdonck-de Leeuw I, 363
Vetter M, 56, 76, 343
Vogelbusch C, **313**
Vogl R, 363

Vogt F, 293, **418**
Vogt F, 11
Volk H, 191, 201, **235**
von Berg J, 171
Voss T, 313

Wörz S, 66
Wörz S, **6**
Wörn H, 274
Wagenknecht G, **378**
Wannenmacher M, 274
Wanninger F, 96
Wawro M, 61
Webber RL, 373
Weber S, **41**
Weibezahn KF, 196

Weichert F, **61**, **443**
Wein B, 244
Wein BB, 413
Wesarg S, 26
Wiemann M, 225
Wilke C, 61, 443
Wismüller A, 186, **403**
Witsch K, 313
Wittenberg T, 191, 201, 235
Wittenberg T, 363
Wolf I, 56, 76, 121, **343**
Wolf M, 338
Wolsiffer K, 423

Zahlmann G, 363
Zotz R, 284

Stichwortverzeichnis

Abbildung, 235, 313
Abstandsmessung, 259
Active Shape Model, 166
Ähnlichkeit, 1, 31, 36, 313, 323, 388
Aktive Kontur, 61, 156, 161, 166
Aktive Kontur, 338
Aktivierungskarte, 141
Akustische Phonetik, 186
Anatomie, 244, 298, 388
Artefakt, 76, 91, 313
Atlas, 378
Auflösung, 131, 313, 323, 378
Augmented Reality, 249, 289
Automat, 235
Automatische Kategorisierung, 388
Automatisierung, 166

B-Spline, 91, 161, 348
Backpropagation, 378
Benutzerschnittstelle, 383
Bereichswachstum, 56, 151
Bewegung, 91
Bewegungsanalyse, 121, 141, 240, 323
Bewegungskorrektur, 141
Bewegungsunterdrückung, 81, 91, 433
Bilddatenbank, 348, 353, 363, 383
Bildfusion, 16, 21, 26, 31, 36, 186, 308, 313, 318, 328
Bildgenerierung, 126, 131, 274, 313, 438
Bildkompression, 106
Bildqualität, 91, 96, 186, 225, 289, 293, 313
Bildqualität, 284, 363
Bildsensor, 240
Bildverbesserung, 56, 91, 141, 176, 225, 284, 293, 313
Biomechanik, 91, 161
Blushgrade, 81
Brachytherapie, 274

CCD-Sensor, 141
Client-Server-Architektur, 383
Clusteranalyse, 235, 403
Computer, 313
Computer Aided Diagnosis (CAD), 51, 96, 101, 220, 235, 298, 358, 403
Computer Assisted Radiology (CAR), 51, 61, 181, 254, 269, 403, 408, 443

Computer Assisted Surgery (CAS), 11, 16, 56, 161, 181, 249, 274, 279, 289, 293, 303, 418
Computer Based Training (CBT), 279
Content Based Image Retrieval (CBIR), 151, 383, 388
Coocurrence Matrix, 235

Datenbank, 235, 363, 383
Datenreduktion, 106, 176, 235, 313
Decision Support, 403
Deformierbares Modell, 1, 6, 66, 166, 171, 249, 279, 323
Detektion, 96, 101, 181, 244, 373
Diffusion, 31, 56
Digital Imaging and Communication in Medicine (DICOM), 289
Diskrete Tomographie, 41
Diskriminanzanalyse, 220, 235
Dynamik, 91
Dynamische Auswertung, 423

Echtzeit, 11, 141, 235, 240, 249, 293, 328, 438
Effiziente Algorithmen, 259
Elastische Registrierung, 1, 21, 31, 91, 230, 318, 323, 348
Elastographie, 116
Entzerrung, 126, 211, 293, 418
Epilepsie, 141
Equalizer, 225
Erscheinungsbasierte Klassifikation, 388
Erweiterte Realität, 274, 289, 418
Evaluierung, 298, 308, 363, 368
– klinisch, 388
– klinisch, 21, 91, 254, 293, 328, 333, 363
Expectation Maximization, 348

Farbmodell, 230
Farbnormierung, 293
Femur
– proximal, 16
Filterung, 36, 96, 101, 225
– nichtlinear, 181, 293
Finite Elemente Modell (FEM), 31, 86, 161, 279
Formanalyse 3D, 111, 398
Fourier-Mellin-Transformation, 230, 284

Fourier-Transformation, 225, 284
Fusion, 61, 186, 313
Fuzzy Logik, 333, 408, 443

Gaußsches Abbild, 11
Gefäßanalyse, 76
Gefäßgraph, 76
Gefäßrekonstruktion, 76
Gefäßstrukturen, 66
gekoppelte harmonische Oszillatoren, 116
Geometrie, 6, 31, 66, 71, 126, 166, 235, 249
geometrische Verzeichnungen, 126
Gradient, 235, 313
Gradientenstärken, 126
GradientVisualisierung
– 3D, 46
Graph Matching, 56, 151, 353
Graphical User Interface (GUI), 383

Hardware, 21, 131, 438
Hauptachsentransformation, 11
Histogramme, 201
Hough-Transformation, 373

Image Retrieval, 131, 151, 353, 383, 388
Interaktive Segmentierung, 171
Internet, 383
Interpolation, 56, 186, 284, 313, 343
intraoperativ, 11
Intravaskuläre Brachytherapie, 61, 443

JAVA, 373

Kalibrierung, 126, 293, 373, 418
Kalman-Filter, 66
Kantendetektion, 81, 161
Karhunen-Loéve-Transformation, 176
Klassifikation
– statistisch, 51, 196, 235, 378
– unscharf, 443
Klinische Evaluierung, 91, 244, 274, 293, 363, 408
Kohonenkarte Landmarke, 186
Kompression, 106
konfokale Mikroskopie, 225
Kontrast, 293, 333
Kontur, 16, 161, 166, 181, 293, 413
Koordinatentransformation, 244
Korrelation, 284, 388
Korrespondenzbestimmung, 56
Korrespondenzproblem, 111, 398

Labeling, 81, 235

Landmarke, 1, 6, 269, 373, 393, 413
Live Wire, 16, 156
Lokalisation, 6, 66, 373
Lunge, 146
Lungenlappen, 146

magnetische Suszeptibilität, 126
Marching Cube, 225, 249, 298
Matching, 31, 36, 81, 313, 318, 323, 353
Merkmalskarte, 235
Mikroverkalkung, 96
Mikroverkalkungen, 101
Minimalinvasive Chirurgie, 289, 293, 358
Mittelachsentransformation, 76
Modellierung, 6, 16, 66, 249, 308, 368
Morphing, 111, 398
Morphologie, 31, 51, 181, 235, 378
Morphometrie, 206, 358
MPEG, 181
MR-Mammographie, 91
Multidimensionale Transferfunktion, 46
Multiple Sklerose, 403
Multiskalen, 31, 181, 206
Multispektral, 206, 403
Mutual Information, 21, 36, 91, 318, 328
Myokardperfusion, 81

Navigation, 56, 269, 328
Neuronales Netz, 235, 378, 403
Nichtlineares Filter, 181
Numerik, 31, 259, 368

Oberfläche, 11, 16, 211, 274, 393
– Differentialeigenschaften, 393
Oberfläche, 244, 249
Objekterkennung, 206, 373
Operationsplanung, 21, 56, 161, 249, 259, 274, 289, 358
Optimierung, 31, 41, 235, 279, 308, 313, 368

Parametrierung, 66, 161, 368
Parametrierung, 6
Partialvolumeneffekt, 333, 378
PCA, 111, 398
Perfusion, 81
Perzeption, 244
Picture Archiving and Communication System (PACS), 388
Plattform, 363
Point-Distribution-Modell, 166, 413
Pruning, 76

Qualitätskontrolle, 36, 81, 131, 308, 433
Qualitätskontrolle, 363
Qualitätsmanagement, 363
Quantisierung, 298, 368

Radon-Transformation, 41, 136
Rauschen, 76, 96, 333
RBF, 81
Region of Interest (ROI), 343, 378
Region-Growing, 56, 96, 146, 186, 298, 333, 358, 378
Registrierung, 1, 11, 16, 26, 36, 141, 186, 269, 274, 318, 328, 393
– elastisch, 1, 21, 31, 91, 323, 393
– oberflächenbasiert, 393
Registrierung, 284
Regularisierung, 91, 121
Rekonstruktion, 41, 131, 136, 211
– 3D, 41, 56, 61, 121, 225, 230, 249, 254, 289, 373, 418, 438
Relaxation, 41
Rendering, 106, 249
Retrieval, 151, 353, 383, 388
Roboter, 418
ROC-Kurve, 96, 101

Sammon Mapping, 235
Scanning Laser Doppler Flowmetrie (SLDF), 71
Schwellwertverfahren, 56, 96, 201, 254, 298, 333, 368
Screening, 235
Segmentierung, 201
Sensor, 11, 131
– optischer, 11
Simulated Annealing, 413
Simulation, 36, 96, 116, 308, 428
Skalenanalyse, 151
Skalenanalyse, 181
Skelettierung, 71, 76
Snake, 161
Statistische Formmodelle, 111, 398
Statistisches Formmodell, 171
Stereoskopie, 211
Strukturanalyse, 235
Support Vector Machine, 101

Template Matching, 323, 368, 378
Testbolus, 423
Tetraedisierung, 279
Textur, 191, 211, 235, 333

Textur, 358
Textur Medizinischer Schlüssel, 388
Therapie, 61, 131, 274, 428
Therapieplanung, 428
Therapieverlaufskontrolle, 403, 408
Topologie, 71, 76
Tracking, 56, 141, 249
Transformation
– sonstige, 235, 244, 308, 313
Translation, 313
Transmissionstomographie, 136
Transparenz, 249
Tumor, 116
Tumorstaging, 368

Ultraschall-Computertomographie, 136, 438
Ultraschallwandler, 438
Unified Modeling Language (UML), 363
Untersuchungsplanung, 423

Validierung, 101, 308, 348, 363
Verdünnung, 71
Virtuelle Realität, 274
Virtuelle Realität, 249
Virtuelle Realität, 303
Visualisierung, 106, 244, 328
– 2D, 254, 383, 428
– 2D+t, 211, 240
– 3D, 61, 186, 225, 230, 249, 254, 289, 418, 428, 438
Vokaltrakt, 186
Volume Rendering, 46, 106, 249, 289
Volumenerhaltung, 91
Volumetrie, 91, 244, 298, 403, 408
Volumetrie, 249
Vorverarbeitung, 156, 343

Warping, 81, 323
Wasserscheiden-Transformation, 146
Wavelet-Transformation, 101, 106
Workflow, 244
Workflow Management, 383
World Wide Web (WWW), 363

XML, 383

Zeitreihe, 240
Zellen, 201
Zellplasma, 201
Zervix, 201

MIX
Papier aus verantwortungsvollen Quellen
Paper from responsible sources
FSC® C105338

If you have any concerns about our products,
you can contact us on
ProductSafety@springernature.com

In case Publisher is established outside the EU,
the EU authorized representative is:
**Springer Nature Customer Service Center GmbH
Europaplatz 3, 69115 Heidelberg, Germany**

Printed by Libri Plureos GmbH
in Hamburg, Germany